一氧化氮自由基生物学和医学

Nitric Oxide Free Radicals Biology and Medicine

赵保路 著

科 学 出 版 社
北 京

内 容 简 介

这是一本关于一氧化氮自由基生物学和医学的专著，着重从自由基的角度论述了一氧化氮的性质和特点，系统地阐述和介绍了一氧化氮自由基的一些基本理论和概念及最新研究结果。内容包括一氧化氮自由基的物理化学性质、一氧化氮自由基的产生和一氧化氮自由基的检测技术、一氧化氮自由基作为内皮细胞松弛因子、神经信号传导的逆信使和细胞免疫杀伤武器等重要生物功能、一氧化氮自由基在蛋白质亚硝基化和硝基化作用机理和生物功能、一氧化氮自由基在植物抗感病反应中的作用机理、一氧化氮和一些重大疾病如心脏病、神经退行性疾病、阿尔茨海默症，帕金森症、脑卒中和高血压等疾病的关系进行了探讨。介绍一氧化氮自由基在衰老和抗衰老中的作用及天然抗氧化剂在抗衰老方面的作用、一氧化氮自由基在临床治疗和健康食品中的应用现状和存在的问题。

本书可供自由基、生物、化学和医学专业的广大科研工作者及有关专业的大专院校的师生阅读和参考，也可以为从事自由基和抗氧化剂开发和应用的研究人员、技术人员学习和参考。

图书在版编目（CIP）数据

一氧化氮自由基生物学和医学／赵保路著. —北京：科学出版社，2016.3
ISBN 978-7-03-047323-3

Ⅰ.①一…　Ⅱ.①赵…　Ⅲ. ①游离基–生物学　②游离基–医学
Ⅳ. ①Q5-05

中国版本图书馆 CIP 数据核字(2016)第 026750 号

责任编辑：李　悦　赵小琳 / 责任校对：赵桂芬
责任印制：赵　博 / 封面设计：北京铭轩堂广告设计公司

科学出版社出版
北京东黄城根北街 16 号
邮政编码：100717
http://www.sciencep.com
北京厚诚则铭印刷科技有限公司印刷
科学出版社发行　各地新华书店经销
*
2016 年 3 月第　一　版　开本：787 × 1092　1/16
2025 年 1 月第五次印刷　印张：25　1/4
字数：600 000

定价：148.00 元

作 者 简 介

赵保路 中国科学院生物物理研究所研究员、博士生导师，河北师范大学兼职教授。1970 年毕业于中国科学技术大学，1981 年毕业于中国科学院研究生院，获硕士学位。长期从事自由基生物学和医学研究，完成多个国家科学基金项目，在国内外核心杂志发表 300 多篇研究论文，出版 6 部专著。曾在美国俄亥俄州立大学和加利福尼亚大学伯克利分校、英国食品研究所和中国香港大学从事研究工作。曾任中国科学院生物物理研究所副所长、亚洲自由基研究学会主席、中国生物物理学会自由基生物学和医学专业委员会主任、中国衰老和抗衰老委员会副主任、中国物理学会波谱学专业委员会理事、世界中医药学会联合会亚健康专业委员会理事、北京烟草学会常务理事，曾为 *Journal of Applied Sciences*（《应用科学杂志》）、*Biofactor* （《生物因子》）、*Journal of Biochemistry and Nutrition*（《临床生物化学和营养学杂志》）、《生物物理学报》、《波谱学杂志》、《中国烟草学报》编委。

前　言

这是一本关于一氧化氮自由基生物学和医学的专著，系统地阐述了一氧化氮自由基的性质和特点，总结一氧化氮自由基的一些基本理论、概念及研究结果。内容分一氧化氮自由基生物学和医学两篇，生物学篇主要介绍了一氧化氮的检测技术和一氧化氮的生物学功能；医学篇主要介绍一氧化氮与健康和一些重大疾病（如心脏病、神经退行性疾病、脑卒中等）及衰老的关系，以及临床和健康产品的应用概括。

作者 1987 年从美国回来就开始了一氧化氮自由基研究。先后完成多个与一氧化氮自由基相关的国家自然科学基金项目，建立了多种检测一氧化氮自由基的新方法和技术，探讨和研究了一氧化氮与一些重大疾病如炎症、心脏病、神经退行性疾病（脑卒中、AD、PD）的关系，最近几年又研究了一氧化氮与衰老、血脂、血糖和血压等代谢疾病的关系。取得了一系列结果，发表了许多文章，参加了一系列国际会议。在研究中建立的新方法、发现一些新现象、得到的新结果，根据这些新发现提出了一些新思想。这些研究结果是本书的主要组成部分，占全书内容的 85%以上，以供广大从事自由基、生物、化学和医学专业的科研同行及从事自由基和抗氧化剂开发的技术人员和有关大学的师生参考。

2008 年作者曾出版《一氧化氮自由基》一书，受到读者欢迎，书店和出版社都早已卖光，很多读者、大学和企业打电话要求购买。此外，近年一氧化氮自由基研究进展很大，截至目前，已有超过 13 万篇论文在国际期刊发表。特别是一氧化氮对蛋白质的亚硝基化和硝基化研究、天然抗氧化剂对一氧化氮的调节作用及其对心脑血管健康和疾病的预防和治疗作用研究等都取得了非常引人关注的进展。*Cell* 2013 年发表了一篇《一氧化氮延缓线虫寿命》的研究报道，这是关于一氧化氮对衰老的作用，是最新研究发现。还有一氧化氮在临床和健康产品的应用也取得很大进展，引人关注。本书对《一氧化氮自由基》一书进行了全面修改，删除了陈旧的内容和文献，增加了大量新内容和新文献，本书也可以说是《一氧化氮自由基》的再版，但增加了五章全新的内容，因此，定名为《一氧化氮自由基生物学和医学》。

感谢科学出版社的鼓励和支持，使本书得以出版，感谢国家自然科学基金委对我们多年来的支持，使我们的科研工作得以顺利进行，并获得一些有意义的结果。感谢诺贝尔奖获得者、美国科学院院士 Ferid Murad 教授和刘耕陶院士多年来对我们工作的支持并为《一氧化氮自由基》一书写的序言，感谢忻文娟教授的支持。感谢中国科学院生物物理研究所陈畅教授、华中科技大学高中红教授和上海中医药大学卞卡教授分别以文字的形式提供的关于“一氧化氮介导的蛋白质巯基亚硝基化修饰”、“蛋白质酪氨酸硝基化”、“一氧化氮自由基和高血压”的最新研究进展；感谢北京科技大学张学纪教授提供了“生物传感器测量检测一氧化氮技术”最新资料和文献，香港大学沈剑刚教授提供了“脑缺血再灌注损伤修复过程活性氮是血脑屏障（BBB）完整性的精确靶位置”最新资料和文献；感谢解放军总医院田亚平教授对“一氧化氮在临床的应用近况”的讨论和修改；感谢保健品协会和上海诺鼎生物科技公司张标博士参与我在2014年于北京召开的“一氧化氮自由基与心脑血管健康和疾病”研讨会并提供了关于“一氧化氮健康产品现状”的资料和对本书出版的支持；感谢中国科学院大学陆忠兵教授、中国科学院化学研究所刘杨教授、河北师范大学常彦忠教授、清华大学高军涛教授、中国科技大学刘强教授、厦门大学张杰教授和哈尔滨工业大学赵燕教授参与我在2014年于北京召开的“一氧化氮自由基与心脑血管健康和疾病”研讨会并提供关于“一氧化氮和天然抗氧化剂协同防护心脑血管健康和疾病”的最新研究结果；感谢我的研究生和博士后刻苦钻研，辛勤工作，出色完成了各项研究项目，取得可喜成果，成为本书的主要素材。他们是：沈剑刚博士、李海涛博士、魏涛涛博士、周广印博士、聂广军博士、张德良博士、张月亭博士、焦鸿丽博士、刘强博士、郭树红博士、谢渝湘博士、张杰博士、陆忠兵博士、曾海燕博士、张龙泽博士、石振华博士、徐超博士、底晓静博士、颜景奇博士、武兆飞博士、万丽博士、罗云峰博士、曹远林博士后、徐仰仓博士后、郭萍博士后。感谢陶毅和张俊静实习研究员，为我们实验室做了大量管理和技术工作，使科研得以顺利进行，为本书的出版做出了贡献。感谢张春爱副教授为本书提出很多宝贵建议和修改意见。

由于本人水平有限及篇幅所限，本书肯定存在不当之处，敬请广大读者提出宝贵意见。

赵保路
中国科学院生物物理研究所研究员
2015年12月15日

目　　录

第一篇　一氧化氮自由基生物学

1　一氧化氮自由基

1.1　一氧化氮自由基与诺贝尔和诺贝尔奖

1864 年，诺贝尔发现极易挥发、爆炸性极强的硝酸甘油经硅藻土吸附后稳定性大大增加，并根据这一发现成功研制出了安全炸药。安全炸药的工业化生产给诺贝尔带来了巨大的荣誉和财富，使他得以创立世界科学界的最高奖项——诺贝尔奖。诺贝尔晚年患有严重心脏病，医生建议他服用硝酸甘油，但被诺贝尔拒绝了，因为早在研制炸药过程中，诺贝尔就发现吸入过量硝酸甘油蒸汽会引起剧烈血管性头疼。1896 年，诺贝尔因心脏病发作逝世。如果他当时听从医生的话，及时服用硝酸甘油，也许可以活更长时间，为人类创造更多财富。

硝酸甘油可以有效降低血压，缓解心绞痛，它见效快，通过口腔黏膜吸收后几分钟内就可扩张冠状动脉，改善心脏供血，因此在 100 多年后的今天，硝酸甘油仍然是心脏病患者的常备药物。但是，它的作用机制却一致困扰了医学家和药理学家百余年。直到近年才通过 3 个获得诺贝尔生理学或医学奖的工作得以解释。那是因为硝酸甘油释放的一氧化氮(NO)可以松弛血管，增加心脏血液供应。

1998 年，3 位美国科学家因为研究 NO 而获得诺贝尔生理学或医学奖。他们是纽约州立大学的 Robert Furchgott 教授、加利福尼亚大学(简称加州大学)洛杉矶分校的 Louis Ignarro 教授和弗吉尼亚大学的 Ferid Murad 教授(图 1-1)。早在 20 世纪 70 年代，Murad 教授及其合作者就系统地研究了硝酸甘油及其他具有扩张血管活性的有机硝基化合物的药理作用，发现这些化合物都能使组织内环鸟苷酸(cGMP)、环腺苷酸(cAMP)等第二信使的浓度升高。这类化合物有一个共同性质，即可以在体内代谢生成一氧化氮。1977 年，Murad 教授等发现硝酸甘油等必须代谢为 NO 才能发挥扩张血管的作用，由此他认为 NO 可能是一种对血流具有调节作用的信使分子，但当时这一推测还缺乏实验证据。与此同时，纽约州立大学的 Robert Furchgott 教授在研究乙酰胆碱等物质对血管的影响时发现，在相近的条件下，同一种物质有时使血管扩张，有时对血管没有作用，有时甚至使血管收缩。他们经过深入研究，在 1980 年发现乙酰胆碱对血管的作用与血管内皮细胞是否完整有关，即乙酰胆碱只能使完整的内皮细胞血管扩张。由此他们推测内皮细胞在乙酰胆碱作用下产生了信号分子，这种信号分子作用于平滑肌细胞并使其舒张，从而扩张血管。Robert Furchgott 教授称之为内皮细胞松弛因子(endothelium-derived relaxing factor，EDRF)[1]。这篇论文在学术界引起了广泛关注。长期从事硝基化合物药理治疗和 EDRF 研究的 Louis Ignarro 教授与 Furchgott 教授合作，针对 EDRF 的药理作用和化学本质进行了一系列研究，发现 EDRF 与 NO 及许多亚硝基化合物一样能够激活可溶性鸟苷酸环化酶，增加组织中的 cGMP 水平。在此基础上，他们于 1986 年大胆推测，EDRF 是 NO 或与 NO 密切相关的某种化合物[2]。这篇摘要立即在药理学界引起轰动。随后英国科学家

Salvador Moncada 等于 1987 年通过实验证明 EDRF 就是 NO[3]。Ignarro 也报道了同样结果[4]。此后，大量研究都证明了这一结论。

图 1-1 3 位研究 NO 自由基的诺贝尔生理学或医学奖获得者
从左到右依次为 Robert Furchgott、Louis Ignarro、Ferid Murad

当 1998 年宣布 3 位美国科学家因为研究 NO 而获得诺贝尔生理学或医学奖时，在学术界，特别是在英国引起了轩然大波。*Nature* 专门发表了一篇题为《诺贝尔奖激起的关于 NO 的争论》文章，文中写道"没有人怀疑美国这 3 位科学家在研究 NO 作为心血管系统信号分子所作出的开创性的工作应当受到奖赏，但是很多人认为第四个人，就是伦敦大学生物医学院的 Moncada 也应当被授予诺贝尔奖"。因此可见 Moncada 在研究 NO 方面的贡献确实不小。

有趣的是，诺贝尔生理学或医学奖获得者 Murad 教授在中国上海中医药大学成立了上海高校 NO 及炎症医学 E-研究院 Murad 中药现代研究中心，作者有幸成为其中的一员。2006 年 11 月 10 日我们在上海中医药大学进行了学术交流，并在一起合影留念(图 1-2)。2007 年他为我的《一氧化氮自由基》专著出版发行作序。2008 年 10 月作者在北京负责组织召开了第 14 届国际自由基大会，Murad 教授应邀参加并作大会报告。2012 年 10 月在上海老年协会召开的健康报告会上作者与 Murad 教授一同被邀请作科普报告。

图 1-2 作者与 Murad 教授一起合影留念的部分照片

1.2 一氧化氮自由基的性质

NO 自由基被美国《科学》杂志选为 1992 年的明星分子，一时名声大震，关于 NO 的文章像雪崩一样在世界各个有名的杂志上争相发表出来。归纳起来，有以下几方面的内容：NO是内皮细胞松弛因子，能够松弛血管平滑肌，防止血小板凝聚，是神经传导的逆信使，在学习和记忆过程中发挥着重要作用；巨噬细胞等在吞噬和刺激时活化释放NO自由基作为杀伤外来入侵微生物和肿瘤细胞的毒性分子；NO作为自由基可以损伤正常细胞，在心肌和脑组织缺血再灌注损伤过程中起着重要作用。作者自1987年以来也开展了对NO自由基的研究工作，取得一些进展。本节就NO自由基的物理化学性质作一个简单讨论[5]。

1.2.1　一氧化氮自由基的电子组态[6]

NO是最小的几个分子之一。在NO分子中，N原子外层有5个电子，O原子外层有6个电子，形成共价键后，N原子和O原子单轨道2S上和三重轨道2P上的各3个电子形成8个分子轨道，其中4个键合轨道[σ_{2s}，$\pi_{2p}(2)$，σ_{2p}]和4个反键轨道[σ_{2s}^*，$\pi_{2p}^*(2)$，σ_{2p}^*]，在这8个分子轨道上的电子组态如图1-3所示。在分子反键轨道π_{2p}^*上含有一个未成对电子，因此它是一个典型的自由基。但由于NO的自旋和轨道角动量耦合非常紧密，用电子顺磁共振(ESR)检测不到NO自由基的信号。NO的键级为2.5，键长为1.14Å。

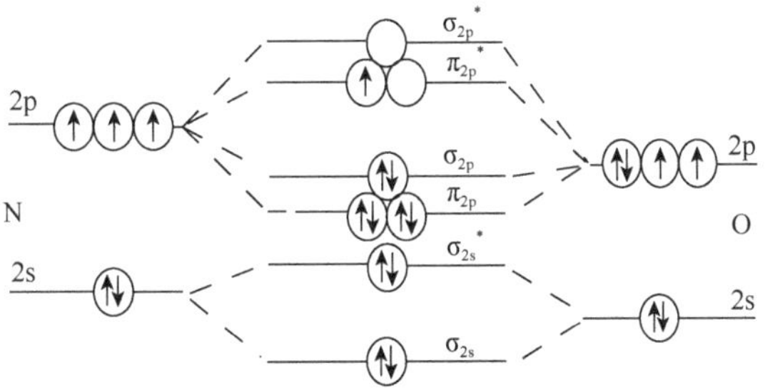

图1-3　基态NO分子轨道电子组态示意图

1.2.2　水溶液中一氧化氮的状态

NO是无色气体，与N_2、O_2、CO相比，它在水中溶解度比较低，在25℃和一个大气压条件下，它在水中的溶解度大约为1.7×10^{-3}mol/L。在细胞环境中，NO的浓度为0.45~10μmol/L，半衰期为1~500s。但在有氧的条件下大大降低，估计在活组织中为5~15s。

不像N_2O_3、NO_2、N_2O_5，它与水不起化学反应。这一点对它的生理功能非常重要，保证它自由地在细胞之间的水溶液中穿越。在37℃、水溶液的扩散系数为$4.8\times10^5cm^2/s$时，这一值与其他双原子气体分子类似。NO作用的发挥取决于它扩散及影响周围细胞功能的能力。NO在体内扩散的范围取决于它的产生速度、扩散常数、半衰期及其化学反应性等因素之间的平衡。在这些物理-化学条件约束下，NO在体内产生后可扩散几百微米。在0.5mm的空间范围内，NO的作用与产生NO的细胞量紧密相关而与这些细胞在此空间范围内的分布无关。在脑组织中，单个细胞产生的NO不仅可作为逆行信使而且可以通过扩散影响一定范围内数百万个突触[7]。

但是NO很容易与水溶液中的氧气发生复杂反应，因此要保证NO在水溶液中不发生反应就必须将水溶液中的氧气全部清除干净。NO在水溶液中和一般底物不太容易反应，除了胱氨酸和谷氨酸外，NO 同一般氨基酸及胞嘧啶反应性不大(表 1-1)。

表 1-1　NO 同一些底物在水溶液中的反应速率常数

底物	速率常数/($M^{-1}s^{-1}$)
铁氰化物	5×10^2
胱氨酸	5×10^3
谷胱甘肽	10^4
酪氨酸	25
赖氨酸	<5
胞嘧啶	<0.005

1.2.3　一氧化氮的化学性质

NO 既可以得到一个电子被氧化，也可以失去一个电子被还原

$$NO + e^- \longrightarrow NO^- \qquad E1/2= -0.33V$$

$$NO^+ + e^- \longleftarrow NO \qquad E1/2=1.2V$$

NO 所含的氧很难分解出来，因此它不助燃。但在高温时，它就有氧化作用，如磷、镁等在其中能燃烧。在常温时，它与氧化剂能发生反应，如高锰酸、次氯酸等可把它氧化为硝酸。NO 不稳定，半衰期短，与氧气极易反应，生成 NO_2 自由基。

$$2NO +O_2 \longrightarrow 2NO_2 \qquad k=3.4\times10^5 atm^{-2}s^{-1}$$

$$NO_2+NO \longrightarrow N_2O_3 \qquad k=1.1\times10^8 M^{-1}s^{-1}$$

$$2NO_2 \longrightarrow N_2O_4 \qquad k=9.0\times10^8 M^{-1}s^{-1}$$

$$N_2O_3 \longrightarrow NO_2+NO \qquad k=8.0\times10^4 M^{-1}s^{-1}$$

$$2N_2O+3O_2 \longrightarrow 4NO_2 \qquad k=6.9\times10^3 M^{-1}s^{-1}$$

NO 有很小的亲正电荷性(0.0024eV)，因此 NO 可以还原成 NO^-，在生理条件通过质子化和二聚化然后脱水很快转化为 N_2O。现在发现这一反应在体内可以被 NO 还原酶催化实现，这个酶实际上就是以前称之为细胞色素 P450 的蛋白质，它可以利用一个 NADH 使 NO 一电子还原。NO 不仅可以被还原生成 N_2O 和 $N_2O_2^{2-}$，还可以被五电子还原生成 NH_3。NO 的氧化还原反应及其产物可以归纳为图 1-4。

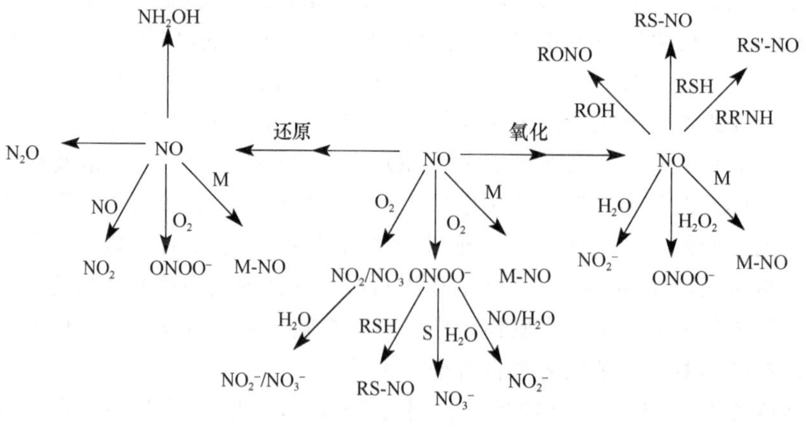

图 1-4　NO 在生物体系可能发生的氧化还原反应及其产物

1.2.4　一氧化氮与自由基的反应

NO 还可以与超氧阴离子自由基以极快的速率反应生成过氧亚硝基，质子化后生成 NO_2 和类羟基自由基。多形核白细胞在吞噬过程中同时释放 NO 和超氧阴离子自由基，在心肌缺血再灌注损伤时也是同时释放 NO 和超氧阴离子自由基，这样，在很多生理和病理过程就在体内产生大量过氧亚硝基。过氧亚硝基在碱性条件相当稳定，pKa=7.40(37℃)，在 302nm 有一个明显吸收峰，半衰期为 1.9s。在略高于生理 pH 时，它可以从生成位置扩散到较远的距离。一旦周围的 pH 略低于正常生理值时(病理条件往往如此)，立即产生氧化性和细胞毒性非常强的类羟基和 NO_2 自由基，这对于免疫杀伤外来入侵微生物和肿瘤细胞具有重要意义，同时也可能对正常细胞产生损伤。

NO 也很容易同其他氧自由基反应，且反应非常迅速(表 1-2)。

表 1-2　NO 同氧自由基反应的速率常数

反应体系	速率常数/($mol^{-1}·L·s^{-1}$)
$NO + O_2^- \longrightarrow ONOO^-$	$k=5\times10^9$
$NO + NO_2 \longrightarrow N_2O_3$	$k=2\times10^9$
$NO + ·OH \longrightarrow HNO_2$	$k=1\times10^{10}$
$NO + ROO· \longrightarrow ROONO$	$k=1\times10^9$

1.2.5　一氧化氮与过渡金属离子的结合

NO 与过渡金属反应是 NO 发挥生物活性的重要方式。NO 与过渡金属离子结合和离解的速率差别导致其与金属蛋白亲和程度的不同。NO 同含铁蛋白的结合是 CO 的 100 倍，而且结合非常紧密(表 1-3)。NO 与氧合血红蛋白反应导致 NO 的氧化和产生亚硝酸盐，这代表了含氮化合物在血液中代谢的主要途径。NO 与血红蛋白和肌红蛋白结合后在不同吸收带的消光系数如表 1-4 所示。

表 1-3　NO 和含铁蛋白结合速率常数

反应体系	速率常数/($mol^{-1}·L·s^{-1}$)
$NO + Fe^{2+} \longrightarrow Fe(H_2O)_5NO^{2+}$	$k=6.2\times10^5$
$NO + Fe^{2+}(TPPS) \longrightarrow Fe^{2+}(TPPS)NO$	$k=1.8\times10^9$
$NO + Fe^{3+}(TPPS) \longrightarrow Fe^{3+}(TPPS)NO$	$k=7.2\times10^5$
$NO + Mb^{II} \longrightarrow Mb^{II}NO$	$k=1.7\times10^7$
$NO + Mb^{III} \longrightarrow Mb^{III}NO$	$k=1.9\times10^5$
$NO + Hb^{II} \longrightarrow Hb^{II}NO$	$k=2.57\times10^7$
$NO + Cyt^{III} \longrightarrow Cyt^{III}NO$	$k=7.2\times10^2$
$NO + Cat^{III} \longrightarrow Cat^{III}NO$	$k=3.0\times10^7$

表 1-4 血红蛋白和肌红蛋白硝基化合物在 0.1mol/L 磷酸缓冲液 pH 7.0、20℃时的摩尔消光系数

样品	γ-带		β-带		α-带	
	λ/nm	ε	λ/nm	ε	λ/nm	ε
MbNO(马心)	420	132	547	11.8	579	10.5
MbNO(鲨鱼精子)	422	140	—	—	—	—
MbNO(人)	417	126	544	11.4	572	11.4
脱氧 Mb(马心)	435	121	560	13.8	560	13.8
脱氧 Mb(鲨鱼精子)	434	115	556	11.8	556	11.8
脱氧 Mb(人)	430	133	555	12.5	555	12.5
MbO_2(马心)	—	—	542	13.9	580	14.4
MbO_2(鲨鱼精子)	418	128	543	13.6	581	14.6
MbO_2(人)	415	125	541	13.8	577	14.6
MbCO(马心)	425	207	540	15.4	579	13.9
MbCO(鲨鱼精子)	423	187	542	14.0	579	12.2
MbCO(人)	419	191	540	13.4	569	13.4

注：“—”表示未测

1.2.6 一氧化氮在细胞内作用的靶位点

第一个被确定的 NO 靶位点是可溶性鸟苷酸环化酶(sGC)[8, 9]。目前普遍认为：NO 通过与可溶性鸟苷酸环化酶(sGC)血红素基团上的 Fe^{2+}结合，激活 sGC，升高细胞内环鸟苷酸(cGMP)水平，从而可直接影响离子通道，活化蛋白激酶、磷酸二酯酶、ADP 核苷环化酶[10]。这是 NO 参与多种生物效应(如神经传递、视觉听觉发育、激素分泌等)的主要信号转导机制。最近发现，NMDA 受体激活诱导产生的 NO 可以活化 p21(ras)信号转导途径，并与一些受细胞外信号调节的激酶及磷酸肌醇相级连[11]。

除 sGC 外，NO 作用的其他血红素靶位点包括：过氧化氢酶(catalase)、细胞色素 c、血红蛋白及过氧化物酶。NO 也可以与非血红素中的 Fe 反应，如其他酶中的 Fe-S 基团，包括 NADH-泛醌氧化还原酶、顺乌头酸酶及 NADH-琥珀酸盐氧化还原酶[12]。NO 与非血红素 Fe 的结合将导致酶的不可逆失活。通过这种机制，NO 不仅可以使核糖核酸还原酶失活，从而抑制 DNA 合成，而且可以将 Fe 从贮铁蛋白移走，如铁蛋白，NO 通过与胞质中的乌头酸酶反应(反应后失去乌头酸酶活性转化为 Fe 反应结合蛋白)，在转录后水平影响铁的代谢[13]。NO 的其他细胞内作用的靶位点包括环氧化酶、核糖核苷酸还原酶、一些线粒体酶，并可通过反馈调节影响一氧化氮合酶(NOS)自身活性[8, 9]。此外，NO 的浓度升高可以导致一些蛋白质的硝基化及 DNA 的损伤。具有活性巯基蛋白的亚硝基化也是 NO 生物活性的重要机制之一[14]，以非钙依赖的方式诱导突触末梢囊泡释放神经递质。

1.2.7 一氧化氮病理条件下的损伤作用

除了 NO 在正常生理条件下的功能外，NO 还参与多种病理过程，如脑、心脏、肾脏缺血再灌注损伤，败血症性休克，神经退行性疾病等。NO 在生物体中发挥重要的功能，在正常生理条件下，NO 产生浓度比较低(低于 1μmol/L)，NO 在正常信号转导中的作用浓度大约是 10nmol/L，当 NO 的浓度达到或高于 1μmol/L 时，就会损伤正常组织，引起细胞死亡，导致毒害作用。NO 的毒害作用主要通过氧化损伤、抑制线粒体的功能、损伤 DNA 等几个途径实现的。

当 NO 的浓度升高时，氧化损伤是最主要的损伤途径之一，主要源于 NO 与超氧阴离子自由基生成的过氧亚硝基[15]。过氧亚硝基在体内的半衰期小于 1s，反应活性和毒性远大于 NO[16]。NO 和超氧阴离子的反应速度很快，两者产生后几乎可以立即生成过氧亚硝基。过氧亚硝基可以氧化损伤一系列生物分子，如蛋白质、核酸、脂类、巯基化合物、硝基化蛋白质中的酪氨酸残基，甚至损伤线粒体[15]。NO 还可以与氧气生成别的活性氮(NO_x)，可能更容易氧化脂膜。NO 可以从铁蛋白中释放出铁离子，通过 Fenton 反应，加剧氧化损伤[17]。NO 可以和过氧化脂质产物反应，促进氧化损伤。在 NO 促进氧化损伤的同时，NO 还可以通过与氧化产物反应，把它们转化为无害或低危害的产物，减轻机体所受的氧化损伤[18]。NO 产生促氧化还是抗氧作用，取决于 NO 和超氧阴离子反应，转化为过氧亚硝基的比例。

NO 对线粒体的抑制作用：NO 可以通过几个途径作用于线粒体，最终导致细胞的死亡。NO 产生后可以很容易地扩散到线粒体，并且线粒体本身也能通过 mtNOS 产生 NO 作用于自身。NO 主要通过 3 条途径与线粒体相互作用：可逆地抑制线粒体的呼吸作用，不可逆地抑制线粒体中的酶类，诱导线粒体的通透孔(permeability transition pore，PTP)[19]。另外，NO 可以硝基化肌氨酸激酶中起重要作用的巯基，干扰线粒体 ATP 的合成[20]。线粒体是体内超氧阴离子主要的产生部位，在正常生理条件下，大约有 1%的氧气由于线粒体呼吸链的电子漏而生成超氧阴离子[21]。在线粒体部位的 NO 能迅速与超氧阴离子反应产生过氧亚硝基，另外，线粒体外生成的过氧亚硝基也可以扩散到线粒体。过氧亚硝基与线粒体呼吸链的相互作用能够进一步促进超氧阴离子的生成，同时，过氧亚硝基可以钝化(inacitivation)Mn-SOD，增加线粒体中的超氧阴离子[22]。因此，NO 可能诱发过氧亚硝基介导线粒体损伤。过氧亚硝基可以不可逆地损伤含有铁硫中心的线粒体呼吸复合体Ⅰ、Ⅱ、Ⅲ，以及顺乌头酸酶，NO 可以通过硝基化 3-磷酸甘油醛脱氢酶(GAPDH)而抑制糖酵解途径。过氧亚硝基可以诱导线粒体的 PTP、钙离子外流[23]，NO 也可以直接诱导 PTP 开放使线粒体的内容物如钙离子、细胞色素 c 外流到细胞质中导致细胞的凋亡或坏死反应[24](图 1-5)。

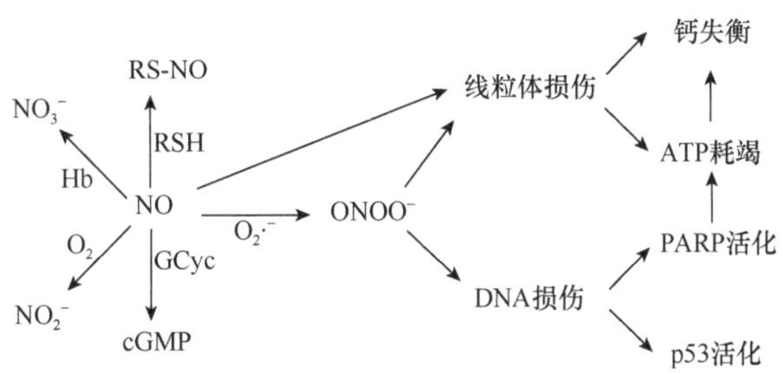

图 1-5 NO 的损伤反应

GCyc. 鸟苷酸环化酶(guanylyl cyclase)；Hb. 血红蛋白(haemoglobin)；
RS-NO. S-亚硝基硫醇(S-nitrosothiols)；RSH. 巯基(thiol)

NO 与 DNA 损伤：NO 与过氧亚硝基还能引起 DNA 单链断裂，断裂的 DNA 激活 PARP(poly-ADP-ribose polymerase)修复 DNA，同时上调肿瘤抑制基因 *p53*[25]。PARP 的激活在 NO 引起的细胞损伤中发挥重要的作用，PARP 把 $NADP^+$中的 ADP 核糖残基用于合成核蛋白，在 $NADP^+$的再合成过程中，消耗大量的 ATP，导致细胞能量缺乏[26]。NO 损伤 DNA 和 DNA 修复过程中引起的核糖三磷酸的枯竭，上调肿瘤抑制蛋白 p53，p53 的上调引起细胞停留在 G_1/S 期以给予细胞时间用于 DAN 修复。如果 DNA 损伤过于严重，p53 就会诱导细胞的凋亡。p53 发挥转录因子的作用，增加 DNA 修复和凋亡过程中所需蛋白质的表达[27]。另外，p53 还可以和别的蛋白质相互作用，导致不依赖于转录过程的凋亡。

1.3　一氧化氮的产生和代谢

NO 的重要生物功能必然和它的产生和代谢有关，了解其代谢途径也可以使人们更好地理解其功能。所以这一节讨论 NO 在体内外的产生和代谢。

1.3.1　一氧化氮的产生

在通常情况下，不能直接由元素合成 NO，因为仅在 120℃时氮和氧才开始反应生成 NO，而且是可逆的。

$$N_2+O_2 \rightleftharpoons 2NO$$

现在比较方便的方法是在 500℃左右以铂作为催化剂使氨氧化产生 NO。

$$4NH_3 + 5O_2 = 4NO + 6H_2O$$

在实验室内，NO 通常用较低浓度的硝酸与铜反应制备[28]。

$$3Cu + 8HNO_3 = 3Cu(NO_3)_2 + 2NO + 4H_2O$$

因为 NO 非常容易与氧气反应生产二氧化氮，所以收集 NO 必须把氧气排走。一般是利用启普发生器产生 NO，利用氮气将水溶液中的氧气排走，收集 NO 气体。下列反应也能产生 NO。

$$N_2O_3 = NO + NO_2$$

$$3HNO_2 = HNO_3 + 2NO + H_2O$$

$$2NO_2 = 2NO + O_2$$

1.3.2　一氧化氮自由基的供体

NO 自由基的供体在研究 NO 自由基时被广泛采用。这些 NO 自由基的供体可以在溶液和细胞体系产生稳定浓度的 NO 自由基。用 NO 供体可以研究 NO 自由基的功能和损伤作用[29]。

硝普钠(sodium nitroprusside，SNP)、硝酸甘油(nitroglycerin)、亚硝酸戊酯(amyl nitrite)、赤藓醇四硝酸酯(erythrityl tetranitrate)、五赤藓醇四硝酸酯(pentaerythritol tetranitrate)、$Na_2[Fe(CN)_5NO]\cdot 2H_2O$ 是比较常用的 NO 自由基供体(图 1-6)。

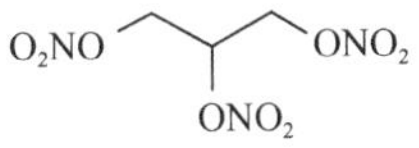

三硝酸甘油

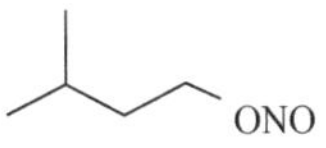

亚硝酸戊酯

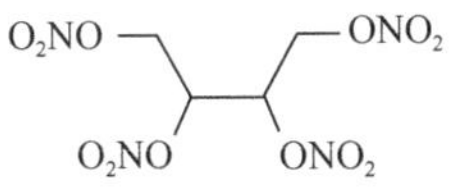

赤藓醇四硝酸酯

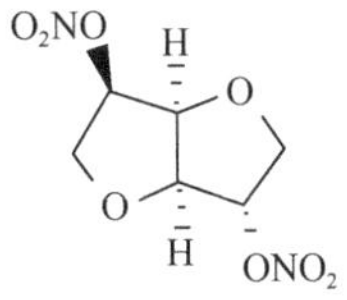

异二硝酸山梨酯

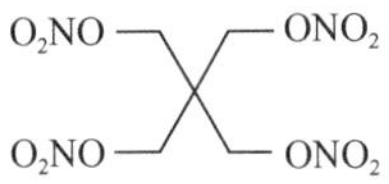

五赤藓醇四硝酸酯

图 1-6 NO 自由基的供体

1.3.3 一氧化氮的代谢

1.3.3.1 一氧化氮在气相和液相中的代谢

氮的 7 个氧化物中有 3 个是自由基。表 1-5 列出了与体内外 NO 代谢有关的各种化合物。

表 1-5 与 NO 体内外代谢有关的化合物

分子式	化学名称	氮的氧化态
NH_2OH	羟氨	−1
N_2	氮气	0
N_2H	氢化二氮	+1
HNO/NO^-	超亚硝酸/一氧化氮负离子	+1
NO	一氧化氮	+2
N_2O_2	二氧化二氮	+2
NO^+	亚硝鎓离子	+3
N_2O_3	三氧化二氮	+3
$NOOOH/ONOO^-$	过氧亚硝酸/过氧亚硝基	+3
HNO_2/NO_2^-	亚硝酸/亚硝酸根	+3
NO_2	二氧化氮	+4
N_2O_4	四氧化二氮	+4
N_2O_5	五氧化二氮	+5
O_2NOOH/O_2NOO	过亚硝酸/过亚硝酸根	+5
HNO_3/NO_3^-	硝酸/硝酸根	+5

1.3.3.2　一氧化氮在体内的代谢

NO 在体内主要是通过一氧化氮合酶(NOS)催化合成进行的。一氧化氮合酶以 L-精氨酸(L-Arg)和分子氧为底物，催化 L-Arg 的 2 个等价胍基氮之一，生成 L-瓜氨酸，从而释放 NO(图 1-7)[30]。本章第 4 节将详细讨论。

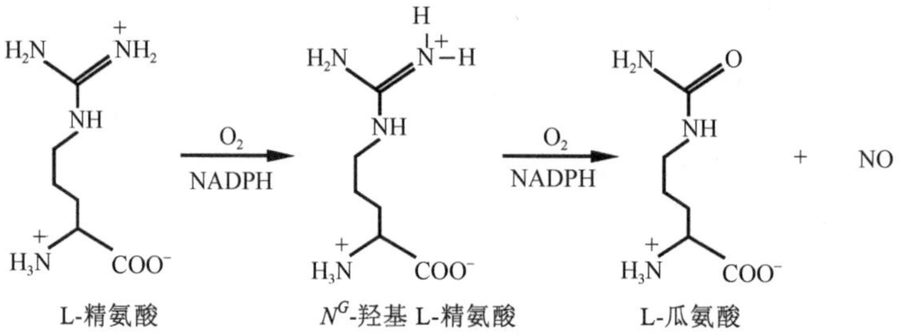

图 1-7　一氧化氮合酶合成 NO 自由基的反应历程

1.4　一氧化氮合酶

一氧化氮合酶主要有 3 种同工酶：存在于内皮细胞中的内皮细胞型一氧化氮合酶(endothelial nitric oxide synthase，eNOS)、存在于神经细胞中的神经型一氧化氮合酶(neuronal nitric oxide synthase，nNOS)，以及存在于巨噬细胞、肝细胞、神经胶质细胞中的可诱导型一氧化氮合酶(inducible nitric oxide synthase，iNOS)。eNOS 和 nNOS 均为构成型酶，统称为构成型一氧化氮合酶(constitutive nitric oxide synthase，cNOS)。另外，还有存在于线粒体中的线粒体一氧化氮合酶(mitochondrial nitric oxide，mtNOS)。

1.4.1　一氧化氮合酶的特征和分布

根据 NOS 分布的组织和来源分为神经型 nNOS 或 Type Ⅰ、免疫型(或诱导型)iNOS 或 Type Ⅱ、内皮型 eNOS 或 TypeⅢ、线粒体 mtNOS，其中 mtNOS 是 20 世纪 90 年代中期才开始被发现的一种 NOS。NOS 催化生成 NO 的过程中都需要 NADPH、FMN、FAD、CaM(calmodulin)、BH_4(tetrahydorbiopterin)等辅助因子，决定了不同 NOS 之间有很高的同源性。nNOS、eNOS 和 iNOS 三种酶的氨基酸序列同源性约 60%，单亚基分子质量范围在 110~160kDa。同时 NOS 与细胞色素 P450 还原酶之间序列同源性高，尤其是与 NOS 的 C 端，序列同源性高达 58%。神经型 NOS 有许多同工型，主要由人基因中存在的 29 个外显子经过不同的剪切形成[30]，在脑中以可溶性及膜结合两种形式存在。eNOS 存在于内皮细胞中的高尔基体及细胞膜穴样凹陷中[31]，在神经元中的定位尚不清楚。iNOS 主要表达于巨噬细胞、小胶质细胞，在神经病理过程中被诱导，有可溶性及膜结合两种形式[32]。eNOS 受 Ca^{2+}及钙调蛋白(calmodulin，CaM)的调节，一些神经肽类可在 Ca-CaM 上游通过影响 Ca-CaM 对酶的活化抑制 NOS 活性[33]，另外一些机制在 Ca-CaM 下游起作用，如某些激酶对 NOS 活性的调节。根据目前研究结果，作者总结了几种 NOS 的特征和分布，如表 1-6 所示。

表 1-6 不同 NOS 的特征和分布[9, 30~33]

NOS	结构型 NOS			诱导型 NOS
类型	nNOS(Type Ⅰ)	mtNOS	eNOS(TypeⅢ)	iNOS(Type Ⅱ)
结合位置	膜结合	线粒体内膜结合	胞质	胞质
分子质量	160kDa	130kDa 或 144kDa	135kDa	130kDa
存在组织	神经、肾上腺、大脑皮层、髓质和星形细胞等	脑、肝、心、肾、肺、睾丸和脾等	乳突细胞、血小板、胰腺细胞、β-胰岛细胞和血管内皮细胞等	巨噬细胞、PMN、T-淋巴细胞、软骨细胞、肝细胞、星形细胞、视网膜、肠内皮细胞、角膜细胞、血管内皮和光滑细胞、脑内皮细胞、小角质细胞、胰岛细胞，β-细胞、肿瘤细胞等
依赖蛋白质抑制剂	NADPH-依赖，P-450 型血红蛋白同源			NADPH-依赖，P-450 型血红蛋白同源
	被 L-精氨酸类似物抑制			被 L-精氨酸类似物抑制
辅助因子	Ca^{2+}/钙调蛋白依赖，活性受 Ca^{2+}浓度影响			钙调蛋白是一个亚基，活性受 Ca^{2+}浓度影响；酶在转录水平受一些内毒素(如 LPS、BCG)和细胞因子(如 IFN-γ、TNF-α、IL-1)诱导
产生速度释放时间	释放 pmol/L NO / $min^{-1}mg^{-1}$ 蛋白质			释放 nmol/L NO/$min^{-1}mg^{-1}$ 蛋白质
	短时间释放			长时间释放
糖皮质激素影响	不受糖皮质激素影响			受糖皮质激素抑制

1.4.1.1 内皮型 NOS

eNOS 是第一种被发现的 NOS，单亚基分子质量为 135kDa，主要分布于大动脉内皮细胞中，在小动脉和毛细血管中也有分布，但是比较少[33]。eNOS 结合于内皮细胞的细胞膜上，是一种膜结合酶或称为颗粒酶，eNOS 的活性受细胞内钙离子浓度调控。内皮细胞产生的 NO 渗透到血管壁内皮细胞下层的平滑肌细胞，与细胞中的鸟苷酸环化酶的血红素集团结合并激活环化酶活性，提高内皮细胞中内环鸟苷酸(cGMP)水平，松弛血管，降低血压，提高血液流量(图 1-8)。eNOS 在内皮细胞中以组成型表达，活性主要受细胞内瞬时变化的钙离子调节，产生 NO 水平较低，在每毫克蛋白质每分钟释放皮摩尔水平[9]。L-精氨酸的类似物如 L-NMMA、L-NNA 可以抑制 eNOS 的活性(性质如表 1-6 中所示)[34, 35]。

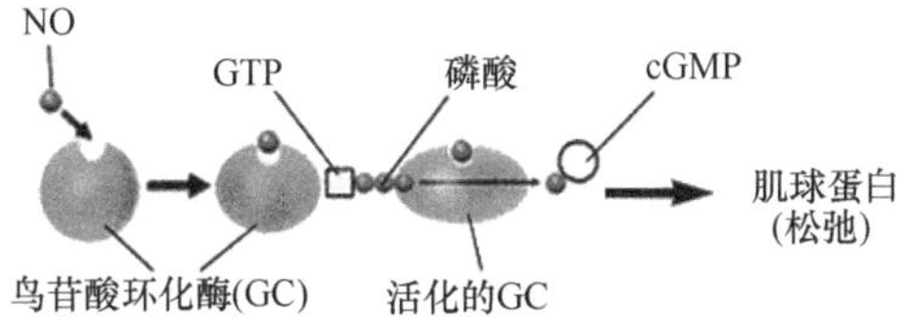

图 1-8 内皮型 NOS 于内皮细胞的细胞膜上产生 NO，松弛血管

1.4.1.2 神经型 NOS

nNOS 是一种胞质酶，单亚基分子质量为 160kDa，分布于皮层、海马和纹状体中小的中间神经元，在这些部位 NOS 阳性神经元占神经元总数 1%~2%。同时，小脑中粒细胞，篮状细胞也都含有 nNOS。nNOS 的活性受到细胞内钙离子浓度的调节，nNOS 与突

触后密度蛋白-95(post-synaptic density protein，PSD-95)结合在神经细胞的细胞膜上，胞外谷氨酸或 NMDA 与 NMDA(*N*-methyl- D- aspartate)受体结合，激活 NMDA 受体引起钙离子内流，导致细胞内钙离子浓度升高，钙离子与钙调蛋白结合，然后钙 / 钙调蛋白与 BH_4 结合到细胞膜 nNOS 上，nNOS 从细胞膜上脱离进入胞质，去磷酸化激活，产生 NO，NO 与鸟苷酸环化酶中的血红素基团结合并激活鸟苷酸环化酶，升高 cGMP，调节各种 cGMP 相关信号通路(图 1-9)[30, 36]。L-精氨酸的类似物如 L-NMMA 可以抑制 nNOS 的活性。

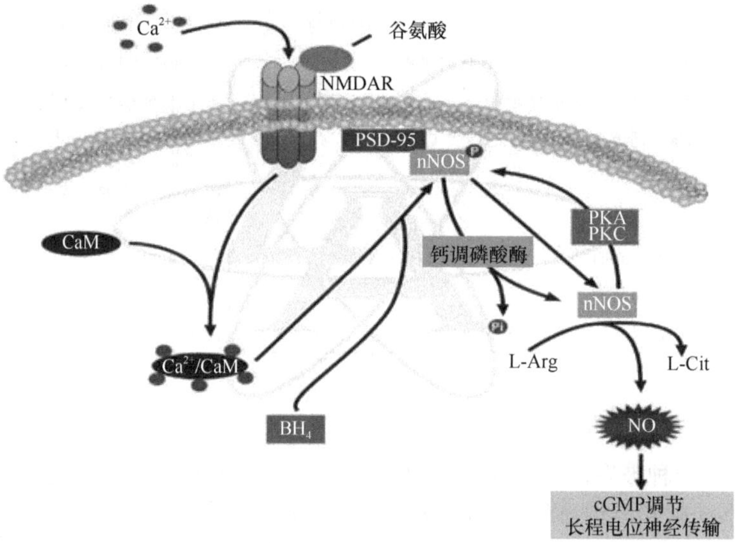

图 1-9　神经型 nNOS 在神经膜上的相关信号通路(彩图请扫书后二维码)

神经型 nNOS 在神经膜上与突触后体密度蛋白(PSD-95)联结。随着细胞内 Ca^{2+}增加 nNOS 开始与 CaM 反应。Ca^{2+}-CaM 复合物和 BH_4，与 nNOS 结合并诱导从细胞膜向细胞质转移。PKA. 蛋白激酶 A；PKC. 蛋白激酶 C

1.4.1.3　诱导型 NOS

iNOS 是一种胞质酶，分子质量约为 130kDa，由于是在巨噬细胞等免疫细胞中发现的，因此也称为免疫型一氧化氮合酶。iNOS 也有钙调蛋白结合位点，但是 CaM 是作为配基始终与酶结合，酶活性不受钙离子浓度的调节[36]。iNOS 在转录水平调控，在肝细胞中被细胞因子诱导后，iNOS 的 mRNA 大约 16h 后达到高峰，然后慢慢下降[37]，而产生的 NO 水平则在 24h 后达到高峰，然后逐渐下降[38]。iNOS 受产生的 NO 负反馈调控，NO 的清除剂血红蛋白能够增加酶活性，而 NO 的供体 *S*-亚硝基乙酰青霉胺降低一氧化氮合酶的活性[39]。iNOS 的产生受脂多糖 LPS 和细胞因子的调控[40]，基因的启动子部位有 NFκB、HIF-1、IRF-1 等因子的结合部位。iNOS 产生 NO 的效率在每毫克蛋白质每分钟释放纳摩尔水平，比其他几种 NOS 高几个数量级，一旦产生就会持续大量地产生 NO，对机体造成伤害，因此 iNOS 在多种病理条件下起作用。

1.4.1.4　线粒体一氧化氮合酶

mtNOS 是在 20 世纪 90 年代末才发现的，它结合在线粒体内膜上[41, 42]。mtNOS 存在于体内多种组织的线粒体中，如在肝脏、脑、心脏、肌肉、肾脏、肺组织、睾丸、胰脏中都有分布。mtNOS 的分子质量有不同的报道(脑组织 mtNOS 为 144kDa[43]，SH-SY5Y 成神经细胞瘤细胞 mtNOS 为 130kDa[42])。用质谱、氨基酸序列分析、PCR 等方法研究发现，在 nNOS 敲除小鼠中，mtNOS 同时丧失，而敲除 eNOS 和 iNOS 的小鼠体内 mtNOS 不受影响，证明了 mtNOS 与 nNOS 有紧密的关系。然而，分析 mtNOS 的动力学性质、辅助因子、分子质量及对不同种类 NOS 的抗体作用，得出结论为 mtNOS 可能与 iNOS 相似[44]。用蛋白质电泳免疫杂交试验发现，mtNOS 与 eNOS 相似。mtNOS 的活性受到钙离子的调控，当线粒体内钙离子浓度升高时，mtNOS 的活性升高[45]，mtNOS 产生 NO 的水平也在皮摩尔(pmol)水平[43]，L-精氨酸的类似物可以抑制 mtNOS 的活性。mtNOS 产生的 NO 能够调控线粒体的 pH、线粒体膜电位，调节线粒体的呼吸链和能量的产生[42]。同时 mtNOS 产生的 NO 能够诱导线粒体细胞色素 c 的释放，诱导细胞凋亡，而一氧化氮合酶的抑制剂可以抑制细胞色素 c 的释放[46]。mtNOS 在 SH-SY5Y 细胞中的的活性与 Bcl-2 家族的蛋白质相关，例如，能增加 Bax 的水平[44]，暗示 mtNOS 可能在细胞凋亡中起作用。

1.4.2 一氧化氮合酶的分离纯化

这里介绍几种从不同组织分离纯化 NOS 的方法。

1.4.2.1 从巨噬细胞分离纯化诱导型 iNOS

利用两个柱子层析法分离纯化诱导型 iNOS[47]。首先将巨噬细胞匀浆，然后取 100 000*g* 离心的上清液，加到含有 10%甘油和 0.5mmol/L 精氨酸(缓冲液 A)的 10mmol/L K_2HPO_4 平衡的 2′,5′-ADP 琼脂糖凝胶(Sepharose-4B)亲和柱上。用盐洗和苹果酸/$NADP^+$ 洗后，用 1mmol/L NADPH 和 1μmol/L BH_4 将 NOS 从柱子上洗脱下来；将洗脱下来的 NOS 直接上到用缓冲液 A 平衡的 DEAE-BIO-GEL A 离子交换柱子上，用含有 80mmol/L NaCl 的缓冲液 A 冲洗后，再用含有 120mmol/L NaCl 就可以将具有酶活性的 NOS 洗脱下来。利用以上两个柱子分离的 NOS 经凝胶过滤分析，天然酶的平均分子质量为(260±30)kDa。经 SDS-PAGE 分析，在 130kDa 有一个主带，还有两个比 130kDa 稍小的带，可能是离解的结果。这表明天然酶是以二聚体的形式存在的。经测定表明，酶的活性依赖 L-精氨酸[K_m=(16±1)μmol/L，37℃，pH 7.5]。

1.4.2.2 从内皮细胞纯化 eNOS[48]

将培养的牛主动脉血管内皮细胞收集在 PBS 缓冲液中，匀浆，离心。再用去污剂 CHAPS 溶解，上到 150~200μl 的 2′,5′-ADP 琼脂糖凝胶亲和柱上，至少循环 4 次。用含 0.1mmol/L EDTA、0.1mmol/L EGTA、0.1%巯基乙醇、10%甘油、10mmol/L CHAPS、0.5mol/L NaCl 的 50mmol/L Tris-HCl、pH 7.4 灌洗，然后用 1ml 以上不含 NaCl 的缓冲液灌洗，最后用 500mmol/L NADPH 缓冲液将含酶活性部分洗脱下来。再上到用 Tris-HCl、pH 7.4、0.1mmol/L EDTA、0.1%巯基乙醇、10%甘油、10mmol/L CHAPS、0.5mol/L NaCl 平衡过的 FPLC 琼脂糖凝胶渗透柱子上，用 NADPH 洗脱下来的 NOS 进行活性检测。纯化了 3419 倍，在 SDS-PAGE 上显示一个带，分子质量为 130kDa。其活性依赖 L-精氨酸、

NADPH、Ca^{2+}、钙调蛋白和 BH_4。纯化的 NOS 测定结果如表 1-7 所示。

表 1-7 纯化的 NOS 的测定结果

测定参数	结果
VMAX	15.3nmol/L 瓜氨酸/(mg·min)
K_m(L-精氨酸)	2.9mol/L
K_i(NNA)	0.16mol/L
K_i(NMMA)	0.94mol/L
EC50(BH_4)	0.1mol/L
EC50(钙调蛋白)	3.5mol/L
EC50(Ca^{2+})	0.3mol/L

1.4.2.3 从脑分离纯化 nNOS[49]

采用类似方法，首先将脑组织匀浆，在 100 000*g* 离心，上清液用 30%硫酸铵沉淀，再溶解并与 2′,5′-ADP 琼脂糖凝胶(Sepharose-4B)混合，上柱子。用 NADPH 洗脱 NOS。并用超滤方法浓缩，去掉分子质量 30kDa 以下的分子。利用这个方法纯化的 NOS 可以富集 6000 倍，纯度为 20%，分子质量为 160kDa。实验条件和结果总结在表 1-8 中。

表 1-8 脑组织分离纯化 NOS 的条件和结果

	蛋白质/mg	特异活性/[nmol/(mg·min)]	得率/%	纯化因子
10 000*g*(上清)	15 600	0.03	100	1
硫酸铵沉淀	1 170	0.14	35	4.7
2′,5′-ADP 琼脂糖凝胶	0.26	81.1	4.5	2 703
超滤浓缩	0.08	181.3	3.1	6 043

1.4.3 NOS 序列

NOS 序列数据库提供了在新环境、细胞、组织和样品中 NOS 的特征。表 1-9 给出了这些数据库的来源，表 1-10 为一氧化氮合酶氨基酸序列同源性。

1.4.4 一氧化氮合酶的结构

一氧化氮合酶(NOS，EC 1.14.13.39)是一个含有血红素基团的金属酶，它有几种同工酶，所有的 NOS 都由两个相同的亚基组成(同型二聚体酶)。每一个亚基都含有 5 个辅助因子结合部位，可以分别结合 NADPH、FAD、FMN、CaM、BH_4，同时含有一个血红素基团(图 1-10)。其中 NADPH、FAD、FMN 结合部位位于酶的 C 端，构成 NOS 的还原酶区域。BH_4 结合部位和血红素基团构成 NOS 的加氧酶区域，位于酶的 N 端。在还原酶区域和加氧酶区域之间是 CaM 结合部位，结合 CaM，调节酶的活性。NO 合成反应过程中，N 端的 FAD 和 FMN 起传递电子的作用，负责把 NADPH 供给的电子传递到加氧酶末端。位于还原酶区域和加氧酶区域之间的 CaM，通过调节 NOS 的电子传递链激活 NOS 的功能[67]。

表 1-9　克隆的 NOS cDNA

NOS 类型	种属组织	编码氨基酸	基因库登记号	参考文献
iNOS	小鼠巨噬细胞	1144	M84373	50
		1144	M87039	51
		1144	M92649	52
	大鼠肝细胞	1147	L12562	53
	血管平滑肌	1147	D14051	54
	肝	1147	D12520	55
	人肝细胞	1153	L09210	56
	软骨细胞	1153	X73029	57
	肿瘤细胞	1429	L24553	58
ncNOS	大鼠脑	1429	X59949	59
	小鼠脑	1429	D14552	60
	人小脑	1433	L02881	61
ecNOS	牛动脉内皮细胞	1205	M89952	62
		1205	M95674	63
		1205	M99057	64
	人静脉内皮细胞	1203	M93718	65
		1203	M95296	66

表 1-10　一氧化氮合酶氨基酸序列同源性

来源/异构体	mo-iNOS	ra-iNOS	hu-iNOS	mo-ncNOS	ra-ncNOS	hu-ecNOS	bo-ecNOS	hu-ecNOS
mo-iNOS	100							
ra-iNOS	94	100						
hu-iNOS	80	80	100					
mo-ncNOS	52	53	54	100				
ra-ncNOS	51	53	53	98	100			
hu-ecNOS	52	54	53	94	93	100		
bo-ecNOS	50	51	50	58	60	58	100	
hu-ecNOS	50	51	51	58	60	58	94	100

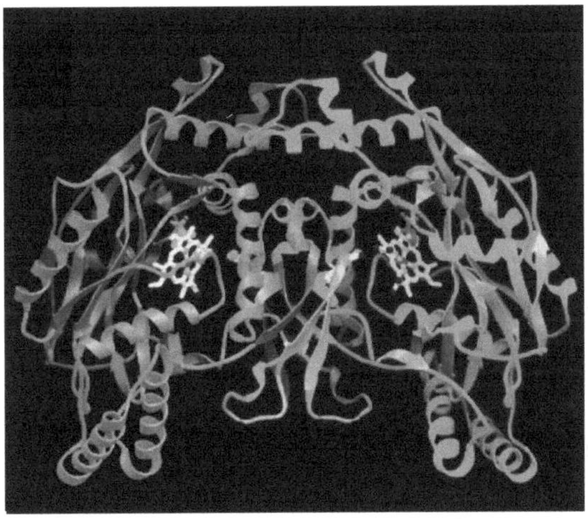

图 1-10　一氧化氮合酶(NOS)的晶体结构(彩图请扫书后二维码)
辅助因子：血红素、四氢生物蝶呤、黄素单核苷酸、焦磷酸化黄素嘌呤二核苷酸

在 iNOS 中，钙调蛋白始终与 NOS 结合，酶的活性不受细胞中钙离子的调控。正常情况下，对于其余的 NOS(nNOS、eNOS、mtNOS)，钙调蛋白不与 NOS 结合，这时 NADPH 供给的电子不能通过电子传递链传到加氧酶区域，而是被细胞色素 c 或别的电子受体获得，不能合成 NO。细胞中钙离子浓度升高后，调节钙调蛋白与 NOS 结合，电子传递到加氧酶末端，合成 NO。四氢叶酸(BH_4)在酶中具有十分重要的功能，在 X-晶体衍射分析中发现，BH_4与底物氢键结合，与 NOS 中的血红素共同构成活性中心。BH_4一方面具有立体变构功能(allosteric)，稳定有活性 NOS 的双亚基结构，稳定高自旋血红素形成，促进 L-精氨酸与 NOS 活性中心的结合；另一方面，BH_4可能还具有还原功能，能够直接供给电子，催化反应的进行[68](图 1-11)。

异构体	单体分子质量/kDa
nNOS	160
eNOS	135
iNOS	130
mtNOS	127

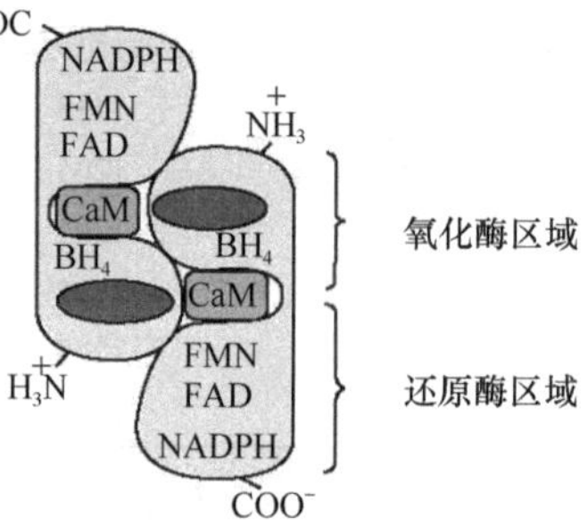

图 1-11　NOS 二聚体中单体分子质量及在 C 端还原酶和 N 端氧化酶的机构
在还原酶区域有 3 个可辨认位置，NADPH、FAD 和 FMN；在氧化酶区域有一个可辨认位置

NOS 以 L-精氨酸为底物，催化一个 5 电子的氧化反应，把 L-精氨酸侧链胍基上两个化学价位相同的 N 原子之一氧化为 NO，同时产生 L-瓜氨酸。这个反应分两步进行。第一步反应，1 分子 NADPH 供给相当于 2 电子的还原力，生成与酶结合的 N^G-羟基-L-精氨酸；第二步，NOS 消耗 0.5 分子 NADPH 供给相当于 1 电子的还原力，催化一个 3 电子氧化反应，把 L-NHA 转化为 L-瓜氨酸，同时生成 NO。NO 合成过程中，N 原子来源于 L-精氨酸侧链胍基上的 N 原子，而 NO 和 L-瓜氨酸中的氧原子都来源于氧分子而不是水。在 L-精氨酸或 BH_4 等辅助因子缺乏时，NOS 就会生成别的物质。纯化的神经型 NOS 具有钙/钙调蛋白依赖的 NADPH：氧和氧化还原酶活性，在 L-精氨酸和 BH_4 的浓度低于合适的浓度时，NOS 就会产生过氧化氢[69]。在 L-精氨酸缺乏的情况下，iNOS 在产生 NO 的同时产生超氧阴离子，然后两者直接反应生成过氧亚硝基[70]，在 BH_4 缺乏的情况下，一氧化氮合酶也会产生过氧化氢、超氧阴离子和 NO[70~72]。这些情况在正常生理条件下可能不会发生，但是在病理条件下如缺血再灌注损伤时，由于血液供应不足，氧气和葡萄糖缺乏，可能会引起组织中 L-精氨酸和辅助因子水平降低，NOS 产生过氧化氢、过氧亚硝基等活性氧，引起机体的损伤。

1.4.5　一氧化氮合酶的检测

1.4.5.1　Western blot 分析脑中 NOS 的表达

以不同年龄段金黄地鼠视皮层为例，说明利用 Western blot 法定量测定 nNOS 的表达。取各年龄段的脑匀浆进行 SDS-PAGE，上样量为 30μg 蛋白质。电泳完毕，30V 转膜过夜。硝酸纤维素膜经 5%牛血清封闭后，加一抗(抗鼠多克隆 nNOS 抗体，1∶500)室温摇床反应 2h，封闭液洗 5 次，每次 10min，加入二抗(HRP-结合羊抗兔 IgG 抗体，1∶5000)反应 1h，洗掉未特异结合的抗体，加入 DAB 显色。重复此实验 6 次。

利用灰度扫描相对定量 NOS 的水平。用 Western blot 法测定了不同年龄段金黄地鼠视皮层中 NOS 的表达。在所有的年龄段都检测到 nNOS 特异的条带，分子质量为 158kDa 左右(图 1-12B)。NOS 的表达水平在生后 3 天最弱，然后强度逐渐增加，至 14 天达到峰值，至 21 天以后逐渐下降。定量分析的结果表明，nNOS 的表达具有显著的发育相关性。图 1-12 示金黄地鼠初级视皮层 NOS 的表达[73]。

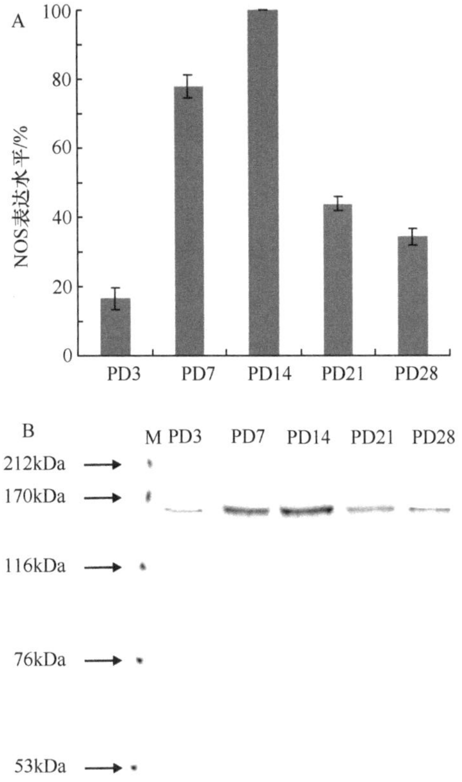

图 1-12 用 Western blot 分析不同年龄段金黄地鼠视皮层中 NOS 的表达

A. 定量分析结果平均值±SD，n=6；B. 带 M 为蛋白质标准，带 PD3、PD7、PD14、PD21 和 PD28 是出生后 3 天、7 天、14 天、21 天和 28 天金黄地鼠视皮层中 NOS 的表达

1.4.5.2 RT-PCR 检测组织中 iNOS 的 mRNA 水平

这里以沙鼠大脑海马组织为例，从缺血再灌注后 48h 的沙鼠大脑海马组织中，用 Trizol 试剂(Gibco/BRL)根据说明书制备总 RNA，用 RT-PCR 法检测 iNOS 的 mRNA 水平。RT-PCR 试验根据 RT-PCR 试剂盒进行。1μg 的总 RNA 反转录为 cDNA。50μl PCR 反应液中含 4μl 反转录产物，0.2mmol/L dNTP，1.5mmol/L $MgCl_2$，1.5U *Taq* 聚合酶，30pmol 上游引物，30pmol 下游引物。根据文献设计 iNOS 的引物：5′-TTT GAC CAG AGG ACC

CAG AG-3′(上游)和 5′-TTG GTG GCA AAG ATG AGC TC-3′(下游)，分别对应于 iNOS cDNA 文库中 366~385 和 547~566 碱基对[57]。β-肌动蛋白(β-actin)的引物作为一个内对照。10μl 的 PCR 反应物在 2%的琼脂糖凝胶上电泳，以 EB 显色。

用 RT-PCR 试验检测沙鼠大脑海马组织中 iNOS 的 mRNA 水平，结果如图 1-13 所示。在阴性对照组中 iNOS 的 mRNA 也有比较低的表达，这可能与缺血再灌过程中的阴性对照手术损伤有关。在缺血再灌注组，iNOS 的 mRNA 大量表达[74]。

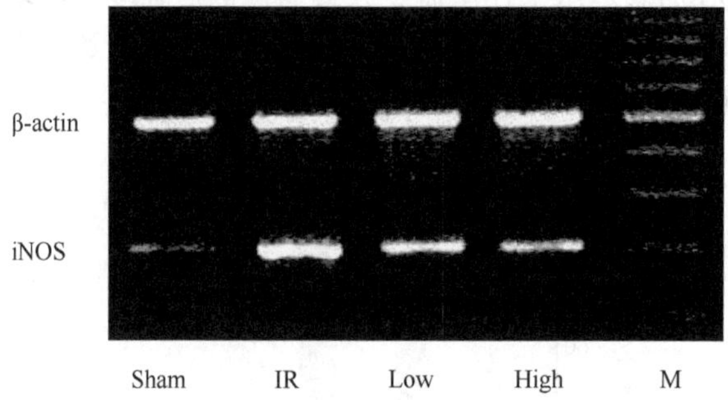

图 1-13　RT-PCR 分析 iNOS mRNA 在沙鼠大脑海马组织中 iNOS 的 mRNA 水平
Sham. 假手术组；IR. 缺血再灌注组；Low、High. 低和高剂量山楂黄酮组；M. Marker

1.4.5.3　NOS 酶活性的测定

电子自旋共振技术(ESR)是一种直接而特异的检测自由基的方法，用于检测 NO 及 NOS 的活性。可以对脑匀浆液直接测定而不影响结果的特异性及准确性。由于一般样品量较少，这个方法比其他需要蛋白质纯化的方法更适应人们的需要。自由基由于其未成对电子与核自旋及磁场的相互作用，利用 ESR 方法可以检测到产生的特征性图谱。对于 NO，其未成对电子与核自旋的耦合所产生的超精细分裂为三线谱，a_N =12.5G，g=2.035(图 1-14A~E)。由于此方法的特异性及灵敏性，这个方法也被用来测定 NOS 的活性。作者利用 ESR 方法，通过检测每微克蛋白质每分钟所产生的 NO 来表述 NOS 的活性。

在匀浆上清中依次加入 L-Arg、$CaCl_2$、NADPH、$Na_2S_2O_4$、DETC 及 $FeSO_4$，终浓度分别为 500μmol/L、500μmol/L、800μmol/L、10mmol/L、5mmol/L 及 1mmol/L。37℃避光温育 1.5h，加入 1/5 体积的乙酸乙酯抽提，充分振荡后 6000g 离心 12min，分离上层有机相避光保存于 0~4℃。乙酸乙酯抽提可以提高系统的灵敏性及信号与 NO 浓度的线性关系[59]。ESR 信号利用 ER-200 波谱仪于石英管中室温下测定。测试条件为：X 波段，调制 100kHz，调制幅度 3.2G，微波功率 20mW，中心磁场 3380G，扫宽 400G，时间常数为 0.3s。

对于 ESR 方法，取 NO 信号中第一个峰的高度作为 NO 信号的相对强度。在所有检测的年龄段，出生后 3 天的信号强度相对较小，至第 7 天(PD7)，信号增强，此后信号强度逐渐增加，到 14 天达到峰值，然后 21 天和 28 天逐渐下降(图 1-14A~E)。将 NO 信号的第一峰的高度作为信号强度的相对量度。比较各年龄段的波谱表明，在各年龄段之间及两个相邻年龄段间均存在显著性差异(P<0.05)。

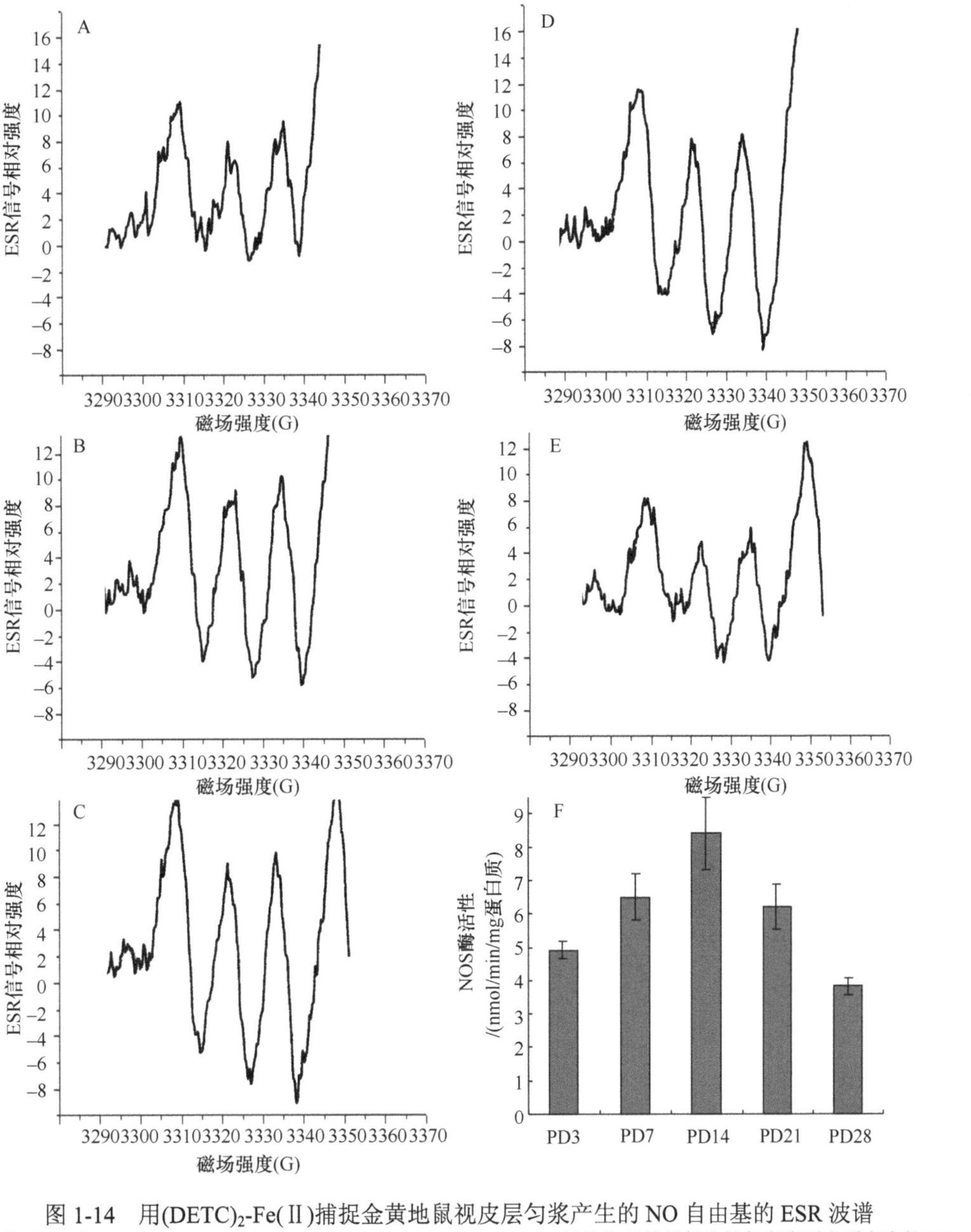

图 1-14 用$(DETC)_2$-Fe(Ⅱ)捕捉金黄地鼠视皮层匀浆产生的NO自由基的ESR波谱

A. 出生后 3 天(PD3)；B. PD7；C. PD14；D. PD21；E. PD28；F. NOS 活性定量结果每分钟每毫克蛋白质产生的 NO。平均值± SD，n=8

1.4.6 一氧化氮合酶产生超氧阴离子自由基

NOS 除了产生 NO 外还在一定条件下产生超氧阴离子自由基。如前所述，一氧化氮合酶每一个亚基都含有 5 个辅助因子结合部位，可以分别结合 NADPH、FAD、FMN、CaM、BH_4，同时含有一个血红素基团。其中 NADPH、FAD、FMN 结合部位位于酶的 C 端，构成 NOS 的还原酶区域。BH_4结合部位和血红素基团构成 NOS 的加氧酶区域，位于酶的 N 端。在还原酶区域和加氧酶区域之间是 CaM 结合部位，结合 CaM，调节酶的活性。NO 合成反应过程中，N 端的 FAD 和 FMN 起传递电子的作用，负责把 NADPH 供给的电子传递到加氧酶末端。位于还原酶区域和加氧酶区域之间的 CaM，通过调节 NOS 的电子传递链激活 NOS 的功能。当 BH_4 不足时，eNOS 就产生超氧阴离子自由基，在没有 L-精氨酸时 nNOS 也产生超氧阴离子自由基[75]。

1.5　一氧化氮合酶序列的系统发育树

从蛋白质数据库(GenBank)重复 1000 次基因序列获得一致的最大相似得到的发育树如图 1-15 所示。该树可以分为两个主要的分裂。一个主要群集包含从脊椎动物生物体 3 种 NOS 异构体(eNOS、nNOS 和 iNOS)的功能多样化。第二个群体包含无脊椎动物(刺胞动物门、节肢动物、软体动物)NOS。比较小集群中有藻类、植物和细菌。这是公认的生物王国，被生物体中的聚类模式很好地支持。但是其中植物的 NOS 一直有争论，从而使得一氧化氮合酶之间的进化关系难以真正建立[76~78]。

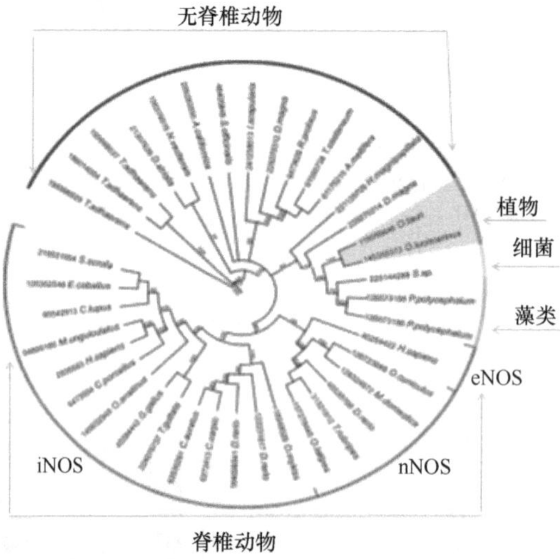

图 1-15　NOS 序列的系统发育树

主分类区划：脊椎动物、无脊椎动物、植物、细菌和藻类。每个序列标注的是登录号和种名。在树枝上的值表示权重值

1.6　黄嘌呤氧化酶催化产生一氧化氮

除了一氧化氮合酶产生 NO 外，黄嘌呤氧化酶也可以在一定条件下产生 NO。黄嘌呤氧化酶(XO)催化黄嘌呤产生超氧阴离子自由基是人所共知的常识[79]，但是黄嘌呤氧化酶催化硝酸和亚硝酸还原产生 NO 就很少有人知道。最近李海涛等在他们的几篇论文中给出了令人信服的结果，证明黄嘌呤氧化酶(XO)确实可以催化硝酸和亚硝酸还原产生 NO。因为组织和血液中存在高浓度的硝酸，如果黄嘌呤氧化酶能还原硝酸的话，这可能是体内产生 NO 的重要来源。

1.6.1 在缺氧条件下，黄嘌呤氧化酶可以还原硝酸产生一氧化氮

在底物有黄嘌呤、NADH、二羟基苯丙二醛(2,3-dihydroxybenz-aldehyde)存在条件下，黄嘌呤氧化酶启动硝酸还原产生 NO 反应。亚硝酸和 NO 的线性增加表明硝酸是逐步还原生产亚硝酸和 NO 的。结合钼的黄嘌呤氧化酶抑制剂氧别嘌呤醇能够抑制亚硝酸和 NO 的产生，说明硝酸还原位点位于钼。黄嘌呤在高浓度时抑制更加明显，说明黄嘌呤与底物结合还原酶形成了一个复合物阻挡了钼的位置。亚硝酸和 NO 的产生依赖 pH，说明黄嘌呤氧化酶催化硝酸还原是通过了酸催化机制。图 1-16 是用$(MGD)_2Fe^{2+}$自旋捕捉的 NO 的 ESR 波谱[80]。

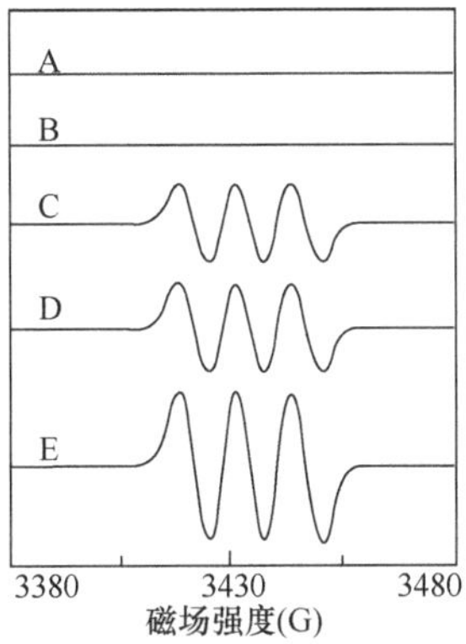

图 1-16 用$(MGD)_2Fe^{2+}$自旋捕捉的黄嘌呤氧化酶催化硝酸还原产生 NO 的 ESR 波谱

A. 0.1mg/ml 黄嘌呤氧化酶，100mmol/L 黄嘌呤；B. 10mmol/L 硝酸，100μmol/L 黄嘌呤；C. 10mmol/L 硝酸，0.1mg/ml 黄嘌呤氧化酶，5mmol/L NDAPH；D. 10mmol/L 硝酸，0.1mg/ml 黄嘌呤氧化酶，100μmol/L 硝酸；E. 10mmol/L 硝酸，0.1mg/ml 黄嘌呤氧化酶，0.5mmol/L 二羟基苯丙二醛

为了进一步证明用 ESR 技术检测的黄嘌呤氧化酶是可以催化硝酸还原产生 NO，用电化学方法和化学发光技术测试的黄嘌呤氧化酶催化硝酸还原产生 NO。利用心肌组织和黄嘌呤氧化酶一起温育，发现可以催化硝酸还原产生 NO(图 1-17)。为了排除一氧化氮

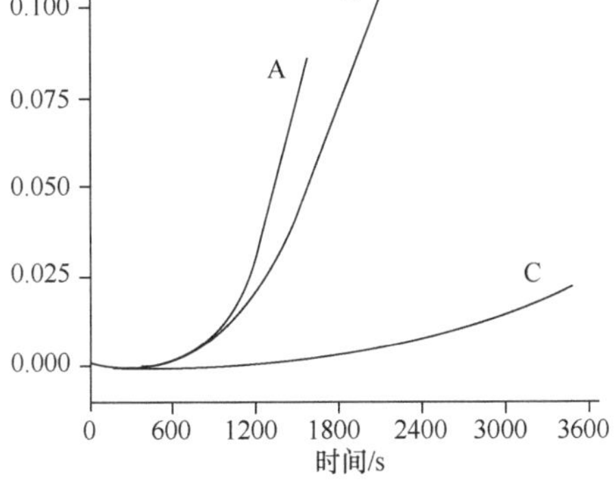

图 1-17 电化学方法测试的黄嘌呤氧化酶（0.1mg/ml）催化硝酸（1mmol/L）还原产生一氧化氮

A. 0.5mmol/L 二羟基苯丙二醛；B. 50μmol/L 黄嘌呤；C. 2mmol/L NDAPH

合酶产生的 NO，加入一氧化氮合酶抑制剂 L-NNA，同样可以得到 NO，而加入黄嘌呤氧化酶抑制剂羟基嘌呤醇就抑制 NO 的产生，说明缺血组织中黄嘌呤氧化酶是可以催化硝酸还原产生 NO 的。

1.6.2 黄嘌呤氧化酶催化亚硝酸还原产生一氧化氮

黄嘌呤氧化酶不仅可以催化硝酸还原产生 NO，而且黄嘌呤氧化酶还可以催化亚硝酸还原产生 NO。利用自旋捕捉技术，电化学技术在底物黄嘌呤、NADH、二羟基苯丙二醛存在条件下，黄嘌呤氧化酶启动亚硝酸还原产生 NO。在缺氧情况下 20min，测定心肌黄嘌呤氧化还原酶和亚硝酸反应产生的 NO，其水平可以达到 20μmol/L，这可能是缺血组织产生 NO 的重要来源。图 1-18 是用$(MGD)_2Fe^{2+}$自旋捕捉的 NO 自由基的 ESR 波谱[81]。

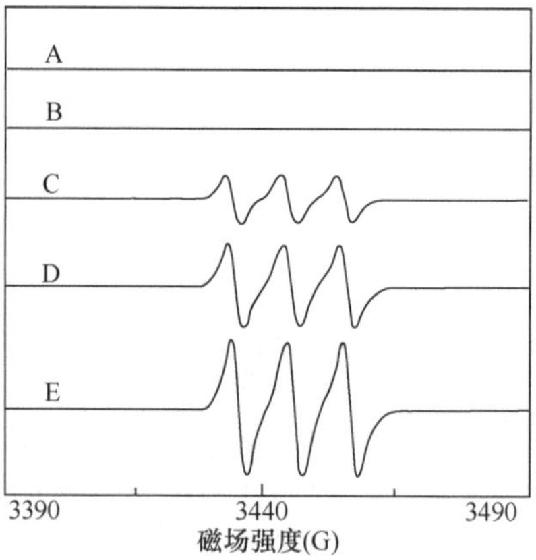

图 1-18　用$(MGD)_2Fe^{2+}$自旋捕捉的黄嘌呤氧化酶可以催化亚硝酸还原产生 NO 的 ESR 波谱

A. 0.02mg/ml 黄嘌呤氧化酶，0.1mmol/L 黄嘌呤，400U/ml SOD；B. 0.02mg/ml 黄嘌呤氧化酶，0.1mg/ml 黄嘌呤，1mmol/L 亚硝酸；C. 0.02mg/ml 黄嘌呤氧化酶，400U/ml SOD，1mmol/L 亚硝酸，0.5mmol/L 二羟基苯丙二醛；D. 0.02mg/ml 黄嘌呤氧化酶，0.1mg/ml 黄嘌呤，1mmol/L 亚硝酸，400U/ml SOD；E. 0.02mg/ml 黄嘌呤氧化酶，0.1mg/ml 黄嘌呤，1mmol/L 亚硝酸，1mmol/L NADH，400U/ml SOD

在缺血组织中黄嘌呤氧化酶是否可以催化亚硝酸还原产生 NO，可利用心肌组织和黄嘌呤氧化酶温育进行验证，结果发现可以催化亚硝酸还原产生 NO(图 1-19)。为了排除一氧化氮合酶产生的 NO，加入一氧化氮合酶抑制剂 NNLA，同样可以得到 NO，而加入黄嘌呤氧化酶抑制剂羟基嘌呤醇就抑制 NO 的产生，说明缺血组织中黄嘌呤氧化酶是可以催化亚硝酸还原产生 NO 的。

1.6.3 黄嘌呤氧化酶催化有机硝酸还原产生一氧化氮和硝基化含硫化合物

在以上研究的基础上，作者又研究了黄嘌呤氧化酶催化有机硝酸还原产生 NO 和硝基化含硫化合物。结果发现，在牛血清白蛋白(BSA)和二硝基异山梨酸(ISDN)存在时，黄嘌呤氧化酶催化三硝酸甘油(GTN)产生 NO，在同样条件下加入黄嘌呤氧化酶 FDA 位点的抑制剂氯化二苯碘(DPI)，NO 信号就消失，说明黄嘌呤氧化酶催化硝酸甘油产生 NO

的位点是 FDA[82](图 1-20)。

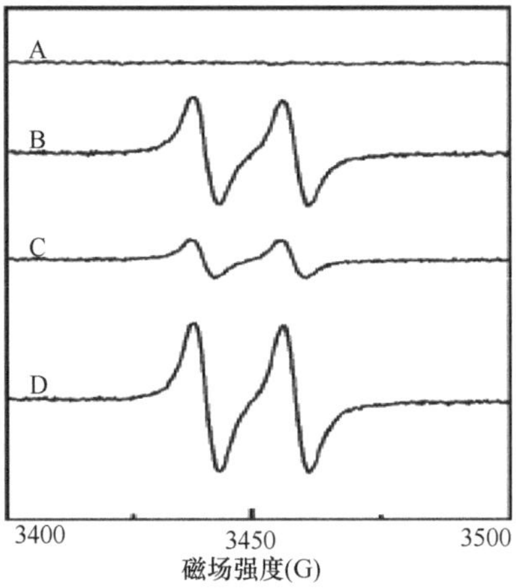

图 1-19 用$(MGD)_2Fe^{2+}$自旋捕捉的 ^{15}N 标记心肌组织亚硝酸产生 NO 的 ESR 波谱

A. 20μmol/L ^{15}N 标记硝酸，5mmol/L 一氧化氮合酶抑制剂 L-NNA，400U/ml SOD；B. 20μmol/L ^{15}N 标记硝酸，1g 心肌组织和 5mmol/L 一氧化氮合酶抑制剂 L-NNA，400U/ml SOD；1mmol/L ^{15}N 标记硝酸和心肌组织；C. 20μmol/L ^{15}N 标记硝酸，心肌组织和 5mmol/L 一氧化氮合酶抑制剂 L-NNA，400U/ml SOD 和羟基嘌呤醇在 5%氧气中；D. 20μmol/L ^{15}N 标记硝酸，心肌组织和 5mmol/L 一氧化氮合酶抑制剂 L-NNA，400U/ml SOD 在 2%氧气中

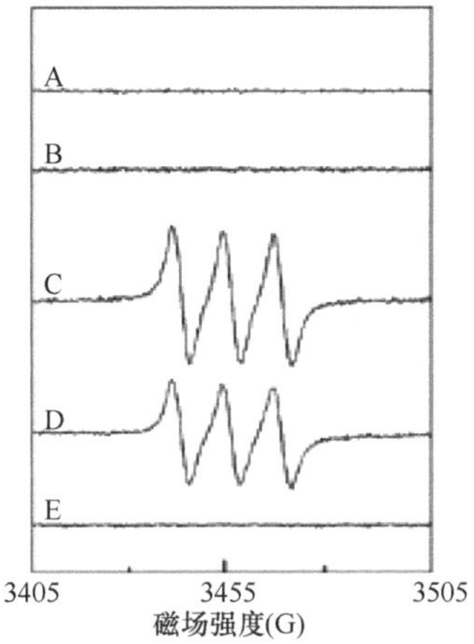

图 1-20 用$(MGD)_2Fe^{2+}$自旋捕捉的黄嘌呤氧化酶催化三硝酸甘油(GTN)产生 NO 的 ESR 波谱

A. 0.02mg/ml 黄嘌呤氧化酶，1mmol/L NADH，10% BSA，ISDN(100μmol/L)；B. 0.02mg/ml 黄嘌呤氧化酶，1mmol/L NADH，10% BSA，GTN(10μmol/L)；C. 0.02mg/ml 黄嘌呤氧化酶，1mmol/L NADH，10% BSA，ISDN(100μmol/L)和 5mmol/L L-半胱氨酸；D. 0.02mg/ml 黄嘌呤氧化酶，GTN(10μmol/L)和 L-半胱氨酸(5mmol/L)；E. 0.02mg/ml 黄嘌呤氧化酶，10% BSA，1mmol/L NADH，ISDN(100μmol/L)，L-半胱氨酸(5mmol/L)和 DPI(100μmol/L)

1.7 光动力疗法产生的一氧化氮

光动力疗法(photodynamic therapy，PDT)，又被称为光辐照治疗(photoradiation therapy，PRT)或光化学疗法(photochemotherapy)。该方法是利用光敏剂分子接受某些波长的光能后通过光化学反应和能量传递过程将光能转化为分子内能，在有氧条件下，

产生多种活性氧物质(ROS)，包括单线态氧、氧自由基、羟自由基等，从而对蛋白质、核酸和脂类等生物大分子产生破坏作用，使细胞的结构和功能受到严重影响，导致细胞凋亡或死亡，从而起到治疗作用[83~84]。光动力治疗概念最早在1900年用曙红(eosin)和吖啶(acridine)作光敏剂，配合日光治疗皮肤癌。然而直到1966年才第一次将血卟啉衍生物(HPD)加光辐射用于患者的转移性胸壁乳腺癌治疗，并获得肯定疗效。

光动力反应主要包括Ⅰ型和Ⅱ型反应两种机制。Ⅰ型反应机制是光敏剂的三重态与底物直接作用产生超氧阴离子 $O_2^{-\cdot}$、过氧化氢 H_2O_2 和羟基自由基·OH等；Ⅱ型反应机制是光敏剂的三重态与基态分子氧发生能量传递产生单线态氧[85~86]。单线态氧是一种反应活性很高的亲电瞬间中间体，能高效氧化不饱和脂肪酸和细胞膜蛋白，改变膜蛋白功能。在光动力治疗中，这两种类型的反应可能同时出现。这两种机制贡献的相对大小取决于底物和光敏剂的特性和浓度、氧的浓度及光敏剂与底物间的键合作用。但是，光动力疗法是否产生NO，如果产生，NO又在光动力疗法中发挥什么作用，文献很少报道。作者研究了光动力疗法产生的NO及其在光动力疗法中发挥的作用，介绍如下。

NO是一个非常重要的生物活性分子，参与并调节了许多生理功能。同时，NO在许多疾病的发病机制中也扮演着重要角色，包括肿瘤发生、发展和转移，肿瘤免疫响应和细胞凋亡等方面。最近，研究者在光动力处理的肿瘤细胞[87]和巨噬细胞[88~89]中观察到了NO的产生，推测NO可能参与了光动力治疗的机制。然而，NO在光动力治疗的影响是非常复杂的，具有利弊两面性。在光动力治疗中可以调节一系列事件，包括血管的变化、中性粒细胞的补充和细胞死亡等。在产生NO较多的肿瘤中，会减弱光动力治疗引起的肿瘤供血速度减慢，血管闭塞和随后的局部缺血等效果，并且抑制光动力治疗诱导的炎症反应。利用Photofrin进行光动力治疗发现，产生NO较少的肿瘤对比那些产生较多的肿瘤，其对光动力治疗更敏感[90~91]。另外，增加NO水平可以保持肿瘤血管扩张，增加肿瘤的氧消耗，进而提高依赖氧消耗的光毒性。在人来源的类淋巴母细胞中用NO供体硝普钠或一氧化氮合酶的底物L-精氨酸预处理，可以减少光照磺化铝酞菁诱导的细胞凋亡，其机制是NO预处理激活了Caspase-9上游的蛋白酶G[92]。

最近研究证实，线粒体可以通过钙敏感的线粒体一氧化氮合酶(mtNOS)产生NO。mtNOS结合在线粒体内膜上，存在于体内肝脏、脑、肌肉、肺、胰脏等组织的线粒体中，其产生的NO可以与超氧阴离子快速反应生成更具氧化性的过氧亚硝基，氧化线粒体靶分子，导致线粒体膜脂质过氧化和细胞色素c的释放，引起氧化应激[93, 94]。有文献报道，氧化应激和钙离子内流可以提高mtNOS的活力[95, 96]。众所周知，氧化应激和钙离子内流是光动力治疗中的重要事件，因此人们不仅要提出这么两个问题：①用富集在线粒体上的光敏剂进行光动力治疗，能够激活mtNOS吗？②如果光动力治疗能够激活mtNOS，那么这种线粒体上产生的NO对细胞死亡又有什么调节作用？为了回答这些问题，作者研究了最新合成的2-丁胺-2-去甲氧基竹红菌乙素2-BA-2-DMHB(图1-21)在MCF-7乳腺癌细胞中光动力治疗的机制。作者主要集中在细胞内活性氧和钙离子对细胞内NO水平的影响，细胞内NO的分布及它对细胞凋亡的调节作用。

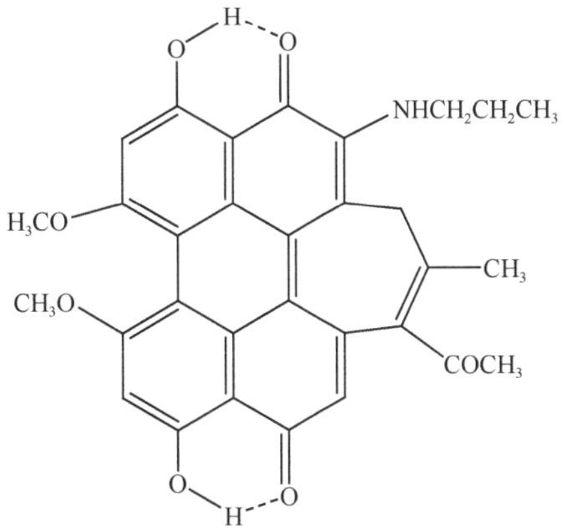

图 1-21 光敏剂 2-BA-2-DMHB(2-butylamino-2-demethoxy-hypocrellin B)的化学结构

1.7.1 光动力产生一氧化氮和活性氧及单线态氧

作者采用了 ESR 方法进一步确定光动力处理过程中单线态氧的产生，一氧化氮自由基和活性氧同时捕捉的方法进行，如图 1-22A 所示，细胞内活性氧和 NO 含量的增加。单线态氧的捕集采用 2,2,6,6-四甲基哌啶(TEMP)，如图 1-22B 所示，光照 2-BA-2-DMHB 以后可以使捕捉的单线态氧 ESR 信号显著增强。加入人来源的乳腺癌细胞 MCF-7，裂解液或通透的细胞可以显著降低 ESR 信号强度，说明光动力产生的单线态氧可以很迅速地氧化细胞内蛋白质或不饱和脂肪酸，发生猝灭，从而降低了 ESR 信号强度。使用孵育了 2-BA-2-DMHB 的细胞光照，没有观测到 ESR 信号的显著增强，同样证明了这一点。

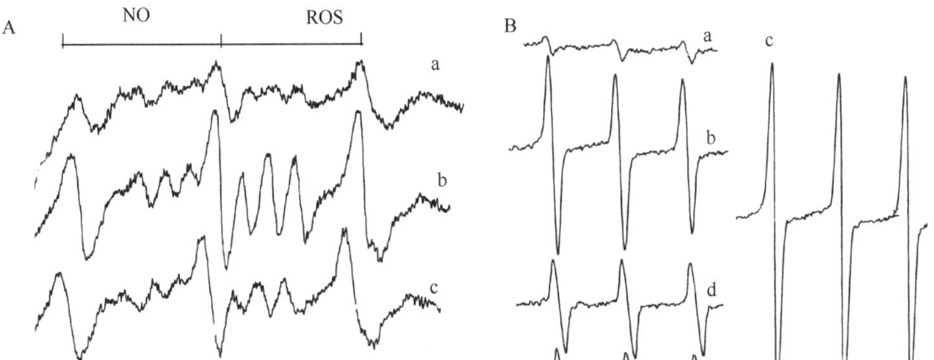

图 1-22 自旋捕捉 NO 和 ROS 及单线态氧的 ESR

A. 2-BA-2-DMHB-PDT 诱导产生的 NO 和 ROS(a. 光照前；b. 20J/cm^{2}光照后；c. 光照+NaN_3)；B. 2-BA-2-DMHB- PDT 诱导产生的单线态氧(a. 光照前；b. 20J/cm^2 光照后；c. 40J/cm^2 光照后；d. 40J/cm^2 光照+10mg/ml 细胞溶解液；e. 40J/cm^2 光照+20mg/ml 细胞溶解液)

1.7.2 光动力处理增加了细胞线粒体的一氧化氮产生

使用 NO 特异性荧光探针 DAF-2DA 监测 2-BA-2-DMHB 细胞内 NO 的产生。如图

1-23A 所示，光照以后细胞内 NO 的含量有明显增加，到 30min 后增加至光照前的 160%。用 NOS 酶的抑制剂 L-NMMA 预处理细胞可以削弱光动力处理引起的 NO 含量的增加。当加入 5mmol/L EGTA 到细胞悬液中时，也可以观察到类似的抑制效果，说明钙内流引起的细胞内钙离子浓度增加是 2-BA-2-DMHB 光动力处理过程中 NOS 酶激活的关键因素，增加高浓度 NOS 酶底物 L-Arg(10mmol/L)只是轻微促进 NO 的增加。

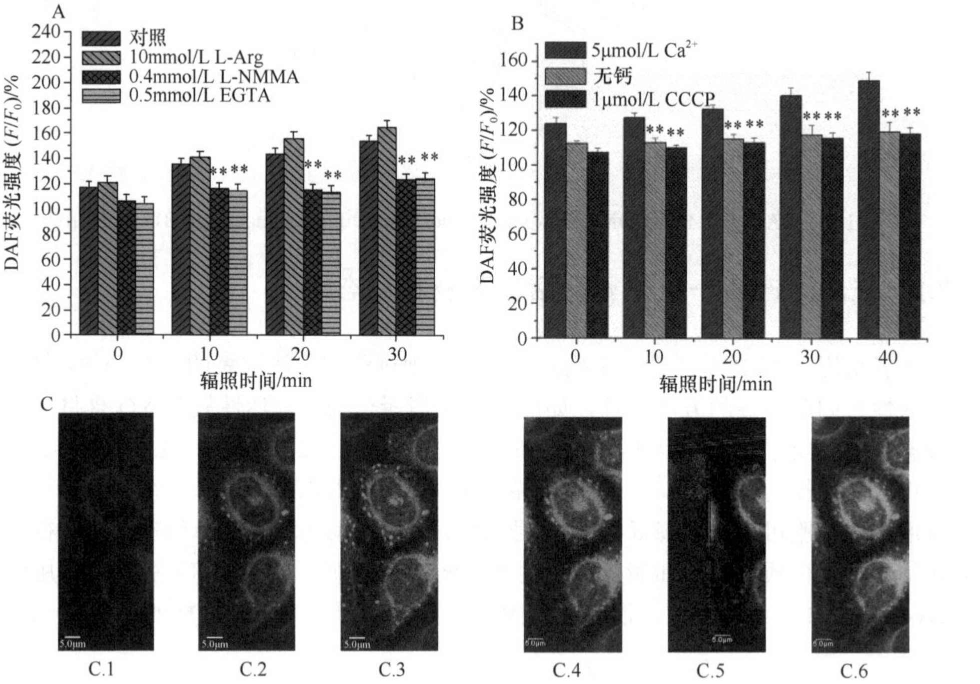

图 1-23　2-BA-2-DMHB PDT 在加入 DAF-2DA 的 MCF-7 细胞中诱导产生的细胞内和线粒体内的 NO(彩图请扫书后二维码)

A. 完整 MCF-7 细胞(10^6/ml)加入 L-精氨酸、EGTA 和 L-NMMA 再光照；B.通透的细胞溶解液(5×10^6/ml)，光照前加入 CCCP 和钙；C. PDT-处理 MCF-7 细胞的激光共聚焦成像(C.1. 光照前 DAF-2DA 荧光；C.2. 光照后荧光；C.3. 10min；C.4. 20min；C.5. 光照后 20min 线粒体荧光；C.6. DAF-2DA 和线粒体荧光的重叠)；**表示与对照或无钙相比，$P<0.01$

1.7.3　一氧化氮清除剂抑制 2-BA-2-DMHB 光照过程中细胞色素 c 释放和线粒体膨胀

PTIO 能够特异性地清除 NO 并抑制 NOS 酶的活性。如图 1-24A 所示，2-BA-2-DMHB 的光动力处理(1μmol/L，6J/cm²)使线粒体中的细胞色素 c 减少，而胞质内细胞色素 c 增加，而用 PTIO 预处理可以抑制细胞色素 c 的释放。激光共聚焦显微镜的结果显示，细胞色素 c-GFP(图 1-24B 格 1)和线粒体荧光染料 MTR 位置重叠得很好，证实了细胞色素 c-GFP 定位于线粒体。GFP 和 MTR 重叠的图像呈细丝状(图 1-24B 格 4)。光动力处理过程中线粒体直径增加，由细线膨胀成球形(图 1-24B 格 5 和格 6)。

2-BA-2-DMHB 光动力处理能够在 1min 内迅速导致线粒体高度膨胀(图 1-24C 行 1)，而图 1-24C 中共定位的绿色和红色荧光分开，红色荧光(线粒体)变成收缩的球形，而绿色荧光(细胞色素 c-GFP)很快地分散并从线粒体分离开。而用 20μmol/L PTIO 预处理细胞，可以将红、绿荧光的分离推迟 10min 左右。对照实验表明，单独用 2-BA-2-DMHB (1~10μmol/L)或和 PTIO(20μmol/L)联用，在没有照射的情况下对荧光的分布没有影响。

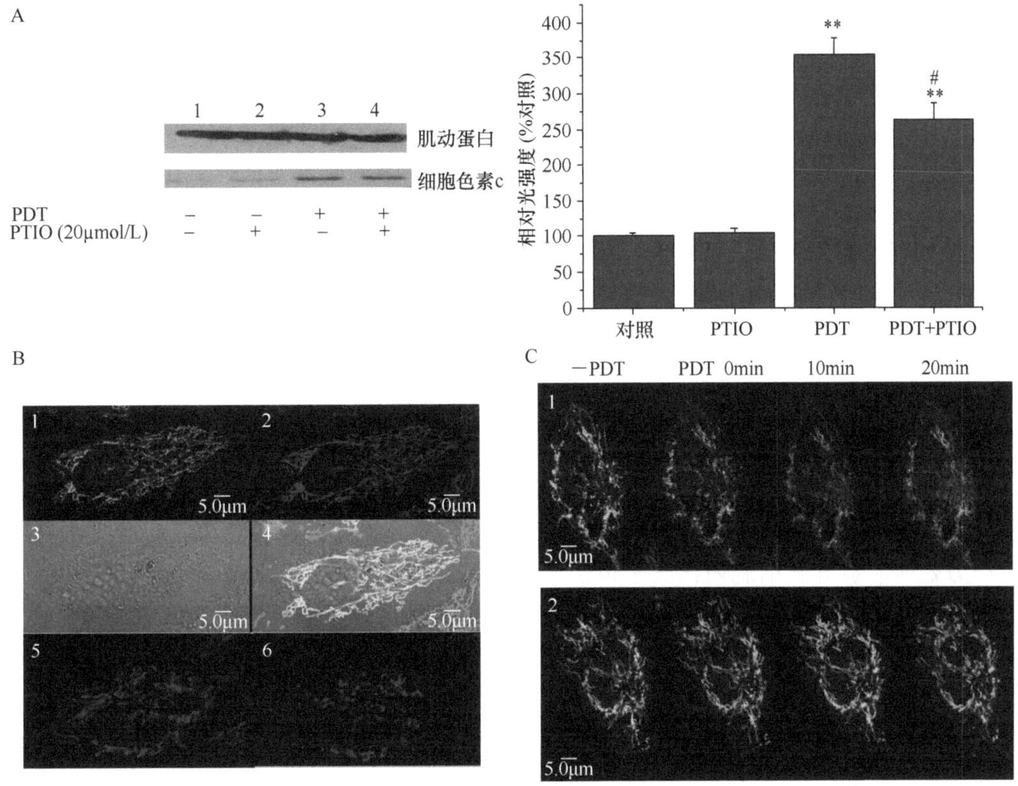

图 1-24 NO 清除剂 PTIO 抑制 PDT 处理细胞色素 c 释放和推迟线粒体肿胀(彩图请扫书后二维码)

A. Western blot 测试的 MCF-7 细胞 PDT 处理和/或 PTIO 处理的细胞色素 c(**表示与对照或无钙相比，$P<0.01$；#表示与 PDT 处理组相比，$P<0.05$)；B. 单个 MCF-7 细胞表达细胞色素 c-GFP(格 1，绿)，线粒体染色(格 2，红)，透射电镜照片(格 3)，GFP 和线粒体荧光重叠(格 4，黄)，正常线粒体形态(格 5)，肿胀(格 6)；C. 用 1μmol/L 2-BA-2-DMHB 预先处理或用 20μmol/L PTIO 处理再光照，行 1 为单独 2-BA-2- DMHB，行 2 为 2-BA-2-DMHB+20μmol/L PTIO

1.7.4 一氧化氮对光动力处理细胞活力的调节作用

细胞活力采用 MTT 方法测量。2-BA-2-DMHB 对 MCF-7 细胞的毒性和浓度及光照强度相关，没有光照或单独光照未加 2-BA-2-DMHB 时，对细胞活力没有明显影响。用 4mmol/L 叠氮钠预处理可以使细胞活力恢复至 60%。

为了评价 NO 对光动力处理诱导的细胞死亡的影响，作者分别使用了 NO 清除剂 PTIO 和 NOS 酶的抑制剂 L-NMMA 来减少光动力处理过程中细胞内 NO 的含量。PTIO 和 L-NMMA 可以浓度依赖地减少 2-BA-2-DMHB 对细胞的光毒性，而加入 NOS 的底物 L-精氨酸在 0.1~1mmol/L 对细胞活力没有明显影响。单独使用 PTIO(20μmol/L)或 L-NMMA(0.6mmol/L)预处理 3h 对细胞活力也没有影响。

1.7.5 光动力处理诱导细胞内产生活性氧

细胞内活性氧测定采用 DCF-DA 标记活性氧的方法，用荧光分光光度计检测。细胞内的活性氧利用 DCFH-DA 荧光分析检测。2-BA-2-DMHB 光动力处理后 DCF 荧光强度增加至光照前的 350%，30min 后强度可基本稳定在 500%。而同样用 2-BA-2-DMHB 处理但不光照或未加 2-BA-2-DMHB 单独光照，DCF 荧光强度没有显著变化，30min 后只增加少许，这可能是 DCF 在细胞内不断和活性氧反应的结果。

为了证实光动力处理能够在线粒体产生活性氧，用毛地黄皂苷将细胞膜通透，除去胞质内 DCF 的荧光。光照处理后，DCF 的荧光强度仍然有显著的增加，和完整细胞中的变化趋势一致，说明在 2-BA-2-DMHB 的光动力处理中，有大量活性氧在细胞线粒体上产生。提高线粒体间钙离子浓度或用 1μmol/L 线粒体解偶联剂羰基氰化物间-氯苯腙(CCCP)处理，对线粒体活性氧的产生没有显著影响，而叠氮钠可以显著抑制线粒体活性氧的产生，说明 2-BA-2-DMHB 光动力处理引起的活性氧的增加可能来源于单线态氧，并与线粒体的功能无关。

1.7.6 光动力处理产生一氧化氮引起细胞内钙离子的变化

以 Fluo-3/AM 为荧光探针，2-BA-2-DMHB 光动力处理引起细胞内钙离子的变化用荧光分光光度计和激光共聚焦显微镜观测。激光共聚焦显微镜的结果显示，2-BA-2-DMHB 光动力处理能够导致细胞内钙离子很快增加，然后持续保持在一个更高的钙离子水平。这和荧光分光光度计测量的 Fluo-3 荧光强度变化的结果很一致，光照 30min 后细胞内钙离子的浓度增加到 200%，但如果用不含钙的缓冲液悬浮细胞，光照引起的钙离子浓度增加将被抑制，说明光动力处理导致细胞内钙离子的增加主要来自钙离子的内流。而使用不含钙的缓冲液时细胞内钙离子少量增加可能来自细胞内的钙库，如内质网、线粒体、细胞核及其他储钙的组织或钙结合蛋白[97, 98]。

PTIO(20μmol/L)和 L-NMMA(0.6mmol/L)对光动力处理诱导的细胞内钙离子的增加影响很小，而用 4mmol/L 的叠氮钠预处理可以显著减少钙离子浓度的增加，这说明，细胞内钙离子浓度增加主要是光动力处理产生活性氧引起的，和 NO 关系不大。

1.7.7 光动力处理产生一氧化氮对荧光观察的细胞核形态的影响

细胞核形态的观察进一步证实了叠氮钠和 PTIO 对细胞活力的保护作用。对照细胞的核呈均匀荧光，当用 1μmol/L 2-BA-2-DMHA 和 6J/cm^2 的光照处理细胞 12h 之后，细胞核形态表现出明显的凋亡变化，即核发生固缩或出现碎裂。但是这种核凋亡的形态变化在用 4mmol/L 叠氮钠或 20μmol/L PTIO 预处理后明显减轻或者消失了，细胞核形态与正常细胞接近。

1.7.8 光动力处理产生一氧化氮诱导的 mRNA 水平和蛋白质表达的变化

RT-PCR 和 Western blot 的结果显示，eNOS 的 mRNA 水平和蛋白质表达能够显著地被 2-BA-2-DMHB 介导的光动力处理上调，而用叠氮钠预处理可以减弱这种上调。PTIO 预处理对 eNOS 变化的减弱作用不显著，这可能是因为 PTIO 单独处理也能够增加 eNOS 的 mRNA 水平。

作者还检测了和 NO 诱导细胞凋亡相关的两个促凋亡基因 *p53* 和 *p21* mRNA 水平的变化。光动力处理可以显著提高这两个基因的 mRNA 水平，而叠氮钠和 PTIO 预处理可以显著地减少这种上调作用。

以上的结果表明，活性氧和 NO 对 2-BA-2-DMHB 光动力处理诱导的细胞凋亡有重要的影响。光动力处理增加了细胞内活性氧的含量，导致细胞内钙离子含量增加，激活了线粒体 NOS 酶，产生了大量的 NO。NO 和活性氧协调作用，促进线粒体膨胀和细胞色素 c 的释放，导致细胞凋亡。

光敏剂吸收光能量后，首先跃迁到寿命较短的单重态，然后经过系统跃迁到寿命较长的三重态。光敏剂的三重激发态很容易和基态氧发生能量转移产生单线态氧等活性氧，能够氧化生物分子电子富集的区域，造成氧化损伤[99]。由于单线态氧的寿命很短，因此 $^1O_2$ 氧化损伤的部位主要在光敏剂所处的位置附近[100]。作者的研究发现，2-BA-2-DMHB 的光动力处理导致细胞内活性氧在短时间内增加到 3~5 倍，并且作者发现大部分活性氧来自线粒体。叠氮钠是单线态氧的清除剂，能够抑制线粒体活性氧的增加，说明 $^1O_2$ 是光动力处理后线粒体活性氧的主要来源，这在 ESR 自旋捕捉实验中也得到证实。增加线粒体间钙离子浓度或线粒体解偶联剂处理对活性氧的影响很小，说明光动力诱导的线粒体活性氧增加不依赖于线粒体功能。

钙离子在光动力处理中的作用和变化已经有很多报道[101, 103]，已经证实光动力处理各种细胞都会引起细胞内自由钙离子浓度增加，从而最终导致细胞死亡[104~107]。作者的实验结果进一步证实了在 2-BA-2-DMHB 光动力处理过程中细胞内自由钙离子浓度增加，并且发现这种增加主要来自钙离子内流，叠氮钠预处理可以显著抑制钙离子浓度的增加，说明光动力处理产生的 $^1O_2$ 是引起钙离子内流，从而增加细胞内钙离子的主要因素。

最近一系列研究表明，光动力处理能够增加细胞内 NO 的含量。利用邻四羟苯基二氢卟吩(metatetrahydroxyl phenylchlorin，mTHPC)光动力处理巨噬细胞可促进 NO 的释放，而在鼻咽癌细胞 CNE2 中发现，金丝桃疳素(hypericin)的光动力处理增加了辅酶Ⅱ依赖性黄递酶(NADPH-d，NOS 酶活力的标志)活性和 NOSⅠ和 NOSⅡ的表达。利用在线检测 NO 的电化学传感器系统，Dalbasti 等发现在氨基酮氨酸(aminolevulinic acid，ALA)介导的光动力处理过程中，小脑部分 NO 有短暂增加，可能是激活了钙依赖的 NOSⅠ[42]。作者的研究中也发现了光动力处理过程中 NO 的迅速增加，照射后 30min 内增加到原来的 150%。在细胞悬液中加入 EGTA 能够抑制细胞内 NO 的增加，说明在此过程中 NO 增加是受细胞内钙离子浓度调控的。

在前人的研究中，NOSⅠ和 NOSⅡ被认为是光动力处理过程中 NO 的主要来源，但这两种 NOS 酶在 MCF-7 中都不存在[108]，而作者的结果明确显示，在 2-BA-2-DMHB 光动力处理过程中有 NO 在 MCF-7 细胞的线粒体上产生。首先，作者用激光共聚焦显微镜原位观测到光动力处理过程中活细胞内 NO 含量的增加，并且标记 NO 的荧光探针 DAF-2DA 和线粒体的荧光探针 MTR 有很好的共定位。其次，作者采用了细胞膜通透技术研究了光动力处理过程中 NO 的来源。这项技术可以除去胞质内 DAF-2 的荧光信号，并保持线粒体相对完整，完成能量代谢。利用这一方法，作者证实了光动力处理能够增加线粒体 NO 的含量，并且发现这种增加依赖于细胞内自由钙离子浓度的增加和线粒体钙的吸收。在此过程中，L-精氨酸是必不可少的，如果用 L-NMMA 替换，NO 的产生将受到显著抑制。此外，光动力处理中诱导的线粒体 NO 的增加还依赖于线粒体膜电位，即使在 5μmol/L 钙离子存在的情况下，用线粒体的解偶联剂 CCCP 处理几乎完全抑制了 NO 的增加。mtNOS 活性对 L-精氨酸、钙离子和线粒体膜电位的依赖在纯化线粒体中已经被多篇论文证实[109, 110]。

除此之外，作者还发现 2-BA-2-DMHB 光动力处理可以显著地促使细胞色素 c 从线粒体释放，而 PTIO(NO 的清除剂)可以减少细胞色素 c 的释放，说明光动力处理激活 mtNOS，促进 NO 的产生对细胞色素 c 的释放有重要的影响。这种激活 mtNOS 和细胞色素 c 释放的联系和前人的工作很吻合[47]。

关于 mtNOS 的存在和归属，现在还有很多争论。mtNOS 曾被认为是 eNOS[43, 111]、iNOS[112]和 nNOS 的一个亚基[113~114]，但是这些结果都缺乏足够的证据，而且这 3 种蛋白质没有在线粒体上找到同源序列。Lacza 等用 Western blot 证明了 mtNOS 不是以上 3 种 NOS 酶，因此对 mtNOS 的存在提出了疑问[115]。直到最近在拟南芥上发现新的 mtNOS 酶可能为动物 mtNOS 的发现提供新的线索。作者的研究支持在 MCF-7 细胞中存在 mtNOS，可以钙依赖地被 2-BA-2-DMHB 光动力处理激活。

研究认为，光动力治疗导致肿瘤组织的破坏主要由于单线态氧引起的氧化损伤作用[114, 116, 117]，使用单线态氧清除剂叠氮钠可以减少光动力的毒性[118, 119]。作者的研究结果表明叠氮钠可以抑制光动力反应引起的线粒体活性氧的产生，恢复细胞活力和细胞核形态，降低 eNOS、p21 和 p53 mRNA 水平的上调。

NO 在细胞凋亡中的作用比较复杂，根据细胞类型和凋亡机制不同，NO 既可以促进凋亡，在某些情况下又能够抑制细胞凋亡，是典型的“双刃剑”[120, 121]。这在光动力处理诱导细胞凋亡中也得到了充分的体现。对于人来源的类淋巴母细胞，NO 供体硝普钠或 NOS 酶的底物 L-精氨酸预处理可以激活 Caspase-9 上游的蛋白酶 G，从而减少磺化铝酞菁的光动力处理诱导的细胞凋亡。

研究显示，NO 诱导细胞凋亡通常和 *p53* 基因的活化相关联，从而上调细胞周期因子或者促凋亡蛋白，如 $p21^{Waf1/Cip1}$ 或 Bax 等[122, 123]。在巨噬细胞中 $p21^{WAF1/CIP1}$ 是 *p53* 的下游目标基因，用以调节细胞对 NO 的敏感性[124]。在作者的研究结果中，2-BA-2-DMHB 光动力处理可以显著上调 *p53* 和 *p21* 的 mRNA 水平，PTIO 预处理可以减少这种上调作用，说明 NO 在 2-BA-2-DMHB 光动力处理中是一个调控基因表达和细胞凋亡的重要因子。

作者总结了在 MCF-7 细胞中 2-BA-2-DMHB 介导的光动力处理过程中各种凋亡相关事件的发生顺序(图 1-25)：细胞中的光敏剂收到红光照射后，产生大量的 $^1O_2$ 和其他自由基，增加了细胞内活性氧水平，导致钙离子内流，提高了细胞内自由钙离子浓度，激活了细胞线粒体 NOS 酶，产生了大量 NO，促进细胞线粒体膨胀和细胞色素 c 的释放，最终导致细胞凋亡。用叠氮钠或 PTIO 预处理可以减少细胞核形态的变化，抑制 *p53*、*p21* 基因的上调，提高细胞活力，说明活性氧和 NO 在光动力处理诱导细胞凋亡中都是很重要的因素。

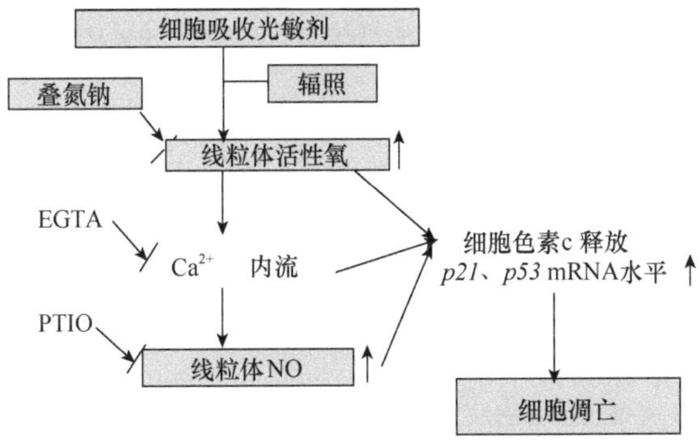

图 1-25 2-BA-2-DMHB-PDT 诱导产生 NO 对细胞凋亡的调节途径

参 考 文 献

[1] Furchgott RF, Zawadzk JV. The obligatory role of the endothelium in the relaxation of arterial smooth muscle by acetylcholine. Nature, 1980, 288: 373-376.

[2] Ignarro LJ, Byrns RE, Wood KS. Pharmacological and biological properties of endothelim-derived relaxing factor(EDRF): evidence that EDRF is closely related to nitric oxide radical. Circulation, 1986, 74: II-287.

[3] Palmer RMJ, Ferrige AG, Moncada S. Nitric oxide release accournts for the biological activity of endothelum-derived relaxing factor. Nature, 1987, 327: 524-526.

[4] Ignarro LJ, Byrns RE, Wood KS. Endothelum-derived relaxing factor produced and release from artery and wein is nitric oxide. Proc Natl Acad Sci USA, 1987, 84: 9265-9269.

[5] 赵保路，陈惟昌. NO 自由基的性质及其生理功能. 生物化学与生物物理进展，1993，20：409-411.

[6] Moncada S, Nistico G, Higgs EA. Nitric Oxide: Brain and Immune System. London and Chapel Hill: Portland Press, 1992.

[7] Contestabile A. Role of NMDA receptor activity and nitric oxide production in brain development. Brain Res Rev, 2000, 32: 476-509.

[8] Dawson TM, Dawson VL. Nitric oxide: actions and pathological roles. Neuroscientist, 1995, 1: 7-18.

[9] Dawson TM, Gonzalez-Zulueta M, Dawson VL. Nitric oxide: diverse actions in the central and peripheral nervous system. Neuroscientist, 1998, 4: 96-112.

[10] Garthwaite J, Boulton CL. Nitric oxide signaling in the central nervous system. Annu Rev Physiol, 1995, 57: 683-706.

[11] Yun HY, Gonzalez-Zulueta M, Dawson VL, et al. Nitric oxide mediates *N*-methyl-D-aspartate receptor-induced activation of p21ras. Proc Natl Acad Sci USA, 1998, 95: 5773-5778.

[12] Gorbunov NV, Yalowich JC, Gaddam A, et al. Nitric oxide prevents oxidative damage produced by tert-butyl hydroperoxide in erythroleukemia cells via nitrosylation of heme and non-heme iron. Electron paramagnetic resonance evidence. J Biol Chem, 1997, 272: 12 328-12 341.

[13] Lipton SA, Choi YB, Sucher NJ, et al. Redox state, NMDA receptors and NO-related species(comment). Trends Pharmacol Sci, 1996, 17: 186-187.

[14] Meffert MK, Calakos NC, Scheller RH, et al. Nitric oxide modulates synaptic vesicles dockingrfusion reactions. Neuron, 1996, 16: 1229-1236.

[15] Beckman JS, Koppenol WH. Nitric oxide, superoxide and peroxynitrite: the good, the bad, and the ugly. American Journal of Physiology-Cell Physiology, 1996, 271: C1424-C1437.

[16] Beckman JS, Beckman TW, Chen J, et al. Apparent hydroxyl radical production by per-oxynitrite: implications for endothelial injury from nitric oxide and superoxide. Proceeings of the National Academy of Sciences of the United States of America, 1990, 87: 1620-1624.

[17] Reif DW, Simmons RD. Nitric oxide mediates iron release from ferritin. Archives of Biochemistry and Biophysics, 1990, 283(2): 537-541.

[18] Wink DA, Cook JA, Pacelli R, et al. Nitric oxide(NO)protects against cellular damage by reactive oxygen species. Toxicol Lett, 1995, 82-83: 221-226.

[19] Murphy MP. Nitric oxide and cell death. Biochimica Et Biophysica Acta, 1999, 1411(2-3): 401-414.

[20] Konorev EA，Hogg N，Kalyanaraman B. Rapid and irreversible inhibition of creatine kinase by peroxynitrite. FEBS Lett，1998，427(2)：171-174.

[21] Shigenaga MK，Hagen TM，Ames BN. Oxidative damage and mitochondrial decay in aging. Proc Natl Acad Sci USA，1994，91(23)：10 771-10 778.

[22] Cassina A，Radi R. Differential inhibitory action of nitric oxide and peroxynitrite on mitochondrial electron transport. Arch Biochem Biophys，1996，328(2)：309-316.

[23] Sampaolo S，Nakagawa Y，Iannotti F，et al. Blood-brain barrier permeability to micromolecules and edema formation in the early phase of incomplete continuous ischemia. Acta Neuropathol(Berl)，1991，82(2)：107-111.

[24] Balakirev M，Khramtsov VV，Zimmer G. Modulation of the mitochondrial permeability transition by nitric oxide. Eur J Biochem，1997，246(3)：710-718.

[25] Kroncke KD，Fehsel K，Kolb-Bachofen V. Nitric oxide：cytotoxicity versus cytoprotection—how，why，when，and where? Nitric Oxide，1997，1(2)：107-120.

[26] Lautier D，Lagueux J，Thibodeau J，et al. Molecular and biochemical features of poly(adp-ribose)metabolism. Mol Cell Biochem，1993，122(2)：171-193.

[27] Polyak K，Xia Y，Zweier JL，et al. A model for p53-induced apoptosis. Nature，1997，389(6648)：300-305.

[28] 赵保路，王建潮，侯京武，等. 多形核白细胞产生的 NO 和超氧阴离子自由基主要形成 $ONOO^-$. 中国科学，1996，26：406-413.

[29] Zhang YT，Zhao BL. Green tea polyphenols enhance sodium nitroprusside induced neurotoxicity in human neuroblastoma SH-SY5Y cells. J Neur Chem，2003，86：1189-1200.

[30] Wang Y，Marsden PA. Nitric oxide synthase：gene structure and regulation. Adv Pharmacol，1995，34：71-90.

[31] Feron O，Belhassen L，Kobzik L，et al. Endothelial nitric oxide synthase targeting to caveolae：specific interactions with caveolin isoforms in cardiac myocytes and endothelial cells. J Biol Chem，1996，271：22 810-22 814.

[32] Hayashi Y，Nishio M，Naito Y，et al. Regulation of neuronal nitric oxide synthase by calmodulin kinases. J Biol Chem，1999，274：20 597-20 602.

[33] Bredt DS，Hwang PM，Snyder SH. Localization of nitric oxide synthase indicating a neural role for nitric oxide. Nature，1990，347(6295)：768-770.

[34] Rees DD，Palmer RM，Schulz R，et al. Characterization of three inhibitors of endothelial nitric oxide synthase *in vitro* and *in vivo*. Br J Pharmacol，1990，101(3)：746-752.

[35] 赵保路，沈剑刚，忻文娟. 心肌缺血再灌注损伤过程中 NO 和超氧阴离子自由基的协同作用. 中国科学，1996，26：331-338.

[36] Cho HJ，Xie QW，Calaycay J，et al. Calmodulin is a subunit of nitric oxide synthase from macrophages. J Exp Med，1992，176(2)：599-604.

[37] Geller DA，Nussler AK，di Silvio M，et al. Cytokines，endotoxin，and glucocorticoids regulate the expression of inducible nitric oxide synthase in hepatocytes. Proc Natl Acad Sci USA，1993，90(2)：522-526.

[38] Nussler AK，Geller DA，Sweetland MA，et al. Induction of nitric oxide synthesis and its reactions in cultured human and rat hepatocytes stimulated with cytokines plus lps. Biochem Biophys Res Commun，1993，194(2)：826-835.

[39] Assreuy J，Cunha FQ，Liew FY，et al. Feedback inhibition of nitric oxide synthase activity by nitric oxide. Br J Pharmacol，1993，108(3)：833-837.

[40] Nathan C，Xie QW. Regulation of biosynthesis of nitric oxide. The Journal of Biological Chemistry，1994，269(19)：13 725-13 728.

[41] Ghafourifar P，Richter C. Mitochondrial nitric oxide synthase regulates mitochondrial matrix pH. Biological Chemistry，1999，380(7-8)：1025-1028.

[42] Tatoyan A，Giulivi C. Purification and characterization of a nitric-oxide synthase from rat liver mitochondria. The Journal of Biological Chemistry，1998，273(18)：11 044-11 048.

[43] Riobo NA，Melani M，Sanjuan N，et al. The modulation of mitochondrial nitric-oxide synthase activity in rat brain development. The Journal of Biological Chemistry，2002，277(45)：42 447-42 455.

[44] Dennis J，Bennett JP. Interactions among nitric oxide and bcl-family proteins after mpp+ exposure of sh-sy5y neural cells i：Mpp+ increases mitochondrial no and bax protein. Journal of Neuroscience Research，2003，72(1)：76-88.

[45] Kanai AJ，Pearce LL，Clemens PR，et al. Identification of a neuronal nitric oxide synthase in isolated cardiac mitochondria using electrochemical detection. Proceedings of the National Academy of Sciences of the United States of America，2001，98(24)：14 126-14 131.

[46] Lacza Z，Puskar M，Figueroa JP，et al. Mitochondrial nitric oxide synthase is constitutively active and is functionally

upregulated in hypoxia. Free Radical Biology & Medicine，2001，31(12)：1609-1615.
[47] Hevel JM，White KA，Marletta MA. Purification of inducible murine macrophage nitric oxide synthase：identification as a flavoprotein and detection of enzyme-bound tetrahydrobiopterin. *In*：Moncada S，Marletta MA，Hibbs Jr. JB. The Biology of Nitric Oxide. London and Chapel Hill：Higgs EA PORTLAND PRESS，1991：45-46.
[48] Pollock JS，Mitchel JA，Warner TD，et al. Purification of nitric oxide synthase from endothelial cells. *In*：Moncada S，Marletta MA，Hibbs Jr. JB. The Biology of Nitric Oxide. London and Chapel Hill：Higgs EA PORTLAND PRESS，1991：108-111.
[49] Schmidt HHHW，Smith RM，Nakane M，et al. Type Ⅰ nitric oxide synthase：purification，characterizition and immunohistochemical localization. *In*：Moncada S，Marletta MA，Hibbs Jr. JB. The Biology of Nitric Oxide. Higgs EA PORTLAND PRESS：London and Chapel Hill，1991：112-114.
[50] Lyons CR，Orloff GJ，Gunningham JM. Molecular cloning and functional expression of an inducible nitric oxide synthase from a murine macrophage cell line. J Biol Chem，1992，267：6370-6374.
[51] Xie QW，Cho HJ，Calaycay J. Cloning and characterization of inducible nitric oxide synthase from mouse macrophages. Science，1992，256：225-228.
[52] Lowestein CJ，Glatt CS，Bredt DS，et al. Cloned and expressed macrophage nitric oxide synthase contrasts with the brain enzyme. Proc Natl Acad Sci USA，1992，89：6711-6715.
[53] Wood ER，Berger H Jr.，Sherman PA，et al. Hepatocytes and macrophages express an identical cytokine-inducible nitric oxide synthase gene. Biochem Biophys Res Commun，1993，191：767-774.
[54] Nunokawa Y，Ishida N，Tanaka S. Cloning of inducible nitric oxide synthase in rat vascular smooth muscle cells. Biochem Biophys Res Commun，1993，191：89-94.
[55] Geller DA，Lowenstenin CJ，Shapiro RA. Molecular cloning and expression of inducible nitric oxide synthase from human hepatocytes. Proc Natl Acad Sci USA，1993，90：3491-3495.
[56] Charles IG，Palmer RMJ，Heckery MS. Cloning，characterization and expression of a cDNA encoding an inducible nitric oxide synthase from the human chondrocyte. Proc Natl Acad Sci USA，1993，90：11 419-11 423.
[57] Sherman PA，Laubach VE，Reep BR，et al. Purification and cDNA sequence of an inducible nitric oxide synthase from a human tumor cell line. Bichemistry，1993，32：11 600-11 605.
[58] Bredt DS，Hwang PM，Glatt CE. Cloned and expressed nitric oxide synthase structurally resembles cytochrome P-450 reductase. Nature，1991，351：714-718.
[59] Ogura T，Yokoyama T，Fujisawa H. Structural diversity of neuronal nitric oxide synthase mRNA in the nervous system. Biochem Biophys Res Commun，1993，193：1014-1022.
[60] Nakane M，Schmidt HHHW，Pollock JS. Cloned human brain nitric oxide synthase is highly expressed in skeletal muscle. FEBS Lett，1993，316：175-180.
[61] Lamas S，Marsden PA，Li GK，et al. Endothelial nitric oxide synthase：molecular cloning and characterization of a distinct constitutive enzyme isoform. Proc Natl Acad Sci USA，1992，89：6348-6352.
[62] Sessa WC，Harrison JK，Barber CM. Molecular cloning and expression of a cDNA encoding endothelial cell nitric oxide synthase. J Biol Chem，1992，267：15 274-15 276.
[63] Nishida K，Harrison DG，Navas JP. Molecular cloning and characterization of the constitutive bovine aortic endothelial cell nitric oxide synthase. J Clin Invest，1992，90：2092-2096.
[64] Jenssens SP，Shimouchi A，Quertermous T. Cloning and expression of a cDNA encoding human endothelium-derived relaxing factor/nitric oxide synthase. J Biol Chem，1992，267：14 519-14 522.
[65] Marsden PA，Schappert KT，Chen HS. Molecular cloning and characterization of human endothelial nitric oxide synthase. FEBS Lett，1992，307：287-293.
[66] Stuehr DJ. Mammalian nitric oxide synthases. Biochimica Et Biophysica Acta，1999，1411(2-3)：217-230.
[67] Ortiz de Montellano PR，Nishida C，Rodriguez Crespo I，et al. Nitric oxide synthase structure and electron transfer. Drug Metabolism and Disposition：the Biological Fate of Chemicals，1998，26(12)：1185-1189.
[68] Heinzel B，John M，Klatt P，et al. Ca^{2+}/calmodulin-dependent formation of hydrogen peroxide by brain nitric oxide synthase. Biochemical Journal，1992，281：627-630.
[69] Xia Y，Zweier JL. Superoxide and peroxynitrite generation from inducible nitric oxide synthase in macrophages. Proceeings of the National Academy of Sciences of the United States of America，1997，94(13)：6954-6958.
[70] Pou S. Generation of superoxide by purified brain nitric oxide synthase. J Biol Chem，1992，267(34)：24 173-24 176.
[71] Pou S. Mechanism of superoxide generation by neuronal nitric-oxide synthase. J Biol Chem，1999，274(14)：9573-9580.

[72] Zhang YT, Zhang DL, Cao YL, et al. Developmental experession and activity variation of nitric oxide synthesase in the brain of golden hamster. Brain Res Bulletin, 2002, 58: 385-389.

[73] Zhang DL, Yin JJ, Zhao BL. Oral administration of Crataegus extraction protects against ischemia/reperfusion brain damage in the Mongolian gerbils. J Neur Chem, 2004, 90: 211-219.

[74] Zhang YT, Zhang J, Zhao BL. Nitric oxide synthase inhibition prevents neuronal death in the developing visual cortex. Eur J Neurosci, 2004, 20: 2251-2259.

[75] Vasquez-Vivar J, Hogg N, Martasek P, et al. Tetrahydrobiopterin-depedent inhibition of superoxide generation from neuronal nitric oxide synthease. J Biol Chem, 1999, 274: 26 736-26 742.

[76] Galbusera C, Orth P, Fedida D, et al. Superoxide radical production by allopurinol and xanthine oxidase. Biochemical Pharmacology, 2006, 71: 1747-1752.

[77] Li HT, Samouilov A, Liu XP, et al. Characterization of the magnitude and kinetics of xanthine oxidase-catalyzed nitrate reduction: evaluation of its role in nitrite and nitric oxide generation in anoxic tissues. Biochemistry, 2003, 42: 1150-1159.

[78] Li HT, Samouilov A, Liu XP, et al. Characterization of the effects of oxygen on xanthine oxidase-mediated nitric oxide formation. J Biol Chem, 2004, 279: 16 939-16 946.

[79] Li HT, Cui HM, Liu XP, et al. Xanthine oxidase catalyzes anaerobic transformation of organic nitrates to nitric oxide and nitrosothiols. J Biol Chem, 2005, 280: 16 594-16 600.

[80] Claudia B, Christian R, Ove E, et al. Implications of the generation of reactive oxygen species by photoactivated calcein for mitochondrial studies. European Journal of Biochemistry, 2000, 267: 5585-5592.

[81] Foote C S. Mechanisms of photosensitized oxidation. Science, 1968, 162: 963-969.

[82] Gomer C J. Preclinical examination of first and second generation photosensitizers used in photodynamic therapy. Photochem Photobiol, 1991, 54: 1093-1097.

[83] Gupta S, Ahmad N, Mukhtar H. Involvement of nitric oxide during phthalocyanine(Pc4)photodynamic therapy-mediated apoptosis. Cancer Res, 1998, 58: 1785-1788.

[84] Coutier S, Bezdetnaya L, Marchal S, et al. Foscan(mTHPC)photosens itized macrophage activation: enhancement of phagocytosis, nitric oxide release and tumour necrosis factor-alpha-mediated cytolytic activity. Br J Cancer, 1999, 81: 37-42.

[85] Seyed MA, Malini O. Nitric oxide mediated photo-induced cell death in human malignant cells. Int J Oncology, 2005, 22: 751-756.

[86] Henderson BW, Sitnik-Busch TM, Vaughan L A. Potentiation of photodynamic therapy antitumor activity in mice by nitric oxide synthase inhibition is fluence rate-dependent. Photochem Photobiol, 1999, 70: 64-71.

[87] Korbelik M, Parkins CS, Shibuya H, et al. Nitric oxide production by tumour tissue: impact on the response to photodynamic therapy. Br J Cancer, 2000, 82: 1835-1843.

[88] Gomes ER, Almeida RD, Carvalho AP, et al. Nitric oxide modulates tumor cell death induced by photodynamic therapy through a cGMP-dependent mechanism. Photochem Photobiol, 2002, 76: 423-430.

[89] Ghafourifar P, Cadenas E. Mitochondrial nitric oxide synthase. TRENDS in Pharmacological Sciences, 2005, 26: 190-195.

[90] Brookes P S. Mitochondrial nitric oxide synthase. Mitochondria, 2004, 3: 187-204.

[91] Jameel D, James P B Jr. Interactions among nitric oxide and Bcl-family proteins after MPP exposure of SH-SY5Y neural cells Ⅰ: MPP increases mitochondrial NO and Bax protein. Journal of Neuroscience Research, 2003, 79: 76-88.

[92] Elfering SL, Sarkela TM, Giulivi C. Biochemistry of mitochondrial nitric-oxide synthase. J Biol Chem, 2002, 277: 38 079-38 086.

[93] Dedkova EN, Ji X, Lipsius SL, et al. Mitochondrial calcium uptake stimulates nitric oxide production in mitochondria of bovine vascular endothelial cells. Am J Physiol Cell Physiol, 2004, 286: 406-415.

[94] Zhou ZX, Yang HY, Zhang ZY. Role of calcium in phototoxicity of 2-butylamino-2-demethoxy-hypocrellin Ato human gastric cancer MGC-803 cells. Biochimica et Biophysica Acta, 2003, 1593: 191-200.

[95] Meldolesi J, Volpe P, Pozzan T. The intracellular distribution of calcium. Trends Neurosci, 1986, 11: 449-452.

[96] Rosenthal I, Ben-Hur E. Role of oxygen in the phototoxicity of phthalocyanines. Int J Radiat Biol, 1995, 67: 85-91.

[97] Moan J, Berg K. The photodegradation of porphyrins in cells can be used toestimate the lifetime of singlet oxygen. Photochem Photobiol, 1991, 53: 549-533.

[98] Tajiri H, Hayakawa A, Matsumoto Y, et al. Changes in intracellular Ca^{2+} concentrations related to PDT- induced apoptosis in photosensitized human cancer cells. Cancer Letter, 1998, 128: 205-210.

[99] Penning LC，Rasch M H，Ben-Hur E，et al. A role for the transient increase of cytoplasmic free calcium in cell rescue after photodynamic treatment. Biochim Biophys Acta，1992，1107：255-260.
[100] Ben-Hur E，Dubbelman TM，van Steveninck J. Phthalocyanine induced photodynamic changes of cytoplasmic free calcium in Chinese hamster cells. Photochem Photobiol，1991，54：163-166.
[101] Inanami O，Yoshito A，Takahashi K，et al. Effects of BAPTA-AM and forskolin on apoptosis and cytochrome c release in photosensitized Chinese hamster V79 cells. Photochem Photobiol，1999，70：650-655.
[102] Yonuschot G. Early increase in intracellular calcium during photodynamic permeabilization. Free Radical Biology and Medicine，1991，11：307-317.
[103] Ben-Hur E，Dubbelman T M. Cytoplasmic free calcium changes as a trigger mechanism in the response of cells to photosensitization. Photochem Photobiol，1993，58：890-894.
[104] Dalbasti T，Cagli S，Kiline E，et al. Online electrochemical monitoring of nitric oxide during photodynamic therapy. Nitric Oxide，2002，7：301-305.
[105] Mortensen K，Skouv J，Hougaard DM，et al. Endogenous endothelial cell nitric-oxide synthase modulates apoptosis in cultured breast cancer cells and is transcriptionally regulated by p53. J Biol Chem，1999，274：37 679-37 684.
[106] Ghafourifar P，Richter C. Nitric oxide synthase activity in mitochondria. FEBS Letters，1997，418：291-296.
[107] Giulivi C，Poderoso JJ，Boveris A. Production of nitric oxide by mitochondria. J Biol Chem，1998，273：11 038-11 043.
[108] Gao S，Chen J，Brodsky SV，et al. Docking of endothelial nitric oxide synthase(eNOS)to the mitochondrial outer membrane：a pentabasic amino acid sequence in the autoinhibitory domain of eNOS targets a proteinase K-cleavable peptide on the cytoplasmic face of mitochondria. J Biol Chem，2004，279：15 968-15 974.
[109] Kobzik L，Stringer B，Balligand JL，et al. Endothelial type nitric-oxide synthase in skeletal-muscle fibers-Mitochondrial relationships. Biochem Biophys Res Commun，1995，211：375-381.
[110] Tatoyan A，Giulivi C. Purification and characterization of a nitric-oxide synthase from rat liver mitochondria. J Biol Chem，1998，273：11 044-11 048.
[111] Haynes V，Elfering SL，Traaseth N，et al. Mitochondrial nitric-oxide synthase：enzyme expression，characterization，and regulation. J Bioenerg Biomembr，2004，36：341-346.
[112] Lacza Z，Snipes JA，Zhang J，et al. Mitochondrial nitric oxide synthase is not eNOS，nNOS or iNOS Free Radical Biology and Medicine，2003，35：1217-1228.
[113] Lacza Z，Pankotai E，Csordas A，et al. Mitochondrial NO and reactive nitrogen species production：does mtNOS exist? Nitric Oxide，2006，14(2)：162-168.
[114] Lam M，Oleinick NL，Nieminen A L. Photodynamic therapy- induced apoptosis in epidermoid carcinoma cells. Reactive oxygen species and mitochondrial inner membrane permeabilization. J Biol Chem，2001，276：47 379-47 386.
[115] Fuchs J，Weber S，Kaufmann R. Genotoxic potential of porphyrin type photosensitizers with particular emphasis on 5-aminolevulinic acid：implications for clinical photodynamic therapy. Free Radical Biology and Medicine，2000，28：537-548.
[116] Ding X，Xu Q，Liu F，et al. Hematoporphyrin monomethyl ether photodynamic damage on HeLa cells by means of reactive oxygen species production and cytosolic free calcium concentration elevation. Cancer Letters，2004，216：43-54.
[117] Li CQ，Wogan G N. Nitric oxide as a modulator of apoptosis. Cancer Letters，2005，226：1-15.
[118] Kim P KM，Zamora R，Petrosko P，et al. The regulatory role of nitric oxide in apoptosis. International Immunopharmacology，2001，1：1421-1441.
[119] Li CQ，Robles AI，Hanigan C，et al. Apoptotic signaling pathways induced by nitric oxide in human lymphoblastoid cells expressing wild-type or mutant p53. Cancer Res，2004，64：3022-3029.
[120] Okada H，Mak T W. Pathways of apoptosis and non-apoptosis death in tumour cells. Nat Rev Cancer，2004，4：592-603.
[121] Yang F，von Knethen A，Brune B. Modulation of nitric oxide-evoked apoptosis by the p53-downstream target $p21^{WAF1/CIP1}$. J Leukoc Biol，2000，68：916-922.
[122] Corpas FJ，Palma JM，del Río LA，et al. Evidence supporting the existence of L-arginine-dependent nitric oxide synthase activity in plants. New Phytol，2009，184：9-14.
[123] Gas E，Flores-Pérez U，Sauret-Güeto S，et al. Hunting for plant nitric oxide synthase provides new evidence of a central role for plastids in nitric oxide metabolism. Plant Cell，2009，21：18-23.
[124] Foresi N，Correa-Aragunde N，Parisi G，et al. Characterization of a nitric oxide synthase from the plant kingdom：NO generation from the green alga ostreococcus tauri is light irradiance and growth phase dependent. The Plant Cell，2010，22：3816-3830.

2　一氧化氮自由基的检测

为了深入研究 NO 自由基在细胞和组织中的产生规律和生物功能，就必须用灵敏和特异的方法检测它。NO 自由基是最小的几个分子之一，在 NO 自由基分子中，N 原子外层有 5 个电子，O 原子外层有 6 个电子，形成共价键后，在分子轨道上含有一个未成对电子，因此它是一个典型的自由基。电子自旋共振(ESR)技术就是检测自由基最直接、最特异和最有效的方法。但由于 NO 自由基的自旋和轨道角动量耦合太强，不能用电子自旋共振技术直接检测。另外它不稳定，半衰期短，与氧气极易反应，生成 NO_2 自由基，给检测带来很大困难。有两种 ESR 技术可以检测溶液中的 NO 自由基，一种是传统的氮氧自由基自旋捕捉 NO 自由基，另一种是用铁盐络合物捕捉 NO 自由基。前者可以和 NO 自由基反应生成自旋加合物自由基，对化学体系产生的 NO 自由基捕捉效果很好，但是很难用于细胞和生物体系；后者可以猝灭轨道角动量，并已经成功地用于检测生物体内产生的 NO 自由基了。另外，电化学技术、化学发光法和其他物理和化学方法也可以用于检测 NO 自由基，但是特异性较差。本章就这几种技术和方法进行讨论，重点讨论和介绍电子自旋共振技术。

2.1　ESR 自旋捕捉技术检测一氧化氮自由基[1~6]

ESR 是研究自由基最直接和最有效的方法和技术，但是这些自由基必须是相对稳定的，而且要达到一定浓度才能用 ESR 技术检测和研究。而生物体系和化学反应中产生的自由基大部分是不稳定的，因为自由基本身的特点就是活泼和反应性强，只有少数自由基是稳定的。例如，羟基自由基的寿命大约为 10^{-6}s，这是常规 ESR 波谱仪无法检测的。为了克服 ESR 技术的这一局限性，一方面对仪器进行改进，发展了时间域的 ESR 波谱仪，可以测量毫秒或更短寿命的自由基；另一方面，在样品上下工夫，低温技术和快速流动技术就是用来研究短寿命自由基的方法。近年来发展起来的自旋捕捉技术解决了这一问题，并获得了迅速的发展和广泛的应用，也为 NO 自由基研究作出了贡献。

由于 NO 自由基的重要生物功能和自旋捕捉技术对研究自由基的有效性，在人们认识到 NO 自由基的重要性之后不久，从事 ESR 研究的人们就立即开始用自旋捕捉技术检测 NO 自由基了。但是，用现有的商品自旋捕捉剂很难捕捉到 NO 自由基。现在已经合成了几种新自旋捕捉剂，可以捕捉到化学体系中产生的 NO 自由基，但在生物体系中几乎无法使用，因为稳定性太差。在生物体系中目前都采用铁络合物捕捉 NO 自由基，效果最好。本节对各种自旋捕捉剂及其实验技术加以介绍和讨论。

2.1.1　基本原理

所谓自旋捕捉技术就是为了检测和辨认短寿命自由基，将一种不饱和的抗磁性物质

(称自旋捕捉剂，一般为氮酮和亚硝基化合物)加入要研究的反应体系，生成寿命较长的自旋加合物，可以用 ESR 检测。

$$\text{自旋捕捉剂} + \text{R}\cdot \longrightarrow \text{自旋加合物}$$

现在已经合成上百种自旋捕捉剂，最常用的捕捉氧自由基的自旋捕捉剂有 tNB(nitroso-tert-butane)、DMPO(5,5-dimethyl-1-pyrroline-1-oxide)、PBN(phenyl-tert- butynitrone)，它们和自由基反应都可以生成氮氧自由基，所得 ESR 波谱的一级分裂都是氮原子引起的三重分裂，这一点和自旋标记所得到的 ESR 波谱很类似。但是自旋加合物的 ESR 波谱常常被分裂为二或三级更复杂的图谱，由二或三级分裂峰值的数目和强度可以推导出捕捉到的自由基的结构和性质。

2.1.2 新合成的几种氮氧化合物自旋捕捉剂

新合成的比较成功的自旋捕捉剂有 NNO(nitronyl nitroxide)，其结构和捕捉 NO 自由基的反应及得到的 ESR 波谱如图 2-1 所示。随着捕捉 NO 自由基浓度的增加，其波谱由原来的 5 条峰逐渐变为 9 条峰，很有特征，在化学反应体系中捕捉 NO 自由基效率很高，得到的 ESR 波谱也比较稳定。但这种自旋捕捉剂还不能用于捕捉细胞和生物体系产生的 NO 自由基，因为得到的 ESR 波谱非常不稳定，以致根本就得不到所测的 ESR 谱。因此，在生物体系就必须寻找其他捕集剂和方法。

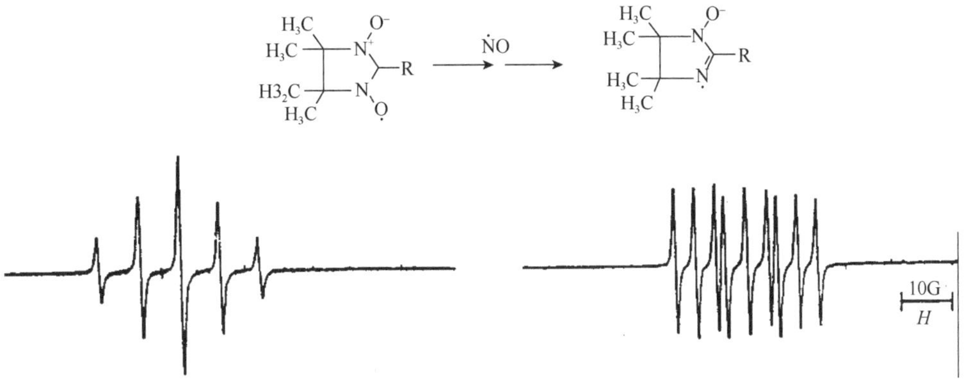

图 2-1 自旋捕集剂 NNO 的结构及其捕捉 NO 自由基的反应和得到的 ESR 波谱
负号表示电荷；正号表示正电荷；点表示自由基

2.1.3 利用捕捉超氧阴离子自由基间接检测一氧化氮自由基[7]

作者实验室利用 NO 自由基可以和超氧阴离子自由基迅速结合生成过氧亚硝基的特点，用 DMPO(5,5-dimethyl-1-pyrroline-1-oxide)捕捉佛波醇(PMA)刺激多形核白细胞(PMN)产生的超氧阴离子自由基，当细胞产生 NO 自由基时，捕捉的超氧阴离子自由基就会减少，间接地测量了 PMA 刺激 PMN 产生 NO 自由基的量和研究了在这一体系产生 NO 自由基的机制。当然这需要利用标准浓度的 NO 和超氧阴离子自由基建立一个标准曲线。标准浓度的 NO 是利用铜和稀硝酸反应产生的 NO 气体，溶解在一定温度的无氧气蒸馏水中而得到的，标准浓度的超氧阴离子自由基是利用黄嘌呤/黄嘌呤氧化酶体系产生的。

图2-2A是用DMPO捕捉佛波醇(PMA)刺激多形核白细胞(PMN)产生的超氧阴离子自由基产生的ESR波谱及L-精氨酸和硝基精氨酸对捕捉自由基的影响；图2-2B是L-精氨酸对DMPO捕捉的超氧阴离子自由基ESR信号的抑制曲线。由图可以看出利用标准浓度的NO和超氧阴离子自由基，L-精氨酸对DMPO捕捉的超氧阴离子自由基ESR信号的抑制曲线线性是很好的。

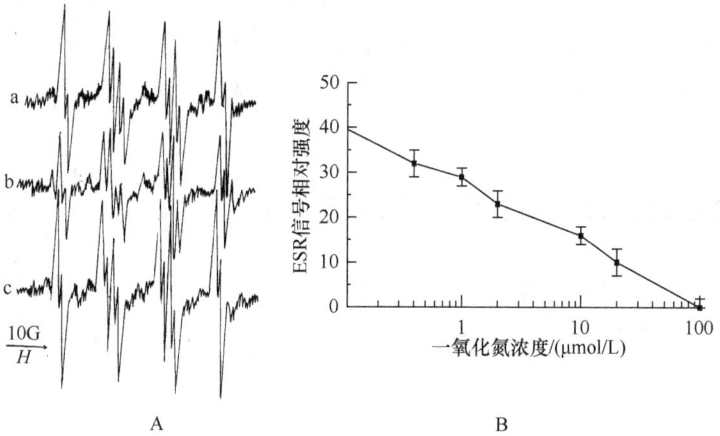

图2-2 利用捕捉超氧阴离子自由基间接检测NO自由基

A. 用DMPO捕捉PMA刺激PMN产生的超氧阴离子自由基产生的ESR波谱(a)及L-精氨酸(b)和硝基精氨酸(c)对捕捉自由基的影响；B. L-精氨酸对DMPO捕捉的超氧阴离子自由基ESR信号的抑制曲线

表2-1是利用这一技术成功地测量了L-精氨酸对PMA刺激 PMN(10^7个细胞/ml)产生O_2^-的影响和产生的NO自由基的量。这一技术虽然间接，与后来建立的其他方法相比也不太方便，现在很少采用了，不过在某些特殊情况还是有用的。

表2-1 L-精氨酸对PMA刺激PMN(10^7个细胞/ml)产生O_2^-的影响和产生的NO自由基的量

L-精氨酸/(mmol/L)	1.8	1.0	0.1	0
对DMPO-OOH的抑制率/%	65.7±5.34	51.5±2.68	28.9±3.42	14.7±3.12
NO/(μmol/L)	10.2±0.05	4.2±0.02	1.1±0.03	0.1±0.02

2.1.4 利用血红蛋白和铁络合物捕捉一氧化氮自由基[8]

NO自由基与血红蛋白的结合能力是CO的1000倍，人们很早就利用它的这一特点作为含铁蛋白的ESR探针，因此有不少关于研究NO自由基与含铁蛋白结合的ESR信息。这一技术的突出优点就是它只给出这一复合物的ESR信息而不受细胞和组织中大量逆磁性物质的干扰，是一项既灵敏又特异地检测NO自由基的技术。图2-3A~C为NO自由基结合到血红蛋白上所得的ESR波谱，它们主要由两种波谱成分组成：g等于2.080的宽峰和g等于2.010的三重峰(a_N=15.7G)，它们来自一个自旋复合体，为NO自由基结合到血红蛋白α-亚基铁上的ESR信号(α-NO复合物)。g等于2.040和2.015 的单峰来自另一个自旋复合体，它为NO自由基结合到血红蛋白β-亚基铁上的ESR信号(β-NO复合物)。图2-3A主要是NO自由基结合到血红蛋白α-亚基上的信号(90%α/10%β)，图2-3B为NO自由基部分结合到血红蛋白α-亚基及部分结合到血红蛋白β-亚基上的信号(70%α/30%β)，

图 2-3C 主要是 NO 自由基结合到血红蛋白β-亚基上的信号(90%β10%α)。这一方法已经成功地用于测量和研究心肌缺血再灌注产生的 NO 自由基。

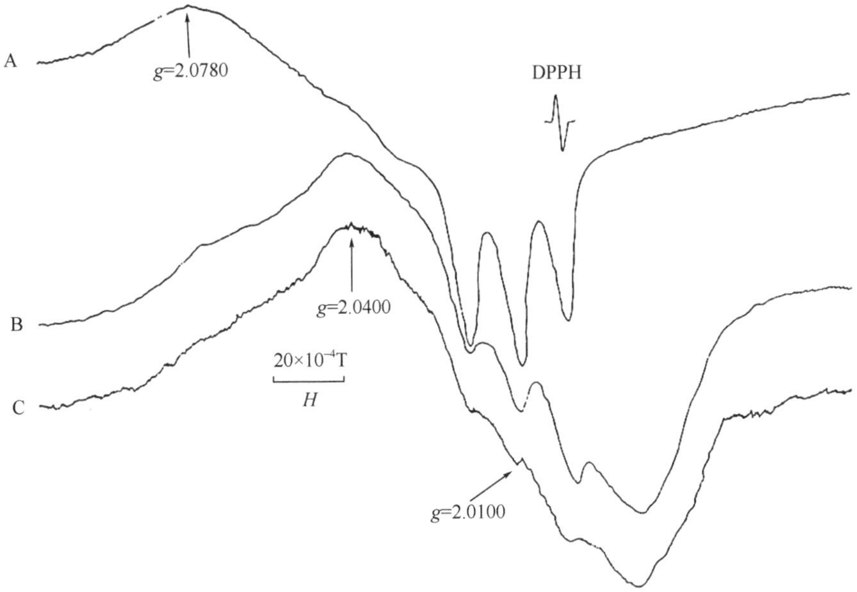

图 2-3　NO 自由基结合到血红蛋白(2mmol/L)不同亚基上在 123K 测试的 ESR 波谱

A. 90%α/10%β；B. 70%α/30%β；C. 10%α/90%β

用 ESR 在低温检测与含铁蛋白结合的 NO 自由基是一个灵敏而又特异的方法，能分辨出 NO 自由基是结合到血红蛋白铁还是非血红蛋白铁上，是结合到血红蛋白的α-亚基还是 β-亚基上，是五配位体还是六配位体。结合状态是 R 态(氧合的或高亲和状态)还是 T 态(脱氧的或低亲和状态)[9, 10]。在 g=2.078 处有一个波峰(超精细常数为 a=16G)及在 g=2.010 处有一个波谷(超精细常数为 a=17.5G)的 ESR 波谱是α-NO 复合物，即未成对电子耦合到亚铁血红蛋白 α-亚基 NO 自由基复合物 N 原子上的特征性波谱。在本实验缺血再灌注心肌中得到的就是完全不同的另一类波谱，它是以在 g=2.040 有一个 $g_{\parallel}$ 平行和在 g=2.015 有一个 $g_{\perp}$ 垂直的轴对称波谱，这是 NO 自由基结合到血红蛋白β-亚基上或非血红蛋白铁(β-NO 复合物)的特征 ESR 波谱。在心肌匀浆通入 NO 自由基所得 ESR 波谱则是这二者的叠加。

2.1.5　缺血、移植和再灌注肾脏中产生一氧化氮自由基的测定[11]

在肾缺血再灌注的下腔静脉血中得到的就是这样一个特征的 ESR 波谱。Wistar 大鼠，用戊巴比妥酸腹腔麻醉，分离左侧肾蒂，用无损伤血管夹阻断左肾动脉，静脉，切除右肾。左肾缺血 1h，松夹 2min 后迅速取下腔静脉血和肾组织，装入 2mm 石英管，放入液氮中待测。左肾切除后放入 0~4℃保存液中 24h，移植于另一只大鼠体内，血液再灌注 2min 后取下，立即装入石英管放入液氮中。

肾在体缺血 1h 再灌注 2min 时，下腔静脉血在 100K 测定 ESR 波谱很类似图 2-3A。该波谱在 g=2.0790 和 g=2.023 处分别有一个最大值和一个最小值。每个峰又被分裂为三重峰，前者超精细分裂常数为 16.5G，后者的超精细分裂常数为 17.8G，这是一个典型的 NO 自由基结合到血红蛋白α-亚基上的 ESR 信号，正常静脉血没有任何 ESR 信号。

在 L-R 保存液中 4℃离体缺血 24h 肾组织在 100K 也观察到了类似的三重峰，但在 g=2.0050 处又叠加了一个单峰，这是 NO 自由基结合到血红蛋白α-亚基和半醌自由基叠加的 ESR 波谱。在 Sacks 保存液中缺血 24h 的肾组织的 ESR 波谱与保存在 L-R 保存液中的肾组织类似，只是信号强度减少了 27%左右。

2.1.6　用铁盐络合剂捕捉体内产生的一氧化氮自由基[12]

血红蛋白存在不同亚基及血红蛋白在不同组织中浓度不同，使得结合 NO 自由基信号灵敏度和特异性受到影响，所以人们又寻找了一些铁盐络合剂，用于检测体内产生的 NO 自由基。常用于捕捉 NO 自由基的铁络合物的化学结构如图 2-4 所示，主要是一些二碳硫化合物。这些化合物在体内具有抗氧化和促氧化两种性质，被广泛用于杀草剂、杀虫剂和杀菌剂。最近发现可以安全和有效地用于治疗 HIV 感染患者。这些二碳硫化合物可能主要是通过络合铁和运送硫发挥作用的，也可能是通过干扰 NO 自由基起作用的。DETC(diethyldithiocarbamate)和 PDTC(pyrrolidine dithiocarbamate)可以通过抗氧化作用抑制核转录因子 NFκB 的氧化活化，这样就可以引起一系列生物现象，如抑制 iNOS 表达和细胞凋亡。也有报道 DTCS[*N*-(dithiocarboxy)sarcosine]和 MGD(*N*-methyl-D-glucamine dithiocarbamate)可以抑制 eNOS 产生 NO 自由基。现在人们发现它们有一个更重要的功能，即与铁络合后捕捉 NO 自由基，所以被广泛用作 NO 自由基的捕捉剂。

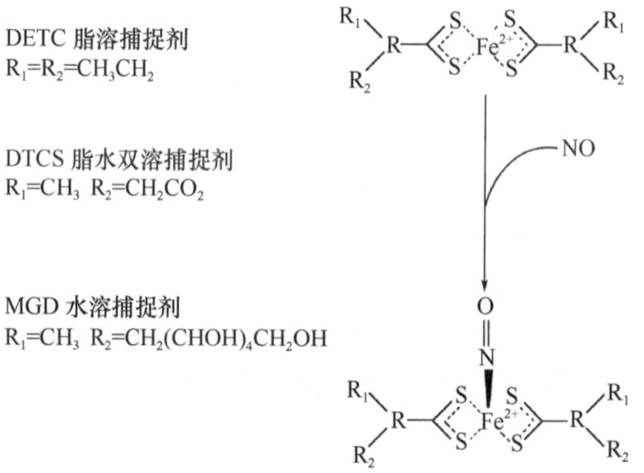

图 2-4　捕捉 NO 自由基的铁络合物(碳硫络合物)的化学结构
DETC. 脂溶性络合物；DTCS. 脂水双溶性络合物；MGD. 水溶性络合物

在体内捕捉 NO 自由基的铁络合物比较成功的是 DETC。这一络合物和铁盐一同注入动物体内，当体内产生 NO 自由基时，可以形成稳定的 $NOFe^{2+}(DETC)_2$ 络合物。这一络合物在室温具有典型的三重超精细分裂 ESR 波谱(g=2.04，a_N=12.7G)，在低温给出典型的 ESR 波谱($g_{\parallel}$=2.035 和 $g_{\perp}$=2.020 及典型的三重超精细分裂)。若用 $^{15}N(I=1/2)$取代 $^{14}N(I=1)$，以上的三线谱就会变成两线谱(g=2.04，a_N=18G)。若用 ^{17}O $(I=5/2)$取代 $^{16}O(I=0)$，在波谱中就可以观察到 $^{17}O(I=5/2)$的超精细结构，说明观察到的 ESR 信号确实来自 NO 自由基。在从 ESR 波谱上测量和计算 NO 自由基时，目前文献均没有将 NO 自由基对波谱产生的超精细分裂完全考虑进去，会引起一些实验误差，因此作者实验室采用将 NO 自由基引起的超精细分裂产生的 3 个峰值相加，建立了一种测量方法，从理论和实验结果都表明，利用这种方法比目前人们采用的方法都要合理和精确。由 $NaNO_2$ 和 Fe^{2+}、DETC 得到的 $NOFe^{2+}(DETC)_2$ESR 波谱如图 2-5 所示，为了测量方便，定义信号强度如图 2-5 所示。

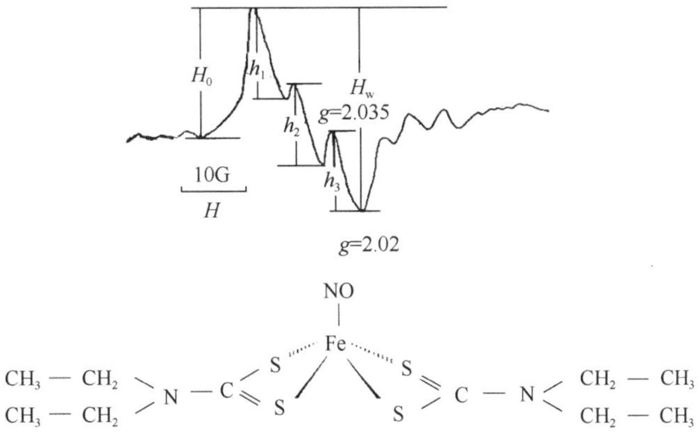

$NOFe^{2+}(DETC)_2$

图 2-5　用 DETC 铁盐络合物捕捉 NO 自由基产生的 $NOFe^{2+}(DETC)_2$ 的 EPR 波谱和 $NOFe^{2+}(DETC)_2$ 的结构示意图

利用这一方法时，应当在注射铁盐和 DETC 的同时注射 $Na_2S_2O_4$，否则检测到的 ESR 信号很弱，因为它可以维持 $NOFe^{2+}(DETC)_2$ 中二价铁的稳定性，并能把 NO_2 还原成 NO 自由基。利用这一方法的另外一个要注意的问题是铁盐络合物的脂溶性会在水溶液中沉淀，特别是在细胞体系中。最近人们发现，在注射铁盐络合物的同时注射一定浓度的白蛋白可以克服这一问题。脂溶性也带来一个特殊用途，即它的脂溶性使得它很容易穿透血脑屏障，所以很适合检测细胞内和细胞膜内的 NO 自由基。DETC 脂溶性的另外一个好处是可以用脂溶性溶剂提取，使检测 NO 自由基灵敏度大大提高，这就是下面要介绍的新方法。

最近发展起来的另外一类水溶性铁盐络合物是 DTCS 和 MGD[13, 14]。带负电荷的 DTCS 络合物比 MGD 络合物水溶性更好。例如，$NOFe^{2+}(DTCS)_2$>100mmol/L，$NOFe^{2+}(MGD)_2$<1mmol/L。水溶性好使得它们很容易在循环中流动，适合检测生理和病理条件下体内产生的 NO 自由基。

这一类络合物和铁盐结合 NO 自由基后形成稳定的 $NOFe^{2+}(DTCS)_2$ 和 $NOFe^{2+}(MGD)_2$，且具有典型的三重峰 ESR 波谱(g_N=2.04，a_N=1.25G)，而且不需要低温，在室温就可以测量到满意的波谱，如图 2-6 所示。这一方法还不受环境氧气的影响，很适合检测活细胞和生物体中产生的 NO 自由基。这一方法已经用于连续检测小鼠尾巴血液循环中产生的 NO 自由基(S 波段 3.5GHz)。$NOFe^{2+}(DTCS)_2$ 和 $NOFe^{2+}(MGD)_2$ 在体内外寿命和药代动力学都有研究，在有谷胱苷肽和抗坏血酸存在的条件下，它们的信号可以稳定 45min 没有明显改变。但在有超氧阴离子和 NO 自由基存在时稳定性就比较差。本章第 2 节将详细讨论它们的稳定性。

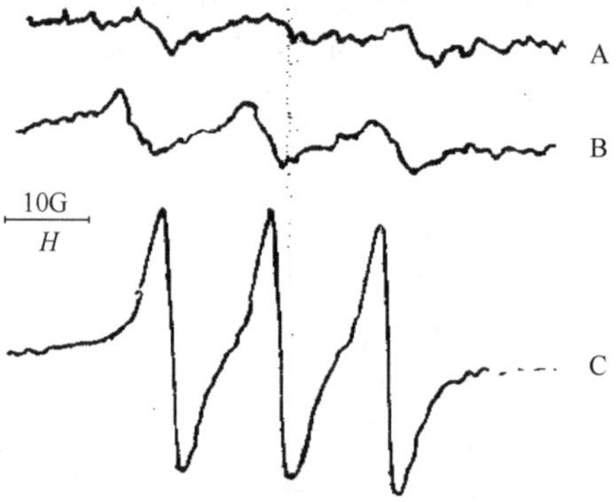

图 2-6 用铁盐络合物 MGD-Fe 捕捉 PMN 产生的 NO 自由基的 ESR 波谱
A. 体系中加入 0.1mmol/L L-NMA；B. 体系中不加入 L-精氨酸；C. 体系中加入 0.1mmol/L L-精氨酸

关于利用这类捕捉剂捕捉 NO 自由基的特异性是人们关注的一个重要问题。作者研究表明，在 1h 之内，即使有硝酸盐和亚硝酸盐存在，也不会对捕捉的 NO 自由基信号产生影响，但是如果时间再延长，硝酸盐和亚硝酸盐也会产生类似信号。

2.2 乙酸乙酯抽提法 ESR 检测一氧化氮自由基

ESR 是检测自由基最直接的方法，很多研究者对用 ESR 检测 NO 自由基进行了不懈的探索。早在 1991 年，就有学者根据 NO 特异地与过渡金属离子结合的性质，建立了利用二巯甲酸类化合物与亚铁离子的络合物自旋捕捉检测 NO 自由基的方法。二分子二巯甲酸类化合物——二乙基二巯代氨基甲酸钠(diethyldithiocarbamate，DETC)能结合一分子亚铁离子，形成络合物 $DETC_2$-Fe^{2+}。由于 NO 自由基有特异地与亚铁离子结合的性质，络合物 $DETC_2$-Fe^{2+}捕捉一分子的 NO 自由基，形成捕捉复合物 $NO(DETC)_2Fe$。用这种方法在低温 77K 检测了 NO 自由基[15]。该捕捉复合物有特异的中心对称三线峰 ESR 图谱，g 因子为 2.035，超精细分裂常数为 12.5G。但是由于络合物 $DETC_2$-Fe^{2+}的疏水性质，体外检测 NO 自由基时不得不在体系中加入牛血清白蛋白或灭活的酵母细胞防止 $DETC_2$-Fe^{2+}沉淀 [16]，一定程度限制了 DETC 检测 NO 自由基方法的应用。然后，Komarov 等和 Yoshimura 等各自建立了利用 DETC 的水溶性类似物 MGD(*N*-methyl-D-glucamine dithiocarbamate)和 DTCS 检测 NO 自由基的方法[16,17]。DETC、MGD、DTCS 3 种捕捉剂被广泛应用于检测体内或体外产生的 NO 自由基。然而，由于 ESR 检测 NO 自由基的灵敏度比较低，如培养的心肌细胞或正常组织中的 NO 自由基产量通常低于 ESR 方法的检测灵敏度，这些体系中的 NO 自由基很难用 ESR 方法检测。同时，由于生物样品通常为含水样品，易于吸收微波，因此只能在液氮温度检测或在常温下用毛细管检测体系中的 NO 自由基，这大大限制了 ESR 自旋捕捉检测 NO 自由基的应用。

DETC 虽然是近年来才发现的 NO 自由基捕捉剂，但是由于 DETC 可以和多种金属离子结合生成有颜色的疏水复合物，几十年前，人们就利用这种特点，在水质检测中利用有机溶剂抽提的方法检测水中重金属离子的含量[18]。受此启发，作者实验室曾根据它的这种疏水性特点，利用有机溶剂三乙酸甘油酯把 NO(DETC)$_2$Fe 复合物从生物样品中抽提出来，然后用 ESR 在常温下检测 NO 自由基的产量。但是，在三乙酸甘油酯作为抽提溶剂检测 NO 自由基时有 3 个缺点：①三乙酸甘油酯比较黏稠，与样品中的蛋白质结合过于紧密，抽提时不易与无机相分开；②三乙酸甘油酯的密度大于水相，分层后有机相在底层，不易分离；③NO(DETC)$_2$Fe 复合物在三乙酸甘油酯中的溶解度小，捕捉复合物无法被充分地提取，以上因素影响了有机溶剂抽提法检测 NO 的应用。

因此，本节讨论 DETC$_2$-Fe^{2+}络合物在 6 种常用有机溶剂的分配系数，比较了同一浓度的 NO(DETC)$_2$Fe 捕捉复合物在不同有机溶剂中的信号强度，发现乙酸乙酯是一种理想的检测 NO 自由基的抽提溶剂。利用乙酸乙酯作为抽提溶剂，成功地检测了正常的心脏和培养的心肌细胞中产生的 NO 自由基。利用这一方法可以使 ESR 自旋捕捉 NO 自由基的灵敏度提高 10~50 倍。

2.2.1 不同有机溶剂对 NO(DETC)$_2$Fe 复合物的抽提能力

最佳的抽提溶剂必须具备 3 个条件：①具有最大的分配系数，最大限度地把 NO(DETC)$_2$Fe 捕捉复合物从水相中抽提到脂相中；②该有机溶剂能够有效地把 NO(DETC)$_2$Fe 复合物与生物样品中的蛋白质分开，并容易与水相分离；③NO(DETC)$_2$Fe 复合物在该有机溶剂中有很强的 ESR 信号。

为了寻找最佳的抽提溶剂，比较了 NO(DETC)$_2$Fe 复合物在 6 种常用的有机溶剂中的分配系数。结果如表 2-2 所示，在 6 种有机溶剂中 NO(DETC)$_2$Fe 复合物在乙酸乙酯中有最大的脂水分配系数，其余的分配系数大小顺序为三乙酸甘油酯>乙酸丁酯>正丁醇>乙酸异戊酯>氯仿。这表明在 6 种有机溶剂中，乙酸乙酯可以最大限度地把 NO(DETC)$_2$Fe 复合物从水相中抽提到脂相中。结果显示(表 2-2)，在 6 种溶液中，乙酸乙酯抽提液中 NO 自由基的 ESR 信号最强，其次是氯仿>乙酸丁酯>三乙酸甘油酯>乙酸异戊酯>正丁醇。同时，考虑到抽提溶剂的毒性(氯仿有毒)、密度(氯仿和三乙酸甘油酯大于水，离心后在下层)和黏稠度(三乙酸甘油酯、正丁醇和乙酸异戊酯大于 1，比较黏稠)(表 2-2)，乙酸乙酯是最佳的抽提溶剂[18, 19]。

表 2-2 6 种有机溶剂的黏度、密度和对 NO 复合物的抽提能力

	乙酸乙酯	氯仿	乙酸丁酯	三乙酸甘油酯	乙酸异戊酯	*n*-正丁醇
$Log_{10}P_{O/W}$	2.740±0.324	0.778±0.004	2.067±0.233	2.152±0.138	1.256±0.047	1.388±0.018
Psi^A	7.5±0.4	13.0±0.6	7.5±0.4	11.0±0.6	5.0±0.3	3.0±0.2
黏度(25℃)cP	0.423	0.537	0.685	28.0(17℃)	1.58	2.544
密度/(mg/ml)	0.899	1.471	0.880	1.157	0.880	0.808
Pep^B	4.0±0.4	3.2±0.4	2.8±0.3	2.0±0.2	1.5±0.1	1.0±0.1

A. Psi 为同样浓度信号强度比；B. Pep 为用 ESR 测定的抽提能力比

图 2-7 所示为从含有 10mg/ml 牛血清白蛋白的 1μmol/L NO 自由基溶液中，抽提得到的 NO(DETC)$_2$Fe 捕捉复合物的 ESR 图谱，其他有机溶液抽提液的 ESR 图谱与图 2-7A

相似，只是NO自由基的信号较小。它们都有如图2-7A所示的三重峰ESR信号，$g_{\perp}$=2.035，a_N=12.5G。其中，g因子为2.07和2.02的两条峰分别为Cu^{2+}的第二和第三条峰。为了有效地检测乙酸乙酯是否能够把所有的NO自由基捕捉复合物抽提出水相，用石英毛细管室温检测了乙酸乙酯抽提前后水相中NO自由基的ESR信号。结果表明，在乙酸乙酯抽提前，水相中微弱的NO信号(图2-7B)在抽提后(图2-7C)几乎完全消失了，表明乙酸乙酯可以有效地把$NO(DETC)_2Fe$捕捉复合物抽提出水相。抽提后乙酸乙酯中NO信号(图2-7A)与抽提前水相中的NO自由基信号相比，强度大大加强了，表明乙酸乙酯抽提法可以大大提高ESR方法的检测灵敏度。

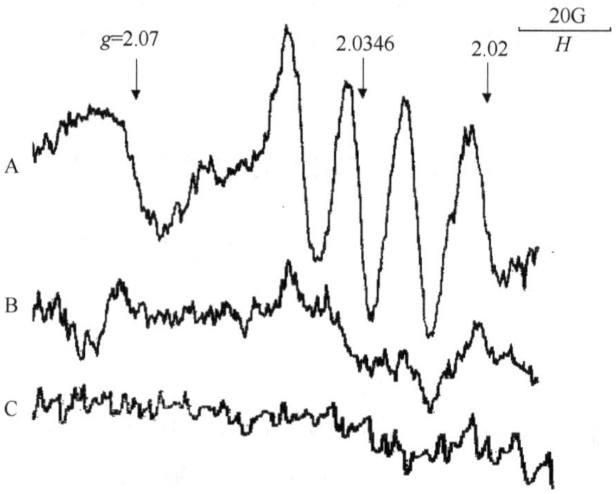

图2-7　用乙酸乙酯抽提的$NO(DETC)_2Fe$复合物在乙酸乙酯和水相中的ESR波谱
A. 有机相中的ESR信号；B. 水相抽提前的ESR信号，25℃；C. 抽提后的ESR信号，25℃

2.2.2　乙酸乙酯抽提法的标准曲线和检测灵敏度

用乙酸乙酯抽提法检测了不同浓度NO自由基溶液的ESR信号，结果表明，乙酸乙酯抽提液中ESR信号强度与溶液中NO自由基的浓度有良好的线性相关。其标准曲线如图2-8所示，在信噪比为2的情况下，乙酸乙酯抽提法检测到的NO自由基的最低浓度

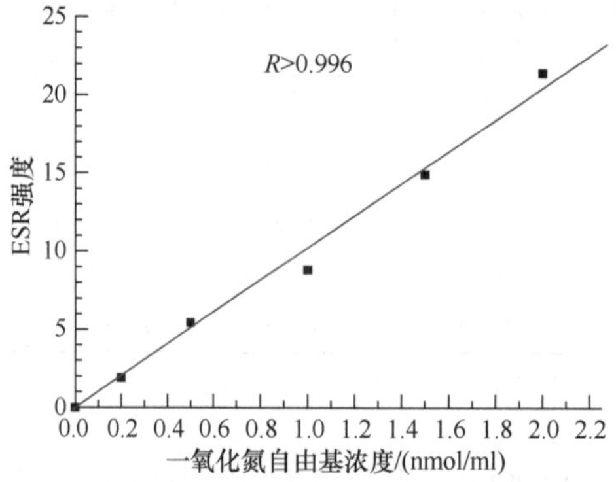

图2-8　用乙酸乙酯抽提法测定NO自由基的标准曲线

可以达到 50nmol/L。这表明，乙酸乙酯抽提法比检测 NO 自由基常用的 Griess 法(最低检测浓度约 1μmol/L)或低温 ESR 方法(最低检测浓度约 500nmol/L)更加灵敏。

2.2.3 $NOFe^{2+}(DETC)_2$ 复合物在乙酸乙酯中的稳定性

在不同温度中的稳定性：2μmol/L NO 自由基溶液的乙酸乙酯抽提物抽提后立即检测，然后分别避光保存于–20℃，0~4℃，25℃ 3 个不同温度，24h 后 ESR 检测。保存于 25℃时，$NOFe^{2+}(DETC)_2$ 复合物可能易于分解。结果表明，0～4℃可能是保存乙酸乙酯抽提物的最佳温度。

对光线的稳定性：2μmol/L NO 自由基溶液的乙酸乙酯抽提物抽提后立即暴露于 9:00 的阳光中，然后在不同的时间检测乙酸乙酯抽提物中 NO 自由基的 ESR 信号。结果表明，在光照下乙酸乙酯抽提物的 NO 自由基 ESR 信号迅速降低，20min 后，NO 自由基信号已下降了 50%，30min 后降低了 70%，1.5h 后，信号已几乎全部消失(图 2-9)。这表明，NO 自由基捕捉复合物在乙酸乙酯中对光照十分敏感。因此，在实验过程中应避光进行，以避免光照分解的干扰。

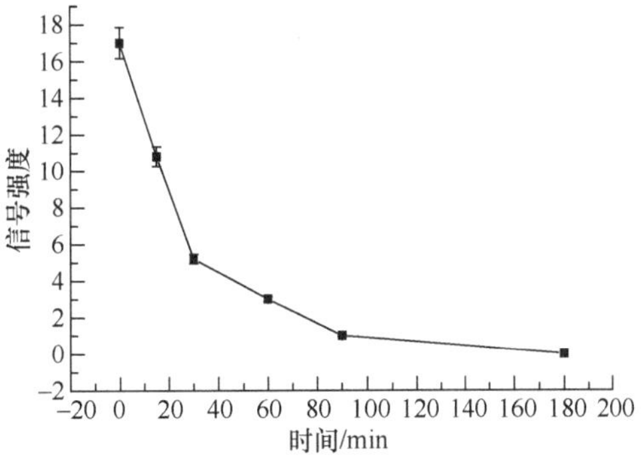

图 2-9 在乙酸乙酯中 $NOFe^{2+}(DETC)_2$ 复合物 ESR 信号对光的稳定性
(NO 自由基浓度为 2μmol/L)

检测在乙酸乙酯中 NO 自由基捕捉复合物随时间的变化显示，2μmol/L NO 自由基溶液的乙酸乙酯抽提物抽提后避光保存于 0～4℃，于不同的时间检测 ESR 信号的强度。乙酸乙酯抽提物 NO 自由基的 ESR 信号十分稳定，可以保持几天而无显著的变化[20]。

2.2.4 心肌匀浆和培养的心肌细胞产生的一氧化氮自由基的捕捉

为了检验乙酸乙酯抽提法的有效性，利用此方法检测了心肌匀浆和培养心肌细胞中 NO 自由基的产量。大鼠心肌匀浆中 NO 自由基的 ESR 信号如图 2-10 所示，不加 L-精氨酸的对照组(图 2-10B)几乎没有 NO 自由基信号。加入 L-精氨酸后心肌匀浆中 NO 自由基的产量为 0.166nmol/mg 蛋白质(图 2-10A)。加入一氧化氮合酶的抑制剂 L-NMMA(N^G-monomethyl-L-arginine)后，NO 自由基的产量为 0.078nmol/mg 蛋白质，酶活性下降了 53%。同时，利用此方法检测了培养的心肌细胞中 NO 自由基的产量。结果证明，乙酸乙酯抽提法是一种检测 NO 自由基的有效方法。此外，还用乙酸乙酯抽提法检测了培养的鼠肝细胞、鼠心肌匀浆、脑匀浆中的 NO 自由基，表明乙酸乙酯抽提法是一种检测 NO 自由基的灵敏、有效的方法。

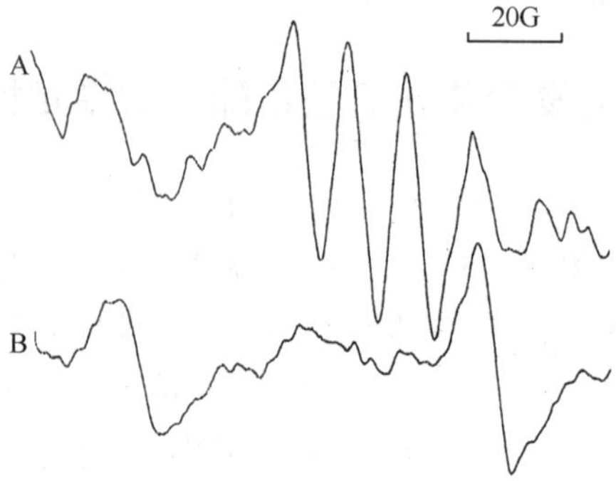

图 2-10 培养的心肌细胞产生的 NO 自由基

心肌细胞与捕捉剂温育 30min 后用乙酸乙酯抽提，ESR 检测；A. 加入 L-精氨酸；B. 不加 L-精氨酸

2.2.5 一氧化氮自由基捕捉复合物 $NOFe^{2+}(MGD)_2$ 在巨噬细胞体系中的稳定性

图 2-11 为 $NOFe^{2+}(MGD)_2$ 复合物在 PMA 刺激的巨噬细胞体系中孵育不同时间的 ESR 图谱。$NOFe^{2+}(DTCS)_2$ 捕捉复合物在巨噬细胞体系中孵育时，ESR 信号和变化与 $NOFe^{2+}(MGD)_2$ 复合物的相似。g 因子为 2.034，超精细分裂常数为 12.5G 的三线峰 ESR 信号是 $NOFe^{2+}(MGD)_2$ 捕捉复合物的信号，g＝2.02 的峰是 MGD-Cu^{2+} 复合物 ESR 信号的第三条峰[10]。随着时间的延长，$NOFe^{2+}(MGD)_2$ 捕捉复合物的 ESR 信号强度逐渐降低，而 MGD-Cu^{2+} 的信号，保持不变。

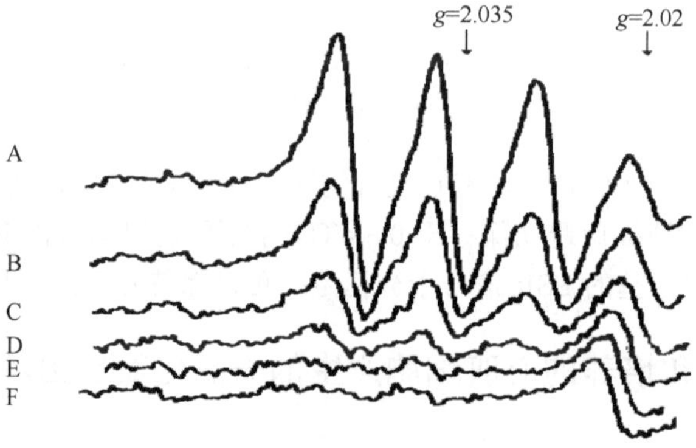

图 2-11 $NOFe^{2+}(MGD)_2$ 复合物在 PMA 刺激的巨噬细胞体系中孵育不同时间的 ESR 图谱

A~F. ESR 波谱随时间变化而衰变

图 2-12 所示为 $NOFe^{2+}(MGD)_2$ 捕捉复合物在 HBSS 和巨噬细胞体系中，37℃温浴随时间变化的 ESR 强度曲线。MGD 和 DTCS 的 NO 捕捉复合物的半衰期如表 2-3 中所示。NO 自由基的捕捉复合物在 HBSS 中比较稳定(图 2-12▼)，巨噬细胞加入该体系后，NO 自由基的 ESR 信号开始衰减(图 2-12▲)。加入 PMA(图 2-12•)和 L-精氨酸(图 2-12■)刺激巨噬细胞，巨噬细胞每分钟分别产生(2.13±0.12)μmol/L 的超氧阴离子自由基和(0.137±

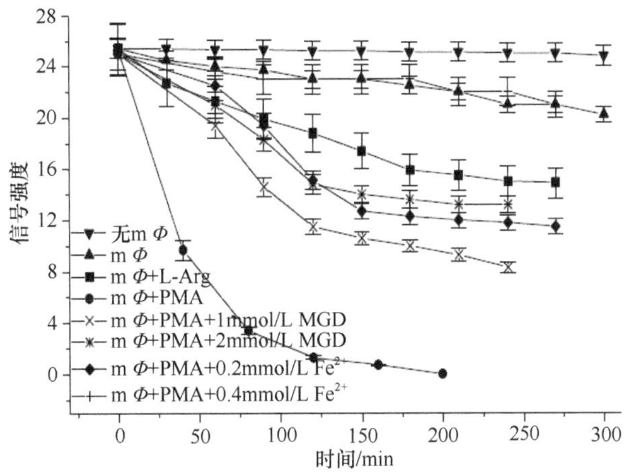

图 2-12 $NOFe^{2+}(MGD)_2$ 捕捉复合物在巨噬细胞体系中，37℃温浴随时间变化的 ESR 强度曲线

0.011)μmol/L NO 自由基(表 2-3)，捕捉复合物的 ESR 信号迅速降低，这表明 NO 捕捉复合物在巨噬细胞体系中的不稳定性可能是由巨噬细胞产生的超氧阴离子自由基引起的。在 PMA 和 L-精氨酸刺激的大鼠腹腔巨噬细胞体系中，$NOFe^{2+}(DTCS)_2$ 捕捉复合物的半衰期为 60s，$NOFe^{2+}(MGD)_2$ 捕捉复合物的半衰期为 35s，表示 DTCS 的 NO 自由基捕捉复合物比 MGD 捕捉复合物更加稳定。

表 2-3 (二硫甲胺类)$_2$-Fe^{2+}-NO 复合物在巨噬细胞体系中的半衰期

实验条件(3×10^7 个巨噬细胞/ml)	$NOFe^{2+}(MGD)_2$ 半衰期/s	$NOFe^{2+}(DTCS)_2$ 半衰期/s
HBSS pH 7.4(无细胞)	不变化	不变化
HBSS pH 7.4(有细胞)	稳定	稳定
0.3mmol/L L-精氨酸	450±100	500±80
100ng/ml PMA	35±10	60±13
100ng/ml PMA+0.3mmol/L L-精氨酸	32±12	55±15
100ng/ml PMA+1mmol/L MGD	98±10	—
100ng/ml PMA+2mmol/L MGD	142±16	—
100ng/ml PMA+1mmol/L DTCS	—	125±11
100ng/ml PMA+2mmol/L DTCS	—	172±14
100ng/ml PMA+0.2mmol/L Fe^{2+}	150±15	180±12
100ng/ml PMA+0.4mmol/L Fe^{2+}	稳定	稳定

注：巨噬细胞与 0.4mmol/L(二硫代氨甲酸盐)$_2$-Fe^{2+}-NO 在 37℃、pH 7.4 培育 10min，然后加入 PMA 和/或 L-精氨酸、MGD、DTCS、铁

体系中加入更多的二巯氨甲酸类捕捉剂和亚铁离子后，NO 自由基捕捉复合物的稳定性增加(图 2-12，表 2-3)。1mmol/L MGD 可以显著地增加 MGD 捕捉复合物的半衰期 3 倍(从 30~90s)，2mmol/L MGD 可以延长 MGD 捕捉复合物的半衰期 4 倍(从 30~120s)。DTCS 和亚铁离子对 $NOFe^{2+}(DTCS)_2$ 复合物稳定性的保护作用与 MGD 和亚铁离子对 $NOFe^{2+}(MGD)_2$ 复合物的作用相似(图 2-12，表 2-3)。

在捕捉 NO 自由基的 3 种二巯甲酸类捕捉剂中，MGD 或 DTCS 捕捉 NO 自由基后形

成的捕捉复合物为亲水性复合物，很难进一步浓缩，在常温必须用石英毛细管检测。而 $NO(DETC)_2Fe$ 复合物为疏水性复合物，这就提供了用有机溶剂抽提浓缩的机会。作者实验室曾经利用 DETC 的 NO 自由基捕捉复合物的这种疏水性质，用三乙酸甘油酯抽提捕捉复合物到脂相中，然后 ESR 检测 NO 自由基。

MGD 和 DTCS 是两种常用的水溶性 NO 捕捉剂，由于两者的捕捉复合物有很好的水溶性，它们的应用非常广泛。为了比较乙酸乙酯抽提法的实用性，同时也比较了来自同一样品的乙酸乙酯抽提法信号与 MGD 和 DTCS 信号的强度差异。结果表明，乙酸乙酯抽提法比 MGD 和 DTCS 捕捉到的信号更加灵敏。

由于在体外培养细胞中 NO 自由基的产量比较低，常规 ESR 方法很难检测。由于乙酸乙酯抽提法可以检测大体积体系中产生低浓度 NO 自由基的特点，作者实验室用此方法并第一次用 ESR 检测了培养心肌细胞中的 NO。同时，还用乙酸乙酯抽提法检测了心脏、肝脏和心肌缺血再灌注损伤时血液中及发育中金黄地鼠视皮层中产生的 NO 自由基，实验都证明，乙酸乙酯抽提法是一种检测低浓度 NO 自由基的有效方法[21~23]。

2.3 一氧化氮自由基和活性氧自由基的同时检测

在生物体内和活细胞中，NO 自由基和超氧阴离子自由基往往是同时产生的。人们一般是分别测定它们的产生和进行研究，这样就会造成一定误差，同时也不方便。因此，作者实验室建立了一种利用 ESR 自旋捕捉技术，把体内和活细胞中产生的 NO 自由基和活性氧自由基(ROS)同时捕捉住并进行检测。这样就可以既准确又方便地检测和研究体内和活细胞中产生的 NO 自由基和活性氧自由基的规律[24]。

2.3.1 原理

本章第 2 节中介绍用 $(DETC)_2\text{-}Fe^{2+}$ 捕捉的 NO 自由基复合物 $NOFe^{2+}(DETC)_2$ 的 ESR 信号是 g=2.035 的 3 条谱线，a_N=13.5G。用 PBN 捕捉的活性氧自由基 PBN-ROS 的信号为 g=2.005 的 a_N=15.0G 的三线谱，二者没有重叠。另外，这两个复合物都比较稳定，并且都是脂溶性的，可以经过各种处理及用有机溶剂同时抽提和检测而信号并不受影响。

2.3.2 方法

1) 溶液的配制

溶液 A：0.1mol/L 含有 0.32mol/L 蔗糖，10mmol/L 生理缓冲溶液(HEPES)，10mmol/L PBN，0.05% Tween-80 和 0.5mmol/L 巯基乙二醇的磷酸缓冲液，pH 7.4。溶液 B：0.5mol/L $Na_2S_2O_4$，0.3mol/L $FeSO_4$。溶液 C：0.6mol/L DETC。

2) 程序

将细胞或组织样品在溶液 A 中匀浆，离心(13 201g)20min。取 450μl 上清液分别与 10μl B 和 C 溶液混合，在 37℃保持 1h。直接将样品装入石英毛细管在 ESR 波谱仪上测试，或利用乙酸乙酯抽提后，将抽提液装入核磁样品管，在ESR波谱仪上测试。ESR测试条件：X波段，100kHz调制，调制幅度3G，微波功率20mW，扫宽400G。

2.3.3 稳定性

1) 对温度的稳定性

用乙酸乙酯将$(DETC)_2$-Fe^{2+}和PBN-ROS的抽提物在–20℃、–4℃ 或 25℃暗处保持24h，再测试ESR信号，结果发现，保存在–20℃和25℃样品的ESR信号分别降低了7.5%和31%，而保存在–4℃的样品的ESR信号几乎没有变化(1.6%)，说明，1~4℃是保存的最佳条件。

2) 对光的稳定性

用乙酸乙酯将$(DETC)_2$-Fe^{2+}和PBN-ROS的抽提物在20℃暴露于阳光中10min，ESR信号降低50%，2h以后ESR信号就几乎全部消失。这说明这一方法对光很敏感且极不稳定。

3) 对时间的稳定性

用乙酸乙酯将$(DETC)_2$-Fe^{2+}和PBN-ROS的抽提物在0~4℃避光保存不同时间，结果发现，样品的ESR信号很稳定，1~2天几乎没有明显降低。

2.3.4 结果

利用这一方法，分别检测了植物和动物不同组织中NO自由基和ROS自由基的含量。用$(DETC)_2$-Fe^{2+}和PBN同时捕捉小麦叶内产生的NO自由基复合物的ESR信号(g=2.035的3条谱线，a_N=13.5G)和活性氧自由基PBN-ROS信号(g=2.005的a_N=15.0G)，其ESR波谱如图2-13所示。可以看出用$(DETC)_2$-Fe^{2+}捕捉的NO自由基复合物$NOFe^{2+}(DETC)_2$的ESR信号是g=2.035的3条谱线，a_N=13.5G。用PBN捕捉的活性氧自由基PBN-ROS的信号为g=2.005的a_N=15.0G的三线谱，二者没有重叠，分辨得很清楚。

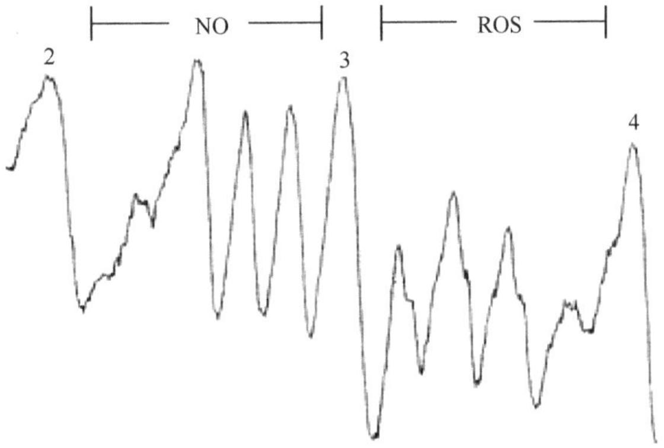

图2-13 用$(DETC)_2$-Fe^{2+}和PBN同时捕捉小麦叶内产生的NO和ROS自由基复合物的ESR信号

图中的2、3、4表示Cu^{2+}峰

利用这一方法，检测了大鼠不同器官和组织中同时产生的NO自由基和ROS自由基。表2-4是利用这一方法测定的大鼠不同组织中的NO自由基和ROS自由基含量。由表中的数据可以看出，在不同组织中，它们的含量是不一样的，而且二者的比例也不同。

表 2-4 大鼠中不同组织 NO 自由基和 ROS 自由基

	肝	心	肺	肾
NO	3.17±0.40	6.75±0.63	6.64±0.87	4.92±0.33
ROS	4.17±0.31	6.17±0.48	6.50±0.89	6.92±0.27

从以上结果和讨论可以知道，该方法可以既准确又方便地同时检测和研究动植物体内及活细胞中产生的NO自由基与活性氧自由基。该方法在避光条件下可以保存很长时间，非常稳定，这有利于样品的制备、保存和测量。另外，该方法对pH和制备过程所使用的试剂也有一定选择，应当在具体实验中加以注意。利用这一技术，作者还研究了6-OHD诱导大鼠帕金森症脑部产生的NO自由基和ROS自由基(见第6章)，光敏剂诱导细胞凋亡过程产生的NO自由基和ROS自由基(见第1章)，都获得了很好的结果。

2.4 利用化学发光法检测一氧化氮自由基[25~28]

NO自由基本身没有化学发光，即使用鲁米诺(luminol)也检测不到。但是，如果NO自由基和过氧化氢或超氧阴离子自由基反应，就可以给出非常强的化学发光，这一发光不使用鲁米诺也可以检测。在生物体内和活细胞中，NO自由基常和超氧阴离子自由基同时产生，而NO自由基和超氧阴离子自由基结合速率极快，立即形成过氧亚硝基，给出很强的化学发光。这是检测生物体系产生NO自由基的一个既灵敏又方便的方法。但是，这一方法特异性不好，因为能引起化学发光的因素很多，它们也会干扰NO自由基的检测。

2.4.1 鲁米诺化学发光检测一氧化氮自由基[25, 26]

方法：为了检测PMA刺激PMN细胞产生NO自由基，用黄嘌呤/黄嘌呤氧化酶反应模型体系测量NO自由基对超氧阴离子自由基在鲁米诺体系中产生化学发光的影响。反应体系包括鲁米诺(0.06mmol/L)和黄嘌呤(0.32mmol/L)/黄嘌呤氧化酶(0.09U/L)，它们于5ml发光管中混合均匀，在不同时间加入NOS的底物L-精氨酸或抑制剂L-NGMA，并测定不同时间的发光峰值。测量NO自由基化学发光对O_2^-的依赖时，黄嘌呤、鲁米诺和黄嘌呤氧化酶共1ml并在5ml发光管中混合均匀，放入发光仪测定不同时间的发光峰值。在不同时间再加入不同浓度NO自由基，并测试其发光峰值。测量$ONOO^-$的化学发光时，所得结果如图2-14所示。

由图2-14可以看出，黄嘌呤/黄嘌呤氧化酶一加入鲁米诺中立即就有较强的发光强度，当加入NO自由基水溶液后，使其发光强度剧烈增加达上百倍，到一峰值后，再逐渐减少。在一开始到不同时间加入NO自由基，其发光强度的动力学基本相同，只是后加NO自由基的发光强度的半衰期(发光强度衰减到峰值一半的时间)有所增加。10min之后，再加 L-精氨酸，发光强度的峰值就逐步降低，半衰期延长(图 2-14)。另外还发现，黄嘌呤/黄嘌呤氧化酶反应体系产生的化学发光随 pH 增加而加大，而 NO 自由基在该体系产生的化学发光有最佳 pH 范围(9.5~10.3)。

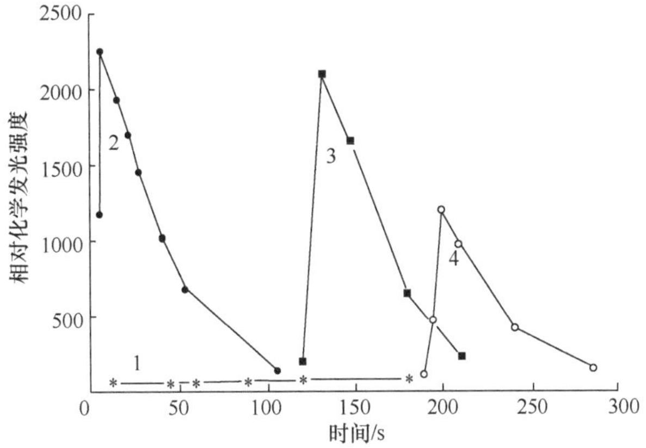

图 2-14　NO 自由基对黄嘌呤/黄嘌呤氧化酶体系在鲁米诺中产生的化学发光(1)及在反应开始(2)、125s(3)和 175s(4)时加入 NO 自由基(0.03mmol/L)对化学发光的影响

2.4.2　用超微弱发光检测 PMA 刺激 PMN 产生一氧化氮自由基[25, 26]

超微弱发光技术可以检测生物体和活细胞发出的极微弱的光，可以达到一个量子的数量级，因此是研究生物发光机制的灵敏方法。这一方法可以检测出 PMA 刺激 PMN 产生氧自由基和 NO 自由基的不同峰值，并可以研究它们产生的动力学，只是不需要鲁米诺。

图 2-15 是 PMA 刺激巨噬细胞产生的超微弱发光。当细胞浓度为 10^7 个细胞/ml，PMA 浓度为 100ng/ml 时，只给出一个峰(图 2-15A)。固定 PMA 浓度，将细胞稀释到 3×10^6 个细胞/ml 时，就出现了两个峰值的动力学发光曲线(图 2-15B、C)，后一个峰值比前一个峰值滞后 5min 左右。为了确定这两个发光峰值的来源，在巨噬细胞受 PMA 刺激前，在体系中加入一氮化氮合酶的底物 L-精氨酸，第二个峰值明显大于第一个峰值，当进一步增加 L-精氨酸浓度时，第二个发光峰也随之进一步增加，以至将第一个发光峰掩盖住；若在

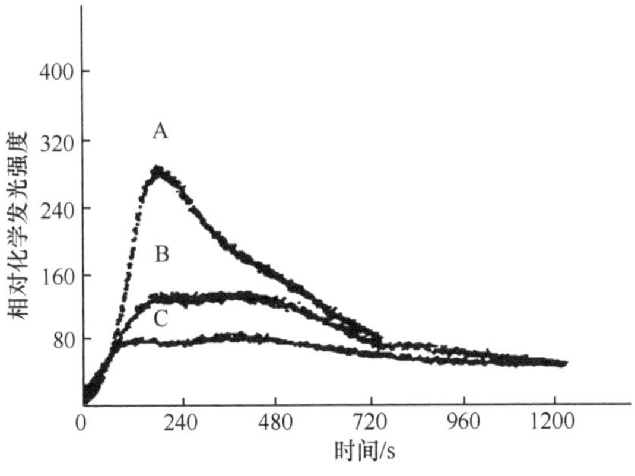

图 2-15　PMA 刺激巨噬细胞产生的超微弱发光

A. 100ng/ml PMA 刺激 1×10^7 个细胞/ml；B. 3×10^6 个细胞/ml；C. 1×10^6 个细胞/ml

体系中加入一氧化氮合酶的抑制剂 L-NTEA 时，第二个发光峰值明显降低。这就表明第二个发光峰值主要来自 PMA 刺激巨噬细胞产生的 NO 自由基。当在巨噬细胞发光 12min 时，在体系中加入 L–精氨酸，可使发光强度立即增加几十倍。

2.4.3 依赖臭氧的化学发光法[27]

臭氧和 NO 都是污染环境的气体，但是二者结合起来却变成一个检查 NO 自由基的灵敏方法。NO 自由基和臭氧反应产生化学发光，在很宽的浓度范围内正比于 NO 自由基的浓度。利用这一方法可以直接测定生物体系产生的 NO 自由基及其氧化产物。臭氧和单线态氧可以和 NO 自由基、二氧化氮、一氧化碳和二氧化硫反应产生化学发光，单线态氧可以和所有这几种气体反应产生化学发光，而臭氧只和 NO 自由基反应产生化学发光，因而具有特异性。

NO 自由基和臭氧反应生成激发态二氧化氮，当它们回到基态或把能量传给其他分子时释放化学发光，其波长位于红光和红外区(640~3000nm)，在 1100nm 有一个吸收峰，但在 640~900nm 就可以检查 NO 自由基。NO 自由基和臭氧反应产生的化学发光非常快，而且活化能很小(10.5kJ)。在室温的反应速率常数为 10^7/mol/s，因此对产生的 NO 自由基浓度的微小改变都能灵敏地检测到。

2.4.4 化学发光法检测气相一氧化氮自由基[28]

利用这一方法测定气体样品中的 NO 自由基非常方便，只要将样品注入发光仪即可。但生物体系产生的 NO 自由基几乎都是在溶液中。这给测量带来一定困难。不过 NO 自由基在气液相的分配系数为 20，这就是说，在一个气液两相的体系中，在气相中 NO 自由基是液相中的 20 倍。只要将产生 NO 自由基的液体生物体系连到发光仪上，产生的 NO 自由基大部分就可以随气流进入反应器与臭氧反应。生物体系产生的 NO 自由基在溶液中被氧化生成的硝酸和亚硝酸可以通过在酸性条件下用碘化钠、硫酸亚铁铵/钼酸铵或其他还原剂还原成 NO 自由基再进行测试。化学发光法检测最早用于检测气体混合物中的 NO 自由基。

在反应槽中加入样品，同时调节 pH 为酸性，加入 KI 或别的还原剂，保证所有产生的 NO 自由基及被氧化产生的亚硝酸盐能还原为 NO 自由基。充入惰性气体(氦气)，把 NO 自由基由溶液中冲出，同时抽真空，一方面去掉系统中的氧气，另一方面把 NO 自由基抽入发光反应腔中。在反应腔中，NO 自由基气体与臭氧反应，产生发光物质，可被发光仪检测到。化学发光法检测 NO 自由基的检测灵敏度，可以达到 10^{-13}mol/L，大多数研究者认为灵敏度一般达不到那么高，最低检测限度一般是 20~50pmol(10^{-11}mol/L)。线性范围一般为 300~3000pmol[28, 29]。化学发光法的优点是：检测灵敏度比较高。缺点是：①需要专门的设备；②需要大体积的样品；③在反应产生 NO 自由基时通常需要酸化，由于在室温亚硝酸盐转变为 NO 自由基的反应比较慢，通常需要加热；④温度和气体的流量对检测仪的影响比较大。这些都限制了化学发光法的应用。

2.5 其他方法测量一氧化氮自由基

除了上面介绍的常用的测量 NO 自由基的方法外，人们在研究 NO 自由基的过程中又建立和发展了很多方法，本节只介绍几种较常用的方法。

2.5.1 用电化学方法测量一氧化氮自由基[30, 31]

电化学方法测量 NO 自由基的方法与光谱不同，它是基于 NO 自由基在固体电极的氧化可以产生电流。这一电流可以用电流计或电压计测量，这一方法的最大优点是可以测量单细胞产生的 NO 自由基。利用电化学方法测量 NO 自由基需要一个传感器，它是根据 NO 自由基在电极上氧化产生电流设计的。一种是利用铂丝作为工作电极(阴极)，银丝作为耦合电极(阳极)，封在一个充满氯化钠/盐酸溶液的毛细管中，这样就可以测量 NO 自由基在电极氧化产生的直流电信号了。另外一种电极是利用聚卟啉，NO 自由基可以被催化氧化产生 630mV 电压。

利用金属和卟啉电极不能区分 NO 自由基和其反应产生的硝酸和亚硝酸，在传感器外面镀一层阳离子交换膜，就可以将带负电荷的硝酸和亚硝酸排除在外。利用卟啉电极测量 NO 自由基的灵敏度可以达到 10^{-9}mol/L。利用这一方法可以测量单个细胞、多细胞、组织和器官等多种生物体系产生的 NO 自由基。

0.2μm 的传感器可以插入单个细胞的膜表面或细胞内某一深度(0.2~0.5μm)。在内皮细胞膜表面测量发现，单个细胞膜表面产生的 NO 自由基浓度与多个细胞膜表面一样，但在单个细胞膜表面 NO 自由基产生持续的时间短一些。在肌细胞质中测量发现，缓激肽刺激 20s 后产生的 NO 自由基浓度最大可达 0.85μmol/L。细胞膜表面的 NO 浓度最高，似乎是 NO 自由基的一个储存器，也是测量细胞产生的内源自由基最方便的地方。

利用这一方法可以测量在体组织产生的 NO 自由基。一个典型的实验是直接测量大鼠脑缺血产生的 NO 自由基，将传感器直接插入大鼠同侧头顶骨皮层，脑缺血 2~3min，NO 自由基浓度开始增加。一氧化氮合酶抑制剂甲基精氨酸可以抑制 NO 自由基的产生，L-精氨酸可以增加 NO 自由基的产生，D-精氨酸不起作用。利用这一方法可以测量在体血液中产生的 NO 自由基，将传感器插入兔下静脉腔中，在股静脉注射缓激肽，可以观察到 NO 自由基信号增加。

溶液中氧浓度很早以前就开始用 Clark 电极电化学方法检测，NO 自由基也可以用同样的方法检测。Clark 电极是一个透气膜包裹的酸性溶液中的铂金电极做成，由于 NO 自由基在铂金电极上的电势与 SSCE(sodium-saturated calomel electrode)电极之间–0.9V 的电势差，根据这个电势差可以检测 NO 自由基在溶液中的浓度。但是由于 O_2 在溶液中的电势差与 NO 自由基的相同，与 NO 自由基在检测中互相干扰。于是，人们又建立了一种新的方法，用两个电极，一个是透气性膜制成的铂金工作电极，一个在 30mmol/L NaCl/0.3mmol/L HCl 溶液中的铂金参比电极。它所对应的是 NO 自由基在水溶液中的如下反应：

$$2NO+4OH^- = 2HNO_3+6e^-+2H^+ \tag{2-1}$$

$$NO \longrightarrow NO^{+}+e \qquad (2\text{-}2)$$

Shibuki 等用这种方法实时检测了脑片中产生的 NO 自由基[30]。1992 年，Malinski 和 Taha 等克服了以前电极的缺点，建立了一种新的电极[31]，Ni(TMPP)(nickel tetra-*N*-methyl pyridinium porphyrin chloride)包裹在碳纤维表面制成的电极，用该电极与 SSCE 电极之间 +0.8-0.7 的电势差可以检测 NO 自由基的含量。这种电极可以检测多种组织在细胞水平上产生的 NO 自由基，检测灵敏度在 10nmol/L~200μmol/L。同时，World Precision Instruments(Sarasota，USA)公司又推出了一种商业化的 NO 自由基检测电极，ISO-NO meter，该电极是基于在 850mV 时 NO 自由基到 NO 自由基直接氧化反应(式 2-2)。该电极的检测灵敏度最低可以检测 1nmol/L(10^{-9}mol/L)。电化学方法检测 NO 自由基的优缺点：检测灵敏度高，可以实时检测某一位点，甚至是单个细胞内的 NO 自由基。缺点：①该方法只能检测一点产生的 NO 自由基；②溶液中的某些物质如亚硝酸盐、维生素 C、多巴胺等物质也能被电极检测，产生化学电势，干扰检测 NO 自由基的可信度。

2.5.2　生物传感器测量一氧化氮自由基

电化学传感器，特别是生物传感器可以在单个细胞、细胞培养液、组织匀浆、组织、动植物在体和人体中实时、连续测量 NO 的浓度，而不造成对体系的干扰，因此广泛应用于临床、环境和农业 NO 分析中。另外，电化学传感器还具有检测灵敏度高、快速、容易操作、体积小等优点。纳米材料的采用，制备出超灵敏传感器，更大大提高了其灵敏度和应用范围。

现在发展了多种电化学传感器，有金电极、玻炭电极、石墨电极、铂电极、铂/铱电极[32]和丝网印刷电极。这些传感器各有优缺点。铂是稳定的贵金属，已被广泛地用作贵金属的电极。然而，如果只是裸铂传感器在检测 NO 技术中使用，灵敏度还不够高，因此，使用过渡金属，纳米材料复合铂传感器作为电极修饰材料可以提高电化学的性能和提高检测 NO 灵敏度。最近，各种以铂为基础的 NO 传感器(铂/铱电极，铂丝和铂盘电极)已被用于 NO 传感器检测。玻碳电极是目前检测 NO 使用得最广泛的电极，具有良好的导电性、高硬度、高氢超电势、化学稳定性好等特点。金类电极也用于一氧化氮的检测，小的功能分子可以很容易地通过 S-金键自组装到金电极的表面，但金纳米(AuNPs)具有细胞毒性。通过硫醇化聚乙二醇(PEG)的保护，金纳米粒子可以减少细胞毒性，已经用于检测从巨噬细胞释放到胞外的 NO。

第一个利用克拉克型设计的商业电化学 NO 传感器(ISONOP)是由世界精密仪器公司(WPI)在 1992 年年初生产的。在这之后，这个公司发展了多种用于 NO 检测的电极[33, 34]。ISONOPNM 是一个组合纳米传感器，尖端直径只有 100nm，检测 NO 灵敏度小于 0.5nmol/L。最近，WPI 开发出完全集成的多通道电化 NO/自由基检测系统(TBR4100)。该检测系统是一种光学隔离的多个信道 NO 自由基分析仪，具有超低噪声和独立工作的信道，可以用于实时检测 NO 等自由基(如氧、过氧化氢、氢硫醚和超氧化物)。

表面电极修饰的使用，对 NO 的氧化更敏感，选择性和生物相容性也更好。有几种膜的改性方法已被用于辅助 NO 的分析和保护电极。在一般情况下，使用生物分子、有机分子和保护膜的电极表面的化学修饰，扩大了这种电极的应用。一个优良的 NO 电化学传感器可具有高灵敏度、低检测限、高选择性、稳定性、响应时间快、广泛的线性范围、再现性、长寿命性和生物相容性等特点。一个 NO 传感器的灵敏度取决于传感器的电极材料和使用的辅助分析膜材料的反应性表面。在过去的几十年，电化学传感器提供了实时和活体测量 NO 的有效方法。现在通过生物分子、有机分子和保护膜的修饰，NO 传感器可以在各种实验条件下探索各种生物样品中的 NO 功能。

呼出 NO 分数是气道炎症的生物标志物，并已经证实，多种呼吸道疾病如哮喘、过敏症、慢性咳嗽、特应性湿疹、阻塞性睡眠呼吸暂停综合征和结核都与呼出 NO 分数有关。在过去的 20 年里，呼出 NO 分数已被用来作为一种有用的临床工具，用于呼吸道疾病的诊断。现在用于测量呼出 NO 分数的 NO 电化学传感器和设备已经广泛用于临床[32, 35]。测量细胞产生 NO 是很多研究必需的，现在设计了用于测量不同细胞的各种 NO 电化学传感器。在计算机控制的微操作机器人的协助下，可以直接通过植入选择性电极插入一个单细胞测量 NO 的浓度。

电化学传感器可以制造成非常小的尺寸，以便实时地检测 NO 并不会在体内对周围组织造成显著损坏，并且已经用于鼠脑检测 NO 的浓度。一种纳米电化学传感器被用于测量皮层和海马区 NO 浓度，发现大脑皮层和海马释放 NO 水平有明显不同。另外，电化学传感器还广泛用于检测肾组织、心脏和肿瘤等组织中的 NO，这些结果对探讨 NO 在这些组织中的功能和损伤作用机制发挥了重要作用。

NO 不仅在哺乳动物细胞中是生物活性分子，而且在植物细胞中也发挥着非常重要的作用。NO 电极可以置于水果内来测量 NO 的浓度。Zhao 等采用电化学传感器检测了桃果实中 NO 浓度。由于电化学 NO 传感器可以有效和方便地在各种不同类型的生物样品中提供实时测量 NO 浓度，且具有高的灵敏度和选择性、响应时间快、寿命长、重现性好和生物相容性，并且对活组织没有显著损等优点，可以便利地、连续地、准确地测量生物样品中的 NO。这些传感器为进一步了解 NO 生物功能和这个分子的临床作用发挥了重要作用。

为了满足更灵敏地检测生物样品中 NO 的要求，将来还需要开发具有更大比表面积的新颖电极，以及高选择性和生物兼容性的膜。编制更有效的应用程序。更多地致力于研究应用检测复杂生物体系，如血液中 NO 测量，探讨药物样品作用于 NO 通路的影响及如何更方便地用于临床诊断和疾病的治疗。

2.5.3 格里斯(Griess)试剂[36, 37]

Griess 试剂由磺酸和萘乙二胺组成。在酸性条件，这一试剂可以与亚硝酸盐反应生成红色物质，在 545~555nm 有一个最大吸收峰，可用分光光度计检测，其很早就用来检测亚硝酸盐。NO 自由基很容易与氧反应或被其他氧化剂氧化生成硝酸或亚硝酸，利用 NaS_2O_4 和细菌硝酸盐还原酶将硝酸转化成亚硝酸，就可以检测 NO 自由基了。这一方法灵敏度很高，但特异性不好。

Griess 试剂中的磺胺在酸性条件下可以和 NO 的氧化产物 NO_2^- 发生重氮化反应(图 2-16)，然后与 Griess 试剂中的萘乙二胺盐酸盐(*N*-1-napthylethylenediamine dihydrochloride，NED)反应，产生一种红色化合物，可以用分光光度计在 540nm 左右检测。由于亚硝酸盐会进一步氧化成硝酸盐(NO_3^-)，并且体内产生的 NO 自由基在遇到含有血红素-铁蛋白后会氧化为硝酸盐，因此 NO 自由基产生后相当一部分以硝酸盐存在，单纯检测亚硝酸盐的浓度很难反映 NO 自由基的产生情况。于是，研究者想到把体系中的硝酸盐还原为亚硝酸盐，然后再用 Griess 检测的解决方案。常用的方法有：利用铜包镉硝酸盐还原法，利用大肠杆菌(*E. coli*)还原硝酸盐，利用硝酸盐还原酶还原硝酸盐等，这些方法都有一定的缺点，利用铜包镉硝酸盐还原法，一方面需要把镉恢复，同时镉是一种有毒的金属，并且样品中的亚硝基化合物会干扰这种方法对硝酸盐的检测。而微生物如大肠杆菌还原法一方面需要保证大肠杆菌在每一个样品中均一，同时检测时要离心除去，也限制了该方法的利用，现在常用的方法为硝酸盐还原酶还原法。

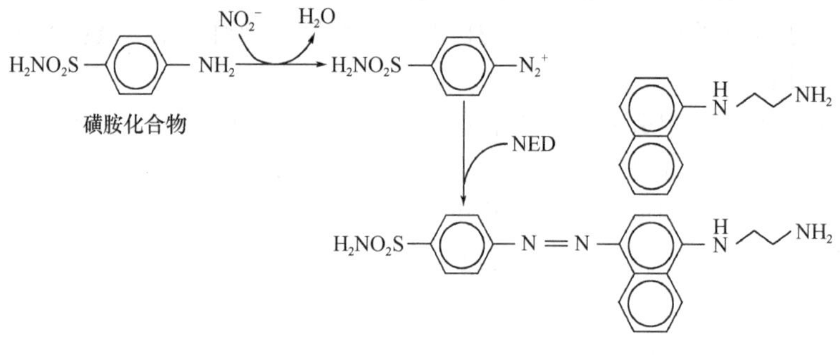

磺胺化合物

偶氮化合物

图 2-16 用 Griess 测定 NO_2^-的化学反应

但是 Griess 检测 NO 自由基除了无特异性外还有一些其他缺点：①Griess 法检测的是体系中亚硝酸盐/硝酸盐的含量，并不是所有的 NO 自由基都氧化成为了硝酸盐，例如，有的 NO 自由基与超氧阴离子生成过氧亚硝基，然后过氧亚硝基又氧化蛋白质，使蛋白质硝基化，NO 最后以硝基的形式存在；②体系的氧化还原状态影响 NO 自由基的氧化，影响 Griess 法检测来自于 NO 自由基的亚硝酸盐产量；③体系的颜色，如血浆的颜色影响 Griess 法的检测。总之 Griess 法只能间接地检测 NO 自由基产量，方法的可信性受到各种条件的限制。

2.5.4 一氧化氮自由基的荧光测定[38, 39]

这一方法是根据亚硝酸盐在酸性条件重氮化磺酸胺，接着氧化莨菪亭，形成激发波长 350nm 和发射波长 460nm 的荧光物质，可以用荧光分光光度计检测 NO 自由基，这一方法也需要将硝酸盐转化成亚硝酸盐。

1993 年专家建立了用 DAN(2,3-diaminonaphthalene)检测 NO 自由基的荧光法。氨基芳香环类化合物 DAN 类物质本身没有荧光，与 NO 自由基的产物 NO_x 反应后，产生有荧光的物质 NAT(2,3-naphthotriazole)，在 375nm 用紫外光激发，NAT 在 415nm 产生荧光，根据产生荧光的强弱，可以检测 NO 自由基的浓度。但是，该方法需要在酸性的条件下检测，需要用紫外光激发，会损伤正常的细胞，因此限制了该方法的应用。

于是，研究者又开发了几种新荧光探针。其中，DAF(diaminofluorescein)可以在可见光的范围内激发，同时发射光谱与 DAF 类似，也在 415nm 左右检测，并且反应在中性溶液中就可以进行，避免了酸性环境对生物体系的影响(图 2-17)。由于 DAF 不直接与 NO 自由基作用，因此不会剧烈地干扰 NO 自由基的信号转导过程。该方法可以实时地检测细胞或组织内 NO 自由基的产生，对于研究 NO 自由基在细胞内的作用有重要的意义，其检测灵敏度可以达到 5nmol/L(5×10^{-9}mol/L)。但是该方法也有一些缺点，如用单个发射波长测量荧光在一些情况下有不准确的问题，同时由于用荧光探针方法检测，不可避免地会受到荧光探针猝灭的影响，荧光探针在检测部位的浓度，检测部位环境如 pH、极性、温度等都会影响该方法的检测。

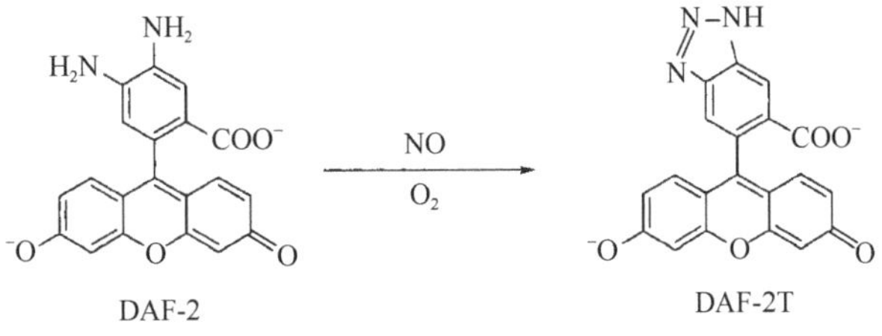

图 2-17 NO 自由基与没有荧光的 DAF-2 反应形成具有荧光的 DAF-2T

2.5.5 利用质谱测定一氧化氮自由基[40]

质谱可以检测气相中的 NO 自由基，特别是同位素标记质谱可以给出很多其他方法得不到的信息。将气体在很低的压力下(10^{-7}~10^{-6}mmHg*)注入质谱的离子源，在这里它们被离解为高能电子流，形成的正离子在电场中被加速，然后在磁场中偏转，偏转的半径与离子的质量成反比。通过改变电场或磁场，相应的离子颗粒就可以被不断收集在收集器中，产生的电信号正比于收集的离子数。

2.5.6 血红蛋白法测定一氧化氮自由基[41]

1998 年的诺贝尔生理学或医学奖获得者 Ignarro 的主要贡献之一是用高铁血红蛋白法和分光光度计检测证明 EDRF 就是 NO 自由基(图 2-18)。黄色的血红蛋白遇到内皮细胞产生的 EDRF 就变绿，用这一方法证明了 EDRF 就是 NO 自由基。

$$NO+Hb(Fe^{2+})+O_2 \longrightarrow Hb(Fe^{3+})+NO_3^- \tag{2-3}$$

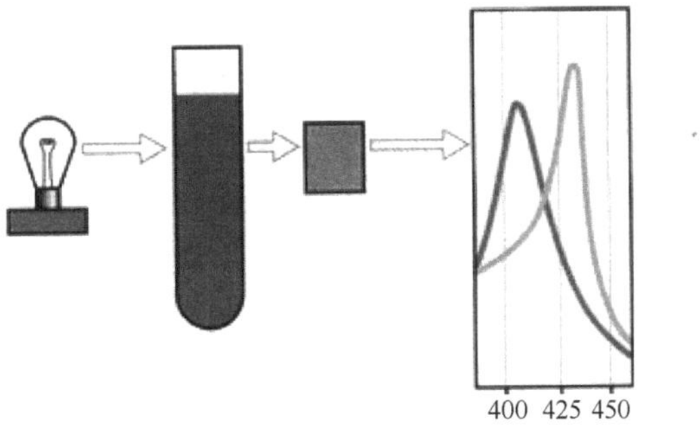

图 2-18 血红蛋白检测 NO 自由基示意图(彩图请扫书后二维码)

---
* 1mmHg=0.133 kPa

高铁血红蛋白法的原理是 NO 自由基能迅速和血红蛋白反应，氧化亚铁血红蛋白生成高铁血红蛋白(反应方程见式 2-3)，高铁血红蛋白(433nm)和亚铁血红蛋白(406nm)有不同特征吸收峰，可以用分光光度计检测 NO 自由基的产量。NO 自由基能迅速和亚铁血红蛋白反应，反应时间小于 100ms，因此可以用这种方法检测 NO 自由基合成的动力学过程。商品血红蛋白中 50%~95%的血红蛋白是高铁血红蛋白，实验前首先要用连二亚硫酸钠等还原剂还原，使高铁血红蛋白变成亚铁血红蛋白，再充入氧气加氧，使其变为氧合血红蛋白，血红蛋白的浓度可以根据氧合血红蛋白在 416nm 的消光系数检测。检测中，常用高铁血红蛋白和亚铁血红蛋白在 401nm 和 411nm 等消光点的消光系数(19.7mmol/L/cm)检测 NO 自由基的浓度，高铁血红蛋白法的检测限度在 1nmol/L(10^{-9}mol/L)左右。

这一方法的优点是：①高铁血红蛋白法是一种比较简便的方法，不需要大型仪器，只需分光光度计即可；②由于在 NO 自由基产生之前就可以加入氧合血红蛋白，与 NO 自由基反应速度快，可以动态检测 NO 自由基的产生；③由于不用酸化(如 Griess 法)，避免了由于酸化等操作对反应的影响。这一方法的缺点是：①其他亚硝酰基化合物(nitrosyl compound)有时也可被血红蛋白法检测到，干扰了对 NO 自由基检测的可靠性；②超氧阴离子自由基、H_2O_2 等也能氧化亚铁血红蛋白，影响了方法的特异性。

2.6　ESR 成像技术测定一氧化氮自由基在组织内的空间分布

以上所有检测 NO 技术，包括电子顺磁共振技术，都只能给出 NO 自由基的浓度，却不能给出 NO 自由基的空间分布，特别是在生物体内的空间分布。近年来发展起来的电子顺磁共振成像技术(ESR imaging，ESRI)就可以达到这一目的，因此受到人们的广泛关注和研究。本节就这一技术的原理、方法及在检测 NO 方面取得的一些结果进行讨论。

2.6.1　ESR 成像的原理[42, 43]

电子顺磁共振成像技术是无损伤检测自由基在体内分布的最有效的方法。电子顺磁共振成像(ESRI)，也就是三维顺磁共振系统，是在原有的顺磁共振的基础上，把均匀磁场改变为梯度磁场，然后利用计算机控制扫描，分析处理数据，得出自由基在空间的分布及强弱的技术，这一仪器的原理和结构示意图表示在图 2-19 中。生物样品通常是大体积、含水样品，在通常所用的 X 波段电子顺磁共振仪上，由于水的高介电损失减小了谐振腔的 *Q* 值(*Q*-factor)，并且 X 波段 ESR 的谐振腔比较小，无法检测大体积的生物样品，因此，ESRI 通常是利用 L 波段(微波频率 0.4~1.6GHz)进行的。电子顺磁共振成像的分辨率与几个因素有关：线宽、ESR 信号的信噪比和磁场梯度的强度。线宽越窄的顺磁探针，ESRI 中可以得到越高的分辨率。常用的氮氧自由基探针或自旋捕捉剂的线宽是 1.4~1.6G，二巯甲酸类化合物-铁离子捕捉 NO 自由基的 ESR 信号的线宽大约是 3.8G，都可以用于 ESRI 检测和研究。

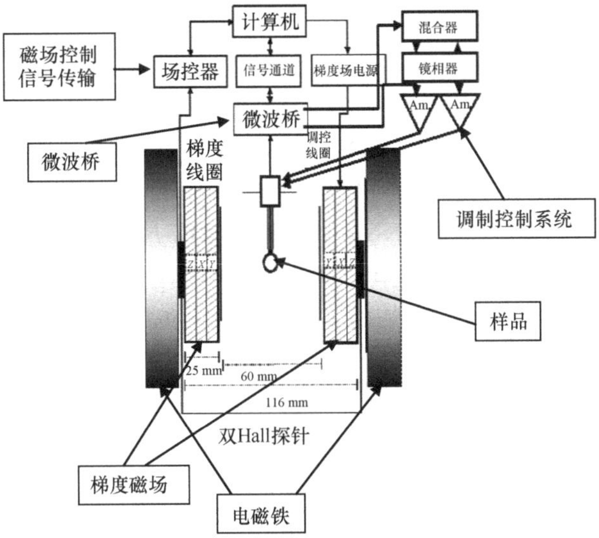

图 2-19 ESR 成像的原理和结构示意图(彩图请扫书后二维码)

2.6.2 缺血再灌注损伤的大鼠脑中产生的一氧化氮自由基的 ESRI 图像

由于用二巯甲酸类-铁离子捕捉剂在体内 ESR 实验中得到了较强的 ESR 信号，因此研究人员也开始探索用 ESRI 技术检测体内的 NO 自由基。Zweier 等在 1995 年首先用 ESRI 技术检测了在缺血再灌注损伤大鼠脑中产生的 NO 自由基的 ESRI 图像[44, 45]。在实验中，用 $(DETC)_2$-Fe^{2+}作为捕捉剂，预先注射到大鼠的体内，缺血再灌后动物的脑组织被分离、冷冻，然后在液氮温度 L 波段(1.2GHz)检测了大脑的 ESRI，实验中 ESRI 图像的空间分辨率是 1~2mm。这项工作虽然不是在体 ESRI 检测 NO 自由基，但他们探索性地第一次用 ESRI 技术观察到了内源产生的 NO 自由基在大脑中的分布。二维 ESR 成像见图 2-20。

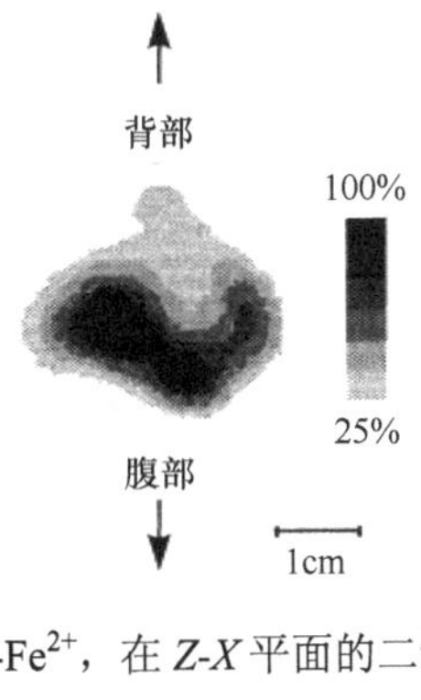

图 2-20 大鼠头部分别注射$(DTCS)_2$-Fe^{2+}，在 *Z-X* 平面的二维 EPR 成像[19](彩图请扫书后二维码)

2.6.3 脂多糖(LPS)诱导的坏血症小鼠腹部一氧化氮成像

Yoshimura T 等于常温下在体检测了 LPS 诱导的坏血症小鼠腹部 NO 自由基的信号[46]。小鼠在 LPS 注射 40h 后，注射捕捉剂 DTCS 或 MGD 或 DETC 和亚铁离子，然后在小鼠的上腹部观察到了 NO 自由基的 ESR 波谱，其中以 DTCS 的信号最强，然后以 DTCS 的信号做成像，脂多糖可以刺激小鼠腹部产生 NO 自由基，由二维 ESRI 断层扫描可以看出 NO 自由基在腹部的分布情况。

Yoshimura 等又于常温下在体检测了 LPS 诱导的坏血症小鼠腹部 NO 自由基的信号。小鼠在 LPS 注射 8.5h 后，注射捕捉剂 DTCS 和亚铁离子，然后在小鼠的上腹部观察到了 NO 自由基的 ESRI 图像(图 2-21)，小鼠用 NOS 的抑制剂 L-NMMA 处理后，ESR 信号消失，证明了信号来自于 NOS 产生的 NO 自由基，ESRI 所显示的图像与肝脏部位一致，同时不同组织的 ESR 信号比较也证明了信号来自于肝脏。这是第一次用 ESRI 技术，在体检测体内产生的 NO 自由基，ESRI 的空间分辨率是 6.3mm[47]。

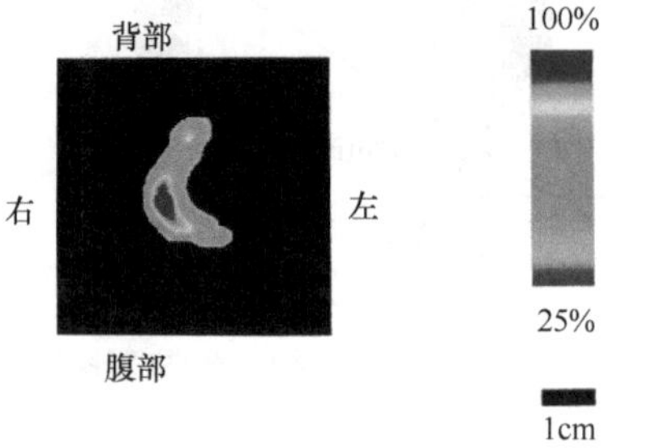

图 2-21　在体 LPS 诱导的坏血症小鼠腹部 NO 二维 ESR 成像(彩图请扫书后二维码)

ISDN 是一种临床上常用的缓释降压药物，可以缓慢地释放 NO 自由基，Fujii 等用 $(DTCS)_2$-Fe^{2+}检测了活体小鼠中 ^{14}N-ISDN 和 ^{15}N-ISDN 释放的 NO 自由基的 ESRI 图像，如图 2-22 所示。用 ^{15}N 释放的 ^{15}NO 的 ESR 图像是双重峰信号，与 ^{14}N 相比，空间分辨率由 5.7mm 提高到 4.0mm。现在，ESRI 技术已经比较广泛地应用于检测在体内氧浓度，pH 的检测，随着 ESR 技术的进步，NO 自由基在科学研究和医学方面的广泛应用也会成为现实[48]。

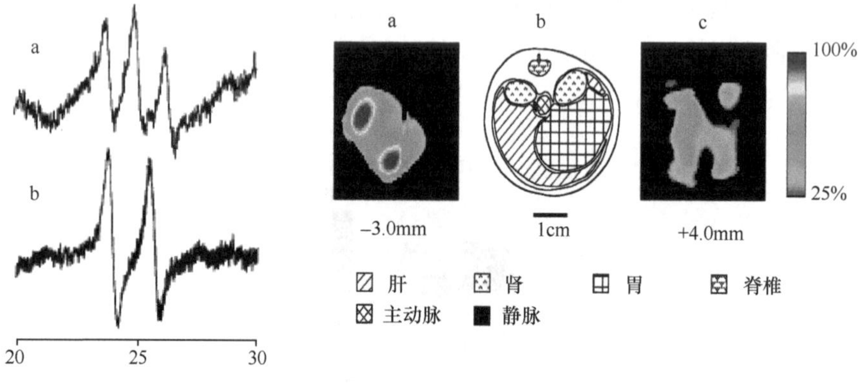

图 2-22　活体小鼠中 ^{14}N-ISDN 和 ^{15}N-ISDN 释放的 NO 自由基的 ESRI 图像
(彩图请扫书后二维码)

A.^{14}N-ISDN(a)和 ^{15}N-ISDN(b)处理小鼠上腹部检测到的 L 波段 EPR 波谱；B.小鼠腹部产生的 NO 自由基 ESR 成像[(a)^{14}N-ISDN 处理小鼠 NO 自由基三维成像的断层；(b)小鼠上腹部图解；(c)^{15}N-ISDN 处理小鼠 NO 自由基三维成像的断层。a 和 c 下面的数字是断层到共振器的距离]

2.6.4　缺血再灌注产生一氧化氮自由基的 ESR 成像[19]

利用铁络合物自旋捕捉技术可以对心脏产生 NO 自由基做 ESR 成像，研究心脏缺血再灌注产生 NO 自由基的空间分布。图 2-23 是将样品在冷冻条件下于 L 波段进行收集产生的 NO 自由基空间分布的信息和成像。图 B 右边是成像的断层，这样可以更加清楚地研究 NO 自由基空间分布，为研究心脏缺血再灌注产生 NO 自由基提供更详细的信息。

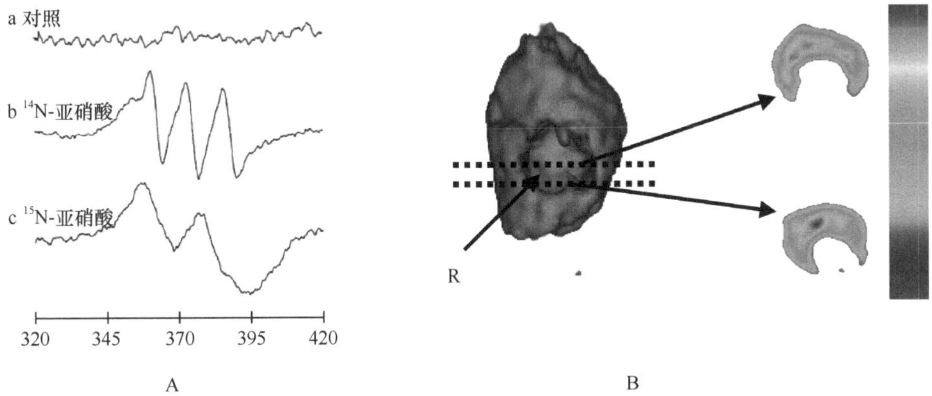

图 2-23 心脏缺血再灌注产生 NO 自由基(A)和 ESR 成像(B)
R 代表断层的位置

2.6.5 在生理状态测定植物产生的内源一氧化氮自由基 ESR 成像

尽管以上实验都表明是在体(*in vivo*)用 ESR 成像检测 NO 自由基，但是，实际上都不是真正意义的在体生理状态下产生的内源 NO 自由基的 ESR 成像。这主要是由于 L 波段 ESR 成像系统分辨率和灵敏度太低造成的。为了克服 L 波段 ESR 成像的这些问题，作者实验室在 X 波段 ESR 波谱仪上建立了 X 波段 ESR 成像系统，其灵敏度和分辨率都大大优于 L 波段 ESR 成像系统。在这一系统上作者实验室实现了真正意义的在体生理状态产生 NO 自由基的 ESR 成像。利用铁络合物自旋捕捉技术测定了小麦叶片等不同植物体系产生的内源 NO 自由基的 ESR 成像。

2.6.6 小麦叶片和叶耳产生的一氧化氮自由基的三维 ESR 波谱成像

作者实验室进行了小麦叶片和叶耳产生的 NO 自由基的三维 ESR 波谱成像。由图 2-24A~C 可以清楚地看到，在叶子的中央部位，也就是叶脉部位产生的 NO 自由基浓度最高，这可能反映了这一部分对生长发育起着重要作用。由于小麦叶耳与叶片的形状不同，其叶脉的分布也不同，其产生的 NO 自由基的三维 ESR 波谱成像与叶片的也不同[49]。

2.6.7 三叶草产生的一氧化氮自由基的二维 ESR 波谱成像

利用铁络合物自旋捕捉技术测定了三叶草产生的 NO 自由基的三维 ESR 波谱成像。由于三叶草与小麦叶耳和叶片的形状不同，其叶脉的分布也不同，其产生的 NO 自由基的三维 ESR 波谱成像与小麦叶耳和叶片的也不同。这充分反映了 NO 自由基的三维 ESR 波谱成像可以真实地表现植物内源产生的 NO 自由基。

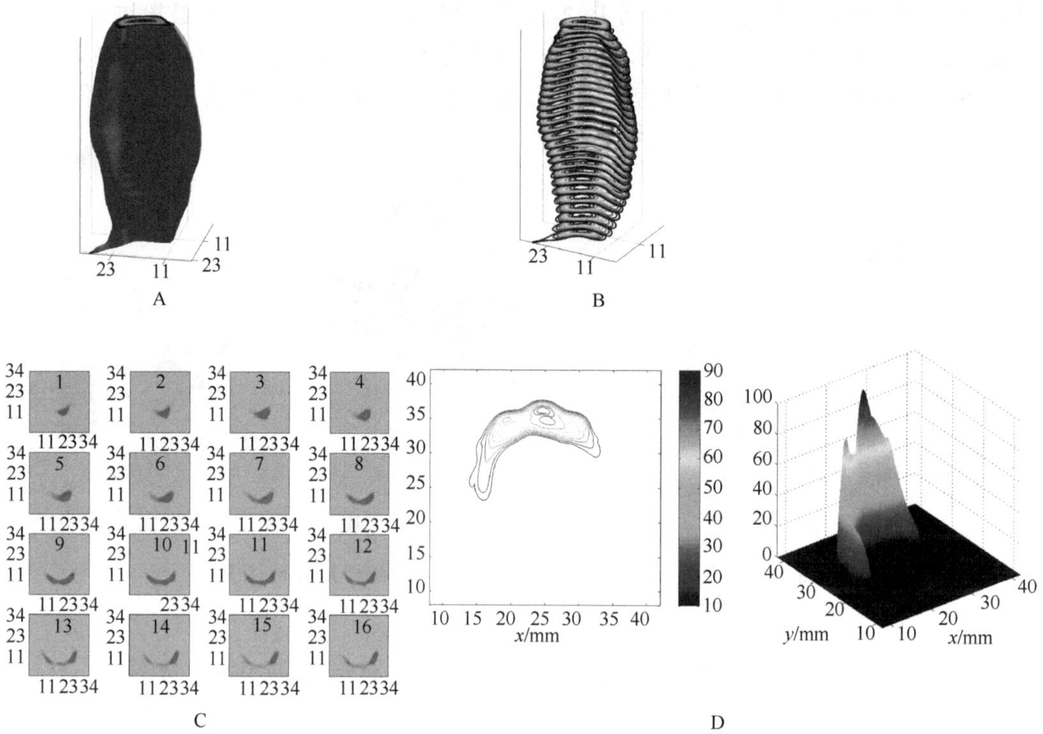

图 2-24　利用铁络合物自旋捕捉技术测定的小麦叶产生的NO自由基的X波段ESR成像
(彩图请扫书后二维码)

A. 小麦叶产生NO自由基的ESR成像；B. 小麦叶产生的NO自由基的ESR成像的断层累加；C. 小麦叶产生NO自由基的ESR成像的断层；D. 小麦叶产生NO自由基的ESR二维谱空间成像

2.6.8　谷芽产生的一氧化氮自由基的三维ESR波谱成像

利用铁络合物自旋捕捉技术测定了谷芽产生的NO自由基的三维ESR波谱成像。由于谷芽与上面叶片的形状不同，产生的NO自由基的三维ESR波谱成像与谷芽的形状很类似，而不发芽的谷种就检测不到任何NO自由基的信号，这充分反映了NO自由基的三维ESR波谱成像可以真实地表现谷芽发芽过程内源产生的NO自由基。

参 考 文 献

[1] 赵保路，沈剑刚，汤畅，等. DETC铁络合物捕捉生物组织NO自由基的ESR波谱解析. 波谱学杂志，1988，15：307-311.

[2] Joseph J，Kalyanaraman B，Hyde JS. Trapping of nitric oxide by nitronyl nitroxides：an electron spin resonance investigation. Biochem Biophysic Res Commn，1993，192(2)：926-934.

[3] Akaike T，Maeda H. Quantitation of nitric oxide using 2-phenyl-4,4,5,5-tetramethylimidazoline-1-oxyl 3-oxide(PTIO). Method Enzym，1996，268：211-221.

[4] Zhao BL，Shen JG，Li M，et al. Scavenging effect of Chinonin on NO and oxygen free radicals generated from ischemia reperfusion myocadium. Biachem Biophys Acta，1996，1317：131-137.

[5] 赵保路，沈剑刚，侯京武，等. 用ESR研究心肌缺血再灌注组织和多形核白细胞产生的NO自由基. 波谱学杂志，1997，14：99-106.

[6] 赵保路，沈剑刚，忻文娟. 心肌缺血再灌注损伤过程中NO和超氧阴离子自由基的协同作用. 中国科学，1996，

26：331-338.
[7] Zhao BL，Wang JC，Hou JW，et al. Studies on the mechanism of generation of NO free radicals from polymorphonuclear leukocytes stimulated by PMA. Cell Biol Intern Report，1996，20：343-350.
[8] Shen JG，Zhao BL，Li MF，et al. Inhibitory effects of ginkgo biloba extract(EGB761)on oxygen free radicals，nitric oxide and myocardial injury in isolated ischemic-reperfusion hearts. *In*：Packer L，Traber MG，Xin W. Proceedings of the International Symposium on Natural Antioxidants Molecular Mechanisms and Health Efects. Illinois：AOCS Press Champaign，1996.
[9] Zhao BL，Shen JG，Li M，et al. Chinonin can scavenging No free radicals and protect the myocardium against ischemia-reperfusion injury. *In*：Packer L，Traber MG，Xin W. Proceedings of the International Symposium on Natural Antioxidants Molecular Mechanisms and Health Effects. Illinois：AOCS Press Champaign，1996.
[10] Kosaka H，Watanabe M，Yoshihara H，et al. Detection of nitric oxide production in lipopolysaccharide-treated rats by EPR using carbon monoxide hemoglobin. Biochem Biophys Res Comm，1992，184(2)：1119-1124.
[11] 赵保路，忻文娟，陈雨亭，等. 用自旋共振(ESR)研究肾缺血移植和缺血再灌过程产生的自由基. 生物物理学报，1994，10(1)：170-173.
[12] Shen JG，Wang J，Zhao BL，et al. Effects of EGb-761 on nitric oxide，oxygen free radicals，myocardial damage and arrhythmias in ischemia-reperfusion injury *in vivo*. Biochim Biophys Acta，1998，1406：228-236.
[13] Shen JG，Li M，Xin WJ，et al. Effects of chinonin on nitric oxide free radical，myocardial damage and arrhythmia in ischemia-reperfusion injury *in vivo*. Appl Magn Reson，2000，19：9-19.
[14] 赵保路，李海涛，侯京武，等. 形核白细胞产生 NO 和氧自由基的分子机理. 生物化学杂志，1998，14：328-333.
[15] Ryan TP，Miller DM，Aust SD. The role of metals in the enzymatic and nonenzymatic oxidation of epinephrine. J Biochem Toxicol，1993，8(1)：33-39.
[16] Mordvintcev P，Mulsch A，Busse R，et al. On-line detection of nitric oxide formation in liquid aqueous phase by electron paramagnetic resonance spectroscopy. Anal Biochem，1991，199(1)：142-146.
[17] Komarov A，Mattson D，Jones MM，et al. *In vivo* spin trapping of nitric oxide in mice. Biochem Biophys Res Commn，1993，195(3)：1191-1198.
[18] Feelishch M. Method of determinning the water quality. Association of Japanese Industrial Water Consumer，1990：590-598.
[19] Yoshimura T，Yokoyama H，Fujii S，et al. *In vivo* EPR detection and imaging of endogenous nitric oxide in lipopolysaccharide-treated mice. Nature Biotech，1996，14(8)：992-994.
[20] Zhou GY，Zhao BL，Hou JW，et al. Detection of nitric oxide by spin trapping EPR spectroscopy and triacetylglycerol extraction. Biotech，1999，13：507-511.
[21] 张德良，李美芬，赵保路. 乙酸乙酯抽提法在 ESR 检测 NO 自由基中的应用. 生物化学与生物物理进展，2001，28：94-98.
[22] Zhang DL，Xiong J，Hu J，et al. Improved method to detect nitric oxide in biological syste. Appl Magn Reson，2001，20：345-358.
[23] Zhang D L，Niu Z Y，Wan Q，et al. Stability and reaction of dithiocarbamate-ferrous-NO complex in PMA-stimulated peritoneal macrophages. Res Chem Interm，2003，29：201-212.
[24] Cao Y，Guo P，Zhao BL. Simultaneous detection of NO and ROS by ESR in biological system. Method Enzymol，2005，396：77-83.
[25] Li HT，Zhao BL，Xin WJ. Two peak kinetic curve of chemiluninescence in phorbol stimulated macrophage. Biochem Biophys Res Commn，1996，223：311-314.
[26] Li HT，Hu JG，Xin WJ，et al. Production and interaction of oxygen and nitric oxide free radicals in PMA stimulated macrophages during the respiratory. Redox Report，2000，5：353-358.
[27] Termin A. Determination of nitric oxide using 1,1′-dimethylferrocene and chemiluminescence. *In*：Everse J，Grisham MB. Methods：a Companion to Methods in Enzymology. Waltham，Massachusetts：Academic Press，1995：103-108.
[28] Zafirou OC，McFarland M. Determination of trace levels of nitric oxide in aqueous solution. Analyt Chem，1980，52：1662-1667.
[29] Menon NK，Patricza J，Binder T，et al. Reduction of biological effluents in purge and trap micro reaction vessels and detection of endothelium-derived nitric oxide(edno)by chemiluminescence. Journal of Molecular and Cellular Cardiology，1991，23(4)：389-393.
[30] Brien JF，McLaughlin BE，Nakatsu K，et al. Quantitation of nitric oxide formation from nitrovasodilator drugs by chemiluminescence analysis of headspace gas. Journal of Pharmacological Methods，1991，25(1)：19-27.

[31] Clark LC Jr.，Clark EW. A personalized history of the clark oxygen electrode. Int Anesthesiol Clin，1987，25(3)：1-29.
[32] Xu TL，Xu LP，Scafa N，et al. Electrochemical sensors for nitric oxide detection in biological application. Electroanalysis，2014，26(3)：449-468.
[33] Zhang XJ，Kislyak Y，Lin J，et al. Nanometer size electrode for nitric oxide and S-nitrosothiols measurement. Electrochemistry Communications，2002，4(1)：11-16.
[34] Zhang XJ，Lin J，Cardosa L，et al. Novel microchip nitric oxide sensor with subnanomolar detection limit. Electroanalysis，2002，14(10)：697-703.
[35] Goud PT，Goud AP，Najafi T，et al. Direct real-time measurement of intra-oocyte nitric oxide concentration *in vivo*. PLoS One，2014，9(6)：e98720.
[36] Shibuki K. An electrochemical microprobe for detecting nitric oxide release in brain tissue. Neurosci Res，1990，9(1)：69-76.
[37] Granger DL，Taintor RRS，Hibbs JB Jr. Determination of nitrate and nitrite in biological samples using of bacterial nitrate reductase coupled with the Griess reaction. *In*：Everse J，Grisham MB. Methods：a Companion to Methods in Enzymology. Waltham，Massachusetts：Academic Press，1995：78-83.
[38] Hirabayashi H，Takizawa S，Fukuyama N，et al. Nitrotyrosine generation via inducible nitric oxide synthase in vascular wall in focal ischemia-reperfusion. Brain Research Protocols，2000，852：319-325.
[39] Misko TP，Schilling RJ，Salvemini D，et al. A fluorometric assay for the measurement of nitrite in biological samples. Anal Biochem，1993，214(1)：11-16.
[40] Miles AM，Chen Y，Owens MW，et al. Fluorometric determinatin of nitric oxide. *In*：Everse J，Grisham MB. Methods：a Companion to Methods in Enzymology. Waltham，Massachusetts：Academic Press，1995：40-47.
[41] Ignarro LJ，Buga GM，Wood KS，et al. Endothelium-derived relaxing factor produced and released from artery and vein is nitric oxide. Proc Natl Acad Sci USA，1987，84(24)：9265-9269.
[42] 赵保路. 顺磁成像. 生物化学与生物物理进展，1990，17：277-289.
[43] 赵保路. 体内 EPR 和 EPR 成像在生物和医学中的应用. 波谱学杂志，2000，17：343-348.
[44] Zweier JL，Wang P，Samouilov A，et al. Enzyme-independent formation of nitric oxide in biological tissues. Nat Med，1995，1(8)：804-809.
[45] Yoshimura T，Fujii S，Yokoyama H，et al. *In vivo* electron pammagneticr esonanceim aging of NO bound iron complex in a rat head. Chem Len，1995，34：309-310.
[46] Yokoyama H，Fujii S，Yoshimura T，et al. *In vivo* ESR-CT imaging of the liver in micereceiving subcutaneous injection of nitric oxide-bound iron complex. Magnetic Resonance Imaging，1997，15：249-253.
[47] Fujii S，Suzuki Y，Yoshimura T，et al. *In vivo* three-dimensional EPR imaging of nitric oxide production from isosorbide dinitrate in mice. Am J Physiol，1998，274(5 Pt 1)：G857-862.
[48] Zweier JL，Chzhan M，Samouilov A，et al. Electron paramagnetic resonance imaging of the rat heart. Phys Med Biol，1997，43：1823-1835.
[49] 赵保路. L-波段和 X-波段 ESR 成像仪器的研制. 西安，第八届全国波谱学会议，2006，10：5-9.

3　一氧化氮自由基和神经信号转导

一氧化氮自由基作为神经系统中一种重要的信使分子，是由神经细胞和内皮细胞的一氧化氮合酶产生的。神经递质作用于神经元膜表面的受体后，其活性立即迅速增加，反应极快，且受钙离子和钙调蛋白系统的调控和激活。NO 在学习和记忆过程发挥着重要作用。首先在突触后体生成，逆行扩散到突触体前区，在那里激活环鸟苷酸(cGMP)合成酶，合成大量 cGMP。对海马突触的长时增强效应(LTP)起维持作用，这是继 LTP 和 *N*-甲基-D-天冬氨酸(NMDA)受体发现之后的又一重要进展。NO 与学习和记忆突触体调变关系的研究，将为脑信息加工原理展示新的前景。本章就 NO 和神经信号转导的关系在神经发育及学习和记忆中的作用进行讨论。

3.1　一氧化氮自由基在神经发育中的细胞信号转导作用

1988 年，NO 被确定为神经系统中一种重要的信使分子[1]。随后的研究发现，NO 作为一种非经典的神经递质/调质，可根据需要产生并迅速扩散，活化邻近细胞的信号通路[2]。研究者对 NO 在神经发育中的作用做了大量的探索，推测它可作为活性依赖性的轴突投射精细化及发育中突触稳定和强化过程的空间信号[3, 4]，但目前仍未得出一致的结论。本节将 NO 在神经系统中的合成、调控及在神经发育中的作用作简要介绍和讨论。

3.1.1　一氧化氮自由基及视觉神经系统发育的可塑性

目前普遍认为脑功能的基础在于神经元不断的改变、强化或丧失其突触连接，是发育中或成年后神经元通过竞争而选择性调节其突触效率的结果。神经元之间竞争各种分子，如生长或存活因子，基质或细胞黏附因子，也竞争建立、稳定及强化其突触的机会。虽然这些活动的发生贯穿于整个生命过程，但在脑结构建立及回路形成的发育时期是最关键、最活跃的[2]。脑联系模式塑造的一个关键因素是突触可塑性，现在已发展出几种理论来阐述发育过程中脑成熟有序的连接模式形成的真正机制。神经元的活动对发育中神经回路形成是非常重要的[5]，这一理论的经典例证来自对视皮层眼优势柱的研究[6]。这些研究的结果表明，在神经回路中起作用的主要因子，如神经递质和神经调质，会对脑的发育起作用。

神经型 nNOS 有许多同工型，主要由人基因中存在的 29 个外显子经过不同的剪切形成[7]，在脑中以可溶性及膜结合两种形式存在[8]。nNOS 在内皮细胞中与高尔基体(Golgi)相结合[9]，在神经元中的定位尚不清楚。诱导型 iNOS 主要表达于小胶质细胞，在神经病理过程中被诱导，有可溶性及膜结合两种形式[10]。构成型一氧化氮合酶受 Ca^{2+}及钙调蛋白(CaM)的调节，一些神经肽类可在 Ca-CaM 上游通过影响 Ca-CaM 对酶的活化来抑制 NOS 活性[11]，另外一些机制在 Ca-CaM 下游起作用，如某些激酶对 NOS 活性的调节[12]。此外，海马神经元中 NO 的合成还受神经生长因子等细胞因子的调控[13]。生理病理环境的变化也可能对 NOS 活性产生不同的影响，从而在脑发育或损伤修复的特别阶段影响突触可塑性[14]。

3.1.2　一氧化氮自由基在细胞内作用的靶位点

第一个被确定的 NO 靶位点是可溶性鸟苷酸环化酶(sGC)[3, 8, 15]。目前普遍认为，NO 通过与 sGC 血红素基团上的 Fe^{2+}结合，激活 sGC，升高细胞内环鸟苷酸(cGMP)水平，从而可直接影响离子通道，活化蛋白激酶、磷酸二酯酶、ADP 核苷环化酶[16~18]。这是 NO 参与多种生物效应(如神经传递、视觉听觉发育、激素分泌等)的主要信号转导机制[19]。当然，NO 还能通过多种非 cGMP 依赖性途径发生生理作用。最近发现，NMDA 受体激活诱导的 NO 产生可以活化 p21(ras)信号转导途径，并与一些受细胞外信号调节的激酶及磷酸肌醇相级连[16~20]。

除 sGC 外，NO 作用的其他血红素靶位点包括：过氧化氢酶、细胞色素 c、血红蛋白及过氧化物酶。NO 也可以与非血红素中的 Fe 反应，如其他酶中的 Fe-S 基团，包括 NADH-泛醌氧化还原酶、顺乌头酸酶及 NADH-琥珀酸盐氧化还原酶[21]。与 NO 和血红素之间可逆的反应不同，NO 与非血红素 Fe 的结合将导致酶的不可逆失活。通过这种机制，NO 不仅可以使核糖核酸还原酶失活，从而抑制 DNA 合成，而且可将 Fe 从贮铁蛋白移走，如铁蛋白，NO 通过与胞质中的乌头酸酶反应(反应后失去乌头酸酶活性转化为 Fe 反应结合蛋白)，在转录后水平影响铁的代谢[22]。NO 的其他胞内作用的靶位点包括环氧化酶、核糖核苷酸还原酶和一些线粒体酶，并可通过反馈调节影响 NOS 自身活性[15~18]。此外，NO 的浓度升高可以导致一些蛋白质的硝基化及 DNA 的损伤[8, 16, 23]。具有活性巯基的蛋白质的硝基化也是一氧化氮自由基发挥生物活性的重要机制之一，例如，一氧化氮自由基可以通过硝基化使一些参与突触末梢胞吐作用的锚定-融合结构(docking-fusion machine)的蛋白质发生改变[23, 24]，以非钙依赖的方式诱导突触末梢的囊泡释放神经递质。

3.1.3　海马中的 NOS 和长程电位

NO 功能损伤在神经系统发育中可引发长时程的解剖学、神经化学及行为学改变。一些学者通过病理学手段阻断发育中 NOS 酶的活性，利用一种或两种 NOS 缺失的转基因小鼠研究了发育过程中 NO 的阻断对于脑结构、神经化学及动物行为学特性所造成的暂时性或永久性的改变。利用 NOS 抑制剂 L-硝基精氨酸(L-NA)在出生后 8~22 天(P8~P22)或 8~29 天(P8~P29)抑制大鼠的 NOS 酶活性。与对照动物相比，处理组动物的体重生长曲线及脑重均没有变化，利用 Morris 水迷宫实验检测新生时接受处理的 5 月龄大鼠，发现其学习及记忆功能也没有受到损伤。在开放区域中检测大鼠由于对新环境的情绪反应而产生的运动行为，发现处理组大鼠产生兴奋的速度加快[25]。另外一个研究发现，自出生开始对动物注射 NOS 抑制剂 L-NAME，至 P21 处理结束，检测大鼠的体重、cGMP 基础水平及 NO 诱导的 cGMP 的产生，在处理过程中这些参数有暂时的轻微降低，但在处理结束前差异完全消失。处理中幼鼠的开放区域行为暂时受到影响，成年鼠则没有变化，大鼠的认知行为在处理中及成年后也没有发生改变[26]。组织学检验的结果发现，脑结构及细胞构筑没有显著改变。Virgili 等进一步定量了 L-NAME 对 NOS 活性抑制的效率，发现按每天 60mg/kg 体重的剂量在处理过程中 NOS 酶活性几乎完全被抑制(仅保留对照活性的 1%~3%)，处理后 4 天 NOS 酶活性完全恢复，nNOS 的表达在处理中及处理后均未改变。成年后，各脑区的结构及 NADPH-d 阳性的细胞分布、染色强度都没有改变，利用常规组织学方法在各脑区没发现有效的结构变化，脑中的神经化学指标没有变化(包括胆碱能、谷氨酸能及 GABA 能的标记水平)[27]。综上所述，在体实验所用剂量，NOS 抑制剂处理对大鼠的长时程神经解剖学、神经化学、行为学及认知能力没有发生明显的影响。

基因敲除是研究特定因子生物功能的有效手段。*nNOS* 基因敲除的小鼠在神经解剖学及行为学表现上与正常小鼠并无差别，但是雄性的性行为发生了改变，攻击性行为增加[28]。此外，*nNOS* 缺失的小鼠对缺血损伤的抵抗性升高[29]。然而值得指出的是，*nNOS*、*eNOS* 单基因敲除或双基因敲除不能完全清除 NOS 的活性，在海马中仍有 0.6%~1.7%的 NOS 活性残留[30]。

3.2 脑发育早期一氧化氮自由基对神经元发育的作用

一氧化氮自由基在脑神经元发育早期发挥重要作用。本节就 NO 在神经增殖、神经元迁移、神经细胞死亡及存活、神经系统可塑性和脑图谱的形成等方面的研究进行讨论。

3.2.1 一氧化氮对神经细胞增殖的作用

对多个物种脑中的 NOS 发育相关表达时间及空间模式的研究表明，在多数情况下，NOS 高表达出现的时间与突触发生的起始时期相一致或在突触发生前[2]，推测 NO 在调节神经细胞的增殖中起作用。在大鼠发育中的小脑脑片培养中加入 NOS 的抑制剂，导致特定时间外颗粒层细胞分裂变慢的趋势发生改变，表明 NO 在调节及终止这些细胞的增殖上有作用[31]。最近一个体内实验的结果正好相反，从 P3 开始抑制大鼠 NOS 酶的活性，在 12 天内，外颗粒层的颗粒细胞的数量明显减少，利用生物化学、免疫化学及 RT-PCR 技术研究大鼠小脑的发育，发现从 P3 开始在外颗粒层出现 nNOS 及 eNOS 的活性，持续时间与该层细胞发生增殖的时间相一致[32]，目前已确定 eNOS 的表达与外颗粒层存在的毛细管网络相关联，但小脑外颗粒层的分化细胞中 nNOS 的表达仍未确定[33, 34]。体外实验的结果支持 NO 对神经细胞增殖有作用。在培养的 PC12 及神经细胞瘤(neuroblastoma)被诱导分化为不同表型的神经细胞时，NO 的作用与分化过程开始时细胞停止增殖有关[35, 36]。

3.2.2 一氧化氮自由基对神经元迁移的作用

脑片培养的结果表明，在小脑发育的一定时期，NO 介导小脑颗粒细胞由外颗粒层到内颗粒层迁移[30]。然而，体内实验抑制 NOS 活性，小脑或其他脑区没有产生长期的结构变化，表明 NO 阻断并没有导致神经元迁移的发育机制失调从而对脑的结构产生永久性的影响[26, 27]。nNOS 或 eNOS 敲除的小鼠的小脑结构也没有发生显著的改变[37]。尽管 NOS 的表达可能与皮层发育中神经元迁移的时程相一致，但目前尚没有实验证据证明 NO 在皮层神经元的迁移中起作用。

3.2.3　一氧化氮自由基对神经细胞死亡及存活的影响

细胞凋亡在调节发育中的中枢神经系统和周围神经系统的神经元种类与数量上起重要作用。近来的研究表明，在鼠大脑皮层神经发生的特定阶段细胞发生凋亡，而成年后，仅有极少数细胞发生凋亡，凋亡大部分发生于处在增殖期而非有丝分裂后期的细胞[38]。

尽管大量体外实验表明过量的 NO 具有神经毒性，可以诱导神经细胞凋亡，但 NO 对发育中细胞凋亡的作用仍没有定论。目前体内实验的结果没有发现 NO 与发育中神经细胞凋亡的直接联系。无论注射 NOS 的抑制剂或进行 *NOS* 基因的敲除都不能引起小脑发育中颗粒细胞的量及组织学的相关改变。利用 L-NAME 或 7-NI(nNOS 特异抑制剂)也不能阻断或减轻黑质纹状体 SNc(substantia nigra par compacta)发育过程中的多巴胺能神经元凋亡[39]，这表明 NO 并不参与 SNc 的发育。对于 NOS 活性的抑制也不能影响纹状体中移植中脑脑片的存活[40]。然而体外实验的结果支持生理状态下产生的 NO 具有神经营养作用。Virgili 等发现在体外培养的小脑颗粒细胞中加入 NOS 抑制剂可使颗粒细胞的存活率出现轻微却显著的降低。在 15 天胎鼠的脊髓运动神经元培养中加入 NOS 抑制剂后出现大量的细胞死亡，外源的 NO 或 cGMP 类似物可减轻细胞的死亡[41]。

3.2.4　一氧化氮自由基在神经系统可塑性中的作用

神经系统的可塑性包括神经网络、神经环路、突触连接等不同水平的可塑性。突触连接是神经元之间信息传递的重要环节，是神经可塑性的关键部位，其可塑性就是指突触在一定条件下调整功能、改变形态及增减数目的能力。在连接精细化发育(突触连接的可塑性)过程中，NO 作为逆行信使参与了突触前后的相互通讯，最终建立正确的区域投射关系。突触发生与突触可塑性关系密切。突触发生是突触可塑性的一种形式，NO 可能参与了突触发生的过程。NOS 在不同类型的神经元中的表达模式不同，有些神经元终身具有 NOS 活性，而有些神经元仅在轴突伸长、分支及突触形成的时期暂时性地表达 NOS 活性[42]。有报道称，NO 介导了大鼠腹根节细胞及爪蟾蝌蚪的视网膜节细胞生长椎的伸长[43, 44]。在培养的海马神经元及 PC12 细胞中加入外源的 NO 或激活自身的 NOS 活性可以促进神经突的生长[30, 45]。这些结果表明 NO 在轴突伸长及突触发生的早期具有促进轴突生长的作用，并可能参与了发育中的轴突寻径过程。然而在雪貂膝状体核的脑片培养中加入 NOS 抑制剂可以刺激神经元树突长出过量的树突棘[46]。突触可塑性是指根据突触效能的维持、强化或减弱、衰退不断地改变神经元之间突触联系的数目、位置及效率。近年来，人们普遍认为突触效能增强的机制是长时程增强(longterm potentiation，LTP)，LTP 是高频发放的短时间刺激后突触效率的长时间的增强，故 LTP 可能是学习和突触发育的共同机制。长时程抑制(long term depression，LTD)是与长时程增强相反的生理现象：高频发放后小脑及海马的突触效率的长时程减弱。

NO 作为逆行信使对 LTP 可能起到关键作用。现已表明，突触活化、突触前释放谷氨酸、激活突触后谷氨酸受体 NMDA、Ca^{2+}内流，从而激活 NOS 产生 NO，而 NO 从突触后迅速扩散到突触前末梢，进而使离子通道活性发生改变或使神经递质释放过程对 Ca^{2+}的敏感性增加，从而导致突触前神经递质谷氨酸释放增加，增强突触传导，维持 LTP。当在海马中注射 NOS 抑制剂，LTP 的产生被抑制。在培养的细胞里，NO 可增强递质的同步释放。同样，在 *nNOS*、*eNOS* 基因双敲除的小鼠中，海马的 LTP 受到损伤[30]，说明 NO 作为逆行信使在突触传递中对 LTP 的产生及维持起重要作用。NOS 活性对于小脑浦肯野细胞 LTD 的产生是必需的[47]，它可能在谷氨酸促离子受体及促代谢受体活化的下游起作用[48]。

3.2.5 一氧化氮自由基对脑图谱形成的影响

通过突触输入的精细化可以形成特定的脑图谱并将其稳定下来。对于 NO 在此过程中的作用主要来自于视觉系统的研究，但现有的结果并不一致。大量研究表明，NOS 在发育中的视觉通路各水平都有表达。在鲤鱼、鸡、鸟、鼠等的视网膜发育早期有较高的 NOS 活性，表明 NO 在视觉信息处理的第一阶段起作用[49~52]。在雪貂外侧膝状体(lateral geniculate neucleus，LGN)中，生后 1~4 周逐渐出现 NOS 阳性神经元(较明确的是 P8~P35)，第 4 周达高峰，随后又逐渐下降，至 6 周时消失，提示 NOS 的短暂表达参与了 LGN 的发育成熟[53]。大鼠上丘接受 70%的视网膜神经节细胞轴突投射，是视网膜-视皮质的重要中转站。大鼠生后 7 天(P7)，上丘表面出现少量 NOS 阳性神经元，以后逐渐增加，P15 达最大值，此时正是视网膜-上丘投射及皮质-上丘投射精细化发生的时间，至 P21 时，NOS 阳性细胞的量与成年无异[54]。如果单眼剜除，鼠上丘的 NOS 表达下调[55]，说明 NO 的活性是受神经元活性调节的，这与视觉经验依赖性的视觉发育似乎相一致。鼠视皮层中 NOS 阳性神经元从出生到第 2 周逐渐升高，而当视皮质发育成熟后(第 3 周)，NOS 阳性细胞染色降低并维持到发育前水平，说明 NO 在视皮层的发育和成熟中也起重要作用[56]。

视觉系统的正常功能依赖于视网膜-视中枢之间的正确连接，在发育过程中，这些精确的连接由粗略的前连接类型通过精细化过程而“修剪”成为成熟类型。在果蝇中，NO 参与了对视叶输入模式的调节[57]。在鸡顶盖表层(对应于视网膜轴突终止层)发现有高浓度的 NOS 积聚。鸡的正常视觉投射精细化过程中，同侧视网膜顶盖的投射将会丧失，用抑制剂(L-No-Arg 或 L-NAME)抑制 NOS 活性后，同侧投射将会保持，而且具有剂量依赖性，表明顶盖细胞产生的 NO 可逆行传导至视网膜轴突，改变视网膜与顶盖之间的联系[58]。在哺乳动物中，在雪貂视网膜-膝状体投射的特定发育时期，NO 产生的阻断会影响投射的形成[59]，尽管双眼特异性的分层分布模式未受影响，但 ON/OFF 亚层的分布发生了变化[60]，表明 NO 促进了恰当投射的突触末梢的生长，调节了视网膜膝状体投射突触的可塑性。Vercelli 等的研究表明，大鼠生后发育中 NOS 活性的抑制可导致同侧的视网膜-上丘、视网膜-膝状体投射的增加[61]。然而，在雪貂及猫的视皮层的丘脑-皮层投射的形成过程中似乎不需要 NO 的参与[62, 63]。

3.3　一氧化氮自由基在金黄地鼠视皮层生后发育中的作用

NO 在脑的发育和成熟中起着多种作用[3]，包括突触可塑性、学习记忆、介导神经毒性和神经元死亡[17, 64, 65]。在生理条件下，NO 的量持续在较低水平波动。然而，在应激状态下，如缺血-再灌注损伤和谷氨酸介导的神经退行性病变中，NOS 的过度激活导致中枢神经系统 NO 水平迅速上升[66]。

目前关于 NO 在视觉系统发育中的作用的研究主要集中在投射的精细化过程上。在鸡视觉发育的视网膜-顶盖同侧投射清除过程中，接受视网膜投射的顶盖神经元中有 NOS 的暂时性表达[67]。与小鸡中枢神经系统中 NOS 活性的暂时性表达不同，利用 NADPH-d 组化反应作为 NOS 的指标，发现大鼠外侧膝状体(the lateral geniculate body，LGB)及上丘(superior colliculus，SC)的表灰质层(superficial gray layer，SGS)生后发育中 NOS 活性逐渐增加[27]。NOS 活性的抑制导致同侧视网膜-上丘、视网膜-膝状体投射的增加[61]，表明 NO 在非特异性投射的清除中起作用。NO 作为一种逆行的信使物质在脑的发育中已被广泛探讨。在神经系统中，NO 可以影响神经递质的释放及突触发生过程，调节突触可塑性，表明 NO 可能在脑回路的发育，维持及功能调控中起重要作用。然而，*nNOS* 基因敲除的小鼠，其脑结构及功能都没有强烈的改变[68]。尽管大量的体外实验表明过量的 NO 具有神经毒性，可以诱导神经细胞凋亡，但 NO 对发育中细胞凋亡的作用仍没有定论。由此可见，NO 在神经发育过程中脑结构和细胞凋亡的作用仍是一个悬而未决的问题，对这个问题的探讨将有助于人们更好地了解神经系统发育的机制。视皮层是视觉通路的重要一环，研究一氧化氮自由基及 NOS 在其发育中的作用尤其重要。Wiencken 和 Casgrende[69]研究了灵长类初级视皮层 V1、V2 区间的功能性分化与 NOS 分布的关系，发现在 V1、V2 区的具有高代谢需求的神经元及神经纤维中有高表达的 NOS 活性。然而在啮齿类的视皮层发育中 NOS 的表达少有报道。金黄地鼠的怀孕期短(16 天，大鼠为 21 天)，幼鼠出生时相对不成熟，为研究视皮层的发育提供了一个很好的模型。

NO 是 NMDA(*N*-methyl-D-aspartate)受体活化的下游效应因子。它参与一系列的生理过程，如突触重塑及可塑性，神经毒性及神经细胞死亡。作者利用电子自旋共振技术(ESR)及 Western blot 研究了金黄地鼠生后发育中视皮层 NOS 的表达及活性变化。利用 ESR 方法在不同日龄金黄地鼠中均检测到典型的 $NOFe^{2+}(DETC)_2$ 复合物的波谱。信号强度从出生后开始增加，到 14 天达到峰值，然后逐渐下降。单因素方差分析表明 NOS 的活性变化与发育进程显著相关。Western blot 的结果进一步证实了 NOS 的表达具有发育相关性。作者利用 NOS 的抑制剂 L-NA，自出生起抑制金黄地鼠视皮层发育中 NOS 的活性，研究了 NO 对视皮层 17 区发育的作用。作者利用 TUNEL 染色研究了正常发育中及 NOS 活性抑制状态下视皮层 17 区的神经元凋亡，发现在生后 14 天，有大量神经元发生凋亡，凋亡的细胞主要集中在Ⅱ~Ⅲ层，NOS 抑制大大减少了凋亡神经元的量，提示 NO 参与了视皮层的发育成熟，它可能作为一种诱导神经元凋亡的信号。此外，利用 NADPH-d 组化染色法检测了视皮层 17 区辅酶Ⅱ依赖性黄递酶(NADPH-d)阳性神经元的发育。NADPH-d 阳性神经元的密度在生后 2 周逐渐增加，然后有所降低，至第 3 周，基本达到成年水平。其胞体大小生后 3 周内持续增加，至 21 天达到最大值，随后下降。NOS 活性的抑制在发育早期(PD3 和 PD7)抑制了 NADPH-d 阳性神经元的发育，阳性神经元的密度下降，细胞体积生长变慢，这种差异在 14 天后逐渐消失。此外，还观察了发育中 NADPH-d 阳性神经元的分布，发现皮层各层 NADPH-d 阳性神经元的发育基本符合皮层由内向外成熟的模式。非常有意思的是，在生后 21 天金黄地鼠视皮层 17 区的表层观察到大量暂时性表达 NADPH-d 活性的神经元，其形态及染色强度与其他阳性神经元不同，且 NOS 活性的抑制对其发育没有显著性影响，这些神经元暂时表达 NOS 活性的生理意义还有待进一步探讨[70, 71]。

3.3.1 金黄地鼠脑中一氧化氮合酶的发育相关表达的变化

选取从出生到成年不同年龄段的正常金黄地鼠，雌雄不拘，以出生后 24h 内计为零天，记作 PD0，依次类推，分别选取 PD3、PD7、PD14、PD21、PD28 动物各 8 只，取其视皮层用作研究。出生不同时间的动物以断头法处死，去除大部分的头骨后，小心分离脑颞叶皮层表面 1~1.5mm 的薄层，剔去脑膜。初级视皮层的定位主要依赖于工作经验，对不同年龄金黄地鼠脑的连续冠状切片做甲酚紫染色，根据其细胞构筑特性确定 17 区与相邻 18a、18b 之间的界线。17 区的范畴随发育变化，所取区域主要对应于初级视皮层 17 区，也包括部分 18 区(图 3-1)[72, 73]。脑组织分离后置于 5 倍体积的匀浆缓冲液中冰浴匀浆。所得脑匀浆液于 20 000g 离心 30min，分离上清液。

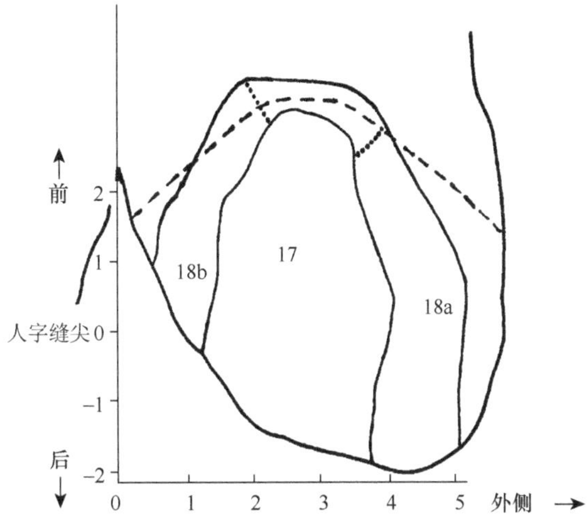

图 3-1 金黄地鼠视皮层右半脑背面图中的 17、18a 和 18b 区

用 Western blot 测定了不同年龄段金黄地鼠视皮层中 NOS 的表达。在所有的年龄段都检测到 nNOS 特异的条带，分子质量为 158kDa 左右(图 3-2B)。NOS 的表达水平在生后 3 天最弱，然后强度逐渐增加，至 14 天达到峰值，至 21 天以后逐渐下降。定量分析的结果表明，nNOS 的表达具有显著的发育相关性(P<0.05)。图 3-2 示金黄地鼠初级视皮层 NOS 的表达。

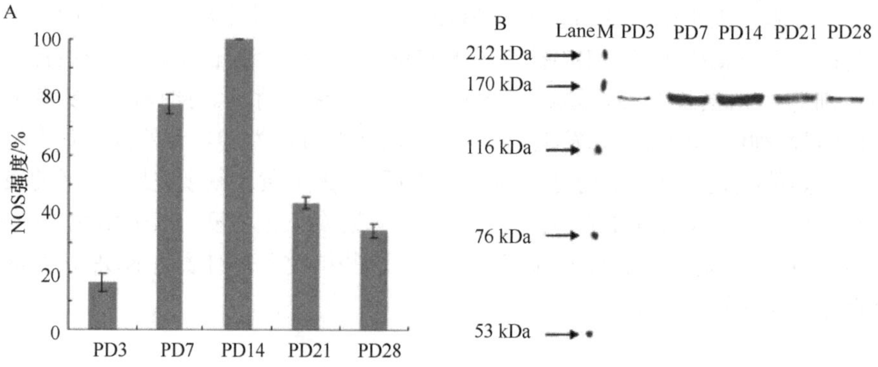

图 3-2　金黄地鼠初级视皮层 NOS 表达

A. 直方图分析，平均值±SD，n=8，两个连续年龄之间有显著差异 P<0.05；B. NOS 蛋白表达带；M. 蛋白质分子质量标准；出生 3 天(PD3)、7 天(PD7)、14 天(PD14)、21 天(PD21)和 28 天(PD28)的 NOS 蛋白表达带

3.3.2　金黄地鼠脑发育中 NOS 活性的变化

在各年龄段金黄地鼠皮层中均观察到 NOS 活性。利用捕捉剂 Fe-DETC，视皮层产生的 NO 可被捕捉并形成稳定的$(DETC)_2$-Fe^{2+}-NO 复合物，用 ESR 检测具有特征性波谱。在 NOS 的底物 L-精氨酸及其辅因子存在的情况下，皮层匀浆的 NO 信号加强，相反，加入 NOS 的抑制剂(L-NNA)或不加 Ca^{2+}，信号显著减小，说明检测到的 NO 信号是由组织型 NOS 产生的。在所有检测的年龄段，生后 3 天的信号强度相对较小，至 PD7，信号增强，此后信号强度逐渐增加，到 14 天达到峰值，然后 21 天和 28 天逐渐下降(图 3-3A~E)。

将 NO 信号第一峰的高度作为信号强度的相对量度，NOS 活性分别为：PD3，4.92±0.26；PD7，6.50±0.68；PD14，8.41±1.08；PD21，6.21±0.66 及 PD28，3.83±0.26(nmol/min/mg 蛋白质)。比较各年龄段的波谱表明在各年龄段之间及两个相邻年龄段间均存在显著性差异(P<0.05)。

3.3.3　NOS 抑制剂 LNA 处理后，动物的体重和死亡率

自生后 1 天(PD1)起将动物分为两组，处理组每日接受背部皮下注射 40mg/kg 体重的 NOS 抑制剂 L-NNA，相应的对照组接受同样剂量的生理盐水注射。每天记录动物体重及死亡率。所有实验均在最后一次处理后 12h 进行。经 L-NNA 处理的动物，死亡率明显上升(41.18%，对照组为 14.26%)。所有动物死亡均发生在处理 21 天之前，之后有部分动物似乎对抑制剂处理产生了抗性，这也可以从动物的生长曲线中体现出来。与对照组相比，L-NNA 处理早期(PD3、PD7)，NOS 活性的抑制对动物生长产生了明显的抑制作用，动物体重显著低于对照组。至 14 天，动物对 L-NNA 的反应发生了分化，一部分动物生长严重受抑制，生长停滞，并在随后的一周内死亡；另一部分动物体重增长与对照组差别消失(图 3-4)。

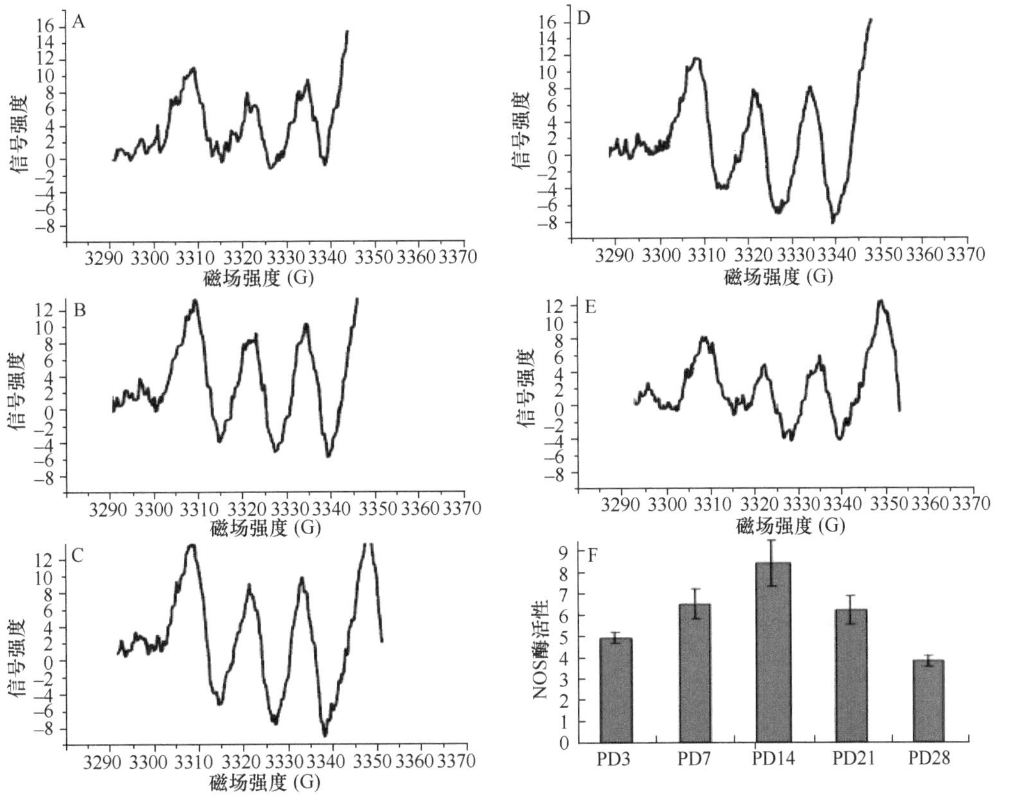

图 3-3 用$(DETC)_2$-Fe^{2+}捕捉的金黄地鼠视皮层产生的 NO 的 ESR 波谱

A. 出生后 3 天(PD3)；B. PD7；C. PD14；D. PD21；E. PD28；F. NOS 活性直方图平均值±SD，n=6；两个连续年龄之间有显著差异 P<0.05

3.3.4 NOS 抑制剂 L-NNA 处理对 NOS 活性的抑制

金黄地鼠自生后 1 天开始每日注射 60mg/kg 体重的 NOS 抑制剂 L-NNA，在处理 3~14 天，利用 ESR 自旋捕捉技术在视皮层中未检测到典型的 NO 信号(图 3-5)，表明处理组的 NOS 活性被有效地抑制。到处理 21 天时，利用 ESR 方法可以检测到皮层有弱的一氧化氮自由基信号，信号强度大约是对照组的 23.33%，并在 28 天保持基本相同的水平(25.26%)(表 3-1)。

3.3.5 NADPH-d 阳性神经元的发育

辅酶Ⅱ依赖性黄递酶(NADPH-d)在神经系统中与 NOS 共分布，利用组化方法检测到 NADPH-d 活性的大部分神经元，都具有 nNOS 免疫活性或具有 nNOS 的 mRNA[74]。因此，NADPH-d 组化方法通常被用来显示 NOS 阳性的神经元和突起。

这里用 NADPH-d 阳性表示 NOS 阳性神经元。自生后 3 天开始，就可以在 17 区检测到 NADPH-d 阳性神经元(图 3-6)。在皮层中的 NOS 阳性神经元可分为两种类型，一类是浓染的、胞体及近端树突均着深蓝色，呈高尔基体(Golgi)染色形态，主要分布在

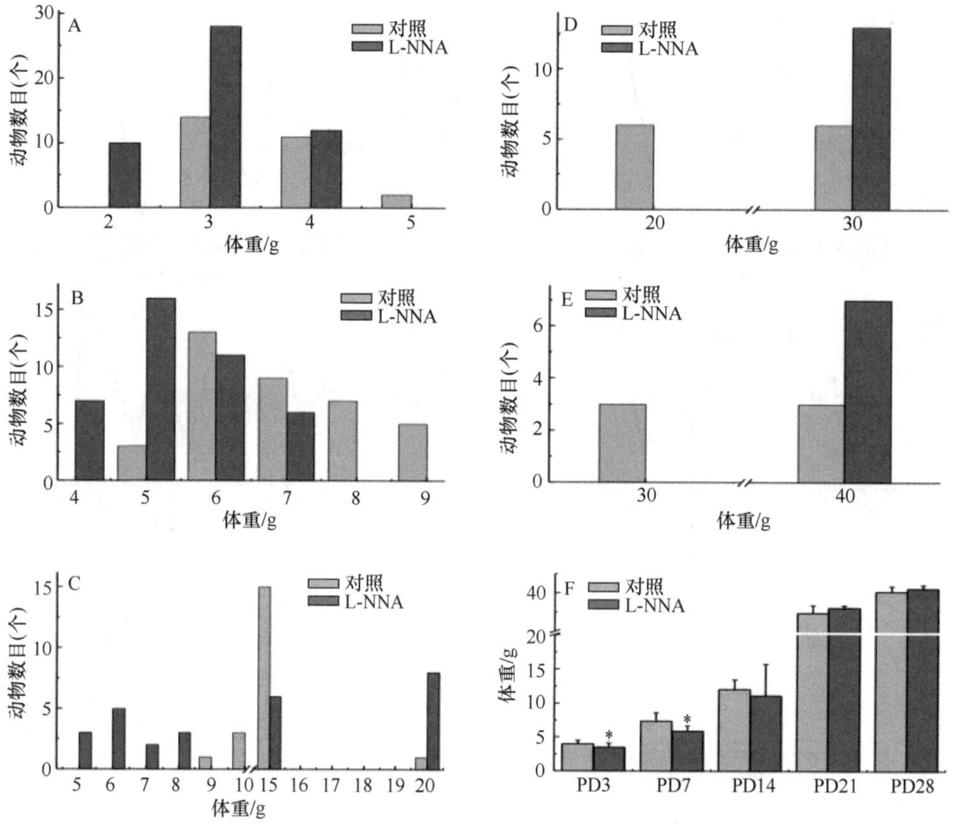

图 3-4　金黄地鼠的体重及其分布

A. 金黄地鼠的体重(对照)；B~F. PD3、PD7、PD14、PD21 和 PD28 金黄地鼠的体重。L-NNA 处理影响新生鼠的发育(PD3 和 PD7)，但随后差别消失。PD14 之后处理组动物明显分为两组。*P<0.05，与同年龄对照组相比

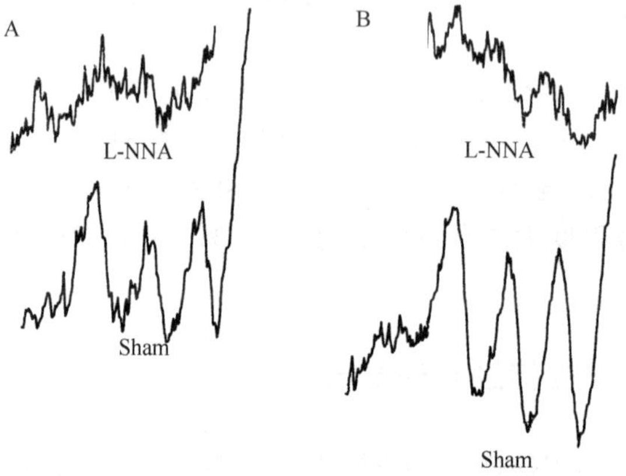

图 3-5　用$(DETC)_2$-Fe^{2+}捕捉的金黄地鼠视皮层产生的 NO 的 ESR 波谱

PD3(A)和 PD21(B)及 L-NNA 对信号的抑制作用，明显低于对照假手术组(Sham)

第 4~6 层及白质中；另一类为淡染细胞，仅染出细胞体，分布于各层。作者主要分析浓染细胞在发育中的变化，生后 3 天，浓染的细胞主要位于 5 和 6 层及白质中，皮质板中的 NOS 阳性神经元多为淡染细胞，但皮质板中含有丰富的 NOS 阳性神经纤维。

表 3-1　L-NNA 对脑视皮层 NOS 活性和一氧化氮产生的抑制作用[单位：nmol/min/mg 蛋白质]

	假手术组	L-NNA 处理组
PD3	未检测到	4.92±0.26
PD7	未检测到	6.50±0.68
PD14	未检测到	8.41±1.08
PD21	1.45±0.13	6.21±0.66
PD28	1.57±0.15	3.83±0.26

注：每组 n=3

NOS 活性抑制的动物，其视皮层着色浅，少有 NOS 阳性神经元。至生后 7 天，NADPH-d 阳性神经元数量增加，2/3 层开始有少量浓染阳性神经元出现；对应的 NOS 活性被抑制的处理组，其视皮层 NADPH-d 阳性浓染神经元的数量比生后 3 天显著增加，但仍低于对照组。

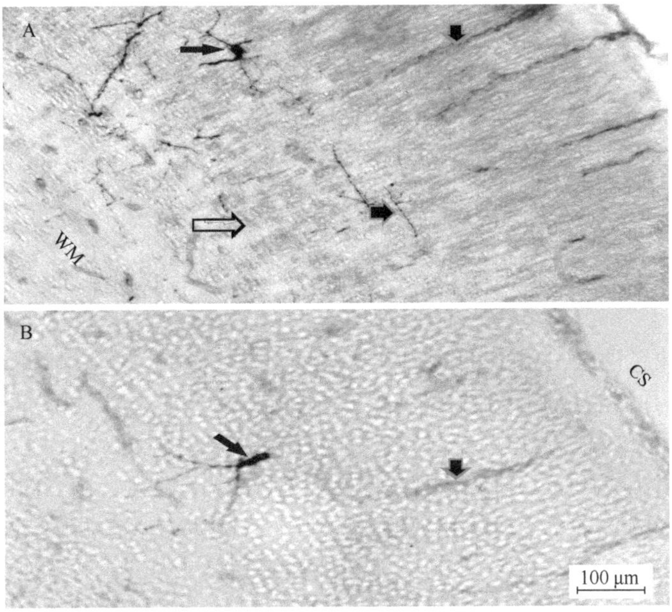

图 3-6　对照金黄地鼠(PD3)视皮层 17 区 NADPH-黄递酶染色(A)和 L-NNA 处理(B)照片
(彩图请扫书后二维码)

长箭头指的染黑色的为 NADPH-d 阳性神经元；空箭头指的染浅色的为 NADPH-d 阴性神经元；短箭头指的为 NADPH-d 阳性纤维。CS. 皮层表面；WM. 白质；与对照相比，L-NNA 处理使染色强度变弱

生后 14 天，17 区的阳性浓染神经元密度与 7 天基本相同，仍主要分布于深层，但在表层开始出现零星的深染细胞。此后的发育中 NADPH-d 阳性神经元密度基本保持不变(PD21 及 PD28)，但在 21 天时，皮层表面(Ⅰ~Ⅲ层)出现高密度的 NADPH-d 浓染神经元，这些神经元与深层的浓染神经元不同，少有树突染出，胞体着色介于浓染及淡染之间，至生后 28 天，表层的阳性神经元染色消失。NOS 抑制剂处理组动物自 14 天起其视皮层 17 区的阳性浓染神经元的发育与对照组基本相同。NOS 抑制剂处理组 NOS 阳性神经元的密度除 P3 和 P7 时明显低于对照组外，此后与对照组基本相同。利用计算机辅助软件测量了发育中 NOS 阳性神经元的胞体大小，发现自出生后阳性神经元的胞体逐渐增

大，至 21 天达到最大值，然后下降。NOS 抑制剂处理对 NOS 阳性神经元的生长没有显著影响(图 3-7)。

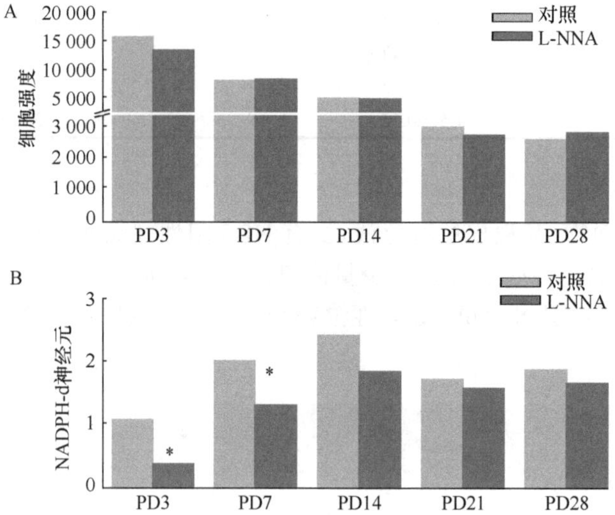

图 3-7　L-NNA 处理对金黄地鼠视皮层 NADPH-黄递酶染色阳性神经元发育的影响
A. L-NNA 处理对 17 区细胞密度没有影响；B. L-NNA 处理对 NADPH-黄递酶染色阳性神经元早期发育的影响；
*P<0.05，与同年龄对照比较

3.3.6　视皮层 17 区发育中的神经元凋亡

DNA 断裂染色法(TUNEL)可以将 DNA 断裂处染上颜色，是检测 DNA 损伤和细胞凋亡的有效手段。作者利用 TUNEL 染色的方法原位检测了视皮层 17 区的细胞凋亡。结果显示，生后 3 天及 7 天，皮层中都没有大量的神经元凋亡现象；NOS 活性抑制组也没有检测到明显的凋亡。到生后 14 天，视皮层出现大量的凋亡细胞，凋亡细胞主要分布在Ⅱ~Ⅲ层，且局限在 17 区的范围内，相邻的 18a、18b 都没有显著的凋亡，NOS 活性的抑制减轻了发育中的凋亡现象，但不能完全抑制。至生后 21 天和 28 天，皮层 17 区均未检测到凋亡，处理组中得到了同样的结果。

以上结果表明，NOS 活性的抑制可以减轻金黄地鼠发育中视皮层的神经元凋亡，抑制 NADPH-d 阳性神经元的胞体发育，并抑制发育早期(14 天前)动物的生长及 17 区的 NADPH-d 活性。作者运用在体实验首次确定了 NOS 活性与发育中神经元凋亡的相关性，对于阐明一氧化氮在神经系统发育，尤其是神经元的发育凋亡中的作用具有重要意义。

L-NNA 是一种慢解离、非选择性的 NOS 抑制剂，对 nNOS 和 eNOS 都有强的亲和性。尽管 NOS 在脑中的分布具有区域间的差异，但腹腔注射 L-NNA 造成的 NOS 活性的抑制并没有半球间或脑区间的差异。腹腔注射 10mg/kg 体重的 L-NNA 1.5h 后，NOS 的活性被抑制 70%，处理后 24h，NOS 活性的抑制仍能达到 50%以上。当所用的 L-NNA 剂量增加到 20mg/kg 体重，NOS 的活性被抑制到对照水平的大约 10%[75]。在以上实验中，从 PD1 开始给金黄地鼠按 40mg/kg 体重每天背部皮下注射 L-NNA，在处理的前两周内，NOS 的活性几乎完全被抑制，然而到第 3 周和第 4 周，NOS 活性升到对照水平的大约

1/4。在作者的研究中，视皮层17区发育的早期NADPH-d活性也被NOS的竞争性抑制剂L-NNA所抑制。Vigilli等曾报道用L-NAME抑制脑中NOS活性，NADPH-d的活性也受到抑制，并且这种抑制作用随着停药后NOS活性的恢复而恢复。在鸡视网膜匀浆中，NADPH-d的活性与NOS同时被NOS抑制剂所抑制。结合以上结果分析，在注射NOS抑制剂L-NNA后NADPH-d活性的抑制可能是由于一氧化氮自由基产生的催化位点被占据。除对酶活性的抑制外，由于L-NNA的作用抑制了脑中NO的产生，因此会对血压产生影响。Vercelli等[27]报道在用40mg/kg体重的L-NNA处理后，动物的血压明显升高，但是这种升高对于大鼠NOS活性抑制后投射模式的改变没有影响，说明NOS的抑制对发育的调节作用并非来源于它对血压的调节。

NO在神经发育中的作用在近10年来受到了广泛的研究，它在调节突触的可塑性及投射精细化过程中的作用已被大量的实验事实所证明[2]。然而NO在发育中的细胞构筑、细胞存活及凋亡中的作用仍有待探讨。细胞凋亡是神经发育过程中的重要事件，可以清除发育中产生的冗余的或已完成功能的细胞，产生成熟的脑图谱。大鼠的视觉系统在出生后尚未完全成熟[76~78]，在形成稳定的神经元群之前有较长的生后发育过程，在生后相当长的时间内仍可观察到细胞凋亡现象的发生。有报道在正常发育大鼠视皮层生后7天有较多的细胞凋亡，其后逐渐减少，凋亡细胞在视皮层各区之间的分布没有差异[79]。以上结果表明，在金黄地鼠生后发育中，只有特定的时间点(PD14)上可以检测到细胞凋亡。此外，在金黄地鼠中凋亡发生的时程与同侧投射的形成及初级视皮层的分区分化的时间相一致，而且凋亡细胞都位于17区内，说明细胞凋亡参与了这些过程。NOS活性的抑制大大减轻了17区的神经元凋亡，表明NOS的活性与发育中的神经元凋亡密切相关。然而作者研究的结果并不能确定NO是直接作为诱导细胞凋亡的信号发挥作用，还是通过影响了皮层投射模式的成熟清除过程而使接受非特异投射的细胞存活下来。

以上实验发现凋亡的神经元主要集中在Ⅱ~Ⅲ层。皮层Ⅱ~Ⅲ层的神经元大部分属于利用GABA和肽-钙结合蛋白的局部回路神经元[80, 81]。据报道，GABA能神经元易于发生死亡，而含肽-钙结合蛋白的GABA能神经元亚群在大鼠皮层生后发育的两周半内数量减少[82, 83]。作者所检测到的神经元凋亡与皮层发育中肽能神经元的减少相一致，然而这部分凋亡神经元的神经化学特性有待于进一步的研究。此外，在以上研究中还发现，NOS活性的抑制导致NADPH-d阳性神经元胞体发育的抑制，这种抑制作用产生的长时程影响仍有待发掘。

3.4 一氧化氮自由基在学习和记忆中的作用

研究发现，海马中的NO在控制长时程增强(LTP)和长时程抑制(LTD)方面发挥重要作用，而LTP和LTD又和学习和记忆密切相关，因此NO就可能在学习和记忆过程也发挥着重要作用[84]。本节将对一氧化氮自由基在学习和记忆中的作用进行讨论。

3.4.1 一氧化氮自由基对神经兴奋的影响

自从发现NO是神经信使以来，人们就加紧研究NO对突触体功能的调节作用。在脑和脊髓的每单个神经元上都能记录到NO引起刺激场电位(fEPSPs)的启动。NO有几种方式诱导与信号功能有关的神经变化。NO对兴奋的作用主要依赖于cGMP的合成、sGC的活化。依赖cGMP蛋白激酶的作用是NO主要信号转导通路。通过NO调节各种细胞成分刺激神经cGMP合成。在CNS中，不同类型神经元及其定位决定不同NO-cGMP启动的细胞功能。例如，几个离子通道是通过NO-cGMP和蛋白激酶调节的。NO通过cGMP合成，减少小脑γ氨基丁酸(GABA)A受体、前脑和小脑AMDA受体及皮层水平细胞的功能。

除此之外，NO还调节不依赖cGMP通路的神经功能。这与NO对受体的调节和毒性有关。不依赖cGMP机制主要是通过一氧化氮自由基与蛋白质的直接反应亚硝基化或与超氧阴离子反应生成过氧亚硝基再硝基化和氧化蛋白。有些靶位置已经确定，在皮层神经中，NO瞬时减少GAB调节的氯离子流与cGMP无关，因此提高兴奋。在不同脑区，同一受体可能被NO以不同机制调节。NO还能抑制NMDA受体功能。NO通过增加氧化还原调节位置的氧化水平，减少NMDA受体调节电流和增加细胞内钙浓度。

NO对受体的调节似乎依赖可塑性。在突触体高信号传输期间，短暂抑制(GABA)A受体，导致瞬时提高兴奋，而NO对NMDA受体的抑制是持续的，这就提供了一个反馈机制，在过量受体被刺激时，减少NMDA受体调节效应，但不阻断LTP。有两组cGMP靶蛋白、磷酸二酯酶(PDE)和环化核苷-活化离子通道。在神经中发现一类cGMP-刺激磷酸二酯酶(磁光盘的)能刺激cGMP水解。在脑皮层、海马和基底神经节中这个酶含量很高。在感知神经中第一个发现了cGMP活化通道，在海马、小脑、嗅球和垂体中也检测到了。因此，NO通过PDE和cGMP通道调节神经兴奋可能是脑区广泛存在的现象。

如上所述，NO在CNS中的作用是多功能的。这就很难预测NO对某个脑区的兴奋作用。像交感神经节表现的那样，即使在一个神经元中，NO可能同时提高或减少兴奋。总之，NO独特的性质使得它能快速扩散并达到脑球体的各个细胞上，这表明，NO即使在很低浓度也可能对脑结构施加重要功能。NO能够快速扩散并能调节转运通路和神经活化，就使得这种气体在脑中具有广泛的信使作用。即使在某个脑区没有NO的直接作用，也可能存在明显的LTP或LTD功能。

3.4.2　一氧化氮自由基在LTP、LTD和学习中的作用

LTP和LTD依赖对突触传递效率修饰的形式。这一类神经可塑性首先在海马中发现，后来又在各个脑区出现，因此是在CNS中广泛存在的现象。在脑组织发现NO合成不久，就提出NO可能作为逆信使影响突触体在前突触细胞中的传输和促进突触体的可塑性。

与这一假设一致的是发现海马的LTP能通过NOS抑制剂和在*iNOS*和*eNOS*基因敲除双突变小鼠中消除。还可以通过在后突触体而不是前突触体注射NOS抑制剂抑制LTP。在脑中用吸收NO的血红蛋白和氧合血红蛋白也能损伤LTP。相反，在前突触体注射NO供体能增加前突触体神经元的cGMP和提高LTP。这些结果清晰地表明，重复刺激的结果使得NO在后突触体合成，经过细胞外空间转运到前突触体诱导cGMP合成，这样调节导致了LTP的细胞功能。

除了海马外，在其他脑区，NO也参与突触可塑性的活化。这在认知、情绪和行为

功能上发挥着重要作用。在听觉新皮层和中央杏仁核的V层用NOS抑制剂可以阻断LTP和用NOS供体可以激活LTP。最近发现NO/cGMP通路在刺激皮层纹状体纤维启动纹状体LTP过程发挥重要作用。在小脑中也参与LTD。然而也有一些不同报道，发现NOS抑制剂对LTP并没有影响，甚至还有相反的报道。这些矛盾的一个可能的解释是在海马CA1区的一个亚层LTP的诱导可能与NO无关，但在其他层则是主要依赖NO的。另外，由于实验条件的不同，可能导致受体兴奋和LTP的改变。另外一个问题是NOS的类型，在神经元中主要是iNOS，而在海马和其他脑区还含有eNOS。

如果阻断突触体可塑性的逆信使，就要影响学习功能。确实，NOS的抑制剂能减少实验动物的学习能力。在一些实验中发现，NO供体、L-精氨酸和CG-PDE抑制剂促进学习。服用NO-cGMP体系影响新生鼠与嗅球有关的学习行为。NOS抑制剂的有效性说明，NO确实与各类长时程记忆有关。另外，在空间学习过程发现NOS免疫反应在海马、尾状核和体感皮层同时增加。总之，这些实验证据表明，NO和cGMP在包括海马、小脑、大脑和纹状体的各脑区突触体的可塑性是必需的。

3.4.3 一氧化氮自由基对神经递质释放的影响

1) 乙酰胆碱

通常证明NO调节神经传输的方法是通过研究NO的供体或NOS抑制剂对神经递质释放的影响。在体内一般采用微透析方法，体外采用脑片、突触体、培养的神经细胞和分离的器官。用微透析方法在体内的研究表明，NOS抑制剂减少前脑和纹状体乙酰胆碱释放，NO供体SNAP能够提高前脑乙酰胆碱释放，而血红蛋白抑制乙酰胆碱的释放，说明在前脑和纹状体乙酰胆碱释放是由内源NO调控的。

与体内实验类似，用NO供体羟氨也能增加海马脑片乙酰胆碱释放，NO供体还能增加培养的原代皮层神经细胞乙酰胆碱释放。所有这些体内外实验结果一致，证明NO增加乙酰胆碱释放。

另外，体内外用一氧化氮自由基供体和NOS抑制剂的实验表明NO提高谷氨酸产生。而且发现用谷氨酸拮抗剂2-氨基-5-磷酸戊酸(AP5)灌注纹状体，NO增加的乙酰胆碱释放被抑制，说明内源NO不能直接刺激乙酰胆碱能神经元释放乙酰胆碱，而是通过刺激邻近兴奋氨基酸神经元再增加乙酰胆碱释放。在纹状体谷氨酸对NO诱导乙酰胆碱释放是很关键的。

抑制cGMP合成也能抑制纹状体NO诱导的乙酰胆碱释放。这说明NO刺激谷氨酸释放是通过cGMP合成，再刺激乙酰胆碱释放的。与此一致的是纹状体乙酰胆碱能神经元不具有cGMP合成体系。有趣的是NO诱导乙酰胆碱释放还受附近GABA能神经元的影响。总之，在纹状体，通过改变兴奋和抑制氨基酸释放速率，NO间接调节乙酰胆碱释放，而在培养的皮层神经细胞，NO乙酰胆碱释放直接调节乙酰胆碱在皮层传输(图3-8)。

从谷氨酸神经元释放的谷氨酸(Glu)刺激位于NO神经元上的NMDA受体提高NO释放。释放的一氧化氮自由基刺激谷氨酸神经元上的cGMP，或者提高或者抑制释放，取决于NO的浓度。释放的谷氨酸刺激位于胆碱能神经元上的NMDA和AMPA/激酶受体，提高乙酰胆碱释放。而抑制谷氨酸的释放对胆碱的传输起相反作用。NO或者提高或者减少 GABA 从 GABA 能神经元的释放。

2) 一氧化氮与兴奋和抑制氨基酸

NO 供体，如 SNAP、羟氨和 NO 气体能够提高谷氨酸释放，而 NOS 抑制剂 L-NAMA 能减少谷氨酸产生。这还取决于组织中产生的 NO 的浓度，低浓度减少海马中谷氨酸释放，高浓度增加谷氨酸释放。减少谷氨酸释放抑制细胞外过程，因为这与线粒体呼吸链相关，减少 ATP/ADP 产生速率。在中等浓度刺激 NMDA 受体，NO 也减少谷氨酸和天冬氨酸释放。

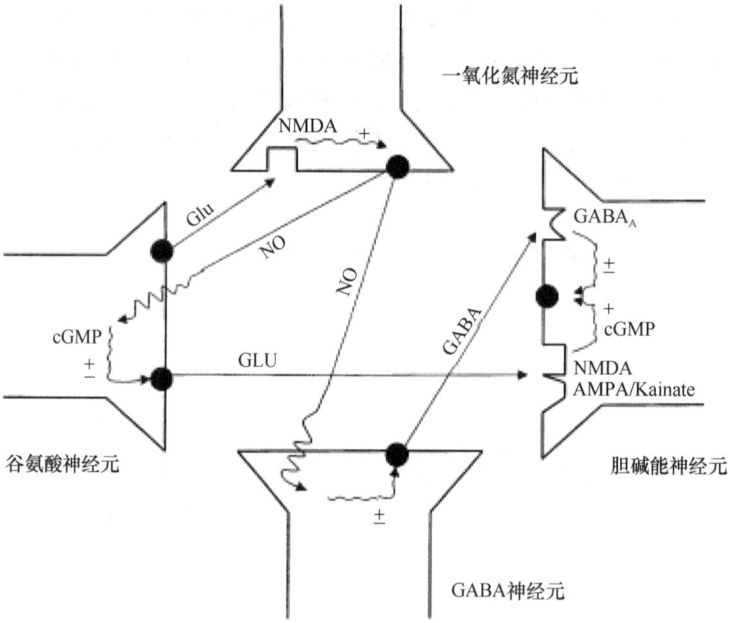

图 3-8 内源 NO 通过兴奋和抑制氨基酸调节乙酰胆碱释放
+表示增加释放；–表示减少释放

cGMP 也与调节谷氨酸释放有关。抑制细胞外谷氨酸释放与海马和皮层产生中等浓度 NO 相对应，伴随着 cGMP 提高，用 cGMP 抑制剂和 cGMP-磷酸二酯酶抑制剂可以模拟这一结果。用活化的谷氨酸环化酶调节 NO，减少谷氨酸释放。而且发现，当 cGMP 类似物水平增加时，谷氨酸释放的抑制效应就反转过来，说明 cGPM 的作用是双向的(图 3-8)。

NO 调节兴奋氨基酸释放取决于其内源浓度。在氨基酸神经元中，NO 作用的传输可能受 cGMP 调节，而不是受线粒体调节。NO 刺激谷氨酸和天冬氨酸释放对 LTP 是很重要的。NO 还能提高或抑制海马、纹状体及小脑和前脑 GABA 释放。与谷氨酸释放一样，GABA 的释放也依赖 NO 的浓度而且是双向的，低浓度抑制而高浓度提高 GABA 释放。总之，这些结果表明，组织中 NO 在低浓度抑制而高浓度提高兴奋和抑制氨基酸释放。

3) 一氧化氮在学习和记忆中的作用模式

NO 在学习和记忆过程发挥着重要作用。神经递质作用于神经元膜表面的受体后，其 NOS 活性立即迅速增加，反应极快，且受钙离子和钙调蛋白系统的调控和激活。NO 首先在突触后体生成，逆行扩散到突触体前区，在那里激活 cGMP 合成酶，合成大量

cGMP，对海马突触的 LTP 起维持作用，这是继 LTP 和 *N*-甲基-D-天冬氨酸(NMDA)受体发现之后的又一重要进展。

3.4.4 一氧化氮自由基与被动学习

将大鼠或小鼠放在被动学习室。这个学习室有两个相通的分隔间，一明一暗，如果动物从明间进入暗间，就会被 1mA 电流电击 1s。经过训练的动物进入暗间时停留的时间就长(STL)。以此表示动物学习和记忆程度。

在第一组实验中，实验前给动物腹膜内注射 NOS 抑制剂 L-NA 或 L-NAME，在 0.5~50mg/kg 都没有显示影响小鼠的学习和记忆功能。大鼠的情况有所不同，在 10~300mg/kg L-NAME 对大鼠的被动学习有一些影响。L-NA 在剂量为 5mg/kg 时对被动学习有明显影响，但是没有剂量依赖关系。

在第二组实验中，动物训练之后立即将 NOS 抑制剂直接脑静脉给药，结果发现，与对照组相比，这些 NOS 抑制剂可以明显缩短 STL。L-NA 对大、小鼠的学习和记忆都有明显损伤作用，每只大小鼠的 ED50 分别为 0.5μg 和 12.3μg。L-NAME 也有类似作用，但作用比 L-NA 弱一些。用它们的类似物 D-NA 和 D-NAME 就没有明显作用，说明干扰 NO 代谢影响学习和记忆。

如果 NO 在学习和记忆过程确实发挥着重要作用，那么注射 NO 供体应当有助于动物的学习和记忆。同时脑静脉注射 18mg/kg L-NA 和不同剂量的 L-精氨酸确实可以剂量依赖地改善大鼠的记忆。腹膜内注射 0.1~1mg/kg NO 供体吗啉代斯德胺 SIN-1(*N*-morpholino-sydnonimine)可以明显抑制 L-NA 导致的记忆损失。用 SIN-1 脑静脉注射可以明显防止 18μg L-NA 引起的大鼠记忆损伤，每只大鼠的 EC50=0.5μg。这些结果表明，NO 供体确实可以防止 L-NA 引起的学习和记忆损伤。用海马切片实验证明 L-NA 对 LTP 的抑制作用是 L-NAME 的 100 倍，这与动物实验是很吻合的。

3.4.5 一氧化氮自由基与主动学习

主动学习装置设计成一个 8 层两室的盒子，在每层和两室之间都有通路。在每层之间有一个连接记录器和计数器的倾斜的门和开关，在两室之间有 10W 的灯光不断开关作为条件刺激(CS)，条件刺激与一个非条件刺激(US)提前 5s，重叠 25s。非条件刺激是一个加到倾斜门上的连续电击(0.2mA)，实验间隔为 30s。当动物在条件刺激启动 5s 内能避开非条件刺激从明室加入暗室，就记录一次回避响应。如果动物没有避开电击，可以在非条件刺激期间逃到明室。自发从暗室到明室的被惩罚，记为实验间响应。在训练期间，小鼠每天在实验前 20min 注射盐水、L-精氨酸或 D-精氨酸(300~600mg/kg 体重)，或者注射盐水或 L-NAME，每天做 100 次实验，连续做 5 天。与对照动物相比，腹膜注射低剂量 L-NAME(1mg/kg 体重)不影响主动学习行为，但当剂量增加到 10~50mg/kg 体重，就明显影响动物的主动学习。预先注射 L-精氨酸(300mg/kg 体重)，可以明显防止抑制剂对学习的损伤作用，600mg/kg 体重几乎可以完全避免抑制剂对学习的损伤作用。相反，D-精氨酸(300mg/kg 体重)，就不能明显防止抑制剂对学习的损伤作用。

为了排除这些药物对动物自发运动的影响，做了这些药物对动物自发运动活性的影响。50mg/kg 体重 L-NAME 对动物的行为没有什么影响，只有很高浓度时(100~600mg/kg 体重)对动物的运动才有一些镇静作用。从以上 NOS 抑制剂被动和主动实验影响得到的结果可以看出，一氧化氮自由基对学习和记忆确实是必需的。注射 L-精氨酸可以防止抑制剂对学习和记忆的损伤，另外，增加 GMP 水平和 ADP-核糖基化一氧化氮自由基供体可以增强动物的学习和记忆能力。这一切都说明一氧化氮自由基在维持 LTP 的学习和记忆过程发挥重要作用。

3.4.6　一氧化氮自由基和衰老记忆损伤

衰老的一个特征就是记忆力衰退。用大鼠研究发现，与年轻大鼠(4 月龄)相比，衰老大鼠(24 月龄)的学习、辨别能力明显下降。研究发现，在衰老大鼠海马和颞皮层中总 NOS 和精氨酸酶活性增加，而 eNOS 明显降低。回归分析表明，NOS 和精氨酸酶活性与测定的行为有很好的相关性。说明，NO 在衰老记忆损伤作用中可能发挥着重要作用[85]。

阿尔茨海默病(AD)患者记忆力严重受损。华盛顿大学 AD 研究中心对 AD 患者进行记忆和衰老评价。对 AD 死后尸检脑皮层切片的 eNOS、iNOS 和蛋白质硝基化终产物硝基酪氨酸进行分析。用免疫化学研究发现大小多极和锥形细胞对 eNOS 有免疫反应。iNOS 和硝基酪氨酸对类锥形皮层和胶质细胞也有免疫反应。说明 NO 对神经细胞死亡和退行性改变有作用[86]。

3.4.7　*NOS* 敲除小鼠对学习和记忆的影响

为了证实 NO 在学习和记忆中的作用，利用正常和 *eNOS* 敲除小鼠在迷宫实验中检测其学习能力，发现大部分 *eNOS* 敲除小鼠在水迷宫实验(MWM)中不及格，但是在多端迷宫(MTM)中表现还可以，在高级迷宫实验(EPM)中表现较好。这说明敲除 *eNOS* 明显损伤空间活动学习能力，但不影响维持和回忆功能。还说明敲除 *eNOS* 仅影响在应激情况下的辨认能力[87]。

3.4.8　铅中毒对学习记忆影响与一氧化氮自由基的关系

已经知道铅中毒损伤发育动物的辨认能力。用不同剂量铅(0ppm①、65ppm、125ppm、250ppm 和 500ppm)加在饮用水中让大鼠饮用 14 天，然后在迷宫中进行行为研究，同时研究动物脑中 NOS 的表达。结果发现，500ppm 铅影响动物空间记忆的巩固，抑制逃避实验。250ppm 仅影响空间记忆的恢复，另外铅中毒剂量依赖地影响海马 LTP(long-term-potentiation)，250~500ppm 完全阻断 LTP。研究铅中毒对脑不同部位 cNOS 的影响发现，在海马和大脑中 cNOS 被明显抑制，而前脑、皮层和脑干则不明显，虽然铅在这些部位也有明显积累。这些结果说明，铅毒性可以损伤成年动物的记忆，而且是与各部位特异 cNOS 活性相关的[88]。

① $1ppm=1\times10^{-6}$

3.4.9 NOS 抑制剂和 NOS 供体对记忆的影响

为了研究一氧化氮自由基对学习和记忆的影响，研究了 NOS 抑制剂对记忆的影响。实验采用木防己苦毒素(picrotoxin)(5mg/kg)诱导大鼠惊厥和记忆形成。这里采用不同剂量 NO 抑制剂 7-NI(50mg/kg、100mg/kg、150mg/kg 和 200mg/kg)在不同时间(30min 和 60min)研究对大鼠学习和记忆的影响，同时测定脑中 NOS 活性和一氧化氮自由基的浓度。在用(50mg/kg、100mg/kg)7-NI 处理 30min 的实验中没有发现明显影响动物脑中 NOS 活性和 NO 的浓度及脑的记忆形成，但是却能剂量依赖地明显抑制动物的惊厥。用 150mg/kg、200mg/kg 7-NI 处理动物可以随时间依赖地减少脑中 NOS 活性和 NO 浓度，但促进木防己苦毒素诱导的惊厥和记忆损伤。大剂量 L-精氨酸可以提高动物脑中 NO 浓度，抑制木防己苦毒素诱导的惊厥，提高记忆能力。大剂量 7-NI 可以有效防止 L-精氨酸引起的 NO 浓度增加。这些结果表明，低剂量的 7-NI 是通过非特异机制减少惊厥的，而大剂量是通过抑制 NOS 活性促进惊厥和记忆损伤的。这个结果表明，7-NI 保护和促进惊厥的剂量范围是很窄的[89]。

为了研究 NO 对学习和记忆的影响，研究了 NOS 供体对记忆的影响。采用回避和辨认物体实验，测定经过训练的注射 NOS 供体老年大鼠和对照老年大鼠的行为。在这两个实验中，注射 NOS 供体老年大鼠明显抵消了对照老年大鼠行动障碍。表明 NO 在学习和记忆中发挥着重要作用。另外，这也预示，NOS 供体可能防止衰老对记忆损伤。同时也表明一氧化氮自由基在衰老过程中发挥着重要作用[90]。

参 考 文 献

[1] Garthwaite J，Charles SL，Chess-Williams R. Endothelium-derived relaxing factor release on activation of NMDA receptors suggests role as intercellular messenger in the brain. Nature，1988，336：385-388.

[2] Contestabile A. Role of NMDA receptor activity and nitric oxide production in brain development. Brain Res Rev，2000，32：476-509.

[3] Gally JA，Montague PR，Reeke Jr. GN，et al. The NO hypothesis：possible effects of a short-lived，rapidly diffusible signal in the development and function of the nervous system. Proc Natl Acad Sci USA，1990，87：3547-3551.

[4] Motoyama N，Wang F，Roth KA，et al. Massive cell death of immature hematopoietic cells and neurons in Bcl-x-deficient mice. Science，1995，267：1506-1510.

[5] Crair MC. Neuronal activity during development：permissive or instructive? Curr Opin Neurobiol，1999，9：88-93.

[6] Hubel DH，Wiesel TN. Early exploration of the visual cortex. Neuron，1998，20：401-412.

[7] Wang Y，Marsden PA. Nitric oxide synthase：gene structure and regulation. Adv Pharmacol，1995，34：71-90.

[8] Dawson TM，Gonzalez-Zulueta M，Dawson VL. Nitric oxide：diverse actions in the central and peripheral nervous system. Neuroscientist，1998，4：96-112.

[9] Feron O，Belhassen L，Kobzik L，et al. Endothelial nitric oxide synthase targeting to caveolae：specific interactions with caveolin isoforms in cardiac myocytes and endothelial cells. J Biol Chem，1996，271：22 810-22 814.

[10] Sessa WC，Garcia-Cardena G，Liu J，et al. The Golgi association of endothelial nitric oxide synthase is necessary for the efficient synthesis of nitric oxide. J Biol Chem，1995，270：17 641-17 644.

[11] Hayashi Y，Nishio M，Naito Y，et al. Regulation of neuronal nitric oxide synthase by calmodulin kinases. J Biol Chem，1999，274：20 597-20 602.

[12] Khatun S，Kanayama N，Belayet HM，et al. The impact of vasoactive peptides on nitric oxide production in cultured sympathetic neurons. Neuroscience，1999，93：605-609.

[13] Lam HHD，Bhardwaj A，O'Connell MT，et al. Nerve growth factor rapidly suppress basal，NMDA-evoked，

and AMPA-evoked nitric oxide synthase activity in rat hippocampus *in vivo*. Proc Natl Acad Sci USA，1998，95：10 926-10 931.

[14] Luo ZD，Chaplan SR，Scott BP，et al. Neuronal nitric oxide synthase mRNA upregulation in rat sensory neurons after spinal nerve ligation：lack of a role in allodynia development. J Neurosci，1999，19：9201-9208.

[15] Dawson TM，Dawson VL. Nitric oxide：actions and pathological roles. Neuroscientist，1995，1：7-18.

[16] Dawson TM，Sasaki M，Gonzalez-Zulueta M，et al. Regulation of neuronal nitric oxide synthase and identification of novel nitric oxide signaling pathways. Progr Brain Res，1998，118：3-11.

[17] Garthwaite J. Nitric oxide signaling in the nervous system. Sem Neurosci，1993，5：171-180.

[18] Garthwaite J，Boulton CL. Nitric oxide signaling in the central nervous system. Annu Rev Physiol，1995，57：683-706.

[19] Feasenden JD，Schacht J. The nitric oxide；cyclic GMP pathway：a potential major regulator of cochlear physiology. Hear Res，1998，118(1-2)：168-176.

[20] Yun HY，Gonzalez-Zulueta M，Dawson VL，et al. Nitric oxide mediates *N*-methyl-D-aspartate receptor-induced activation of p21 ras. Proc Natl Acad Sci USA，1998，95：5773-5778.

[21] Gorbunov NV，Yalowich JC，Gaddam A，et al. Nitric oxide prevents oxidative damage produced by *tert*-butyl hydroperoxide in erythroleukemia cells via nitrosylation of heme and non-heme iron. Electron paramagnetic resonance evidence. J Biol Chem，1997，272：12 328-12 341.

[22] Lipton SA，Choi YB，Sucher NJ，et al. Redox state，NMDA receptors and NO-related species(comment). Trends Pharmacol Sci，1996，17：186-187.

[23] Stamler JS，Toone EJ，Lipton SA，et al.(S)NO signals：translocation regulation and a consensus motif. Neuron，1997，18：691-696.

[24] Meffert MK，Calakos NC，Scheller RH，et al. Nitric oxide modulates synaptic vesicles dockingrfusion reactions. Neuron，1996，16：1229-1236.

[25] Wortwein G，Gustafson B，Hansen KL，et al. Behavioral symptoms in adult rats after postnatal L-nitro-arginine. Int J Dev Neurosci，1997，15：147-154.

[26] Prickaerts J，de Vente J，Ittersum M V，et al. Behavioral，neurochemical and neuroanatomical effects of chronic postnatal *N*-nitro-L-arginine methyl ester treatment in neonatal and adult rats. Neuroscience，1998，87：181-195.

[27] Virgili M，Monti B，LoRusso A，et al. Developmental effects of *in vivo* and *in vitro* inhibition of nitric oxide synthase neurons. Brain Res，1999，839：164-172.

[28] Nelson RJ，Demas GE，Huang PL，et al. Behavioral abnormalities in male mice laking neuronal nitric oxide synthase. Nature，1995，378：383-386.

[29] Huang Z，Huang PL，Panahian N，et al. Effects of cerebral ischemia in mice deficient in neuronal nitric oxide synthase. Science，1994，265：1883-1885.

[30] Son H，Hawkins RD，Martin K，et al. Long-term potentiation is reduced in mice that are doubly mutant in endothelial and neuronal nitric oxide synthase. Cell，1996，87：1015-1023.

[31] Tanaka M，Yoshida S，Yano M，et al. Roles of endogenous nitric oxide in cerebellar cortical development in slice cultures. Neuro Report，1994，5：2049-2052.

[32] Wang W，Nakayama T，Inoue N，et al. Quantitative analysis of nitric oxide synthase expressed in developing and differentiating rat cerebellum. Dev Brain Res，1998，111：65-75.

[33] Dermon CR，Stamatakis A. Laminar pattern of NADPH-diaphorase activity in the developing avian cerebellum. NeuroReport，1994，5：1941-1945.

[34] Schilling K，Schmidt HH，Baader SL. Nitric oxide synthase expression reveals compartments of cerebellar granule cells and suggests a role for mossy fibers in their development. Neuroscience，1994，59：893-903.

[35] Ghigo D，Priotto C，Migliorino D，et al. Retinoic acid-induced differentiation in a human neuroblastoma cell line is associated with an increase in nitric oxide synthesis. J Cell Physiol，1998，174：99-106.

[36] Poluha W，Schonhoff CM，Harrington KS，et al. A novel nerve growth factor-activated pathway involving nitric oxide，p53 and p21WAF1 regulates neuronal differentiation of PC12 cells. J Biol Chem，1997，272：24 002-24 007.

[37] Huang PL，Fishman MC. Genetic analysis of nitric oxide synthase isoforms：targeted mutation in mice. J Mol Med，1996，74：415-421.

[38] Blaschke AJ，Staley K，Chun J. Widespread programmed cell death in proliferative and postmitotic regions of the fetal cerebral cortex. Development，1996，122：1165-1174.

[39] Groc L，Hunter TJ，Jiang H，et al. Nitric oxide synthase inhibition during development：effect on apoptotic death of dopamine neurons. Dev Brain Res，2002，138：147-153.

[40] van Muiswinkle FL, Drukarch B, Steinbusch HW, et al. Sustained pharmacological inhibition of nitric oxide synthase does not affect the survival of intrastiatal rat fetal mesencephalic transplant. Brain Res, 1998, 792: 48-58.

[41] Estevez AG, Spear N, Thompson JA, et al. Nitric oxide-dependent production of cGMP supports the survival of rat embryonic motor neurons cultured with brain-derived neurotrophic factor. J Neurosci, 1998, 18: 3708-3714.

[42] Grueber WB, Truman JW. Development and organization of a nitric-oxide-sensitive peripheral neural plexus in larvae of the moth, *Manduca sexta*. J Comp Neurol, 1999, 404: 127-141.

[43] Hess DT, Patterson SI, Smith DS, et al. Neuronal growth cone collapse and inhibition of protein fatty acylation by nitric oxide. Nature, 1993, 366: 562-565.

[44] Renteria RC, Constantine-Paton M. Exogenous nitric oxide causes collapse of retinal ganglion cell axonal growth cones *in vitro*. J Neurobiol, 1996, 29: 415-428.

[45] Hindley S, Jurlink B, Gisbers J, et al. Nitric oxide donors enhance neurotrophin-induced neurite outgrowth through a cGMP-dependent mechanism. J Neurosci Res, 1997, 47: 427-439.

[46] Cramer KS, Sur M. Blockade of nitric oxide synthase alters dendritic morphology in the ferret lateral geniculate nucleus. Soc Neurosci Abstr, 1997, 23: 1159.

[47] Lev-Ram V, Nebyelul Z, Ellisman MH, et al. Absence of cerebellar long-term depression in mice lacking neuronal nitric oxide synthase. Learn Mem, 1997, 4: 169-177.

[48] Chen C, Tonegawa S. Molecular genetic analysis of synaptic plasticity, activity-dependent neural development, learning and memory in the mammalian brain. Annu Rev Neurosci, 1997, 20: 157-184.

[49] Ientile R, Malecka B, Picciurro V, et al. Nitric oxide synthase in chicken embryo retina during development. FEBS Lett, 1996, 379: 82-84.

[50] Pottek M, Schultz K, Weiler R. Effects of nitric oxide on the horizontal cell network and dopamine release in the carp ritina. Vision Res, 1997, 37(9): 1091-1102.

[51] Patel JI, Gentleman SM, Jen LS, et al. Nitric oxide synthase in developing retinas and after optic tract section. Brain Res, 1997, 761(1): 156-160.

[52] Paes-de-Carvalho R, de Mattos JC. Development of nitric oxide synthase in the avian retina. Rev Bras Biol, 1996, 56(Supp l. 1): 145-152.

[53] Cramer KS, Moore CI, Sur M. Transient expression of NADPH—diaphorase in the lateral geniculate nucleus of the ferret during early postnatal development. J Comp Neuro, 1995, 353: 306-316.

[54] Mendez Otero R, Tenorio F, Giroldi-Guimaraes A, et al. Pattern of nitric oxide synthase in the developing superior colliculus. Rev Bras Biol, 1996, 56(Suppl.1): 113-122.

[55] Zhang C, Granstrom L, Wong-Kiley MT. Deafferentation leads to a down-regulation of nitric oxide in the rat visual system. Neurosci Lett, 1996, 211(1): 61-64.

[56] Valtschanoff JG, Weinberg RG, Kharaiza VN, et al. Neurons in rat cerebral cortex that synthesize nitric oxide: NADPH-diaphorase histoehemistry, NOS immunocytochemistry, and colocalization with GABA. Neurosci Lett, 1993, 157(2): 157-161.

[57] Gibbs SM, Truman JW. Nitric oxide and cyclic GMP regulate retinal patterning in the optic lobe of *Drosophila melanogaster*. Neuron, 1998, 20: 83-93.

[58] Wu HH, Williams CV, Mcloon SC. Involvement of nitric oxide in elimination of a transient retinotectal projection in the development. Science, 1994, 263: 1593-1596.

[59] Hahm JO, Langdon RB, Sur M. Disruption of retino-geniculate afferent segregation by antagonists to NMDA receptor. Nature, 1991, 351: 568-570.

[60] Cramer KS, Sur M. The neuronal form of nitric oxide synthase is required for pattern formation by retinal afferents in the ferret lateral geniculate nucleus. Dev Brain Res, 1999, 116: 79-86.

[61] Vercelli A, Garbossa D, Biasiol S, et al. NOS inhibition during postnatal development leads to increased ipsilateral retinocollicular and retinogeniculate projections in rats. EJ Neurosci, 2000, 12: 473-490.

[62] Finney EM, Stone JR, Shatz CJ. Major glutamatergic projection from subplate into visual cortex during development. J Comp Neurol, 1998, 398: 105-118.

[63] Reid SN, Daw NW, Czepita D, et al. Inhibition of nitric oxide synthase does not alter ocular dominance shifts in kitten visual cortex. J Physiol Lond, 1996, 494: 511-517.

[64] Synder SH. Nitric oxide: first in a new class of neurotransmitters? Science, 1992, 257: 494-496.

[65] Williams JH, Errington ML, Lynch MA, et al. Arachidonic acid induces a long-term activity-dependent enhancement of synaptic transmission in the hippocampus. Nature, 1989, 341: 739-742.

[66] Colasanti M，Suzuki H. The dual personality of NO. TiPS，2000，21：249-252.
[67] Williams CV，Nordquists D，McLoon SC. Correlation of nitric oxide synthase expression with changing patterns axonal projections in the developing visual system. J Neurosci，1994，14：1746-1755.
[68] Huang PL，Dawson TM，Bredt DS，et al. Targeted disruption of the neuronal nitric oxide synthase gene. Cell，1993，75：1273-1286.
[69] Wiencken AE，Casgrende VA. The distribution of NADPH diaphorase and nitric oxide synthetase(NOS)in relation to the functional compartments of areas V1 and V2 of primate visual cortex. Cereb Cortex，2000，10：499-511.
[70] Zhang YT，Zhang DL，Cao YL，et al. Developmental experession and activity variation of nitric oxide synthesase in the brain of golden hamster. Brain Res Bulletin，2002，58：385-389. .
[71] Zhang YT，Zhang J，Zhao BL. The role of NO in the developing visual cortex of the golden hamster. Eur J Neuro，2004，20：2251-2259.
[72] Jen LS，So KF，Xiao YM，et al. Correlation between the visual callosal connections and the retinotopic organization in striate-peristriate border region in the hamster：anatomical and physiological study. Neurosci，1984，13：1003-1010.
[73] Peters A. The viusl cortex of the rat. *In*：Jones EG，Peters A. Cerebral Cortex. Vol. 3. New York：Phenum Press，1984：19-79.
[74] Bredt DS，Snyder SH. Nitric oxide：a physiologic messenger molecule. Annu Rev Biochem，1994，63：175-195.
[75] Sohn NW，Greenberg JH，Hand PJ. Chronic inhibition of NOS does not prevent plasticity of rat somatosensory(S1)cortex following deaffrentation. Brain Res，1999，816：396-404.
[76] Blue ME，Parnavelas JG. The formation and maturation of synapse in the visual cortex of the rat：Ⅱ. qualitative analysis. J Neurocytol，1983，12：697-712.
[77] Ludmer PL，Selwyn AP，Shook TL，et al. Paradoxical vasoconstriction induced by acetylcholine in atherosclerotic coronary arteries. N Engl J Med，1986，315：1046-1051.
[78] Naash ML，Peachey NS，Li ZY，et al. Light-induced acceleration of photoreceptor degeneration in transgenic mice expressing mutant rhodopsin. Invest Ophthalmol Visual Sci，1996，37：775-782.
[79] Papadopoulos GC，Michaloudi H. Apoptosis in the visual system of normal and dark-reared rats. Brain Res，1999，838：214-217.
[80] Hendry SHC，Jones EG，DeFelipe J，et al. Neuropeptides-containing neurons of the cerebral cortex are also GABAergic. Proc Natl Acad Sci USA，1984，81：6526-6530.
[81] Papadopoulos GC，Parnavelas JG，Cavanagh ME. Extensive co-existence of neuropeptides in the visual cortex. Brain Res，1987，420：95-99.
[82] Antonopoulos J，Papadopoulos GC，Michaloudi H，et al. Postnatal development of neuropeptide Y-containing neurons in the visual cortex of normal- and dark-reared rats. Neurosci Let，1992，145：75-78.
[83] Ferrer J，Soriano E，del Rio JA，et al. Cell death and removal in the cerebral cortex during development. Prog Neurobiol，1992，39：1-43.
[84] Schhindler U，Libri V，Nistic G. Inhibitors of nitric oxide synthase impair passive and active avoidance learning in rodents. *In*：Moncada S，Nistico G，Higgs EA. Nitric Oxide：Brain and Immune System. London and Chapel Hill：Portland Press，1992：181-189.
[85] Liu P，Smith PF，Appleton I，et al. Potential involvement of NOS and arginase in age-related behavioural impairments. Experim Geront，2004，39：1207-1222.
[86] Fernández-Vizarra P，Fernández AP，Castro-Blanco S，et al. Expression of nitric oxide system in clinically evaluated cases of Alzheimer's disease. Neurobiol Dis，2004，15：287-305.
[87] Weitzdoerfer R，Hoeger H，Engidawork E，et al. Lubec B. Neuronal nitric oxide synthase knock-out mice show impaired cognitive performance. Nitric Oxide，2004，10：130-140.
[88] García-Arenas G，Ramírez-Amaya V，Balderas I，et al. Cognitive deficits in adult rats by lead intoxication are related with regional specific inhibition of Cnos. Behav Brain Res，2004，149：49-59.
[89] Vanaja P，Ekambaram P. Demonstrating the dose- and time-related effects of 7-nitroindazole on picrotoxin-induced convulsions，memory formation，brain nitric oxide synthase activity，and nitric oxide concentration in rats. Pharmacol Biochem Behav，2004，77：1-8.
[90] Pitsikas N，Rigamonti AE，Cella SG，et al. The nitric oxide donor molsidomine antagonizes age-related memory deficits in the rat. Neurobiology of Aging，2005，26(2)：259-264.

4　一氧化氮介导的蛋白质巯基亚硝基化和酪氨酸硝基化修饰

NO及其衍生物可以通过对蛋白质半胱氨酸自由巯基的修饰，广泛地发挥NO的生物活性，称为蛋白质巯基亚硝基化(S-nitrosylation)修饰。蛋白质巯基亚硝基化修饰还能调控细胞膜上运输，影响蛋白质的泛素化降解，改变蛋白质的细胞内定位，调控蛋白质折叠，是细胞信号转导的新被发现的重要机制。NO及其衍生物可以对蛋白质酪氨酸硝基化进行修饰(tyrosine nitration)，蛋白质酪氨酸硝基化已被确认为一种重要的蛋白质翻译后修饰，与病理状态下活性氧和活性氮的增加紧密相关。本章将结合近期各国学者的研究成果介绍NO自由基对蛋白质巯基的亚硝基化和蛋白质酪氨酸硝基化的最新进展。

4.1　蛋白质巯基亚硝基化修饰的概念

NO是由一个氧原子和一个氮原子组成的简单小分子，是一种重要信号分子，可以跨越生物膜执行信号转导功能，广泛参与心脑血管系统、神经系统、免疫系统的生理和病理过程。为什么如此简单的小分子具有诸多重要生理功能呢？研究发现，蛋白质巯基共价结合NO基团可以发挥NO的生物活性并且比NO更稳定[1]。另有研究发现NO可以和甘油醛-3-磷酸脱氢酶的半胱氨酸巯基-SH共价结合并影响其酶活[2]。在此基础上研究者提出了蛋白质巯基亚硝基化修饰的概念，即蛋白质的半胱氨酸巯基-SH共价结合NO基团生成-SNO，NO通过蛋白质巯基亚硝基化修饰进行氧化还原信号转导调控[3]。也就是说，除了经典的NO作用通路sGC-cGMP-PKG信号通路外，NO及其衍生物可以通过对蛋白质的半胱氨酸自由巯基修饰，将-SH转变为-SNO，这种修饰称为蛋白质巯基亚硝基化修饰。与蛋白质磷酸化修饰不同，该修饰依赖氧和谷胱甘肽，是一种新的氧化还原依赖的蛋白质翻译后修饰。通过该修饰，改变蛋白质的构象、活性、稳定性、定位、蛋白质之间的相互作用等，从而影响蛋白质的功能，进而广泛发挥NO的生物活性[4]。

4.2　蛋白质巯基亚硝基化修饰的特点及检测方法

蛋白亚硝基化修饰是一种可逆性的蛋白质靶点和位点都特异的修饰，包括亚硝基化和去亚硝基化。蛋白质巯基亚硝基化产物比较稳定，但对强光和还原性物质(如细胞内GSH、NAPDH等)比较敏感，对金属离子(尤其是Cu^{+}、Fe^{2+})极其敏感[5]。作用位点多发生在蛋白质疏水区半胱氨酸上，能够被亚硝基化作用的一般只有一个或者几个关键的巯基，分单亚硝基化修饰和多亚硝基化修饰。空间构象对亚硝基化修饰的特异性起关键作用，Ca^{2+}、Mg^{2+}、H^{+}及O_2^{-}等通过对蛋白质构象调控促进亚硝基化修饰。与一氧化氮合酶共定位的蛋白质容易被亚硝基化。虽然许多酶参与调控蛋白质巯基亚硝基化反应，如超氧化物歧化酶、GSNO还原酶(S-nitrosoglutathione reductase，GSNOR)、硫氧还蛋白还原酶等分别促进亚硝基化、转亚硝基化和去亚硝基化，但目前还没有发现特异的典型的酶催化的蛋白质巯基亚硝基化反应[6]。

4.2.1　蛋白质巯基亚硝基化传统检测方法

针对蛋白质巯基亚硝基化修饰的特点和研究的需要，建立了多种检测蛋白质巯基亚硝基化修饰的方法，分传统的和改进的方法。

1) 直接检测-SNO基团

紫外分光光度计法在340nm直接测-SNO基团特定光吸收，方法简单，但干扰物质多。也有用质谱方法直接检测-SNO基团的[7]。

2) 通过检测裂解产物NO检测-SNO

对S-NO键进行均裂生成NO自由基，经纯化后的NO在化学发光器中与O_3进行反应，检测产物[8]。

3) 通过检测亚硝酸盐检测-SNO(Saville-Griess方法)

用氯化汞通过异裂反应将-SNO转化为NO^+，其与水反应生成亚硝酸盐；比较氯化汞处理前后体系亚硝酸盐的含量的变化即亚硝基化巯基的含量[9]。

4) 免疫组织化学方法

用特异性识别S-NOmoiety的抗体检测生物组织切片中或者玻璃板培养的细胞中蛋白质巯基亚硝基化整体水平的变化[10]。

5) 生物素转化方法(biotin-switch technique，BST)[11]

基本原理为：首先将待检测样品中的蛋白质巯基用MMTS(methyl methane thiolsulfonate)封闭，然后除去多余的封闭剂，再用抗坏血酸盐(ascorbate)选择性还原-SNO为自由巯基，加入biotin-HPDP(*N*-[6-(biotinamido)hexyl]-3′-(2′-pyridyldithio)propionamide)标记被还原的自由巯基，通过streptavidin纯化带有biotin标签的蛋白质，进而进行鉴定。如果使用biotin标签的抗体免疫biotin-HPDP标记的蛋白质，也可以检测体系的整体亚硝基化水平。由于以上优点，生物素转化方法迅速成为了鉴定巯基亚硝基化靶点最主要的方法。

6) 不可逆生物素标记法

随着巯基亚硝基化研究领域的发展，一些研究试图对生物素转化方法加以改进，以期得到巯基亚硝基化检测的更高的特异性和敏感度，这其中较为重要的改进是不可逆生物素标记法(irreversible biotinylation procedure，IBP)方法[12]，Huang等证明了原始的生物素转化方法在鉴定巯基亚硝基化蛋白质时可能会受到分子间二硫键的干扰，并对其进行改进：在标记的过程中使用不可逆的标记试剂biotin-maleimide(biotin-M)代替原始方法中可逆的标记试剂biotin-HPDP，并在纯化biotin标记蛋白质之前用还原试剂DTT还原掉以分子间二硫键形式与巯基亚硝基化蛋白质相连的假阳性蛋白质，提高了鉴定的特异性。

7) 基于 2DE/2DE-DIGE 的巯基亚硝基化组学

BST 方法被发明以后，在 BST 方法的基础上，用 SDS-PAGE 或是 2DE 的方法分离纯化后的样品，之后再用质谱鉴定巯基亚硝基化蛋白质成为了顺理成章的路线。该方法既可以鉴定某个样品中发生巯基亚硝基化的蛋白质，也可以粗略地比较两个样品之间蛋白质巯基亚硝基化程度的差异。早期的研究大多是使用这种实验路线鉴定在某种样品中经外源 NO 供体处理后产生的巯基亚硝基化蛋白质靶点[13]。

由于二维电泳不容易保证平行，人们又引入了 DIGE 的方法鉴定亚硝基化靶点。基本策略是在 BST 方法的标记步骤中用 DIGE 染料偶联的 maleimide 替代 biotin-HPDP，标记经维生素 C 还原后产生的半胱氨酸巯基，其中实验组和对照组使用不同的 DIGE 染料标记，标记后将两个样品混合，在同一块 2D 胶上完成电泳，最后找出荧光强度有差异的点进行质谱鉴定，确定亚硝基化的靶点。目前已被用作巯基亚硝基化组学的 DIGE 染料有 Cy3/Cy5[14]和 DyLight[15]。

8) SNO 位点测定

随着“shot-gun”串联质谱技术的不断成熟，其在翻译后修饰组学研究中的应用也越来越广。Hao[16]等改造了原始的 BST 方法，在 biotin-HPDP 标记之后加入了酶解的步骤，随后使用 avidin 亲和纯化带有 biotin 标签的肽段，再将得到的肽段用“shot-gun”串联质谱技术分析，在由肽段鉴定蛋白质的同时获得了亚硝基化的位点信息。该方法被称为 SNO Site Identification(SNOSID)。

SNOSID 方法建立以后在巯基亚硝基化靶点及位点鉴定方面得到了较多的应用，也有一些方法学文章对 SNOSID 提出了一些改进方案，如 Han[17]等提出在 BST 过程中使用 Urea 代替原始方法中的 SDS 等去垢剂可降低对质谱的干扰，明显提高鉴定的灵敏度；Greco[18]等则在洗脱被 avidin 亲和到的肽段时用甲酸代替了原始方法中的 DTT，使洗脱下来的肽段的半胱氨酸残基上保留了 HPDP-biotin 基团，该基团可作为质谱鉴定中判断阳性信号的一个标志。

4.2.2 其他改进的亚硝基化检测方法

1) His-tagswitch 方法

His-tagswitch[19]方法实际上与 SNOSID 方法的思想类似，不过在标记维生素 C 还原后产生的自由巯基时，His-tagswitch 使用了不同的标签。His-tagswitch 方法使用的标签是由 *N*-琥珀酰亚胺基碘乙酸(SIA)和序列为 Gly-Ala-Arg-His6 的肽段反应生成的。这个标签的好处是：既能够通过与镍柱的亲和纯化巯基亚硝基化的肽段，又能够在质谱中提供由标签所产生的特征峰(MH+=912.40Da)，用于排除假阳性鉴定。

2) 内源亚硝基化定量方法 ESNOQ

ESNOQ[20]方法的含义是 Endogenous SNO Quantification，是 SNOSID 方法与定量蛋

白质组学中的 SILAC 策略结合而成。该方法具有 SILAC 定量准确的特点，并且能够比较两个细胞培养样品之间内源巯基亚硝基化位点的差异。ESNOQ 是最早的，也是目前为止对细胞培养样品而言最好的内源巯基亚硝基化位点定量方法。ESNOQ 方法不仅仅局限于比较两个样品之间的巯基亚硝基化位点差异，通过引入不同质量数的多种同位素标记，该方法可以同时进行 3 个或更多组别的巯基亚硝基化定量。

此外，研究者将定量蛋白质组学的 ICAT 策略(isotope-coded affinity tag method)与特异性检测蛋白质巯基亚硝基化的方法相结合，建立了 ICAT-switch 的方法，适合不能进行同位素掺入的组织样品的亚硝基化修饰定量检测[21]。

研究者将无标记“lable-free”的“spectralcounting”定量蛋白质组学策略应用于巯基亚硝基化研究领域中，与巯基亚硝基化蛋白质富集方法“IBP(irreversible biotinylation procedures)”结合，建立了 SNOSC(S-nitrothiols spectral counting)的方法，适用于组织、细胞等多种样品，样品处理简单易行[22]。

3) 树脂辅助亚硝基化检测方法

SNO resin-assistedcapture(SNO-RAC)[23]方法也是在 BST 方法的基础上发展而成，其主要思想是通过使用特制的巯基反应树脂，将 BST 方法中的还原、标记、纯化等步骤合为一步操作，简化了 BST 方法，而且兼容“on-resin”酶解，提供巯基亚硝基化的位点信息。SNO-RAC 方法富集到的巯基亚硝基化肽段可进一步被 iTRAQ(isobaric tags for relative and absolute quantitation)试剂标记，通过质谱定量，比较多个样品间巯基亚硝基化的差异。

4) 基于蛋白质芯片技术的巯基亚硝基化研究方法

基于 2DE/2DE-DIGE 或是基于质谱的巯基亚硝基化组学都无法回避的一个问题是低丰量的巯基亚硝基化蛋白质难以检测。Foster 等[24]开发了一种基于蛋白质芯片技术的巯基亚硝基化研究方法，即对 NO 处理过的蛋白质芯片进行一种改进过的 BST 操作，用 anti-biotin 的抗体和带有荧光标记的二抗对蛋白质芯片进行孵育，通过芯片上各点的荧光强度判断该蛋白质发生巯基亚硝基化的程度。该方法虽然消除了基于 2DE/DIGE 或者质谱的蛋白质组学的偏向性，但是只能得知蛋白质是否能够在体外条件下发生巯基亚硝基化的信息，无法研究内源情况下的蛋白质巯基亚硝基化。

4.3 蛋白质巯基亚硝基化对蛋白质功能的调控

蛋白质巯基亚硝基化修饰还能调控细胞膜上运输，影响蛋白质的泛素化降解，改变蛋白质的细胞内定位，调控蛋白质折叠，是细胞信号转导的新被发现的重要机制。

4.3.1 巯基亚硝基化对蛋白质活性的调控

半胱氨酸是多种酶的活性中心及多种膜受体等的活性调控中心，蛋白质巯基的亚硝基化修饰对很多蛋白质的酶活性有调控作用，如 GAPDH 的 Cys194[25]，GR (glutathione reductase)[26]的 Cys63，CK(creatine kinase)的 Cys283[27, 28]，代谢酶活性的改变导致代谢反应失常。后来越来越多的研究发现，巯基亚硝基化修饰不仅影响代谢酶类，许多激酶与磷酸酶，膜受体与离子通道，转录因子的活性也都受到巯基亚硝基化的影响。激酶与磷酸酶的亚硝基化后活性的改变直接影响了磷酸化信号的传递，如 JNK[29]、PKC(protein kinase C)[30]、PTP1B(protein-tyrosine phosphatase 1B)[31]、PTEN(phosphatase and tensin homolog)[32]等；膜受体与离子通道的亚硝基化可能会影响信号向下游的传递，如 NMDA 受体(NMDAR)亚硝基化后活性降低[33]，抑制了下游信号通路，RyR(ryanodine receptor)亚硝基化后活性升高[34]，激活了下游信号通路；亚硝基化能够通过影响转录因子与 DNA 的结合来调控其转录活性，如 AP-1[35]，NFκB[36]的亚硝基化均抑制了其与 DNA 的结合能力。

4.3.2　巯基亚硝基化对蛋白质稳定性的调控

蛋白质稳定性对蛋白质功能至关重要。蛋白质的泛素化途径是调控其稳定性的主要机制之一，而巯基亚硝基化修饰可通过影响泛素化途径来调控蛋白质的稳定性。一方面，巯基亚硝基化可影响单个蛋白质的泛素化，对于不同的蛋白质，巯基亚硝基化可能通过影响其泛素化水平，影响蛋白质稳定性，如 HIF-1(hypoxia inducible factor-1)受亚硝基化修饰调控稳定性增加[37]；另一方面，泛素化系统中关键酶的巯基亚硝基化会影响其底物的稳定性，例如，蛋白质巯基亚硝基化抑制了泛素 E3 连接酶 Parkin 的活性，造成其底物蛋白质的降解受到抑制，α-synuclein、synphilin-1 等的大量聚集引起多巴胺能神经元的大量凋亡[38]。

4.3.3　巯基亚硝基化对蛋白质定位的调控

巯基亚硝基化能够影响一些蛋白质在细胞质与细胞核之间的转运。原本定位于细胞质内的代谢酶 GAPDH 亚硝基化之后与 Siah1 蛋白结合能力增强，后者的核输入信号导致二者共同向细胞核内转运，巯基亚硝基化解释了不具备核输入信号的 GAPDH 入核的机制[39]。NO 通过亚硝基化修饰 93 位及 310 位半胱氨酸调控 DNA 修复蛋白 APE1 的核输出。同时破坏了 importin 介导的核输入系统，导致 APE1 在核内全部清空[40]；NO 通过对核输出受体蛋白 CRM1(karyopherin chromosomal region maintenance 1)的亚硝基化修饰，削弱了其与核输出信号 NES 的结合，导致对经典核输出通路的抑制[41]。前者是巯基亚硝基化对蛋白质本身定位的影响，后者是巯基亚硝基化通过对核转运蛋白的调控影响其他蛋白质的定位。

4.3.4　巯基亚硝基化对蛋白质-蛋白质相互作用的调控

生物体细胞内的蛋白质相互作用网络是信号转导和一切生理病理过程发生的基础，巯基亚硝基化对蛋白质相互作用的调控也是亚硝基化行使功能的重要机制之一。甘油醛-3-磷酸脱氢酶蛋白巯基亚硝基化引发与 E3 连接酶 Siah1 的相互作用，共同入核，造成泛素化介导的核靶蛋白的降解，导致细胞凋亡[39]。环氧酶-2(COX-2)和可诱导型一氧化氮合酶(iNOS)是两种主要炎症介导因子。炎症过程中 iNOS 特异地与 COX-2 结合并使其亚硝基化，增强 COX-2 的催化活性。选择性地阻断二者的结合能抑制 NO 介导的 COX-2 的激活。该工作首次揭示了两种炎症因子通过蛋白质巯基亚硝基化修饰的协同作用[42]，HDM2 是 p53 的负调控因子,NO 供体抑制 Hdm2 与 p53 结合。深入研究发现 HDM2 Cys77 被亚硝基化，抑制了这种结合，激活 p53 与 DNA 结合活性和转录活性，同时降低 p53 通过 HDM2 泛素化和降解程度，细胞凋亡[43]。

4.3.5 巯基亚硝基化对蛋白质发生其他类型翻译后修饰的调控

巯基亚硝基化影响其他类型翻译后修饰的情况也普遍存在，如在胰岛素抵抗过程中，胰岛素受体、胰岛素受体底物及 Akt 的酪氨酸磷酸化水平的降低与其亚硝基化水平的升高相关[44~46]。蛋白质氧化修饰也受到巯基亚硝基化修饰的影响，有报道指出，蛋白质巯基亚硝基化能够抑制其受到不可逆氧化修饰的影响，防止其受到氧化应激的损伤，从而起到保护的作用[47]，如巯基亚硝基化对硫氧还蛋白[48]和 PTP1B[49]的保护作用。此外，组蛋白去乙酰化酶 HDAC2 的巯基亚硝基化能促使其从染色质上解离，增强组蛋白的乙酰化，调控转录[50]；Sumo 化 E3 连接酶 Pias3 的巯基亚硝基化促使其经泛素途径降解，导致细胞 sumo 化整体水平的降低[51]。巯基亚硝基化对蛋白质其他类型翻译后修饰的调控是信号通路之间发生“crosstalk”的重要机制。

4.4 蛋白质巯基亚硝基化修饰在生理病理过程中的作用

研究发现，生理条件下亚硝基化的血红蛋白 SNO-Hb(S-nitrosohemoglobin)对血流具有调节作用：有氧时 SNO-Hb 使血管收缩并降低大脑血流量，缺氧时 SNO-Hb 构象改变释放 NO，舒张血管，促进血流，通过亚硝基化修饰使局部的氧需求和血流量相匹配[52]。蛋白质亚硝基化修饰在生命活动中的重要作用不断被新的科学发现所证实，例如，NO 通过多位点亚硝基化调控心肌钙离子通道的开放[34]；Fas 诱导的凋亡通路中 Caspase-3 前体去亚硝基化后活化，引起细胞凋亡[53]；与神经退行性疾病和脑卒中相关的基质金属蛋白酶(matrix metalloproteinase，MMP)通过亚硝基化修饰激活，导致细胞外蛋白水解[54]；硫氧还蛋白 Trx(thioredoxin)通过亚硝基化修饰行使其氧化还原调控功能和抗凋亡作用[48]；蛋白质巯基亚硝基化修饰 NSF(*N*-ethylmaleimide-sensitive factor)调控细胞胞吐[55]；蛋白质巯基亚硝基化修饰调控 AMPA 受体在膜上的表达，可能在神经细胞突出可塑性及学习记忆中发挥作用[56]。蛋白质巯基亚硝基化调控关键蛋白质在神经细胞分化和神经新生中具有重要作用[57]。由此可见：NO 介导的蛋白质巯基亚硝基化修饰是调控细胞信号转导和生理过程的新被发现的重要机制。

与此同时，蛋白质巯基亚硝基化修饰与疾病的关系研究引起了学术界关注，许多疾病表现出蛋白质亚硝基化修饰产物的异常[58]：关节炎、糖尿病、多种硬化症、惊厥、脓毒症、肺结核、血胆脂醇过多、脑卒中等疾病中蛋白质巯基亚硝基化产物较正常水平明显增多；而在哮喘、新生儿血氧不足、肺气肿等疾病中蛋白质巯基亚硝基化产物较正常水平明显降低。下面具体介绍有关研究的进展情况。

4.4.1 肿瘤

顺铂是治疗实体瘤的常用药物，但是肿瘤细胞可以产生对顺铂的抗性，这是顺铂治疗肿瘤的一个主要限制因素。2006 年，*Cancer Research* 报道了这种抗性的新机制：NO 介导 Bcl-2 蛋白质巯基亚硝基化，抑制 Bcl-2 泛素化降解，降低了细胞凋亡，从而增加人肺癌细胞 H-460 对顺铂诱导的细胞凋亡的抗性[59]。

4.4.2 心脑血管系统疾病

最近研究表明，血红细胞通过血红蛋白的亚硝基化实现 NO/SNO-Hb 平衡的精确调节，行使血管舒张调节功能。NO/SNO-Hb 失衡或者 NO 运输的异常可能导致红细胞的功能失常，造成血栓形成、缺氧等[60]。镰刀贫血病中血红细胞膜上缺乏 SNO，这影响了它们对缺氧血管舒张的调节能力。这种缺陷的程度和临床上疾病的严重程度正相关[61]。在惊厥前期血浆中的 SNO-Hb 和总 SNO 含量显著升高，这暗示了 NO 在这种情况下的释放可能不足。血管正常调节需要的 NO 的降低可能是导致这种疾病的发病机制之一[62]。

4.4.3 神经退行性疾病

在帕金森模型小鼠和帕金森患者的脑中均检测到 E3 泛素化连接酶 Parkin 被亚硝基化。Parkin 被亚硝基化修饰后，泛素连接酶活性被抑制，导致 Parkin 底物泛素化异常，细胞内蛋白质降解过程不能正常进行，神经元死亡[38]。而在阿尔茨海默病(Alzheimer's disease)患者的脑中，二硫键异构酶(protein-disulphide isomerase，PDI)被亚硝基化[63]。亚硝基化修饰后的 PDI，其分子伴侣活性和二硫键异构酶活性均降低，导致蛋白质不能正确折叠，影响蛋白质质量控制，导致相关疾病。

4.4.4 糖尿病

蛋白质巯基亚硝基化修饰与 2 型糖尿病密切相关。在饮食诱导肥胖和基因缺陷 ob/ob 糖尿病鼠两种不同的胰岛素抵抗模型中，诱导型一氧化氮合酶 iNOS 表达增高，肌细胞中 IRβ、IRS-1、Akt 亚硝基化水平均提高。而抑制 iNOS 表达，这些蛋白质的亚硝基化被抑制，而且胰岛素利用率在两种模型中都得到提高[44]。而胰岛素受体底物 IRS-1 蛋白质表达降低是由于 IRS-1 被亚硝基化后，其通过蛋白质水解酶介导的降解增加，成为胰岛素抵抗的一个重要因素[64]。相反，葡萄糖激酶 GK 被亚硝基化后，构象发生变化，与分泌型颗粒(secretory granule)分离，活性提高，促进胰腺 β 细胞分泌胰岛素[65]。

4.4.5 哮喘

研究数据表明，哮喘儿童呼吸道中亚硝基化产物 SNO 的平均水平比正常儿童低，而氧和巯基的水平没有显著差异，指出 SNO 的代谢调控可能为哮喘治疗提供新的靶点[66]。

临床检测结果表明：哮喘患者的呼吸道中调控内源气管扩张剂 GSNO 代谢的 GSNO 还原酶的活性增加，GSNO 及蛋白质巯基亚硝基化产物被清除。将小鼠中 GSNO 还原酶基因敲除，同样用变态反应刺激，呼吸道蛋白质巯基亚硝基化产物比野生型明显增高，哮喘症状减弱，提示 GSNO 及蛋白质巯基亚硝基化产物在扩张气管和减轻哮喘反应中具有直接重要作用[67]。

综上所述，蛋白质半胱氨酸是多种酶的活性中心及多种膜受体等的活性调控中心，因此，NO 对蛋白质半胱氨酸巯基(-SH)的修饰，即蛋白质巯基亚硝基化修饰，与磷酸化修饰、乙酰化修饰、泛素化修饰等一样，是一种重要的蛋白质翻译后修饰，在细胞信号转导及生理病理过程中都发挥重要的作用，是 NO 生物活性的重要分子机制。蛋白质巯基亚硝基化修饰的研究近年来在功能和方法方面都取得了很多进展，亚硝基化数据库的建立为该领域的研究提供了很好的信息来源和平台[68, 69]。

但是，相比于磷酸化修饰的研究，蛋白质巯基亚硝基化修饰还有诸多未知等待研究和探索，在亚硝基化修饰特异性研究及内源反应机制方面还有待深入研究。在研究方法方面还缺乏灵敏的在体检测方法。此外，对生理病理过程中内源亚硝基化功能、作用网络及亚硝基化修饰的调控进行研究具有重要意义。

4.5　蛋白质酪氨酸硝基化

酪氨酸硝基化在化学上又称硝基化，蛋白质硝基化主要是指蛋白质分子中的酪氨酸残基被加一个硝基(-NO_2)到羟基邻位上(图 4-1)，形成 3-硝基-酪氨酸(3-nitro-tytosine，3-NT)[70]。蛋白质酪氨酸硝基化修饰是机体在氮氧化物存在下氧化损伤的特殊形式。蛋白质酪氨酸硝基化已被确认为一种重要的蛋白质翻译后修饰，与病理状态下活性氧和活性氮的增加紧密相关。3-NT 的过量产生是许多生理和病理状态的生物标志(biomarker)。蛋白质硝基化与炎症、神经退行性疾病、心血管疾病等多种病症密切相关。

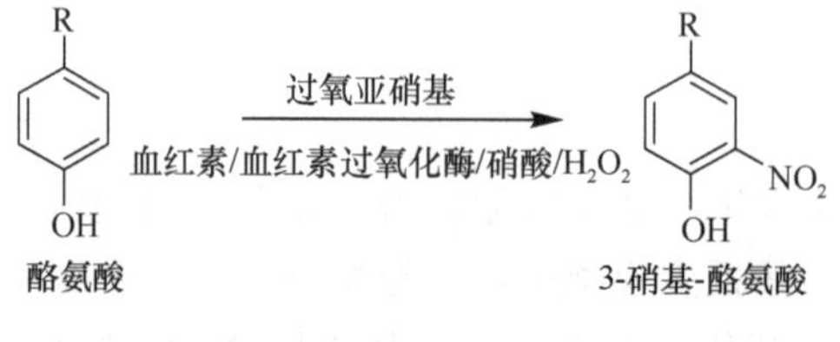

图 4-1　蛋白质酪氨酸硝基化修饰的途径

4.5.1　蛋白质硝基化的生物功能

过氧亚硝基、血红素、血红素过氧化酶、硝酸和过氧化氢都可能引起蛋白质酪氨酸硝基化。酪氨酸芳环羟基邻位引入一个较大体积的亲电硝基取代基，会使蛋白质空间位阻增加，同时也会导致酚羟基的 p*K*a 值由 10 降到 7.15。在生理 pH 下，负电荷会在含硝基酪氨酸残基的蛋白质上累积，进而改变了酪氨酸残基周围的化学微环境，可能引起蛋白质结构和功能的改变，如酶活性的改变，抗原表位的生成，代谢方式的调整，影响酪氨酸磷酸化，影响免疫应答和可能涉及的信号转导过程等[71](图 4-2)。

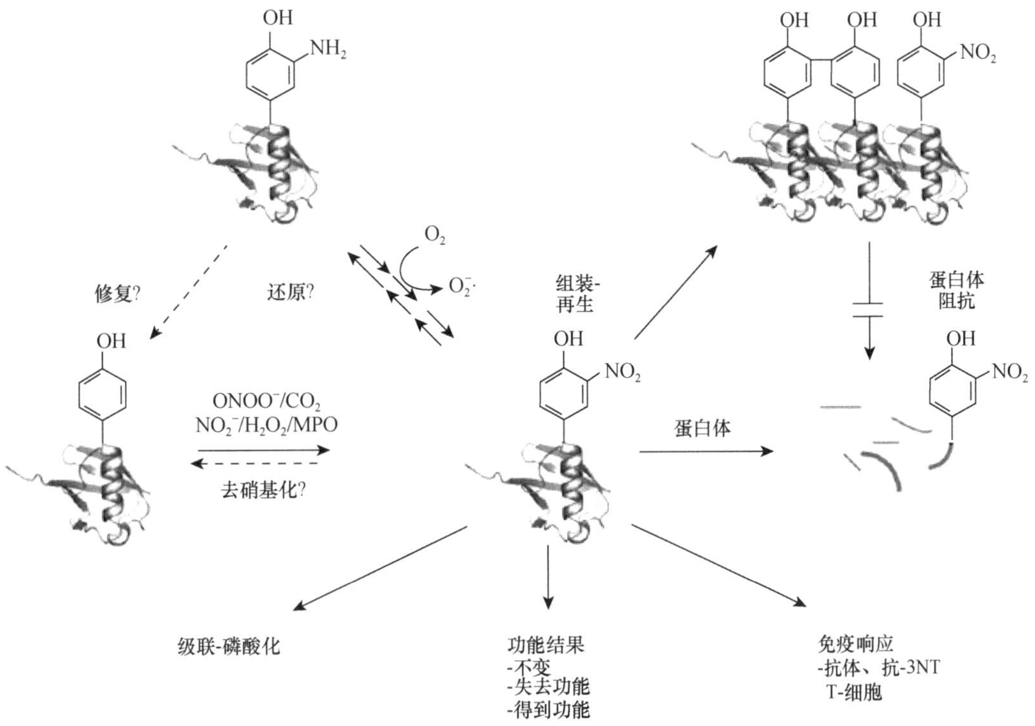

图 4-2 酪氨酸硝基化修饰对蛋白质结构和功能的影响[71]

蛋白质硝基化对蛋白质功能的影响比较复杂。一些蛋白质发生硝基化后其功能有所增强，如细胞色素 c 发生硝基化后，Met80 与卟啉铁的配位被破坏，其结合 H_2O_2 的能力得到加强，使得其过氧化物酶活性提高。其他一些蛋白质如纤维蛋白素原、微粒体谷胱甘肽硫转移酶、神经丝 L(neurofilament L，NFL)、核突触蛋白及神经生长因子等在发生酪氨酸硝基化后均具有了某些新的功能。还有一些蛋白质发生硝基化后其功能不会受到影响，如急性呼吸窘迫综合征血浆中的转铁蛋白、α_1-抗凝乳蛋白酶等。此外，大量文献报道显示，蛋白质硝基化可导致许多蛋白质失去其正常的生理功能，如酪氨酸硝基化导致酪氨酸羟化酶(tyrosine hydroxylase)、前列腺素 H 合酶(prostaglandin H synthase)、GAPDH、谷氨酰胺合酶(glutamine synthetase)、锰超氧化物歧化酶(manganese superoxide dismutase，MnSOD)、细胞色素 P450 及蛋白激酶 C 等一系列酶的活性降低。

由于蛋白质酪氨酸硝基化常常伴随有蛋白质氧化，使得对蛋白质酪氨酸硝基化功能的研究变得复杂。此外，蛋白质中的酪氨酸残基发生是有选择性的，不同的硝基化试剂或硝基化条件，可能引起同一蛋白质中不同位点的酪氨酸残基发生硝基化，而不同位点的酪氨酸残基发生硝基化，可能会使蛋白质的结构和功能发生不同的变化。近年来，华中科技大学的高中红教授对于铁过载和糖尿病条件下组织蛋白发生酪氨酸硝基化的情况，以及不同硝基化途径对蛋白质酪氨酸硝基化的位点选择性影响等进行了系列研究。

4.5.2 蛋白质硝基化的途径

目前有关蛋白质酪氨酸硝基化途径的认识均源于体外环境下的实验结果。而体内

3-NT 的形成途径仍存在争议。普遍的观点认为蛋白质酪氨酸残基的硝基化可能是由多种途径导致的，并且这些不同的途径导致的硝基化可能具有不同的蛋白质及酪氨酸位点选择性。过氧亚硝基(peroxynitrite，$ONOO^-$)途径和血红素过氧化物酶-NO_2^--H_2O_2途径被认为是最主要的两个途径。在这两种蛋白质酪氨酸硝基化的途径中，都会产生酪氨酸自由基(·Tyr)和·NO_2。这两个自由基相互作用即形成 3-NT。

1) 过氧亚硝基途径

在早期的研究中，3-NT 的形成被认为是 $ONOO^-$在体内生成的生物标志。Beckman 等在 1990 年就指出 $ONOO^-$可在生物体内生成，随后又提出 $ONOO^-$可能是内源性硝基化剂，可能与体内的蛋白质发生硝基化有关。体外的实验证实了 $ONOO^-$确实可以导致组织蛋白质发生硝基化。$ONOO^-$是一个强氧化剂和硝化剂，蛋白质发生硝基化反应迅速，寿命非常短。它的主要反应途径有直接氧化还原反应、质子化后的均裂反应及与 CO_2 的反应(图 4-3)[72, 73]。

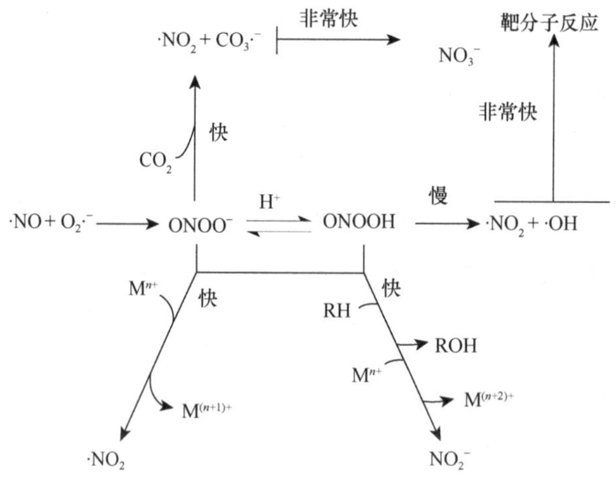

图 4-3 $ONOO^-$反应途径[74]

2) 血红素过氧化物酶/NO_2^-/H_2O_2 途径

随着研究的深入，人们发现除了 $ONOO^-$途径之外还有数种可能的硝基化途径。其中典型的是血红素过氧化物酶-NO_2^--H_2O_2 途径。大量的研究发现辣根过氧化物酶(horseradish peroxidase，HRP)[75, 76]、髓过氧化物酶(myeloperoxidase，MPO)[75, 77, 78]、微过氧化物酶(microperoxidase)[79]和嗜酸性细胞过氧化物酶(eosinophil peroxidase)[80, 81]等都可以在 NO_2^--H_2O_2 存在下催化硝基化蛋白质(图 4-4)。此外一些具有类过氧化物酶活性的蛋白质，如血红蛋白[82]、肌红蛋白[83, 84]等也都可以在 NO_2^--H_2O_2 存在下有效地催化蛋白质发生硝基化。在这些过氧化物酶或类过氧化物酶中，血红素中心在其催化蛋白质硝基化中起到了非常重要的作用。以 MPO 为例(图 4-4)，MPO 可与 H_2O_2 反应生成化合物Ⅰ。化合物Ⅰ可氧化 NO_2^-或酪氨酸 Tyr，分别生成·NO_2 和 Tyr·，同时得到化合物Ⅱ。Tyr·与·NO_2 结合生成硝基酪氨酸；而化合物也能将 NO_2^-进一步氧化得到·NO_2。含血红素的蛋白质在催化蛋白质酪氨酸发生硝基化修饰的过程中，可能都会伴随着一种四价态铁(Fe^{4+}=O)中间体的产生。另外游离的血红素在 NO_2^--H_2O_2 存在下同样可以有效地催化蛋白质酪氨酸发生硝基化修饰[[85]。

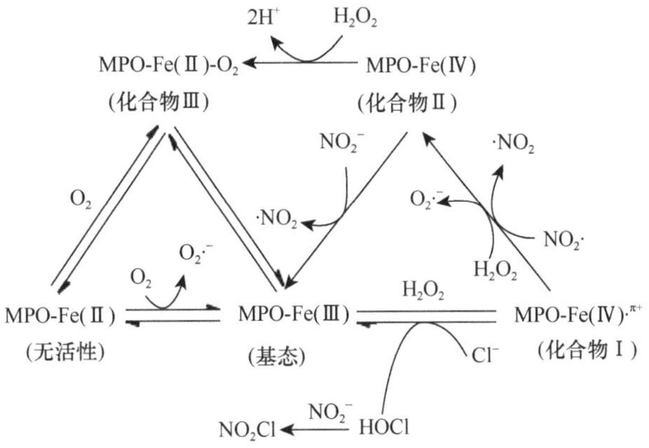

图 4-4 髓过氧化物酶-NO_2^--H_2O_2 途径

4.5.3 蛋白质硝基化与疾病

硝基化的蛋白质在体内的存在非常普遍，特别是在许多疾病中。人们已在超过 50 种人类疾病和多种细胞或者动物模型中检测到被硝基化的蛋白质。大量的研究表明，在一些疾病中蛋白质发生硝基化可能最终导致疾病的发生发展。例如，动脉粥样硬化(atherosclerosis，AS)的潜在危险性可以体内蛋白质硝基化水平的升高作为独立指标。Mihm 等[86]发现，在心力衰竭的情况下，肌原纤维肌酸激酶容易发生硝基化。而肌原肌酸激酶对心肌细胞收缩的调控有重要作用。这些研究结果表明蛋白质硝基化与心血管疾病的发生发展密切相关。此外，在衰老及神经退行性病变中，蛋白质酪氨酸硝基化也扮演着重要的角色。最早发现的因衰老而被硝基化的蛋白质为 MnSOD，它是线粒体中主要的抗氧化酶，有研究指出可以把 MnSOD 的硝基化程度作为血管衰老的一个表征[87]。近年有研究发现，衰老除表现为 Ca^{2+}-ATP 酶含量减少外，还伴随其酪氨酸发生硝基化修饰并导致其活性的降低。

关于阿尔茨海默病(AD)的研究一直是一个热点，越来越多的文献报道 AD 中蛋白质硝基化程度显著增加，揭示蛋白质酪氨酸硝基化在 AD 中的重要作用(表 4-1)。

4.5.4 铁过载和糖尿病大鼠组织中的蛋白质酪氨酸硝基化情况及铁对糖尿病组织中酪氨酸硝基化的影响

通过腹膜内注射右旋糖苷铁建立铁过载大鼠模型，通过免疫组化和免疫印迹技术，发现铁过载可引起肝组织中蛋白质酪氨酸硝基化水平显著提高，而肝组织中的硝基化水平提高可通过在饲料中添加黄芩苷得到抑制[92]。

通过腹腔注射链脲霉素建立糖尿病大鼠模型，发现糖尿病大鼠肝脏和血清中蛋白质硝基化和羰基化水平均显著性提高；心肌组织中蛋白质硝基化水平明显提高，但其羰基

表 4-1 阿尔茨海默病(AD)中硝基化的蛋白质

疾病	蛋白质	生理作用	硝基化程度	酶活性	表达	参考文献
AD	α-烯醇酶	糖酵解	↑	—	—	88
	磷酸丙糖异构酶	糖酵解	↑	—	—	
	神经多肽 h3	磷脂结合蛋白	↑	—	—	
	β-肌动蛋白	细胞骨架	=	—	—	
	乳酸脱氢酶	糖酵解	=	—	—	
	γ-烯醇酶	糖酵解	=	—	—	
AD 布拉克第五阶段(Braak stages Ⅴ)	过氧化还原酶 2	抗氧化应答	↑	—	—	89
	丙糖磷酸异构酶	糖酵解	↑	—	—	
	谷氨酸脱氢酶	氨基酸合成	↑	↓	—	
	神经多肽 h3	磷脂结合蛋白	↑	—	—	
	氢离子转运 ATP 酶	氧化磷酸化	↑	↓	—	
	α-烯醇酶	糖酵解	↑	—	—	
	磷酸葡萄糖变位酶-1	糖酵解	↑	—	—	
AD	碳酸酐酶	二氧化碳代谢	↑	—	↑	90
	α-烯醇酶	糖酵解	↑	—	↓	
	磷酸甘油醛脱氢酶	糖酵解	↑	—	↓	
	ATP 合酶	氧化磷酸化	↑	—	↑	
	线粒体外膜电压依赖性阴离子通道	离子转运蛋白	↑	—	=	
Tg2576 鼠(APP 瑞典突变)	α-烯醇酶	糖酵解	↑	—	—	91
	层粘连蛋白受体-1	神经突生长	↑	—	—	
	卡配因	细胞骨架改造、分化、凋亡、信号转导	↑	—	—	

化水平无显著变化。通过免疫沉淀的方法，确证了糖尿病组织和血清中 α-烯醇酶是一种易于发生酪氨酸硝基化的蛋白质。与正常大鼠相比，糖尿病心肌、肝脏和血清中 α-烯醇酶的表达和硝基化水平显著上升。通过 LC-MS-MS 技术，发现糖尿病大鼠心肌中 α-烯醇酶的 Tyr-257 和 Tyr-131 发生了硝基化[93]。

通过腹膜内注射右旋糖苷铁和高脂饮食结合小剂量链脲霉素的方法建立铁过载-2 型糖尿病大鼠模型，发现铁过载促进了糖尿病情况下肝脏中蛋白质羰基化和硝基化、诱导型一氧化氮合酶(iNOS)及 NO 的代谢水平，并增加脂质过氧化的程度，扰乱了机体的抗氧化系统，引起了组织中水肿、脂肪病变及炎症的产生，加重了糖尿病情况下的肝功能障碍。同时，铁过载导致了糖尿病大鼠肝脏中葡萄糖激酶的氧化和硝基化水平的增加。通过 LC-MS-MS 技术，鉴定了肝脏中葡萄糖激酶的硝基化位点，发现铁过载可促进糖尿病大鼠肝脏葡萄糖激酶硝基化位点的增加(糖尿病有 Tyr-413、Tyr-289；铁过载糖尿病有 Tyr-413、Tyr-289 和 Tyr-61)，增加的位点离该酶的活性中心更近。随着硝基化位点的增加，GK 的硝基化程度随之加强，与疾病严重程度正相关[4]。此外，采用免疫共沉淀技术，还发现铁可促进糖尿病大鼠心肌肌质网钙-ATP 酶的氧化和硝基化。

4.5.5 不同硝基化途径对蛋白质酪氨酸硝基化的位点选择性影响

过氧亚硝酸基($ONOO^-$)和含卟啉蛋白/卟啉-NO_2^--H_2O_2两种途径可能是引起组织蛋白发生硝基化的主要途径，作者发现，不同形态的铁对这两种途径引起的蛋白质酪氨酸硝基化的影响不同[94]。为了探讨这两种途径作用于蛋白质，是否会引起不同位点的酪氨酸残基发生硝基化，作者进行了以下研究。

谷氨酸脱氢酶(GDH)是肝脏中的一个重要的酶，文献报道在某些疾病情况下，其硝基化程度增加。作者采用$ONOO^-$及氯高铁原卟啉(hemin-H_2O_2-NO_2^-)来引起蛋白质氧化和硝基化，比较两种途径引起的GDH氧化及硝基化。研究结果表明：在生理pH条件下，hemin-H_2O_2-NO_2^-和$ONOO^-$产生剂SIN-1均可催化GDH发生蛋白质氧化和硝基化而使其灭活，但是蛋白质氧化(非巯基氧化)的作用要显著强于蛋白质硝基化；hemin-H_2O_2-NO_2^-和SIN-1虽然都可以导致GDH发生蛋白质氧化和硝基化，但两者对于GDH中酪氨酸残基的选择性不同。hemin-H_2O_2-NO_2^-使Tyr-262和Tyr-471发生硝基化，而SIN-1引起GDH发生硝基化的酪氨酸残基则是Tyr-401和Tyr-493[94]。

由于hemin-H_2O_2-NO_2^-和$ONOO^-$所引起的硝基化，在试剂用量上无法进行有效比较，尽管作者发现$ONOO^-$和hemin-H_2O_2-NO_2^-引起的硝基化位点不同，但无法进行系统深入比较以获得作用规律。近年来发现，Aβ-heme复合物具有比heme更高的过氧化物酶活性，作者想通过Aβ与heme形成复合物改变heme的性质，比较Aβ-heme复合物与heme在催化H_2O_2-NO_2^-硝基化蛋白质酪氨酸的位点选择性上是否有影响。首先选取AD中硝基化明显增强的烯醇酶作为靶蛋白，利用液质联用技术检测了$A\beta_{1\sim40}$-heme、$A\beta_{1\sim42}$-heme与heme催化的蛋白质硝基化的位点，并比较这些位点所处的微环境，结果显示heme催化的烯醇酶硝基化主要发生在疏水环境中的酪氨酸Y12，而$A\beta_{1\sim40}$-heme及$A\beta_{1\sim42}$-heme则选择性地催化硝基化烯醇酶亲水环境中的Y191及Y426[95]。这个结果说明Aβ与heme的结合改变了heme催化蛋白质硝基化的位点选择性。为了进一步研究这种硝基化位点的改变与Aβ的亲疏水性的关系，作者选取另一个AD中硝基化显著增强，既具有分布于相对亲水环境中的酪氨酸残基，也具有分布于相对疏水环境中酪氨酸残基，且有与其活性密切相关的酪氨酸的蛋白质磷酸甘油醛脱氢酶(glyceralde hyde phosphate dehydrogenase，GAPDH)作为靶蛋白。同时，设计了3个具有不同亲疏水性的Aβ肽段，研究它们与heme结合后的复合物催化GAPDH硝基化的选择性与其亲疏水性之间的关系。结果显示不同的Aβ-heme复合物催化的GAPDH硝基化的位点与Aβ的亲疏水性密切相关[8]。通过检测不同的亲疏水性的Aβ-heme复合物对GAPDH二级结构的影响，发现这些复合物与GAPDH结合并引起的二级结构变化不同。这种特异性结合可能导致位点特异性地催化产生活性氮物种，进而导致附近的酪氨酸优先地被硝基化。这些研究有利于阐明Aβ-heme在催化蛋白质选择性硝基化中的作用，同时为研究蛋白质选择性硝基化的规律提供参考。

参考文献

[1] Stamler JS，Simon DI，Osbome JA，et al. S-nitrosylation of proteins with nitric oxide：synthesis and characterization of biologically active compounds. Proc Natl Acad Sci USA，1992，89(1)：444-448.

[2] Molinay Vedia L，McDonald B，Reep B，et al. Nitric oxide-induced S-nitrosylation of glyceraldehyde-3-phosphate dehydrogenase inhibits enzymatic activity and increases endogenous ADP-ribosylation. J Biol Chem，1992，267(35)：24 929-24 932.

[3] Stamler JS. Redox signaling：nitrosylation and related target interactions of nitric oxide. Cell，1994，78(6)：931-936.

[4] Chen C，Huang B，Han P，et al. S-nitrosation：the prototypic redox-based post-translational modification of proteins. Progress in Biochemistry and Biophysics，2006，(07)：609-615.

[5] Hogg N. The biochemistry and physiology of S-nitrosothiols. Annual Review of Pharmacology and Toxicology，2002，42(1)：585-600.

[6] Hess DT，Matsumoto A，Kim SO，et al. Protein S-nitrosylation：purview and parameters. Nat Rev Mol Cell Biol，2005，6(2)：150-166.

[7] Zhukova L，Zhukov I，Bal W，et al. Redox modifications of the C-terminal cysteine residue cause structural changes in S100A1 and S100B proteins. Biochim Biophys Acta，2004，1742(1-3)：191-201.

[8] Stamler JS，Jaraki O，Osborne J，et al. Nitric oxide circulates in mammalian plasma primarily as an S-nitroso adduct of serum albumin. Proc Natl Acad Sci USA，1992，89(16)：7674-7677.

[9] Hoffmann J，Haendeler J，Zeiher A M，et al. TNFalpha and oxLDL reduce protein S-nitrosylation in endothelial cells. J Biol Chem，2001，276(44)：41 383-41 387.

[10] Gow AJ，Chen Q，Hess D，et al. Basal and stimulated protein S-nitrosylation in multiple cell types and tissues. J Biol Chem，2002，277(12)：9637-9640.

[11] Jaffrey SR，Erdjument-Bromage H，Ferris C D，et al. Protein S-nitrosylation：a physiological signal for neuronal nitric oxide. Nat Cell Biol，2001，3(2)：193-197.

[12] Huang B，Chen C. Detection of protein S-nitrosation using irreversible biotinylation procedures(IBP). Free Radic Biol Med，2010，49(3)：447-456.

[13] Kuncewicz T，Sheta E A，Gddknopf IL，et al. Proteomic analysis of S-nitrosylated proteins in mesangial cells. Mol Cell Proteomics，2003，2(3)：156-163.

[14] Kettenhofen NJ. Proteomic methods for analysis of S-nitrosation. J Chromatogr B Analyt Technol Biomed Life Sci，2007，851(1-2)：152-159.

[15] Sun J，Morgan M，Shen RF，et al. Preconditioning results in S-nitrosylation of proteins involved in regulation of mitochondrial energetics and calcium transport. Circ Res，2007，101(11)：1155-1163.

[16] Hao G，Derakhshan B，Shi L，et al. SNOSID，a proteomic method for identification of cysteine S-nitrosylation sites in complex protein mixtures. Proc Natl Acad Sci USA，2006，103(4)：1012-1017.

[17] Han P，Chen C. Detergent-free biotin switch combined with liquid chromatography/tandem mass spectrometry in the analysis of S-nitrosylated proteins. Rapid Commun Mass Spectrom，2008，22(8)：1137-1145.

[18] Greco TM，Hodara R，Parastatidis I，et al. Identification of S-nitrosylation motifs by site-specific mapping of the S-nitrosocysteine proteome in human vascular smooth muscle cells. Proceedings of the National Academy of Sciences，2006，103(19)：7420-7425.

[19] Camerini S，Polci ML，Restuccia U，et al. A novel approach to identify proteins modified by nitric oxide：the HIS-TAG switch method. J Proteome Res，2007，6(8)：3224-3231.

[20] Zhou X，Han P，Li J，et al. ESNOQ，proteomic quantification of endogenous S-nitrosation. PLoS One，2010，5(4)：e10015.

[21] Zhang X，Huang B，Zhou X，et al. Quantitative proteomic analysis of S-nitrosated proteins in diabetic mouse liver with ICAT switch method. Protein Cell，2010，1(7)：675-687.

[22] Zhang X，Huang B，Chen C. SNO spectral counting(SNOSC)，a label-free proteomic method for quantification of changes in levels of protein S-nitrosation. Free Radic Res，2012，46(8)：1044-1050.

[23] Forrester MT，Thompson JW，Foster MW，et al. Proteomic analysis of S-nitrosylation and denitrosylation by resin-assisted capture. Nat Biotechnol，2009，27(6)：557-559.

[24] Foster MW，Forrester MT，Stamler JS. A protein microarray-based analysis of S-nitrosylation. Proc Natl Acad Sci USA，2009，106(45)：18 948-18 953.

[25] Vedia LM，McDonald B，Reep B，et al. Nitric oxide-induced S-nitrosylation of glyceraldehyde-3-phosphate dehydrogenase inhibits enzymatic activity and increases endogenous ADP-ribosylation. Journal of Biological Chemistry，1992，267(35)：24 929-24 932.

[26] Becker K，Gui M，Schirmer RH. Inhibition of human glutathione reductase by S-nitrosoglutathione. Eur J Biochem，1995，234(2)：472-478.

[27] Wolosker H, Panizzutti R, Engelender S. Inhibition of creatine kinase by S-nitrosoglutathione. FEBS Lett, 1996, 392(3): 274-276.

[28] Arstall MA, Bailey C, Gross W, et al. Reversible S-nitrosation of creatine kinase by nitric oxide in adult rat ventricular myocytes. J Mol Cell Cardiol, 1998, 30(5): 979-988.

[29] So HS, Park RK, Kim MS, et al. Nitric oxide inhibits c-Jun N-terminal kinase 2(JNK2)via S-nitrosylation. Biochem Biophys Res Commun, 1998, 247(3): 809-813.

[30] Kahlos K, Zhang J, Block ER, et al. Thioredoxin restores nitric oxide-induced inhibition of protein kinase C activity in lung endothelial cells. Mol Cell Biochem, 2003, 254(1-2): 47-54.

[31] Li S, Whorton AR. Regulation of protein tyrosine phosphatase 1B in intact cells by S-nitrosothiols. Arch Biochem Biophys, 2003, 410(2): 269-279.

[32] Pei DS, Sun YF, Song YJ. S-nitrosylation of PTEN Invovled in ischemic brain injury in rat hippocampal CA1 region. Neurochem Res, 2009, 34(8): 1507-1512.

[33] Lipton SA, Choi YB, Pan ZH, et al. A redox-based mechanism for the neuroprotective and neurodestructive effects of nitric oxide and related nitroso-compounds. Nature, 1993, 364(6438): 626-632.

[34] Xu L, Choi YB, Pan ZH, et al. Activation of the cardiac calcium release channel(ryanodine receptor) by poly-S-nitrosylation. Science, 1998, 279(5348): 234-237.

[35] Bernassola F, Valeria CM, Marco C, et al. Inactivation of multiple targets by nitric oxide in CD95-triggered apoptosis. J Cell Biochem, 2001, 82(1): 123-133.

[36] Matthews JR, Stadtman TC. Inhibition of NF-kappaB DNA binding by nitric oxide. Nucleic Acids Res, 1996, 24(12): 2236-2242.

[37] Palmer LA, Gaston B, Johns RA. Normoxic stabilization of hypoxia-inducible factor-1 expression and activity: redox-dependent effect of nitrogen oxides. Mol Pharmacol, 2000, 58(6): 1197-1203.

[38] Chung KK, Thomas B, Li X, et al. S-nitrosylation of parkin regulates ubiquitination and compromises Parkin's protective function. Science, 2004, 304(5675): 1328-1331.

[39] Hara MR, Agrawal N, Kim SF, et al. S-nitrosylated GAPDH initiates apoptotic cell death by nuclear translocation following Siah1 binding. Nat Cell Biol, 2005, 7(7): 665-674.

[40] Qu J, Liu GH, Huang B, et al. Nitric oxide controls nuclear export of APE1/Ref-1 through S-nitrosation of cysteines 93 and 310. Nucleic Acids Res, 2007, 35(8): 2522-2532.

[41] Wang P, Liu GH, Wu K, et al. Repression of classical nuclear export by S-nitrosylation of CRM1. J Cell Sci, 2009, 122(Pt 20): 3772-3779.

[42] Kim SF, Huri DA, Snyder SH. Inducible nitric oxide synthase binds, S-nitrosylates, and activates cyclooxygenase-2. Science, 2005, 310(5756): 1966-1970.

[43] Schonhoff CM, Daou MC, Jones SN, et al. Nitric oxide-mediated inhibition of Hdm2-p53 binding. Biochemistry, 2002, 41(46): 13 570-13 574.

[44] Carvalho-Filho MA, Veno M, Hirabara SM, et al. S-nitrosation of the insulin receptor, insulin receptor substrate 1, and protein kinase B/Akt: a novel mechanism of insulin resistance. Diabetes, 2005, 54(4): 959-967.

[45] Carvalho-Filho MA, Veno M, Carvalheira JB, et al. Targeted disruption of iNOS prevents LPS-induced S-nitrosation of IRbeta/IRS-1 and Akt and insulin resistance in muscle of mice. Am J Physiol Endocrinol Metab, 2006, 291(3): E476-482.

[46] Yasukawa T, Tokunage E, Ota H, et al. S-nitrosylation-dependent inactivation of Akt/protein kinase B in insulin resistance. J Biol Chem, 2005, 280(9): 7511-7518.

[47] Whiteman M, Chua YL, Zhang D, et al. Nitric oxide protects against mitochondrial permeabilization induced by glutathione depletion: role of S-nitrosylation? Biochem Biophys Res Commun, 2006, 339(1): 255-262.

[48] Haendeler J, Hoffmann J, Tischler V, et al. Redox regulatory and anti-apoptotic functions of thioredoxin depend on S-nitrosylation at cysteine 69. Nat Cell Biol, 2002, 4(10): 743-749.

[49] Chen YY, Chu HM, Pan KT, et al. Cysteine S-nitrosylation protects protein-tyrosine phosphatase 1B against oxidation-induced permanent inactivation. J Biol Chem, 2008, 283(50): 35 265-35 272.

[50] Nott A, Watson PM, Robinson JD, et al. S-Nitrosylation of histone deacetylase 2 induces chromatin remodelling in neurons. Nature, 2008, 455(7211): 411-415.

[51] Qu J, Liu GH, Wu K, et al. Nitric oxide destabilizes Pias3 and regulates sumoylation. PLoS One, 2007, 2(10): e1085.

[52] Stamler JS, Jia L, Eu JP, et al. Blood flow regulation by S-nitrosohemoglobin in the physiological oxygen gradient. Science, 1997, 276(5321): 2034-2037.

[53] Mannick JB，Hausladen A，Liu L，et al. Fas-induced caspase denitrosylation. Science，1999，284(5414)：651-654.

[54] Gu Z，Kaul M，Yan B，et al. S-nitrosylation of matrix metalloproteinases：signaling pathway to neuronal cell death. Science，2002，297(5584)：1186-1190.

[55] Matsushita K，Morrell CN，Cambien B，et al. Nitric oxide regulates exocytosis by S-nitrosylation of *N*-ethylmaleimide-sensitive factor. Cell，2003，115(2)：139-150.

[56] Selvakumar B，Huganir RL，Snyder SH. S-nitrosylation of stargazin regulates surface expression of AMPA-glutamate neurotransmitter receptors. Proc Natl Acad Sci USA，2009，106(38)：16 440-16 445.

[57] Wu KY，Ren RT，Su WT，et al. A novel suppressive effect of alcohol dehydrogenase 5 in neuronal differentiation. Journal of Biological Chemistry，2014，289(29)：20 193-20 199.

[58] Foster MW，McMahon TJ，Stamler JS. S-nitrosylation in health and disease. Trends Mol Med，2003，9(4)：160-168.

[59] Chanvorachote P，Nimmannit U，Stchuk C，et al. Nitric oxide regulates cell sensitivity to cisplatin-induced apoptosis through S-nitrosylation and inhibition of Bcl-2 ubiquitination. Cancer Res，2006，66(12)：6353-6360.

[60] Singel DJ，Stamler JS. Chemical physiology of blood flow regulation by red blood cells：the role of nitric oxide and S-nitrosohemoglobin. Annu Rev Physiol，2005，67：99-145.

[61] Pawloski JR，Hess DT，Stamler JS. Impaired vasodilation by red blood cells in sickle cell disease. Proc Natl Acad Sci USA，2005，102(7)：2531-2536.

[62] Tyurin VA，Liu SX，Tyurina YY，et al. Elevated levels of S-nitrosoalbumin in preeclampsia plasma. Circ Res，2001，88(11)：1210-1215.

[63] Uehara T，Nakamura T，Yao D，et al. S-nitrosylated protein-disulphide isomerase links protein misfolding to neurodegeneration. Nature，2006，441(7092)：513-517.

[64] Sugita H，Fujimoto M，Yasukawa T，et al. Inducible nitric-oxide synthase and NO donor induce insulin receptor substrate-1 degradation in skeletal muscle cells. J Biol Chem，2005，280(14)：14 203-14 211.

[65] Rizzo MA，Piston DW. Regulation of beta cell glucokinase by S-nitrosylation and association with nitric oxide synthase. J Cell Biol，2003，161(2)：243-248.

[66] Gaston B，Sears S，Woods J，et al. Bronchodilator S-nitrosothiol deficiency in asthmatic respiratory failure. Lancet，1998，351(9112)：1317-1319.

[67] Que LG，Liu L，Yan Y，et al. Protection from experimental asthma by an endogenous bronchodilator. Science，2005，308(5728)：1618-1621.

[68] Zhang X，Huang B，Zhang L，et al. SNObase，a database for S-nitrosation modification. Protein Cell，2012，3(12)：929-933.

[69] Lee Tr，Chen YJ，Lu CT，et al. dbSNO：a database of cysteine S-nitrosylation. Bioinformatics，2012，28(17)：2293-2295.

[70] Ischiropoulos H. Biological selectivity and functional aspects of protein tyrosine nitration. Biochem Biophys Res Commun，2003，305(3)：776-783.

[71] Radi R. Nitric oxide，oxidants，and protein tyrosine nitration. Proc Natl Acad Sci USA，2004，101(12)：4003-4008.

[72] Turko IV，Murad F. Protein nitration in cardiovascular diseases. Pharmacol Rev，2002，54(4)：619-634.

[73] Peluffo G，Radi R. Biochemistry of protein tyrosine nitration in cardiovascular pathology. Cardiovasc Res，2007，75(2)：291-302.

[74] Souza JM，Peluffo G，Radi R. Protein tyrosine nitration-functional alteration or just a biomarker? Free Radic Biol Med，2008，45(4)：357-366.

[75] Beckman JS，Beckman TW，Chen J，et al. Apparent hydroxyl radical production by peroxynitrite：implications for endothelial injury from nitric oxide and superoxide. Proc Natl Acad Sci USA，1990，87(4)：1620-1624.

[76] 赵玉玲，高中洪. 蛋白质硝基化反应的途径. 生命的化学，2003，23(5)：356-358.

[77] Radi R，Peluffo G，Alvarez MN，et al. Unraveling peroxynitrite formation in biological systems. Free Radic Biol Med，2001，30(5)：463-488.

[78] Alvarez B，Radi R. Peroxynitrite reactivity with amino acids and proteins. Amino Acids，2003，25(3-4)：295-311.

[79] Sampson JB，Ye Y，Rosen H，et al. Myeloperoxidase and horseradish peroxidase catalyze tyrosine nitration in proteins from nitrite and hydrogen peroxide. Arch Biochem Biophys，1998，356(2)：207-213.

[80] Eiserich JP，Cross CE，Jones AD，et al. Formation of nitrating and chlorinating species by reaction of nitrite with hypochlorous acid. J Biol Chem，1996，271(32)：19 199-19 208.

[81] Vaz SM，Augusto O. Inhibition of myeloperoxidase-mediated protein nitration by tempol：Kinetics，mechanism，and implications. Proc Natl Acad Sci USA，2008，105(24)：8191-8196.

[82] van der Vliet A, Eiserich JP, Halliwell B, et al. Formation of reactive nitrogen species during peroxidase-catalyzed oxidation of nitrite. J Biol Chem, 1997, 272(12): 7617-7625.
[83] Ricoux R, Boucher JL, Mansuy D, et al. Microperoxidase 8 catalyzed nitration of phenol by nitrogen dioxide radicals. Eur J Biochem, 2001, 268(13): 3783-3788.
[84] Wu W, Chen Y, Hazen SL. Eosinophil peroxidase nitrates protein tyrosyl residues. Implications for oxidative damage by nitrating intermediates in eosinophilic inflammatory disorders. J Biol Chem, 1999, 274(36): 25 933-25 944.
[85] Duguet A, Iijima H, Eum SY, et al. Eosinophil peroxidase mediates protein nitration in allergic airway inflammation in mice. Am J Respir Crit Care Med, 2001, 164(7): 1119-1126.
[86] Grzelak A, Balcerczyk A, Mateja A, et al. Hemoglobin can nitrate itself and other proteins. Biochim Biophys Acta, 2001, 1528(2-3): 97-100.
[87] Kilinc K, Kilinc A, Wolf RE, et al. Myoglobin-catalyzed tyrosine nitration: no need for peroxynitrite. Biochem Biophys Res Commun, 2001, 285(2): 273-276.
[88] Goldstein S, Merenyi G, Samuni A. Kinetics and mechanism of $\cdot NO_2$ reacting with various oxidation states of myoglobin. J Am Chem Soc, 2004, 126(48): 15 694-15 701.
[89] Bian K, Gao Z, Weisbrodt N, et al. The nature of heme/iron-induced protein tyrosine nitration. Proc Natl Acad Sci USA, 2003, 100(10): 5712-5717.
[90] Mihm MJ, Coyle CM, Schanbacher BL, et al. Peroxynitrite induced nitration and inactivation of myofibrillar creatine kinase in experimental heart failure. Cardiovasc Res, 2001, 49(4): 798-807.
[91] van der Loo B, Labugger R, Skepper JN, et al. Enhanced peroxynitrite formation is associated with vascular aging. J Exp Med, 2000, 192(12): 1731-1744.
[92] Castegna A, Thongboonkerd V, Klein JB, et al. Proteomic identification of nitrated proteins in Alzheimer’s disease brain. J Neurochem, 2003, 85(6): 1394-1401.
[93] Butterfield DA, Reed TT, Pierce WM, et al. Proteomic identification of nitrated brain proteins in early Alzheimer’s disease inferior parietal lobule. Journal of Cellular and Molecular Medicine, 2009, 13(8B): 2019-2029.
[94] Sultana R, Poon HF, Cai J, et al. Identification of nitrated proteins in Alzheimer's disease brain using a redox proteomics approach. Neurobiol Dis, 2006, 22(1): 76-87.
[95] Shin SJ, Lee SE, Boo JH, et al. Profiling proteins related to amyloid deposited brain of Tg2576 mice. Proteomics, 2004, 4(11): 3359-3368.

本章蛋白质巯基亚硝基化修饰由973项目首席专家、杰出青年中国科学院生物物理研究所生物大分子国家重点实验室陈畅教授提供；蛋白质酪氨酸硝基化修饰由华中科技大学高中红教授提供。著者只做了部分编辑和一些修改。

5 天然抗氧化剂对一氧化氮自由基的调节和保护作用

一氧化氮(NO)自由基是内皮细胞松弛因子，对血压的调节和心脑血管健康发挥着重要作用。NO 自由基还是重要的信号分子，在学习记忆、细胞发育和免疫等方面也发挥着重要作用。但是，如果 NO 自由基产生过多，或者有氧自由基存在时，NO 自由基就会与之反应生成过氧亚硝基，导致细胞损伤和心脑血管等一系列疾病的发生。天然抗氧化剂能够清除氧自由基，保护 NO，甚至促进 NO 产生，调节体内 NO 自由基水平，与 NO 共同保护和促进身心健康乃至延缓衰老。本章介绍天然抗氧化剂对 NO 自由基的促进和调节作用，如何避免和减少 NO 在心脑血管损伤作用的研究结果和讨论天然抗氧化剂与 NO 自由基协同作用对心脑血管健康的意义和应用前景。

5.1 一氧化氮自由基是一柄双刃剑

NO 自由基在生物体中发挥着重要功能，在本书的很多章节都做了详细介绍和讨论，但是，NO 自由基是一柄双刃剑。在正常生理条件下，NO 自由基产生浓度比较低(低于 1μmol/L)，在正常信号转导中的作用浓度大约是 10nmol/L。当 NO 自由基的浓度达到或高于 1μmol/L 时，就会损伤正常组织，引起细胞死亡，导致毒害作用。NO 自由基的毒害作用主要是通过氧化和硝基化损伤、抑制线粒体的功能、损伤 DNA 等几个途径实现的[1~3]。当 NO 的浓度升高时，氧化损伤是源于 NO 与超氧阴离子自由基反应生成的过氧亚硝基($ONOO^-$)。过氧亚硝基在体内的半衰期小于 1s，反应活性和毒性远大于羟基自由基。NO 自由基和超氧阴离子的反应速度很快，两者产生后几乎可以立即生成过氧亚硝基[4~6](图 5-1)。

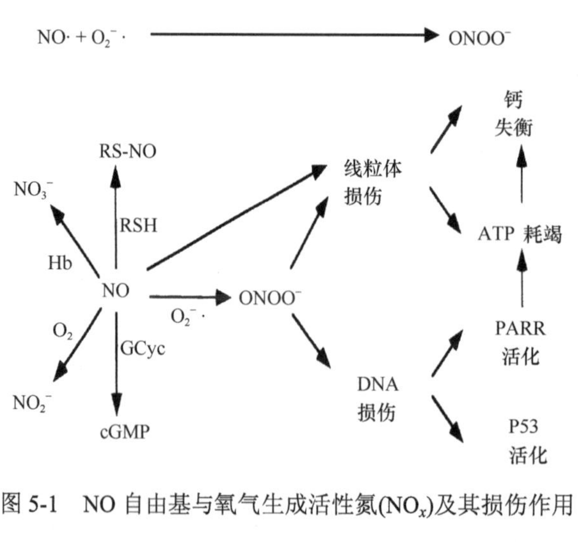

图 5-1 NO 自由基与氧气生成活性氮(NO_x)及其损伤作用

NO 自由基还可以与氧气生成其他活性氮(NO_x)，可能更容易氧化脂膜。NO 自由基可以从铁蛋白中释放出铁离子，通过 Fenton 反应，加剧氧化损伤[7]。NO 自由基也可以和过氧化脂质产物反应，促进氧化损伤。NO 自由基与氧自由基同时产生带有普遍性，例如，在炎症、心脑血管疾病、糖尿病和肥胖等疾病及衰老研究中，都已经证明了 NO 与氧自由基可以同时产生[7~19]。在这种情况，NO 不但不能发挥其生物功能，反而成为造成损伤甚至致病的因素。

NO 自由基是起促氧化还是起抗氧化作用，主要决定于 NO 自由基和超氧阴离子反应转化为过氧亚硝基的比例。根据这一机制，如果一种物质可以清除氧自由基，就可以防止 NO 自由基通过促氧化造成的损伤作用，甚至保护 NO 自由基和促使其生成，充分发挥 NO 的生物功能，在利用 NO 作为预防和治疗疾病方面具有重要意义。在作者的实验中不仅发现了这样的结果，而且在多个体系中得到了验证[20~24]。

5.2 天然抗氧化剂在心肌缺血再灌注体系中对一氧化氮自由基的调节作用

NO 自由基是内皮细胞松弛因子，在血压的调节和心血管健康中发挥着重要作用。如果发生心肌缺血，血管就会增加 NO 产生，松弛血管，增加血流量，保证心肌的供血。但是，在心肌缺血再灌注时，同时产生氧自由基，NO 自由基就会与之反应生成过氧亚硝基，导致心肌细胞更严重的损伤。作者在研究利用天然抗氧化剂保护心肌缺血再灌注损伤时，首次发现天然抗氧化剂银杏黄酮和知母宁可以清除缺血再灌注损伤时产生的氧自由基，调节和促进 NO 自由基产生，保护心肌，防止缺血再灌注损伤。在研究利用天然抗氧化剂保护脑缺血再灌注损伤时，发现天然抗氧化剂山楂黄酮能够促进 NO 自由基产生，防止脑缺血再灌注损伤。

5.2.1 银杏黄酮在心肌缺血再灌注体系对一氧化氮自由基的调节作用

银杏黄酮是从银杏叶中提取的天然抗氧化剂，在离体缺血再灌注心肌研究发现，银杏黄酮能够清除缺血再灌注心肌产生的O_2^-·、·OH，以及抑制$ONOO^-$的生成和氧化活性[20]。作者采用大鼠在体缺血再灌注模型，缺血前 30min 皮下注射枸橼酸铁复合物，腹腔注射 DETC 和其他药物。对缺血再灌注大鼠进行气管切开术，给予人工呼吸，监测肢导联心电图，开胸，将一塑料管与左冠状动脉主干同时结扎，30min 后取出塑料管，再灌注 10min，造成心肌缺血再灌注损伤模型。用 ESR 自旋捕捉技术测试银杏黄酮对大鼠在体缺血再灌注心肌产生的 NO 自由基的调节作用。图 5-2 显示的是分别注射银杏黄酮和超氧化物歧化酶 SOD 对缺血再灌注心肌产生 NO 自由基的调节作用。其中，g=2.047、g=2.035 和 g=2.023 的 3 个线峰的波谱即为自旋捕捉到的 NO 自由基的 ESR 信号。由图可以看出，缺血使心肌产生的 NO 自由基明显增加，而缺血再灌注使心肌产生了大量氧自由基，并与 NO 反应，因此得到的 NO 自由基明显减少。注射银杏黄酮和 SOD 都能使心肌产生的 NO 自由基比缺血再灌注时的多，而且具有剂量依赖关系。注射 25mg 银杏黄酮/kg 体重，NO 增加大约 43%；50mg 银杏黄酮/kg 体重，NO 增加大约 120%；100mg 银杏黄酮/kg

体重，NO 增加大约 200%；200mg 银杏黄酮/kg 体重，NO 仅增加大约 43%。提示银杏黄酮对缺血再灌注产生 NO 自由基有双向调节作用。SOD 的功能是清除超阴离子氧自由基，也能够显著增加 NO 自由基的产生，显然银杏黄酮使得 NO 自由基增加是通过清除缺血再灌注产生超氧自由基的结果。银杏黄酮在低浓度可能也是通过清除氧自由基使 NO 自由基信号增加的，但是银杏黄酮不仅对氧自由基有清除作用，而且对 NO 自由基也有清除作用，只不过清除活性氧自由基的能力大于清除 NO 自由基的能力，在高浓度它对 NO 自由基的清除作用就可能表现得更突出了，因此，可以说银杏黄酮对缺血再灌注产生 NO 自由基有双向调节作用[21]。

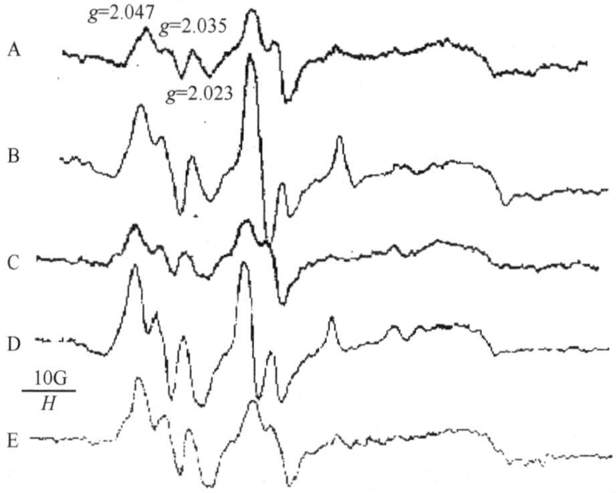

图 5-2　银杏黄酮对在体心肌缺血再灌注体系产生的 NO 自由基 ESR 信号的调节作用
A. 正常心肌；B. 缺血心肌；C. 缺血再灌注心肌；D、E. 分别是注射 10^4U SOD/kg 体重和 50mg 银杏黄酮/kg 体重心肌的典型 ESR 信号

5.2.2　知母宁对心脏在体心肌缺血再灌注体系产生一氧化氮自由基的促进作用

知母宁是从中草药知母中分离提取的一种天然抗氧化剂，在离体缺血再灌注心肌研究时发现，其也能清除缺血再灌注心肌产生的 O_2^-·、·OH，以及抑制 $ONOO^-$的生成和氧化活性[22]。作者同样采用大鼠在体缺血再灌注模型，用 ESR 自旋捕捉技术测量知母宁对大鼠在体缺血再灌注心肌产生的 NO 自由基的影响。图 5-3 显示的是注射知母宁对缺血再灌注心肌产生 NO 自由基的促进作用。由图可以看出，缺血使心肌产生的 NO 自由基明显增加，而缺血再灌注使心肌产生的 NO 自由基减少，注射知母宁能使心肌产生的 NO 自由基比缺血再灌注大很多。在实验所用浓度范围内，缺血再灌注心肌产生的 NO 自由基是随着注射知母宁浓度的增加而增加的。注射 5mg 知母宁/kg 体重，NO 增加大约 150%；10mg 知母宁/kg 体重，NO 增加大约 250%；25mg 知母宁/kg 体重，NO 增加大约 260%；50mg 知母宁/kg 体重，NO 增加大约 280%。与银杏黄酮类似，显然知母宁使得 NO 自由基增加也是通过清除缺血再灌注产生超氧自由基的结果[23]。与注射高剂量银杏黄酮后检测的 NO 自由基的量减少不同，知母宁在实验浓度范围内看不到对

NO 自由基的下调作用。

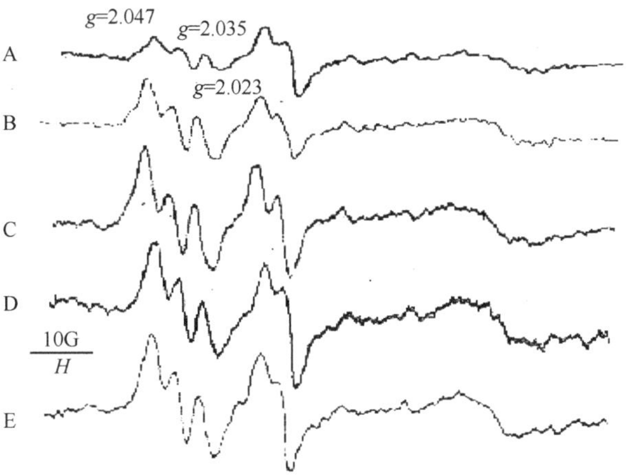

图 5-3 注射知母宁对大鼠在体心肌缺血再灌注产生的 NO 自由基 ESR 信号的促进作用
A. 缺血再灌注心肌；B~E. 分别是注射 5mg 知母宁/kg 体重、10mg 知母宁/kg 体重、25mg 知母宁/kg 体重和 50mg 知母宁/kg 体重大鼠心肌的典型 ESR 信号

5.2.3 天然抗氧化剂与一氧化氮自由基协同防护大鼠缺血再灌注心肌损伤

血清中的脂质过氧化产物和肌酸激酶活性是检测心肌损伤的重要指标，正常对照大鼠血清中脂质过氧化产物和肌酸激酶活性都很低，心脏缺血再灌注损伤大鼠血清中脂质过氧化产物和肌酸激酶都明显增高。注射银杏黄酮和知母宁都可以剂量依赖地抑制在体心脏缺血再灌注损伤大鼠血清中脂质过氧化产物和肌酸激酶活性，说明银杏黄酮和知母宁可以保护心肌防止缺血再灌注损伤[20~23]。

心律失常是心脏受损的一个重要指标，表 5-1 显示注射银杏黄酮与知母宁对大鼠在体心脏缺血再灌注心率和心律失常的影响。缺血再灌注使大鼠心率和心律失常明显增加，包括室性早搏、室性心动过速和心室颤动。注射银杏黄酮和知母宁可以显著抑制缺血再灌注使大鼠心律失常的增加。银杏黄酮在 100mg/kg 体重效果最好，但剂量再增加，效果反而不好。知母宁在 10~50mg/kg 体重效果都非常好，可以完全抑制缺血再灌注造成的大鼠心律失常。注射一定剂量 SOD 或 NOS 底物 L-精氨酸也可以抑制缺血再灌注使大鼠心率和心律失常的增加，说明银杏黄酮和知母宁是通过清除活性氧和促进 NO 产生保护心脏缺血再灌注损伤的[21, 23]。

银杏黄酮和知母宁可以剂量依赖地抑制在体缺血再灌注损伤产生的脂质过氧化产物和释放到血清中的肌酸激酶活性及心律失常，说明银杏黄酮和知母宁对缺血再灌注心肌保护作用的一个重要途径是通过清除缺血再灌注产生的活性氧自由基和调节 NO 自由基。这些结果显示银杏黄酮和知母宁是潜在的抗心肌缺血再灌注损伤的药物。当然，也不能排除其他机制，例如，防止中性粒细胞在血管壁的黏附和渗透就可以减少中性粒细胞产生的活性氧自由基造成的损伤。

表 5-1　银杏黄酮和知母宁对缺血再灌注损伤心率和心律失常的保护作用

组别	心率失常率/%	组别	心律失常率/%
正常心脏	0	正常心脏	0
缺血心肌	10	缺血心肌	10
缺血再灌注	44	缺血再灌注	44
缺血再灌注+银杏黄酮		缺血再灌注+知母宁	
25(mg/kg 体重)	17	5(mg/kg 体重)	17
50(mg/kg 体重)	17	10(mg/kg 体重)	0
100(mg/kg 体重)	0	25(mg/kg 体重)	0
200(mg/kg 体重)	22	50(mg/kg 体重)	0
缺血再灌注+SOD	25	缺血再灌注+SOD	25
缺血再灌注+精氨酸	25	缺血再灌注+LA	25

另外作者研究还发现，银杏黄酮和知母宁不仅可以有效保护心肌缺氧再给氧对 Bcl-2 的抑制，也可以有效抑制缺氧及缺氧再给氧引起的 p53 表达的增加，而且还可以剂量依赖地上调 Bcl-2 表达和下调 p53 表达。比较还发现，天然抗氧化剂对 p53 表达水平的抑制作用大于对于对 Bcl-2 抑制作用，知母宁的抑制作用大于银杏黄酮的抑制作用。这说明银杏黄酮和知母宁的抗缺氧再给氧所致心肌细胞凋亡的机制与 Bcl-2 和 p53 表达水平有关。这些结果表明，天然抗氧化剂银杏黄酮和知母宁对细胞缺氧再给氧诱导心肌细胞的损伤的保护作用可能是通过 NO 自由基、Bcl-2 和 p53 信号通路进行的[24]。

5.3　天然抗氧化剂山楂黄酮对缺血再灌注脑组织产生一氧化氮自由基的促进作用和对缺血再灌注脑组织损伤的保护作用

在发现了银杏黄酮和知母宁对心肌缺血再灌注产生 NO 自由基的调节作用和保护作用之后，作者又研究了天然抗氧化剂山楂黄酮对缺血再灌注脑组织中产生 NO 自由基的调节作用和对缺血再灌注脑组织损伤的保护作用，同样发现了天然抗氧化剂山楂黄酮对缺血再灌注脑组织中产生 NO 自由基具有促进作用和对缺血再灌注脑组织损伤有保护作用[25]。

5.3.1　山楂黄酮对缺血再灌注脑组织中产生一氧化氮自由基的促进作用

山楂黄酮是从山楂叶分离提取的一种天然抗氧化剂，作者前期研究发现山楂黄酮可以有效清除氧自由基。为了研究山楂黄酮对缺血再灌注脑组织中产生 NO 自由基的调节作用，采用蒙古沙鼠脑缺血再灌注模型。将沙鼠随机分为 4 组：缺血再灌注组，自来水喂养 15 天后，实行缺血再灌注手术；阴性对照组处理与缺血再灌注组相同但是不结扎颈总动脉；低剂量山楂黄酮处理组，用含有 0.5mg/ml 山楂黄酮的自来水喂养，其余处理与缺血再灌注组相同；高剂量山楂黄酮处理组，用含有 2.5mg/ml 山楂黄酮的自来水喂养，其余处理与缺血再灌注组相同。缺血再灌注手术 1h 后，部分动物麻醉处死，脑组织分离后用冰浴生理盐水冲洗，上清液用于 NO 自由基、脂质过氧化水平、抗氧化活性和硝酸盐浓度的检测。

采用 ESR 自旋捕捉技术检测缺血再灌注过程中产生的 NO 自由基。测试结果发现，与缺血再灌注过程中活性氧(ROS)升高相比，缺血再灌注组产生的 NO 自由基与阴性对照组相比降低了大约 19.17%(P>0.05)(图 5-4，表 5-2)，山楂黄酮预处理 15 天显著升高了缺血再灌注后脑中产生的 NO 自由基，低剂量和高剂量组产生 NO 自由基与缺血再灌注组相比分别升高了大约 44.67%和 77.56%。NO 自由基在这两组中的水平甚至高于阴性对照组。这一结果清楚地表明，天然抗氧化剂山楂黄酮对缺血再灌注脑组织中产生 NO 自由基具有显著保护和促进作用。

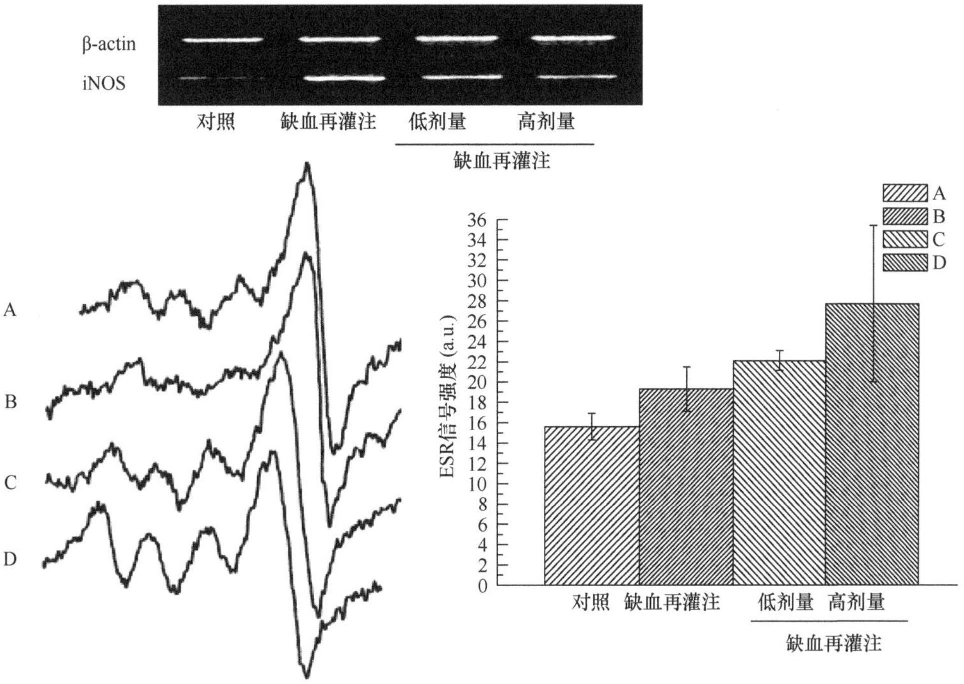

图 5-4 5min 缺血再灌注蒙古沙鼠脑匀浆产生 NO 自由基和沙鼠大脑缺血再灌注以后海马组织中 iNOS 的 mRNA 水平

A. 假手术组；B. 缺血再灌注组；C. 低剂量给药组；D. 高剂量给药组

表 5-2 5min 缺血再灌注沙鼠脑 CA1 区 NO 自由基、过氧亚硝基、ROS、脂质过氧化水平和脑神经细胞活性

组	ROS(a.u)	TBARS/(nmol/mg 组织蛋白)	NO 自由基(a.u)	过氧亚硝基/(μmol/L)	细胞活性/(个细胞/mm)
假手术	12.2±1.5	0.78±0.1	19.3±2.2	20.3±1.3	270±30
缺血再灌注	16.7±0.7⁺ ↑36.89%	1.36±0.1⁺ ↑74.04%	15.6±1.3⁺ ↓19.17%	45.1±4.9⁺ ↑122.21%	12±7⁺ 4.44%
低剂量	13.8±0.8⁺ ↓17.3%#	1.0±0.2*⁺ ↓24.2%#	22.1±1.0⁺ ↑44.6%#	36.0±1.8*⁺ ↓20.1%#	129±64*⁺ 47.78%
高剂量	11.5±0.9* ↓31.1%#	0.716±0.137* ↓47.3%#	27.7±6.7*⁺ ↑77.5%#	29.4±2.2*⁺ ↓34.6%#	254±35* 94.07%

* P<0.05 对缺血再灌注；+ P<0.05 对假手术组；百分数是对假手术组 # P<0.01

用 RT-PCR 试验检测沙鼠大脑海马组织中 iNOS 的 mRNA 水平，如图 5-4 所示。在阴性对照组中 iNOS 的 mRNA 也有比较低的表达，这可能与缺血再灌注过程中的阴性对照手术损伤有关。与产生 NO 自由基减少相反，在缺血再灌注组 iNOS 的 mRNA 大量表达，与产生 NO 自由基增加相反，山楂黄酮处理剂量依赖性降低了 iNOS 的 mRNA 表达水平。既然在缺血再灌注组 iNOS 大量表达，就应当产生更多的 NO 自由基，那为什么会减少呢，一个解释是与同时产生的氧自由基反应生成了过氧亚硝基；山楂黄酮处理剂量依赖性降低了 iNOS 表达水平，那么增加产生的 NO 自由基从哪里来的呢？大脑海马组织除了 iNOS 产生 NO 外，就是 eNOS 和 nNOS，既然山楂提取物处理抑制了大脑海马组织中 iNOS 表达，那么山楂提取物处理促进沙鼠大脑海马组织增加 NO 产生的来源就应当是 eNOS 或 nNOS。虽然，作者没有检测 eNOS 和 nNOS，但这一结论应当是肯定的。

5.3.2　山楂黄酮对缺血再灌注脑组织损伤的保护作用

为了进一步确定山楂黄酮在缺血再灌注脑组织中促进 NO 自由基产生增加在脑组织损伤中的作用及其机制，作者检测了 NO 自由基的终产物过氧亚硝基含量(表 5-2)。与阴性对照组相比，缺血再灌注组过氧亚硝基水平升高了大约 122.21%($P<0.05$)，山楂黄酮预处理能剂量依赖性地降低过氧亚硝基水平。低剂量组和高剂量组中过氧亚硝基含量与缺血再灌注组相比分别降低了大约 20.1%和 34.6%，但仍然显著高于阴性对照组的含量。

缺血再灌注后脂质过氧化水平用 TBARS 的含量表示，结果表明，缺血再灌注损伤使脑匀浆中的 TBARS 水平与阴性对照组相比升高了大约 74.04%，口服山楂黄酮 15 天，剂量依赖性降低了 TBARS 水平(表 5-2)。与单纯缺血再灌注组(IR)相比，在低剂量和高剂量处理组，TBARS 水平分别降低了大约 24.2%和 47.3%。

这些结果表明，山楂黄酮在缺血再灌注脑组织中促进 NO 自由基产生增加在脑组织损伤中的保护作用是通过抑制过氧亚硝基产生和减少脂质过氧化损伤发挥作用的。

研究还发现，脑中各部分对缺血再灌注损伤的敏感性不同，海马 CA1 区大锥体神经元对缺血尤其敏感，5min 缺血就可造成 CA1 区细胞的不可逆性损伤。检测 CA1 区神经元的数量发现，缺血再灌损伤 6 天后海马 CA1 区的神经元几乎全部消失了，活体神经元为(12±7)个细胞/mm，仅存大约 4.44%，与之相比，阴性对照组 CA1 区活体细胞数为(270±30)个细胞/mm。与缺血再灌注组相比，山楂提取物预处理显著增加了 CA1 区成活神经元数量，在低剂量组和高剂量组 CA1 区神经元数量分别为(129±64)个细胞/mm 和(254±35)个细胞/mm，与阴性对照组相比，活细胞分别达到大约 47.78%和 94.07%，高剂量组和阴性对照组之间无显著性差异。

检测缺血再灌注后海马区大锥体神经元的凋亡显示，阴性对照组海马区神经元没有特异性染色，缺血再灌注后，几乎所有 CA1 区神经元大量凋亡。在缺血再灌注损伤脑片中，与 CA1 区相比，CA2 区神经元部分凋亡，CA3 区凋亡神经元只有少部分凋亡，CA4 区海马部位几乎没有细胞凋亡。山楂黄酮预处理剂量依赖性减少了切片中凋亡神经元的数目。

电子显微镜检测缺血再灌注手术 3 天后海马 CA1 区神经元的状态显示，阴性对照组海马 CA1 区神经元的细胞核膜完整，DNA 均匀地分布于核中。与阴性对照组相比，多数缺血再灌注组海马 CA1 区神经元细胞核，表现出典型的凋亡细胞的特征，如细胞核皱缩，DNA 凝聚在核膜附近。低剂量山楂黄酮处理组的 CA1 区细胞核部分表现出凋亡细胞特征，部分细胞核 DNA 均匀地分布于细胞核内，细胞核膜基本完整，但是与核膜相连的内质网膨胀。高剂量山楂黄酮处理组 CA1 区神经元大部分形态完好，DNA 均匀地分布于细胞核内，表现出正常细胞特征，极少数神经元表现出凋亡细胞特征。电子显微镜结果进一步表明，山楂黄酮预处理可以保护海马 CA1 区神经元免受缺血再灌注损伤引起的神经元凋亡。

5.3.3　天然抗氧化剂山楂黄酮对缺血再灌注脑组织损伤的保护作用是通过清除氧自由基、调节脑海马组织中 NFκB p65 和 TNF-α的蛋白质水平实现的

缺血再灌注手术 1h 后，ESR 实验表明，与阴性对照组相比，缺血再灌注组中的 ROS 升高了大约 36.89%(表 5-2)。与缺血再灌注组相比，天然抗氧化剂山楂黄酮(CF)预处理 15 天，低剂量组和高剂量组中，ROS 分别显著降低了大约 17.3%和 31.1%，高剂量组中 ROS 的产量甚至低于阴性对照组。

抗氧化能力实验表明，缺血再灌注组脑匀浆清除超氧阴离子自由基的能力比阴性对照组显著下降了大约 35%。山楂黄酮处理 15 天，脑匀浆清除超氧阴离子的能力与单纯的缺血再灌注组相比分别显著性升高了大约 21.28%和 46.81%。高剂量处理组清除超氧阴离子的能力甚至显著性大于阴性对照组。对羟基自由基清除能力与清除超氧阴离子能力类似，缺血再灌注组脑匀浆对羟基自由基的清除能力与阴性对照组相比降低了大约 29%($P<0.05$)。与缺血再灌注组相比，用山楂黄酮预处理，缺血再灌注后脑匀浆的清除羟基的能力在低剂量组升高了大约 9.5%，高剂量处理组清除羟基能力显著性升高了大约 30%。

缺血再灌注损伤后海马区 NFκB p65 和 TNF-α的蛋白质水平如图 5-5 所示。在阴性对照组中 NFκB p65 显示构成型表达，缺血再灌注损伤显著增加了大约 75%的 NFκB p65 表达水平。山楂黄酮处理剂量依赖性降低了 NFκB p65 的表达水平，其中高剂量组的表达水平与缺血再灌注组相比有显著性差异，与阴性对照组相比差异不显著。TNF-α的蛋白质水平也表现出相似的趋势。TNF-α在阴性对照组中也有表达，但表达量比较低，可能是由于缺血再灌注手术引起的。在缺血再灌注损伤组中，TNF-α的蛋白质水平显著性升高一倍以上。山楂黄酮处理剂量依赖性降低了 TNF-α的蛋白质水平，其中高剂量组与缺血再灌注组相比有显著性差异(图 5-5)。

以上实验结果表明，天然抗氧化剂山楂黄酮对缺血再灌注脑组织中产生的 NO 自由基具有显著促进作用和对缺血再灌注脑组织有保护作用，而且是通过清除氧自由基和 NFκB 和 TNF-α通路的。这方面的研究结果将在自由基医学篇第 10 章详细介绍和讨论。

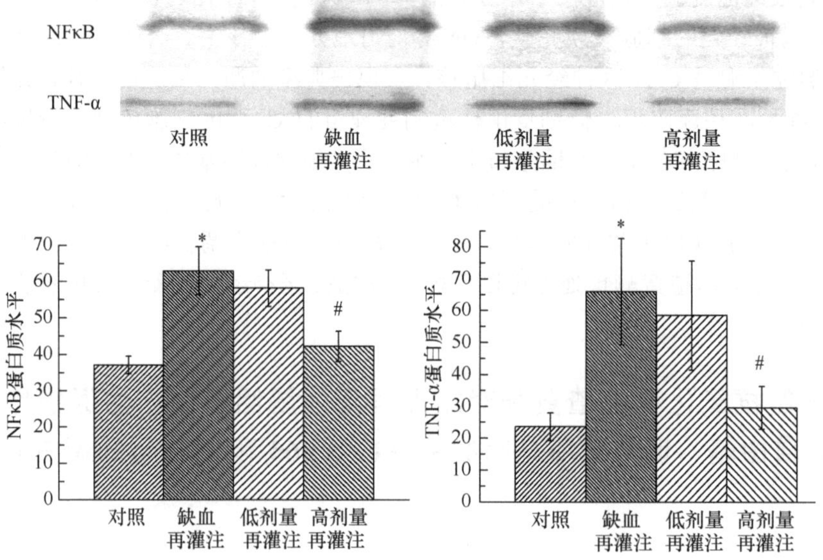

图 5-5　缺血再灌注损伤后海马区 NFκB p65 和 TNF-α的蛋白质水平
*与对照组相比 $P < 0.01$，#与缺血再灌注组相比 $P < 0.01$

5.4　天然抗氧化剂 L-茶氨酸促进内皮细胞产生一氧化氮自由基

L-茶氨酸是茶叶中特有的氨基酸，研究发现，L-茶氨酸具有抑制咖啡因引起的兴奋作用和镇静安神及神经保护作用[26, 27]。L-茶氨酸可以穿越血脑屏障[28]。作者最近研究发现，L-茶氨酸可以清除自由基和通过尼古丁受体抑制尼古丁成瘾[29, 30]。作者还发现，L-茶氨酸可以使热应激和氧化应激引起线虫平均寿命的缩短延长[31]。最近 Siamwala 等研究发现，L-茶氨酸能够诱导内皮细胞 eNOS 活性和提高 NO 产生，而且能够通过 PI3K-ERK 通路导致血管舒张[32]。

5.4.1　L-茶氨酸诱导多种内皮细胞产生一氧化氮

Siamwala 等利用不同方法证明，L-茶氨酸可以在各种浓度(0.01~10μmol/L)诱导内皮细胞提高 NO 自由基产生。使用荧光技术和流式细胞技术测定发现，L-茶氨酸可以浓度依赖地(0.001~10μmol/L)诱导内皮细胞(EAhy)显著提高 NO 自由基产生，在 NOS 抑制剂 L-NAME 存在时可以部分抑制内皮细胞产生 NO 自由基的提高。缓激肽和血管内皮生长因子(VEGF)作为阳性对照，发现在浓度为 0.01~10μmol/L 时，L-茶氨酸诱导内皮细胞产生的 NO 自由基与缓激肽及血管内皮生长因子类似(图 5-6)。使用电化学技术实时测定同样证明，L-茶氨酸可以诱导内皮细胞(EAhy)显著提高 NO 自由基产生，在另一种 NOS 抑制剂 L-NIO 存在时也可以部分抑制内皮细胞产生 NO 自由基的提高。

为了观测 L-茶氨酸诱导内皮细胞产生 NO 的过程，采用脉冲式加入 L-茶氨酸，每次加入 0.1μmol/L，间隔 30min，发现第一次加入后产生的 NO 增加了 2.8 倍，30min 后降低到 1.56 倍，第二次加入产生的 NO 又增加到了 3.1 倍，30min 后降低到 2.5 倍。这说明 L-茶氨酸诱导内皮细胞产生 NO 没有出现去敏化，也没有饱和过程。

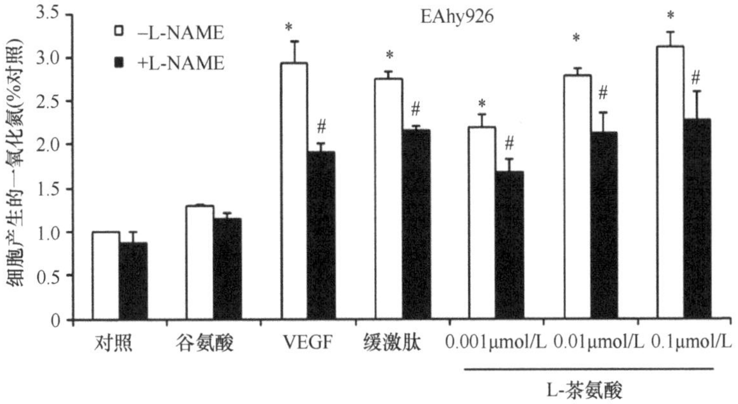

图 5-6 使用荧光和流式细胞技术测定在 NOS 抑制剂 L-NAME 存在(+)和不存在(–)时内皮(EAhy)细胞产生的 NO

缓激肽、血管内皮生长因子 VEGF 作为阳性对照；*与对照相比 $P<0.01$，#与 L-NAME 相比 $P<0.01$

使用流式细胞技术测定原代牛主动脉内皮细胞产生的 NO 自由基发现，L-茶氨酸可以浓度依赖(0.01~1μmol/L)诱导细胞显著提高 NO 自由基产生，但在 10μmol/L 时 NO 产生反而低于 1μmol/L 产生的 NO，在 1μmol/L 时产生的 NO 比 NOS 底物 L-精氨酸存在时还多。在 NOS 抑制剂 L-NAME 存在时可以部分抑制内皮细胞产生 NO 的提高(图 5-7A)。利用 Griess 法测定原代人脐静脉内皮细胞产生的 NO 发现，L-茶氨酸同样可以浓度

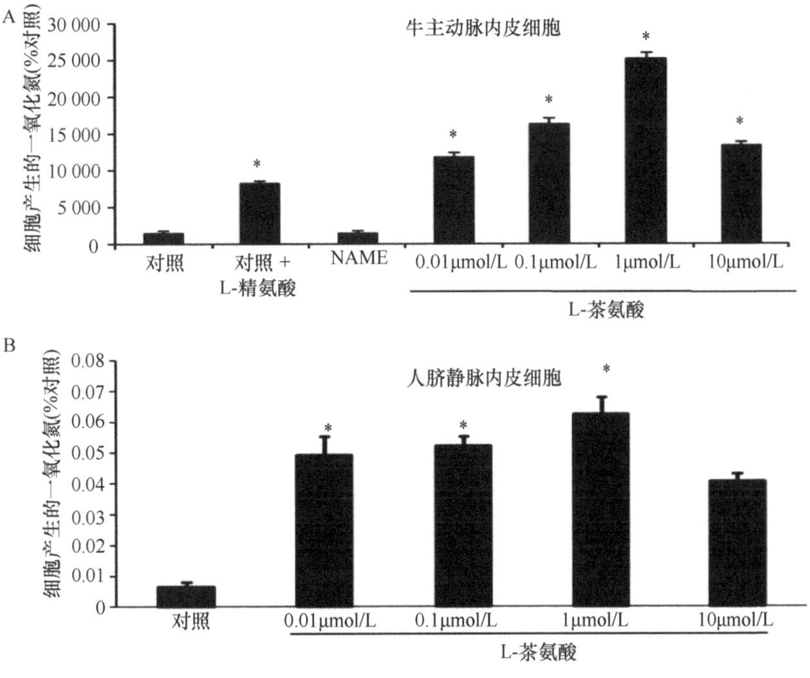

图 5-7 L-茶氨酸诱导原代牛主动脉和原代人脐静脉内皮细胞显著提高 NO 自由基产生

A. 使用流式细胞技术直接实时测定在加入 L-精氨酸或 L-NAME 存在时原代牛主动脉内皮细胞产生的 NO 自由基；B. 利用 Griess 法直接测定加入 L-茶氨酸在原代人脐静脉内皮细胞组织上清液产生的 NO 自由基。*与对照相比 $P<0.01$

依赖(0.01~1μmol/L)地诱导细胞显著提高 NO 产生，但在 10μmol/L 时 NO 产生也低于 1μmol/L 产生的 NO(图 5-7B)。使用流式细胞技术实时测定人脐静脉内皮细胞产生的 NO 发现，加入 1μmol/L L-精氨酸后 2min，NO 产生达到最大(图 5-8)。

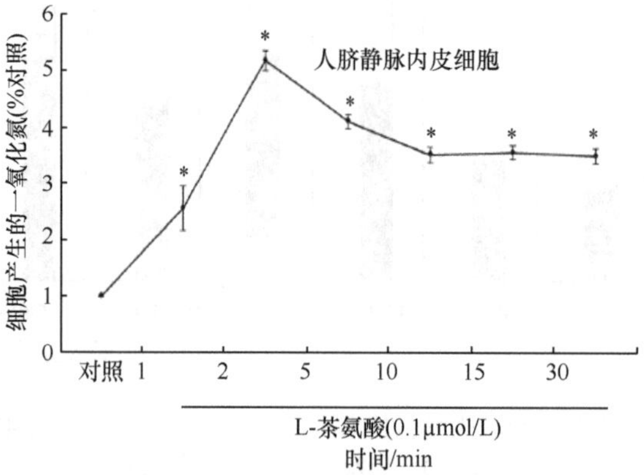

图 5-8　使用流式细胞技术实时测定人脐静脉内皮细胞产生的 NO 自由基(*与对照相比 $P<0.01$)

5.4.2　L-茶氨酸诱导细胞产生一氧化氮来源于 eNOS

为了证明 L-茶氨酸诱导细胞产生 NO 的来源，利用 siRNA 技术将内皮细胞中的 eNOS 敲除，采用荧光显微镜技术检测发现，细胞完全失去产生 NO 的能力，即使在加入 1μmol/L L-茶氨酸情况下，细胞也不能产生 NO，说明 L-茶氨酸诱导细胞产生的 NO 自由基是由 eNOS 产生的。

研究发现，L-茶氨酸能诱导血管松弛，eNOS 抑制剂 L-NIO 可以抑制 L-茶氨酸诱导的血管松弛(图 5-9)，说明 L-茶氨酸诱导细胞产生了 NO 自由基，而且是由 eNOS 产生的。

检测内皮细胞 eNOS 表达时，发现 L-茶氨酸并没有剂量依赖地增加细胞中的 eNOS，而是剂量依赖地增加了细胞中磷酸化的 eNOS(图 5-10)。主要是 eNOS 的 Ser 1177 残

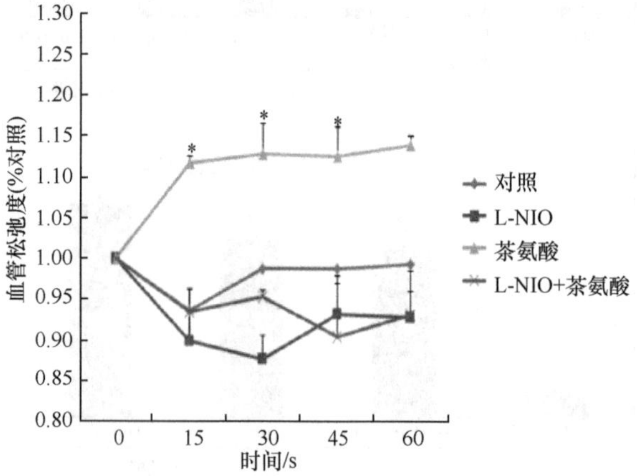

图 5-9　L-茶氨酸诱导细胞产生 NO 可以导致血管松弛

eNOS 的抑制剂 L-NIO 可以抑制 L-茶氨酸诱导的血管松弛；*与对照相比 $P<0.01$

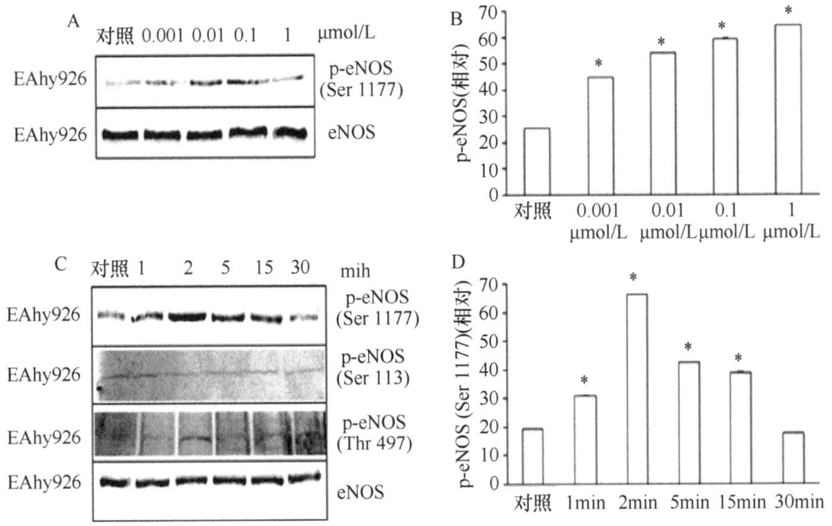

图 5-10 L-茶氨酸剂量依赖(A、B)和时间依赖(C、D)地增加内皮细胞 EAhy926 中 eNOS 的磷酸化

*与对照相比 $P<0.01$

基被磷酸化，并且在 2~5min 到达最大值，这与 NO 产生时间是一致的。用 PI3K 抑制剂(wortmannin)和 ERK(MAPK)抑制剂(PD-98059)处理可以抑制血管内皮生长因子，以及 L-茶氨酸诱导细胞产生的 NO 和 eNOS 的 Ser 1177 残基和 AKT 的磷酸化(图 5-11)，表明 L-茶氨酸诱导细胞产生的 NO 自由基是通过增加了细胞中 eNOS 的磷酸化和 PI3K 及 AKT 信号通路。

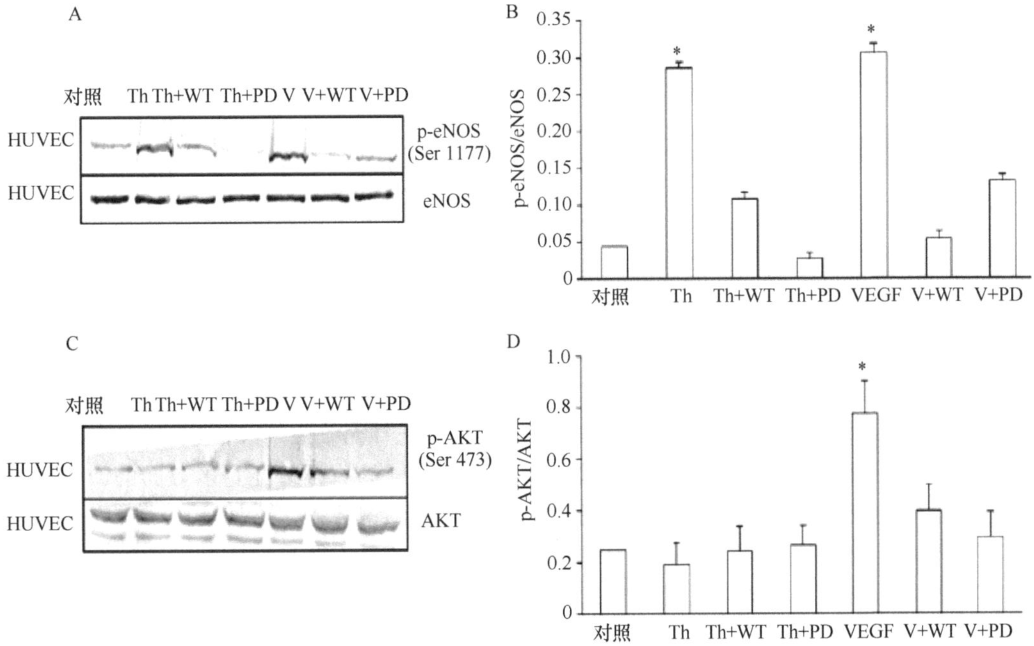

图 5-11 L-茶氨酸增加人脐静脉内皮细胞中 eNOS(A、B)和 AKT(C、D)的磷酸化

Th. 茶氨酸；WT(wortmannin). PI3K 抑制剂；PD(PD-98059). ERK 抑制剂；VEGF=V. 血管内皮生长因子；

*与对照相比 $P<0.01$

另外研究发现，L-茶氨酸诱导细胞产生 NO 还可以保护细胞，防止过氧化氢引起的细胞凋亡(图 5-12)。

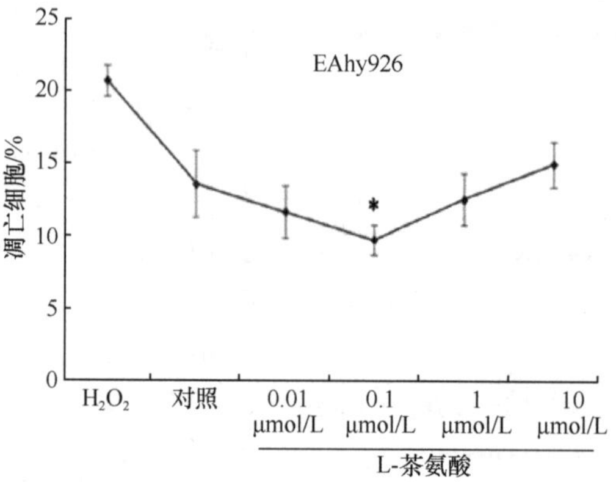

图 5-12　L-茶氨酸诱导细胞产生 NO 还可以保护细胞，防止过氧化氢引起的细胞凋亡
*与对照相比 $P<0.01$

5.5　抗氧化剂维生素 E 和维生素 C 对一氧化氮生物利用度的促进作用

考虑到氧化应激损伤内皮细胞舒张功能，自然就想到维生素 C 和维生素 E 抗氧化的保护作用是否对 NO 有影响。有大量研究检查了添加抗氧化剂对内皮功能的影响，就包括使用脂溶性的抗氧化剂维生素 E 和水溶性的抗氧化剂维生素 C，还有一些低分子质量的天然抗氧化剂。不仅有实验室的结果，而且也有人体实验和临床应用的结果。

5.5.1　抗氧化剂维生素 E 对一氧化氮生物利用度的促进作用

Keaney 等报道发现，给兔子喂食含维生素 E 和 β-胡萝卜素食物可以防止由动脉硬化导致的内皮血管舒缩功能异常。维生素 E 的这一作用又被其他研究所证实[33, 34]。研究发现，NO 的生物利用度与血管组织中的脂溶性的维生素 E 相关。增加组织维生素 E 可以防止 OX-LDL 对 NO 生物利用度的损伤作用，而且部分与蛋白激酶 C 相关[35]。另外发现，添加维生素对高胆固醇症和其他疾病如糖尿病也有好处，可以增加内皮细胞依赖的 NO 生物利用度[36]。人体的结果就不太一致，有部分结果发现补充维生素 E 没有效果[37~39]，有部分结果发现有效果[40]。造成动物实验结果与人体不同的原因可能是多方面的。一个区别是动物实验的模型控制是一致的，而人体却很难做到这一点，不同实验所针对的对象有很大差别，检测的位置也不同，有的检测前臂血管效果不明显，而有的检测其他部位血管，如主动脉、冠状或颈动脉，特别是上颈动脉效果就好[33, 34, 40]。

5.5.2　抗氧化剂维生素 C 对一氧化氮生物利用度的促进作用

维生素 C 对 NO 的生物利用度的研究也有很多，而且对人体的研究效果还比较一致。

Ting 等对 2 型糖尿病患者动脉注射超生理剂量维生素 C，可以改善前臂依赖内皮舒张压[40]。Levine 等[41]让冠状动脉患者一次性口服维生素 C，结果可以改善臂动脉舒张。对冠状动脉患者慢性补充维生素 C 效果也很好(图 5-13)。这个结果后来被广泛研究所证实，如在心衰患者[42]、吸烟者[43]、高半胱氨酸症[44]、血管痉挛绞痛[45]。动脉注射超生理剂量维生素 C 还具有改善高胆固醇症[46]、高血压[47, 48]和脑卒中患者微血管的功能[49]。

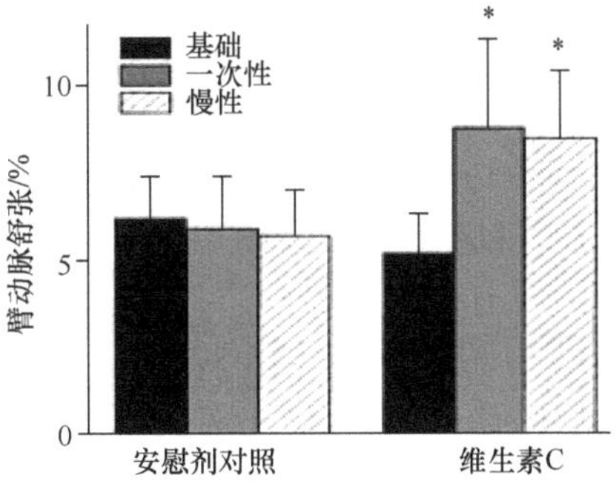

图 5-13 一次性和慢性口服维生素 C 对臂动脉舒张的影响

收集 46 个冠状动脉患者，一次性和口服维生素 C 2g 和慢性口服维生素 C 500mg/天，连续 30 天后测试臂动脉舒张

*与对照相比 P=0.005

关于维生素 C 促进 NO 生物利用度的机制还不是很清楚。首先想到的是维生素 C 清除超氧阴离子，防止其与 NO 反应生成过氧亚硝基，保护了 NO，但是，维生素 C 与 NO 的反应速率(1.9×10^{10}mol/L/s)[50]比清除超氧阴离子(>10mmol/L)快很多。另外一种可能是维生素 C 抑制了脂质过氧化，促进了 NO 的产生[51]，还有一种可能是维生素 C 协助细胞维持氧化还原的平衡，在动物模型[52~54]和人体实验中发现维生素 C 可以增加谷胱甘肽[55~58]，进而保护了 NO[59]。后来研究还发现，维生素 C 可以通过活化四氢生物喋呤 BH_4(tetrahydrobiopterin)[60~62]直接促进 eNOS 活性，增加 NO 产生。

流行病学观察表明，食用抗氧化剂维生素 C 和维生素 E 能够增加血浆和组织抗氧化能力和降低心脏病发生，当然，这与营养状态有关[63~67]。但临床研究很难得到一致的结果[68~72]。究其原因，可能是一般心脏病发病很长时间，而抗氧化剂的作用也需要更长时间才能看到结果，而临床试验都是在较短期服用抗氧化剂，因此很难看到结果。抗氧化剂对心脏病早期的动脉粥样硬化的效果就比较有效，一些造影结果显示服用抗氧化剂维生素 C 和维生素 E 能够使一些动脉粥样硬化程度明显好转[73, 74]。

5.6 食用天然抗氧化剂可可多酚促进高血压患者血浆一氧化氮自由基产生增加和血压下降

可可中含有大量天然抗氧化剂多酚类物质，黑巧克力就是利用可可粉制成的。流行病显示食用含可可食物可以降低心血管病的死亡率，但不清楚是什么机制。*JAMA* 杂志 2007 年发表一篇临床试验报告，证明食用天然抗氧化剂可可(巧克力)多酚促进高血压患者血浆 NO 自由基产生增加和血压下降[75]。

5.6.1 食用天然抗氧化剂可可(巧克力)多酚促进高血压患者血浆一氧化氮自由基产生增加

采用双盲对照实验，24 位女性和 20 位男性、年龄在 56~73 岁患有高血压前或者 1 期高血压的志愿者，每天吃 6.3g(30kcal)黑巧克力(含 30mg 多酚)或者同样量但不含多酚的白巧克力。食用黑巧克力 12h 后，测量发现血浆中血管松弛 NO 自由基的标示物(*S*-硝基谷胱甘肽)逐渐升高，18 周以后，血浆中血管 *S*-硝基谷胱甘肽显著增加了大约 0.23nmol/L($P < 0.001$)，而食用白巧克力志愿者没有出现 *S*-硝基谷胱甘肽增加。这是在人体实验中证明了天然抗氧化剂可以促进 NO 自由基产生增加。

5.6.2 食用天然抗氧化剂可可(巧克力)多酚促进高血压患者血压下降

采用双盲对照实验，在患有高血压前或者 1 期高血压 24 位女性和 20 位男性，年龄在 56~73 岁的志愿者，每天吃 6.3g(30kcal)黑巧克力(含 30 mg 多酚)或者同样量但不含多酚的白巧克力。18 周以后，测量血压的变化，结果表明，食用黑巧克力的收缩血压平均下降了大约 2.9(1.6)mmHg($P < 0.001$)，舒张血压下降了大约 1.9(1.0)mmHg($P < 0.001$)，8 个高血压前患者血压普遍下降 86%~68%，而体重、血脂、血糖则变化不明显。食用白巧克力患者的血压没有明显变化。

5.6.3 食用天然抗氧化剂黄酮对血管的舒张作用

黄酮是一类从葡萄和茶等植物中发现的多酚类化合物，可以清除 ROS 自由基和抑制脂质过氧化。有不少研究发现黄酮类化合物对心脏病和血管功能具有保护作用。研究发现红葡萄酒对分离血管组织内皮功能有保护作用。人群研究发现，饮用紫葡萄汁 14 天可以明显改善臂动脉舒张，防止 LDl 氧化，增加 SOD，过氧化氢酶和谷胱甘肽过氧化酶活性，提高 NO 生物利用度[76~79]。

5.6.4 增加一氧化氮减少 PDE5 表达是预防和治疗心脏病的机制之一

5 型磷酸二脂酶(phosphodiesterase type 5, PDE5)在心衰心脏中表达增加，而在高表达 PDE5 转基因鼠能够诱导心脏功能失调，说明 PDE5 表达与心脏功能衰竭有关，但其机制还不清楚。2015 年在《自由基生物学和医学》(*Free Radical Biology and Medicine*)杂志发表的一篇文章，研究了这个问题。他们研究发现，PDE5 的活性和表达是由一氧化氮(NO)对 PDE5 半胱氨酸 220 残基巯基亚硝基化调节的。一氧化氮对 PDE5 半胱氨酸 220 残基巯基亚硝基化能够减少 PDE5 的活性和表达，相反，用 NOS 抑制剂或者敲除 *NOS3*(*eNOS*)能够增加 PDE5 在心肌细胞的表达。这些结果表明，氧化应激增加，减少一氧化氮增加 PDE5 的活性和表达是心脏病和其他疾病的发病机制之一。因此，通过抗氧化剂减少氧化应激，增加一氧化氮是预防和治疗心脏病和其他疾病的发病方法之一[81]。

5.7 天然抗氧化剂与一氧化氮自由基协同保护和促进心脑血管的健康

心脑血管疾病是一个相互依赖的系统疾病，如图 5-14 所示，如果血管出现问题，必然会影响心脏和脑，心脏出现问题，也必然影响血流和脑，脑出现问题也必然影响心脏和血流。在这一系统中，血管是向心脏和脑乃至全身提供血液的连接器官，如果血管出现问题，就会影响向心脏和脑乃至全身血液供应，即营养和氧气供应出现问题，进而产生一系列问题。而由三高(高血脂、高血压和高血糖)引起的冠状动脉粥样硬化是造成血管损伤的关键因素，产生冠状动脉粥样硬化的一个极为重要的因素是自由基氧化高血脂中的低密度脂蛋白。

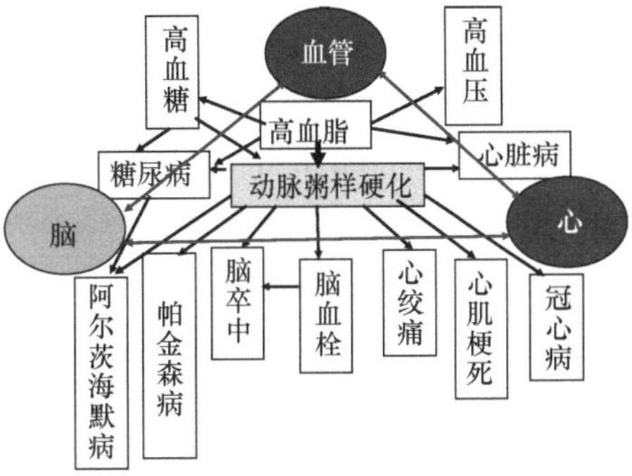

图 5-14 心脑血管疾病是一个心脑血管相互依赖的系统疾病示意图

根据以上发现的天然抗氧化剂促进保护 NO 自由基产生和预防心脑血管疾病的特点，作者设计了一组配方，既包含了产生 NO 自由基的底物，又包含了可以防止氧自由基产生、保护 NO 自由基的天然抗氧化剂。动物和细胞实验结果表明，利用这组配方，既可以使细胞和组织产生一定量的 NO 自由基，又可防止氧自由基产生可能造成的对细胞和组织的损伤[81, 82]。利用这组配方，验证了天然抗氧化剂与 NO 自由基协同保护和促进心脑血管健康的设想，经过进一步完善和临床试验，有可能成为促进心脑血管健康和预防心脑血管系统疾病发生风险的一种有效方法。

5.7.1 天然抗氧化剂与 NOS 底物协同诱导细胞产生一氧化氮

选取人 SH-SY5Y 神经胶质瘤细胞，利用荧光探针(DAF-2DA)技术测定细胞产生的 NO，测量和计算对照和配方处理组细胞产生的 NO 自由基。结果表明，在安全浓度下(10μg/ml)配方处理细胞比对照组细胞产生的 NO 自由基增加了一倍多(165%)(图 5-15)。

5.7.2 天然抗氧化剂与一氧化氮自由基协同对羟基、超氧阴离子、DPPH 几种自由基清除作用和抗氧化活性

利用 Fenton 反应产生羟基自由基，测试配方对羟基、超氧阴离子和 DPPH 自由基

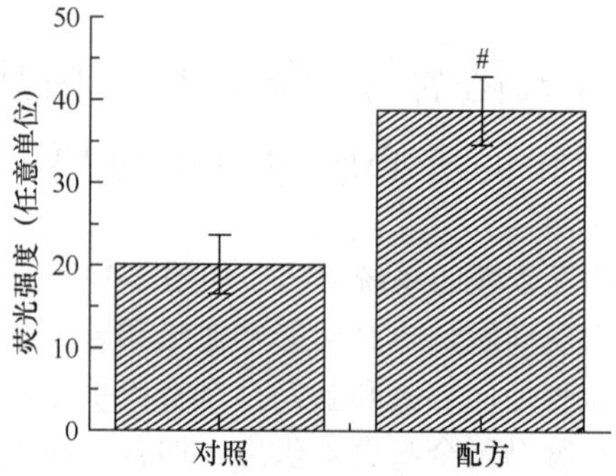

图 5-15　配方在 10μg/ml 诱导 SH-SY5Y 细胞内 NO 自由基产生
#与对照相比 $P<0.01$

的清除作用及总抗氧化活性(图 5-16)。由图可以看出，配方对羟基自由基的清除作用是很强的，清除率达 50%的浓度为 V_{50}=0.55μg/ml。对超氧阴离子自由基的清除作用也是很强的，清除率达 50%的浓度为 V_{50}=7.15μg/ml。对 DPPH 自由基的清除作用是很强的，清除率达 50%的浓度为 V_{50}=6.95μg/ml。利用对 ABTS 自由基的清除作用作为总抗氧化活性，配方总抗氧化活性是很强的，对 ABTS 自由基清除率达 50%的浓度为 V_{50}=2.51μg/ml。

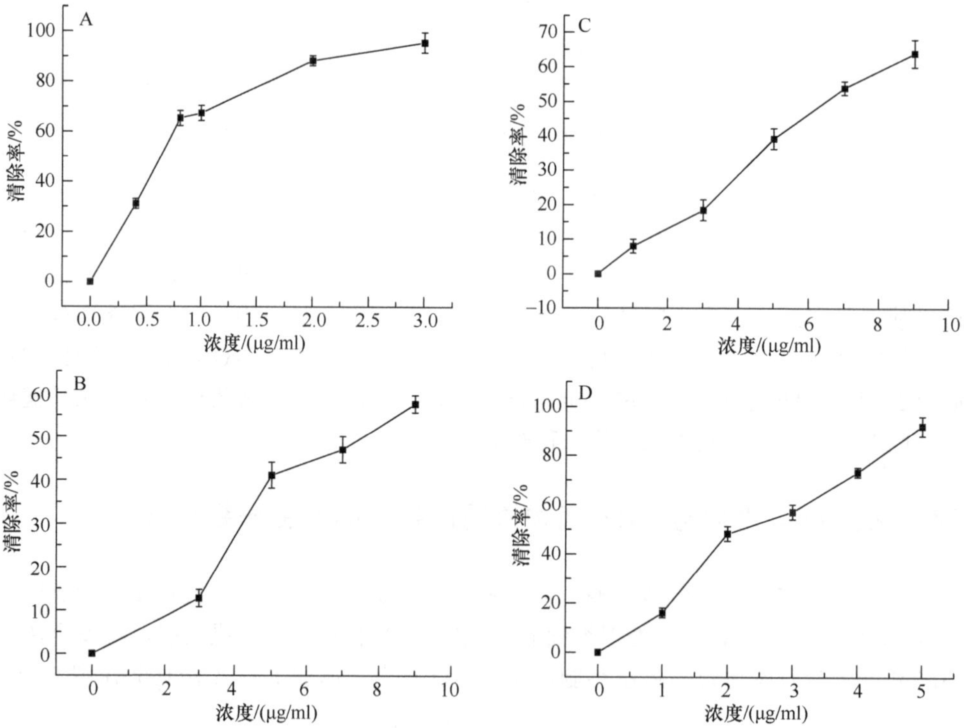

图 5-16　天然抗氧化剂与 NO 自由基协同对自由基清除作用
A. 配方在不同浓度对羟基自由基；B. 超氧阴离子；C. DPPH 的清除作用；D. 总抗氧化活性

以上实验结果表明，这组配方在安全浓度既可以产生一定量的 NO 自由基，同时可以有效清除氧自由基。这样产生的 NO 自由基就没有机会与氧自由基反应，生成过氧亚硝基，引起细胞和组织损伤，因此就可以比较安全地行使其生物功能了。

5.7.3 天然抗氧化剂与一氧化氮自由基协同对血脂、血糖和血压升高的抑制作用

血液循环中脂肪和脂蛋白过多时，就会在动脉血管壁处堆积，滞留于血管内皮下间隙，发生脂质过氧化，形成氧化修饰的低密度脂蛋白(OX-LDL)。它是一种致动脉粥样硬化性的物质，可被巨噬细胞膜上的清道夫受体识别并被大量吞噬。吞噬了太多氧化脂质的巨噬细胞就会坏死成为包含脂质的泡沫细胞，并沉积在血管壁上，慢慢堆积、钙化，发展成硬化斑，冠状动脉硬化，形成血栓，产生局部缺血，心肌梗死，最后导致心肌坏死。所以，作者首先设计检测配方对高血脂的影响。

1) 配方对高血脂的影响

采用喂食高脂饲料导致易肥胖 kkay 小鼠作为模型，配方为每天灌胃，连续一个月。称取体重和肝脏质量计算脏体比和测试血脂四项(表 5-3)。由表可以看出，喂食高脂饲料导致易肥胖 kkay 小鼠体重显著增加，而灌胃配方后可以显著减少由高脂饲料引起的 kkay 小鼠体重的增加(配方低剂量减少大约 9%，高剂量减少大约 12.5%)，降低高脂引起的肝脏增生(配方低剂量减少大约 17.8%，高剂量减少大约 20.2%)。配方能降低总胆固醇(配方低剂量减少大约 11.0%，高剂量减少大约 15.6%)，能显著降低三酰甘油(配方低剂量减少大约 29.8%，高剂量减少大约 35.5%)，还能显著降低低密度脂蛋白(配方低剂量减少大约 24.6%，高剂量减少大约 25.4%)，与此相反，配方却能升高高密度脂蛋白(配方低剂量升高大约 4.8%，高剂量升高大约 18.9%)。

表 5-3 配方对大鼠体重、脏体比(肝脏系数)、血脂四项的影响

	对照组	肥胖(糖尿病组)	配方低剂量	配方高剂量
体重/g	20.38±0.5	45.56±2.35	41.48±2.1	39.88±3.5
肝脏系数/%	5.2±0.2	11.24±1.57	9.24±0.43	8.97±0.74
总胆固醇/mmol/L	1.97±0.2	6.28±0.8	5.58±0.52	5.3±0.86
三酰甘油/mmol/L	0.53±0.12	1.21±0.21	0.85±0.19	0.78±0.19
高密度脂蛋白/mmol/L	1.62±0.17	4.4±0.68	4.61±0.39	5.23±0.6
低密度脂蛋白/mmol/L	0.44±0.17	1.26±0.32	0.95±0.12	0.94±0.17

2) 配方对高血糖的影响

在这个模型上，作者检测了配方对血糖的影响(表 5-4)。由表可以看出高脂饲料喂养诱导易患 2 型糖尿病 kkay 小鼠的血糖大幅度升高，灌胃配方后，可以显著降低 kkay 小鼠的血糖[空腹血糖(配方低剂量降低大约 36.2%，高剂量降低大约 44.1%)；随机血糖(配方低剂量降低大约 47.6%，高剂量降低 56.7%)；餐后血糖(配方低剂量降低大约 33.1%，高剂量降低大约 44.1%)]。

糖耐量受损是 2 型糖尿病的前期必然阶段，表 5-5 显示高脂诱导的 kkay 小鼠糖耐量受损，调节血糖的能力降低，指示胰岛素抵抗，而给予配方后的 kkay 小鼠糖耐量受损明显减轻。

表 5-4　配方对大鼠血糖的影响

	对照组	糖尿病组	配方低剂量	配方高剂量
空腹血糖/mmol/L	4.82±0.5	12.47±1.06	7.95±0.47	6.97±0.45
随机血糖/mmol/L	6.08±1.36	31.68±2.44	16.6±2.03	13.72±1.35
餐后血糖/mmol/L	6.17±1.07	23.45±2.8	15.7±1.27	13.12±0.99

表 5-5　配方对大鼠血糖耐量的影响　(单位：mmol/L)

	0min	30min	60min	120min
对照组	4.82±0.5	22.87±0.75	10.98±0.38	6.17±1.07
糖尿病组	12.47±1.06	31.05±1.05	30.28±1.45	23.45±2.8
配方低剂量	7.95±0.47	29.02±0.47	26.88±1.44	15.7±1.27
配方高剂量	6.97±0.45	23.5±0.92	22.77±0.5	13.12±0.99

3) 配方对高血压的影响

之后利用高脂高糖高盐饲料喂食 SD 大鼠导致高血压模型，作者检测了配方对高血压的影响，测试结果如表 5-6 所示。由表可以看出，高脂高糖高盐饲料喂养会诱导大鼠的收缩压大幅度升高大约 73.8%，而灌胃配方后一个月，可以显著降低大鼠的血压大约 11.9%。

表 5-6　喂食配方一个月后对高脂高糖高盐饲料喂养大鼠血压的影响　(单位：mmHg)

大鼠	对照	模型	配方
1	87.060	141.512	138.375
2	124.061	219.543	183.283
3	112.744	212.268	161.161
4	119.781	179.264	187.388
5	116.548	217.387	178.178
6	108.797	192.695	178.379
平均值	111.499	193.734	171.127
P			0.031171
效果		73.8%↑	11.9%↓

以上实验结果表明，这组配方可以有效降低高脂喂养导致动物鼠血脂、血糖和血压的升高，同时也验证了天然抗氧化剂与 NO 自由基可以协同抑制血脂、血糖和血压的升高，保护血管的健康。

5.7.4　天然抗氧化剂与一氧化氮自由基协同对心脏缺血引起的心脏损伤的保护作用

心脏病最常见的是心肌梗死，其发病率和死亡率都位居心脏病的首位。而心肌梗死的主要损伤就是由心肌缺血和缺氧引起的。为此，作者分别建立了以苯肾上腺素(phenylephrine，PE)引起的细胞缺氧损伤和腹腔注射异丙肾上腺素(isoproterenol，ISO)引起的心肌细胞损伤和心脏缺血导致的心脏和肺脏损伤模型，发现配方对苯肾上腺素(PE)引起的心肌细胞缺氧损伤和腹腔注射异丙肾上腺素(ISO)引起的心脏缺血导致心脏和肺脏损伤都有很好的保护作用。

1) 细胞模型

苯肾上腺素(PE)诱导心肌细胞肥大是常用的研究缺血心肌肥厚和心力衰竭的经典模

型。在此模型上，以心肌 H9C2 细胞系为研究对象，研究了 L-精氨酸(NOS 酶底物)和配方对细胞活力的影响。在实验中，H9C2 细胞用 PE(50μmol/L)处理 48h，配方浓度为 200μg/ml，L-精氨酸为 100μmol/L。

L-精氨酸在低浓度对细胞活力无明显影响，在 100μmol/L 可显著提高细胞活力(提高大约 23%)，配方可以增加细胞活力(图 5-17)。配方和 PE 共同添加，处理 48h，PE 处理使细胞内活性氧增加 41%，而配方可以减少细胞内活性氧含量，在 150μg/ml 和 200μg/ml 时可以显著促进细胞活力(图 5-18)。

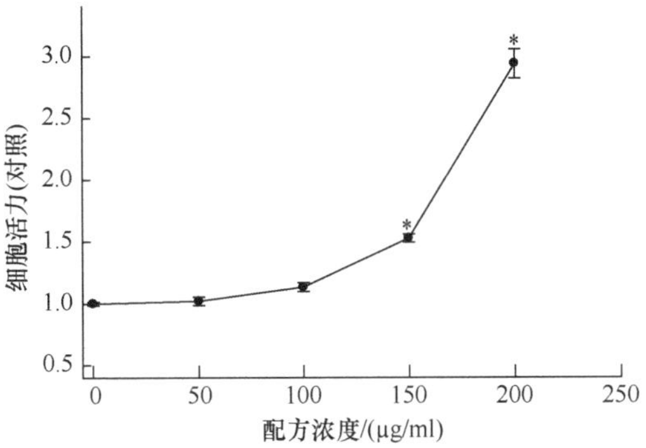

图 5-17　配方对细胞活力的影响
*与对照组相比 $P<0.05$

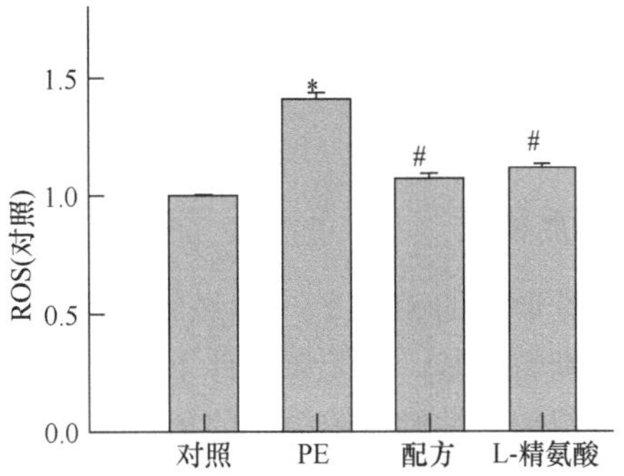

图 5-18　配方可减少细胞内 ROS
*与对照组相比 $P<0.05$；#与 PE 组相比 $P<0.05$

2) 动物模型

腹腔注射异丙肾上腺素(ISO)引起的心脏缺血导致心脏和肺脏损伤模型在 C57/BL6 小鼠中进行实验。对照组每天腹腔注射生理盐水，实验组每天进行腹腔注射异丙肾上腺素(ISO)[20mg/(kg·天)]14 天，其中配方处理组同时进行 ISO 注射和 100mg/(kg·天)的灌胃。第 15 天在超声室进行心脏功能评价，测量心脏、肺脏和体重及心脏射血分数。

腹腔注射异丙肾上腺素(ISO)对体重没有明显影响，心脏和肺脏则分别明显增大了大约 55.4%和 16.2%，心脏射血分数减少了大约 28.4%；而配方处理可以明显减少腹腔注射异丙肾上腺素(ISO)引起的心脏和肺脏的明显增大，分别减少了大约 29.6%和 12.3%，几乎接近正常心脏和肺脏水平；心脏射血分数增加了大约 23.0%(表 5-7)。从这些结果来看，配方对腹腔注射异丙肾上腺素(ISO)引起的心脏和肺脏损伤具有较好的保护功能。

从以上结果可以看出，配方对苯肾上腺素(PE)引起的心肌细胞缺氧损伤和对腹腔注射异丙肾上腺素(ISO)引起的心脏及肺脏损伤都具有较好的保护功能。同时也验证了天然抗氧化剂与 NO 自由基可以协同预防心肌梗死的风险，保护心脏的功能和健康。

表 5-7　配方对腹腔注射异丙肾上腺素(ISO)引起的心脏和肺脏损伤的保护作用

参数	对照组	ISO 组	ISO+配方组
体重/g	27.40±0.74	27.99±1.02	27.16±0.71
心脏质量/g	0.1018±0.0044	0.1582±0.0016*	0.1114±0.0033#
肺脏质量/g	0.1482±0.0073	0.1722±0.0049*	0.1510±0.0051#
心脏/体重/(mg/g)	3.74±0.23	5.67±0.15*	4.11±0.14#
肺脏/体重/(mg/g)	5.40±0.16	6.19±0.33*	5.58±0.27
心脏射血分数/%	67.5±0.88	48.3±0.36*	59.4±0.98#

*与对照组比较 $P<0.05$；#与 ISO 组比较 $P<0.05$

5.7.5　天然抗氧化剂与一氧化氮自由基协同对脑缺血再灌注损伤的防护作用

高血脂和高血压引起的脑部疾病最常见的是脑卒中，其发病率和死亡率都位居脑疾病的首位。而脑卒中的主要损伤就是脑细胞缺血和缺氧引起的。为此，作者建立了模拟缺血性脑卒中的细胞氧糖剥夺(oxygen and glucose deprivation，OGD)模型和动物的局灶性脑缺血再灌注模型。研究发现，配方在安全浓度下(10μg/ml)诱导细胞内 NO 产生，对细胞活力有明显保护作用。在动物局灶性脑缺血再灌注模型研究中，发现配方能明显减少缺血再灌注损伤，而且配方的保护作用是通过改变细胞内 ROS 水平和细胞内 Bcl-2 和 Bax 的影响实现的。

1) 细胞模型

选取人的SH-SY5Y神经胶质瘤细胞，建立细胞氧糖剥夺(OGD)模型模拟体外脑缺血。用无糖培养基，在无氧条件下培养细胞，测试 L-精氨酸和配方对细胞进行 OGD 培养体外模拟缺血性脑卒中模型的影响与保护作用，以及对细胞内 ROS 水平、Bcl-2 和 Bax 的影响。

研究发现，配方在安全浓度下(10μg/ml)不仅可以使细胞产生 NO，而且对细胞活力有明显保护作用，还能够明显抑制细胞内 ROS 浓度(图 5-19)。配方在浓度为 10μg/ml

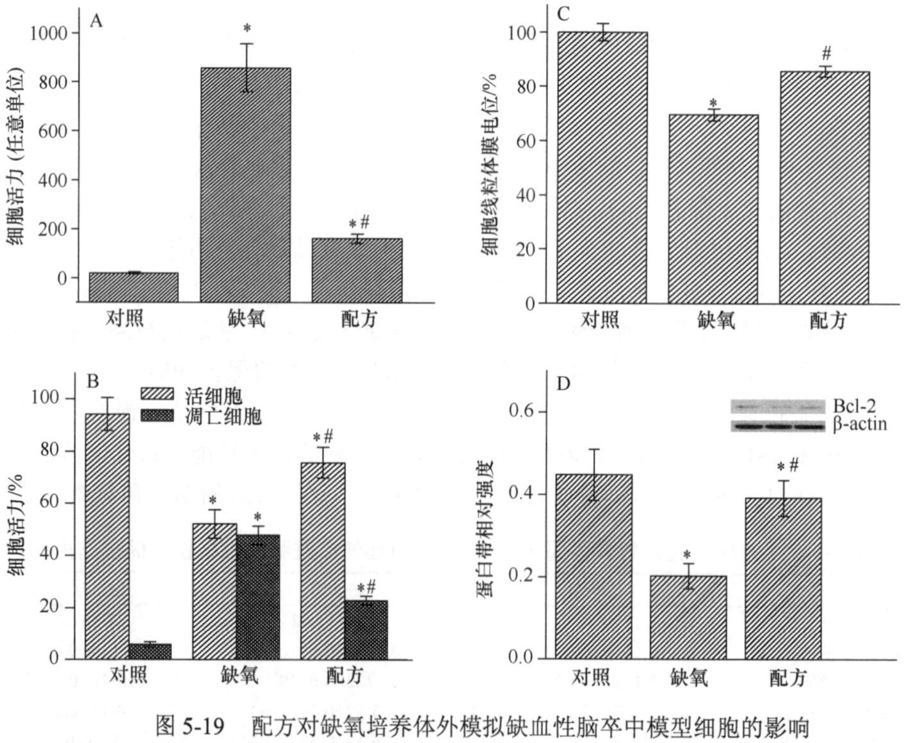

图 5-19　配方对缺氧培养体外模拟缺血性脑卒中模型细胞的影响

A. 配方对缺氧培养体外模拟缺血性脑卒中模型细胞内 ROS 的影响；B. 对缺氧诱导神经细胞 SH-SY5Y 的细胞凋亡的保护作用；C. 对缺氧诱导神经细胞 SH-SY5Y 线粒体膜电位损伤的保护作用；D. 对缺氧诱导神经细胞 SH-SY5Y 凋亡相关蛋白 Bcl-2 的保护性调控作用。*与对照细胞相比较 $P<0.05$；#与缺氧细胞相比较 $P<0.05$

时，对神经细胞 SH-SY5Y 缺氧诱导的细胞凋亡有明显防护作用(图 5-19)，对神经细胞 SH-SY5Y 缺氧诱导的线粒体膜损伤也有显著保护作用。研究结果还发现，配方对细胞损伤的保护作用是通过改变细胞内 Bcl-2 和 Bax 来实现的(图 5-19)。类似的，低浓度的 L-精氨酸对细胞进行缺氧培养体外模拟缺血性脑卒中模型缺氧诱导的凋亡相关蛋白 Caspase-3、Bcl-2 和 Bax 也有保护性调控作用(图 5-20，图 5-21)。

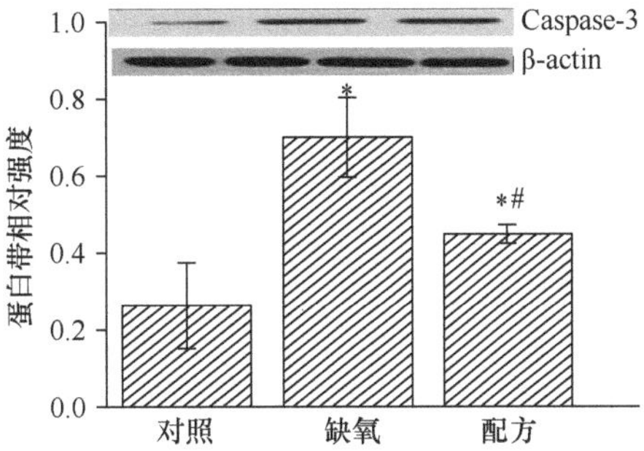

图 5-20 配方在安全浓度下(10μg/ml)对缺氧诱导神经细胞 SH-SY5Y 凋亡相关蛋白 Caspase-3 的保护性调控作用

*与对照组细胞相比较 $P<0.05$；#与缺氧细胞相比较 $P<0.05$

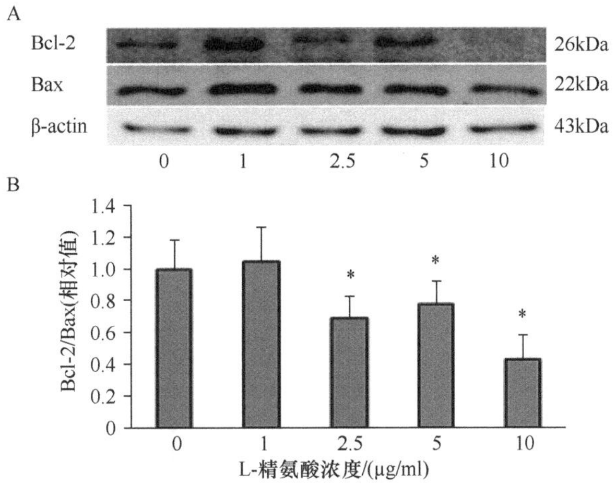

图 5-21 L-精氨酸对缺氧培养细胞进行体外模拟缺血性脑卒中模型缺氧诱导的凋亡相关蛋白 Bcl-2 和 Bax 的保护性调控作用

*与对照细胞相比 $P<0.05$

2) 动物模型

在建立的脑动脉局灶性脑缺血模型中，将小鼠一侧的颈总动脉、颈外动脉、颈内动脉识别并游离；将颈外动脉结扎并剪短，将线栓插入颈内动脉，进行局灶性脑缺血。缺血之后，将线栓从颈内动脉拔出，实现血流再循环，完成血液再灌注过程。将 20g 左右的健康雄性昆明小鼠随机分成对照处理组、配方组，每组 10 只小鼠。先将这些小鼠分别进行灌胃处理 10 天，之后进行局灶性脑缺血处理 60min，再灌注 24h。观察各组小鼠的神经学评价、尼氏染色、Tunel 染色，同时用 Western blot 检测凋亡相关分子的表达变化。

通过动物的局灶性脑缺血再灌注模型研究，利用神经学评价和尼氏染色(图 5-22)，同时用 Western blot 检测凋亡相关分子的表达变化(图 5-23)发现，配方能明显减少缺血再灌注损伤及其引起的 Bcl-2 和 Bax 表达的变化(图 5-24)。

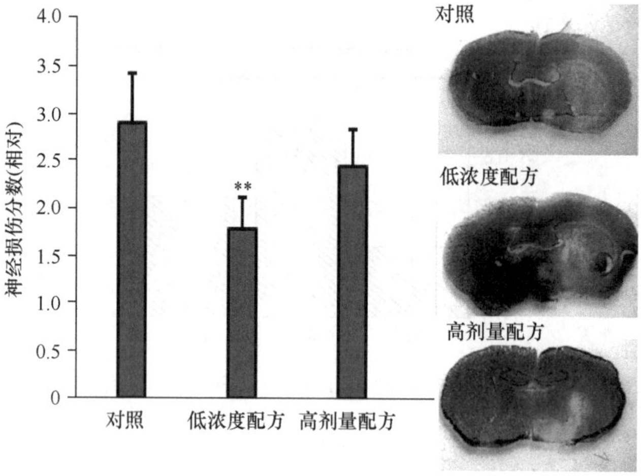

图 5-22　利用神经学评价配方对缺血再灌注损伤的保护作用

#与对照处理组比较 $P<0.01$；神经学评价分数越高，神经损伤越严重

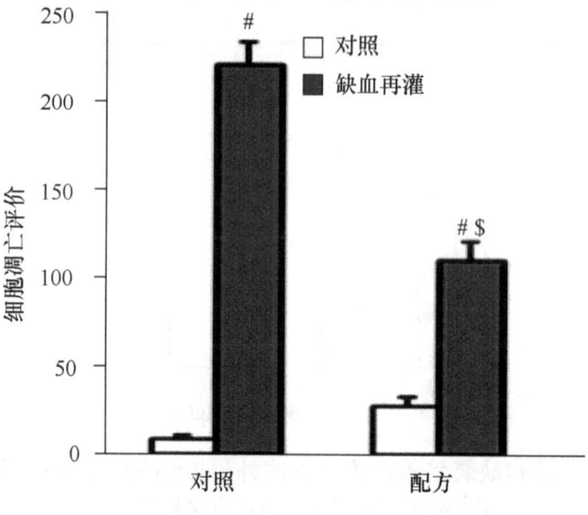

图 5-23　利用细胞凋亡评价配方缺血再灌注的损伤的保护作用

#与空白对照组比较 $P<0.001$；$与缺血再灌注组比较 $P<0.01$

从以上细胞和动物实验结果可以看出，配方对脑神经细胞缺氧损伤和动物脑缺血再灌注损伤都具有较好的防护作用，而且配方对脑细胞损伤的保护作用是通过促进细胞内 NO 自由基产生和清除 ROS 水平及调节 Bcl-2 和 Bax 通路来实现的。同时也验证了天然抗氧化剂与 NO 自由基可以协同预防脑卒中的风险，保护脑的功能和健康。

5.7.6　天然抗氧化剂与一氧化氮自由基协同对阿尔茨海默病的防护作用

我国已经进入老龄化社会，随着年龄的增加，阿尔茨海默病的发病率急剧上升，阿

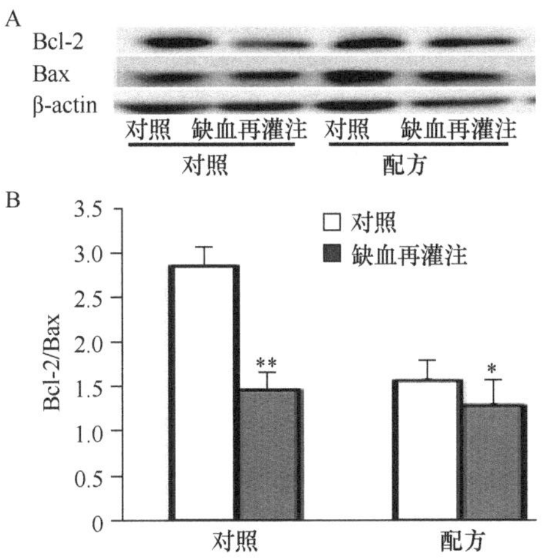

图 5-24 配方对缺血再灌注的损伤引起的 Bcl-2/Bax 表达变化的影响
*与对照组比较 $P<0.01$；**与正常对照组比较 $P<0.001$

尔茨海默病的发病人群必然会大幅度增加，这不仅会使患者非常痛苦，而且会对家庭和社会带来巨大的压力，这将是人们面临的一个严峻的医疗和社会问题。因此，如何预防和延缓阿尔茨海默病的发病时间，不仅是医疗工作者的责任，也是科学研究和健康战线的一个艰巨任务。为此作者建立了阿尔茨海默病的细胞和动物模型，研究了配方对阿尔茨海默病的预防和延缓作用。由细胞模型实验结果可知，NO 在低浓度对细胞有保护作用，高浓度有损伤作用，天然抗氧化剂和 NO 对细胞有协同保护作用。配方能够在安全浓度下诱导细胞内 NO 产生，清除细胞产生的氧自由基，对细胞活力有明显保护作用，在动物的阿尔茨海默病模型研究中，发现 NO、天然抗氧化剂和配方都可以延缓阿尔茨海默病的发病时间，延长动物寿命。

1) 细胞模型

把体外培养的表达 ApoE4 和 APP 突变体的神经细胞(N2a)作为阿尔茨海默病的研究模型，分别研究了抗氧化剂与 NO 的协同作用及配方的作用。

(1) 抗氧化剂与 NO 的协同作用

分别利用 NO 供体和 L-精氨酸及配方研究了 NO 自由基和抗氧化剂的保护作用。结果发现，与对照细胞相比，阿尔茨海默病细胞的活力明显降低。在这个阿尔茨海默病的细胞模型中，加入 NO 供体硝普钠产生大量 NO 自由基，进一步加剧了对细胞的毒性，然而加入一定量的 L-精氨酸，产生少量的 NO 自由基，却对细胞有明显的保护作用(图 5-25)。与对照细胞相比，在这个阿尔茨海默病细胞模型中，活性氧的产生比对照组高出近 5 倍，NO 供体的加入进一步增强了活性氧的释放，而 L-精氨酸能够明显减少活性氧的产生(图 5-26)。

作者分别检测了常用的抗氧化剂维生素 C 和维生素 E 对阿尔茨海默病模型组细胞毒性的影响，发现它们都能明显减弱阿尔茨海默病模型组的细胞毒性，对其有明显保护作用(图 5-27)，维生素 C 和维生素 E 对活性氧的清除作用也比较明显(图 5-28)。

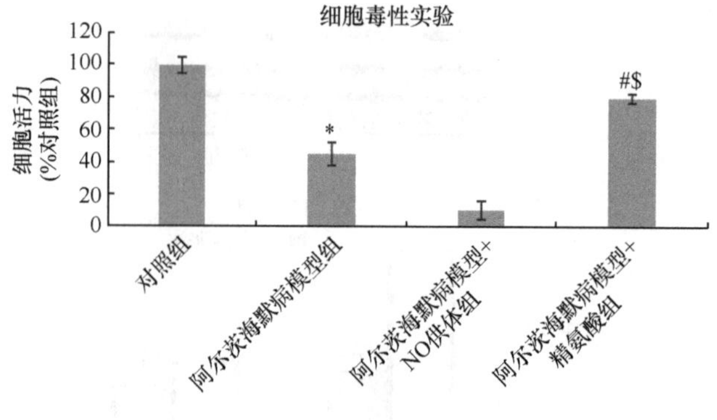

图 5-25　不同浓度 NO 对细胞活性的作用
*与对照组相比；#与模型组相比；$与模型组和 NO 供体组相比，$P<0.01$

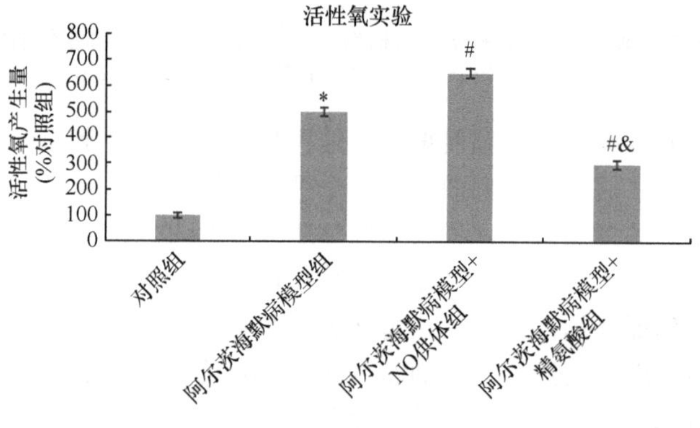

图 5-26　不同浓度 NO 自由基对细胞产生活性氧自由基的作用
*与对照组相比；#与模型组相比；&与模型组和 NO 供体组相比，$P<0.01$

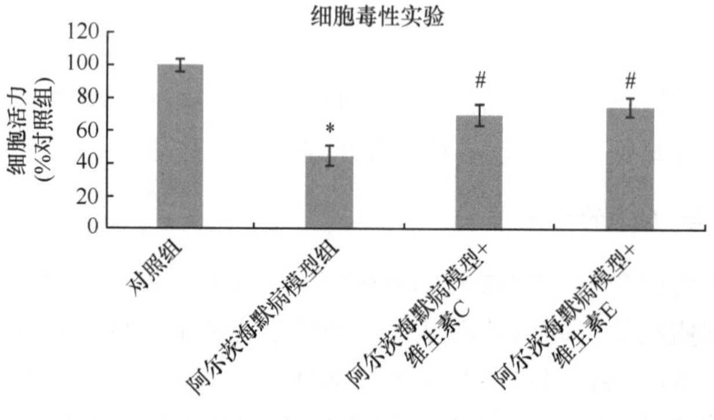

图 5-27　抗氧化剂维生素 C 和维生素 E 对阿尔茨海默病细胞活性的作用
*与对照组相比；#与模型组相比，$P<0.01$

另外，作者研究还发现，抗氧化剂维生素 C 可以减弱 NO 供体组的细胞毒性，同时能够明显增强 L-精氨酸对细胞的保护作用，表现出与 NO 有明显的协同作用(图 5-29)。类似的，维生素 C 也能够降低 NO 供体组的活性氧产生量。L-精氨酸和维生素 C 对活性氧的清除也表现出协同作用，进一步降低了活性氧的产生(图 5-30)。

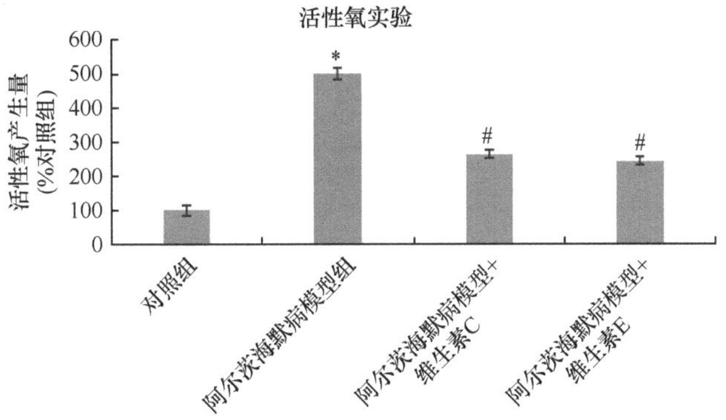

图 5-28 抗氧化剂维生素 C 和维生素 E 对阿尔茨海默病细胞产生活性氧自由基的作用
*与对照组相比；#与模型组相比，*P*<0.01

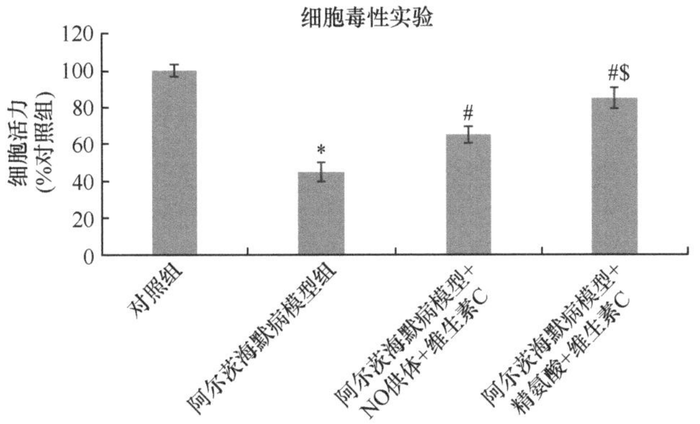

图 5-29 NO 和维生素 C 对细胞活性的协同保护作用
*与对照组相比；#与模型组相比；$与模型组和 NO 供体组相比，*P*<0.01

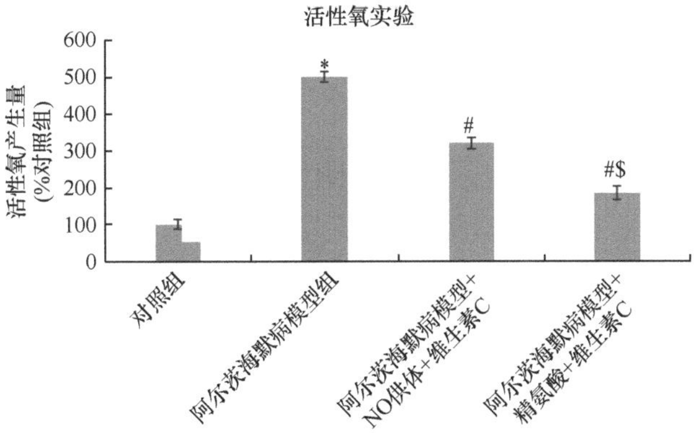

图 5-30 NO 和维生素 C 对细胞产生活性氧自由基的协同清除作用
*与对照组相比；#与模型组相比；$与模型组和 NO 供体组相比，*P*<0.01

(2) 配方对细胞体系的作用

在这个阿尔茨海默病模型中，作者发现配方能够明显减弱阿尔茨海默病细胞模型的毒性，对细胞有非常明显的保护作用(图 5-31)。配方对活性氧的清除能力也很强，活性氧的释放减少了至少 1/3，几乎接近了正常细胞水平(图 5-32)。其对细胞的保护作用和活性氧的清除能力都远远大于 NO 和抗氧化剂单独的作用。

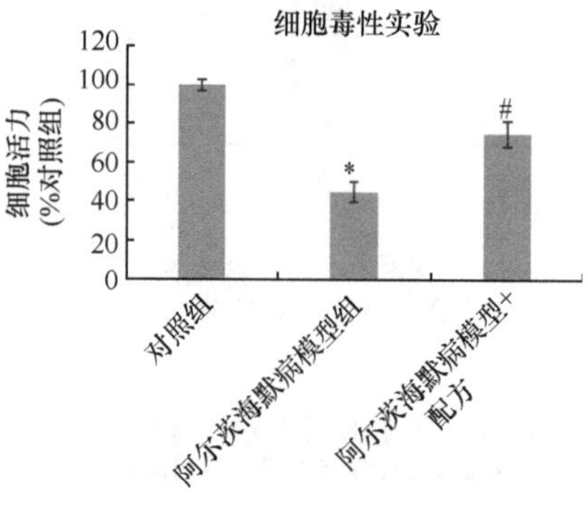

图 5-31　配方对阿尔茨海默病细胞模型的保护作用

*与对照组相比；#与模型组相比，P<0.01

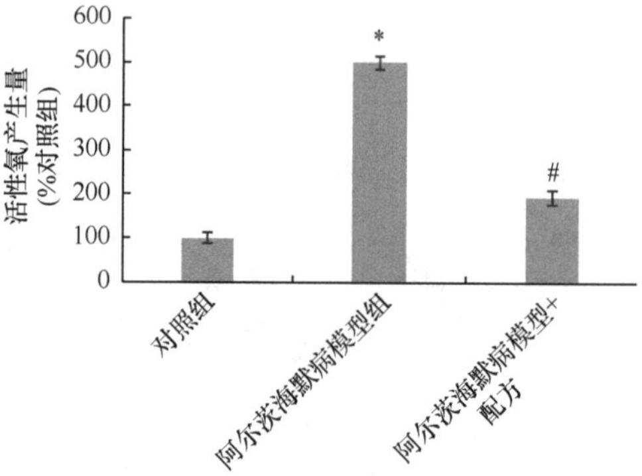

图 5-32　配方对阿尔茨海默病细胞模型产生活性氧的清除作用

*与对照组相比；#与模型组相比，P<0.01

2) 动物模型

作者以 Aβ转基因线虫为模型，研究了 NO、天然抗氧化剂和配方对 Aβ诱导瘫痪行为的作用。

(1) NO 对 Aβ诱导瘫痪行为的作用

因为线虫体内没有一氧化氮合酶 NOS 可以合成 NO，而大肠杆菌体内也没有 NOS 可以合成 NO，作者不能利用 L-精氨酸作为 NOS 底物产生 NO 进行研究。为了检测 NO 对 Aβ诱导瘫痪行为的作用，作者采用了 NO 供体从体外直接供给线虫 NO。将同步化至 L4 的 AD 转基因模型 GMC101 线虫转移到加入不同浓度 NO 供体 DETA(0、10mmol/L、1mmol/L 和 0.1mmol/L)的培养基上培养，4h 后将线虫置于 25℃中热应激，18h 后开始检测瘫痪线虫的数目。结果发现，不同浓度的 DETA 都对 Aβ诱导线虫的瘫痪具有不同程度的抑制作用(图 5-33)。显示 NO 可能对 Aβ诱导的病理行为具有抑制作用。还发现 NO 能够明显延长线虫的寿命。

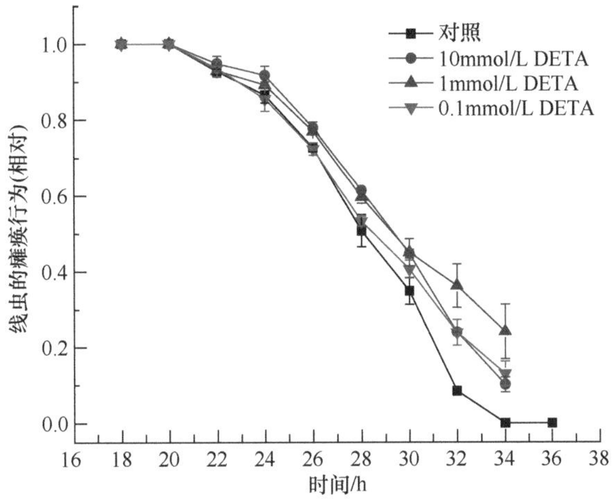

图 5-33 NO 供体 DETA 对 Aβ诱导的 AD 转基因线虫的瘫痪病理行为的影响
同步化至 L4 的 AD 转基因线虫 GMC101 被转移到加入不同浓度 DETA(0、10mmol/L、1mmol/L 和 0.1mmol/L)的培养基上培养，4h 后线虫被置于 25℃中热应激，18h 后开始检测瘫痪线虫的数目

(2) 天然抗氧化剂对 Aβ诱导瘫痪行为的作用

为了检测天然抗氧化剂对 Aβ诱导的瘫痪行为的作用，作者采用了虾青素，这是一种脂溶性天然抗氧化剂，可以清除有害自由基，又具有防止阿尔茨海默病的作用[83, 84]。作者检测了天然抗氧化剂虾青素对 Aβ诱导的瘫痪行为的作用，同步化至 L4 的 AD 转基因线虫模型 CL2006 线虫被转移到加入不同浓度虾青素(0、2ng/ml、10ng/ml、50ng/ml 和 250ng/ml)的培养基上培养，在第 4~13 天每天检测瘫痪线虫的数目。实验结果发现，在不同浓度虾青素培养基上培养的线虫与在溶剂对照培养基上培养的线虫相比，发生瘫痪的比例均有所降低。其中，250ng/ml 的虾青素对线虫瘫痪的抑制作用最强。在第 11 和 13 天时，在 250ng/ml 虾青素和对照培养基上培养的线虫的非瘫痪率分别大约为 78.94%和 51.59%，以及 56.76%和 29.84%。此结果显示虾青素对 Aβ诱导的病理行为具有显著抑制作用，虾青素显著降低线虫瘫痪率。另外还发现，虾青素能够明显延长线虫的寿命。

(3) 配方对 Aβ诱导瘫痪行为的作用

为了检测配方对 Aβ诱导的瘫痪行为的作用，同步化至 L4 的 CL2006 线虫被转移到加入不同浓度配方的培养基上培养，在第 4~13 天每天检测瘫痪线虫的数目。实验结果发现，在加入配方的培养基上培养的线虫与在溶剂对照培养基上培养的线虫相比，发生瘫痪的比例均有所降低(图 5-34)。其中，100ng/ml 对线虫瘫痪的抑制作用最强。不仅如此，而且还发现，配方能够明显延长线虫的寿命。

以上实验结果表明，配方对阿尔茨海默病具有较好的防护作用，而且配方对于脑细胞的损伤的保护作用是通过产生 NO 和清除细胞内 ROS 水平实现的。同时也验证了天然抗氧化剂与 NO 自由基可以协同预防阿尔茨海默病的风险，推迟阿尔茨海默病的发病时间，保护脑的功能和健康。

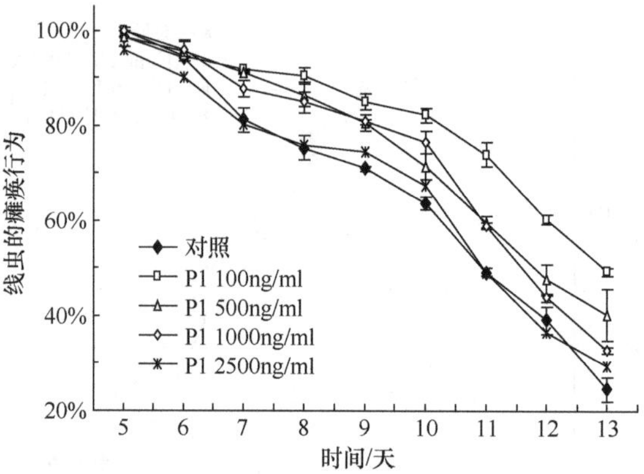

图 5-34　配方抑制 Aβ诱导的 AD 转基因线虫瘫痪病理行为

同步化的 CL2006 线虫在加入不同浓度的配方的培养基上培养，在第 4~13 天检测瘫痪线虫的数目

5.8　天然抗氧化剂与一氧化氮协同作用对心脑血管健康的意义和应用前景

通过本章讨论的实验结果可以看出，我们利用天然抗氧化剂研究保护心肌缺血再灌注损伤时，不仅发现了天然抗氧化剂银杏黄酮和知母宁可以清除缺血再灌注损伤时产生的氧自由基，调节和促进 NO 自由基产生，保护心肌，防止缺血再灌注损伤，而且在研究利用天然抗氧化剂保护脑缺血再灌注损伤时，发现天然抗氧化剂山楂黄酮能够促进 NO 自由基产生，防止脑缺血再灌注损伤。最近 Siamwala 等研究发现，L-茶氨酸能够诱导内皮细胞 eNOS 活性和提高 NO 产生，促进细胞松弛；*JAMA* 杂志发表一篇临床试验报告，从整体证明了食用天然抗氧化剂可可(巧克力)多酚也能够促进高血压患者血浆 NO 自由基产生增加和血压下降，这些都证实了作者的发现。

为了进一步验证以上发现，作者最近又利用中医的“君臣佐使”理论结合发现的“天然抗氧化剂可以保护和促进 NO 自由基产生并可以协调保护心脑血管健康”，选择了一组既可以产生 NO 自由基，又包含天然抗氧化剂抑制氧自由基产生的配方，更加系统地进行了研究。通过以上实验结果和讨论可以看出，在细胞和动物实验中，利用天然抗氧化剂与 NO 自由基可以协同保护心脑血管健康，预防心脑血管疾病。其既可以在安全浓度产生一定量的 NO 自由基，又可以清除有害氧自由基，提高抗氧化活性；配方对高血脂、高血糖和高血压具有明显的预防及调节作用，保护血管健康；配方对苯肾上腺素(PE)引起的细胞缺氧损伤和对腹腔注射异丙肾上腺素(ISO)引起的心脏和肺脏损伤都具有较好的保护作用，可以预防心肌梗死的风险，保护心脏的功能和健康；配方对脑缺氧缺血再灌注损伤具有较好的防护作用，可以协同预防脑卒中的风险，保护脑的功能和健康；配方对阿尔茨海默病具有较好的防护作用，可以预防阿尔茨海默病风险，推迟阿尔茨海默病的发病时间，保护脑的功能和健康。

作者相信，经过进一步研究完善，再经过临床试验，把这组配方产业化，可以提供一种安全、有效预防心脑血管疾病的健康产品和药物，将能够大大减少心脑血管发病的风险，为提高人类的健康水平作出贡献。

参考文献

[1] Darley-Usmar V, Wiseman H, Halliwell B. Nitric oxide and oxygen radicals: a question of balance. FEBS Lett, 1995, 369(2-3): 131-135.

[2] Wink DA, Cook JA, Pacelli R, et al. Nitric oxide(NO)protects against cellular damage by reactive oxygen species. Toxicol Lett, 1995, 82-83: 221-226.

[3] Murphy MP. Nitric oxide and cell death. Biochimica Et Biophysica Acta, 1999, 1411(2-3): 401-414.

[4] 卫涛涛, 陈畅, 赵保路, 等. NO损伤神经细胞线粒体并诱导细胞凋亡. 科学通报, 1999, 44: 1867-1871.

[5] Konorev EA, Hogg N, Kalyanaraman B. Rapid and irreversible inhibition of creatine kinase by peroxynitrite. FEBS Lett, 1998, 427(2): 171-174.

[6] Beckman JS. Peroxynitrite versus hydroxyl radical: the role of nitric oxide in superoxide-dependent cerebral injury. Annl New York Acad Sci, 1994, 738: 69-75.

[7] Cooper CE. Nitric oxide and iron proteins. Biochim Biophy Acta, 1999, 1411(2-3): 290-309.

[8] Zhao BL, Wang JC, Hou JW, et al. Studies on nitric oxide free radicals generated from polymorphonuclear leukocytes(PMN)stimulated by phorbol myristate acetate(PMA). Cell Biol Intern, 1996, 20(5): 343-350.

[9] 赵保路, 王建潮, 侯京武, 等. 多形核白细胞产生的NO和超氧阴离子自由基主要形成ONOO-. 中国科学, 1996, 26: 406-413.

[10] Li HT, Zhao BL, Xin WJ. Two peak kinetic curve of chemiluninescence in phorbol stimulated macrophage. Biochem Biophys Res Commn, 1996, 223: 311-314.

[11] Zhao BL, Li XJ, Xin WJ. ESR study on oxygen consumption during the respiratory burst of human polymophonuclear leukocytes. Cell Biol Intern Report, 1989, 13: 317-326.

[12] Li HT, Hu JG, Xin WJ, et al. Production and interaction of oxygen and nitric oxide free radicals in PMA stimulated macrophages during the respiratory. Redox Report, 2000, 5: 353-358.

[13] 赵保路, 沈剑刚, 忻文娟. 心肌缺血再灌注损伤过程中NO和超氧阴离子自由基的协同作用. 中国科学, 1996, 26: 331-338.

[14] Zhao BL. Nitric oxide in neirodegenarative diseases. Front Biosci, 2005, 10: 454-461.

[15] Li W, Nie GJ, Zhang J, et al. <Beta>-amyloid peptide increases levels of iron content and oxidative stress in human cell and *C. elegans* models of Alzheimer's disease. Free Rad Biol Med, 2011, 50: 122-129.

[16] Zhao Y, Zhao BL. Oxidative Stress and the Pathogenesis of Alzheimer's Disease. Oxidative Medicine and Cellular Longevity, 2013, ID 316523, http://dx. doi. org /10. 1155 /2013 /316523.

[17] Yan JQ, Zhao Y, Suo Siqingaowa, et al. Green tea catechins ameliorate adipose insulin resistance by improving oxidative stress. Free Radical Biology & Medicine, 2012, 52: 1648-1657.

[18] Yan JQ, Zhao Y, Zhao BL. Green tea catechins prevent obesity through modulation of peroxisome proliferator-activated receptors. Sci China, Life Sciences, 2013, 56: 804-810.

[19] Guo SH, Bezard E, Zhao BL. Protective effects of green tea polyphenols in the 6-OHDA rat model of Parkinson's disease through inhibition of ROS-NO pathway. Biological Psychiatry, 2007, 62: 1353-1362.

[20] Shen JG, Zhao BL, Li MF, et al. Inhibitory effects of Ginkgo biloba extract(EGB761)on oxygen free radicals, nitric oxide and myocardial injury in isolated ischemic-reperfusion hearts. *In*: Packer L, Traber MG, Xin W. Proceedings of the International Symposium on Natural Antioxidants Molecular Mechanisms and Health Effects. Illinois: AOCS Press Champaign, 1996: 456-459.

[21] Shen JG, Wang J, Zhao BL, et al. Effects of EGb-761 on nitric oxide, oxygen free radicals, myocardial damage and arrhythmias in ischemia-reperfusion injury *in vivo*. Biochim Biophys Acta, 1998, 1406: 228-236.

[22] Zhao BL, Shen JG, Li M, et al. Scavenging effect of Chinonin on NO and oxygen free radicals and its protective effect on the myocardium from the injury of ischemia-reperfusion. Biochem Biophys Acta, 1996, 1315: 131-137.

[23] Shen JG, Li M, Xin WJ, et al. Effects of chinonin on nitric oxide free radical, myocardial damage and arrhythmia in ischemia-reperfusion injury *in vivo*. Appl Magn Reson, 2000, 19: 9-19.

[24] Shen JG, Guo XS, Jiang B, et al. Chinonin, a novel drug against cardiomyocyte apoptosis induced by hypoxia and reoxygenation. Biochim Biophyscs Acta, 2000, 1500: 217-226.

[25] Zhang DL, Zhao BL. Oral administration of *Crataegus* extraction protects against ischemia/reperfusion brain damage

in the Mongolian gerbils. J Neur Chem，2004，90：211-219.

[26] Cartwright RA，Roberts EAH，Wood DJ. Theanine，an amino-acid n-ethyl amide present in tea. Journal of the Science of Food and Agriculture，1954，5：597-599.

[27] Juneja LR，Chu DC，Okubo T，et al. L-theanine - a unique amino acid of green tea and its relaxation effect in humans. Trends in Food Science and Technology，1999，10：199-204.

[28] Di X，Yan J，Zhao Y，et al. L-theanine protects the APP(Swedish mutation)transgenic SH-SY5Y cell against glutamate-induced excitotoxicity via inhibition of the NMDA receptor pathway. Neuroscience，2010，168：778-786.

[29] Yan J，Di X，Liu C，et al. The cessation and detoxification effect of tea filters on cigarette smoke. Sci China Life Sci，2010，53：533-541.

[30] Di X，Yan J，Zhao Y，et al. L-theanine inhibits nicotine-induced dependence via regulation of the nicotine acetylcholine receptor-dopamine reward pathway. Sci China Life Sci，2012，55：1064-1074.

[31] Gong Y，Luo Y，Huang JA，et al. Theanine improves stress resistance in *Caenorhabditis elegans*. Journal of Functional Foods，2012，4：988-993.

[32] Siamwala JH，Dias PM，Majumder S，et al. L-theanine promotes nitric oxide production in endothelial cells through eNOS phosphorylation. J Nutr Biochem，2013，24(3)：595-605.

[33] Keaney JF Jr.，Guo Y，Cunningham D，et al. Vascular incorporation of alpha-tocopherol prevents endothelial dysfunction due to oxidized LDL by inhibiting protein kinase C stimulation. J Clin Invest，1996，98：386-394.

[34] Keaney JF Jr.，Gaziano JM，Xu A. Dietary antioxidants preserve endothelium-dependent vessel relaxation in cholesterol-fed rabbits. Proc Natl Acad Sci USA，1993，90：11 880-11 884.

[35] Andersson TLG，Matz J，Ferns GAA，et al. Vitamin E reverses cholesterol-induced endothelial dysfunction in the rabbit coronary circulation. Atherosclerosis，1994，111：39-45.

[36] Keegan A，Walbank H，Cotter MA，et al. Chronic vitamin E treatment prevents defective endothelium-dependent relaxation in diabetic rat aorta. Diabetologia，1995，38：1475-1478.

[37] Gilligan DM，Sack MN，Guetta V. Effect of antioxidant vitamins on low density lipoprotein oxidation and impaired endothelium-dependent vasodilation in patients with hypercholesterolemia. J Am Coll Cardiol，1994，24：1611-1617.

[38] McDowell IF，Brennan GM，McEneny J. The effect of probucol and vitamin E treatment on the oxidation of low-density lipoprotein and forearm vascular responses in humans. Eur J Clin Invest，1994，24：759-765.

[39] Chowienczyk PJ，Kneale BJ，Brett SE，et al. Lack of effect of vitamin E on L-arginine responsive endothelial dysfunction in patients with mild hypercholesterolemia and coronary artery disease. Clin Sci，1998，94：129-134.

[40] Stewart-Lee AL，Forster LA，Nourooz-Zadeh J，et al. Vitamin E protects against impairment of endothelium-mediated relaxations in cholesterol-fed rabbits. Arterioscler Thromb，1994，14：494-499.

[41] Ting HH，Timimi FK，Boles KS，et al. Vitamin C improves endothelium-dependent vasodilation in patients with non-insulin-dependent diabetes mellitus. J Clin Invest，1996，97：22-28.

[42] Levine GN，Frei B，Koulouris SN，et al. Ascorbic acid reverses endothelial vasomotor dysfunction in patients with coronary artery disease. Circulation，1996，96：1107-1113.

[43] Hornig B，Arakawa N，Kohler C，et al. Vitamin C improves endothelial function of conduit arteries in patients with chronic heart failure. Circulation，1998，97：363-368.

[44] Motoyama T，Kawano H，Kugiyama K. Endothelium-dependent vasodilation in the brachial artery is impaired in smokers：effect of vitamin C. Am J Physiol，1997，273：H1644-H1650.

[45] Chambers JC，McGregor A，Jean-Marie J，et al. Demonstration of rapid onset vascular endothelial dysfunction after hyperhomocysteinemia：an effect reversible with vitamin C therapy. Circulation，1999，99：1156-1160.

[46] Kugiyama K，Motoyama T，Hirashima O. Vitamin C attenuates abnormal vasomotor reactivity in spasm coronary arteries in patients with coronary spastic angina. J Am Coll Cardiol，1998，32：103-109.

[47] Ting HH，Timimi FK，Haley EA，et al. Vitamin C improves endothelium-dependent vasodilation in forearm resistance vessels of humans with hypercholesterolemia. Circulation，1997，95：2617-2622.

[48] Taddei S，Virdis A，Ghiadoni L，et al. Vitamin C improves endothelium-dependent vasodilation by restoring nitric oxide activity in essential hypertension. Circulation，1998，97：2222-2229.

[49] Solzbach U，Hornig B，Jeserich M，et al. Vitamin C improves endothelial dysfunction of epicardial coronary arteries in hypertensive patients. Circulation，1997，96：1513-1519.

[50] Heitzer T，Just H，Munzel T. Antioxidant vitamin C improves endothelial dysfunction in chronic smokers. Circulation，1996，94：6-9.
[51] Frei B，England L，Ames BN. Ascorbate is an outstanding antioxidant in human blood plasma. Proc Natl Acad Sci USA，1989，86：6377-6381.
[52] Meister A. Glutathione-ascorbic acid antioxidant system in animals. J Biol Chem，1994，269：9397-9400.
[53] Kissner R，Nauser T，Bugnon P，et al. Formation and properties of peroxynitrite as studied by laser flash photolysis，high pressure stopped-flow technique，and pulsed radiolysis. Chem Res Toxicol，1997，10：1285-1292.
[54] Ghigo D，Alessio P，Foco A. Nitric oxide synthesis is impaired in glutathione-depleted human umbilical vein endothelial cells. Am J Physiol，1993，265：C728-C732.
[55] Hobbs AJ，Fukoto JM，Ignarro LJ. Formation of free nitric oxide from L-arginine by nitric oxide synthase：direct enhancement of generation by superoxide dismutase. Proc Natl Acad Sci USA，1994，91：10 992-10 996.
[56] Gorren AC，Schrammel A，Schmidt K，et al. Thiols and neuronal nitric oxide synthase：complex formation，competitive inhibition，and enzyme stabilization. Biochemistry，1997，36：4360-4366.
[57] Vita JA，Frei B，Holbrook M，et al. 1-2-oxothiazolidine-4-carboxylic acid reverses endothelial dysfunction in patients with coronary artery disease. J Clin Invest，1998，101：1408-1414.
[58] Kugiyama K，Ohgushi M，Motoyama T. Intracoronary infusion of reduced glutathione improves endothelial vasomotor response to acetylcholine in human coronary circulation. Circulation，1998，97：2299-2301.
[59] Prasad A，Andrews NP，Padder FA，et al. Glutathione reverses endothelial dysfunction and improves nitric oxide bioavailability. J Am Coll Cardiol，1999，34：507-514.
[60] Hofmann H，Schmidt HHHW. Thiol dependence of nitric oxide synthase. Biochemistry，1995，34：13 443-13 452.
[61] Heller R，Munscher-Paulig F，Grabner R，et al. L-Ascorbic acid potentiates nitric oxide synthesis in endothelial cells. J Biol Chem，1999，274：8254-8260.
[62] Huang A，Venema RC，Vita JA，et al. Ascorbic acid enhances endothelial nitric oxide production in a tetrahydrobiopterin-dependent manner. Circulation，1999，100：I702.
[63] Keaney JF Jr.，Gaziano JM. Antioxidants and cardiovascular disease. *In*：Keaney JF Jr. Oxidative Stress and Vascular Disease. Boston：Kluwer，1999：245-258.
[64] Rimm EB，Stampfer MJ，Ascherio A，et al. Vitamin E consumption and the risk of coronary heart disease in men. N Engl J Med，1993，328：1450-1456.
[65] Stampfer MJ，Hennekens CH，Manson JE，et al. Vitamin E consumption and the risk of coronary disease in women. N Engl J Med，1993，328：1444-1449.
[66] Enstrom JE，Kanim LE，Klein MA. Vitamin C intake and mortality among a sample of the United States population. Epidemiology，1992，3：194-202.
[67] Nyyssonen K，Parviainen MT，Salonen R，et al. Vitamin C deficiency and risk of myocardial infarction：prospective population study of men from eastern Finland. Br Med J，1997，314：634-638.
[68] GISSI. Dietary supplementation with n-3 polyunsaturated fatty acids and vitamin E after myocardial infarction：results of the GISSI-Prevenzione trial. Gruppo Italiano per lo Studio della Sopravvivenza nell'Infarto miocardico. Lancet，1999，354：447-455.
[69] Yusuf S，Dagenais G，Pogue J，et al. Vitamin E supplementation and cardiovascular events in high-risk patients. The Heart Outcomes Prevention Evaluation Study Investigators. N Engl J Med，2000，342：154-160.
[70] The Alpha-Tocopherol，Beta Carotene Cancer Prevention Study Grou The effect of vitamin E and beta carotene on the incidence of lung cancer and other cancers in male smokers. N Engl J Med，1994，330：1029-1035.
[71] Hennekens CH，Buring JE，Manson JE. Lack of effect of long-term supplementation with beta carotene on the incidence of malignant neoplasms and cardiovascular disease. N Engl J Med，1996，334：1145-1149.
[72] Omenn GS，Goodman GE，Thornquist MD. Effects of a combination of beta carotene and vitamin A on lung cancer and cardiovascular disease. N Engl J Med，1996，334：1150-1155.
[73] Hodis HN，Mack WJ，LaBree L. Serial coronary angiographic evidence that antioxidant vitamin intake reduces progression of coronary artery atherosclerosis. J Am Med Assoc，1995，273：1849-1854.
[74] Kritchevsky SB，Shimakawa T，Tell GS. Dietary antioxidants and carotid artery wall thickness：the ARIC study. Circulation，1995，92：2142-2150.
[75] Taubert D，Roesen R，Lehmann C，et al. Effects of low habitual cocoa intake on blood pressure and bioactive nitric oxide，a randomized controlled trial. JAMA，2007，298(1)：49-60.
[76] Lairon D，Amiot MJ. Falvonoids in food and natural antioxidants in wine. Curr Opin Lipid，1999，10：23-28.

[77] Muldoon MF，Kritchevsky SB. Flavonoids and heart disease. Br Med J，1996，312：458-459.
[78] Flesch M，Schwarz A，Bohm M. Effects of red and white wine on endothelium-dependent vasorelaxation of rat aorta and human coronary arteries. Am J Physiol，1998，275：H1183-H1190.
[79] Stein JH，Keevil JG，Wiebe DA，et al. Purple grape juice improves endothelial function and reduces the susceptibility of LDL cholesterol to oxidation in patients with coronary artery disease. Circulation，1999，100：1050-1055.
[80] Zhao BL. NO free radical，natural antioxidant and cardio-brain-vascular health. The Second International Chinese Symposium on Free Radical Research，2015，32：195-207.
[81] Wang H，Sun X，Xu Y，et al. Astaxanthin upregulates heme oxygenase-1 expression through ERK1/2 pathway and its protective effect against beta-amyloid-induced cytotoxicity in SH-SY5Y cells. Brain Res，2010，1360：159-167.
[82] 赵保路，张标. 一种调节心脑血管健康和减少心脑血管疾病风险的保健品：中国，CN104491350A. 2015年4月8日.
[83] Wang H，Sun X，Xu Y，et al. Astaxanthin upregulates heme oxygenase-1 expression through ERK1/2 pathway and its protective effect against beta-amyloid-induced cytotoxicity in SH-SY5Y cells. Brain Res，2010，1360：159-167.
[84] Zhao Y，Zhao B. Natural antioxidants in prevention and management of Alzheimer's disease. Front Biosci，2012，4：794-808.

6 一氧化氮自由基和细胞免疫反应

在免疫反应中，白细胞发挥着关键作用。过去研究表明白细胞在免疫杀伤过程中释放大量活性氧自由基，作为杀伤外来入侵微生物的武器。最近研究发现，白细胞，特别是巨噬细胞，在这一过程不仅释放活性氧自由基，而且还释放大量 NO 自由基。这两种自由基可以很快反应生成过氧亚硝基阴离子(k=3.7×10^{-9}(mol/L/S)。在碱性条件下，过氧亚硝基比较稳定，但在稍低于中性 pH 时，立即分解生成氧化性更强的类羟基物质和 NO_2。

$$O_2^- + NO \rightarrow ONOO^- + H^+ \longrightarrow ONOOH \longrightarrow \cdot OH + NO_2$$

从自由基分子毒理学的角度来看这一反应机制是非常有意义的，O_2^-和 NO 都是自由基，但二者的氧化性都不很强，它们在体内都有一定的生物功能，二者结合生成过氧亚硝基阴离子，在高于生理 pH 条件下，过氧亚硝基相当稳定，允许它由生成位置扩散到较远的距离，一旦周围 pH 稍低于生理条件，立即分解生成羟基和 NO_2 自由基，这两种自由基具有很强的氧化性和细胞毒性，这对杀伤入侵微生物和肿瘤细胞具有非常重要的意义。

NO 自由基杀伤感染细胞的另一个途径是 NO 可以结合到感染细胞的核酸酶和线粒体呼吸酶的金属离子上使其失去活性，引起细胞死亡。但 NO 在细胞生成后为何不与本身细胞的核酸酶和线粒体的呼吸酶结合，它又是如何穿越细胞膜达到靶细胞的靶位置的，这都是没有解决的问题。本章将对 NO 在免疫过程中的作用进行讨论，特别是在细胞免疫反应中的作用机制进行讨论。

6.1 巨噬细胞产生一氧化氮自由基

巨噬细胞是参与免疫反应的主要细胞之一，巨噬细胞参与免疫反应的主要武器就是产生活性氧和 NO。本节用几种方法检查了巨噬细胞在免疫过程中产生的 NO 及其规律，证明了巨噬细胞在免疫反应和发炎时，确实产生 NO。

6.1.1 用自旋捕捉技术间接测定 PMN 受 PMA 刺激产生的一氧化氮自由基[1, 2]

作者实验室建立了一种用 DMPO(5,5-dimethyl-1-pyrroline-1-oxide)间接检测佛波醇(PMA)刺激巨噬细胞(PMN)产生 NO 的方法。DMPO 可以有效捕捉各种体系产生的超氧阴离子自由基，但是却不能直接捕捉一氧化氮自由基。利用 NO 可以和超氧阴离子自由基迅速结合生成过氧亚硝基的特点间接检测了 PMN 产生 NO。DMPO 捕捉的 PMA 刺激 PMN 产生 O_2^-的 ESR 波谱及 L-精氨酸(1mmol/L)和硝基精氨酸 L-NGMA(1mmol/L)对 PMA 刺激 PMN 产生 O_2^-的影响如图 6-1A~C 所示。图 6-1A 是一个由 DMPO-OOH 与

DMPO-OH 组成的复合谱。由图可以看出，L-精氨酸可以明显减少 PMA 刺激 PMN 捕捉到的 O_2^-，而 NOS 抑制剂 L-NGMA 则可以明显增加捕捉到的 O_2^-，而且对精氨酸的浓度有依赖关系。加入 NOS 底物 L-精氨酸明显增加 PMA 刺激 PMN 体系中捕捉到的羟基自由基，而 L-NGMA 对 PMA 刺激 PMN 体系中捕捉的羟基自由基的影响不明显。在黄嘌呤/黄嘌呤氧化酶体系中未检测到 L-精氨酸和 L-NGMA 对 O_2^-有任何清除和增强作用。

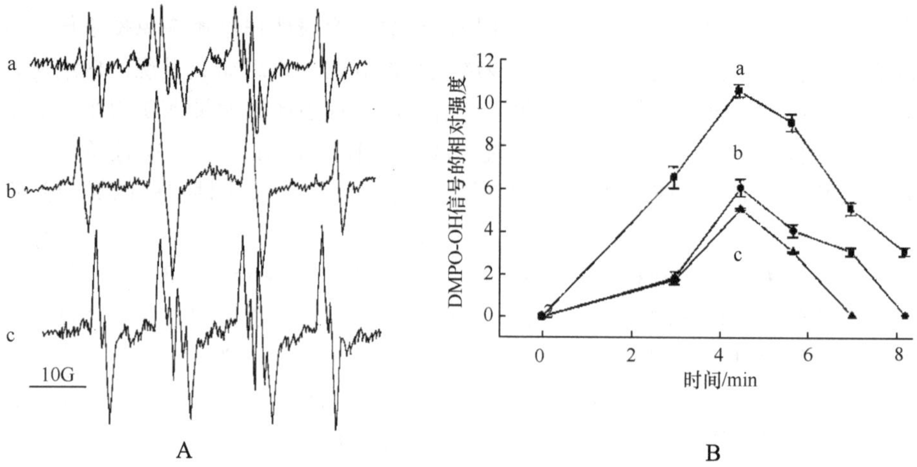

图 6-1　L-精氨酸对 PMA 刺激 PMN 产生 O_2^-的 ESR 波谱信号的影响

A. 用 DMPO(0.1mol/L)捕捉的 PMA(100nmol/L)刺激 PMN(10^7 个细胞/ml)(a)产生的 O_2^-的 ESR 波谱和 L-精氨酸(b)及 NGMA(c)对 ESR 波谱的影响；B. 在反应体系加入不同浓度的 L-精氨酸 0.2mmol/L(a)、0.1mmol/L(b)和 0mmol/L(c)产生 DMPO-OH 信号随时间的变化

为了测量在上述实验中有多少 NO 生成并与 O_2^-结合形成了 $ONOO^-$，可利用光照核黄素产生的 O_2^-作为模型，用化学合成的一氧化氮自由基与之反应，发现随着 NO 浓度的增加，检测到的 O_2^-线性下降，且呈现量效关系。由图 6-1 可以推算出，在以上 PMA 刺激 PMN 实验中，加不同浓度 L-精氨酸产生一氧化氮自由基的量。在未加 L-精氨酸时，PMN 就可以产生 NO，只是分离的细胞中 NOS 的底物 L-精氨酸的浓度有限，所以产率比较低[(0.1±0.02)mmol/L]，当加入 L-精氨酸之后，NO 产率急剧增加。当入 L-精氨酸浓度为 0.1mmol/L、1.0mmol/L 和 1.8mmol/L，产生的 NO 分别为(1.1±0.03)mmol/L、(4.2±0.02)mmol/L 和(10.2±0.05)mmol/L。

多形核白细胞受 PMA 刺激不仅产生氧自由基，而且产生 NO，二者是同时存在的，只不过产生一氧化氮自由基的 NOS 的激活比 NADPH 氧化酶稍晚 5min 左右。在 PMA 刺激 PMN 体系中加入 L-精氨酸，不仅不能使 DMPO 捕捉的超氧阴离子自由基信号增加，反而随着 L-精氨酸浓度的增加而减少，这是由于加入 L-精氨酸生成的 NO 与超氧阴离子自由基结合生成了 $ONOO^-$。用光照核黄素产生 O_2^-和合成的 NO 实验证明了这一点。PMA 刺激 PMN 体系，NO 加入黄嘌呤/黄嘌呤氧化酶体系和 $ONOO^-$化学发光的一致性也说明了 PMA 刺激 PMN 产生的 NO 和 O_2^-反应形成了 $ONOO^-$。

6.1.2　用依赖鲁米诺 luminol 的化学发光检测巨噬细胞产生的一氧化氮[1, 2]

将 PMN(1×10^6 个细胞/ml)、PMA(100nmol/L)和鲁米诺(0.06mmol/L)在 5ml 发光管中

混合均匀，在不同时间加入 NOS 的底物 L-精氨酸或抑制剂 L-NGMA，并测定不同时间的发光峰值。测量 NO 化学发光对 O_2^-的依赖时，黄嘌呤(0.32mmol/L)、鲁米诺(0.06mmol/L)和黄嘌呤氧化酶(0.095U/ml)共 1ml 在 5ml 发光管中混合均匀，放入发光仪测定不同时间的发光峰值。在不同时间再加入不同浓度 NO，并测试其发光峰值。测量 $ONOO^-$的化学发光时，将 0.03mmol/L 的 $ONOO^-$与鲁米诺混合后，立即测化学发光峰值。所得结果如图 6-2 所示。

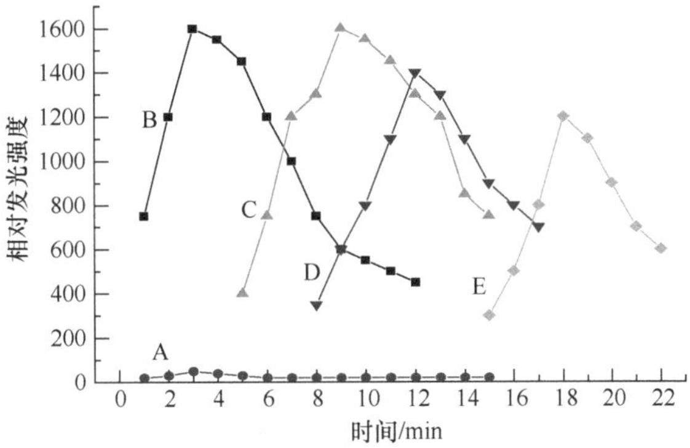

图 6-2 PMA 刺激 PMN 产生的化学发光随时间的变化(A)及在一开始(B)、5min(C)、8min(D)和15min(E)时在鲁米诺中加入 L-精氨酸的影响

NO 本身没有化学发光，即使用鲁米诺也检测不到，但是，如果 NO 和过氧化氢或超氧阴离子自由基发生反应，就可以给出非常强的化学发光，这一发光不使用鲁米诺也可以检测。用 PMA 刺激 PMN 在鲁米诺中给出较强的发光强度，当加入 L-精氨酸(5mmol/L)后，使其发光强度剧烈增加达上百倍，到一峰值后，再逐渐减少。在一开始到 10min 之间加 L-精氨酸，其发光的峰值基本相同，后加 L-精氨酸的发光强度的半衰期(发光强度衰减到峰值一半的时间)有所增加，10min 之后，再加 L-精氨酸，发光强度的峰值就逐步降低，半衰期延长(图 6-2)。加入 NOS 抑制剂 L-NGMA 会抑制这一体系的发光增强。

6.1.3 用超微弱发光检测 PMA 刺激 PMN 产生一氧化氮和氧自由基[3]

超微弱发光技术可以检测生物体和活细胞发出的极微弱的光，可以达到一个光量子的数量级，因此是研究生物发光机制灵敏的方法。利用这一方法可以检测出 PMA 刺激 PMN 产生氧自由基和 NO 的不同峰值，并可以研究它们产生的动力学。测量方法与上面相同，只是不需要鲁米诺。

图 6-3 是 PMA 刺激巨噬细胞产生的超微弱发光。当细胞浓度为 10^7 个细胞/ml，PMA 浓度为 100ng/ml 时，只给出一个峰。固定 PMA 浓度，将细胞稀释到 3×10^6 个细胞/ml 时，就出现了两个峰值的动力学发光曲线，后一个峰值比前一个峰值滞后 5min 左右。为了确定这两个发光峰值的来源，在巨噬细胞受 PMA 刺激前，在体系中加入一氧化氮合酶的底物 L-精氨酸，第二个峰值明显大于第一个峰值，当进一步增加 L-精氨酸浓度时，第二个发光峰进一步增加，以至将第一个发光峰掩盖住；当在巨噬细胞发光过程 10min 左右，在体系中加入 L-精氨酸，可使发光强度立即增加几十倍(图 6-4)，表明第二个发光峰值主

要来自 PMA 刺激巨噬细胞产生的 NO。若在体系中加入 NOS 的抑制剂 L-NA 时，第二个发光峰值明显降低(图 6-5)，进一步证明第二个峰值来自 PMA 刺激巨噬细胞产生的 NO。

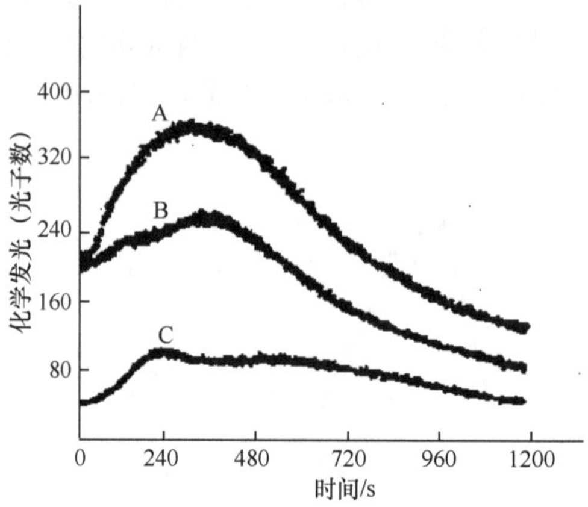

图 6-3　100ng/ml PMA 刺激巨噬细胞产生的超微弱发光

巨噬细胞浓度分别为 10^7 个细胞/ml(A)，3×10^6 个细胞/ml(B)和 10^6 个细胞/ml(C)

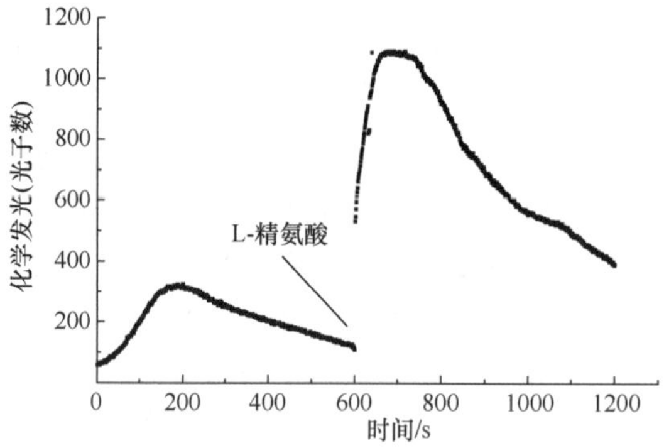

图 6-4　100ng/ml PMA 刺激巨噬细胞产生的超微弱发光

巨噬细胞的浓度为 10^6 个细胞/ml，40mmol/L L-精氨酸在反应 1min 左右加入

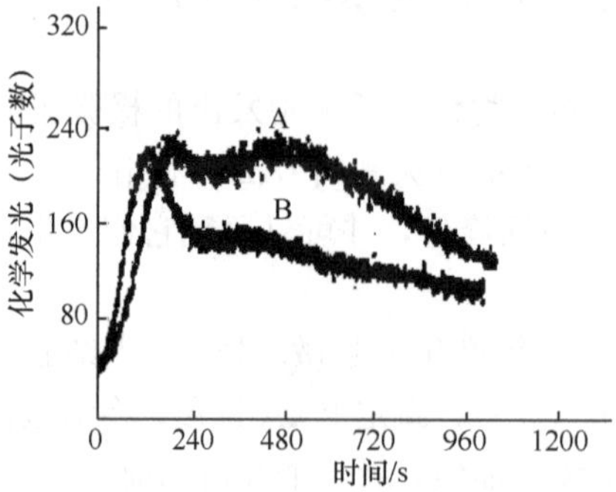

图 6-5　在有和没有 NOS 抑制剂存在时，100ng/ml PMA 刺激巨噬细胞产生的超微弱发光

巨噬细胞的浓度为 10^6 个细胞/ml，在反应 1min 左右加入 5mol/L L-NA(A)和 0mol/L L-NA(B)

在 PMA 刺激 PMN 体系中加入 L-精氨酸，虽然在捕捉的 ESR 波谱中羟基信号有所增加，但远没有像发光那样成百倍增加。有文献曾提出 $ONOO^-$的氧化性可能是通过羟基

和 NO_2 自由基的机制，即在周围 pH 略低于生理 pH 时，它可以很快分解生成氧化性很强的·OH 和 NO_2 自由基[4]。

作者实验室的 PMA 刺激 PMN 产生自由基的 ESR 结果不支持这一反应机制。用羟基自由基清除剂不能使这一信号减小，也表明这一信号不是直接来自羟基自由基。另外，$ONOO^-$是一个有效的电子氧化剂(E0[$ONOO^-/NO_2$]=1.4V)。

最近 Beckman 等[5,6]提出过氧亚硝基的类羟基氧化性来自 *trans*-过氧亚硝酸的振动激发态的概念。过氧亚硝基有 *trans* 和 *cis* 两种构象，从能量的角度考虑，在高 pH，*cis*-过氧亚硝基较稳定，质子化以后，减少了电荷的排斥，促使它异构化生成 *trans*-过氧亚硝酸，然后再离子化生成 *trans*-过氧亚硝基。量子力学计算表明，*trans*-过氧亚硝基和 *trans*-过氧亚硝酸都很容易转变成振动激发态，其中包括 N-O-O 键的弯曲和 O-O 键的拉长。激发态的 *trans*-过氧亚硝酸或者氧化一个靶分子同时释放一个 NO_2，或者分子重排生成硝酸。

PMN 受 PMA 刺激和在吞噬过程中，产生呼吸爆发同时释放 O_2^-和 NO 自由基。NO 自由基和 O_2^- 又可以反应形成 $ONOO^-$，这在免疫和预防及杀伤外来入侵微生物和癌细胞方面具有重要的生理意义。$ONOO^-$在 pH 7.4 的半衰期大约为 1s，这就使得它在生理条件下足够稳定和从它生成的位置扩散到反应的靶分子，如膜脂和蛋白质的巯基，一旦酸化，立即转化成氧化性很强的振动激发态的过氧亚硝酸并产生 NO_2 和类·OH 物质，这是一个建立在氧自由基基础之上，但又比氧自由基杀伤力更强的机体的一个防护途径和机制。如果人们能找到一种方法增加 NO 和 O_2^-的产率，这将为肿瘤的治疗展示一个新途径。但是，它也会对正常细胞和组织造成严重的损害，因而也给人们提出了一个寻找清除它和保护机体方法的新任务。

6.1.4 巨噬细胞产生一氧化氮的直接捕捉

根据文献报道的方法分离巨噬细胞[7, 8]。将 15～20ml 含有 0.5%干酪素(casein)、4%胎牛血清的 RPMI-1640 培养基注入 Wistar 大鼠腹腔，12h 后，注入 10~20ml HBSS，用注射器抽取腹水，4℃、100*g* 离心 12min。双蒸水低渗透压破红细胞。巨噬细胞用 HBSS(pH 7.4)冲洗 3 次，保存于 0～4℃。光镜检测保证巨噬细胞占 90%以上，实验之前台盼蓝染色，证明细胞活性在 96%以上。在每次实验前，巨噬细胞在 37℃温育 10min 以恢复细胞活性。

在 3×10^7 个细胞/ml 的巨噬细胞体系中，捕捉复合物(*N*-methyl-D-glucaminedithiocarbamate) $(MGD)_2$-Fe^{2+}的浓度稀释到 0.4mmol/L。加入 100ng/ml PMA 和/或 0.3mmol/L L-精氨酸混合后，混合物立刻转入石英毛细管中，在 ESR 仪上于 37℃检测，每 30s 记录一氧化氮 ESR 信号。NO 捕捉复合物 $NOFe^{2+}(MGD)_2$ 给出三线峰 ESR 波谱，*g* 因子为 2.035，超精细分裂常数为 12.5G(图 6-6)。测量 NO 波谱第一条峰的高度，作为 NO 相对浓度。

以上实验结果充分说明，PMN 受到 PMA 刺激，在免疫反应时产生 NO。为了深入研究 PMN 在 PMA 刺激时产生 NO 在免疫过程中的作用机制，作者采用了 3 种方法，即 ESR 自旋捕捉技术、化学发光和 Griess 法，检测了 PMA 刺激 PMN 产生的 NO，结果如表 6-1 所示。由表中的数据可以看出，不同方法测量同一个体系产生的 NO 基差别很大。其原因就是每种方法检测的特异性和原理不同。ESR 自旋捕捉技术只对 NO 敏感，只要

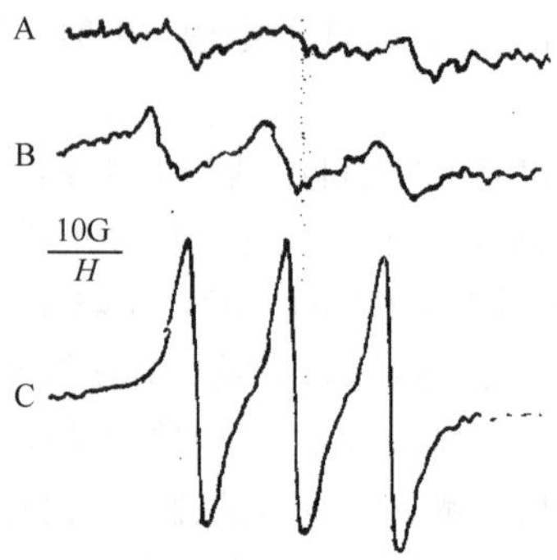

图 6-6 用自旋捕捉复合物$(MGD)_2$-Fe^{2+}捕捉 PMA 刺激 PMN 产生的 NO 的 ESR 波谱
A. 在体系中加入 NOS 抑制剂；B. 在体系只加入同样体积缓冲液；C. 在体系中加入 NOS 底物 L-精氨酸

体系产生 NO，而且浓度也在其检测范围之内，就可以检测到体系产生的 NO。由表中的结果可以看出，即使在没有 PMA 刺激和 L-精氨酸存在的情况下，PMN 仍然可以产生 NO，当有 L-精氨酸存在时，即使没有受 PMA 刺激，PMN 产生 NO 的量也急剧增加，加入 PMA 与不加区别不大。这似乎不应该，但仔细考虑就可以知道这并不奇怪。有两种可能，一是 PMN 在 PMA 刺激时产生的 NO 比平时增加就是不明显，另外一种可能就是因为在体外分离细胞过程中实际就等于刺激了 PMN 细胞。加入 NOS 抑制剂可以明显抑制 PMN 产生的 NO。Griess 法是检测体系产生硝酸/亚硝酸的方法，人们常用来检测 NO，但是从表 6-1 的数据可用看出，利用 Griess 法在正常 PMN 细胞中就检测不到产生的 NO，只有在加入 L-精氨酸之后才会检测到，当加入 PMA 刺激之后，产生的硝酸/亚硝酸急剧增加，这也有两种可能，一是 PMA 刺激之后，确实产生了大量 NO 并与 PMN 同时产生的 O_2^-自由基结合生成了大量硝酸/亚硝酸，另外一个可能就是 PMN 在 PMA 刺激时产生的 O_2^-自由基急剧增加，而 NO 增加并不太多，同样也可以使产生的硝酸/亚硝酸急剧增加。结合 ESR 检测结果，作者比较倾向后者。再看利用化学发光检测的 NO，由表中的数据可以看出，在没有 PMA 刺激的情况下都检测不到产生的化学发光，只有在 PMA 刺激时才能检测到化学发光。值得注意的是，即使在有 PMA 刺激的情况下，只要体系中加入可以清除 O_2^-的 SOD 就可以把所有的化学发光抑制掉。这充分说明只有在 O_2^-存在的情况下才能检测到化学发光，在加入 L-精氨酸的情况下不受 PMA 刺激就没有 O_2^-产生，也就没有化学发光。但是一旦 PMN 被 PMA 刺激，就有 NO 与 O_2^-同时产生，其化学发光就可以急剧增加。

综合以上 3 种方法得到的结果，作者可以得出这样的结论：PMN 在不受刺激时就可以产生少量 NO，但几乎不产生 O_2^-。这时产生的 NO 可能主要是为了维持 PMN 的一般生物功能。在受到 PMA 刺激时就急剧产生大量 O_2^-，NO 产生也有所增加，二者迅速结合生成氧化性极强的过氧亚硝基，用于在炎症和免疫过程杀伤外来入侵的微生物。

另外，通过比较这 3 种方法也可以发现每种方法都有其特点和适用范围，ESR 技术对 NO 是比较特异的，Griess 法只能给出 NO_3^-/NO_2^-结果，可以推测产生的 NO，但是误差比较大，化学发光技术对超氧阴离子自由基极为敏感，检测 NO 需要有活性氧存在，否则即使有再多的一氧化氮自由基也检测不到化学发光。在进行 NO 检测和研究时，要根据不同情况采用不同方法，要根据不同方法得到的结果下结论，千万不能根据一种方法就下结论，这样往往会出现错误。在条件允许的情况下最好多采用一些方法和技术。

表 6-1 PMA 刺激 SOD 对 PMN 产生的一氧化氮自由基、硝酸/亚硝酸和化学发光(CL)的影响

巨噬细胞(10^7 个细胞/ml)	NO/(μmol/L)	NO_3^-/NO_2^-/(μmol/L)	CL(10^7 光子)
L-精氨酸(0mmol/L)	0.39±0.06	未测到	未测到
L-精氨酸(0.2mmol/L)	2.43±0.25	0.23±0.10	未测到
L-精氨酸(0.2mmol/L)+SOD	2.31±0.32	0.21±0.08	未测到
L-NMA(0.2mmol/L)	0.17±0.04	未测到	未测到
L-精氨酸(0mmol/L)+PMA	0.37±0.05	0.21±0.11	2.30±0.40
L-精氨酸(0.2mmol/L)+PMA	2.37±0.33	1.10±0.21	17.0±4.10
L-精氨酸(0.2mmol/L)+PMA+SOD	2.47±0.27	0.50±0.13	未测到
L-NA(0.2mmol/L)+PMA	0.21±0.03	0.13±0.04	0.90±0.30

6.2 淋巴细胞产生一氧化氮自由基与免疫

本节讨论 NO 与 T 淋巴细胞在免疫中的作用，特别是讨论 NO 对 T-淋巴细胞免疫的调节作用。NO 是在抗原接近 T 淋巴细胞时由带抗原的细胞产生的。在小鼠模型中，T 淋巴细胞产生的 INF-γ与其他可溶性物质结合起来活化带抗原细胞的 iNOS。这样产生的 NO 抑制 T-细胞增生而不抑制 T 细胞产生细胞因子。NO 能阻断 T 细胞在 G/S 期的增生。在自免疫小鼠模型中 NO 调节髓磷脂诱导的实验免疫脑脊髓炎。敲除 *iNOS* 加重这种疾病，表明 NO 在体内抑制 T 细胞调节的免疫，也说明 NO 在 T 细胞调节免疫的诱导期发挥着重要作用[9]。

6.2.1 一氧化氮自由基与 T 细胞的活化

敲除 iNOS 加剧小鼠免疫反应，表明 NO 可能是 T 细胞调节免疫的保护因素。另外，NO 是 T 细胞增生的抑制剂，但对 T 细胞无变形作用，因为外源白介素(IL-2)不能逆转对 T 细胞的抑制。由抑制生长的 T 细胞产生的细胞因子，包括γ干扰素(IFN-γ)基本不受 NO 的影响。T 细胞增生不与细胞因子产生偶合，而且在细胞周期中，不论细胞多么拥挤都不受抑制，能继续产生 IFN-γ[10]。

NO 可以诱导 T 细胞凋亡，但只是在比需要抑制增生浓度高时才出现，这说明 NO 对 T 细胞抑制增生是很特异的。已知 NO 通过还原酪氨酸磷酸化干扰 T 细胞的 JAK3/STAT5 信号通路。另外，有证据表明 NO 可以直接影响细胞周期进展及旁路细胞信号。在成纤维细胞和血管平滑肌细胞中，NO 以依赖 cGMP 的方式减缓细胞周期。有报道表明，NO 诱导细胞周期调节蛋白的表达。研究 NO 对 T 细胞 G_1/S 期的靶分子表明，未抑制的增生细胞出现在 G_1 后期的细胞周期蛋白 E 的表达是不受 NO 处理影响的，这说明 T 细胞活化可以达到 NO 处理 T 细胞 G_1/S 期，在血管平滑肌细胞中就得到了这样的结果[11]。

NO 对巯基化合物有很强的亲和力，因此可能干扰包括在细胞信号中的很多蛋白质的功能。一个广泛存在的巯基化合物就是 GSH，其很容易与 NO 结合形成 GSNO。考虑到在细胞中 GSH 的浓度可能很高，这一反应将使得 NO 失活。但是，事实上 NO 在细胞中功能几乎不变。一个可能的解释是 GSNO 本身可能是 NO 的供体，因此可以作为 NO 的携带者或 NO 库。值得注意的是活化 T 细胞在其表面能表达γ-谷氨酸转肽酶，这个酶破坏细胞外 GSNO 释放 NO，抑制 T 细胞增生。GSNO 形成的另外一个作用可能是消耗还原 GSH，导致 GSH/GSSG 比例下降。有意思的是在细胞内 GSH/GSSG 比例下降与 NO 的产

生同时出现在 G_1/S 转化期，因此，NO 有可能是提高消耗 GSH 来影响细胞周期的[12]。

6.2.2　一氧化氮自由基与抗原(Ag)-特异免疫活化

虽然巨噬细胞刺激 T 细胞抗原(Ag，antigen)特异响应产生 NO 的研究并不多，但最近研究发现，在 Ag 存在时，T 细胞诱导抗原使细胞 APC(antigen-presenting cell)产生 NO，而且 IFN-γ在这一过程是非常关键的。如图 6-7 所示，在 Ag 存在时，巨噬细胞(MΦ)静止 T 辅助细胞 Th(T helper)，活化 Th1 细胞产生多种因子，如 IFN-γ，可溶(SF)或与细胞连接(MF)因子，协同诱导巨噬细胞产生 NO，进一步抑制 Th 细胞增生。在 Ag-特异-巨噬细胞相互作用过程中，iNOS 只在巨噬细胞表达。产生的 NO 在低浓度刺激 Th 细胞分化，在高浓度抑制 Th 细胞分化。T 细胞诱导巨噬细胞产生 NO 大约在 24h 开始，接着是一个稳定产生过程，而且可以持续 2 天。因为 T 细胞增生(即 DNA 合成)在 T 细胞活化大约 40h 开始，巨噬细胞产生大量 NO[13]。

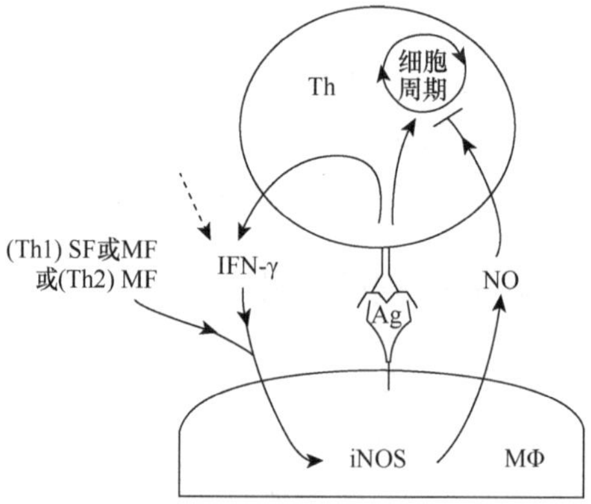

图 6-7　一氧化氮自由基与 Ag-特异免疫活化

在 Ag 存在时，巨噬细胞(MΦ)静止 Th(T helper)细胞，活化 Th1 细胞产生多种因子，如 IFN-γ，可溶因子(SF)或与细胞连接(MF)因子，协同诱导巨噬细胞的诱导型 iNOS 产生 NO，进一步抑制 Th 细胞增生

6.2.3　一氧化氮自由基在体内的免疫抑制活性

iNOS 敲除明显加重实验小鼠的自免疫脑脊髓炎，表明 NO 有保护作用。用 NOS 抑制剂 L-NMA 能够逆转敲除髓磷脂少突胶质细胞糖蛋白特异- IFN-γ受体对脾细胞增生能力的抑制。在敲除髓磷脂少突胶质细胞糖蛋白特异-IFN-γ受体脾细胞中，或去除这一基因，表明 IFN-γ的保护作用是通过 IFN-γ受体[14]进行的。NOS 抑制剂 L-NMA 对 IFN-γ的抑制作用表明这一过程是通过一氧化氮自由基调节的。这就为解释提高 IFN-γ敲除小鼠自免疫提供了一个机制，即减少 NO 产生可以增加自免疫响应的程度。但是这一结果并没有辨认出调节的靶位点，因为脾脏本身就是 NO 调节的免疫位点，而敲除实验自免疫脑脊髓炎 IFN-γ的小鼠脾细胞产生的疾病与野生型同样严重，显然，NO 抑制免疫并不都是好的。把用包含 DNA 载体的病毒蛋白来免疫具有病毒免疫缺陷鼠的实验就没有成功，当然通过 NO 诱导免疫抑制还需要深入研究[15]。

6.2.4 一氧化氮和超氧阴离子自由基与 T 细胞免疫

在前面已经讨论过 NO 和 O_2^-自由基形成过氧亚硝基在免疫反应中的意义。巨噬细胞产生 NO 可以扩散到细胞外，在没有 O_2^-时可以扩散到 T 细胞抑制其增生。如果巨噬细胞的 NADPH 氧化酶同时产生 O_2^-，它们就会反应生成过氧亚硝基。防止 NO 进入 T 细胞，允许其增生(图 6-8)。这里结合实验自免疫脑脊髓炎讨论 NO 和 O_2^-与 T 细胞免疫的作用。NADPH 氧化酶不仅增加实验自免疫脑脊髓炎的严重性，而且对实验自免疫脑脊髓炎的发展也是必需的。因为敲除 NADPH 氧化酶的小鼠不会发展成实验自免疫脑脊髓炎，而且过继转移敲除 NADPH 氧化酶脾细胞小鼠也不能发展成实验自免疫脑脊髓炎。继转移敲除 NADPH 氧化酶脾细胞也是无效的[16]。

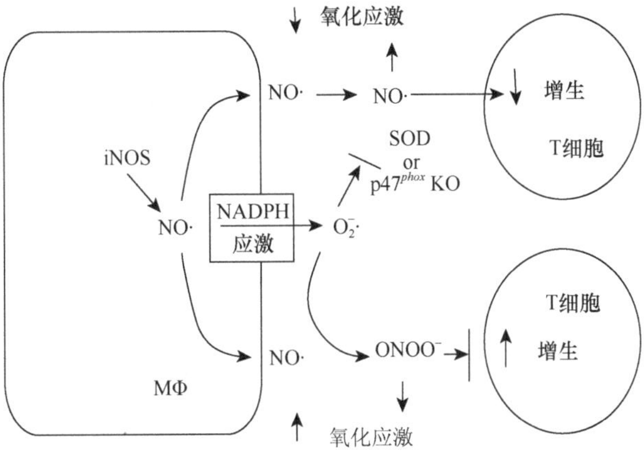

图 6-8 超氧阴离子自由基和 NO 与 T 细胞免疫反应

巨噬细胞(MΦ)产生 NO 可以扩散到细胞外，在没有超氧阴离子自由基时可以扩散到 T 细胞抑制其增生。如果巨噬细胞的 NADPH 氧化酶同时产生 O_2^-，它们就反应生成过氧亚硝基，防止 NO 进入 T 细胞，允许其增生

6.2.5 细菌感染贫血和一氧化氮自由基

细菌感染伴随严重贫血并会由此引起死亡。TNF-γ和 NO 在宿主抵抗病原方面发挥着重要作用，这可能是由于巨噬细胞产生的 NO 损伤红细胞造成的。用两种对细菌感染和 NO 响应不同的小鼠进行研究，同时用氨基胍(AG)处理阻断内源产生 NO 或用中和抗体阻断 TNF-γ，以及用不能诱导巨噬细胞产生 NO 的基因敲除小鼠(C57BL/6 iNOS$^{-/-}$)，再用细菌感染抗性动物(C57BL/6)和易感型小鼠进行研究发现，寄生虫贫血症在同一时间(9 天)达到高峰，但是易感型小鼠寄生虫贫血症却高 3 倍(P<0.05)。所有易感型小鼠在感染后 23 天全部死亡，而抗性动物在研究期间没有一个死亡。在感染后 14 天，抗性动物的贫血比易感型小鼠严重。用 NO 抑制剂处理和用不能诱导巨噬细胞产生 NO 的小鼠(C57BL/6 iNOS$^{-/-}$)进行研究，结果表明细菌感染引起的贫血不是 NO 引起的。然而，用氨基胍(AG)处理抗性动物(C57BL/6)和易感型小鼠，网状红细胞都明显减少(P<0.05)。另外，在体内中和 TNF-γ明显增加细菌感染抗性动物(C57BL/6)循环中的网状红细胞(P<0.05)，但是却不能改变其他血液参数。用特-丁基过氧化氢(t-BHT)诱导的氧化应激研究显示，用氨基胍

(AG)处理可以完全由 NO 调节的血红素氧化。而且，只用氨基胍(AG)处理而不用抗 TNF-γ 处理，就能保护感染引起的红细胞抗氧化能力的减少。总之，这一研究表明，NO 和 TNF-γ 参与了细菌感染引起的红细胞的氧化应激，而且 NO 不是引起贫血的直接原因。但是 NO 可能参与其他血象改变，如增加循环中的网状红细胞、白细胞和中性粒细胞[17]。

6.3 一氧化氮自由基在免疫反应中的作用机制

NO 在免疫中发挥着重要作用。作为毒性物质可以杀伤外来微生物，诱导或抑制细胞凋亡，或者是免疫调节剂。这是基于诱导型 NOS 负责免疫响应推测的。因为免疫体系被感染而活化，任何与 NO 相应的响应都将平行发展，在生物体系免疫响应是几小时或几天，而不是几秒。NO 要作为有效毒性试剂或免疫调节剂，它必须在一段时间内保持在一定高的浓度。因此只有诱导型 iNOS 而不是结构型的 eNOS 可以满足这一要求。很多实验证实了这一点。很多细胞表达诱导型 iNOS，如成纤维细胞、内皮和外皮细胞、角质和软骨细胞、单核和多核细胞、存在抗原的天然杀伤细胞。但是对 T 淋巴细胞、肥大和中性粒细胞是否产生作为免疫信号的一氧化氮自由基还有疑问[18]。

NO 在体内有抑制免疫作用，因为敲除诱导型 iNOS 小鼠能提高细菌感染的免疫响应和加剧自免疫脑炎。有趣的是，巨噬细胞产生的 O_2^-能克服 NO 的抗增生作用。因为 NO 与 O_2^-反应生成 $ONOO^-$，其作用是通过活性氮 RNS 而不是通过 $ONOO^-$。NO 对免疫细胞有多种作用，例如，NO 是 NK(natural killer)细胞杀伤靶细胞的调节剂，可以调节 NK 细胞的功能，能提高或抑制肥大细胞和中性粒细胞的活化，这些都取决于产生的 NO 的浓度[19]。

6.3.1 炎症和气喘中的一氧化氮自由基

炎症如气喘过程产生大量 NO，因为在免疫过程产生 NO 主要是诱导型 iNOS 产生的。虽然在炎症过程产生的主要调节物质，如 IFN-γ、TNF-α、白三烯和大部分前列腺素是促炎症的，但环五烷前列腺素等是抗炎症的，因此，在炎症过程中产生的任何调节因子都不能绝对说是好的还是坏的。当然，在炎症过程产生的 NO 也是不确定的，因为 NO 在炎症过程的不同阶段，对不同细胞是毒性、调节、诱导凋亡和抗凋亡的复杂结合。NO 在接触过敏诱导皮肤炎症中的作用也是复杂的，低浓度通过松弛和吸附中性粒细胞是促炎症的，高浓度下调黏合因子，抑制活化诱导炎症细胞凋亡[20]。

在 IgE 调节炎症过程中的第一事件是通过抗原活化肥大细胞，释放组胺，同其他调节因子协同松弛血管和增加其通透性，增加血管对组织的供应，升高温度，引起水肿和浸润白细胞。肥大细胞还可以释放一些细胞因子，如 TNF-α。已知，NO 能抑制肥大细胞活化，调节 IFN-α对肥大细胞的抑制。有些研究表明，NO 能抑制肥大细胞活化和依赖肥大细胞的炎症过程。NOS 抑制剂可以提高细胞分解和通透性，诱导血管周围肥大细胞分解和白细胞对内皮细胞的黏合。而且 NO 供体能使大鼠体内肥大细胞分解、粒细胞对血管的黏合和白蛋白从微血管漏出。相反有报道 NOS 抑制剂抑制抗原诱导豚鼠肺微血管漏出。总之，大量动物实验表明 NO 能抑制肥大细胞活化，因此，至少在依赖肥大细胞响应期，NO 是抗炎的。这也许是有生理意义的，因为在气喘患者肺中是由诱导型 iNOS

产生大量 NO 的[21]。

NO 对气喘患者有一定好处，因为它能够松弛平滑肌通道，反映诱导型 iNOS 的功能，还可以抑制肥大细胞活化。另外，NO 引起血管松弛和通透性增加，这可能导致水肿。虽然糖皮质激素可以有效治疗气喘，抑制 NO 合成，但这是否与 NO 有关系还很难说。因此，NO 对气喘患者是抗炎还是促炎，尚无定论[22]。

6.3.2 一氧化氮自由基的靶选择性——相关免疫

NO 是一个一般的信号分子，因为它没有表面受体，而是毫无区别地进入细胞。它的生物选择性取决于：①它的浓度与其他分子的反应性；②与靶细胞的接近程度；③靶细胞与 NO 的反应是程序性的。另外一个问题是产生 NO 的细胞是如何保护自己的，因为发现当它的浓度减少时，其半衰期明显增加。NO 的生理作用也取决于其浓度，特别是其毒性作用，取决于其高浓度。在产生 NO 的细胞周围，浓度最高，作用最明显，可以直接活化鸟苷酰环化酶(cGMP)，然后，随其远离细胞浓度降低，作用也降低。在生理体系，NO 以脉冲形式产生，由诱导型或结构型 NOS 产生的 NO 浓度很低，非常接近产生的细胞，例如，神经细胞和平滑肌细胞产生的 NO 的活动半径小于一个细胞的直径[23]。

诱导型或结构型 NOS 产生的 NO，同时又能耐受 NO 的损伤，这是因为细胞内的 Ca^{2+} 浓度能活化诱导型或结构型 NOS，也能抑制鸟苷酰环化酶，这样，细胞产生 NO 但又对一氧化氮自由基没有响应。另外细胞不产生 NO，但对 NO 有响应。T 淋巴细胞受 NO 抑制，但产生 NO 很少。同样，肥大细胞也是对 NO 高响应却不产生 NO[24]。

NO 的生物信号可以分为直接和间接两种作用。NO 容易被氧化，可直接与蛋白质中的正电荷金属离子反应，例如，血红蛋白、肌红蛋白、鸟苷酰环化酶、细胞色素 P450 和 NOS 本身的铁离子。这一作用将导致鸟苷酰环化酶的活化和细胞色素 P450 和 NOS 的抑制。在生理环境中，例如，平滑肌细胞、神经细胞和血小板，NO 活化鸟苷酰环化酶，得到 cGMP，进一步活化依赖 cGMP 的蛋白激酶，调节血管松弛，神经传导和抑制血小板凝聚[25]。

关于 NO 通过 cGMP 直接作用还有争议，主要有以下几点。

A. 与 cGMP 相关的“快速响应”与在免疫和炎症中的响应的重要类型不一致。例如，表面分子和细胞因子的表达、细胞生长、分化和凋亡所有这些都需要几小时或几天，而不是几秒就可以出现的。

B. 在免疫和炎症细胞中，表面分子和细胞因子，细胞生长和分化是由多个信号通路启动的，包括细胞因子、受体、激酶和转录因子，但是它们都不包括 cGMP。

C. 在免疫和炎症中的重要细胞如巨噬细胞、成纤维细胞、中性粒细胞和上皮细胞都有诱导型 iNOS，不是结构型 eNOS，诱导型 iNOS 产生高浓度 NO，很快就被氧化成 RNS。

从以上几点考虑和一些实验证据得出，NO 在免疫和炎症中的信号作用可能主要是通过诱导型 iNOS 产生 NO 和形成的 RNS 间接作用的，例如，N_2O_3 可以很快硝基化巯基或氨基酸。一旦细胞内 GSH 饱和，RNS 将 S-硝基化蛋白质，导致蛋白质和酶变性。NO 和 GSH 反应产生的 GS-NO，既是 GSH 也是 NO 的储存器，它们二者可以被释放到 S-硝基或 S-谷氨酸靶酶和其他蛋白质上[26]。

RNS 很容易与含巯基的氨基酸反应，因此，将不可逆地变性这些蛋白质和酶，特别是那些在表面有可以接近的半胱氨酸的蛋白质。很多酶是以这种方式作为靶分子被 NO

进攻的，特别是那些在线粒体呼吸链上产生 ATP 和能量的重要蛋白质。NO 和 $ONOO^-$ 以特有的机制抑制线粒体呼吸，低浓度 NO 直接可逆地与 O_2 竞争抑制细胞色素氧化酶。然而，NO 结合到细胞色素 c 上能产生 O_2^-，然后再形成 $ONOO^-$。高浓度的 NO 可以硝基化含巯基的细胞色素酶抑制其他呼吸链通路。$ONOO^-$不可逆损伤线粒体复合物Ⅰ、Ⅱ和Ⅴ，以及丙酮硝化酶、肌酸激酶、线粒体 DNA 和 SOD。线粒体本身含有依赖 Ca^{2+} 的 NOS，这可能是线粒体 NO 的来源。NO 通过 S-硝基化抑制甘油醛-3-磷酸脱氢酶(GAPDH)，这样就抑制了糖酵解和 ATP 的产生。NO 抑制线粒体呼吸链通路，导致能量耗竭，会产生多种后果，也可以解释很多 NO 对免疫和细胞功能和生长的作用[27]。

除了 cGMP 外，NO 还有很多在信号通路的重要蛋白质和酶靶点，如在炎症和细胞免疫中发挥重要作用的 IκB/NFκB 和 JAK/STAT 通路。NO 通过活性氮(RNS)可以提高或抑制一系列关键信号蛋白，如 MAPK、JNK。RNS 还修饰一些关键信号酶，如 G 蛋白 P21、蛋白酪氨酸激酶 Kg、蛋白酪氨酸磷酸酶。尽管在大多数情况下，NO 的靶分子结构还不清楚，但 NO 硝基化 GTP-结合蛋白 P21 的半胱氨酸可以引起构象改变，提高 GTP 酶活性。P21 是一个重要信号分子，通过和下游几个信号蛋白，如 Raf-1、PI-3K 和 MAPK 相互作用，控制着细胞增生、分化和凋亡，导致活化转录因子 NFκB(图 6-9)[28]。

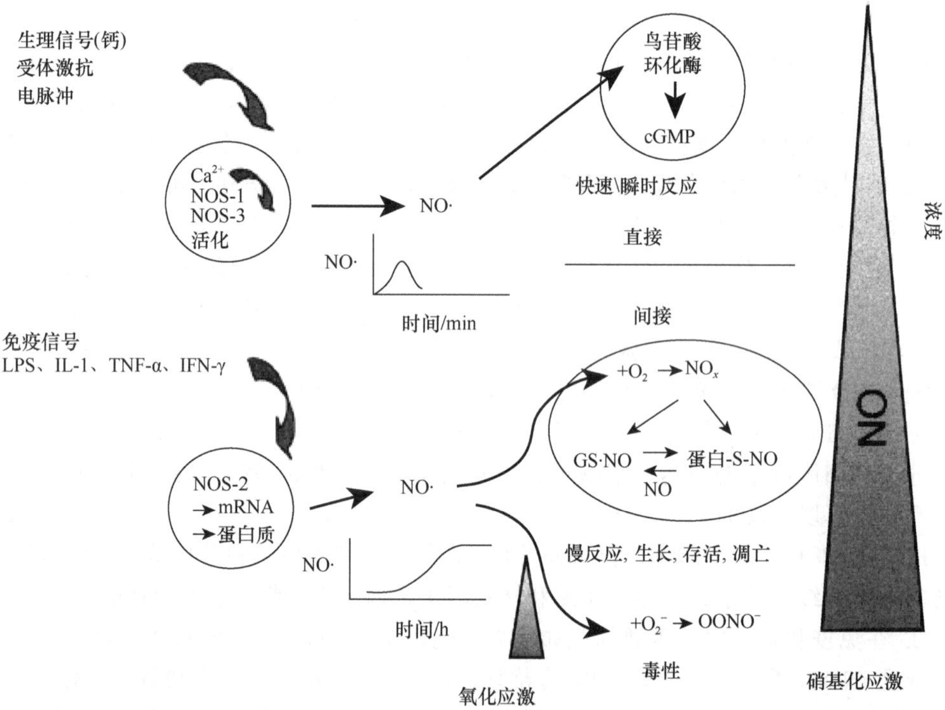

图 6-9　NO 与免疫

诱导型(NOS-2)或结构型(NOS-1、NOS-3)NOS 产生 NO，结构型 NOS 受生理刺激，启动细胞内 Ca 离子信号，快速产生低浓度 NO。诱导型 NOS 受免疫刺激，如细菌脂多糖(LPS)和细胞因子如 IL-1、IL-6、IFN-γ和 INF-α，经过 mRNA 和蛋白质合成，产生高浓度的 NO。在低浓度 NO 的作用是直接的，在高浓度 NO 作用是间接的。结构型 NOS 产生的低浓度 NO 可以与鸟苷酸环化酶(cGMP)血红蛋白的铁原子反应，活化产生 cGMP 的酶，然后，启动快速瞬时细胞响应。诱导型 NOS 产生 NO 在有氧环境很快氧化形成 RNS、NO_x，硝基化谷胱苷肽的巯基产生 GS-NO 或与蛋白质上的巯基形成 PS-NO。这些硝基化能够抑制很多蛋白质和酶，包括线粒体酶和转录因子，产生长期细胞作用。在高浓度 NO 和 O_2^-同时存在情况下，产生毒性更大的 $ONOO^-$

诱导型 iNOS 产生的 NO 通过各种免疫细胞抑制很多细胞因子基因表达，如 IL-1、IL-6、IFN-γ和 INF-α。另外，NO 还可以通过 RNS S-硝基化含半胱氨酸的转录因子，如 NO 抑制 NFκB、AP-1 和 c-Mgb 的 DNA 结合活性。它们都在 DNA 结合部位或附近有一个半胱氨酸残基，这可能是 S-硝基化的靶位点。另外，被 NO 阻断的转录因子还有 SPI 和 EGR-1，它们插入到 CgS_2HS_2Zn-DNA 结合域中。SPI 和 EGR-1 在所有细胞中都有表达，而且是结构型表达而不是诱导型基因表达。用 NO 供体 S-硝基半胱氨酸可以亚硝基化 SPI 和 EGR-1，将完整细胞暴露到 NO，可以硝基化这些核蛋白[29]。

6.4 一氧化氮自由基和细胞因子

细胞因子是由细胞分泌并且可以和特异受体结合的一系列小分子蛋白质，它们组成一个网络。细胞因子之间的相互作用是非常复杂的过程，一个细胞因子可以有多个生物功能，一个受体可以结合几个细胞因子。淋巴细胞和巨噬细胞在细胞因子网络中起着关键作用，非免疫细胞也能分泌细胞因子。NO 在这个网络中起着重要而复杂的作用，本节就 NO 和细胞因子网络中的作用加以讨论。

6.4.1 一氧化氮自由基与巨噬细胞分泌的细胞因子

NOS 的酶活性最初是在巨噬细胞中发现的，因此巨噬细胞就被用作研究 NO 和细胞因子的模型。干扰素(IFN-γ)可以刺激巨噬细胞产生 NO，脂多糖 LPS 可以和 IFN-γ协同诱导巨噬细胞的 NOS 活化，肿瘤坏死因子α和β(TNF-α、TNF-β)也能与 IFN-γ协同诱导 NOS 活化和产生 NO。抗-TNF 抗体能阻断 INF-γ诱导巨噬细胞产生 NO，但是抗- TNF 抗体对 IFN-γ和 LPS 联合诱导的巨噬细胞产生的 NO 就没有明显的抑制作用。TNF 可以与 IFN-γ 或白介素(IL-2)单独协同诱导巨噬细胞产生 NO[30]。

转化生长因子(TGF-β)可以抑制 IFN-γ诱导巨噬细胞产生 NO，IL-2 也能调节巨噬细胞的 NOS 活性和产生 NO。而 IL-4 与 IFN-γ或协同或不协同调节巨噬细胞的 NOS 活性和产生一氧化氮自由基，则取决其浓度和加入时间，IL-10 和 IL-4 与 IFN-γ协同下调巨噬细胞的 NOS 活性及产生 NO。还发现，有些肿瘤坏死因子与 IFN-γ或协同或不协同调节巨噬细胞的 NOS 活性和产生 NO，这些复杂的相互作用的机制目前还不清楚，需要进一步研究[31]。

6.4.2 一氧化氮自由基和 NOS 与非巨噬细胞分泌的细胞因子

除了巨噬细胞外，还有很多其他细胞也能在细胞因子诱导下产生 NO。表 6-2 列出了这些细胞在哪些细胞因子诱导下产生 NO，如表 6-2 所示，IFN-γ和 THF 也能诱导非巨噬细胞产生 NO。IFN-γTHF 结合可以使内皮细胞产生最多的 NO，但是 LPS 则不能像巨噬细胞那样有协同作用，IL-1 单独作为信号可以使血管平滑肌、关节软骨和胰岛细胞产生 NO。

抑制 NO 产生的细胞因子，血小板衍生生长因子(PDGF)和 TGF-β的同源二聚体 BB 可以抑制肾小球细胞产生 NO，IL-8 可以抑制由 IFN-γ刺激炎症中性粒细胞产生 NO，表皮生长因子(EGF)抑制角质细胞产生 NO，但是 TGF-β就没有这种作用，因此 EGF 刺激有丝分裂也许可以用抑制 NO 产生加以解释，IFN-γ刺激很多细胞产生 NO，但是却抑制牛表皮细胞产生 NO[32]。

表 6-2 在不同细胞中细胞因子或刺激或抑制 NO 产生

细胞类型	刺激产生 NO 的细胞因子	抑制产生 NO 的细胞因子
巨噬细胞	IFN-γ、TNF、IL-4	TGF-β、IL-4、IL-10
中性粒细胞	IFN-γ、TNF	IL-8
肝细胞	IFN-γ、TNF、IL-1	
纤维细胞	IFN-γ、TNF	
平滑肌细胞	IL-1γ、IFN-γ、TNF	TGF-β
肾小球细胞	THF、IL-1	PDGF、TGF-β
胰 B 细胞	IL-1γ	
内皮细胞	IFN-γ、TNF、IL-1	IFN-γ
角质细胞	IFN-γ、TNF	EGF
EMT6 腺癌细胞	IFN-γ、TNF、IL-1	

6.4.3 一氧化氮自由基与人体分泌的细胞因子

在用 IL-2 免疫治疗和患有败血病休克的患者体内发现产生了 NO 和 NOS 活化。用稳定同位素标记实验发现，使用 IL-2 的患者血浆和尿液中亚硝酸急剧增加，说明能够诱导动物细胞产生 NO 的细胞因子 THF 和 IL-1 也能在败血病和 IL-2 免疫治疗患者血液中释放 NO。

人单核细胞也可以与粒细胞、巨噬细胞一样受 IFN-γ或 TNF 和 LPS 刺激产生 NO。有人报道肝硬化患者的单核细胞受 LPS 诱导产生一氧化氮自由基，这说明人单核细胞可能在某些病理条件下产生 NO。人的巨噬细胞不像动物细胞那样受细胞因子 IFN-γ、TNF 和 LPS 刺激产生 NO 的，相反，人的肝细胞与大鼠肝细胞一样受 IFN-γ或 TNF 和 LPS 联合刺激产生 NO，这些刺激剂缺一不可，说明需要苛刻的刺激条件[33]。

6.4.4 细胞因子诱导产生的一氧化氮自由基的生物功能

NO 对过渡金属的亲和力是明确的，特别是铁离子，因此人们用含铁的酶作为这个自由基的潜在靶位置进行研究。当 NO 结合到可溶性鸟苷酸(GMP)环化酶血红素部分之后，它就被活化。IFN-γ、TNF 和 IL-1 能够通过诱导 NO 提高平滑肌细胞环化 GMP 的水平。相反，NOS 可以使线粒体[Fe-S]酶失活，顺乌头酸酶及呼吸链的复合物 I 和 II 结合 NO 被抑制或干扰[Fe-S]中心，防止与底物结合。

一个铁调节因子、RNA-结合蛋白，在 IFN-γ刺激巨噬细胞产生 NO 之后，能够调节转铁蛋白受体和铁蛋白 mRNA 表达，增加 RNA-结合活性。因为[Fe-S]中心控制 RNA 结合，含铁中心与 NO 的相互作用可能就是这一作用的关键机制，这也可能就意味着 NO 通过改变一些酶的活性而调节基因的表达。

除了靶位置催化的铁以外，细胞因子刺激细胞产生的 NO 还能够抑制 DNA 合成限速酶核糖还原酶的活性。另外，内源产生的 NO 可以硝基化氨基酸和刺激一个糖酵解酶，甘油醛磷酸脱氢酶(GAPDH)的 ADP 核糖化。一氧化氮自由基能够调节 S-硝基化蛋白质的巯基，然后增加内源 ADP 核糖化和失活 GAPDH(图 6-10)[18]。

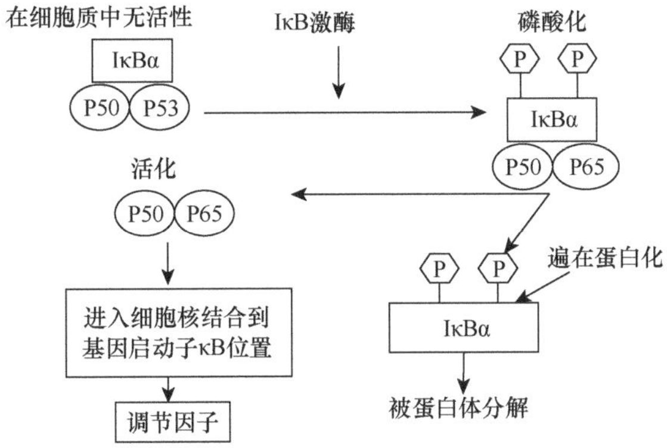

图 6-10 一氧化氮自由基与 NFκB 活化通路

6.4.5 一氧化氮自由基与 iNOS 和细胞因子

NO 是先天免疫体系的有效因子，先天免疫体系是一组对病原体的快速宿主响应。先天免疫细胞包括巨噬细胞、中性粒细胞和天然杀伤细胞，用模板辨认受体去辨认病原的分子模板，活化的巨噬细胞通过释放包括 NO 在内的各种效应分子和病原的复制。

细胞外信号可以启动先天免疫。静止的免疫细胞缺乏 iNOS，然而各种外源刺激可以活化一定信号通路，诱导 iNOS 表达。病菌和真菌的细胞壁成分可以启动先天免疫信号通路导致 iNOS 表达，例如，革兰阴性细菌细胞壁成分脂多糖(LPS)可以结合到 LPS-结合蛋白(LBP)上，把 LPS 运输到其亲和受体 CD14 上，然后活化包括 MAPK 和 NFκB 因子等先天免疫通路，这些活化通路再活化 iNOS 转录。

从感染的宿主细胞释放的细胞因子也可以活化产生 NO。包括肿瘤坏死因子 TNF-α 和白介素 IL-1β活化免疫细胞产生干扰素(IFN-γ)，进一步活化 iNOS 表达，也可以与其他试剂如 LPS 协同活化 iNOS 表达。IFN-γ可以和干扰素受体(IFNR1)、IFNR2 复合物作用，活化 JAK 家族激酶及转录的信号转录子和活化子通路，干扰信号通路，可以活化 iNOS 转录[17]。

LPS 可以调节活化先天免疫模板辨认受体刺激 iNOS mRNA 在 24h 内转录，在 6h 内转运。LPS 活化 TLR4 导致 NFκB 激酶(IKK)抑制因子磷酸化，再磷酸化 NFκB 的抑制因子(IKB)，接着释放转录因子 NFκB。NFκB 从细胞质转运到细胞核，在这里它与 iNOS 的 5′-侧区的 B 单元作用，启动 iNOS 转录。IFN-γ通过活化 JAK/STAT 通路启动 iNOS 转录，导致转录因子干扰响应因子，IFN-γ也与 LPS 协同诱导 iNOS 转录。

后转录调节的一些蛋白质与 iNOS 相互作用阻断 NO 合成。iNOS 只有形成同源二聚体才能合成 NO，一组蛋白可以通过阻断 iNOS 二聚化抑制 iNOS 活化。例如，110kDa 蛋白(NAP110)可以结合到 iNOS 的 N 端形成 iNOS-NAP110 异源二聚体，阻止形成 iNOS-iNOS 二聚体，抑制 iNOS 活性(图 6-11)。

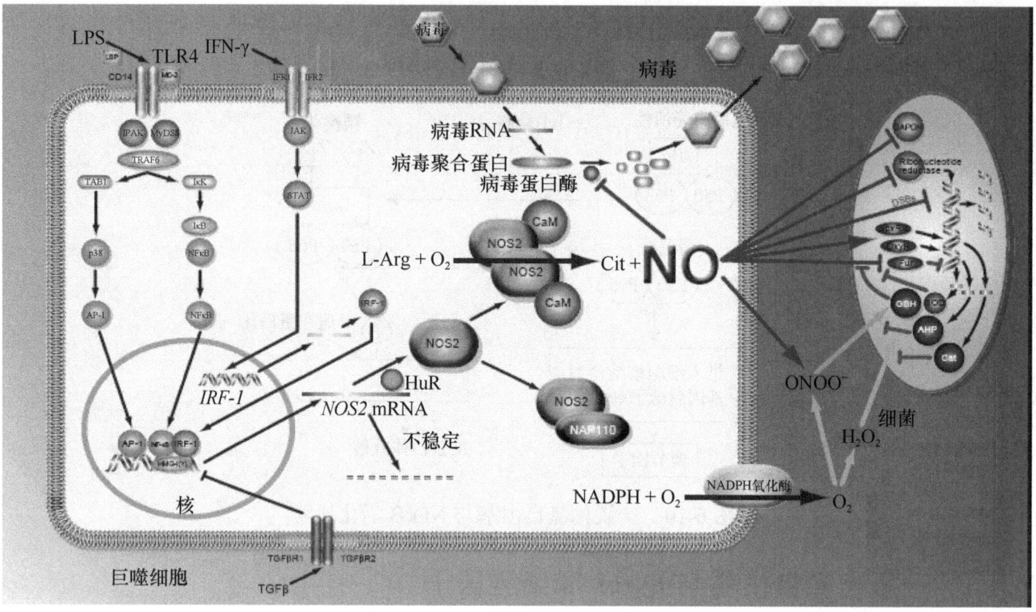

图 6-11　在巨噬细胞免疫反应中 iNOS 与细胞因子的相互作用通路

综上所述，几个细胞因子诱导修饰细胞行为，产生细胞毒性可以由产生的 NO 解释，反过来，也可以解释细胞因子调节 NO 产生，但是其机制还远远没有研究清楚，特别是细胞因子的信号转导与 NO 的信号转导在免疫反应过程中是如何联系和调节的是值得深入研究的。

6.5　天然抗氧化剂对炎症及其产生一氧化氮的影响

在前面第五章分别讨论了银杏提取物(GBE)黄酮对心肌缺血再灌注损伤产生 NO 的影响和 L-茶氨酸对内皮细胞产生 NO 的影响，这类化合物都是可以增加 NO 产生的[34~39]。与此相反，这一节将讨论这类化合物对炎症产生的 NO 都是可以降低的。为什么同样的抗氧化剂对同样的 NO 会有完全不同的作用呢？作者将根据实验结果进行讨论，找出其原因和机制。同时介绍小球藻提取物对炎症细胞产生的 NO 的作用。

6.5.1　银杏黄酮对葡聚糖诱导的炎症及其产生一氧化氮的影响

银杏提取物(EGB)含有多种不同黄酮类化合物，以前的研究表明 EGB 具有很多生物活性，包括抗氧化和对心肌细胞和神经细胞的保护作用。《试验眼睛研究》(*Experimental Eye Research*)杂志发表了一篇文章，研究了 EGB 对内毒素(EIU)诱导大鼠眼色素层炎症的影响。比较了 EGB 与氢强的松的抗炎能力。另外还研究了 EGB 处理小鼠巨噬细胞株(RAW264.7)产生 NO、前列腺素 E2(PGE2)、肿瘤坏死因子-α(TNF-α)和 iNOS 的表达的影响，以探讨其抗炎效果。利用内毒素(EIU)诱导是在鼠爪肉掌注射葡聚糖(lipopolysaccharide，LPS)诱导大鼠眼色素层炎症，然后立即分别静脉注射 1mg、10mg 或 100mg EGB。24h 以后，从双眼收集水状液体(眼房水)和测量浸润细胞数量、蛋白质浓度和 NO 水平。用不同浓度 EGB 处理 RAW264.7 细胞 24h 以后，再用 LPS 培养 24h，用酶联免疫法测定 NO、PGE2 和 TNF-α。iNOS 蛋白质表达用 Western blot 法测定。结果发现，EGB 处理能够显著减少大鼠眼房水中炎症细胞数量、蛋白质浓度和 NO 水平，1mg EGB 的抗炎效果比氢强的松的还强(图 6-12，图 6-13)，而且还显著降低了 LPS 诱导 RAW264.7 细胞介质中产生 PGE2、TNF-α浓度和 NO 浓度(图 6-14)，也明显降低了 iNOS 蛋白质表达。因此，可以得出结论，EGB 的抗炎是通过阻断了 iNOS 蛋白质表达和 NO 释放实现的[40]。

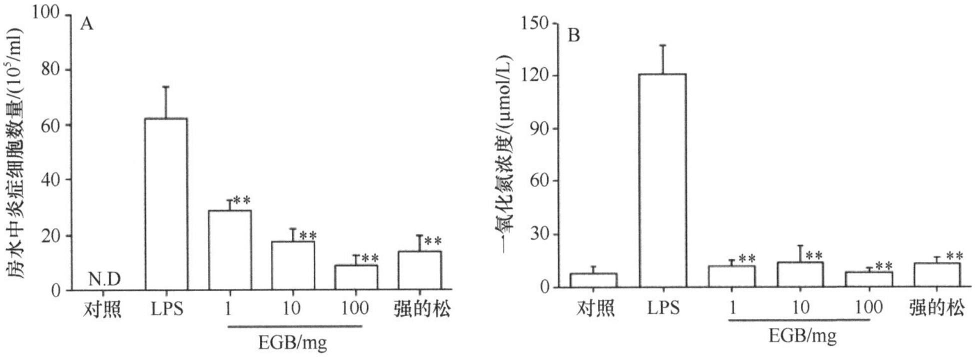

图 6-12 EGB 处理对 LPS 诱导大鼠炎症眼房水中炎症和产生 NO 的影响

A. 细胞数量；B. NO。**与 LPS 诱导炎症组比较 $P<0.01$

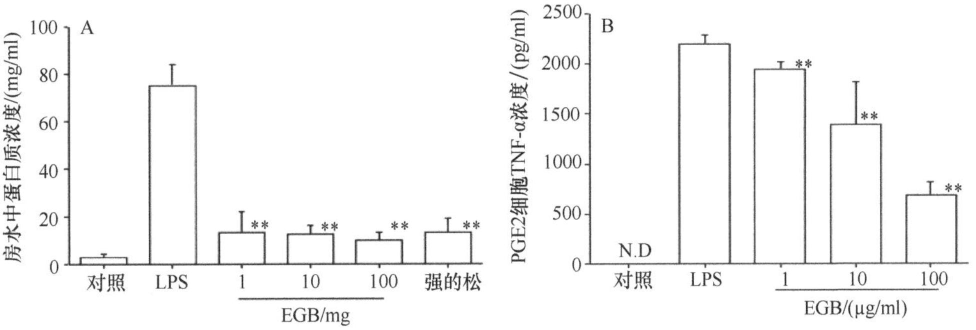

图 6-13 EGB 处理对 LPS 诱导大鼠炎症眼房水中蛋白质的影响

A. 蛋白质浓度；B. TNF-α浓度。**与 LPS 诱导炎症组比较 $P < 0.01$

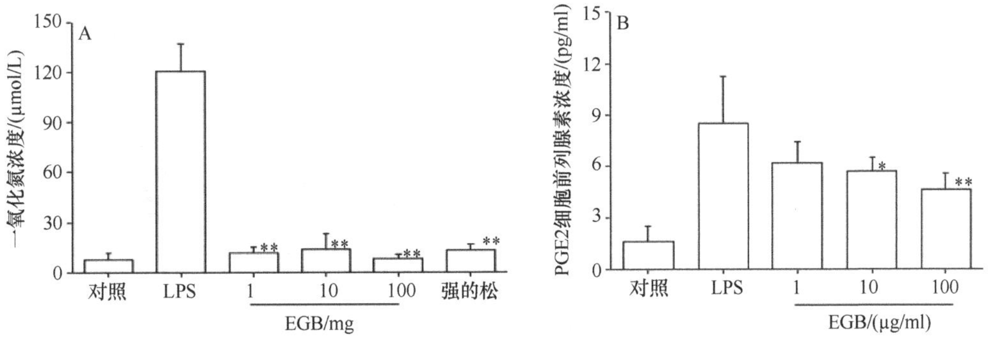

图 6-14 EGB 处理对 LPS 诱导 RAW264.7 细胞炎症产生 NO 和前列腺素的影响

A. NO；B. 前列腺素 PGE2。**与 LPS 诱导炎症组比较 $P<0.01$

6.5.2　L-精氨酸对葡聚糖硫酸钠造成的结肠炎损伤及其产生一氧化氮的影响

炎性肠病(IBD)，包括克罗恩病和溃疡性结肠炎(UC)，其难以治疗且发病率高。L-精氨酸可以提高免疫力，但能否抑制和治疗结肠炎呢？*PLoS One* 发表了一篇文章，使用葡聚糖硫酸钠(DSS)建立类似人的鼠结肠损伤和修复模型，采用 DSS 诱导增加在 y(+)阳离子氨基酸转运蛋白 2 在结肠的表达(CAT2)和 L-精氨酸的摄取，评估了 L-精氨酸对结肠炎的作用。结果发现，补充 L-精氨酸能够改善动物的存活率和结肠质量等临床参数，并减少结肠渗透性和在葡聚糖硫酸钠诱导结肠炎髓过氧化物酶阳性中性粒细胞的数量。经过多因素分析表明，经 L-精氨酸治疗能够使促炎细胞因子和趋化因子表达显著降低。通过基因组分析显示，葡聚糖硫酸钠处理后再补充 L-精氨酸的小鼠与未经葡聚糖硫酸钠处理小鼠接近，并发现补充 L-精氨酸能够使葡聚糖硫酸钠处理上调或下调的多个基因趋于正常化。此外，L-精氨酸治疗小鼠葡聚糖硫酸钠处理结肠炎导致结肠上皮细胞体外迁移，提示伤口修复能力增加。由于 CAT2 感应是在 L-精氨酸治疗和诱导型 iNOS 产生 NO 自由基，测试 L-精氨酸对 iNOS 敲除小鼠的作用，发现 L-精氨酸在葡聚糖硫酸钠处理结肠炎的作用就没有表现出来。这些临床前研究表明，补充 L-精氨酸可能是这类炎症疾病潜在的治疗方法，其机制可能是 L-精氨酸增强了 iNOS 的活性功能[41]。

6.5.3　小球藻对炎症及其产生一氧化氮的影响

小球藻提取物具有抗氧化和抗炎效果[42, 43]。临床化学学报(*Clinica Chimica Acta*)发表了一篇文章，研究了小球藻二氯酸甲烷提取物对 LPS 诱导 RAW264.7 鼠巨噬细胞炎症和氧化应激的影响。结果发现，小球藻二氯酸甲烷提取物处理能够剂量依赖地且明显减少 LPS 处理巨噬细胞产生的 NO($P<0.05$，IC50=30.5μg/ml)，减少 LPS 处理巨噬细胞脂质过氧化物(TBARS)的积累(图 6-15)，活化抗氧化酶、SOD、过氧化氢酶、谷胱甘肽过氧化氢酶(GSH-px)和谷胱甘肽还原酶(图 6-16)。50μg/ml 小球藻二氯酸甲烷提

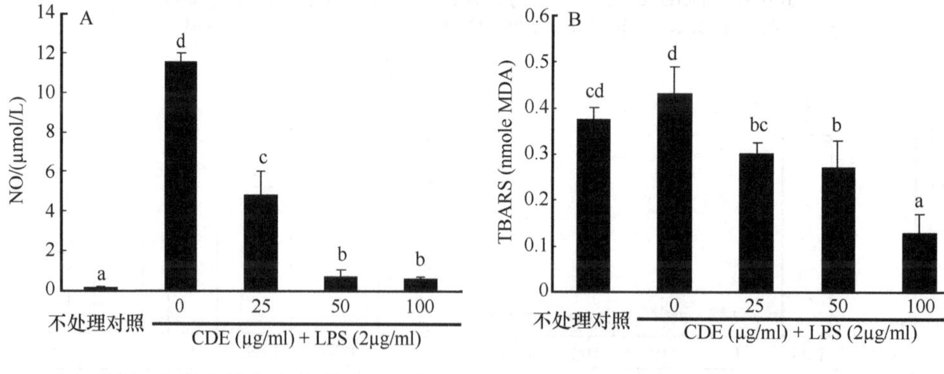

图 6-15　小球藻二氯酸甲烷提取物处理 2h 对 LPS(2μg/ml)处理 RAW264.7 鼠巨噬细胞 24h 诱导炎症产生一氧化氮(A)和 TBARS 的影响(B)

横坐标的数据是小球藻二氯酸甲烷提取物的浓度；与 LPS 诱导炎症组比较 $P<0.01$

不同字母标的之间有显著差异 $P<0.01$；有相同字母标的没有显著差异 $P>0.05$

取物处理能够把 LPS 诱导巨噬细胞产生的一氧化氮减少到 6%，同时能够减少 iNOS 蛋白和 mRNA 表达(图 6-16)。小球藻二氯酸甲烷提取物处理也能够剂量依赖地把核因子(NFκB)特异 DNA 结合活性显著降低(P <0.05，IC50=62.7μg/ml)(图 6-17)[43]。

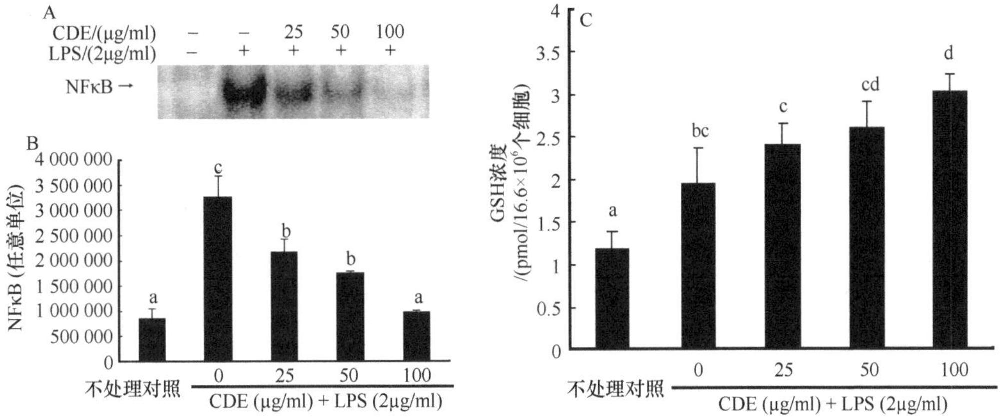

图 6-16 小球藻二氯酸甲烷提取物处理 2h 对 LPS(2μg/ml)处理 RAW264.7 鼠巨噬细胞 24h 诱导炎症 NFkB 活性(A、B)和 GSH 的影响(C)

横坐标数据是小球藻二氯酸甲烷提取物的浓度；与 LPS 诱导炎症组比较 P <0.05

不同字母标的之间有显著差异 P<0.01；有相同字母标的没有显著差异 P<0.05

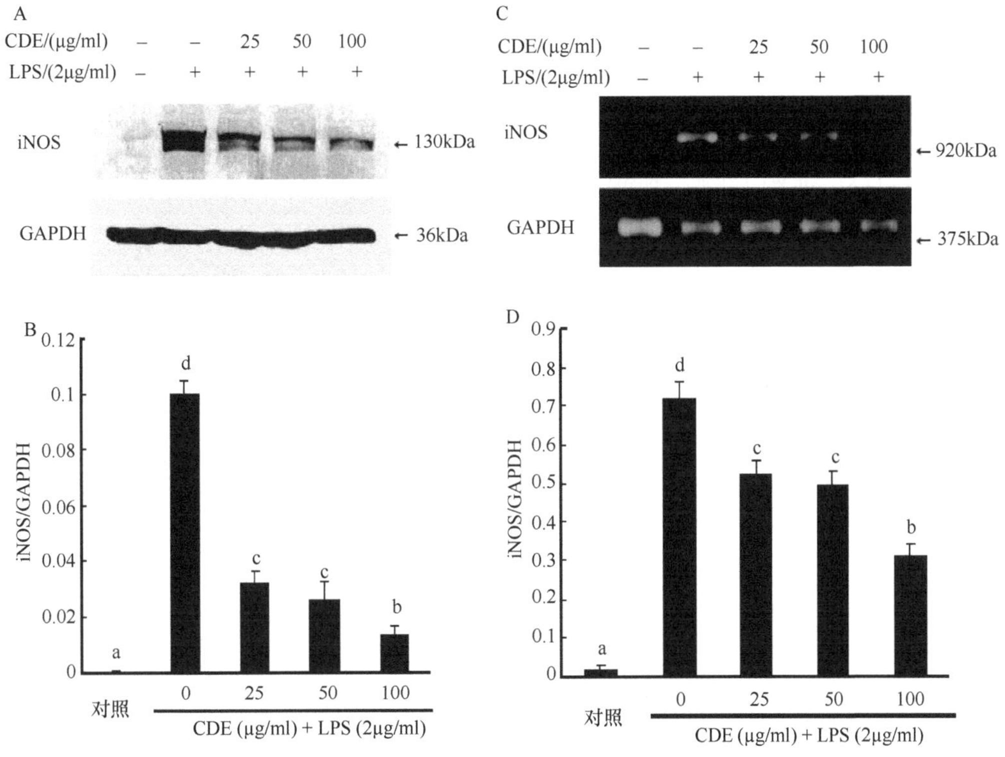

图 6-17 小球藻二氯酸甲烷提取物处理 2h 对 LPS 处理 RAW264.7 鼠巨噬细胞 24h 诱导 iNOS 蛋白表达(A、B)和 mRNA 表达(C、D)的影响

横坐标数据是小球藻二氯酸甲烷提取物的浓度；与 LPS 诱导炎症组比较 P<0.01

不同字母标的之间有显著差异 P<0.01；有相同字母标的没有显著差异 P<0.05

因此，可以看出，小球藻二氯酸甲烷提取物可能通过推迟消耗细胞 GSH 和提高 LPS 处理细胞的抗氧化酶活性减少细胞内氧化应激，抑制了 NFκB 活性、iNOS 蛋白和 mRNA 表达和一氧化氮的产生。通过减少 iNOS 蛋白和 mRNA 表达及 NFκB 活性减少一氧化氮产生，小球藻二氯酸甲烷提取物可能通过抑制过氧亚硝基形成减少细胞内氧化应激。总之，小球藻二氯酸甲烷提取物可能通过抑制 iNOS 蛋白表达减少了 NO 产生，因而起到了抗炎效果。所以，小球藻二氯酸甲烷提取物可能具有治疗炎症的潜在应用价值。

为什么同样一种抗氧化剂对同样的 NO 会有完全不同的作用呢？比较这一章和第五章的实验结果进行的讨论可知，其关键是这两种情况下是不同 NOS 产生的 NO，在心肌缺血再灌注损伤和内皮细胞银杏黄酮和 L-精氨酸是分别通过增加 eNOS 活性增加了 NO 产生；而在本章银杏黄酮和 L-精氨酸是分别通过抑制 iNOS 活性减少了 NO 产生。也就是说这两类化合物对不同 NOS 有不同的激活和抑制作用。这也体现了天然抗氧化剂看似矛盾的对同一种 NO，由于其产生的速度和浓度的不同，却有完全不同的作用机制，也就赋予了同一种 NO 在不同条件下具有完全不同的功能。

参 考 文 献

[1] Zhao BL，Wang JC，Hou JW，et al. Studies on nitric oxide free radicals generated from polymorphonuclear leukocytes(PMN)stimulated by phorbol myristate acetate(PMA). Cell Biol Intern，1996，20：(5)343-350.

[2] 赵保路，王建潮，侯京武，等. 多形核白细胞产生的 NO 和超氧阴离子自由基主要形成 ONOO-. 中国科学，1996，26：406-413.

[3] Li HT，Zhao BL，Xin WJ. Two peak kinetic curve of chemiluninescence in phorbol stimulated macrophage. Biochem Biophys Res Commn，1996，223：311-314.

[4] Zhao BL，Li XJ，Xin WJ. ESR study on oxygen consumption during the respiratory burst of human polymophonuclear leukocytes. Cell Biol Intern Report，1989，13：317-326.

[5] Beckman JS. Ischemic injury mediator. Nature，1990，345：27-28.

[6] Beckman JS. Peroxynitrite versus hydroxyl radical：the role of nitric oxide in superoxide-dependent cerebral injury. Annl New York Acad Sci，1994，738：69-75.

[7] Li HT，Hu JG，Xin WJ，et al. Production and interaction of oxygen and nitric oxide free radicals in PMA stimulated macrophages during the respiratory. Redox Report，2000，5：353-358.

[8] 张德良，李美芬，赵保路. 乙酸乙酯抽提法在 ESR 检测一氧化氮自由基中的应用. 生物化学与生物物理进展，2001，28：94-98.

[9] Coleman JW. Nitric oxide in immunity and inflammation. Intern Immunopharm，2001，1：1397-1406.

[10] van der Veen RC，Dietlin TA，Pen L，et al. Nitric oxide inhibits the proliferation of T helper 1 and 2 lymphocytes without reduction in cytokine secretion. Cell Immunol，1999，193：194-201.

[11] Ishida A，Sasaguri T，Kosaka C，et al. Induction of the cyclin-dependent kinase inhibitor p21Sdi1rCip1rWaf1 by nitric oxide-generating vasodilator in vascular smooth cells. J Biol Chem，1997，272：10 050-10 057.

[12] van der Veen RC，Dietlin TA，Gray JD，et al. Macrophage-derived nitric oxide inhibits the proliferation of activated T helper cells and is induced during antigenic stimulation of resting T cells. Cell Immunol，2000，199：43-49.

[13] Niedbala W，Wei XQ，Piedrafita D，et al. Effects of nitric oxide on the induction and differentiation of Th1 cells. Eur J Immunol，1999，29：2498-2505.

[14] Chu CQ，Wittmer S，Dalton DK. Failure to suppress the expansion of the activated CD4 T-cell population in interferongamma-deficient mice leads to exacerbation of experimental autoimmune encephalomyelitis. J Exp Med，2000，192：123-128.

[15] Gherardi MM，Ramirez JC，Esteban M. Interleukin-12 IL-12 enhancement of the cellular immune response against humanimmunodeficiency virus type 1 env antigen in a DNA primervaccinia virus boost vaccine regimen is time and dose dependent：suppressive effects of IL-12 boost are mediated by nitric oxide. J Virol，2000，74：6278-6286.

[16] van der Veen RC, Dietlin TA, Hofman FM, et al. Superoxide prevents nitric oxide-mediated suppression of helper T lymphocytes: decreased autoimmune encephalomyelitis in nicotinamide adenine dinucleotide phosphateoxidase knockout mice. J Immunol, 2000, 164: 5177-5183.
[17] Malvezi AD, Cecchini R, Souza F, et al. Involvement of nitric oxide(NO)and TNF-α in the oxidativestress associated with anemia in experimental *Trypanosoma cruzi* infection. FEMS Immun Med Microbiol, 2004, 41: 69-77.
[18] van der Veen RC. Nitric oxide and T helper cell immunity. Intern Immunopharm, 2001, 1: 1491-1500.
[19] Bidri M, Feger F, Varadaradjalou S, et al. Mast cells as a source and target for nitric oxide. Int Immunopharmacol, 2001, 1: 1543-1558.
[20] Kharitonov SA, Yates D, Robbins RA, et al. Increased nitric oxide in exhaled air of asthmatics. Lancet, 1994, 343: 133-135.
[21] Salvemini D, Masini E, Pistelli A, et al. Nitric oxide—a regulatory mediator of mast cell reactivity. J Cardiovasc Pharmacol, 1991, 17: S258-264.
[22] Forsythe P, Gilchrist M, Kulka M, et al. Mast cells and nitric oxide: control of production, mechanisms of response. Int Immunopharmacol, 2001, 1: 1525-1541.
[23] Wink DA, Hanbauer I, Grisham MB, et al. Chemical biology of nitric oxide: regulation and protective and toxic mechanisms. Curr Top Cell Regul, 1996, 34: 159-187.
[24] Kröncke KD, Fehsel K, Suschek C, et al. Inducible nitric oxide synthase-derived nitric oxide in gene regulation, cell death and cell survival. Int Immunopharmacol, 2001, 1: 1407-1420.
[25] Moncada S, Palmer RMJ, Higgs EA. Nitric oxide: physiology, pathology and pharmacology. Pharmacol Rev, 1991, 43: 109-142.
[26] Klatt P, Lamas S. Regulation of protein function by S-glutathiolation in response to oxidative and nitrosative stress. Eur J Biochem, 2000, 267: 4928-4944.
[27] Mohr S, Hallak H, de Boitte A, et al. Nitric oxide-induced S-nitrosylation and inactivation of glyceraldehyde-3-phosphate dehydrogenease. J Biol Chem, 1999, 274: 9427-9430.
[28] Schindler H, Bogdan C. Nitric oxide as a signalling molecule: effects on kinases. Int Immunopharmacol, 2001, 1: 1443-1455.
[29] Wang S, Wang W, Wesley RA, et al. A Sp1 binding site of the tumor necrosis factor a promoter functions as a nitric oxide response element. J Biol Chem, 1999, 274: 33 190-33 193.
[30] Munoz-Fernandez MA, Fernandez MA, Fresno M. Synergism between tumor necrosis factor-alpha and interferon-gamma on macrophage activation for the killing of intracellular *Trypanosoma cruzi* through a nitric oxide-dependent mechanism. Eur J Immunol, 1992, 22: 301-307.
[31] Ulich TR, Shin SS, del Castillo J. Haematologic effects of TNF. J Resr Immunol, 1993, 144: 347-354.
[32] Miller KL, Silverman PH, Kullgren B, et al. Tumor necrosis factor alpha and the anemia associated with murine malaria. Inf Immun, 1989, 5: 1542-1546.
[33] Tadokoro CE, Abrahamsohn IA. Bone marrowderived macrophages grown in GM-CSF or M-CSF differ in their ability to produce IL-12 and to induce IFN-gamma production after stimulation with *Trypanosoma cruzi* antigens. Immunol Lett, 2001, 77: 31-38.
[34] Shen JG, Wang J, Zhao BL, et al. Effects of EGb-761 on nitric oxide, oxygen free radicals, myocardial damage and arrhythmias in ischemia-reperfusion injury *in vivo*. Biochim Biophys Acta, 1998, 1406: 228-236.
[35] Zhao BL, Shen JG, Li M, et al. Scavenging effect of chinonin on NO and oxygen free radicals and its protective effect on the myocardium from the injury of ischemia-reperfusion. Biochem Biophys Acta, 1996, 1315: 131-137.
[36] Shen JG, Li M, Xin WJ, et al. Effects of chinonin on nitric oxide free radical, myocardial damage and arrhythmia in ischemia-reperfusion injury *in vivo*. Appl Magn Reson, 2000, 19: 9-19.
[37] Shen JG, Guo XS, Jiang B, et al. Chinonin, a novel drug against cardiomyocyte apoptosis induced by hypoxia and reoxygenation. Biochim Biophyscs Acta, 2000, 1500: 217-226.
[38] Siamwala JH, Dias PM, Majumder S, et al. L-theanine promotes nitric oxide production in endothelial cells through eNOS phosphorylation. J Nutr Biochem, 2013, 24(3): 595-605.
[39] Ilieva I, Ohgami K, Shiratori K, et al. The effects of *Ginkgo biloba* extract on lipopolysaccharide-induced inflammation *in vitro* and *in vivo*. Experimental Eye Research, 2004, 79: 181-187.
[40] Coburn LA, Gong X, Singh K, et al. L-arginine supplementation improves responses to injury and inflammation in dextran sulfate sodium colitis. PLoS One, 2012, 7(3): e33546. doi: 10. 1371/journal. pone. 0033546.
[41] Miranda MS, Sato S, Mancini-Filho J. Antioxidant activity of the microalga *Chlorella vulgaris* cultured on special

conditions. Boll Chim Farm，2001，140：165-168.

[42] Buratti S，Pellegrini N，Brenna OV，et al. Rapid electrochemical method for the evaluation of the antioxidant power of some lipophilic food extracts. J Agric Food Chem，2001，49：5136-5141.

[43] Parka JY，Cho HY，Kim JK，et al. Chlorella dichloromethane extract ameliorates NO production and iNOS expression through the down-regulation of NF kappa B activity mediated by suppressed oxidative stress in RAW 264. 7 macrophages. Clinica Chimica Acta，2005，351：185-196.

7 植物抗感病反应过程产生的一氧化氮自由基

动物系统研究表明 NO 自由基和活性氧在免疫反应中发挥着重要作用。最新研究发现 NO 自由基作为活性氧的合作者启动植物的保护基因和过敏坏死反应。利用培养的携带致病病毒和抗病小种大豆细胞作为研究材料，Dang 和 Delledonne，Xia 和 Lamb 等在《自然》(*Nature*)杂志和《美国科学院院报》(*PNAS*)上发表研究文章提出[1~3]，NO 自由基和活性氧在植物抗病反应中起着极其关键的作用。单独活性氧还不足以导致细胞死亡，NO 自由基的介入和协调才可引起植物感染部位细胞的死亡，从而引起过敏坏死反应。同时发现，植物对病菌过敏坏死反应中不仅活性氧产生增加，而且，NO 自由基的产生也增加，还启动病程相关基因(*PR-1*)防卫基因转录，并与水杨酸(salicylic acid，SA)的合成相偶联。2001 年，Delledonne 等又在 *PNAS* 上发表文章提出只有 NO 自由基和活性氧成一定比例时才能引起过敏性坏死反应(HR)[4]。2003 年《细胞》(*Cell*)和《科学》(*Science*)杂志上又几乎同时发表文章，声称在植物中发现一氧化氮合酶(NOS)，引起人们的广泛关注。这些都说明 NO 自由基在植物免疫反应中发挥着重要作用，而且这方面的研究取得了重要进展。作者实验室自 2000 年开始就着手研究 NO 自由基在植物免疫反应中的重要作用，也取得了一些进展。本章就 NO 自由基在植物抗病反应和植物免疫反应发挥的重要作用，以及在植物的正常发育、死亡及其在植物产生的来源进行讨论，其中很大一部分是作者实验室研究的结果，同时综述了一些最新文献报道[5,6]。

7.1 植物体内产生的一氧化氮自由基及其功能

和动物体系一样，植物也产生 NO 自由基，但是植物产生 NO 自由基的机制和途径比动物体系还要复杂。有酶和非酶体系产生 NO 自由基，而且酶也不止一种。本节就植物体内产生的 NO 自由基及其功能的研究进展进行讨论。

7.1.1 植物中一氧化氮自由基的产生机制

非酶途径产生 NO 自由基来源于 N 的氧化物与植物代谢物的互作[7]，含氮氧化物的降解物，以及 NO_2^- 在酸性 pH 条件下的还原产物[8,9]。最初 NO 自由基的产生是通过在大豆上使用除草剂和其他化学试剂观察到的，这一现象归结于累积的亚硝酸和其他一些植物代谢产物如水杨酸和亚硝酸分解物反应的结果[10,11]。

植物中产生 NO 自由基的另一个重要来源是依赖于 NAD(P)H 的硝酸和亚硝酸还原酶[12]。硝态氮的同化是许多植物和微生物供应氮素的关键步骤，因此硝酸还原酶(NR)是氮代谢的关键酶。利用煮沸的叶片和大豆突变体株(nr1)首先证明了结构型的硝酸还原酶可以产生氮的氧化物 NO_x[1,13,14]。以 N^{15}-同位素标记的硝酸根作底物证明了 NO_x 来源于硝酸根，大豆结构性的 NR 可通过 Mo-嘌呤氧化还原中心将亚硝酸转化为 NO 自由基。因为结构性的硝酸还原酶(NR)唯一存在于豆科植物中，因此认为植物中 NO 自由基的产生仅限于此属[1]。但是其他报道证明了除豆科以外的其他种包括向日葵、甜甘蔗、谷类、油菜、菠菜和烟草都能产生 NO 自由基[15]。玉米中诱导型的 NR 通过与结构型硝酸还原酶(cNR)相似的途径降解亚硝酸产生 NO 自由基，这一反应受到叠氮钠的抑制[12,16]。硝酸还原酶产生 NO 自由基所需的亚硝酸浓度是 300μmol/L，而氧化 NADH 所需的硝酸浓度是 60μmol/L。若 NADH 过量，则硝酸还原酶(NR)在正常硝酸根浓度下可以产生 NO 自由基。NO 自由基的释放与硝酸根的加入之间存在明显的滞后期，而以亚硝酸根作底物则不存在滞后现象，说明硝酸还原酶(NR)仍然是将硝酸根转化为亚硝酸根后以后者作为直接底物的。作者实验室的研究结果也证实了小麦幼苗中的 NO 自由基主要来源于 NR[17]。这些研究结果表明诱导型的 NR 也能够产生 NO 自由基。诱导型的硝酸还原酶(iNR)受转录和翻译后复杂代谢机制的高度调控[13,18]。硝酸还原酶(NR)的降解非常快，在黑暗中一半酶都会消失[18,19]。硝酸还原酶(NR)的转录和翻译后调节受许多环境因子的影响，其中包括氮素的供应、光、pH、温度、CO_2 和氧气的利用。尽管需要进一步的生理和生化证据，但国外一些学者认为 NR 的调控不仅与氮的同化有关，也可能与活性氮的调控产生有关。植物为何具有如此复杂的调控机制并不清楚。研究证实植物硝酸还原酶(NR)具有类似于动物组织中的 NOS 产生 NO 自由基的功能，硝酸还原酶(NR)对硝酸根的 K_m 是对亚硝酸根的 5 倍。有趣的是，大豆中硝酸还原酶(cNR)对亚硝酸的 K_m 比对硝酸的低[14]，因此有可能此酶更倾向于产生 NO 自由基而不是正常的硝酸还原酶(NR)产物。

正常条件下，叶绿体中的亚硝酸还原酶(NiR)可有效地将亚硝酸转化为氨，因此在健康的组织中很难检测到亚硝酸根。将亚硝酸根从胞质转移到叶绿体要求一定的 pH 跨膜梯度及减少铁氧还蛋白[20]，这些条件都可通过类囊体膜上的光合电子传递达到。当这些条件受抑时，亚硝酸积累产生 NO 自由基。实际上，黑暗中或光合电子传递受抑时产生大量 NO 自由基[10,12,14]。

除了硝酸还原酶(NR)产生的 NO 自由基以外，近年来认为植物中存在哺乳动物类的 NOS 的证据越来越多。依据主要来源于一些植物中的精氨酸生成了瓜氨酸或利用 NOS 抑制剂可以抑制其活性。哺乳动物中有许多 NOS，都像细胞色素 P450 一样具有血红素-硫醇盐谱带，并且要求 NADPH、FAD、FMN 和四氢生物嘌呤作辅因子。哺乳动物中的 NOS 催化精氨酸生成瓜氨酸和 NO 自由基。NOS 是最大和最复杂的酶之一，此酶的作用机制与细胞色素 P450 相似[21]。哺乳动物 NOS 具有组成型(即神经型 nNOS)、内皮型(eNOS)和诱导型(iNOS)3 种同工酶形式。动物免疫系统中主要是 iNOS 起作用[22]；在细胞内毒素和细胞因子如白细胞介素 1、干扰素 γ 或肿瘤坏死因子 α 诱导的免疫反应中，iNOS 被诱导活化。

在动物中的研究结果说明了 NOS 的传统进化途径。在植物研究中，催化精氨酸生成瓜氨酸的 NOS 活性最初是在豆科植物 *Mucuna hassjooh* 和羽扇豆根的抽提液中观测到的[23]，同时观测到了 NADPH-心肌黄递酶的活性[24,25]。例如，在豆科植物的根和根瘤中发现了 NOS 的活性，并认为其活性可被根部的脂多糖诱导。据此，提出 NO 自由基结合在氧化还原感受器诸如豆血红蛋白的亚铁血红素上而参与了共生关系的建立和固氮作用。

从植物蛋白提取液的免疫反应可推测植物中存在NOS[26]，并且证明植物组织中具有NOS活性，这预示NO自由基在植物的生长和发育、信号转导及抗病反应中的作用[27]。近年来的研究显示，NO自由基和NOS可能在植物防御微生物病菌的过程中担任了重要的角色。烟草花叶病毒侵染感病而非抗病的烟草可导致NOS活性的提高[28]。1998年报道了在培养的大豆细胞中和拟南芥植物中由NOS类酶催化产生的NO自由基可以诱导植物对病菌或真菌激发子的防卫反应，抑制剂实验证明抑制NO自由基的合成，可以促进丁香假单胞菌在拟南芥叶片的生长并抑制过敏性坏死反应[2]。进一步研究表明，烟草抵抗 *Ralstonia solanacearum* 的侵入显示了NOS活性的增加[29]。用兔来源抗小鼠大脑NOS和巨噬细胞NOS的抗体的免疫杂交分析表明，烟草和玉米的提取液中都有很高的NOS活性[30]。但是，这一结果的证据都是间接的，而缺乏直接证明NOS酶存在于植物中的证据。

首先，在哺乳动物中，NOS活性依赖辅助因子辅酶-NADPH和辅因子如FAD、FMN、BH_4及CaM，尽管NOS的结构和功能一直是研究的主要目标，但缺乏NOS、辅因子、NADPH和NO自由基之间详细调控关系的研究。Xu[17]的研究显示NOS的辅酶和辅因子可以诱导依赖超氧的羟基自由基的产生。·OH可以抑制NOS的活性，而NOS催化产生的NO自由基具有猝灭·OH保护NOS的功能。尽管四氢生物嘌呤的精确功能尚未查明，但它对NADPH-依赖的ROS的活化和NO自由基的合成是需要的。Durner和Klessing[31]指出，植物体自身是否能合成四氢叶酸还缺乏证据。

其次，对于植物中NOS类似的活性是否来源于哺乳动物类型的NOS并不清楚。另外，用于植物NOS抑制剂的特异性也需要阐明。例如，NOS抑制剂也可能抑制多胺氧化酶类的活性，此酶可以利用L-精氨酸产生生理相关的活性[32]。植物是否能够提供NOS活性必需的所有辅助因子也不清楚。目前，没有任何关于植物中是否合成四氢生物嘌呤的报道。最后，即使从拟南芥中确定了动物NOS抑制蛋白的类似物EST，但没有任何植物*NOS*基因被克隆。因此，以动物NOS抗体确定的关于烟草的NOS分子质量为56kDa、玉米NOS分子质量为166kDa的结论是不一致的(哺乳动物NOS的相对分子质量范围在130~160)。

许多报道认为NOS的活性类似于哺乳动物的NOS，依赖于Ca^{2+}的浓度[2,25,29]。关于Ca^{2+}依赖性的问题依据NOS的类型而不同。羽扇豆根中的NOS类似于哺乳动物组成型NOS，依赖于Ca^{2+}，而根瘤中的NOS不依赖Ca^{2+}，类似于哺乳动物诱导型NOS[23]。另外，病菌侵染诱导的NOS依赖于Ca^{2+}[2]，烟草防卫反应激发子的实验结果同样支持了这一结果，该激发子在几分钟内可以刺激烟草表皮细胞产生NO自由基爆发，这一反应受NOS抑制剂抑制，如此快速的NO自由基的产生可能是来源于结构型的NOS而不是诱导型的NOS[30]。植物中NOS类活性与小鼠神经NOS活性的差异在于它们对NOS抑制剂的敏感性不同[2,25]。由于植物对NOS抑制剂的敏感性不同于动物，因此植物中NOS的分析更复杂[28]。加之各种钙调素同工酶对NOS活性的影响不同，可能存在更复杂的调控途径和分支信号途径[33,34]。生化研究和部分纯化植物中NOS的结果表明它很像iNOS[35]。然而，数据库分析并未找到与哺乳动物NOS类似的序列。

另外，利用动物NOS抗体免疫印迹分析表明植物提取液中存在免疫反应蛋白[30,35]。NOS的免疫电镜定位认为类似NOS的蛋白存在于豌豆叶过氧化物体和叶绿体的基质中，玉米根中的免疫荧光定位认为NOS类的蛋白质存在于分化区细胞的胞质中，以及伸长区细胞的核中。

前期的研究结果虽然证明了植物中存在与动物同样的 NOS 的底物和产物，NO 自由基强化了病原菌诱导的过敏性坏死(HR)反应，这一反应可以被 NOS 抑制剂阻止，但是直到 2003 年以前，在植物中没有找到类似于动物 NOS 序列的蛋白质和基因[36]。

2003 年的两篇报道有了突破性的进展，*Cell* 和 *Science* 几乎同时报道了植物中 NOS 的基因序列[4,6]，报道的基因序列分别以烟草-烟草花叶病毒体系和拟南芥突变体为材料。*Cell* 报道的烟草中的 NOS 蛋白具有与动物中的 NOS 相似，有同样的底物和产物，对 NOS 抑制剂 L-NMMA 敏感，反应需要同样的辅因子包括 CaM、NADPH、FAD 和 FMN，依赖于钙离子受螯合剂 EDTA 的抑制。烟草中的 NOS 蛋白是甘氨酸脱羧酶的 P 蛋白的变体，分子质量大约在 120kDa。烟草中 NOS 活性受到 TMV 病原菌的诱导，与动物中的 iNOS 相似，诱导后 mRNA 的水平有很大的提高。*Science* 报道的拟南芥中确定的 NOS 蛋白分子质量大约在 62kDa，这一蛋白质的活性依赖于 NADPH、CaM、Ca^{2+} 并受 NOS 抑制剂 L-NMMA 的抑制，但与烟草中 NOS 不同，不受 FAD、FMN、BH_4 和亚铁血红素的调控。然而不到一年时间，在 *Cell* 发表文章的同一实验室在 *Cell* 上发表声明，无法重复原来的结果，否认了原来报道的结果。因此，目前大家都接受 *Science* 报道的拟南芥研究得到的植物中 NOS 是对的。但没有过多久，这篇文章也被撤回，引起科学界一片愕然，本章后面将对此加以讨论。

7.1.2　一氧化氮自由基在植物中的生理作用

NO 自由基与 ROS 信号分子在生长和发育中共同起作用。NO 自由基通过对木质部中过氧化物酶和过氧化氢的不同影响调控木质化[37]。另外，NO 自由基调控大豆胚轴中的 O_2 消耗[38]。NO 自由基对氧化和抗氧化平衡的调控，在诸如种子萌发等发育过程中起着氧化还原调控作用。植物细胞中 NO 自由基与 ROS 互作调控氧化还原平衡，其产物可能具有毒性和保护作用的双重功能[39]。NO 自由基保护马铃薯免遭除草剂氧化损伤的研究结果为此提供了进一步的证据。依据 NO 自由基和 ROS 各自的浓度，NO 自由基在植物中可能与 ROS 一样具有毒性，也可能抵消了 ROS 介导的毒性作用。植物代谢受外加 NO 自由基的影响，低浓度的 NO 自由基供体促进了豌豆叶和玉米根尖的生长[24,40]，而高浓度的 NO 自由基可诱导马铃薯块茎植保素的积累[41]。

NO自由基可以阻止由活性氧引起的叶绿体的分解。Beligni[42]利用除草剂处理马铃薯叶片，结果发现外源 NO 自由基能阻止由除草剂引起的叶绿素的分解，并且与外源 NO 自由基浓度有关。除草剂和除草剂加 NO 自由基供体(SNP)处理的叶片在处理后 36h 叶绿素的含量只有轻微的变化，36h 后除草剂处理的叶绿素水平呈现急剧的下降，在处理后 72h，其含量只有对照的 8%。相反，除草剂加 NO 自由基供体处理的叶绿素含量仍保持在对照 80%的水平，72h 后，后者叶绿素的含量也开始下降，7 天后只有对照的 16%。SNP 的剂量实验结果表明，当浓度分别为 10μmol/L、50μmol/L 和 100μmol/L 时，3 天后叶绿素的含量分别是对照的 29%、54%和 85%，此时除草剂处理的含量只有对照的 10%。若 SNP 的浓度更大时(500μmol/L 和 1mmol/L)，则不能起到对叶绿素的保护作用。用外源的 150μmol/L 过氧化氢代替除草剂，NO 自由基的保护作用则有所下降，50μmol/L 和

100μmol/L 的效果分别是 46%和 61%。这一结果说明除草剂引起的氧化损伤不完全是过氧化氢。在有氧条件下，NR 催化 NO_2^- 生成 NO 自由基，NO 自由基和 O_2^- 进一步生成过氧亚硝基，在 NO_2^- 积累情况下的氧化损伤是由过氧亚硝基引起的[16]。

同时利用 NO 自由基的转化产物亚硝酸根和硝酸根测定对叶绿素作用，结果表明 100μmol/L 的 $NaNO_2$ 或 100μmol/L 的 $NaNO_3$ 都不能抑制除草剂引起的叶绿素的分解，利用 NO 自由基清除剂(PTIO)可以抑制 SNP 对叶绿素的保护作用，$NaNO_2$ 和抗坏血酸的混合溶液同样可以抑制叶绿素的分解，$NaNO_2$ 和抗坏血酸单独则没有此效果，这些实验结果证明有效成分是 NO 自由基。

另外，NO 自由基可能参与了植物生长发育的调控[40]，影响细胞分化的酶活性[37]。内源性的 NO 自由基有调控植物生长的作用，已经证明 NO 自由基与植物特有的荷尔蒙——乙烯互作调控植物的成熟和衰老[24]。NO 自由基处理植物可以抑制诱导衰老的乙烯产生[43]。NO 自由基可以促进植物的生长，延缓衰老和活化植保素的产生，同时抑制植物呼吸链细胞色素 c 氧化酶[44]。NO 自由基供体或哺乳动物 NOS 对烟草植株或悬浮细胞作用的研究结果表明，NO 自由基可以诱导病程相关基因 PR-1 蛋白和苯丙氨酸解氨酶(PAL)等防卫基因的表达。

NO 自由基在植物病理体系中的功能主要参与了过敏性坏死反应、植保素的产生[24,41]、防卫基因的表达调控、叶绿素荧光的增加等[24]。植物对病菌感染的反应类似巨噬细胞吞噬过程的呼吸爆发，即随着病菌感染，在短时间内，植物细胞中产生大量活性氧自由基，如过氧化氢、超氧阴离子和羟基自由基、脂类过氧化和脂类自由基，接着感染部位细胞发生过敏性反应。最近研究发现，单独活性氧自由基不足以导致细胞死亡，NO 自由基的介入和协调才可以引起植物感染部位细胞的死亡，从而发生过敏反应。同时还发现，植物对病菌抗病反应中不仅活性氧自由基产生增加，而且 NO 自由基产生也增加，同时启动了 PR-1 防卫基因转录，并与水杨酸的合成相偶联。NO 自由基供体可以提高 H_2O_2 介导的细胞死亡。同样，抑制 NOS 或清除 NO 自由基可以抑制丁香假单胞菌诱导的 HR。NO 自由基的清除可提高细菌在植物中的繁殖。值得注意的是，NO 自由基可以诱导 PAL 和查耳酮合成酶(CHS)的表达，抑制 NO 自由基的反应可以阻止病菌诱导的这些基因的表达。H_2O_2 不能诱导苯丙氨酸解氨酶(PAL)和 CHS 的表达[45]，这表明 NO 自由基和 H_2O_2 在活化转录依赖的防卫反应中具有互补作用。谷胱苷肽硫转移酶(GST)可以由 H_2O_2 和 NO 自由基诱导表达。与 PAL 和 CHS 不同的是，NO 自由基诱导 GST 的表达分别依赖于 H_2O_2 和水杨酸，这种诱导作用不能被 NO 自由基抑制剂阻止。由此看出，NO 自由基启动的基因表达通过至少两条途径，一条是苯丙酸和类黄酮依赖于 NO 自由基但却不依赖 H_2O_2 和 SA 的途径，另一条是抗氧化剂和 *PR* 基因表达途径[28]。

总之，NO 自由基在许多方面与活性氧(ROS)相似，同时又有许多不同。当浓度较低时，作为信号分子活化了防卫反应[1]，然而，当产生处于不能控制状态而达到较高浓度时，就会引起极大的伤害。从这个意义上讲，NO 自由基既调控了各种各样的生理功能又调控了病害机制。

7.1.3 一氧化氮自由基作用的信号途径

尽管许多分子可与 NO 自由基反应，但证明受 NO 自由基调控的分子却很少。环鸟苷酸(cGMP)是最重要的调控分子之一，NO 自由基通过与鸟嘌呤环化酶反应活化依赖于环鸟苷酸的信号途径。动物中有两类鸟嘌呤环化酶家族，一类是跨膜接受子，此类的环化酶区位于蛋白质的细胞内部分，另一类是可溶性蛋白质。NO 自由基对后者的活化是通过结合在亚铁血红素的铁离子上或半胱氨酸残基 S 的亚硝酰化[46]。大量光谱技术研究证明 cGMP 毫无疑问地存在于植物中[47]。cGMP 能够刺激查耳酮合酶和铁氧还蛋白，$NADP^+$ 氧化降解酶基因的活化；同时能够启动大豆中花青素的生物合成[48]。不同刺激，如赤霉酸、光刺激或 NO 自由基处理均能引起大麦糊粉层、豆类细胞和云杉中 cGMP 的瞬间增加[47]。NO 自由基诱导烟草 cGMP 增加的幅度与 NO 自由基诱导动物平滑肌 cGMP 增加的幅度一致[28]。鸟苷酸环化酶抑制子可以抑制 NO 自由基对 *PAL* 表达的活化，此途径在侵染的烟草中得到了证实。最近报道了拟南介中的环核苷离子通道蛋白(AtCNGC2)，此离子通道调控对应于 cAMP 和 cGMP 的 Ca^{2+}和 K^+离子流，AtCNGC2 蛋白功能的丧失使拟南介突变体在接种无毒荧光假单胞菌时不能产生过敏性坏死反应[49,50]。目前对于依赖 NO 自由基的 cGMP 途径如何调节 AtCNGC2 还不清楚。值得注意的是，尽管报道了环核苷磷酸二酯酶，但植物中既没有克隆到鸟苷酸环化酶也未克隆到负责 cGMP 降解的磷酸二酯酶。与此同时发现了依赖 NO 自由基的环 ADP-核酶途径[28]，因为 NO 自由基极易与血红素中的铁生成亚硝酰基复合物，所以 NO 自由基能够影响过氧化物酶参与的细胞壁氧化交联[37]。

环腺苷二磷酸受体(cADPR)作为第二信使已引起了人们极大的兴趣。植物中，cADPR 可能通过调控液泡 RYR 类蛋白质参与了脱落酸的信号途径[51]。Ca^{2+}在早期植物对病菌的防卫反应中起了重要的作用[52]。NO 自由基处理的植株中，cADPR 可以诱导 PAL 和 PR-1 的表达，其拮抗物 8-溴-cADPR 抑制 *PR-1* 的表达，这一结果说明 NO 自由基至少部分通过 cADPR 途径起作用[53]。cGMP 类膜穿透物质也可诱导这些基因的表达，如同动物细胞一样，cGMP 和 cADPR 协同活化了 *PR-1* 和 *PAL* 两个基因[28]。另外，NO 自由基活化防卫基因途径可能不止一条，例如，NO 自由基可以通过亚硝酰化直接调控 RYR 类蛋白质。NO 自由基既是一个信号分子同时也具有毒性[44]，当 NO 自由基抑制了细胞色素 c 氧化酶的活性时，线粒体的氧化酶限制了超氧阴离子自由基的产生，从而限制了细胞的氧化损伤。

NO 自由基可与包含过渡态离子的血红素蛋白和非血红素蛋白作用，后者主要指铁硫蛋白。NO 自由基参与亲核加成和替代反应，通常发生在有机分子的–S、–N、–O 和 –C 中心[54]。这类反应具有双重功能，其一可以降解 NO 自由基，作为 NO 自由基转运和储存库，其二可以与其他自由基反应，中止自由基氧化链限制其对细胞的损伤。研究信号网络必须注意一些问题，例如，利用精氨酸生成 NO 自由基时，活性氧与其紧密相关，NOS 可能催化了 H_2O_2 的生成[54]。另外，抑制产生 ROS 的 NADPH 氧化酶活性的 DPI，也可抑制过氧化物酶产生 H_2O_2，甚至抑制 NOS 活性[36,55]。NO 自由基的主要目标分子——鸟苷酸环化酶的一些抑制剂，通过氧化巯基和过渡态金属强化了 NOS 抑制剂的作用。另外，酚类化合物对 NO 自由基也具有调节作用[56]。

7.1.4　一氧化氮自由基在植物抗病反应和免疫反应中的作用

过去研究表明无毒病菌辨认产生的活性氧与细胞壁作用诱导植物细胞防护基因，这在过敏抗病反应的细胞死亡是必需的。Dang，Delledonne，Xia 和 Lamb，Durneretal 及 Hauslader 等现在又提出，NO 自由基和活性氧在植物抗病反应中起着极其重要的作用，而且用实验严格地证明了 NO 自由基作为信号分子能与活性氧共同诱导大豆细胞过敏死亡反应[1,2,3]。

1) NO 自由基与活性氧共同诱导大豆过敏性细胞死亡反应

NO 自由基对内源活性氧引起的细胞死亡有明显促进作用，病原辨认之后氧化爆发的活化包括一个蛋白质–激酶通路。在没有病原无毒病菌存在时，2 型蛋白磷酸酶抑制剂斑蝥素可以部分活化这一信号通路。水杨酸能够放大这一信号，增强这一作用，产生的过氧化氢积累大于 30μmol/L。如此大的氧化爆发只引起很弱的细胞死亡，但如果加入硝普钠刺激就可以引起很强的反应。同样，酵母细胞壁引发剂也可以引起很强的氧化爆发，但如果没有外源 NO 自由基就不能引起细胞死亡。快速搅动培养的植物细胞可以引起活性氧产生，在大豆培养细胞中可以产生大约 1μmol/L 过氧化氢，不需要外加活性氧，加上硝普钠就可以引起细胞死亡。不仅可以用 NO 自由基清除剂 CPTIO(2,4-carboxyphenyl-4, 4,5,5-tetramethylimidazoline-1-oxyl-3-oxide)就可以防止细胞死亡，而且用中性粒细胞 NADPH 氧化酶的抑制剂，过氧化氢酶也可以防止细胞死亡，这就证明了内源活性氧和外加 NO 自由基共同参与了这一事件。另外，两个 NO 自由基供体 S-亚硝基-*N*-乙酰青霉胺和二乙基胺也有类似作用。

在动物体内 NO 自由基是由一氧化氮合酶 NOS 产生的，大豆提取物也有 NOS 活性，主要集中在细胞质，而且是钙依赖的。用 NOS 抑制剂 L-NNA、PBITU 可以明显抑制大豆产生的 NO 自由基但不抑制产生过氧化氢，能够抑制大豆细胞过敏性死亡响应。而且 PSG 诱导的过敏性细胞死亡也能被 CPTIO 抑制。

2) NO 自由基诱导病程蛋白基因表达

过氧化氢可以驱动氧化交链富含酪氨酸细胞壁结构蛋白，氧化爆发还诱导保护细胞基因编码谷胱苷肽硫转移酶(GST)和谷胱苷肽氧化酶。然而，对大豆细胞，活性氧并不被包括在抗生素、木质素和水杨酸的苯丙氨酸生物合成保护基因的快速诱导编码原初信号中。L-NNA 对无毒 PSG 诱导产生的 GST 没有作用，但对编码苯丙氨酸通路上的第一个酶，苯丙氨酸解氨酶(PAL)的转录有明显减少作用。编码驱动特异黄酮和异黄酮抗生素第一个酶，查耳酮合成酶(CHT)的转录也依赖内源 NO。CTPIO 可以抑制硝普钠引起的快速 PAL 和 CHT 的转录，但过氧化氢酶不能。相反，硝普钠只引起很慢的 GST 转录，而过氧化氢酶和 CPTIO 却很敏感。

3) 内源 NO 自由基和活性氧对拟南芥过敏性抗病反应的影响

为了检验 NO 自由基在植物中的功能，研究 NO 自由基抑制剂对遗传背景清楚的宿主病菌相互作用产生的 NO 自由基的影响。用无毒病菌侵染含有抗病基因的拟南芥叶，第一天就出现局部过敏性坏死反应。同时使用 NOS 抑制剂 L-NNA，或者 PBITU 就能阻断这一早期过敏性坏死反应，促进缺绿病的扩散。单独 L-NNA 和 PBITU 不能引起疾病症状，在阻断 NO 自由基的叶子上疾病症状的发展伴随着病菌生长的加快。在脊椎动物体内，NO自由基具有杀菌和对细胞毒性的活性氧有活化作用，这表明，NO自由基在植物过敏性坏死反应和防止病菌扩散中也具有重要生物功能。NO 和活性氧不仅在协同诱导过敏性坏死反应有严格的互补性，而且还独立地活化互补基因组，植物的这一结构和作用为过敏性细胞死亡的进程提供了一个特异防护和双向控制机制。

4) 一定比例的NO自由基和活性氧才能引起植物过敏性抗病反应

用20mmol/L NO自由基供体SNP处理培养的大豆细胞可以产生大约7μmol/L NO自由基，快速机械搅动培养细胞(100r/min)可以产生大约1μmol/L过氧化氢。当用1mmol/L SNP产生0.25~2.0μmol/L NO自由基和快速机械搅动培养细胞时就能引起细胞死亡，引起细胞死亡的最佳浓度是0.5mmol/L SNP产生1.2μmol/L NO自由基。当NO自由基供体浓度再高，引起的细胞死亡反而降低，在SNP浓度为10.0mmol/L时(产生6.5μmol/L NO自由基)几乎没有细胞死亡。由此可以看出当 NO/H_2O_2 在0.25~2.0μmol/L时引起细胞死亡的作用最明显。高浓度NO自由基抑制活性氧引起的细胞死亡说明这里需要NO自由基和活性氧的平衡。

这些结果都表明，是过氧化氢和NO自由基而不是超氧阴离子与NO自由基引起过敏性细胞死亡，而且NO自由基与过氧化氢的比例必须在0.25~2.0才能引起过敏性细胞死亡。在植物体内，SOD是个关键酶，在氧化爆发中产生的超氧阴离子由SOD歧化产生过氧化氢，与NO自由基共同作用产生过敏性细胞死亡，若SOD活性受损伤，没有足够的过氧化氢就不可能产生过敏性细胞死亡；即使SOD正常，再增加超氧阴离子或过氧化氢，使NO/ROS比例改变，也会抑制过敏性细胞死亡。

7.2 植物产生一氧化氮自由基的检测

在植物中检测NO自由基与动物组织中检测有相同之处也有不同之处，相同的是原理，不同的是方法。原理上，作者仍采用ESR自旋捕捉技术的原理。因为植物与动物的一个明显区别是植物细胞有细胞壁，而动物则没有。植物与动物另外一个不同的是其根、叶、茎分离后可以在相当长时间维持正常生理状态，这为作者在体内检测自由基带来极大方便。因此用在动物组织建立的方法在植物中有些还可以继续使用，但有些就不适用。作者实验室在动物组织测定NO自由基方法的基础上又建立和发展了测定植物体系产生NO自由基的方法，有直接方法和间接方法，有离体的也有在体的[57~59]，这些方法为研究植物体系产生NO自由基的规律及其在植物抗感病和植物免疫反应的机制发挥了重要作用。

7.2.1 离体测定植物产生的一氧化氮自由基

因为植物细胞有细胞壁，所以在做植物组织匀浆时需要在溶液中加入石英砂，这样就可以将植物组织的细胞壁磨碎，使自旋捕捉剂与细胞质中的NO自由基充分接触和反应，然后用有机溶剂抽提NO自由基。这样检测到的NO自由基只能代表加入自旋捕捉剂后到用有机溶剂抽提这一段时间内植物匀浆中产生的NO自由基。用 $FeSO_4$ 和DETC

捕捉的小麦叶片所产生的 NO 自由基的 ESR 波谱如图 7-1A 所示。这样得到的 ESR 波谱与动物组织的几乎完全一样，波谱参数也相同(g=2.035，a_N=13.5G)。

7.2.2 在体测定植物产生的一氧化氮自由基

将植物移到 15mmol/L $FeSO_4$ 溶液中，同时将自旋捕捉剂 DETC 溶液喷洒到植物的叶面上，这是为了防止 $FeSO_4$ 与 DETC 反应析出沉淀。24h 之后，将所要检测的植物组织剪下，将植物组织的细胞壁磨碎，用有机溶剂抽提和测定 NO 自由基。这样检测到的 NO 自由基就能代表在植物上从加入自旋捕捉剂后到用有机溶剂抽提这一段时间植物体内产生的 NO 自由基，但测定的方法是间接的。所测定的 NO 自由基的 ESR 波谱如图 7-1B 所示。这样得到的 ESR 波谱与离体测定得到的几乎完全一样，波谱参数也相同(g=2.035，a_N=13.5G)。为了证实这一信号确实来自植物产生的 NO 自由基，在溶液中提前 24h 加入 NO 自由基的清除剂 PTIO，再加入自旋捕捉剂。经过这样处理的植物几乎检测不到 NO 自由基，这就证明检测的信号确实是植物产生的 NO 自由基。

将植物移到 15mmol/L $FeSO_4$ 溶液中，同时将自旋捕捉剂 DETC 溶液喷洒到植物的叶面上。将所要检测的植物组织剪下，在微波炉中用 700W 处理 30s，将植物中酶变性，同时也可以将植物组织中的水分蒸发一部分，减少对微波能量的吸收。这样检测到的 NO 自由基就能代表加入自旋捕捉剂后到用微波炉变性这一段时间植物中直接产生的 NO 自由基。所测定的 NO 自由基的 ESR 波谱如图 7-1C 所示。这样得到的 ESR 波谱与动物组织的明显不同，基线随磁场明显偏移，但波谱参数却相同(g=2.035，a_N=13.5G)。为了证实这一信号确实来自植物产生的 NO 自由基，在溶液中提前 24h 加入 NO 自由基的清除剂 PTIO，再加入自旋捕捉剂，经过这样处理的植物几乎检测不到 NO 自由基。证明检测的信号确实是植物产生的 NO 自由基。作者实验室利用建立的这几种方法研究了不同植物体系产生的 NO 自由基及其在植物生理和抗病体系中的作用机制[60]。

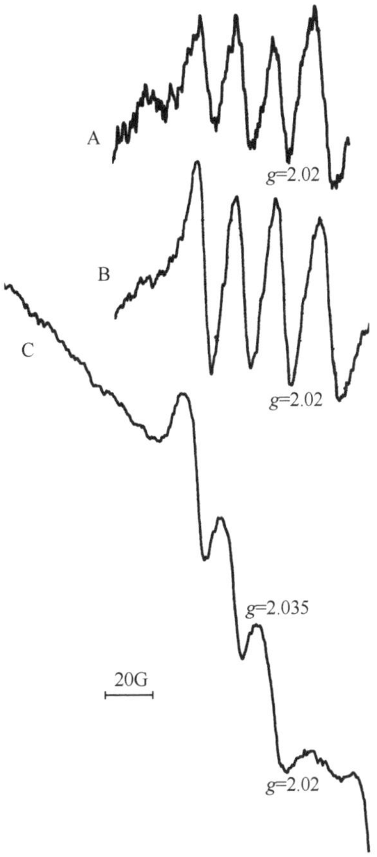

图 7-1 植物产生的 NO 自由基的 ESR 波谱
A. 间接方法测定在离体植物内产生的 NO 自由基；
B. 间接方法测定在植物体内产生的 NO 自由基；
C. 直接方法测定在植物体内产生的 NO 自由基

7.2.3 同时测定植物产生的一氧化氮自由基和 ROS 自由基

如前所述，NO 自由基和 ROS 在植物功能和抗病过程中同时发挥作用，因此要测定 NO 自由基和 ROS 及其变化规律。过去一般都是分别测定 NO 自由基和 ROS，这样一是不方便，二是不准确，会产生误差。因此作者实验室建立和发展了同时测定植物产生 NO 自由基和 ROS 的技术。这一技术是建立在利用 PBN 捕捉 ROS 和$(DETC)_2$-Fe^{2+}捕捉 NO 自由基的 ESR 波谱的 g 值相差比较大，它们的波谱不会重叠，如图 7-2 所示[PBN-ROS，g=2.005，a_N=15.0G；$(DETC)_2$-Fe^{2+}-NO，g=2.035，a_N=13.5G]。作者利用这一技术检测了不同植物产生的 NO 自由基和 ROS，得到了很精确的结果。

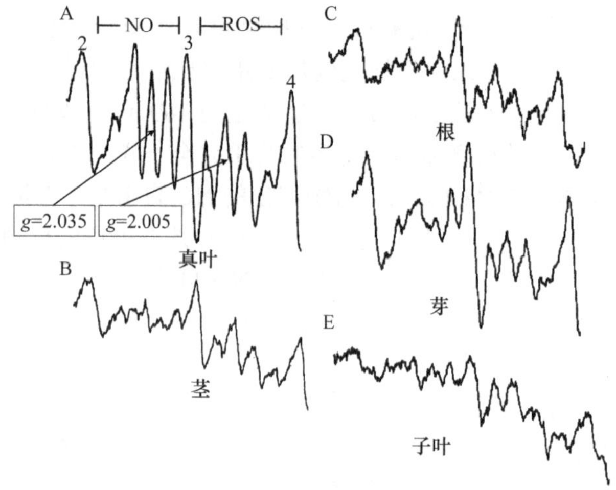

图 7-2　大豆中不同组织 NO 自由基和 ROS 自由基的 ESR 波谱

图 7-2 是在大豆不同组织中测定的 NO 和 ROS 自由基信号，由图可以看出，$(DETC)_2$-Fe^{2+}捕捉的 NO 自由基复合物 $NO(DETC)_2Fe$ 的 ESR 信号在 g=2.035 的三条谱线，a_N=13.5G。用 PBN 捕捉的活性氧自由基 PBN-ROS 的信号在 g=2.005 的 a_N=15.0G 的三线谱。在不同组织中，它们的含量是不一样的，而且两者的比例也不同，收集的数据如表 7-1 所示。

表 7-1　大豆中不同组织 NO 自由基和 ROS 自由基(相对值)

	根	茎	子叶	真叶	芽
NO	5.67±0.67	6.17±0.60	9.17±0.70	27.58±1.13	7.00±0.86
ROS	9.92±1.28	9.8±30.62	12.67±1.361	20.42±1.91	12.17±1.30

7.3　一氧化氮自由基在小麦条锈病抗感过程中的作用机制

条锈菌(*Puccinia striiformis* West.)引起的小麦锈病是世界上许多地区小麦(*Triticum aestivum* L.)的重要病害[61]。利用抗病品种是防治小麦锈病的主要措施[62,63]。例如，在我国黄河中下游广大冬麦区，由于采取了以种植丰产抗锈品种为主的综合防治措施，小麦条锈病基本上得到了控制。但是，应用抗病品种防治锈病的一个突出问题，是品种抗锈性丧失从而出现病害大流行的问题[64]。在我国历史上小麦条锈病的三次大流行均源于品种抗条锈性的丧失。20 世纪 50 年代以‘碧蚂一号’抗锈性丧失为代表，使小麦减产 60 亿 kg，60 年代以‘玉皮’、‘甘肃 96’、‘陕农 9 号’、‘南大 2419’为代表，小麦减产达到 32 亿 kg。70 年代以‘阿勃’、‘丰产三号’、‘尤皮 2 号’抗锈性丧失为代表，减产达到 25 亿 kg。

因此，深入研究小麦对条锈菌的抗病机制，从分子水平阐明其抗病机制，是克服小麦品种抗锈性丧失，充分利用系统获得抗性，提高抗锈持久性的关键。

自然界的植物除了利用基于 *R* 基因的品种专化的防卫反应外，还具有更为广谱的防卫反应。例如，外源生物和非生物制剂诱导的局部和系统的防卫反应，后者被定义为系统获得抗性(SAR)。人们正致力于将系统获得抗性 SAR 诱导因子应用于农作物的保护，近年发现有些生化制剂和生物制剂，如水杨酸、2,6-二氯异烟酸(2,6-dichloroisonicotianic acid，INA)、苯并噻唑类制剂[benzo(1,2,3)thiadiazole-7-carbothioic acid S-methyl ester，BTH]，以及植物水解产物低聚糖类都能诱发系统获得抗性(SAR)。

NO 自由基和 ROS 在活化植物抗病反应中是非常关键的[65,66]。利用 NO 自由基供体 NOR-18 处理马铃薯块茎诱导了植保素的积累[41]，同时 NO 自由基保护了病菌(*Phytophthora infestand*)侵染的马铃薯叶片中叶绿素的水平[67]。在植株和细胞与病原菌互作的体系中，NO 自由基诱导或强化了寄主的过敏性坏死反应[2,68]。由于条锈菌气孔入侵的特点，不可能在细胞培养体系研究内源 NO 自由基与小麦抗性的关系。本节讨论利用电子自旋共振(ESR)技术研究的内源 NO 自由基与小麦不同抗性类型的关系。作者实验室发现 NO 自由基启动的时间点和强度是决定抗病类型的关键因素；利用外源 NO 自由基和寡糖素对小麦抗条锈性的诱导，证明了在小麦的过敏性坏死反应(HR)中 NO 自由基与毒性病原菌信号的协同作用，以及诱导抗性中 NO 自由基的时间进程与低反应型抗性中 NO 自由基时间进程的一致性，分析和研究了 NO 自由基的多种来源[60]。

7.3.1 一氧化氮自由基在小麦不同抗条锈反应型中的作用

小麦品种‘洛夫林10’(Lovrin10)，是常规鉴别寄主，小麦品种‘辉县红’，是常规的感病品种；CY22-2、CY13-2 和 CY29-1 分别是条中 22、条中 13 和条中 29 的单胞菌系。‘洛夫林 10’对条中 22 小种的侵染呈现免疫反应，即没有任何孢子堆产生和肉眼可见的过敏性坏死反应(HR)，‘洛夫林 10’对条中 13 小种的侵染呈近免疫到高抗反应，没有或只有很小的不开裂的孢子堆，过敏性坏死反应(HR)的面积很小；‘洛夫林 10’对条中 29 小种的侵染呈现感病反应。在这些小麦上测定 NO 自由基与不同抗条锈反应型中的作用。

1) 内源一氧化氮自由基的测定

接种后每隔 24h 取样一次直至第 13 天，每种处理设置 3 个重复，每次重复取样 3~5 个叶片。样品加入 pH 7.4 的 0.1mol/L PBS 缓冲液(内含 0.32mol/L 的蔗糖，10mmol/L 的 HEPES，0.1mmol/L EDTA，5mmol/L 的巯基乙醇)在冰浴中研磨，4℃条件下 13 201*g* 离心 20min，吸取上清液 225μl 加入精氨酸，37℃温浴反应 1h，用 200μl 的乙酸乙酯抽提，在 ESR 波谱仪上测定。图 7-3 是从小麦生长不同时期的叶子中检测到的 NO 自由基的 ESR 波谱，在 g=2.035 处有一个 a_N=13.5G 的三重峰，g=2.02 的峰为 Cu^{2+}的峰。

2) 一氧化氮自由基在同一品种不同反应型中产生的时间进程

由不同生长时间小麦叶子测定 ESR 计算的 NO 自由基相对含量如表 7-2 和图 7-4 所

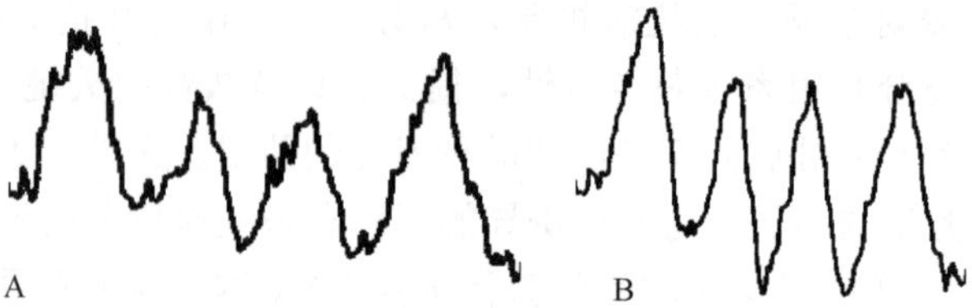

图 7-3　小麦叶子中检测到的NO自由基的ESR波谱
A. 小麦品种‘洛夫林 10’接种 CY22-2 后产生的 NO 自由基；B 小麦品种‘洛夫林 10’接种 CY29-1 后产生的 NO 自由基

表 7-2　ESR 测定的 NO 自由基时间进程

时间/天	‘洛夫林 10’与不同小种互作的 NO 自由基进程		
	条中 22-2	条中 29-1	条中 13-2
1	3.47±0.14	3.70±0.17	3.00±0.17
2	9.90±1.05	5.60±0.85	5.07±0.58
3	3.43±0.09	4.90±0.26	17.00±1.31
4	3.83±0.18	4.03±0.14	8.43±0.93
5	20.90±1.82	23.10±2.98	12.00±0.20
6	5.73±0.30	3.77±0.67	24.77±0.90
7	3.30±0.20	3.10±0.36	5.93±0.32
8	4.50±0.40	6.53±0.38	13.07±0.23
9	5.13±0.32	6.73±0.49	9.73±1.36

注：每个数据是 3 次重复试验的平均值

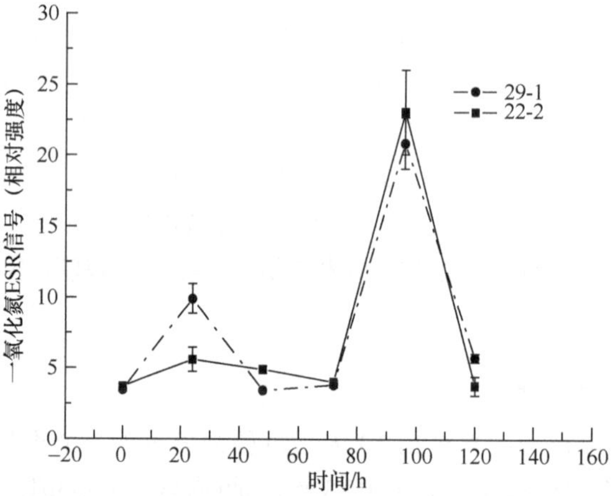

图 7-4　NO 自由基在同一品种小麦不同反应型中产生的时间进程

示。从表 7-2 和图 7-4 可以看出，免疫和抗病体系中内源 NO 自由基在取样时间区间内的变化均呈现出双峰，第一峰出现在病原菌萌发后的侵入定殖期，第二峰出现在病原菌的潜育期，但感病体系中只有潜育期的单峰。抗病反应体系中双峰出现的时间点和峰高有差异，免疫反应的第一峰出现在接种后的第二天，近免疫到高抗反应的第一峰出现在第三天，感病反应几乎没有此阶段的 NO 自由基爆发。

从第一峰的趋势分析，免疫反应体系中 NO 自由基信号峰启动得较早，在病菌侵入的早期即阻断了其进一步的发展，近免疫到高抗的反应型中，尽管其体系中 NO 自由基信号峰启动较免疫体系中晚一天，但其信号强，达到了前者的近两倍，在病菌定殖期遏制了病菌的顺利繁殖，该反应体系中出现了典型的过敏性坏死反应，病菌产孢量减少，感病反应在病菌侵入和定殖期均无 NO 自由基信号的变化。NO 自由基信号的第二个高峰出现在潜育期。免疫反应和感病反应的第二个高峰均出现在接种后的第五天，由此可见免疫反应与感病反应 NO 自由基信号的最主要的区别在侵入期，侵入期 NO 自由基信号的差异可能是决定病菌能否寄生的关键因素。近免疫至高抗反应的第二峰出现的较前两者晚，在接种后的第六天出现，而且在两峰之间的 NO 自由基信号都较同期前两者的高，这一时期的病菌和寄主处于对抗期，决定了显症期病斑和过敏性坏死反应(HR)反应面积的大小。

3) 外源一氧化氮自由基在诱导抗病性中的作用

在小麦叶子上喷洒 NO 供体 SNP 可以在叶子中产生稳定浓度的 NO 自由基。不同浓度的 SNP 渗透一叶展平期的小麦叶片，分别于 1 天、3 天、5 天后接种不同的条锈菌小种单胞菌系，每处理设置 3 个重复，在对照充分发病时调查各个处理病情指标。

‘洛夫林 10’对条中 29 小种的侵入呈现感病反应。SNP 渗透处理叶片后，经过一定的诱导期，再接种该小种，寄主就表现出了很强的抗病性。不同浓度的 SNP 处理的当天接种条中 29 小种，寄主与对照(清水处理)没有任何差异，而经过一定的诱导期后，寄主的抗性在一定范围内随浓度的增大而提高(表 7-3)。从表中的数据可知，SNP 处理的第二天接种条中 29 小种，虽然各个浓度的处理对病情指数(RI)都有一定程度的降低，但不同浓度区间却有很大的差异。0.25mmol/L 的 SNP 处理一天后的病情指数是 80%，较对照降低了 20 个百分点，0.375~1.0mmol/L 的 SNP 处理的寄主病情指数比 0.25mmol/L 降低了一半左右，在此浓度区间病情指数随浓度的变化没有明显的差异。当浓度大于 1.5mmol/L 时，病情指数显著地降低了(图 7-5)。

表 7-3 外源 NO 自由基诱导的剂量及持效期

SNP 浓度/(mmol/L)	不同诱导时间的病情指数(RI)/%		
	1 天	3 天	5 天
0.25	80.09±2.66	63.49±6.08	29.84±5.34
0.375	41.15±4.11	42.46±1.82	21.43±4.92
0.5	43.75±0.88	38.33±3.17	22.73±3.46
0.75	41.07±2.62	36.36±0.76	17.65±1.46
1.0	35.20±3.32	37.67±3.27	18.75±1.18
1.5	24.24±2.32	28.36±2.26	11.39±1.92
2.0	22.41±2.03	27.96±3.54	12.31±1.78
清水	100±0	100±0	100±0

外源 NO 自由基的诱导时间和诱导剂量对抗病性的产生都有显著的影响。在 0.25mmol/L 的低浓度时，每个时间点都有显著的差异，而 0.375~1.0mmol/L 的浓度范围，

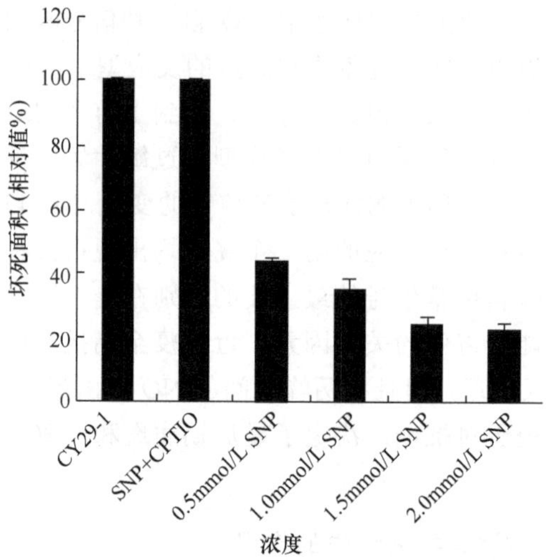

图 7-5　外源 NO 自由基的诱导时间和诱导剂量对抗病性症状产生的影响

诱导 3 天以前对病情指数的影响没有显著的差异，而第 5 天与前两个时间点的差异非常显著。1.5~2.0mmol/L 的浓度范围，虽然在同一时间点对抗病性的提高显著高于 0.375~1.0mmol/L，但在前 3 天与时间没有明显的互作效应。

4) 外源一氧化氮自由基供体 SNP 对过敏性反应(HR)的影响

SNP 渗透小麦叶组织后如不接种条锈菌或在渗透的当天接种条锈菌则不出现过敏性坏死反应(HR)症状，经过一定时间的诱导期，接种致病小种条中 29 后，寄主表现了典型的过敏性坏死反应症状，并且 SNP 对过敏性坏死反应的影响随外源 NO 自由基诱导剂量的增加和诱导时间的延长呈现减小的总趋势。0.25mmol/L 的 SNP 诱导一天的 HR 面积是叶片总面积的 22.22%，诱导时间每增加两天，过敏性坏死反应坏死面积降低近 10 个百分点。在 0.375~0.75mmol/L 浓度范围，SNP 诱导的过敏性坏死反应强度随诱导时间的增加而降低。大于 1.0mmol/L 浓度的 SNP 对过敏性坏死反应的诱导作用在 3 天内没有差异，而第 5 天过敏性坏死反应发生的强度却显著地降低(表 7-4)。

表 7-4　外源 NO 自由基诱导的剂量与时间互作对过敏性坏死反应(HR)的影响

SNP 浓度/(mmol/L)	不同诱导时间 HR 的严重度/%		
	1 天	3 天	5 天
0.25	22.22±3.97	13.21±2.18	4.65±0.11
0.375	16.25±2.44	10.56±0.24	4.47±0.93
0.5	16.25±3.24	7.34±0.85	2.06±0.00
0.75	16.52±2.07	9.46±3.99	3.98±0.17
1.0	13.42±3.39	12.47±0.53	1.53±0.00
1.5	8.73±2.61	7.91±1.03	2.66±0.00
2.0	7.22±1.97	7.15±2.05	2.20±0.30
清水	0±0	0±0	0±0

如图 7-5 所示，过敏性坏死反应是感病反应和抗病反应区别的主要表型特征，因为 HR 反应与病菌的受抑和防卫基因相联系[69]。对于小麦抗条锈的低反应型，HR 是界定反应型程度的一项重要指标，免疫反应没有任何肉眼可见的 HR 症状。从图中可知，随诱导时间的增加，HR 反应的面积在减小，但抗性却明显地增加了(图 7-5)。目前普遍认为植物的过敏性细胞死亡是程序性细胞死亡(PCD)的一种形式。动物和植物的 PCD 有许多相似的功能[70,71]。NOS 抑制剂可以降低拟南芥和大豆细胞悬浮液由激发子和病菌引起的 HR 抗性反应[2]。小麦施加外源 NO 自由基诱导抗条锈性的实验结果表明，NO 自由基不仅诱导了与 HR 相关的抗性反应，而且诱导了无 HR 反应的免疫反应，此机制值得进一步深入研究。

5) 外源一氧化氮自由基供体对苯丙氨酸氨裂解酶(PAL)的影响

苯丙氨酸氨裂解酶可以把 L-苯丙氨酸转化为反式肉桂酸，这是苯丙酸类生物合成的第一步。因此作者研究了外源 NO 自由基供体 SNP 对 PAL 的影响。作者首先研究了小麦品种‘洛夫林 10’接种 CY22-2 和 CY29-1 后内源 NO 自由基与 PAL 的关系(图 7-6)。由图可以看出，CY22-2 比 CY29-1 处理后，内源 PAL 蛋白表达达到高峰时比不处理时高 1.6 倍(48h)，然后 PAL 蛋白表达都逐渐下降。PAL 蛋白表达与产生 NO 自由基的时间曲线有类似之处，但是 PAL 蛋白表达的第一个峰值比 NO 自由基产生的第一个峰值晚 24h。

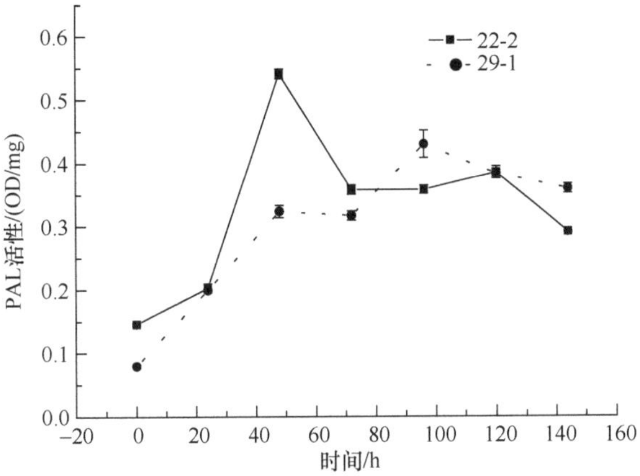

图 7-6 小麦品种‘洛夫林 10’接种 CY22-2 和 CY29-1 后内源 PAL 蛋白的时间进程
OD 为测定 PAL 活性的光吸收

然后作者测定了外源 NO 自由基供体 SNP 和抑制剂 CTPIO 对小麦品种‘洛夫林 10’接种 CY22-2 和 CY29-1 后 PAL 酶活性的影响(图 7-7)。0.5mmol/L 和 2.0mmol/L SNP 可以产生大约 2.0μmol/L 和 4.5μmol/L NO 自由基。而 NO 自由基清除剂 CTPIO 可以抑制 SNP 诱导的 PAL 酶活性增加。以上结果表明，不论是内源还是外源 NO 自由基都可以活化 PAL 酶活性。

7.3.2 寡糖素与小麦抗条锈性的关系

寡糖素可以诱导小麦对条锈毒性小种的抗病性，而外源 NO 自由基可以诱导小麦对条锈毒性小种的抗病性，此诱导机制与寡糖素诱导的抗病性是否有相关性，以及对内源

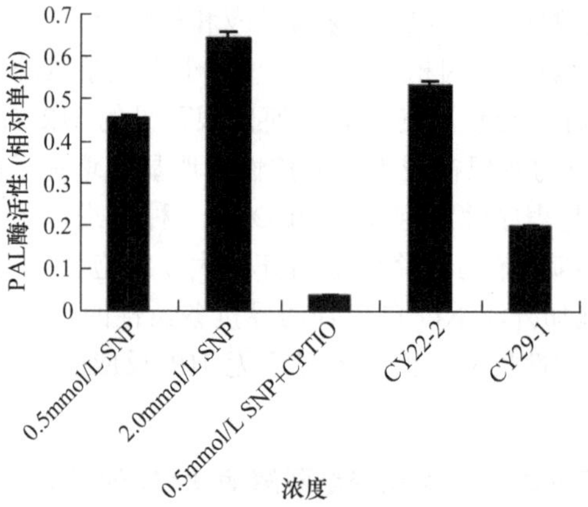

图 7-7　外源 NO 自由基供体 SNP 和抑制剂 CTPIO 对小麦品种‘洛夫林 10’接种 CY22-2 和 CY29-1 后 PAL 酶活性的影响

NO 自由基的影响是否相同，为此，作者实验室又测定和研究了寡糖素诱导的抗病体系中内源 NO 自由基的动力学变化和机制[72]。

1) 寡糖素对小麦抗条锈性的诱导效果

‘辉县红’对条中 29 小种的侵入呈现感病反应。大豆幼嫩组织经果胶酶水解、分离所制得的寡糖素渗透处理叶片后，经过一定的诱导期，寄主‘辉县红’表现出了很强的抗病性。相同浓度的寡糖素处理的小麦当天接种条中 29 小种的单胞菌系 CY29-1 后，寄主与对照(清水处理)没有任何差异，而经过一定的诱导期后，寡糖素处理的寄主表现出了典型的低反应型抗性，在显症期经过诱导处理的寄主发生了普遍的过敏性坏死反应，病斑面积较对照降低了近 40%；对照在显症期没有任何过敏性坏死反应发生，叶片完全感病。对照株大量产胞而无过敏性坏死反应(HR)症状，相对经过寡糖素处理的寄主产胞量明显受到过敏性坏死反应的限制，产胞面积明显降低。过敏性坏死反应是感病反应和抗病反应区别的主要表型特征，因为过敏性坏死反应与病菌的受抑和防卫基因的活化相联系[69]。对于小麦抗条锈的低反应型，过敏性坏死反应是界定反应型程度的一项重要指标。因此，由于寡糖素诱导了寄主的 HR 反应，病害显著降低，缩短了产胞时间，减少了产胞量。对照体系未经寡糖素诱导处理，接种毒性株系 CYCY29-1 后表现出了典型的感病反应；而处理经过一定浓度的寡糖素诱导 5 天后，接种同样的毒性株系却表现出了较强的抗病反应，过敏性坏死症状明显(表 7-5)。

表 7-5　寡糖素对辉县红抗条锈性的诱导效果

指标	50ppm 寡糖素对辉县红抗条锈性的诱导效果(接种 5 天，n=40)	
疾病相对面积	处理	63±14.7
	对照	100±0
HR 的相对面积	处理	25±13.8
	对照	0±0
HR 相对数量	处理	18±5.5
	对照	0±0

2) 寡糖素诱导的小麦抗条锈病程中内源一氧化氮自由基的时间进程

小麦施加外源 NO 自由基诱导抗条锈性的实验结果表明，NO 自由基不仅诱导了与过敏性坏死反应(HR)相关的抗性反应，而且诱导了无过敏性坏死反应的免疫反应。寡糖素诱导的高抗反应呈现了典型的过敏性坏死反应，作者研究了这一反应与内源产生 NO 自由基的关系和内源 NO 自由基的动态变化趋势。

从表 7-6 和图 7-8 可以看出，两个互作体系中 NO 自由基在取样时间区间内的变化趋势不同。对照株 NO 自由基的时间进程总体呈现逐渐上升的态势，在显症期出现第一个高峰，而诱导处理的 NO 自由基时间进程具有明显的双峰起伏。第一峰出现在病原菌萌发后的侵入期，第二峰出现在病原菌定殖期[62,63]，对照株内源 NO 自由基的累积虽然在第二天和第五天增加幅度较大，但接种后第十天前的所有时间点产生的 NO 自由基为一

表 7-6 ESR 测定的内源 NO 自由基时间进程*

时间/天	‘洛夫林 10’与不同小种互作的 NO 自由基进程	
	对照	免疫剂(50ppm)
0.5	4.07±0.20	7.47±0.12
1	3.80±0.21	11.07±0.03
2	7.10±0.53	4.63±0.43
3	4.50±0.40	0.00±0
4	6.73±0.09	8.13±0.49
5	13.67±0.22	12.50±0.90
6	11.70±0.95	17.73±0.92
7	13.50±0.71	21.77±0.79
8	16.07±0.20	20.90±0.90
9	17.20±0.46	14.80±0.93
10	22.47±0.74	12.03±0.64
11	13.90±0.83	3.47±0.26
12	6.032±0.55	4.97±0.55

*每个数据是 3 个重复的平均值

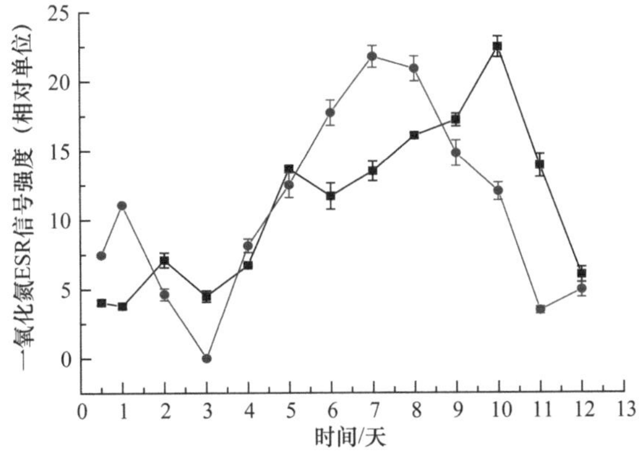

图 7-8 寡糖素诱导处理后寄主小麦产生的 NO 自由基的时间进程

-■-对照组产生 NO 自由基的时间进程；-●-寡糖素处理组产生 NO 自由基的时间进程

条逐渐上升的曲线，第十天达到最大值，其后组织内产生的 NO 自由基急剧下降。寡糖素诱导处理后寄主产生的 NO 自由基在接种后的第一天出现了第一峰，其后开始下降到第三天 NO 自由基达到最低值，随后再次上升，第七天达到第二个高峰，处理的第二峰较对照的峰值提前了 3 天。

病菌与寄主互作后内源 NO 自由基的动态变化依据抗性的不同在时间和强度上均有差异。从图 7-8 可以看出，侵入期对照未出现 NO 自由基累积峰，而抗病反应的 NO 自由基峰较潜伏期低，潜伏期虽然对照也出现了 NO 自由基高峰，但较处理组晚出现 3 天。因此，诱导抗性反应与感病反应的差异有两点，其一是侵入期 NO 自由基峰的有无，其二是潜伏期 NO 自由基信号峰的强弱不同。由图 7-9 可以看出寡糖素诱导处理后寄主小麦产生的感病情况明显比对照株减轻很多，表明寡糖素诱导处理产生的 NO 自由基参与了抗病反应。

7.3.3 小麦与条锈菌反应体系中一氧化氮自由基的来源

植物中内源 NO 自由基的功能已经明确，目前研究的焦点是内源 NO 自由基的来源，但对此不同的研究者有不同见解，主要集中在硝酸还原酶(NR)和一氧化氮合酶(NOS)上。作者实验室应用生物物理、生物化学和分子生物学的方法研究了小麦抗条锈体系中 NO 自由基的来源。研究结果显示在小麦与条锈菌的病理体系中，NO 自由基的来源包括 NR 和 NOS 两种酶，但是在抗病体系和感病体系及不同的侵染阶段作用不同。抗病体系中与抗性相关的 NO 自由基主要来源于 NOS，而感病体系中 NO 自由基主要来源于 NR。

1) 内源一氧化氮自由基的 ESR 测定

小麦品种‘洛夫林 10’与条锈菌小种 CY131-2 互作后的表型是抗性反应，病原菌在寄主的发展受到了限制，与 CY29-1 小种互作后的表型是感病反应，即寄主与病原菌形成了一种亲和关系，过敏性坏死反应(HR)是抗病反应的典型特征。内源 NO 自由基产生的时间进程表明抗性反应体系在侵染的早期，即接种后 24h 产生了快速的 NO 自由基爆发，但在感病体系中没有早期的 NO 自由基爆发，潜育期抗病体系的 NO 自由基爆发较感病体系弱(图 7-9)。侵染早期 NO 自由基的爆发与抗病反应相关[60]。植物中 NO 自由基可能的来源是 NR 和 NOS，为了确定小麦条锈菌病理体系中 NO 自由基的来源，作者做了进一步的实验。

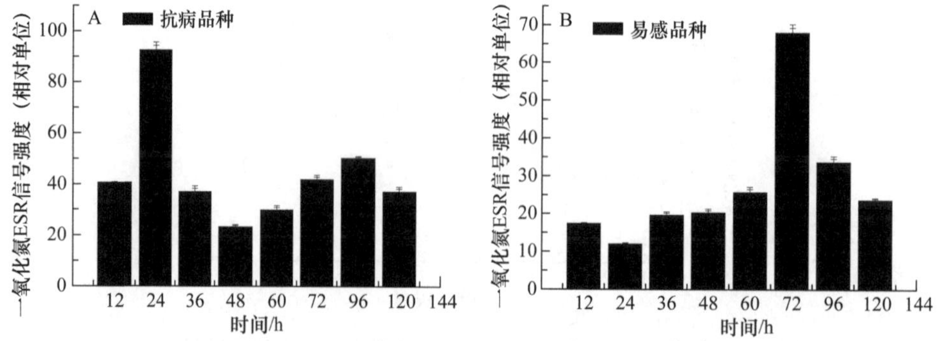

图 7-9 小麦抗病(A)和感病(B)品种中产生内源 NO 自由基的时间进程

2) 抗病小麦体系中内源一氧化氮自由基的来源

抗病小麦体系中寄主内源 NO 自由基的时间进程表明 NO 自由基在接种后 24h 达到了第一阶段的高峰(图 7-10)，然后开始下降。为了明确与抗病相关的内源 NO 自由基的来源，作者测定了 NR 和 NOS 的活性，同时测定了 NR 和 NOS 产生的 NO 自由基。NR 产生的 NO 自由基(图 7-10 点线)时间进程图表明这一部分的 NO 自由基产生量非常低，而且与总的 NO 自由基产生趋势完全不同，从开始到接种后 48h，NR 来源的 NO 自由基逐渐增加，并在 48h 达到最大值，然后开始下降。而来源于 NOS 的 NO 自由基在接种后的 24h 达到高峰(图 7-10 虚线)，比 NR 来源的 NO 自由基爆发提前 24h，与总的 NO 自由基呼吸爆发相一致。

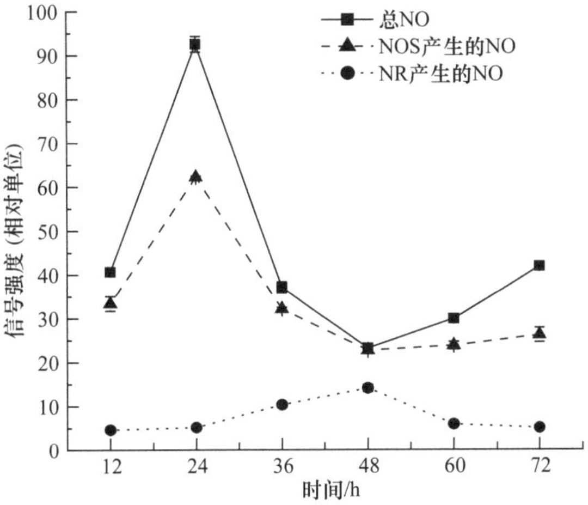

图 7-10　小麦接种 CY131-2(抗病体系)产生的内源总(实线)NO 自由基，由硝酸还原酶产生的 NO 自由基(点线)和由 NOS 产生的 NO 自由基(虚线)的时间进程

进一步的证据表明内源 NO 自由基在关键时间点的早期爆发与来源于 NOS 的 NO 自由基相一致。NR 活性的时间曲线表明在抗性体系中，接种后 48h 是逐渐增加的，然后急剧地增加。抗性体系中 NR 活性的变化趋势和来源于 NR 的 NO 自由基及总的 NO 自由基都不一致。RT-PCR 的结果说明了 NOS 在转录水平的变化，电泳条带及其半定量统计结果表明 NOS 在转录水平的变化与来源于 NOS 的 NO 自由基和总的 NO 自由基相一致。接种后 24h，NOS 的 RT-PCR 条带最亮，依次是 12h、36h，48h 和 72h 的条带相对较弱，这与 NO 自由基产生的时间进程相一致。以上的结果表明抗病体系中内源 NO 自由基的呼吸爆发与 NOS 相关，而与 NR 关系不密切。

3) 感病体系小麦中内源一氧化氮自由基的来源

与抗病体系小麦中 NO 自由基的来源完全不同，感病体系中内源 NO 自由基主要受 NR 而非 NOS 影响。总的 NO 自由基时间进程表明接种后 60h，NO 自由基的产生是缓慢增加的，随后 NO 自由基产生量呈现急剧增加的趋势(图 7-11 实线)。来源于 NR 和 NOS 的 NO 自由基变化趋势(图 7-11 点线和虚线)表明 NR 产生的 NO 自由基在接种后 60h 前保持较低的水平，随后急剧增加，与总的NO自由基变化趋势相一致，而来源于NOS的NO自由基在接种后48h是逐渐增加的，然后急剧下降，与总的NO自由基变化趋势完全不同。NR酶活性的测定结果进一步证明NR的活性与来源于NR的NO自由基和总的NO自由基具有相同的变化趋势。NOS在RNA转录水平的差异，通过RT-PCR半定量分析显示在接种后12h、24h和48h的条带比较亮，而60h和72h的条带较暗，与来源于NOS的NO自由基变化趋势相同，而与总的NO自由基变化趋势不一致。

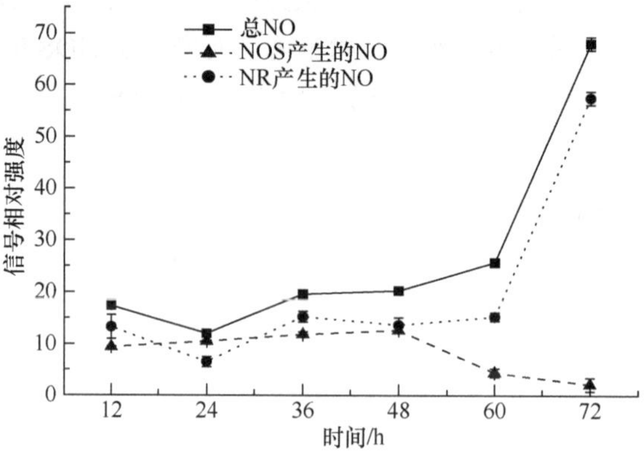

图7-11　小麦接种CY29-1(感病体系)产生的内源总(实线)NO自由基，由硝酸还原酶产生的NO自由基(点线)和由NOS产生的NO自由基(虚线)的时间进程

以上结果表明来源于NR的NO自由基在影响了抗病体系中总的NO自由基时间进程，而与抗病体系中总NO自由基的时间进程不一致，抗病体系中与抗病反应相关的NO自由基呼吸爆发受NOS活性变化的影响，与NOS的变化趋势相一致，而不受NR变化的影响。

阐明NO自由基的来源及各来源对抗病反应的贡献是非常重要的。NR的活性及抑制剂实验结果肯定了小麦与条锈菌病理体系中的NO自由基有NR来源的，但同时也肯定了NR来源的NO自由基与病理体系中的NO自由基动力学变化没有显著的相关性。阐明NO自由基的来源是目前研究的热点，也是明确抗病反应信号途径的关键所在。

NOS在抗病反应体系中与总的NO自由基产生高度相关，而在感病体系中与NO自由基产生没有显著的相关性。NR来源的NO自由基在抗病体系中所占的比例非常低，而在感病体系中，来源于NR的NO自由基在总的NO自由基产生中占据了很高的比例。NR来源的NO自由基在抗病体系的NO自由基爆发中所占的比例不到10%，而来源于NOS的NO自由基产生量达到了将近70%。但是在感病体系中NOS转录活化的程度非常低，不足以启动早期的防卫反应。因此感病体系中NO自由基的来源与正常生理体系相似，主要来源于NR。NR可能是非侵染体系或非激发体系中NO自由基的主要来源，而NOS是寄主受外源无毒激发子刺激后NO自由基的主要来源。植物利用多种来源的NO来调控信号分子NO自由基的合成[5,17,36,60]。

NO自由基最初是作为依赖于NADPH的硝酸还原酶的副产物研究的，它的产生与反硝化、氮的固定同化和呼吸相关联[12]。NR(EC 1.6.6.1)可以在较宽的pH范围催化NO_2^-生成NO自由基。NR通过亚硝酸根产生NO自由基的K_m值是300μmol/L，而NR对硝酸根的反应K_m值是60μmol/L，因此NR对硝酸根的亲和力是相应的亚硝酸根的5倍。NR

受转录和转录后机制的严格调控。NR 的降解非常迅速，在黑暗中 6h 酶活性就降解了一半。NR 将电子从 NAD(P)H 传递至硝酸根经过了 FAD、血红素和 Mo-嘌呤 3 个氧化还原中心。每个氧化还原中心都与特定的功能相联系。研究表明大豆组成型的 NR(cNR，EC 1.6.6.2)通过 Mo-嘌呤氧化还原中心产生 NO 自由基，由于只有豆科植物具有组成型的 NR，因此一直认为通过 NR 产生 NO 自由基的反应仅限于豆科作物[14]。小麦与条锈菌互作体系的研究结果证明了小麦中的 NR 同样可以产生 NO 自由基，但 NR 如何调控 NO 自由基的产生仍需进一步的证据。

自从证实了动物中 NOS 的功能后，研究者一直试图找到植物中相类似的序列。通过 NOS 蛋白的活性研究表明与植物防卫基因活化的 NO 自由基的来源与 NOS 相关。烟草花叶病毒接种抗病品种后导致了 NOS 活性的提高，而接种感病品种则没有观察到 NOS 活性的变化。用丁香假单胞菌接种大豆和拟南芥得到了相同的结果[2]。此实验结果表明在小麦与条锈菌的抗病体系中寄主内源 NO 自由基主要来源于 NOS，而感病体系中 NO 自由基主要来源于 NR。这也为人们如何通过诱导 NOS 的活性来提高寄主的抗病性提供了一定的理论依据。

7.4 一氧化氮自由基在干旱胁迫下的产生和作用

干旱胁迫又称水分胁迫，水分胁迫对植物体内活性氧、活性氮的产生都会有明显影响。随着干旱时间的延长，小麦根部的 NOS 活性呈波浪形变化[73]。在这方面，对植物体内 NO 自由基的研究远不及活性氧深入。作者实验室用 ESR 法测得小麦叶片的 NO 自由基含量随着胁迫时间的延长先降低后升高，抗性强的品种升高的时间早于抗性弱的品种。NO 自由基是个具有生理活性的信号分子，但其浓度过高时会伤害细胞。因此，细胞如何减少产生部位高的 NO 自由基浓度，也是科学家关注的一个问题。但这方面的资料很少。有人推测细胞中有一种保护酶以调控产生部位高的 NO 自由基浓度。

氮、氧是构成生物体的两个重要元素，同时又极易形成活性氮和活性氧。这些物质除有重要的生理功能外，还对细胞有伤害作用。它们单独或相互作用对植物体形成氧化胁迫。由逆境导致的氧化胁迫是一种普遍现象。在所有的生物中，植物细胞的氧浓度最高。例如，叶细胞中氧浓度可达 250μmol/L，因而更易遭受逆境造成的氧化胁迫[74]。本节就近年来有关水分胁迫下活性氧、活性氮的产生、清除及人工干预措施的研究进展作一介绍。

7.4.1 水分胁迫下植物体内自由基的产生

1) 水分胁迫下活性氧的产生

植物细胞的任何一部分都有可能产生自由基，如线粒体、叶绿体、内质网、过氧化物体、乙醛酸体、微粒体、质膜、细胞壁等[75,76]。线粒体是植物的呼吸器官，离体线粒体在水分胁迫下累积自由基，水分胁迫可能损害了线粒体的电子传递链而发生电子泄漏，进而产生较多的活性氧，产生活性氧的位点之一可能是复合体 I 中的泛醌[77,78]。

关于渗透胁迫下植物体内活性氧的形成机制过去大多工作集中在叶绿体上。叶绿体常处在高氧环境中，产生活性氧的概率也大。干旱胁迫时，叶片气孔关闭，CO_2 固定减少，但光合电子传递并未减少，即暗反应速率远低于光反应，使得 $NADPH/NADP^+$比值增高，这时 O_2 便替换部分 $NADP^+$ 成为光合电子受体，进而产生 O_2^- 和 H_2O_2 等活性氧[79~81]。Navari-Izzo 认为干旱破坏了叶绿体内自由基的平衡，累积的自由基损伤了类囊体膜结构，使光合电子更易传递给 O_2 而形成更多的 O_2^-，造成恶性循环。因此，干旱之后便是病害。光合链中至少有 Fe-S 中心和铁氧还蛋白可以将电子传递给 O_2 形成 O_2^-[75]。

过氧化物体是植物光呼吸的场所，光呼吸的产物之一是 H_2O_2。Moran[82]发现干旱胁迫使光呼吸途径的关键酶乙醇酸氧化酶活性降低 44%，过氧化氢酶活性降低 78%。从表面上看干旱胁迫使过氧化物体中的 H_2O_2 含量升高，但实际情况有待研究。在小麦[83]和大麦中过氧化氢酶的活性比乙醇酸氧化酶活性高 3 个数量级，而且过氧化物体中的乙醇酸氧化酶、过氧化氢酶及谷氨酸。乙醛酸氨基转移酶等在膜上形成了一个多酶复合体以有效地清除 H_2O_2 和乙醛酸等细胞毒性物质[84]。也就是说，过氧化物体中 H_2O_2 清除时的反应常数远大于其形成时的反应常数。因此，过氧化物体中 H_2O_2 的含量在一定范围内不会因光呼吸速率的变化而变化。

植物细胞内的多胺氧化酶主要存在于细胞壁中。甘蔗叶片中的多胺氧化酶(PAO)活性在水分胁迫下显著增高，而且抗旱性弱的品种多胺氧化酶(PAO)活性的增高幅度显著高于抗旱性强的品种。多胺在多胺氧化酶(PAO)作用下分解为氨基醛、H_2O_2 及某些自由基，这些物质对质膜具有伤害作用[85]。质膜上的氧化还原系统也可产生 H_2O_2 和 O_2^-[86]。干旱胁迫下该系统发生怎样的变化将是一个极有吸引力的研究课题。铁、铜是植物体的必需元素。Moran[82]认为 Fe^{2+}、Cu^{2+} 含量的增高是导致干旱胁迫下植物氧化伤害的主要原因。蒋明义[74]也发现水分胁迫下水稻幼苗体内 Fe^{2+} 累积，O_2^-、H_2O_2 大量产生，膜脂过氧化作用加剧。

2) 水分胁迫下一氧化氮自由基的产生

对植物体内 NO 自由基的研究远不及活性氧深入。有研究[73]报道，随着干旱时间的延长，小麦根部的 NOS 活性呈波浪形变化。作者实验室用 ESR 法测得小麦叶片的 NO 自由基含量随着胁迫时间的延长先降低后升高，抗性强的品种升高的时间早于抗性弱的品种。NO 自由基在体内是如何产生的目前还没有一个统一的认识。Wojtaszek[87]总结了 6 条可能产生 NO 自由基的途径。大部分研究集中在一氧化氮合酶及硝酸还原酶上。

7.4.2　水分胁迫下植物体内自由基的清除

1) 活性氧的酶促清除

轻、中度胁迫下，植物体内抗氧化酶活性增高[88]，随着胁迫时间的延长，抗氧化酶活性均有不同程度的下降，超氧化物歧化酶（SOD）和过氧化氢酶（CAT）下降较早，过氧化物酶（POD）下降较迟[89,90]。一般抗旱品种在水分胁迫下能维持较高的抗氧化酶活性[88,91]。抗坏血酸过氧化物酶（AsAPOD）和谷胱甘肽还原酶（GR）是叶绿体中清除 H_2O_2 的重要酶，其清除过程如下：

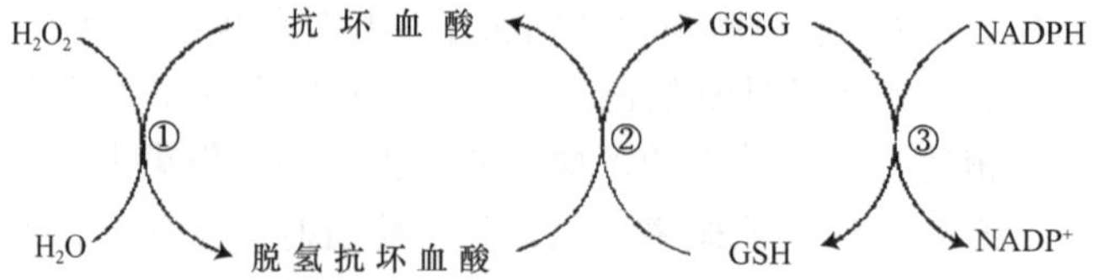

① 抗坏血酸过氧化物酶；② 脱氢抗坏血酸还原酶；③ 谷胱甘肽还原酶

在小麦、棉花、大麦等多种植物中均发现水分胁迫诱导 GR 和 AsAPOD 活性明显增高[92~94]，但也有相反的报道[95,96]。多胺是植物体内的一种激素，干旱胁迫下含量增高。以小麦为材料发现外源精胺既可诱导 SOD 与 POD 的合成，又可直接作用于酶分子上以提高酶的活性；精胺仅能诱导 CAT 的合成，对已有酶的活性无调节作用；精胺对 AsAPOD 的合成无影响，却能刺激已有酶的活性[97]。另外，还发现外源多胺可提高乙醇酸氧化酶的活性而降低体内 O_2^- 的含量，但多胺降低 H_2O_2 含量与乙醇酸氧化酶的活性无关[98]。

2) 活性氧的非酶促清除

抗坏血酸、GSH、维生素 E 及类胡萝卜素均为植物体内有效的抗氧化剂。在许多植物中发现干旱胁迫下抗坏血酸含量减少[74]，但也有不同的实验结果，Moran[82]发现干旱胁迫时豌豆叶片中的抗坏血酸含量不变，而 Fangmeier[99]则认为干旱胁迫使抗坏血酸含量增加。干旱(叶片水势达到–1.3MPa)使豌豆叶片类胡萝卜素轻微减少，还原型谷胱甘肽减少，维生素 E 增高，但氧化型谷胱甘肽的含量不变[82]。鼠尾粟属植物(*Sporobalus sfafianus*)的叶片在脱水后，H_2O_2/脱氢抗坏血酸的比例升高，氧化型谷胱甘肽/还原型谷胱甘肽的比例却下降。复水后，前者增幅更大，后者恢复正常[80]。蒋明义[100]发现脯氨酸清除活性氧具有一定的专一性，即只清除·OH 和 $^1O_2$。

3) 光呼吸途径与活性氧累积的关系

H_2O_2 是光呼吸的产物，因此，有人认为光呼吸是植物体内产生活性氧的重要途径[101]。但又有人认为提高光呼吸有助于耗散过剩的光能[102]，减少通过 Mehler 反应产生的活性氧，因此，光呼吸是防御活性氧产生和伤害的一道防线[75]。提高光呼吸速率，可减少 O_2^- 的含量；降低光呼吸速率，可增加 O_2^- 的含量。而光呼吸速率的变化与 H_2O_2 含量无关，却与膜脂过氧化水平呈负相关。

4) 一氧化氮自由基的清除

NO 自由基是个具有生理活性的信号分子，但其浓度过高时会伤害细胞。因此，细胞如何减少产生部位高的 NO 自由基浓度，也是科学家关注的一个问题。但这方面的资料很少。有人推测细胞中有一种保护酶以调控产生高浓度的 NO 自由基[103]。

7.4.3 人工干预体内自由基的失衡

正常条件下，自由基的形成与清除保持一种动态平衡，植物遭受干旱胁迫时，这种平衡被破坏，使自由基累积，导致膜脂过氧化和脱酯化，丙二醛含量增高，膜脂成分改变，不饱和指数下降，蛋白质变性，膜结构和功能改变，透性增强，进而引起一系列生理代谢变化，使植物受到伤害。为了保持这种平衡，人们做了各种努力。除此之外，人们还采用了其他手段。例如，Uchida[104]发现低浓度的 H_2O_2 或 NO 自由基预处理水稻，增加了其对盐及热胁迫耐受性。经 H_2O_2 胁迫锻炼过的小麦幼苗，抗旱能力比未经锻炼的强[105]。另外，增加水稻[106]、小麦[107]生存环境中的 CO_2 浓度也可提高植物的抗氧化能力，减轻逆境对膜的氧化伤害。

7.4.4 干旱胁迫下抗旱性不同的两小麦品种失水率及一氧化氮自由基含量的差异

作者实验室选用小麦品种‘旱选 10 号’(强耐旱)和‘鲁麦 14’(弱耐旱)作为研究模型，研究了干旱胁迫下抗旱性不同的两品种NO自由基含量的变化和NO自由基对干旱胁迫下膜损伤的影响。‘旱选 10 号’(强耐旱)和‘鲁麦 14’(弱耐旱)对干旱胁迫产生的NO自由基明显不同，在干旱胁迫 30min，强耐旱‘旱选 10 号’产生的NO自由基出现第一个峰值，而且比弱耐旱‘鲁麦 14’的明显高很多。但在干旱胁迫 100~150min，二者产生NO自由基的结果又颠倒过来。

用NO自由基供体SNP和NO自由基清除剂PTIO喷洒叶面，24h后再给予90min的干旱胁迫，测量细胞内容物的渗出率和MDA的含量，进一步研究NO自由基对干旱胁迫下膜损伤的影响。用NO自由基供体SNP和NO自由基清除剂PTIO喷洒叶面，24h后再给予90min的干旱胁迫，细胞内容物的渗出率和MDA含量的变化也明显不同，对正常状态植物，NO自由基供体SNP和NO自由基清除剂PTIO可以明显增加和抑制小麦细胞内容物的渗出率和MDA的含量；相反，对干旱胁迫下小麦NO自由基供体SNP和NO自由基清除剂PTIO则可以明显抑制和增加小麦细胞内容物的渗出率和MDA的含量。

脯氨酸是目前公认的渗透调节分子，干旱胁迫下大量累积有助于增强植物的抗旱性能，研究分析表明，NO自由基对脯氨酸累积有明显的影响，NO自由基对脯氨酸合成途径的关键酶吡咯琳-5-羧酸合成酶(P5CS)的活性也有明显的影响，在酶提取液中加入NO自由基溶液，随着NO自由基浓度的升高，酶活性升高。

7.5 亚硝酸还原酶是高等植物一氧化氮自由基的重要来源

正如前面讨论的，在动物体，一氧化氮合酶几乎是NO自由基的唯一来源，但是在植物中NO自由基的来源就复杂得多，而且还有争论。Klepper指出大豆叶中形成的NO自由基主要是结构型硝酸还原酶NR(cNR，EC 1.6.6.2)酶促 NO_2^- 转化成NO自由基[107]，因为cNR对大豆 *Leguminosae* 是唯一的，所以酶促产生NO自由基也就限制这个家族[14]。在其他植物中，NO自由基可能就不是酶促产生的。近来有证据表明在植物中存在一个类似动物中的一氧化氮合酶NOS。最近Yamasaki报道从玉米苗分离的NR在溶液中可以催化 NO_2^- 生成NO自由基[12]。测量的从亚硝酸产生NO自由基的 K_m 是300μmol/L，比从硝酸产生NO自由基的高5倍(60μmol/L)，而且诱导型的亚硝酸还原酶(NiR)活性比NR高4倍。因此，在正常生理条件下NR催化 NO_2^- 产生NO自由基几乎是不可能的。在此同时，Mallick发现，NR在为绿藻合成NO自由基提供底物(NO_2^-)的过程中起着关键作用[108]。虽然由 NO_2^- 生成NO自由基的机制还不清楚，但它不依赖NR是肯定的。本节将讨论作者实验室研究高等植物中NO自由基的来源得到的一些结果。这里研究三个问题：一是高等植物中NO自由基的产生是否是酶促的；二是高等植物中产生NO自由基的主要通路；三是高等植物产生NO自由基的可能机制。

7.5.1　高等植物中一氧化氮自由基的产生是酶促的

以前人们认为高等植物中NO自由基是非酶促产生的，因为高等植物中不含有NR[14,107]。为了研究这一结论的正确性，首先将小麦苗在沸水浴中加热3min，其中产生的NO自由基降低到对照的1.6%(图7-12)。另外一种方法就是把小麦苗在微波炉中(70W)加热15s，产生的NO自由基降低到对照的2.3%。在芦荟和君子兰中也得到了类似的结果。这些结果表明在非豆科植物中NO的产生是酶促的。

7.5.2　高等植物中产生一氧化氮自由基的主要途径

为了研究NR活性与NO自由基产生的关系，作者采用了缺Mo实验。Mo是NR的辅助因子，如果将芽胚从第四天的麦苗除去，用无Mo水浇灌35天，NR活性降低大约74%，而NO自由基产生降低大约56%。如果用正常含Mo的溶液在收获前12h代替无Mo溶液，NO自由基产生和NR活性几乎恢复到正常(图7-13)。这一结果表明NR活性与NO自由基产生关系密切。

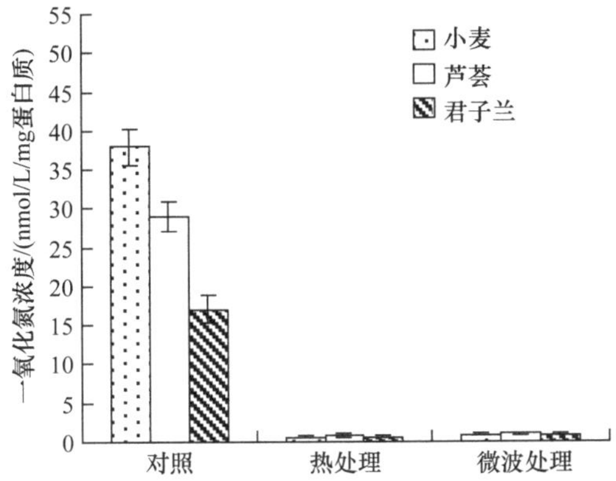

图7-12　加热变性对小麦、芦荟和君子兰叶片中NO自由基含量的影响

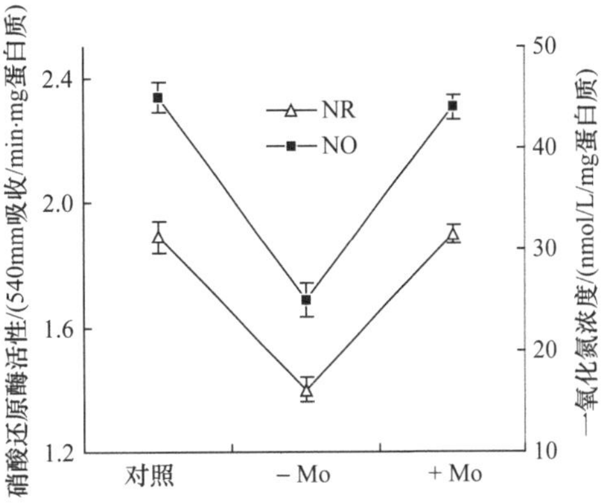

图7-13　生长在无Mo(–Mo)和在介质中再加入(+Mo)对小麦NR活性和NO自由基含量的影响

由于Mo辅因子对NR的催化活性是必不可少的，为了进一步研究NR活性与NO自由基产生的关系，我们做了Na_2WO_4的实验，结果发现W可以取代Mo防止形成活性Mo辅因子而抑制NR活性。结果表明，随着W浓度增加，NR活性和NO自由基产生都明显减少，当Na_2WO_4浓度为41mmol/L时就可以完全抑制酶的活性，NO自由基的产生大约减少89%，表明麦苗提取物中NR是NO自由基产生的主要酶(图7-14)。

有文献报道，KNO_3可以诱导*NR*基因表达[33]，如果在第二天将麦苗芽胚除去，用双蒸水浇灌小麦6天，这时NR活性大约降低到对照的22%，NO自由基的产生大约降低到12%。如果在收获之前用1mmol/L KNO_3代替双蒸水10h，NR活性就大幅度增加，这一结果与玉米培育细胞的NR产生NO自由基的结果很类似(图7-15)。这表明在小麦苗中产生的NO自由基主要是通过NR催化的。

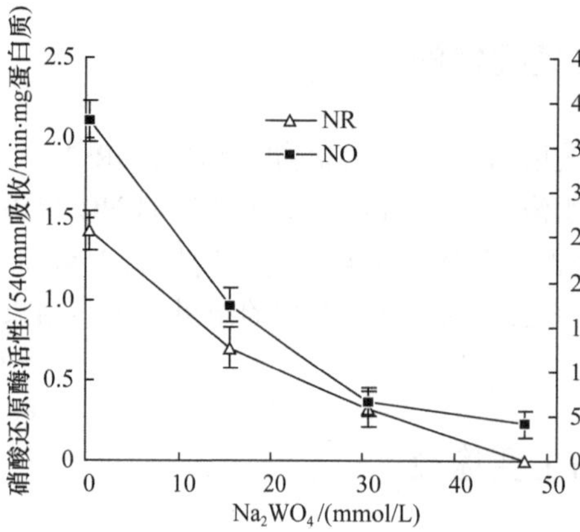

图 7-14　Na_2WO_4的对小麦 NR 活性和 NO 自由基含量的影响

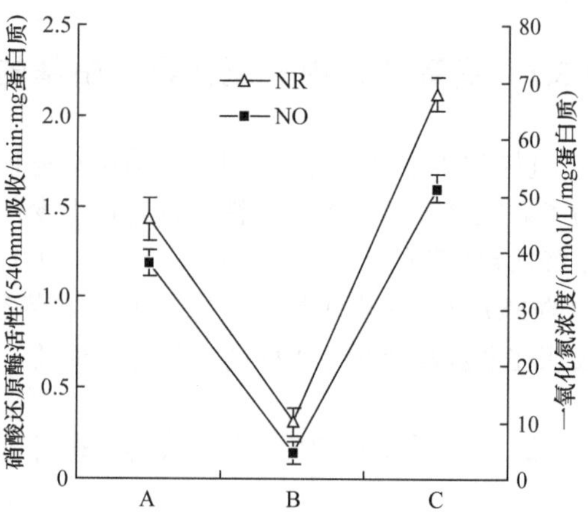

图 7-15　用 1mmol/L KNO_3 代替双蒸水 10h 处理对小麦 NR 活性和 NO 自由基含量的影响

A. 正常生长液；B. 双蒸水；C. 1mmol/L KNO_3 代替双蒸水

光是诱导 *NR* 基因表达的另一个因素，NR 在黑暗中将快速分解[109]，与对照相比，NO 自由基产生和 NR 活性在暗处都明显减少。如果将麦苗在暗处保持 54h，NO 自由基产生和 NR 活性就分别降低大约 16%和 26%。如果再将这些麦苗转移到光照下 20h，NO 自由基产生和 NR 活性就可以恢复到正常水平(图 7-16)，这一实验结果清楚地表明，在小麦苗中 NR 催化是 NO 自由基产生的主要途径。

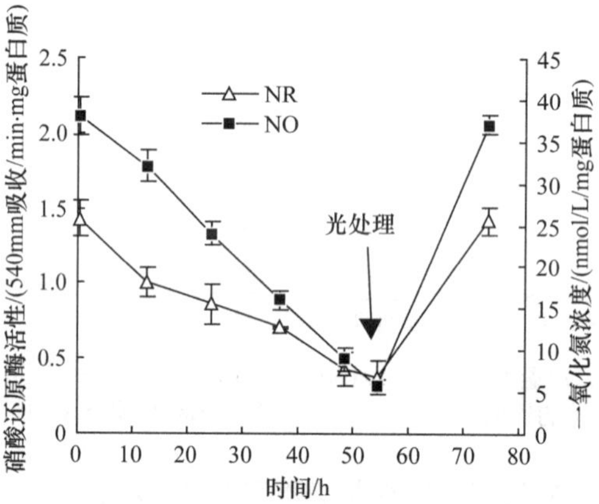

图 7-16　用光和黑暗处理对小麦 NR 活性和 NO 自由基含量的影响

以上用 ESR 和生物化学方法得到的结果表明 NR 活性是在两个水平上控制的：①*NR* 基因表达控制 NR 蛋白水平；②蛋白调节 NR 活性。虽然这些结果表明小麦苗中产生的 NO 自由基主要是通过 NR 催化产生的，但是这并不是唯一途径。Mallick 发现亚硝酸是水藻产生 NO 自由基的最终底物，而精氨酸却不是[108]，也许高等植物进化到更高级的产生 NO 自由基的机制。

7.5.3　植物产生一氧化氮自由基的可能机制——从 NO_2^- 到 NO 自由基

硝酸吸收的第一步是还原成亚硝酸，这也可能是其限速步骤。NO 自由基可以通过

非酶途径从 NO_2^- 经过光调节由类胡萝卜素产生[7]，也可以在酸性条件经过化学还原产生[110]，以上初步实验证明，NO 自由基可以由 NO_2^- 经过酶或者非酶途径产生。小麦苗先在正常溶液生长 6 天，然后转移到 1mmol/L $NaNO_2$ 在暗处生长 10h，测量产生的 NO 自由基，发现 NO 自由基产生明显增加(图 7-17B)，而且表明植物中的 NO_2^- 浓度是产生 NO 自由基主要的限制因素。如果用加热或微波处理小麦苗，NO 自由基产生明显降低(图 7-17)，这表明从 NO_2^- 到 NO 自由基主要是酶促反应。当麦苗生长在比正常高 3 倍的 Cu^{2+} 溶液中 15h，然后再转移到暗处的 1mmol/L $NaNO_2$ 中 10h，NO 自由基产生明显增加。经过这样处理，NR 和 NiR 活性分别降低 17.3%和 15.4%，这一结果表明 NR 和 NiR 没有催化从 NO_2^- 到 NO 自由基的反应。结果与大豆结果不同，但与绿藻的结果一致。

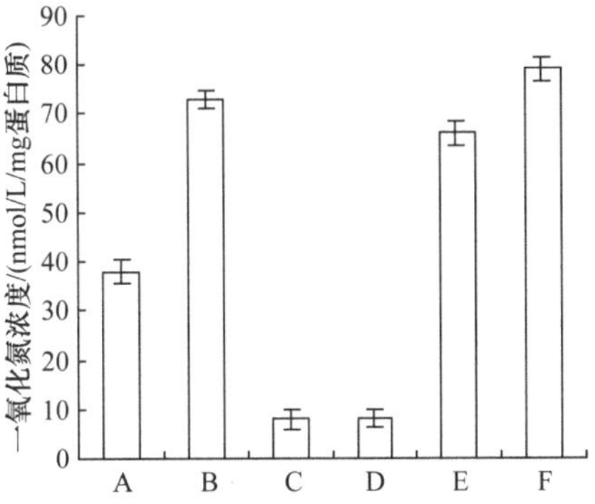

图 7-17 $NaNO_2$ 和不同条件对植物产生 NO 自由基的影响

小麦在正常生长液培养 6 天(A、B、C、D)、15 天(E)、在 3 倍 Cu^{2+} 的正常生长液培养 15 天(F)。然后转移的暗室中 1mmol/L $NaNO_2$ 10h(B)，或在沸水 3min(C)或在微波中处理(能量 70W)45s(D)

根据这一结果，作者假定在高等非豆科植物中 NO 产生的途径如下：

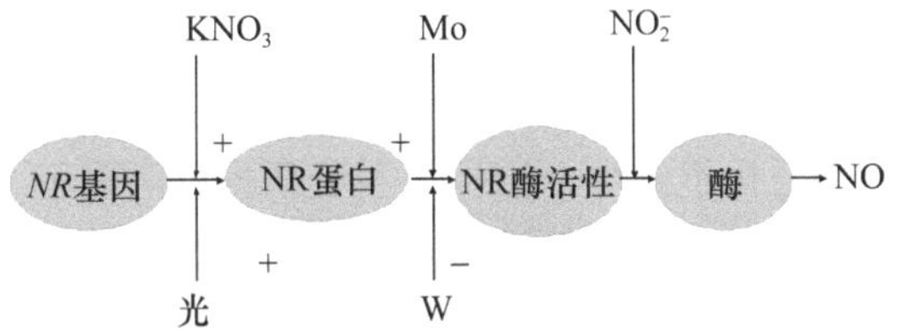

硝酸盐的吸收是很多植物和微生物供氮的主要途径，因为硝酸盐还原是这一途径的限速步骤，NR 一致被认为是氮吸收代谢的关键酶[111]。NR 主要是由复合物转录和过转录调控的，NR 的分解是快速的，在暗处 6h 酶活性就丧失一半[112]。目前还不清楚为什么植物需要这样多的体系去调节 NR。NO 自由基是生理调节的信号分子，根据以上结果，作者假定植物之所以具有这样多的 NR 调节体系，可能是因为这个酶既要调控氮代谢又要调控 NO 自由基信号代谢。供应硝酸盐可导致合成更多氨基酸和蛋白质，增加植物生长，还能改变碳代谢，包括增加有机酸含量，减少淀粉含量，改变植物激素水平，以及改变分配和物候学性质，如减少根冠比，改变根的结构，推迟开花、结果和衰老。这些远端的改变说明氮和硝酸盐对调节代谢和发育的重要信号调控作用，也说明硝酸盐可逆诱导 *NR* 基因表达[113]，然后 NR 又通过 NO 调节生理过程。

7.6　一氧化氮自由基在植物分化和退分化中的作用

NO 自由基可以抑制植物细胞的坏死并延缓组织的衰老，与生长素(IAA)诱导的营养生长相关。组织的分化与退分化是否与自由基的产生相关，激素诱导的组织分化和退分化与自由基的相关性如何，需要深入研究。外源激素诱导拟南芥组织退分化的实验结果显示，激动素诱导的组织退分化与内源 NO 自由基的产生呈正相关，而与外源生长素呈负相关。在退分化程度越高的组织中，NO 自由基的产生量越高，相应的 ROS 的产生量越低，相反在分化程度越高的组织中，ROS 的产生量越高，而相应 NO 自由基的产生量越低。一般认为，单独的外源 NO 自由基不能诱导组织的退分化，而 NO 自由基清除剂可以抑制外源激素诱导的组织退分化，因此 NO 自由基强化了激动素诱导的组织退分化，而非诱导了组织的退分化，本节就这一问题进行讨论。

7.6.1　外源激素对植物发育和退分化的影响

作者实验室对分生组织、分化组织和生长受抑制的组织的内源 NO 自由基进行了测定，结果发现，激动素(BA)对生长素(IAA)的比例越高，内源 NO 自由基产生的越多，与外源激动素呈正比关系。外源激动素可以促进内源 NO 自由基的产生。NO 自由基的组织定位结果显示，退分化生长正常的组织中 NO 自由基的荧光最强，其次是分化受抑制的组织，正常生长植物的根中 NO 自由基的荧光强度最弱。

1) 内源激动素与 NO/ROS 比例的关系

不同激动素处理的内源活性氧(ROS)的测定结果表明，总的 ROS 在退分化的分生组织中没有显著的差异，而与正常的分化组织相比差异较大，分化组织中的 ROS 显著高于退分化的分生组织。激动素与生长素的比例大于 0.2 时，ROS 的含量较低，而当其比例小于 0.2 时，ROS 的含量较高。在 ROS 反应体系中加入 SOD 后的所有体系的测定值均为零，说明在分生组织和分化组织中，活性氧主要是超氧阴离子。从不同处理的组织中 NO 自由基与 ROS 的比例发现，不同的激动素比例之间 NO/ROS 有显著的差异，激动素所占比例越高，NO 自由基与 ROS 的比值就越大，反之，生长素所占的比例越高，NO 自由基与 ROS 的比值就越小。外源激动素与内源自由基的比例关系说明，退分化程度越高的组织，也就是分化潜力越大的组织，NO 自由基的产生就越多，而分化程度越高的组织，相对于未分化的组织，NO 产生的量相对较少，而 ROS 的产生量相对较高。

2) 外源一氧化氮自由基对组织分化发育的影响

为了进一步确定 NO 自由基与拟南芥分化和退分化的关系，用外源的 NO 供体诱导组织的分化和退分化。结果显示，生长素(IAA)和激动素(BA)的比例为 1∶10 时，可以诱导组织正常的退分化，如果加入 NO 自由基清除剂 CPTIO 时，随着 CPTIO 浓度的增加，组织退分化受到抑制，当 CPTIO 的浓度达到 0.2mmol/L 时，组织不能进行正常的退分化，营养生长衰竭，组织黄化死亡，生殖生长不能正常开花，发育受到抑制。用一定浓度的外源 NO 处理而不加激动素时，不能诱导组织的退分化，只能促进组织的生殖生长。结果表明，NO 自由基可以促进激动素诱导的退分化生长，而不能单独诱导组织的退分化。对已经分化的组织，有利于生殖生长的发育，可以强化组织的开花结实。

通过激动素与拟南芥组织分化与退分化的研究，结果表明，当激动素与生长素的比例大于 4 时，可以诱导分生组织的退分化，而当比例小于 0.1 时，分化组织正常生长，当比例介于其间时，退分化和分化的生长都受到抑制。在退分化的组织中，外源激动素的比例越高，内源 NO 自由基产生的越多，与外源激动素呈正比关系，外源激动素可以促进内源 NO 自由基的产生。NO 自由基的组织定位也肯定了这一结果，退分化生长正常的组织中 NO 的荧光最强，其次是分化受抑制的组织，正常生长植物根中的 NO 自由基的荧光强度最弱。这充分肯定了 NO 自由基与组织的分化密切相关，外源激动素诱导的退分化组织中有很强的 NO 自由基产生，NO 自由基可能在植物中作为信号分子调控了植物的生长发育。玉米的根培养在不同的 NO 自由基供体的培养基上，研究发现 NO 自由基诱导了根的扩展，而且与 NO 自由基的浓度有关。NO 清除剂可以阻止 NO 自由基诱导的扩展，但不能阻止 IAA 诱导的根的扩展。结果表明，NO 可能是根伸长的诱导因子，而且在信号转导途径中享有共同的通路，因为 NO 自由基和 IAA 诱导了共同的植物反应[40]。

NO 自由基对植物分化的调控与活性氧相关，NO 自由基通过抑制过氧化物酶而抑制了植物的组织分化[37]。作者的实验结果揭示了激动素诱导的组织分化与 NO 自由基和活性氧的比例关系，不同激动素处理的内源活性氧的结果表明，总的 ROS 在退分化的分生组织中没有显著的差异，而与正常的分化组织相比差异较大，分化组织中的 ROS 显著高于退分化的分生组织。激动素与生长素的比例大于 0.2 时，ROS 的含量较低，而当其比例小于 0.2 时，ROS 的含量较高。这一结果预示在一定的条件下，激动素所占比例越高，NO 自由基与 ROS 的比值就越大，反之，生长素所占的比例越高，NO 自由基与 ROS 的比值就越小。这与国外报道的高浓度的外源 NO 自由基处理植物后可以逆转依赖于活性氧的细胞死亡相一致，这一研究结果认为，在 SNP 的浓度达到 10mmol/L 时完全终止了细胞的死亡[2]。因此，NO 自由基与 ROS 的平衡是调控植物发育的关键。

外源 NO 自由基供体诱导组织的分化和退分化的结果显示，BA 与 IAA 的比例高于 10 时，可以诱导组织正常的退分化，如果加入 NO 自由基清除剂 CPTIO 时，随着 CPTIO 浓度的增加，组织退分化受到抑制，当 CPTIO 的浓度达到 0.2mmol/L 时，组织既不能进行正常的退分化，也不能正常分化发育，组织的营养生长衰竭，生殖生长不能正常开花，发育受到抑制。用一定浓度的外源 NO 自由基处理而不加激素时，不能诱导组织的退分化，只能促进组织的生殖生长。结果表明，NO 自由基可以促进激素诱导的退分化生长，而不能单独诱导组织的退分化。对已经分化的组织，有利于生殖生长的发育，可以强化组织的开花结实。NO 自由基在成熟的果实中含量远高于未成熟的果实[24]。在快速生长的豌豆叶片中加入外源 NR 底物表明，一定浓度的 NO 自由基可以促进叶片的扩展，同时也表明在正常的生理体系，NO 自由基的产生与 NR 活性相关[114]。

7.6.2 拟南芥的先天免疫：脂多糖活化一氧化氮合酶(NOS)和诱导防护基因

Zeidler 等用激光共聚焦显微镜观测了 LPS 诱导 NO 自由基产生爆发的时间进程(图 7-18)。拟南芥细胞用 NO 自由基指示剂绿荧光染料(DAF-FM DA)处理，再用缓冲溶液或 LPS 处理，发现 LPS 诱导的 NO 自由基产生爆发随时间而增加。用 ESR 自旋捕捉技术检测 LPS

诱导拟南芥细胞产生NO自由基也有明显的增加，和用NO自由基供体SNP所得到的结果几乎一致。用荧光技术观测LPS处理拟南芥细胞产生NO自由基爆发，用激光共聚焦显微镜观测的结果也是一致的，用NOS和NR抑制剂对LPS处理拟南芥细胞产生NO自由基爆发有明显抑制作用[115]。

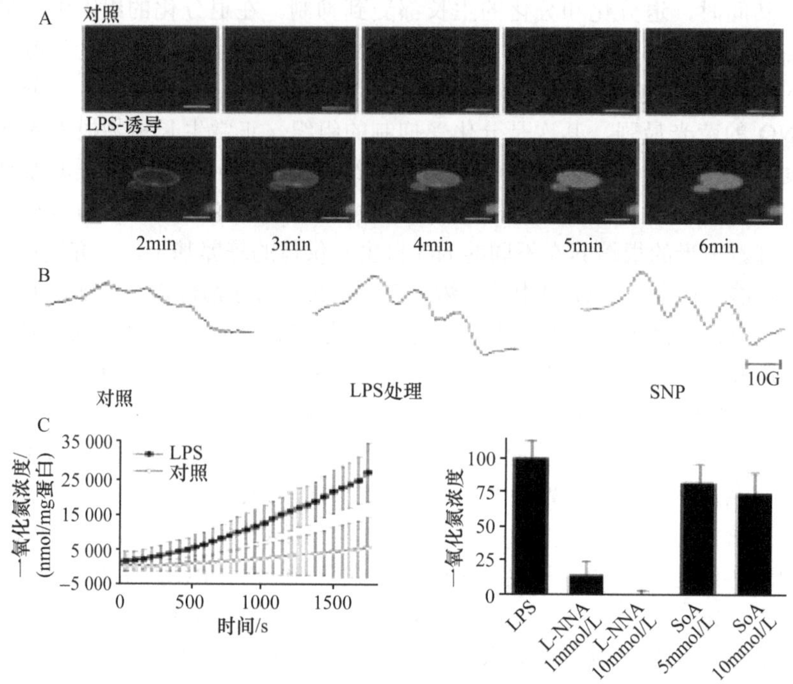

图7-18　拟南芥的先天免疫：脂多糖(LPS)活化NO合酶(NOS)和诱导防护基因（彩图请扫书后二维码）
A. 用激光共聚焦显微镜观测的LPS诱导NO自由基产生爆发的时间进程，拟南芥细胞用NO自由基指示剂绿荧光染料(DAF-FMDA)处理，再用缓冲溶液或LPS处理；B. 用ESR检测LPS诱导拟南芥细胞产生NO自由基；C. 用荧光技术观测LPS处理拟南芥细胞产生NO自由基爆发的时间进程；D. NOS和NR抑制剂对LPS处理拟南芥细胞产生NO自由基爆发的影响

一氧化氮合酶突变体AtNOS1明显提高拟南芥对*Pst* DC3000感病性。从野生型和AtNOS1突变植株用*Pst* DC3000病菌或水喷洒2天和5天后可以看出，突变植株比野生型感病更明显，5天比2天明显。用从叶子上收集的*Pst* DC3000菌落的数量表示感染2天和5天后的症状也证明了突变植株比野生型感病明显，说明NO自由基在抵御病菌感染中发挥重要作用。

7.6.3　植物激素信号 *NOS* 基因的辨认

GUO等研究了AtNOS1突变和与35S-AtNOS1互补转基因拟南芥植物激素信号*NOS*基因的辨认。发现与野生型(Col-0)相比，*Atnos1*突变型显示第一个真叶变黄，而挽救过的含有35S-AtNOS1互补转基因*Atnos1*突变型有绿色真叶，而且发现*Atnos1*突变抑制苗的生长(18天)，并且发现*Atnos1*突变型根的发育受到抑制和*Atnos1*突变型再生及繁殖减少。叶抽提液的Western blots结果表明，*Atnos1*突变减少了AtNOS1蛋白水平。用NO自由基处理又可以使*Atnos1*突变型第一个真叶变绿，而用铁氰化氮处理没有作用[5]，说明NO自由基在植物的生长发育过程中发挥着重要作用。

7.7 植物中一氧化氮合酶的争论

NO 已成为动物的中央信号分子，而且也是植物细胞的关键信号分子，然而，在从长期寻找一种植物 NOS 过程中遇到了虚假报道和强烈争论。描述病原体诱导一氧化氮合酶类植物蛋白质的第一、二篇的重要文章发表后很快就被收回。最近又开始了新的报道，为寻找植物 NOS 提供了新的希望，本节介绍和讨论植物 NOS 争论的来龙去脉和最新发现。

7.7.1 植物一氧化氮合酶两次错误报道的由来

NO自由基不仅是动物细胞的基础性作用的一种信号分子调节正常的生理过程，而且在植物的防御反应、发育过程、发芽、根系生长、细胞分化、气孔关闭及开花的调控中，NO 也是一个关键分子[137]。动物细胞合成 NO，主要由 NOS 酶通过催化相同的基本反应完成：由 L-精氨酸依赖 NADPH 氧化成 NO 和 L-瓜氨酸。相比之下，NO 在植物细胞中合成仍然是一个有争议的问题。第一篇文章植物产生 NO 是由硝酸盐还原酶(NR)催化还原亚硝酸盐生成 NO 的[116]。

对 NO 在植物细胞中与动物有类似 NOS 的证据最初的主要来源是于 20 世纪 90 年代末报道的。初步证据是基于植物提取物可用 L-精氨酸产生 NO 和 L-瓜氨酸，而且它的特异性抑制剂有抑制作用[117]。使用不同方法和抗哺乳动物 NOS 酶的免疫反应蛋白在不同植物细胞区也做了检测和证实。然而，随后使用飞行质谱激光光解/电离技术和交叉多肽反应鉴定显示，哺乳动物抗体识别的植物蛋白与 NOS 无关。拟南芥和水稻 NOS 酶完全测序的基因组中没有检索到与迄今已知的完整动物 NOS 任何基因或蛋白质具有同源性，这表明在植物中所检测到的 NOS 活性与哺乳动物蛋白质非同一种酶[23]。

第一个报道的植物NOS来自病原体诱导受病毒感染的烟草叶提取物的NOS样活性，但对公布的数据的可靠性导致他们撤回了报道[6,118~120]。第二个报道来自于拟南芥蛋白受激素信号刺激产生 NO 的鉴定[5,121]。这两个报道竟然都发表在世界科学界最著名和最权威的杂志 *Cell* 和 *Science* 及《美国科学院院报》(*Proc Natl Acad Sci USA*)上，这使得当时的科学界一片哗然。这个蛋白质最初命名为 AT NOS1，是根据它与蜗牛 NOS 同源性确定的。螺蛋白质和 NOS1 都与典型动物 NOS 酶没有类似性，但在大肠杆菌中表达增加了 NO 合成，表明它们可能属于一类新的合成 NO 的酶。NOS1 在拟南芥中过量表达导致了叶提取物更高水平的 NOS 活性，而敲除突变体(NOS1)显示在叶提取物降低 NOS 活性，减少了根系 NO 积累。之后，不同研究组又独立地证实了 NOS1 拟南芥突变体和在烟草植物沉默NOS1 能降低 NOS 活性和 NO 水平。此外，在过表达 NOS1 硅藻细胞中观察到 NO 产生增强，而且在人类细胞中表达哺乳动物的 NOS1 也与 NOS 活性和 NO 产生的变化呈正相关[122]。

与 NOS1 合成 NO 作用符合 NOS，突变体 NOS1 的植物显示降低对脱落酸(abscisic acid，ABA)、水杨酸盐和激发剂处理引起了 NO 积累。同样，刺激诱导 NOS1 沉默的烟草产生的 NO 减少。用特定 NOS 抑制剂降低刺激诱发的对照植物 NO 产生，但不能降低NOS1 沉默植物 NO 水平，进一步确认 NOS1 参与了 NO 的产生。但是，另有报道发现不同的激素或氧化应激也可以产生类似 NOS1 和野生型植物 NO 积累。在相似的实验条件下，其他人观察不到它们看到的现象。例如，用 ABA 处理野生型或突变体 NOS1 植物表皮碎片导致 NO 产生降低很少，而过氧化氢处理相同的组织导致 NO 在野生型和突变体细胞中增加和累积[123~126]。

来自拟南芥 NOS1 蛋白与一个非典型 NOS 活性被认为可能是针对植物根线粒体。由于缺乏令人信服的生物学作用数据和对该蛋白质的 NO 生成活性的担忧，提出将该蛋白质重新命名。现在可用的有力的证据实际上是这种蛋白质作为 GTP 酶针对质粒的功能，还需要核糖体的功能。有可能 NOS1 只对某些刺激物产生 NO，但对其他刺激则不能产生 NO。有人提出 NOS1 与 NO 合成无关，后来分离 NOS1 等位基因的质体靶向酶不受刺激和 NO 供体的影响。这些结果并未能重现以上 NOS1 重组蛋白的 NOS 活性的检测结果。因此得出的结论是 NOS1 不是 NOS。基于这种蛋白质的特定生物作用和得到的令人信服的数据，人们把它改名为 NO 相关的蛋白 1(NOA1)[127,128]。

7.7.2　植物一氧化氮合酶新发现

尽管有在植物中类 NOS 活性的报道，植物 NOS 的存在仍然是一个有争议的问题，从几种植物提取物 NOS 活性的测定和使用哺乳动物 NOS 抑制剂，最近文章集中推断相关来源植物 NOS 代谢产生 NO，然而，在植物中没有与动物或细菌网络系统基因或蛋白序列相似性的报道[129,130]。

最近发表的文章在植物界寻找到 NOS 基因组，在两个绿色藻中发现两个产生 NO 序列。在这项研究中，总结出它们的序列、蛋白质结构、系统发育、生化和 NOS 表达的特点。在绿藻澳桃源(*O. tauri*)中的 NOS 的氨基酸序列 45%类似于人的 NOS，折叠方式显示与人内皮细胞 NOS 亚型类似。纯化重组绿藻澳桃源中的 NOS 以 L-精氨酸为底物，其 K_m= 1265mmol/L，将其表达重组在大肠杆菌细胞中能增加产生 NO 水平和细胞生存力。在指数生长期培养澳桃源产生依赖 NOS NO 比稳定期高 3 倍。高强度的光照射和加入 L-精氨酸，在绿藻澳桃源中增加 NO 产生，提示这种藻类与 NOS 活性之间有联系[131,132]。

将绿藻澳桃源 NOS 重组表达在大肠杆菌中，纯化在 SDS-PAGE 凝胶上出现了 119-kDa 条带，这是与 NOS 分子质量氨基酸序列的预期一致的，并表现出与 NOS 抗体免疫性反应。根据在方法中所述的条件下，重组 NOS 蛋白的 1~2mg 从 1L 转基因的大肠杆菌 BL21 细胞培养物的表达 pET24b-OtNOS 纯化[155,156]。光谱检测显示在 396nm 出现一个峰值，这是血红素辅基典型的高自旋的宽峰。加入 1mmol/L 咪唑导致完整的血红素基团的转化为低自旋状态，在 487nm 出现一个特征峰。咪唑-NOS 复合物形成之后，通过添加 L-精氨酸产生在 410nm 处的最大吸收峰[131,132]。

以上这些结果对寻找植物一氧化氮合酶提供了新的希望。

7.7.3　植物 NOS 在一氧化氮合酶序列的系统发育树中的确定

从蛋白质数据库(GenBank)1000 次重复基因序列获得一致的最大重复得到了一个相似发育树(图 1-13)。其中包括脊椎动物、无脊椎动物、细菌和藻类，也发现了植物。在这个生物王国中，发现两个主要的分裂，一个主要群集包含从脊椎动物生物体 3 种 NOS 异构体(eNOS、nNOS 和 iNOS)的功能多样化，第二个群集包含无脊椎动物(节肢动物和软体动物)NOS。在图中一个集群中发现了绿藻澳桃源(*O. tauri*)、细菌和植物。从这两个绿藻研究最近发表的基因组研究中，根据绿藻澳桃源的序列、蛋白质结构、系统发育、生化和一氧化氮合酶表达特征，其一氧化氮合酶的氨基酸序列类似于人 NOS 的 45%。澳桃源 NOS 的折叠方式也类似人内皮 NOS 亚型。系统发育分析还推测了澳桃源 NOS 序列[156]。

尽管这些生物体中 NOS 活性得到了很好的支持，但还是难以建立群集内的 NOS 与植物 NOS 之间的深层次的进化关系。

参 考 文 献

[1] Dangl J. Innate immunity. Plants just say NO to pathogens. Nature，1998，394：525-527.

[2] Delledonne M，Xia YJ，Dixon RA，et al. Nitric oxide functions as signal in plant disease resistance. Nature，1998，394：585-588.

[3] Delledonne M，Zeier J，Marocco A，et al. Signal interactions between nitric oxide and reactive oxygen intermediates in the plant hypersensitive disease resistance response. PNAS，2001，98：13 454-13 459.

[4] Bradley DJ，Kjellbom P，Lamb CJ. Elicitor and wound-induced oxidative cross-linking of a proline-rich plant cell wall protein：a novel，rapid defence response. Cell，1992，70：21-30.

[5] Guo FQ，Okamoto M，Crawford NM. Identification of a plant nitric oxide synthase gene involved in hormonal signaling. Science，2003，302：100-103.

[6] Chandok MR，Ytterberg AJ，Van Wijk KJ，et al. The pathogen-inducible nitric oxide synthase (iNOS) in plants is a variant of the P protein of the glycine decarboxylase complex. Cell，2003，113：469-482.

[7] Cooney RV，Harwood PJ，Custer LJ，et al. Light-mediated conversion of nitrogen dioxide to nitric oxide carotenoids，Environ Heath Perspec，1994，102：4460-4462.

[8] Nishimura H. Reduction of NO_2 to NO by rush and other plants. Environ Sci Technol，1986，20：413-416.

[9] Klepper LA. NO_x evolution by soybean leaves treated with salicylic acid and selected derivatives. Pesticide Biochem Physiol，1991，39：43-48.

[10] Klepper LA. Nitric oxide(NO) and nitrogen dioxide emissions from herbicide-treated soybean plants. Atmosph Environ，1979，13：537-542.

[11] Klepper LA. Comparison between NO_x evolution mechanisms of wild-type and nr1 mutant soybean leaves. Plant Physiol，1990，93：26-32.

[12] Yamasaki H，Sakihama Y，Takahashi S. An alternative pathway for nitric oxide production in plants：new features of an old enzyme. Trends Plant Sci，1999，4：128-129.

[13] Huber SC，Bachmann M，Huber JL. Post-translational regulation of nitrate reductase activity：a role for Ca^{2+} and 14-33 proteins. Trends Plant Sci，1996，1：432-438.

[14] Dean JV，Harper JE. The conversion of nitrite to nitrogen oxide(s) by the constitutive NAD(P)H-nitrate reductase enzyme from soybean. Plant Physiol，1988，88：389-395.

[15] Wildt J，Kley D，Rockel A，et al. Segschneider, Emissions of NO from several higher plant species. J Geophys Res，1997，102：5919-5927.

[16] Yamasaki H，Sakihama Y. Simultaneous production of nitric oxide and peroxynitrite by plant nitrate reductase：*in vitro* evidence for the NR-dependent formation of active nitrogen species. FEBS Letter，2000，468：89-92.

[17] Xu YC，Zhao BL. The main origin of endogenous NO in higher non-leguminous plant. Plant Bioph Biochem，2003，41：833-838.

[18] Beligni MV，Lamattina L. Nitric oxide in plants：the history is just beginning. Plant Cell and Environment，2001，24：267-378.

[19] Keller T，Damude HG，Werner D，et al. A plant homolog of the neutrophil NADPH-oxidase gp91phox subunit gene encodes a plasma membrane protein with Ca^{2+} binding motifs. Plant Cell，1998，10：255-266.

[20] Croft KPC，Voisey CR，Slusarenko AJ. Mechanism of hypersensitive cell collapse：correlation of increased lipoxygenase activity with membrane damage in leaves of *Phaseolus syringae* pv. *phaseolicola*. Physiol Mol Plant Pathol，1990，36：49-62.

[21] Poulos TL，Raman CS，Li H. NO news is good news. Structure，1998，6：255-258.

[22] Mayer B，Hemmens B. Biosynthesis and action of nitric oxide in mammalian cells. Trends Biochem Sci，1997，22：

477-481.
[23] Ninnemann H，Maier J. Indications for the occurrence of nitric oxide synthases in fungi and plants and the involvement in phytoconidiation of *Neurospora crassa*. Photochem Photobiol，1996，64：393-398.
[24] Leshem YY. Nitric oxide in biology system. Plant Growth Regul，1996，18：155-159.
[25] Cueto M，Hernandez-Perera O，Martin R，et al. Presence of nitric oxide synthase activity in roots and nodules of *Lupittus albus*. FEBSSS Letters，1996，398：159-164.
[26] Sen S，Cheema I R. Nitric oxide synthase and calmodulin immunoreactivity in plant embryonic tissue. Biochem Archives，1995，11：221-227.
[27] Hausladen A，Jonathan S. Stamler，nitric oxide in plant immunity. Proc Natl Acad Sci USA，1998，95：10 345-10 347.
[28] Durner J，Wendohenne D，Klessing DF. Defense gene induction in tobacco by nitric oxide，cyclic ADP-ribose. Proceedings of the National Academy of Science USA，1998，95：10 328-10 333.
[29] Huang JS，Knopp JA. Involvement of nitric oxide in Ralstonia solanacearum-induced hypersensitive reaction in tobacco. *In*：Prior P，Elphinstone J，Allen C. Bacterial Wilt Disease：Molecular and Ecological Aspects. Berlin：INRA and Springer Editions，1998：218-224.
[30] Ribeiro EA，Cunha FQ，Tamaashiro WMSC，et al. Growth phase-dependent subcellular localization of nitric oxide synthase in maize cells. FEBS Lett，1999，445：283-286.
[31] Durner J，Klessing DF. Nitric oxide as a signal in plants. Current Opinion in Plant Biology，1999，2：369-374.
[32] Allan AC，Fluhr R. Two distinct sources of elicited reactive oxygen species in tobacco epideermal cells. Plant Cell，1997，9：1559-1572.
[33] Foissner I. *In vivo* imaging of an elicitor-induced nitric oxide burst in tobacco. Plant J，2000，23：817-824.
[34] Cho MV，Lamattina L. Is nitric oxide toxic or protective? Trends in Plant Science，1999，4：299-300.
[35] Barroso J. Society of Free Radical Research，Granada，Spain，December Abstract，1998，54：17-19.
[36] Bolwell G. Role of reactive oxygen species and NO in plant defense responses. Current Opinion in Plant Biology，1999，2：287-294.
[37] Ferrer MA，Ros Bareclo A. Differential effects of nitric oxide on peroxidase and H_2O_2 production by the xylem of *Zinnia elegans*. Plant，Cell and Environment，1999，22：891-897.
[38] Caro A，Puntarlo S. Nitric oxide decreases superoxide anion generation by microsomes from soybean embryonic axes. Physiol Plant，1998，104：357-364.
[39] Stamler JS. Redox signaling：nitrosylation and related target interactions of nitric oxide. Cell，1994，78：931-936.
[40] Gouvea CMCP，Souza JF，Magalhacs ACN，et al. NO-releasing substance that induce growth elongation in maize root segments. Plant Growth Regulation，1997，21：183-187.
[41] Noritake T，Kawakita K，Doke N. Nitric oxide induces phytoalexin accumulation in potato tuber tissue. Plant & Cell Physiology，1996，37：113-116.
[42] Beligni MV，Lamattina L. Is nitric oxide toxic or protective? Trend in Plant Science，1999，4：299-300.
[43] Leshem YY，Pinchasov Y. Non-invasive photoacoustic spectroscopic determination of relative endogenous nitric oxide and ethylene content stoichiometry during the ripening of strawberries *Fragaria anannasa*(Duch)and avocados *Persea amaricana*(Mill). J Exp Bot，2000，51：1471-1473.
[44] Millar AH，Day DA. Alternative solution to radical problems. Trend in Plant Science，1997，2：289-290.
[45] Levine A，Tenhaken R，Dixon RA，et al. H_2O_2 from the oxidative burst orchestrates the plant hypersensitive response. Cell，1994，79：583-593.
[46] McDonald LJ，Murad F. Nitric oxide and cGMP signaling. Adv Pharmacol，1995，34：263-276.
[47] Brown EG，Newton R. Analytical procedures for cyclic nucleotides and their associated enzymes in plant tissue. Phytochem Anal，1992，3：1-13.
[48] Bowler C，Neuhaus G，Yamagata H，et al. Cyclic GMP and calcium mediate phytochrome phototransduction. Cell，1994，77：73-81.
[49] Leng Q Et. Cloning and first functional characterization of plant cyclic nucleotide-gated cation channel. Plant Physiol，1999，121：753-761.
[50] Clough SJ. The Arabidopsis dnd1 “defense，no death” gene encodes a mutated cyclic nucleotude-gated ion channel. Proc Natl Acad Sci USA，2000，97：9323-9328.
[51] Allen GJ，SchroedermJI. Cyclic ADP-ribose and ABA signal transduction. Trends Plant Sci，1998，3：123-124.
[52] Scheel D. Resistance response physiology and signal transduction. Curr Opin Plant Biol，1998，1：305-310.

[53] Klessing DF. Nitric oxide and salicylic acid signaling in plant defense. Proc Natl Acad Sci USA，2000，97：8849-8855.

[54] Stamler JS，Singel DJ，Loscalzo J. Biochemistry of nitric oxide and it's redox-activated forms. Science，1992，258：1898-1902.

[55] Bolwell GP，Wojtaszek P. Mechanism for the generation of reactive oxygen species in plant defense-a broad perspective. Physiological and Molecular Plant Pathology，1997，51：347-366.

[56] Wojtaszek P. Oxidative burst：an early plant response to pathogen infection. Biochem J，1997，322：681-692.

[57] Xu YC，Cao YL，Guo P，et al. Detection of nitric oxide in plants by electron spin resonance. Phytopath，2004，94：402-407.

[58] Cao Y，Guo P，Zhao BL. Simultaneous detection of NO and ROS by ESR in biological system. Method Enzym，2005，396：77-83.

[59] Xu YC，Cao YL，Guo P，et al. Technique of detection of NO in plants by ESR spin trapping. Method Enzym，2005，396：84-92.

[60] Guo P，Cao YL，Li ZQ，et al. Role of an endogenous nitric oxide burst in the resistance of wheat to stripe rust. Plant Cell Environ，2004，27：473-477.

[61] Stubbs RW. Pathogenicity analysis of yellow(stripe)rust of wheat and its significance in a global context. *In*：Simmonds NW，Rajaram S. Breeding Strategies for Resistance to the Rusts of Wheat. Mexico F：CIMMYT，1988：23-38.

[62] Johnson R. Durable disease resistance. *In*：Jenkyn JF，Plumb RT. Strategies for Control of Cereal Diseases. Oxford：Blackwell，1981：55-63.

[63] Johnson R. Durable resistance to yellow rust in wheat and its implications in plant breeding. *In*：Simmonds NW，Rajaram S. Breeding Strategies for Resistance to the Rusts of Wheat. Mexico D. F：CIMMYT，1988：63-75.

[64] 李振歧. 曾士迈中国小麦锈病. 北京：中国农业出版社，2002.

[65] Schmidt HH，Walter U. NO at work. Cell，1994，78：919-925.

[66] Nathan C. Natural resistance and nitric oxide. Cell，1995，82：873-876.

[67] Beligni MV，Laxalt AM，Lamattina L. Putative role of nitric oxide in plant-pathogen interactions. *In*：Moncada S，Oda NT，Maeda H，et al. Biology of Nitric Oxide. London，U：Portlan Press，1997：250.

[68] Huang JS，Knopp JA. Involvement of nitric oxide in *Ralstonia solanacearum* induced hypersensitive reaction in tobacco. *In*：Prior P，Elphinstone J，Allen C. Proceedings of the Second International Wilt Symposium. Versailles，France：INRA，1997：213-234.

[69] Goodman RN，Novacky AJ. The hypersensitive reaction in plants to pathogens. St Paul：APS Press，1994：234-243.

[70] D'silva I，Poirier GG，Heath MC. Activation of cysteine proteases in cowpea plants during the hypersensitive response-a form of programmed cell death. Exp Cell Res，1998，245：389-399.

[71] del Pozo O，Lam E. Caspases and programmed cell death in the hypersensitive response of plants to pathogens. Curr Biol，1998，8：1129-1132.

[72] 郭萍，李落叶，曹远林，等. NO 在寡糖素诱导的小麦对条锈菌的 SAR 中的时序性. 生物化学与生物物理进展，2002，29：786-789.

[73] Zhao Z，Chen G，Zhang C. Interaction between reactive oxygen species and nitric oxide in drought-induced abscisic acid synthesis in root tips of wheat seedlings. Aust J Plant Physiol，2001，28：1055-1061.

[74] 蒋明义，郭绍川. 水分亏缺诱导的氧化胁迫和植物的抗氧化作用. 植物生理学通讯，1996，32：144-150.

[75] 宋纯鹏. 自由基、SOD 和植物的胁迫伤害//吴相钰，赵微平，匡廷云，等. 植物生理和分子生物学汇编. 北京：北京大学出版社，1996：8-14.

[76] Lopez-Huertas E. Superoxide generation in plant peroxisomal membrane：characterization of redox proteins involved. Biochem Soc Transactions，1996，24：457.

[77] Leprince O. The involvement of respiration in free radical process during loss of desiccation tolerance in germinating *Zea may* L. Plant Physiol，1994，104：1333-1339.

[78] Leprince O. Free radicals and metabolism associated with the acquisition and loss of desiccation tolerance in developing seeds. Biochem Soc Transactions，1996，24：451-455.

[79] Igram J，Bartels D. The molecular basis of dehydration tolerance in plants. Annu Rev Plant Physiol Plant Mol Biol，1996，47：377-403.

[80] Sgherri CLM，Loggini B，Puliga S. Antioxidant system in sporobolus stapfianus：changes in response to desiccation and rehydration. Phytochemistry，1994，35：561-565.

[81] Navari-Izzo F. Superoxide generation in relation to dehydration and rehydration. Biochem Soc Transactions，1996，24：447-450.

[82] Moran JF，Becana M，Iturbe-ormaetxe L. Rought induces oxidative stress in pea plants. Planta，1994，194：346-352.

[83] 梁峥，赵原，汤岚. 渗透胁迫对大麦幼苗生长和一些酶活性的影响. 植物学集刊，1994，7：217-222.

[84] Heupel R，Heldt HW. Protein organization in the matrix of leaf peroxisomes-A multi-enzyme complex involved in photorespiratory metabolism. Eur J Biochem，1994，203：157-163.

[85] 何生根，黄学林，傅家瑞. 植物的多胺氧化酶. 植物生理学报，1998，(3)：213-218.

[86] Rubinstein B，Luste DG. Plasma membrane redox activity：components and role in plant processes. Annu Rev Plant Physiol Plant Mol Biol，1993，4：131-135.

[87] Wojtaszek O. Nitric oxide in plants to no or not to NO. Phytochemistry，2000，54：1-4.

[88] 李广敏，唐连顺，商振清，等. 渗透胁迫对玉米幼苗保护酶系统的影响及其与抗旱性的关系. 河北农业大学学报，1994，17：1-5.

[89] 蒋明义，荆家海，王韶唐. 渗透胁迫对水稻光和色素和膜脂过氧化的影响. 西北农业大学学报，1991，19：79-83.

[90] 汪晓峰，张宪政. AsA 提高小麦抗旱性生理效应的研究. 植物学报，1998，15：48-50.

[91] 石岩，于振文. 土壤水分胁迫对小麦根系和旗叶衰老的影响. 西北植物学报，1998，18：196-201.

[92] Burke JJ，Gamble PE，Hatfield HL，et al. Plant morphological and biochemical responses to field water deficits. Plant Physiol，1985，79：415-419.

[93] Gamble PE，Burke JJ. Effect of water stress on the chloroplast antioxidant system. Plant Physiol，1984，76：615-621.

[94] Smimoff N，Cumbes QJ. Drought influences the activity of enzymes of the chloroplast hydrogen peroxide scavenging system. J Exp Bot，1988，39：1097-1108.

[95] Zhang J，Kirkham MB. Antioxidant responses to drought in sunflower and sorghum seedlings. New Phytology，1996，132：361-373.

[96] Menconi M，Sgherri CLM，Pinzino C，et al. Activated oxygen production and detoxification in wheat plants subjected to a water deficit program. J Exp Bot，1995，46：1123-1130.

[97] 徐仰仓，王静，刘华，等. 外源精胺对小麦幼苗抗氧化酶活性的促进作用. 植物生理学报，2001，27：349-352.

[98] Xu YC，Wang J，Shan L. Effect of exogenous polyamines on glycolate oxidase activity and active oxygen species accumulation in wheat seedlings under osmotic stress. Israel Journal of Plant Sciences，2001，49：173-178.

[99] Fangmeier BA，Brunschon S，Jager HJ. Time course of oxidant stress biomarkers in flag leaves of wheat exposed to ozone and drought stress. New Phytol，1994，126：63-69.

[100] 蒋明义，郭绍川，张学明. 氧化胁迫下稻苗体内积累的脯氨酸的抗氧化作用. 植物生理学报，1997，23：347-352.

[101] Elstner EF. Mechanisms of oxygen activation in different compartments of plant cells. *In*：Pell EJ，Steffen KL. Active Oxygen/Oxidative Stress and Plant Metabolism. Rockville MD：American Soc Plant Physiol，1991：13-25.

[102] Long SP，Humphries S，Folkowski PG. Photoinhibition of photosynthesis in nature. Ann Rev Plant Physiol Plant Mol Biol，1994，45：633-662.

[103] Jay-Gerin JP，Ferradini C. Are there protective enzymatic pathways to regulation high local nitric oxide (·NO) concentration in cells under stress conditions? Biochimie，2000，82：161-166.

[104] Uchida A，Jagendorf AT，Hibino T，et al. Effects of hydrogen peroxide and nitric oxide on both salt and heat stress tolerance in rice. Plant Sci，2002，163：515-523.

[105] 徐仰仓，王静，山仑. H_2O_2 胁迫锻炼对小麦幼苗抗旱性的影响. 西北植物学报，2000，20：382-386.

[106] 彭长连，林植芳，林桂GB. 加富 CO_2 条件下水稻叶片抗氧化能力的变化. 作物学报，1999，25：39-43.

[107] Klepper L. Comparison between NO_X evolution mechanisms of wild-type and nr_1 mutant soybean leaves. Plant Physiol，1990，93：26-32.

[108] Mallick N，Rai LC，Mohn FH，et al. Studies on nitric oxide(NO)formation by green alga scenedesmus obliquus and the diazotrophic cyanobacterium anabaena doliolum. Chemophere，1999，39(10)：1601-1610.

[109] Kelker HC，Filner P. Regulation of nitrite reductase and its relationship to the regulation of nitrate reductase in cultured tobacco cells. Biochim Biophys Acta，1971，252：69-82.

[110] Weitzberg E，Lundberg JON. Nonenzymatic nitric oxide production in humans. Nitric Oxide：Biology and Chemistry，1998，2：1-7.

[111] Antipov AN，Lyalikova NN，Khijniak TV，et al. Molybdenum-free nitrate raductase from vanadate-reducing bacteria. FEBS Letters，1998，441：257-260.

[112] Behrend J，Mateles RI. Nitrogen metabolism in plant cell suspension cultures：Ⅰ. Effect of amino acids on growth. Plant Physiol，1975，56（5）：584-589.

[113] Wendehenne D，Pugin A，Klessig DF，et al. Nitric oxide：comparative synthesis and signaling in animal and plant cells. Trends Plant Sci，2001，6(4)：177-183.

[114] Leshem YY，Wills RBH，Ku VVV. Evidence for the function of free radical gas-nitric oxide(NO·)as an endogenous maturation and senescence regulation factor in higher plants. Plant Physiology and Biochemistry，1998，36：825-833.

[115] Zeidler D，Zähringer U，Gerber I，et al. Innate immunity in *Arabidopsis thaliana*：lipopolysaccharides activate nitric oxide synthase(NOS)and induce defense genes. PNAS，2004，101：15 811-15 816.

[116] Crawford NM，Guo FQ. New insights into nitric oxide metabolism and regulatory functions. Trends Plant Sci，2005，10：195-200.

[117] Seligman K，Saviani EE，Oliveira HC，et al. Floral transition and nitric oxide emission during flower development in *Arabidopsis thaliana* is affected in nitrate reductase-deficient plants. Plant Cell Physiol，2008，49：1112-1121.

[118] Butt YK，Lum JH，Lo SC. Proteomic identification of plant proteins probed by mammalian nitric oxide synthase antibodies. Planta，2003，216：762-771.

[119] Chandok MR，Ekengren SK，Martin GB，et al. Suppression of pathogen-inducible NO synthase(iNOS)activity in tomato increases susceptibility to *Pseudomonas syringae*. Proc Natl Acad Sci USA，2004，101：8239-8244.

[120] Klessig DF，Martin GB，Ekengren SK. Suppression of pathogen-inducible NO synthase(iNOS)activity in tomato increases susceptibility to *Pseudomonas syringae*. Proc Natl Acad Sci USA，2004，101：16 081.

[121] Klessig DF，Ytterberg AJ，van Wijk KJ. The pathogeninducible nitric oxide synthase(iNOS)in plants is a variant of the P protein of the glycine decarboxylase complex. Cell，2004，119：445.

[122] Zhao M，Zhao X，Wu Y，et al. Enhanced sensitivity to oxidative stress in an *Arabidopsis* nitric oxide synthase mutant. J Plant Physiol，2007，164：737-745.

[123] Parihar MS，Parihar A，Chen Z，et al. mAtNOS1 regulates mitochondrial functions and apoptosis of human neuroblastoma cells. Biochim Biophys Acta，2008，1780：921-926.

[124] He Y，Tang RH，Hao Y，et al. Nitric oxide represses the *Arabidopsis* floral transition. Science，2004，305：1968-1971.

[125] Zottini M，Costa A，de Michele R，et al. Salicylic acid activates nitric oxide synthesis in *Arabidopsis*. J Exp Bot，2007，58：1397-1405.

[126] Bright J，Desikan R，Hancock JT，et al. ABA-induced NO generation and stomatal closure in *Arabidopsis* are dependent on H_2O_2 synthesis. Plant J，2006，45：113-122.

[127] Sudhamsu J，Lee GI，Klessig DF，et al. The structure of YqeH：An AtNOS1/AtNOA1 ortholog that couples GTP hydrolysis to molecular recognition. J Biol Chem，2008，283：32 968-32 976.

[128] Zemojtel T，Frohlich A，Palmieri MC，et al. Plant nitric oxide synthase：a neverending story? Trends Plant Sci，2006，11：524-525.

[129] Gas E，Flores-Pérez U，Sauret-Güeto S，et al. Hunting for plant nitric oxide synthase provides new evidence of a central role for plastids in nitric oxide metabolism. Plant Cell，2009，21：18-23.

[130] Corpas FJ，Palma JM，del Río LA，et al. Evidence supporting the existence of L-arginine-dependent nitric oxide synthase activity in plants. New Phytol，2009，184：9-14.

[131] Derelle E，Ferraz C，Rombauts S，et al. Genome analysis of the smallest free-living eukaryote *Ostreococcus tauri* unveils many unique features. Proc Natl Acad Sci USA，2006，103：11 647-11 652.

[132] Foresi N，Correa-Aragunde N，Parisi G，et al. Characterization of a nitric oxide synthase from the plant kingdom：NO generation from the green alga *Ostreococcus tauri* is light irradiance and growth phase dependent. The Plant Cell，2010，22：3816-3830.

第二篇　一氧化氮自由基医学

8 一氧化氮自由基和心脏病

一氧化氮自由基具有重要的生物功能，它是内皮细胞松弛因子(EDRF)[1, 2]，能抑制血小板凝聚，但又是自由基，具有自由基的两面性，即除了生物功能以外，它还具有反应性强和细胞毒性的一面，对心血管既有保护作用又可能有损伤作用。NO 自由基的“双刃剑”作用在心脑血管系统体现得非常典型。心脏病，特别是心肌缺血再灌注损伤与 NO 自由基的关系引起了人们的广泛关注和兴趣。不仅用生理生化方法进行了研究，而且用 ESR 技术研究了缺血再灌注过程产生的 NO 自由基[3,4]。本章讨论利用 3 种不同水平，即离体心脏、在体心脏和培养的心肌细胞 3 个层次，在离体和在体缺血再灌注损伤中研究产生的 NO 自由基及其作用，以及在培养的心肌细胞缺氧再给氧产生的 NO 自由基的信号转导作用，同时还讨论了银杏黄酮和知母宁等天然抗氧化剂对 NO 自由基的调节作用和对心肌的保护作用，最后介绍和讨论一下一氧化氮自由基与缺氧诱导因子 HIF 的一些研究进展。

8.1 离体心脏缺血再灌注产生的一氧化氮自由基

离体心脏缺血再灌注是研究心脏病的重要模型，广泛用于各种研究中，取得了一系列重要结果。本节讨论利用血红蛋白作为 NO 自由基的自旋捕捉剂测定和研究大鼠心脏缺血再灌注产生的 NO 自由基。NO 自由基与血红蛋白的结合能力比 CO 高 100 倍[5]。人们很早就利用它的这一特点作为含铁蛋白的 ESR 探针。因此有不少关于研究 NO 自由基与含铁蛋白结合的 ESR 信息。这一技术的一个突出优点是它只给出这一复合物的 ESR 信息而不受细胞和组织中大量逆磁性物质的干扰，是一个既灵敏又特异的检测 NO 自由基的技术。作者实验室用这一技术研究过肾缺血再灌注产生的自由基，在肾缺血 1h 再灌注 1min 的下腔静脉血和缺血 24h 的肾组织中检测到了 NO 自由基结合到血红蛋白铁上的 ESR 信号[6]。这里讨论应用这一技术研究离体心肌缺血再灌注损伤过程产生 NO 自由基的规律，特别是 NO 自由基和氧自由基在心肌缺血再灌注所致心肌损伤中的协同作用机制。

8.1.1 利用血红蛋白测定一氧化氮自由基

图 8-1 为 NO 自由基结合到血红蛋白不同亚基上的 ESR 波谱。它们主要由两种波谱成分组成，g 等于 2.080 的宽峰和 g 等于 2.010 的三重峰(a_N=15.7G)来自一个自旋复合体，它为 NO 自由基结合到血红蛋白α-亚基铁上的 ESR 信号(α-NO 复合物)。g 等于 2.040 和 2.015 的单峰来自另一个自旋复合体，它为 NO 自由基结合到血红蛋白β-亚基铁上的 ESR 信号(β-NO 复合物)[7]。图 8-1A 主要是 NO 自由基结合到血红蛋白β-亚基上的信号(90%α/10% β)，图 8-1B 主要是 NO 自由基结合到血红蛋白α-亚基上的信号(90% β/10%α)。

用 ESR 在低温检测与含铁蛋白结合的 NO 自由基，能分辨出 NO 自由基是结合到血红蛋白铁还是非血红蛋白铁上，是结合到血红蛋白的α-亚基还是 β-亚基上，是五配位体还是六配位体。结合状态是 R 态(氧合的或高亲和状态)还是 T 态(脱氧的或低亲和状态)[7,8]。

8.1.2　离体心肌缺血再灌注产生的一氧化氮自由基

一般都按 Langendorff 法进行离体心肌缺血再灌注实验[9]，以改良的 Krebs-bicarbonate 缓冲液预灌注 10min，使心脏跳动正常，作为正常组；在预灌注液中加 L-精氨酸作为正常加 L-精氨酸组；正常心脏停止灌注 120min 作为缺血组(因为在短时间缺血的可逆损伤心肌中用 ESR 技术很难检测到产生的 NO 自由基，所以这里采用 120min 缺血是为了检测不可逆损伤心肌产生的 NO 自由基)；缺血心脏用灌注液再灌注 10min 作为缺血再灌注组；在再灌注液中加 NOS 酶底物 L-精氨酸(100mmol/L)作为缺血再灌注加 L-精氨酸组；在再灌注液中加入 NOS 酶抑制剂 L-NAME(100mmol/L)作为缺血再灌注加 L-NAME 组；在再灌注液中加超氧化物歧化酶(SOD)和过氧化氢酶(CAT)(500U/ml)作为缺血再灌注加 SOD/CAT 组；在再灌注液中加 X (100mmol/L)/XO(0.09U/ml)作为缺血再灌注加黄嘌呤/黄嘌呤氧化酶(X/XO)组；在再灌注液中加 Fe^{2+}/H_2O_2(100mmol/L)作为缺血再灌注加 Fe^{2+}/H_2O_2 组。再灌注一开始就收集冠脉流出液，以测定乳酸脱氢酶(LDH)和肌酸激酶(CK)活性。实验完成后，立即将心肌组织装入内径为 2mm 塑料管中，长度为 2.5cm，并迅速放入液氮中待 ESR 测试。

正常心肌、缺血再灌注心肌、缺血再灌注心肌加 100mmol/L 精氨酸，缺血再灌注心肌加 100mmol/L L-NAME 的 ESR 波谱如图 8-2 所示。由图可以看出，正常心肌在低温

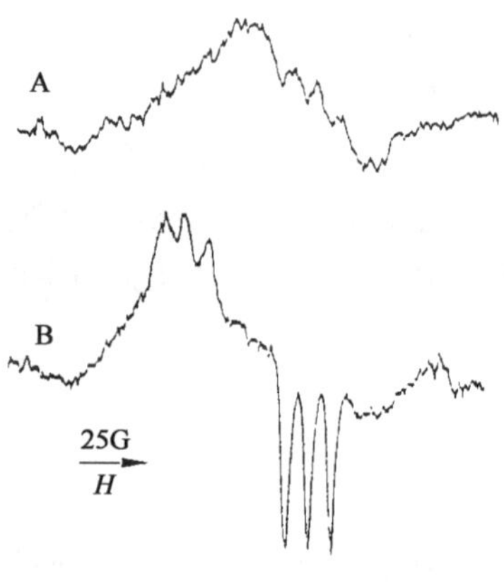

图 8-1　NO 自由基结合到血红蛋白不同亚基上的 ESR 波谱

A. 主要是 NO 自由基结合到血红蛋白 β-亚基上的信号(90%α/10%β)；B. 主要是 NO 自由基部分结合到血红蛋白α-亚基上的信号(90%β/10%α)

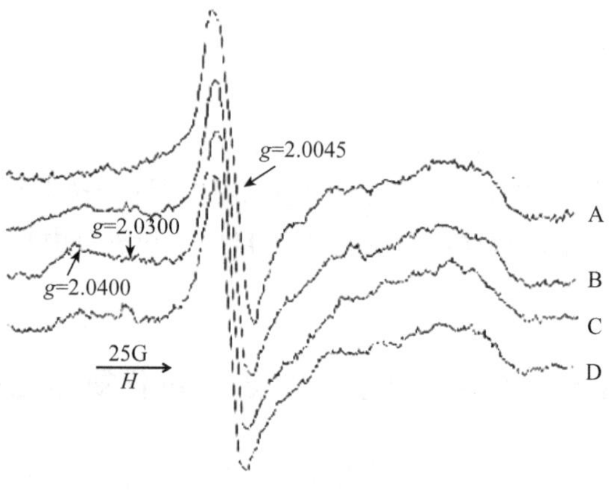

图 8-2　离体大鼠心脏缺血再灌注产生的 NO 自由基的 ESR 波谱

A. 正常心肌；B. 缺血再灌注心肌；C. 再灌注液中加入 L-精氨酸的缺血再灌注心肌；D. 再灌注液中加入 L-NAME 的缺血再灌注心肌在 100K 的 ESR 波谱

的 ESR 波谱只有 g 值等于 2.0050 和 1.937 处分别对应半醌自由基和金属离子两个峰。加入不同浓度 L-精氨酸并没有使所得 ESR 波谱发生什么变化，而在缺血再灌注心肌的 ESR 波谱上却出现了 g 等于 2.040 和 2.030 两个小峰，g=2.040 的信号与上面检测的 β-NO 复合物完全一致，g=2.030 的信号与文献报道的心肌缺血再灌注产生的氧自由基一致[10]。当再灌注液中加入 NOS 酶的底物 L-精氨酸时，g=2.040 的信号明显变大，相反，当加入 NOS 酶的底物抑制剂 L-NAME 时，g=2.040 的信号明显变小，进一步证明了这一信号来自心肌缺血再灌注产生的 NO 自由基。

在体内形成 NO 自由基或 NO 自由基与含铁蛋白复合物有两类过程，一类是极端条件，如急性毒性、坏死、肿瘤和急性暴露到致癌的芳香胺组织或缺血再灌注损伤的血液中的 ESR 信号，主要表现为 NO 自由基与血红蛋白α-亚基铁结合的α-NO 复合物的信号。另一类过程是由细胞和血管系统产生的 NO 自由基，如巨噬细胞、内皮细胞和神经细胞等产生的 NO 自由基，主要表现为与血红蛋白β-亚基或非血红蛋白铁结合的β-NO 复合物的信号。这里看到的就是β-NO 复合物 ESR 波谱。说明这里的 NO 自由基主要是由心肌血管系统的内皮细胞产生的。

在各种条件下，g=2.030 和 g=2.040 的 ESR 信号的相对强度如表 8-1 所示。由表中的数据可以看出，在正常心肌加入 L-精氨酸也没有检测到 NO 自由基产生，在缺血和缺血再灌注的心肌中就有 NO 自由基产生了，在缺血再灌注损伤的心肌中加入 L-精氨酸使心肌中的 NO 自由基产生进一步增加，同时氧自由基的信号也随着增加，而且它们是随加入的 L-精氨酸的浓度增加而同步增加的。

表 8-1 大鼠离体缺血再灌注心肌产生的一氧化氮自由基和氧自由基及释放的 LDH 和 CK

组别	一氧化氮自由基	氧自由基	LDH	CK
N(n=5)	0	0	4.0±1.1	2.7±1.2
N+LA1(n=5)	0	0	4.2±1.2	2.5±1.0
N+LA10(n=5)	0	0	4.0±1.0	2.6±1.2
N+LA100(n=5)	0	0	3.9±1.4	2.7±1.2
I(n=10)	5.7±2.8*	4.1±2.7*	—	—
IR(n=10)	7.5±3.2*+	5.8±1.0*+	25.5±5.8*	16.0±4.6*
IR+NAME(n=10)	5.9±1.1*#	4.5±1.0*#	7.8±1.9*#	6.3±2.3*#
IR+LA1(n=10)	6.0±1.1*	4.6±1.0*	14.3±2.8*#	9.2±2.9*
IR+LA10(n=10)	8.1±2.6*	5.8±1.4*	31.6±8.0*	18.0±2.6*
IR+LA100(n=10)	10.7±2.5*#	6.7±2.7*	46.7±7.8*#	25.9±7.4*
IR+SOD/CAT(n=5)	2.9±1.0*#	2.9±0.8*#	6.0±2.3*#	5.6±2.5*#
IR+X/XO(n=5)	20.2±4.3*#	16.0±2.8*#	85.0±5.6*#	71.0±12.6*#
IR+Fe^{2+}/H_2O_2(n=5)	20.5±3.5*#	16.5±9.1*#	113.0±18.3*#	85.5±10.5*#

注：N. 正常；IR. 缺血再灌注；LA1. 1mmol/L L-精氨酸；LA10. 10mmol/L L-精氨酸；LA100. 100mmol/L L-精氨酸；NAME. 100mmol/L 硝基精氨酸；X/XO. 黄嘌呤/黄嘌呤氧化酶；SOD/CAT. SOD/过氧化氢酶；*与对照比 P <0.05；#与 IR 比 P<0.005；+与 I 比 P<0.005

目前已知在感染、炎症、缺血再灌注等病理过程中一氧化氮合酶催化 L-精氨酸的脱胍基生成 NO 自由基，NO 自由基通过内皮细胞松弛因子作用扩张血管，抗血小板凝聚，改善微循环。同时 NO 自由基具有细胞毒性作用，NO 自由基损伤细胞的主要机制是破坏含铁蛋白(包括线粒体电子传递链、顺乌头酸酶、核苷酸还原酶)，形成铁硝基蛋白复合物[11]。用低温 ESR 方法在缺血再灌注心肌检测到的 g=2.04 的信号可能是缺血再灌注造成线粒体损伤释放含铁蛋白，而缺氧再给氧损伤造成心肌血管内皮细胞释放 NO 自由基，两者结合生成铁硝基蛋白复合物，所以 g=2.04 的信号与心肌损伤程度相平行。此外，缺血再灌注造成大量氧自由基产生，NO 自由基与氧自由基结合生成 $ONOO^-$，后者进一步造成心肌细胞的损伤。

8.1.3　离体心肌缺血再灌注产生一氧化氮自由基对心肌乳酸脱氢酶(LDH)和肌酸激酶(CK)释放的影响

以酶动力学方法，用 Biomenuieux 标准试剂盒在 HITACHI 7150 全自动生化分析仪上测定冠脉流出液的 LDH 和 CK 活性。表 8-1 显示不同条件下心肌缺血再灌注流出液中的 LDH 和 CK 活性。由表中的数据可以看出，正常心脏的灌注流出液中只含有少量的 LDH 和 CK 活性。在正常心肌中加入 L-精氨酸(1~100mmol/L)并没有使灌注流出液中的 LDH 和 CK 活性增加。说明 L-精氨酸对正常心脏没有损伤作用。缺血再灌注流出液中的 LDH 和 CK 活性明显高于正常心肌流出液中 LDH 和 CK 活性，说明缺血再灌注确实损伤了心肌。在再灌注液中加入低浓度 L-精氨酸，灌注流出液中的 LDH 和 CK 活性降低，说明对心肌有一定保护作用，但当加入高浓度的 L-精氨酸时，灌注流出液中 LDH 和 CK 活性明显增加，说明对心肌损伤作用明显增大，而且存在量效关系。再灌注液中加入 L-NAME (100mmol/L)也可以明显降低灌注流出液中的 LDH 和 CK 活性，说明抑制 NO 自由基也可以明显保护缺血再灌注损伤心肌。

8.1.4　缺血再灌注损伤氧自由基和一氧化氮自由基的协同作用

图 8-3 为在再灌注液中分别加入 L-精氨酸(100mmol/L)、SOD/CAT(500U/ml)、黄嘌

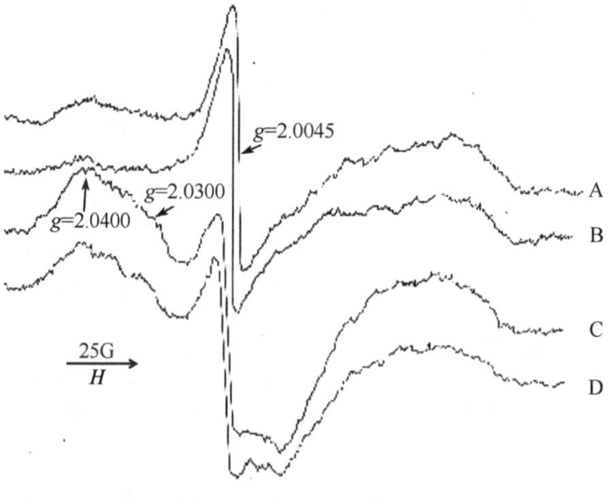

图 8-3　离体大鼠心脏缺血再灌注产生的一氧化氮自由基的 ESR 波谱

A. 再灌注液中加入 L-精氨酸缺血再灌注心肌；B. 再灌注液中加入 SOD/CAT 的缺血再灌注心肌；C. 再灌注液中加入黄嘌呤/黄嘌呤氧化酶的缺血再灌注心肌；D. 再灌注液中加入 Fe^{2+}/H_2O_2 缺血再灌注心肌在 100K 的 ESR 波谱

呤(100mmol/L)/黄嘌呤氧化酶(0.09U/ml)(X/XO)及 Fe^{2+}/H_2O_2(100mmol/L)缺血再灌注心肌在低温的 ESR 波谱。加入 SOD/CAT 之后，g=2.040 和 g=2.030 的信号几乎全部消失，而加入黄嘌呤/黄嘌呤氧化酶和 Fe^{2+}/H_2O_2 的心肌在 g=2.04 处出现了一个很大的信号，不仅如此，而且在 g=2.030 处的峰值也随之增大。由表 8-1 的数据也可以看出，再灌注液中加入 SOD/CAT 可以明显降低灌注流出液中的 LDH 和 CK 活性，说明对缺血再灌注心肌损伤有明显保护作用；再灌注液中加入 X/XO 或 Fe^{2+}/H_2O_2 使灌注流出液中 LDH 和 CK 活性明显增加，表明它们能增加心肌缺血再灌注损伤。这些结果说明 NO 自由基和氧自由基在心肌缺血再灌注损伤过程中具有协同作用。

8.1.5 离体心肌缺血再灌注的心肌细胞形态学变化

心脏再灌注后，心肌组织立即以 2.5%戊二醛和 1%多聚甲醛固定 2h，然后固定、脱水、包埋、切片、染色，在透射电镜下观察。图 8-4 显示缺血再灌注心肌细胞电镜观察结果，正常心肌细胞核染色质分布均匀，形态正常，线粒体结构完整(图 8-4A)。缺血再灌注后细胞核出现染色质浓缩，沿核膜分布，形成典型的凋亡细胞核的形态特征，线粒体出现嵴断裂、空泡化和线粒体膜结构破坏(图 8-4B)。加入 SOD/CAT 或 L-NAME 的缺血再灌注心肌细胞核仍有染色质浓缩和沿核膜分布现象，但是，程度均明显减轻，同时，线粒体结构完好，无嵴断裂和空泡化现象(图 8-4C、D)，说明 SOD/CAT 或 L-NAME 并不能完成阻止凋亡的发生，但能减轻细胞核和线粒体的损伤程度，延缓细胞凋亡的发生。结果提示，氧自由基和 NO 自由基参与了缺血再灌注心肌细胞凋亡的发生过程。

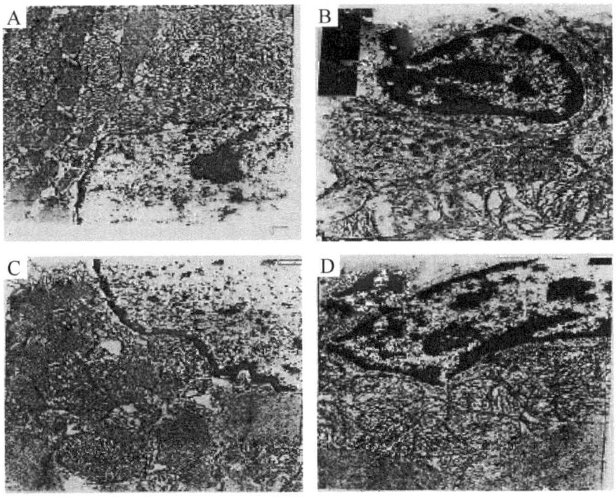

图 8-4 大鼠缺血再灌注心肌细胞电镜图

A. 正常心肌；B. 缺血再灌注心肌；C. 再灌注液加入 SOD/CAT 缺血再灌注心肌；D. 再灌注液加入 L-NAME 缺血再灌注心肌

尽管正常血液和心血管组织也可能释放 NO 自由基，但利用 ESR 检测结合到含铁血红蛋白上的 NO 自由基的灵敏度有限，这一技术一直检测不到这一基础水平的 NO 自由基[12~14]。即使加入过量的 L-精氨酸也检测不到有 NO 自由基生成。只有在缺血再灌注损伤的心肌中才能检测到生成的 NO 自由基，而且 NO 自由基的生成量随加入 L-精氨酸浓度的增加而增加。由标志心肌损伤的灌注流出液中的 LDH 和 CK 活性也可以看出，随着加入的 L-精氨酸浓度的增加，心肌的损伤也越严重。有的文献报道，缺血再灌注过程产生的 NO 自由基对心肌有保护作用[15]。从表中的数据可以看出，加入 1mmol/L L-精氨酸，确实使灌注液中的 LDH 和 CK 活性下降了，也就是说，心肌损伤减少了。但是产生的 NO 自由基的量也减少了。仔细阅读这些文献，发现他们并没有检测 NO 自由基的生成量，只是把加入 L-精氨酸的量作为产生 NO 自由基的量，或者是外源提供的一氧化氮自由基当作组织内实际的一氧化氮自由基的量[16]，然后测量心肌的功能。而且所用 L-精氨酸的浓度也比较低。另外也有报道称加入 L-精氨酸可以增加心肌缺血再灌注损伤和脑细胞缺氧再给氧损伤[17]。因为这里检测的 NO 自由基生成量减少了。从这些数据可以看出，在心肌缺血再灌注过程中，高剂量的 L-精氨酸肯定产生高浓度的 NO 自由基，同时也引起更严重的心肌损伤。再灌注液中加入 NOS 抑制剂 L-NAME，可使缺血再灌注心肌中的 NO 自由基产生减少，灌注流出液中的 LDH 和 CK 活性也明显降低，心肌损伤减轻。此外，从形态学角度看，缺血再灌注后细胞核出现染色质浓缩，沿核膜分布，形成典型的凋亡细胞核的形态特征。线粒体出现嵴断裂、空泡化和线粒体膜结构破坏，加入 NOS 抑制剂 L-NAME 虽然不能完成阻止凋亡的发生，但却能减轻细胞核和线粒体的损伤程度，延缓细胞凋亡的发生，这也说明了 NO 自由基的产生是与心肌缺血再灌注损伤联系在一起的。

很多实验证明氧自由基在心肌缺血再灌注损伤过程中起着重要作用[18]，SOD 和过氧化氢酶 CAT 可以有效保护心肌缺血再灌注损伤[12]，这里的结果也清楚地表明了这一点。这也提示，氧自由基和 NO 自由基参与了缺血再灌注心肌细胞凋亡的发生过程。这清楚地表明，在心肌缺血再灌注过程中，NO 自由基的产生是和心肌的损伤紧密相关的，同时也表明在心肌缺血再灌注损伤过程中，氧自由基和 NO 自由基是协同作用的。超氧阴离子自由基可以和 NO 自由基反应，生成过氧亚硝基($ONOO^-$)[19,20]，这是一个氧化性非常强的物质，在略低于生理 pH 条件下，它很容易产生羟基和 NO_2 自由基，导致细胞成分的氧化损伤[21~23]。心肌的损伤反过来又增加 NO 自由基和氧自由基的产生，这可能就是人们看到的再灌注液中加入 X/XO 或 Fe^{2+}/H_2O_2 使心肌中的 NO 自由基和氧自由基平行地增加，以及灌注流出液中 LDH 和 CK 活性明显升高的原因。SOD 可以催化歧化超氧阴离子自由基生成 H_2O_2，CAT 可以使 H_2O_2 分解成对机体无害的 H_2O 和氧气，这样就减少了超氧阴离子与 NO 自由基反应生成过氧亚硝基的机会，因而减轻了对心肌的损伤，同时也减少了 NO 自由基的产生。

总之，在离体缺血再灌注损伤心肌细胞过程中，NO 自由基显示出心肌细胞损伤效应为主，加入 SOD/CAT 或 L-NAME 能减少 NO 自由基和氧自由基信号强度、抑制 LDH 和 CK 释放，保护缺血再灌注的心肌细胞形态结构，说明 NO 和氧自由基在心肌缺血再灌注损伤中起重要作用。

8.2 银杏黄酮对离体心肌缺血再灌注产生的一氧化氮自由基的清除作用

银杏黄酮是由银杏叶提取物的一种复合成分，传统中医运用银杏叶已达数千年，它的主要成分是银杏黄酮糖苷和萜类，有报道银杏黄酮具有清除 $O_2^-\cdot$ 和 $\cdot OH$ 等自由基的作用[24,25]，最近报道银杏黄酮具有抗再灌注心律失常和心功能损伤的作用[26, 27]。银杏黄酮在非细胞体系中具有清除 NO 自由基作用[27]，通过抑制脂多糖/γ-干扰素活化的巨噬细胞的 iNOS mRNA 表达和 iNOS 酶活性而抑制 NO 自由基的生成。本节讨论银杏黄酮灌注对离体缺血再灌注心脏 NO 自由基水平的影响，以探讨银杏黄酮对心脏保护效应的抗氧化机制。

8.2.1 银杏黄酮对离体心肌缺血再灌注产生的一氧化氮自由基和氧自由基的清除作用

在低温测定离体缺血 2h 再灌注 10min 心肌及再灌注液中加入银杏黄酮(EGb761)、SOD/CAT 或 L-NAME 后心肌的 ESR 波谱。由 ESR 谱图测量的 g=2.04 和 g=2.03 信号强度如表 8-2 所示。由所得结果可以看出，与缺血再灌注相比，再灌注液加入银杏黄酮和加入 SOD/CAT、L-NAME 都可以明显减少 g=2.04 和 g=2.03 的 ESR 信号，也就是说银杏黄酮、SOD/CAT 或 L-NAME 一样可以清除缺血再灌注心肌产生的 NO 和氧自由基。

表 8-2 银杏黄酮对缺血再灌注心肌 ESR 波谱 g=2.04 和 g=2.03 自由基信号的清除作用

组别	n	ESR 信号(g=2.04)	ESR 信号(g=2.03)
N	5	0	0
N+LA	4	0	0
IR	10	12.20±3.20	14.55±3.46
IR+LA	10	11.50±3.67	16.10±4.07
IR+L-NAME	10	6.40±2.50a	7.90±3.30a
IR+SOD/CAT	5	7.40±2.70a	8.90±3.50a
IR+LA+SOD/CAT	6	8.75±1.26a	10.25±1.26a
IR+EGb761	7	7.07±3.22a	9.93±3.35a
IR+LA+EGb761	7	8.00±1.87a	13.17±2.32a

注：N. 正常；IR. 缺血再灌注；LA. L-精氨酸；L-NAME. 硝基化 L-精氨酸；SOD. 超氧化物歧化酶；CAT. 过氧化氢酶；EGb761. 银杏黄酮；a. 和 IR 相比 P<0.05

8.2.2 银杏黄酮对离体缺血再灌注心肌保护效应

银杏黄酮对离体缺血再灌注心肌保护效应由冠脉流出液 LDH 和 CK 活性来表示。表 8-3 和图 8-5 显示银杏黄酮对缺血 120min 再灌注 10min 心脏冠脉流出液 LDH 和 CK 活性的抑制作用。缺血再灌注后 LDH 和 CK 活性显著增强，银杏黄酮加入含或不含 L-精氨酸的灌流液灌注心脏，其 LDH 和 CK 活性显著降低，结果与 SOD/CAT 及 L-NAME 相似，提示银杏黄酮具有抑制缺血再灌注心肌损伤作用。

8.2.3 银杏黄酮对缺血再灌注心肌细胞超微结构保护作用

图 8-6 的电镜照片显示缺血再灌注心肌细胞核出现染色质浓缩，沿核膜分布，形成典型的凋亡细胞核的形态特征，线粒体出现嵴断裂、排列紊乱、空泡化和线粒体膜结构破坏(图 8-6A)。加入 EGb761 灌注的缺血再灌注心肌细胞核结构基本正常，线粒体结构

表 8-3　缺血再灌注心肌流出液中 LDH 和 CK 活性及加入 EGb761 对其的影响

组别	*n*	LDH	CK
N	5	4.00±1.10	2.70±1.20
N+LA	4	4.00±1.00	2.60±1.20
IR	10	34.67±7.23	32.00±5.97
IR+LA	10	36.25±8.36	34.50±8.38
IR+L-NAME	6	7.83±1.94a	6.33±2.34a
IR+SOD/CAT	5	11.00±2.92a	7.60±1.52a
IR+LA+SOD/CAT	6	6.00±2.37a	5.67±2.50a
IR+EGb761	7	13.14±2.61a	11.00±3.61a
IR+LA+EGb761	7	14.17±3.98[a]	13.50±4.86a

注：N. 正常；IR. 缺血再灌注；LA. L-精氨酸；L-NAME. 硝基化 L-精氨酸；SOD. 超氧化物歧化酶；CAT. 过氧化氢酶；EGb761. 银杏黄酮；a. 和 IR 相比 $P<0.05$

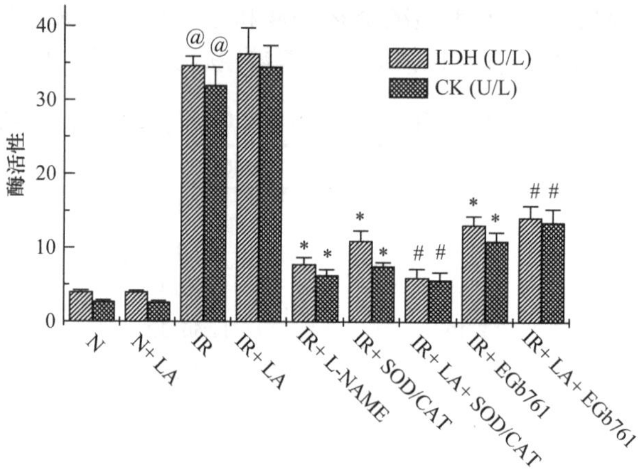

图 8-5　银杏黄酮对缺血 120min 再灌注 10min 心脏冠脉流出液 LDH 和 CK 活性的抑制作用

@. 与正常对照组相比，$P<0.05$；*. 与 IR+LA 组相比，$P<0.05$；#. 与 IR 组相比，$P<0.05$

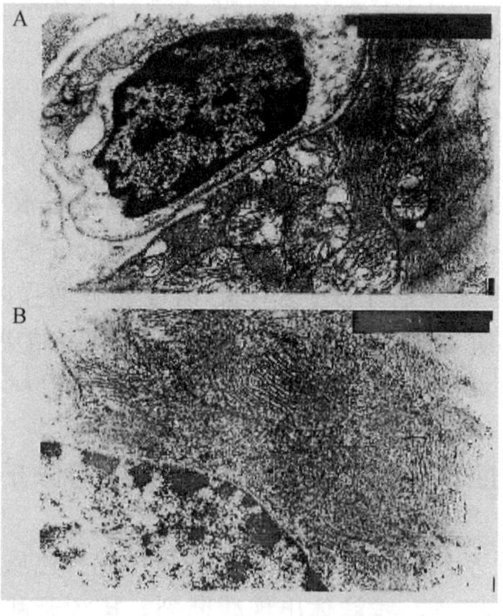

图 8-6　银杏黄酮对缺血再灌注心肌形态学的保护作用

A. 缺血再灌注心肌；B. 再灌注液中加入银杏黄酮心肌

完好，无嵴断裂和空泡化现象(图 8-6B)，说明 EGb761 能显著保护缺血再灌注心肌细胞和抑制细胞凋亡的发生。

8.2.4 银杏黄酮的过氧亚硝基的清除作用

过氧亚硝基($ONOO^-$)是缺血再灌注心肌损伤的重要途径，但是，因其半衰期短，很难在组织中测定。$ONOO^-$在碱性溶液中与鲁米诺反应能产生很强发光，使用这种方法作者观察了银杏黄酮对碳酸盐溶液体系 $ONOO^-$氧化鲁米诺发光的抑制作用，结果显示银杏黄酮剂量依赖地抑制碳酸盐溶液体系 $ONOO^-$氧化鲁米诺产生的化学发光(图 8-7)。表明银杏黄酮对 $ONOO^-$氧化活性的抑制作用是其心血管保护机制之一。

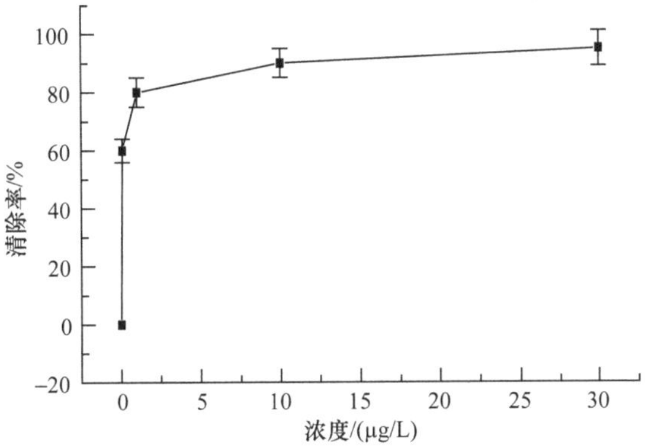

图 8-7 银杏黄酮对过氧亚硝基产生的化学发光的清除作用

文献中有不少关于银杏黄酮抗氧化作用及心肌保护效应的报道[24,25]，许多证据显示氧自由基在心肌缺血再灌注过程中起重要作用[26]，血管内皮细胞不仅是氧化损伤的靶器官，也是氧化损伤的来源。缺血再灌注激活黄嘌呤/黄嘌呤氧化酶体系(X/XO)产生 $O_2^-·$[27]。银杏黄酮能显著减弱缺血再灌注心肌“g=2.03”、“g=2.04”的 ESR 信号强度，也就是说银杏黄酮能降低缺血再灌注心肌氧自由基和 NO 自由基的水平。同时能减少 LDH 和 CK 的释放，维持线粒体结构的完整性，并能抑制细胞凋亡的发生，其作用与 SOD/CAT 和 L-NAME 相似。氧自由基和 NO 在细胞凋亡中起重要作用，抗氧化酶和 NOS 抑制剂均能显著保护缺血再灌注心脏，抑制细胞凋亡。银杏黄酮能清除氧自由基和 NO 自由基，保护缺血再灌注心肌，抑制细胞凋亡。说明银杏黄酮的心脏保护机制与其清除氧自由基和 NO 自由基的作用有关。

8.3 知母宁抗离体心肌缺血再灌注损伤的一氧化氮自由基和氧自由基机制

知母宁(chinonin)是中药(rhizoma anemarrhenae)分离纯化的有效成分，其化学名称为 2 C-β-D-吡喃葡糖-1,3,6,7-四氢羟基-9H-黄素-9-酮。知母宁是含有 4 个酚羟基的多酚类物质。知母宁具有清热泻火、滋阴润燥、退热消炎、抑菌杀菌、降血糖等作用，最近人们建议把它用于治疗心脏病。本节讨论知母宁对缺血再灌注心肌产生氧自由基和 NO 自由基及 $ONOO^-$的清除作用，它对大鼠心肌缺血再灌注损伤过程产生的 NO 和氧自由基的清除作用，以及对心肌缺血再灌注损伤的保护效应，将从自由基角度讨论知母宁治疗疾病，特别是治疗心脏病的机制[28]。

8.3.1 知母宁对心肌缺血再灌注产生的一氧化氮自由基的清除作用

图 8-8 显示知母宁对缺血再灌注损伤心肌 g=2.03 和 g=2.04 的 ESR 信号强度的抑制作用。知母宁加入含或不含 L-精氨酸的灌流液灌注的缺血再灌注心脏，其心肌的 g=2.03、g=2.04 的 ESR 信号均被抑制，结果与 SOD/CAT 及 L-NAME 相似，表明知母宁具有清除缺血再灌注心肌产生氧自由基和 NO 自由基的作用。

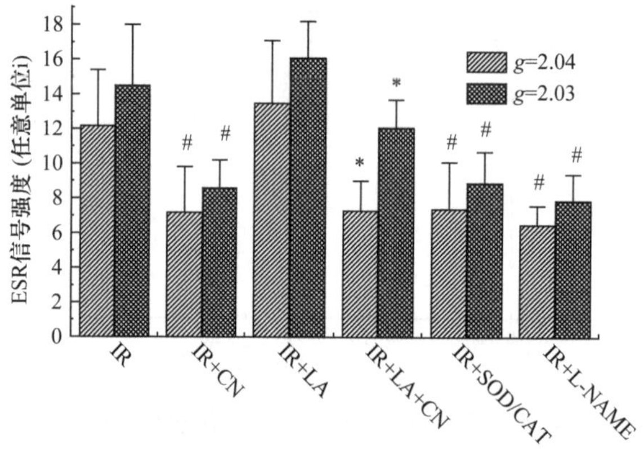

图 8-8 知母宁对大鼠缺血再灌注损伤心肌自由基在 g=2.03 和 g=2.04 的 ESR 信号的抑制作用

*. 与 IR+LA 组相比，$P<0.05$；#. 与 IR 组相比，$P<0.05$

8.3.2 知母宁对过氧亚硝基氧化活性的抑制作用

$ONOO^-$是很强的氧化剂，它可以将鲁米诺氧化激发给出很强的化学发光。而且发光强度与加入的 $ONOO^-$浓度有很好的量效关系。在这一体系加入知母宁，可以有效抑制 $ONOO^-$对鲁米诺的氧化(图 8-9)。IC50 大约等于 7×10^{-5}mmol/L。

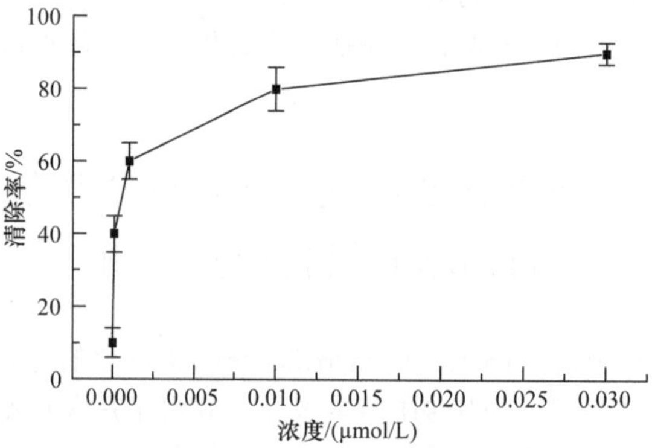

图 8-9 知母宁对过氧亚硝基氧化活性的抑制作用

8.3.3 知母宁对心肌缺血再灌注损伤的保护作用

图 8-10 显示知母宁对缺血 120min 再灌注 10min 心脏冠脉流出液 LDH 和 CK 活性的抑制作用。缺血再灌注后 LDH 和 CK 活性显著增强，知母宁加入含或不含 L-精氨酸的灌流液灌注的缺血再灌注心脏，灌注流出液中的 LDH 和 CK 活性显著降低，结果与 SOD/CAT 及 L-NAME 相似，提示知母宁具有抑制缺血再灌注心肌损伤的作用。

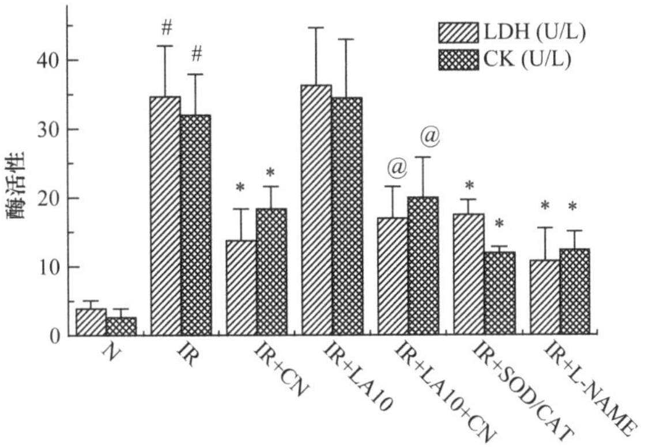

图 8-10 知母宁对心肌缺血再灌注损伤的保护作用
#. 与正常对照组相比，$P<0.05$；*. 与 IR 组相比，$P<0.05$；@. 与 IR+LA 组相比，$P<0.05$

8.3.4 知母宁对缺血再灌注心肌形态学的保护作用

图 8-11 显示缺血再灌注心肌细胞电镜观察结果。缺血再灌注后细胞核出现染色质浓缩，沿核膜分布，形成典型的凋亡细胞核的形态特征。线粒体出现嵴断裂、空泡化和线粒体膜结构破坏(图 8-11A)。加入知母宁能显著抑制心肌细胞核和线粒体的损伤，阻断细胞凋亡的发生(图 8-11B)。结果表明，知母宁具有保护缺血再灌注心肌细胞的作用。

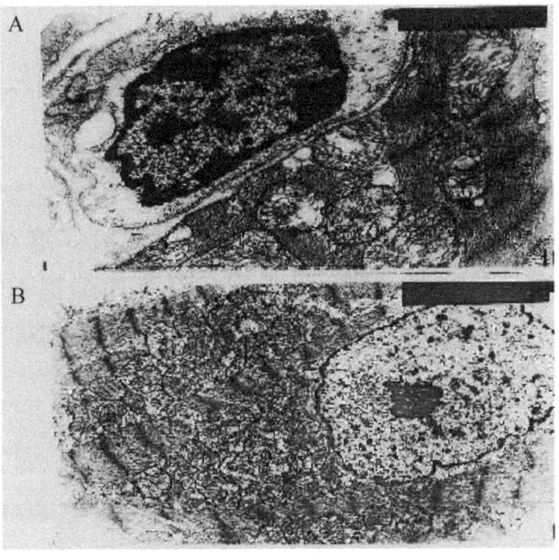

图 8-11 知母宁对缺血再灌注心肌形态学的保护作用
A. 缺血再灌注心肌；B. 再灌注液中加入知母宁的心肌

氧自由基和 NO 所致的氧化损伤在心肌缺血再灌注损伤中起重要作用，其可能途径与 $ONOO^-$ 的生成有关。有报道 $ONOO^-$ 可直接损伤心肌细胞。文献报道在黄嘌呤/黄嘌呤氧化酶体系和 Fenton 反应体系中知母宁对 O_2^-·和·OH 的清除作用，知母宁对 O_2^-·和 $ONOO^-$ 均有较强清除作用，其清除 O_2^- 的 IC50 为 2.5×10^{-4}mmol/L，清除·OH 的 IC50 为 7.5×10^{-6}mmol/L，抑制 $ONOO^-$氧化活性的 IC50 为 7.0×10^{-4}mmol/L。说明知母宁具有很强的清除自由基的能力，这在天然抗氧化剂中还是不多见的。在 Fenton 反应体系中，知母宁清除·OH 自由基后自身转变成为一个自由基分子，而在碱性条件下，这种自由基能被测到。最近也有报道在均相和非均相体系中知母宁对 ·OH、O_2^-· 和 $^1O_2$ 均具有较强清除作用，其作用优于维生素 E，通过动力学方法计算其猝灭氧自由基的速率常数为 $7.2\times10^8 mol^{-1}\cdot L\cdot s^{-1}$)[9]。

由于氧自由基和 NO 在此缺血再灌注损伤模型中起协同作用，其通路可能与 $ONOO^-$ 有关。知母宁能清除 O_2^-·、·OH 和抑制 $ONOO^-$的生成和其氧化活性。再灌注液中加入知母宁，在含和不含 L-精氨酸存在两种情况下，知母宁都能有效地清除缺血再灌注过程产生的 NO 和氧自由基，抑制 LDH 和 CK 释放，保护心肌细胞形态结构，抑制细胞凋亡，其对 LDH 和 CK 释放的抑制作用与 L-NAME 和 SOD/CAT 相似，SOD 和 CAT 可以有效保护心肌缺血再灌注损伤[12]。知母宁可以同时清除 NO 和氧自由基，抑制 $ONOO^-$氧化活性，因此，再灌注液中加入知母宁可以和加入 L-NAME 或 SOD/CAT 一样，能同时减少心肌缺血再灌注过程产生的 NO 和氧自由基，保护心肌缺血再灌注损伤。由此看来，知母宁是一个很有应用前景的治疗心脏病的药物。

此外，与银杏黄酮比较，知母宁在体外化学体系清除 O_2^-·、·OH 和抑制 $ONOO^-$氧化活性效应似乎强于银杏黄酮，但在缺血再灌注心脏模型中，两者的心脏保护程度基本上是一致的。由于在离体缺血再灌注心脏中，两种药物都只用了一个剂量，没有进行量效关系的比较，因此要比较两者的心脏保护作用，还需要进一步观察和深入研究，特别应当在在体模型中加以验证和研究。

8.4 在体大鼠缺血再灌注心脏产生的一氧化氮自由基

前面几节讨论了在离体大鼠心脏缺血再灌注模型中产生的 NO 和银杏黄酮及知母宁对一氧化氮自由基的清除作用。然而离体模型与实际体内发生的还有很大差距，因为体内是一个复杂的多因素调控体系。NO 在体内心肌缺血再灌注损伤中如何发挥作用，特别是在体内可逆心肌缺血再灌注损伤中的作用很值得研究。这对理解心肌缺血再灌注损伤机制和临床防治心脏病具有重要意义。另外用血红蛋白捕捉 NO 自由基也有不足之处，本节将讨论用另一类自旋捕捉技术研究大鼠在体缺血再灌注心肌产生的 NO 及其在不同浓度对心肌的保护和损伤作用。

8.4.1 用铁络合物捕捉心肌产生的一氧化氮自由基

一氧化氮自由基具有与铁络合物高结合力且可以形成铁硝基复合物的能力。目前合成的有 3 类铁络合物，DETC、MGD 和 DTCS。DETC 是脂溶性的，其他两种是水溶性的。它们都可以和铁形成络合物用于捕捉组织和细胞产生的 NO 自由基。其中 DETC 铁络合物与NO自由基形成的复合物在g= 2.035处有一个三重峰(a=13.5G)的 ESR 信号(图 8-12)。目前文献测量这一信号计算 NO 自由基的方法有几种，一是测量第一低场峰的信号高度，二是测量第三高场峰的高度，第三是测量从第一低场峰到第三高场峰的垂直高度，第四是测量三个峰的高度之和。相比之下，第四个方法测量的结果与 NO 自由基的浓度相关系数符合得最好(r=0.9931)[29]。

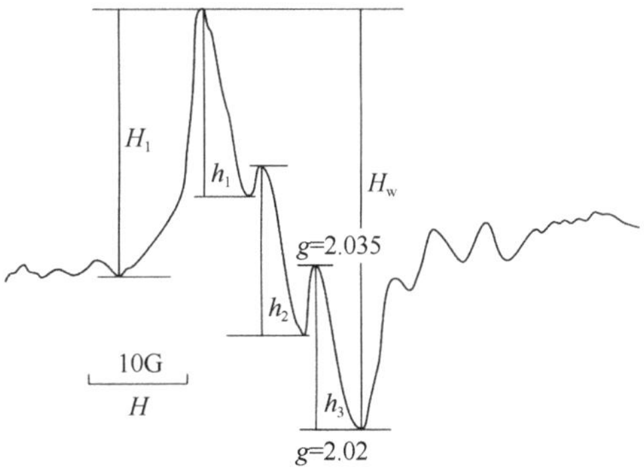

图 8-12 NOFe^{2+}(DETC)$_2$复合物的ESR波谱

8.4.2 用 Fe^{2+}(DETC)$_2$复合物测定的在体缺血再灌注心肌产生的一氧化氮自由基

用 15%戊巴比妥酸钠腹腔注射麻醉大鼠，于缺血前 30min 皮下注射枸橼酸铁复合物，腹腔注射 DETC 和其他药物。对缺血再灌注大鼠进行气管切开术，给予人工呼吸，监测肢导联心电图，开胸，将一塑料管与左冠状动脉主干同时结扎，30min 后取出塑料管，造成心肌缺血再灌注损伤模型，再灌注 10min 后，立即心脏采血，经常规方法分离血清，并立即测定 CK 和 TBARS 含量。然后立即将心肌取下，放入液氮测定 ESR 信号。图 8-13 是在不同条件下用 Fe^{2+}(DETC)$_2$ 复合物测定的大鼠在体缺血再灌注心肌的 ESR 波谱。图 8-14 是几次试验测量结果的统计值。由图可以看出，在体缺血再灌注心肌的 ESR 波谱在 g=2035 处有一个三重峰，而且随着注射 L-精氨酸浓度增加，这一三重峰的强度依次增加，

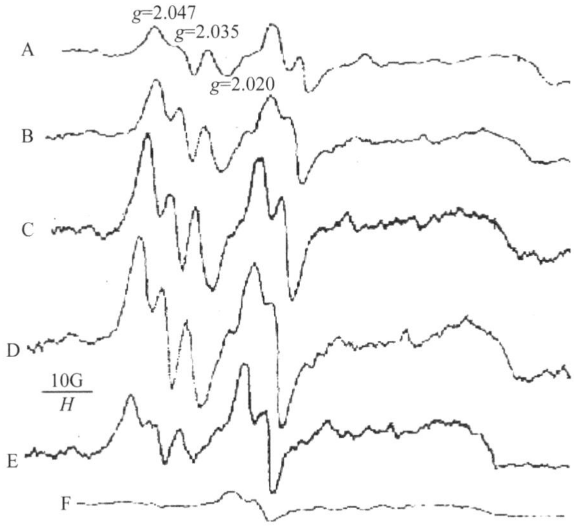

图 8-13 用 Fe^{2+}(DETC)$_2$复合物测定的大鼠心脏在体缺血再灌注产生的 NO 自由基的 ESR 信号

A. 缺血再灌注心肌；B. 注射 L-精氨酸 5mg/kg 体重；C. L-精氨酸 50mg/kg 体重；D. L-精氨酸 500mg/kg 体重；E. L-精氨酸 500mg/kg 体重和 L-NAME 5mg/kg 体重；F. L-NAME 50mg/kg 体重缺血再灌注心肌

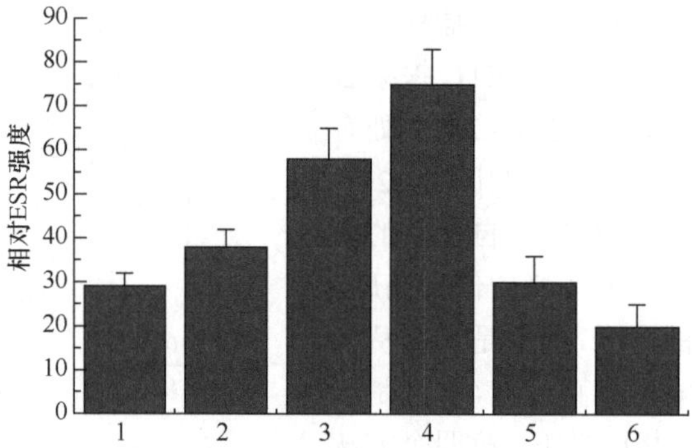

图 8-14　在不同条件下用 $Fe^{2+}(DETC)_2$ 复合物测定的大鼠心脏在体缺血再灌注产生的 NO 自由基的 ESR 信号

1. 正常心肌；2. 注射 L-精氨酸 500mg/kg 体重的正常心肌；3. 缺血心肌；4.注射 L-精氨酸 50mg/kg 体重的缺血心肌；5. 缺血再灌注心肌；6. 注射注射 L-NAME 500mg/kg 体重的缺血再灌注心肌

当同时注射 L-精氨酸和 NAME 时这一信号明显减小，如果只注射 NAME 时，这一信号全部被抑制掉。利用这一技术在正常心肌中就可以测到 NO 自由基的信号，比利用心肌血红蛋白要灵敏。注射一氧化氮合酶的底物 L-精氨酸，信号显著增加，而且在一定剂量范围内有剂量依赖关系(小于 50mg/kg 体重)，但再增加浓度剂量依赖关系不明显。缺血心肌信号明显增加，注射 L-精氨酸，信号进一步增加。相反缺血再灌注心肌产生的 NO 自由基明显降低，注射一氧化氮合酶抑制剂 L-NAME 信号进一步降低。

8.4.3　缺血再灌注产生一氧化氮自由基与心肌细胞脂质过氧化的关系

心肌缺血再灌注产生的自由基会引起心肌细胞膜脂质过氧化损伤，因此，在测定 NO 的同时测定血清的脂质过氧化程度，用 TBARS 表示。图 8-15 表示在不同条件心肌缺血再灌注时血清 TBARS 的含量。由图可以看出，正常心肌注射 500mg/kg 体重 L-精氨酸对心肌脂质过氧化几乎没有影响，缺血和注射 L-精氨酸缺血对心肌脂质过氧化也影响不大。只有缺血再灌注使心肌脂质过氧化明显增加。注射低浓度 L-精氨酸使缺血再灌注心肌脂质过氧化明显减少，但注射高浓度 L-精氨酸缺血再灌注心肌脂质过氧化进一步增加。

8.4.4　L-精氨酸与一氧化氮自由基对缺血再灌注损伤释放 CK 的关系

心肌缺血再灌注损伤心肌细胞，使细胞内的肌酸激酶释放到血液中，因此，在测定 NO 自由基的同时测定血清的 CK 释放情况，表示心肌损伤程度(图 8-16)。由图可以看出，正常心肌释放 CK 很少，即使注射 500mg/kg 体重 L-精氨酸对心肌释放的 CK 也几乎没有影响。缺血明显增加血清释放的 CK，注射 L-精氨酸使缺血对心肌释放的 CK 明显减少。缺血再灌注使心肌释放 CK 明显增加。注射低浓度 L-精氨酸使缺血再灌注心肌释放 CK 明显减少，但注射高浓度 L-精氨酸缺血再灌注心肌释放 CK 进一步增加。

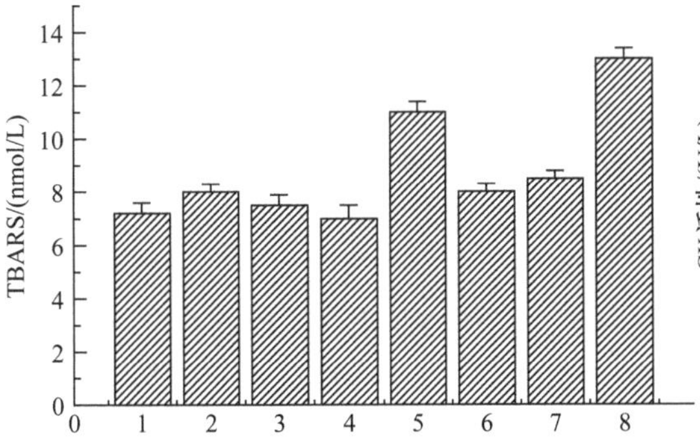

图 8-15 不同条件缺血再灌注心肌产生的脂质过氧化 TBARS

1. 正常心肌；2. 注射 500mg/kg 体重 L-精氨酸正常心肌；3. 缺血心肌；4. 注射 500mg/kg 体重 L-精氨酸缺血心肌；5. 缺血再灌注心肌；6. 注射 50mg/kg 体重 L-精氨酸缺血再灌注心肌；7. 注射 100mg/kg 体重 L-精氨酸缺血再灌注心肌；8. 注射 500mg/kg 体重 L-精氨酸缺血再灌注心肌

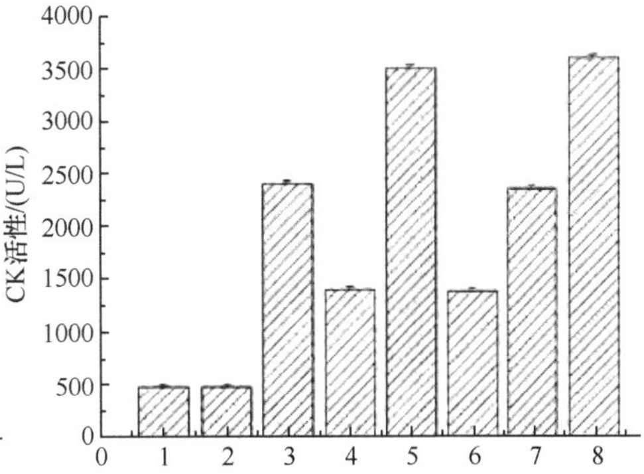

图 8-16 不同条件缺血再灌注心肌损伤释放到血清的 CK 活性

1. 正常心肌；2. 注射 500mg/kg 体重 L-精氨酸正常心肌；3. 缺血心肌；4. 注射 500mg/kg 体重 L-精氨酸缺血心肌；5. 缺血再灌注心肌；6. 注射 50mg/kg 体重 L-精氨酸缺血再灌注心肌；7. 注射 100mg/kg 体重 L-精氨酸缺血再灌注心肌；8. 注射 500mg/kg 体重 L-精氨酸缺血再灌注心肌

8.4.5 L-精氨酸-一氧化氮自由基对缺血再灌注损伤心律失常的关系

测定心率和心律失常情况，表示心肌损伤程度(表 8-4)。由表 8-4 中的数据可以看出，缺血 30min 就出现心率加快，心律失常，再灌注 10min 心率进一步加快和心律失常明显增加，心律失常类型包括室性早搏、二联率、三联率、室性心动过速和心室颤动。注射 L-精氨酸使缺血再灌注心肌心率减缓，心律失常有明显减少，注射低浓度 L-精氨酸使缺血再灌注心脏心律失常明显减少，但注射高浓度 L-精氨酸缺血再灌注心脏心律失常进一步增加。NAME 能显著减慢缺血再灌注心率，增加心律失常发生。同时给予 NAME 和 L-精氨酸，能消除心律失常，但对心率变化无影响，说明内源一氧化氮自由基具有抗心律失常作用。

表 8-4 L-精氨酸-一氧化氮自由基对缺血再灌注损伤心率和心律失常的关系

组别	正常阶段心率	缺血心率	缺血再灌注心率	心律失常率/%
正常心脏	330±14	—		0
缺血心肌	345±8	346±14	—	10
缺血再灌注	325±13	373±18	392±31	44
缺血再灌注+LA				
5mg/kg 体重	347±17	317±20	313±25	17
50mg/kg 体重	320±18	295±11	303±25	25
100mg/kg 体重	317±14	303±16	275±10	0
500mg/kg 体重	340±12	331±15	300±18	33
缺血再灌注+NAME	338±8	310±15	287±12	50
缺血再灌注+NAME+LA	333±13	317±22	273±19	33

NO自由基的“双刃剑”作用在大鼠在体缺血再灌注损伤过程表现得十分清楚，注射低浓度的L-精氨酸，在心肌中产生低浓度NO自由基，心肌细胞膜脂质过氧化损伤降低，心肌损伤释放到血清中的肌酸激酶CK减少，心律失常降低，心脏受到保护；相反注射高浓度的L-精氨酸，在心肌中产生高浓度NO自由基，心肌细胞膜脂质过氧化损伤升高，心肌损伤释放到血清中的肌酸激酶CK增加，心律失常加大，心脏受到损伤加剧。当同时注射一氧化氮合酶的抑制剂L-NAME时，L-精氨酸的这一作用消失。低浓度NO可以通过继发性扩张微血管，抑制中性粒细胞的聚集等途径使心肌损伤；而高浓度NO自由基的损伤作用就显示出来，可能是通过与同时产生的活性氧结合成过氧亚硝基引起一系列心肌损伤的。

和离体不可逆心肌缺血再灌注的结果不同，在体缺血再灌注检测到的NO自由基不是比缺血时的增加了，而是减少了。结合再灌注时产生的TBAES增加，可以设想，在再灌注期间产生大量细胞膜脂质过氧化，NO与活性氧结合生成过氧亚硝基，它可能是造成脂质过氧化和检测NO减少的主要原因。在体缺血再灌注与离体缺血再灌注模型的最大区别在于在体缺血再灌注时有多形核白细胞存在，而离体缺血再灌注时用的是灌注液，没有多形核白细胞存在。多形核白细胞的聚集与黏附能介导缺血再灌注损伤，诱导蛋白激酶的释放和氧自由基的生成，增加微血管的通透性和扩大梗死面积[30~33]。NO能抑制多形核白细胞的聚集与黏附，减少蛋白激酶的释放和氧自由基的生成，降低微血管的通透性和扩大梗死面积。此外，体内环境是一个多因素多环节的多调控系统，受多种因素影响比离体缺血再灌注系统要复杂得多。这里只是揭示了NO自由基在缺血再灌注损伤过程中的部分机制。

8.5 银杏黄酮对在体缺血再灌注心肌产生的一氧化氮自由基的调节作用

在本章第4节建立的在体缺血再灌注模型的基础上，作者用$Fe^{2+}(DETC)_2$自旋捕捉技术研究了银杏黄酮对大鼠在体缺血再灌注心肌产生的NO的调节作用[34]，既发现了与离体缺血再灌注类似的结果，也发现了不一样的结果。在一定浓度范围内，银杏黄酮不仅不清除在体缺血再灌注心肌产生的NO自由基，而且可以增加检测的一氧化氮自由基，SOD和过氧化氢酶也有类似效应。同时它们可以抑制由于缺血再灌注损伤引起血浆中CK活性的升高和脂质过氧化物水平的升高。说明银杏黄酮对在体缺血再灌注损伤主要是通过清除缺血再灌注产生的氧自由基和调节NO自由基的方式实现的。

8.5.1 银杏黄酮对溶液体系NO $Fe^{2+}(DETC)_2$复合物ESR信号的清除作用

为了更好地理解银杏黄酮对在体缺血再灌注产生的NO作用，首先在溶液体系用$Fe^{2+}(DETC)_2$自旋捕捉技术研究了银杏黄酮对NO的清除作用。图8-17显示了银杏黄酮可以剂量依赖地清除化学体系产生的NO自由基。由图可以看出，银杏黄酮对溶液中的NO自由基有很好的清除作用，当银杏黄酮浓度为100mg/ml时几乎清除了所有的NO自由基。

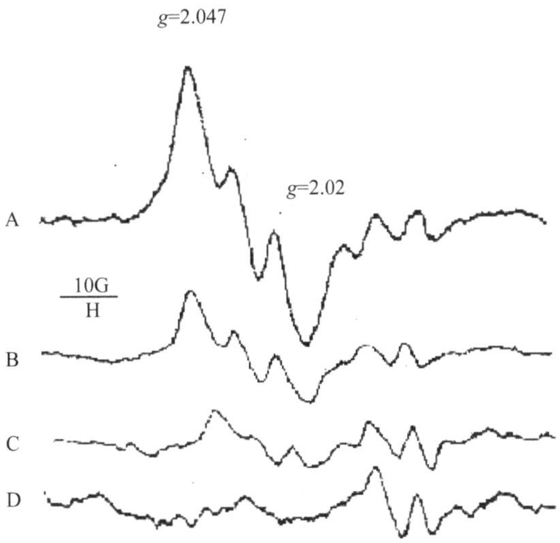

图 8-17　银杏黄酮对化学体系产生的 NO 自由基的清除作用

A. NO $Fe^{2+}(DETC)_2$ 复合物在溶液中的 ESR 信号；B~D. 在溶液中分别加入 1mg/ml、10mg/ml 和 100mg/ml 银杏黄酮对 NO 自由基信号的清除作用

8.5.2　银杏黄酮对在体心肌缺血再灌注体系 NO $Fe^{2+}(DETC)_2$ 复合物 ESR 信号的调节作用

用 $Fe^{2+}(DETC)_2$ 自旋捕捉技术研究银杏黄酮对大鼠在体缺血再灌注心肌产生的 NO 自由基的调节作用。图 8-18 显示的是注射银杏黄酮和 SOD 对缺血再灌注心肌产生 NO 自由基的调节作用。由图可以看出，缺血使心肌产生的 NO 自由基明显增加，而缺血再灌注使心肌产生的一氧化氮自由基减少，注射银杏黄酮和 SOD 都能使心肌产生的 NO 自由基比缺血再灌注的大。图 8-19 显示注射不同浓度银杏黄酮对缺血再灌注产生 NO 自

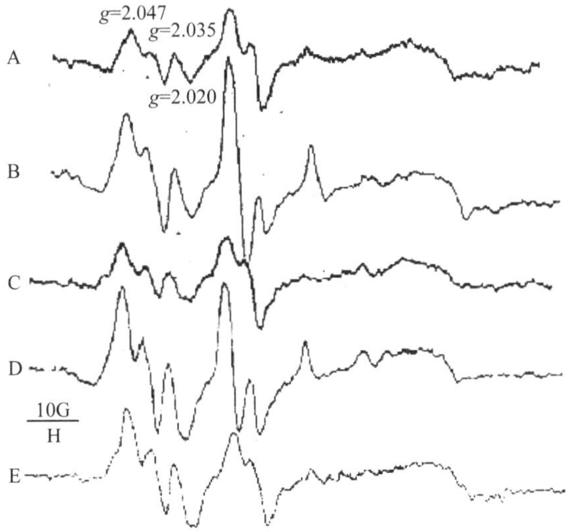

图 8-18　银杏黄酮对在体心肌缺血再灌注体系 NO $Fe^{2+}(DETC)_2$ 复合物 ESR 信号的调节作用

A. 正常心肌；B. 缺血心肌；C. 缺血再灌注心肌；D、E. 分别是注射 10^4U/kg 体重 SOD 和 50mg/kg 体重银杏黄酮心肌的 ESR 信号

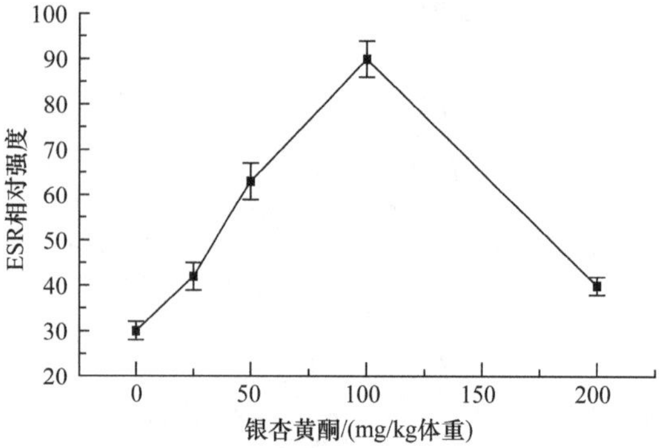

图 8-19 注射银杏黄酮对在体心肌缺血再灌注体系 NO $Fe^{2+}(DETC)_2$ 复合物 ESR 信号的调节作用

由基的作用，由图可以看出，在一定浓度范围，缺血再灌注心肌产生的 NO 自由基是随着银杏黄酮浓度的增加而增加的，但当浓度超过 100mg/kg 体重，产生的 NO 自由基不仅不增加，反而降低。提示银杏黄酮对缺血再灌注产生 NO 自由基有双向调节作用。人们知道 SOD 是通过清除缺血再灌注产生的氧自由基使得 NO 自由基增加的。银杏黄酮在低浓度可能也是通过清除氧自由基使 NO 自由基信号增加的，但是银杏黄酮不仅对氧自由基有清除作用，而且对 NO 自由基也有清除作用。在高浓度时它对 NO 自由基的清除作用就表现得更突出了。

8.5.3 银杏黄酮对在体心脏缺血再灌注损伤血清脂质过氧化产物 TBARS 水平和肌酸激酶 CK 活性的抑制作用

图 8-20 和图 8-21 显示的分别是银杏黄酮对心脏在体缺血再灌注损伤血清 TBARS 水平和 CK 活性的抑制作用。由图可以看出，正常对照大鼠血清中的脂质过氧化产物 TBARS 和肌酸激酶 CK 的活性都很低，心脏缺血再灌注损伤大鼠血清中 TBARS 和 CK 都明显增加。注射银杏黄酮可以剂量依赖地抑制在体心脏缺血再灌注损伤大鼠血清中 TBARS 和 CK，说明银杏黄酮可以同时抑制脂质过氧化损伤和保护缺血再灌注心肌。

8.5.4 银杏黄酮对大鼠在体心脏缺血再灌注损伤心律失常发生率的抑制作用

表 8-5 显示不同给药条件对大鼠在体心脏缺血再灌注心率和心律失常的影响。从表中

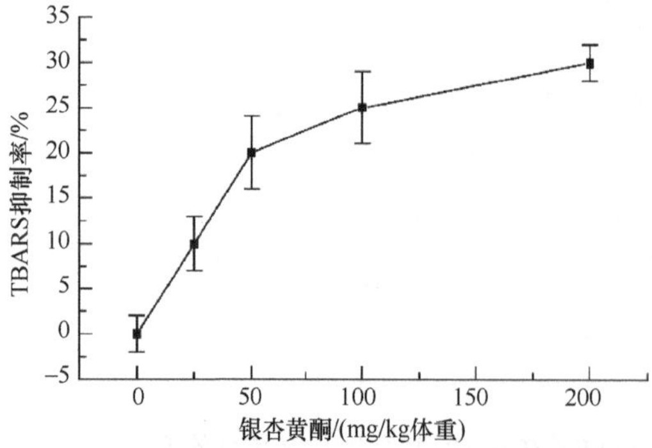

图 8-20 银杏黄酮对大鼠在体心脏缺血再灌注损伤在血清中的脂质过氧化产物 TBARS 的抑制作用

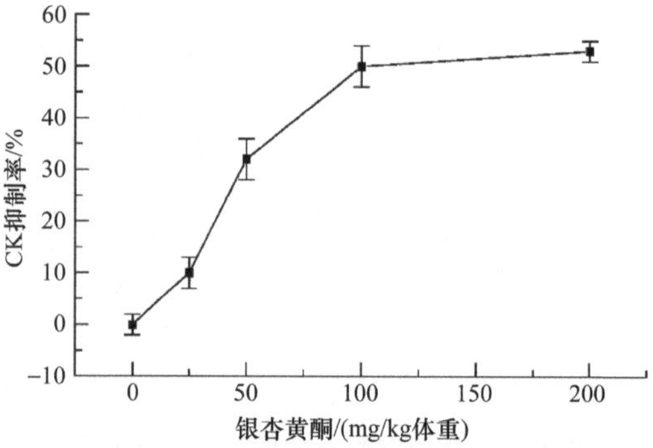

图 8-21 银杏黄酮对大鼠在体心脏缺血再灌注损伤在血清中的肌酸激酶 CK 的抑制作用

表 8-5　银杏黄酮对缺血再灌注损伤心率和心律失常的保护作用

组别	正常阶段心率	缺血心率	缺血再灌注心率	心律失常率/%
正常心脏	330±14	—	—	0
缺血心肌	34±8	346±14	—	10
缺血再灌注	325±13	373±18	392±31	44
缺血再灌注+银杏黄酮				
25mg/kg 体重	343±17	320±27	343±15	17
50mg/kg 体重	350±10	373±18	363±14	17
100mg/kg 体重	337±14	333±14	310±10	0
200mg/kg 体重	323±13	310±20	327±15	22
缺血再灌注+SOD	351±13	325±23	348±16	25
缺血再灌注+LA	320±18	295±11	303±23	25

可以看出，缺血再灌注使大鼠心率和心律失常明显增加，包括室性早搏、室性心动过速和心室颤动。注射银杏黄酮可以抑制缺血再灌注使大鼠心率和心律失常增加，在 100mg/kg 体重效果最好。同样，注射一定剂量 SOD 或 L-精氨酸也可以剂量依赖地抑制缺血再灌注使大鼠心率和心律失常增加，说明银杏黄酮可能是通过清除活性氧保护心脏缺血再灌注损伤的。

由银杏黄酮对在体心脏缺血再灌注产生的 NO 自由基的调节作用可以看出，与银杏黄酮在溶液体系和离体缺血再灌注心肌产生的 NO 自由基的清除作用明显不同，注射银杏黄酮不仅不是剂量依赖地清除 NO 自由基，而且在一定浓度范围内剂量依赖地增加在心肌中检测的一氧化氮自由基。银杏黄酮可以剂量依赖地抑制在体缺血再灌注损伤产生的脂质过氧化产物 TBARS 和释放到血清中的肌酸激酶 CK 活性及心律失常，说明银杏黄酮对缺血再灌注心肌保护作用的一个重要途径是通过清除缺血再灌注产生的活性氧自由基和调节 NO 自由基。当然，也不能排除其他机制，例如，防止中性粒细胞在血管壁的黏附和渗透就可以减少中性粒细胞产生的活性氧自由基造成的损伤。

8.6　知母宁对在体大鼠缺血再灌注心肌产生的一氧化氮自由基的调节作用

本节讨论用知母宁对大鼠在体缺血再灌注心肌产生的 NO 自由基的调节作用。在体和离体存在很大差异，但也有与离体缺血再灌注有类似的结果[35]。与银杏黄酮类似，在一定浓度范围内，知母宁不仅不清除在体缺血再灌注心肌产生的 NO 自由基，而且可以增加检测的 NO 自由基，同时可以抑制由于缺血再灌注损伤引起血浆中 CK 活性的升高和脂质过氧化物水平的升高，说明知母宁对在体缺血再灌注损伤主要也是通过清除缺血再灌注产生的氧自由基和调节 NO 自由基的方式实现的。

8.6.1　知母宁对心脏在体心肌缺血再灌注体系 NO $Fe^{2+}(DETC)_2$ 复合物 ESR 信号的调节作用

仍然用 $Fe^{2+}(DETC)_2$ 自旋捕捉技术研究知母宁对大鼠在体缺血再灌注心肌产生的 NO

自由基的调节作用。图 8-22 显示的是注射知母宁对缺血再灌注心肌产生 NO 自由基的调节作用。由图可以看出，缺血使心肌产生的 NO 自由基明显增加，而缺血再灌注使心肌产生的 NO 自由基减少，注射知母宁能使心肌产生的 NO 自由基比缺血再灌注的大。在实验所用浓度范围内，缺血再灌注心肌产生的 NO 自由基是随着注射知母宁浓度的增加而增加的。

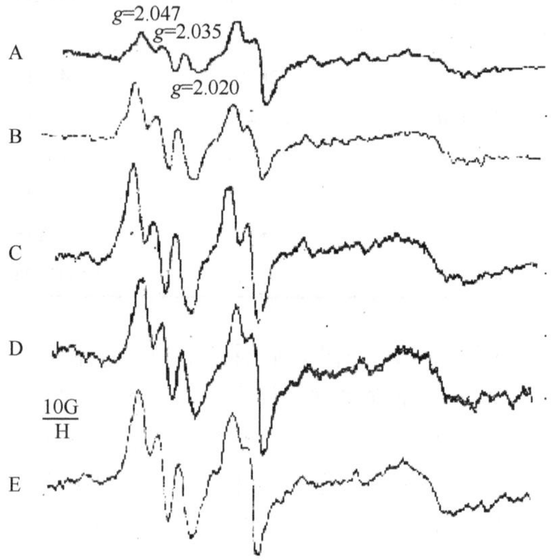

图 8-22　注射知母宁对大鼠在体心肌缺血再灌注产生的 NO Fe^{2+} $(DETC)_2$ 复合物 ESR 信号的调节作用
A. 缺血再灌注心肌；B、C、D 和 E 分别是注射知母宁 5mg/kg 体重、10mg/kg 体重、25mg/kg 体重和 50mg/kg 体重大鼠心肌的 ESR 信号

8.6.2　知母宁对在体大鼠心脏缺血再灌注损伤血清脂质过氧化水平和 CK 活性抑制作用

图 8-23 和图 8-24 显示的分别是知母宁对大鼠心脏在体缺血再灌注损伤血清脂质过氧化水平和 CK 活性的抑制作用。由图可以看出，正常对照大鼠血清中的脂质过氧化产物 TBARS 和肌酸激酶 CK 的活性都很低，心脏缺血再灌注损伤大鼠血清中脂质过氧化和 CK 都明显增高。注射知母宁可以剂量依赖地抑制在体心脏缺血再灌注损伤大鼠血清中脂质过氧化和 CK，说明知母宁可以同时抑制脂质过氧化和保护缺血再灌注心肌。

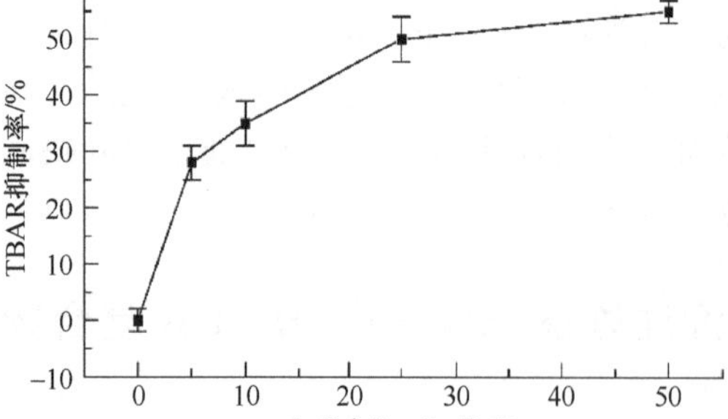

图 8-23　注射知母宁对大鼠心脏缺血再灌注损伤血清中的脂质过氧化的抑制作用

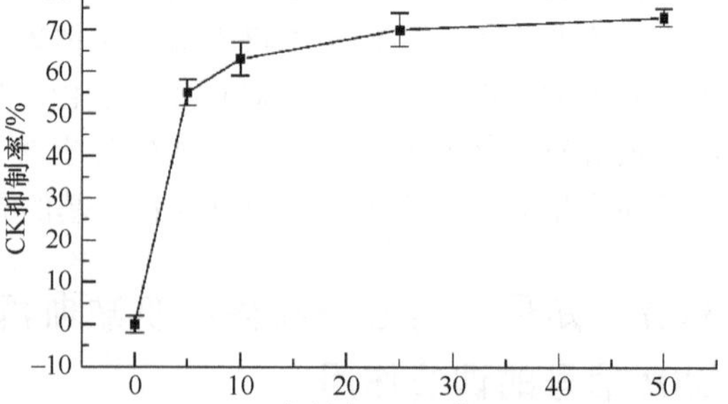

图 8-24　注射知母宁对大鼠心脏缺血再灌注损伤血清中的肌酸激酶 CK 的抑制作用

8.6.3　知母宁在体缺血再灌注损伤心律失常发生率的抑制作用

表 8-6 显示不同给药条件对大鼠在体心脏缺血再灌注心率和心律失常的影响。可以看出，缺血再灌注使大鼠心率和心律失常明显增加，包括室性早搏、室性心动过速和心室颤动。注射知母宁可以剂量依赖地抑制缺血再灌注使大鼠心率和心律失常增加，说明知母宁可能是通过清除活性氧和调节 NO 自由基保护心脏缺血再灌注损伤的。

表 8-6　知母宁对缺血再灌注损伤心率和心律失常的保护作用

组别	正常阶段	缺血	缺血再灌注	心律失常率/%
正常心脏	330±14	—	—	0
缺血心肌	34±8	346±14	—	10
缺血再灌注	325±13	373±18	392±31	44
缺血再灌注+知母宁				
5mg/kg 体重	340±19	313±24	283±18	17
10mg/kg 体重	307±10	263±15	233±18	0
25mg/kg 体重	320±13	277±16	243±12	0
50mg/kg 体重	340±12	283±22	253±22	0

由知母宁对在体缺血再灌注产生的 NO 自由基的调节作用可以看出，与知母宁在溶液体系和离体缺血再灌注心肌产生的 NO 自由基的作用明显不同，注射知母宁不仅不是剂量依赖地清除 NO 自由基，而且是剂量依赖地增加检测的 NO 自由基。人们知道，知母宁可以有效清除活性氧自由基，这很可能是由于知母宁清除了缺血再灌注产生的活性氧自由基，使得可检测的 NO 自由基增加。与注射的银杏黄酮剂量超过剂量后检测的 NO 自由基的量减少不同，知母宁在实验浓度范围内看不到对 NO 自由基的下调作用。知母宁也可以剂量依赖地抑制在体缺血再灌注损伤产生的脂质过氧化产物 TBARS 和释放到血清中的肌酸激酶 CK 活性及心律失常，而且效果好于银杏黄酮。说明知母宁对缺血再灌注心肌保护作用的一个重要途径是通过清除缺血再灌注产生的活性氧自由基和调节 NO 自由基，这些结果显示，知母宁是一个潜在的抗心肌缺血再灌注损伤的药物。

8.7　缺血再灌注诱导心肌细胞凋亡的一氧化氮自由基信号通路

心肌炎和心肌缺血再灌注损伤引起细胞凋亡和坏死，缺血再灌注组织和缺氧再给氧细胞同时出现这两类细胞损伤。失去细胞膜的对称性是细胞凋亡的早期特征，磷脂酰丝氨酸和磷脂酰乙胺在细胞膜的再分配出现在细胞凋亡之前。细胞氧化损伤导致氨基磷脂转移酶活性降低使磷脂酰丝氨酸在细胞膜外层的再分配，促进巨噬细胞对凋亡细胞的辨认。有报道称 NO 自由基能够通过积累或表达 *p53* 和其靶基因 *p21* 引起巨噬细胞和其他细胞凋亡。作者实验室利用培养的心肌细胞研究了缺氧再给氧诱导心肌细胞凋亡的NO自由基信号通路及天然抗氧化剂对这一信号通路的调节作用[36~39]。

分别利用改进的 DETC 铁络合物和格林氏法(Griess)检测了心肌缺氧再给氧产生的 NO 自由基和 NO_2^-/NO_3^-，利用多克隆抗体技术测定了 *bcl-2*、*p53* 的表达，用双染色法测定了细胞凋亡和坏死。

8.7.1　缺氧再给氧诱导心肌细胞产生一氧化氮自由基

利用 $Fe^{2+}(DETC)_2$ 捕捉 NO 自由基加合物的脂溶性，作者改进了这一技术，采用乙酸乙酯将其萃取出来，加以浓缩，就可以直接利用 ESR 检测体系产生的 NO 自由基，而且灵敏度可以提高 1~2 个数量级，达到微克分子的量级。利用这一技术从心肌中萃取出来的 NO 自由基复合物在暗处可以保存 48h，信号强度没有明显减小，但是在光照条件下信号衰变很快[40~42]。

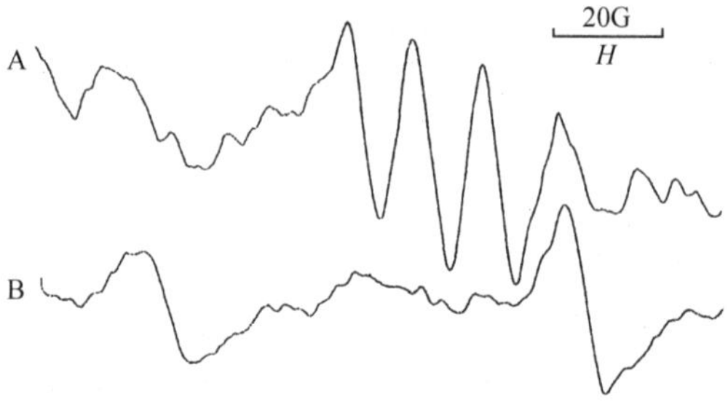

图 8-25　用 $Fe^{2+}(DETC)_2$ 捕捉培养心肌细胞产生的 NO 自由基在 ESR 波谱仪测量的信号
A. 心肌细胞的信号；B. 没有心肌细胞时的对照信号

利用改进的 $Fe^{2+}(DETC)_2$ 捕捉技术测定的培养心肌细胞缺氧再给氧产生的 NO 自由基如图 8-25 所示。在正常心肌细胞中产生的少量 NO 自由基就可以清楚地检测到，而且信噪比很好[40~42]。该图为培养心肌细胞产生的 NO 自由基被 $Fe^{2+}(DETC)_2$ 捕捉，在 ESR 波谱仪测量的信号。这是一个典型的 NO 自由基产生的三线谱(g=2.035，a_N=12.5G)。在体系中加入一氧化氮合酶抑制剂 L-NAME 明显抑制产生的 NO 自由基；在体系中加入一氧化氮合酶底物 L-精氨酸明显增加自由基的产生，表明所测到的 NO 自由基是由心肌细胞一氧化氮合酶产生的。

利用格林氏法测定的心肌细胞缺氧再给氧产生的 NO_2^-/NO_3^-如表 8-7 所示。缺氧 24h 的培养心肌细胞上清中 NO_2^-/NO_3^-水平显著升高。缺氧 24h 再给氧 4h 后 NO_2^-/NO_3^-水平较单纯缺氧 24h 培养心肌细胞上清显著降低，加入 NO 供体(SNP)到培养细胞上清中能显著升高 NO_2^-/NO_3^-。

表 8-7　心肌细胞培养介质中 NO_2^-/NO_3^-(μmol/L)、TBARS(μmol/L)和 LDH(U/L)水平的变化
(平均值±误差，n=3)

组别	NO_2^-/NO_3^-	TBARS	LDH
对照	2.47 ± 0.09	4.10 ± 0.21	2.60 ± 0.31
HO	14.28 ± 0.78*	5.33 ± 0.43*	7.82 ± 0.47*
HR	12.32 ± 0.27#	7.41 ± 0.42#	12.77 ± 0.56#
HR+SNP	18.24 ± 2.07Δ	9.85 ± 0.28Δ	16.35 ± 0.28Δ
HR+L-NAME	6.35 ± 0.63Δ	5.52 ± 0.27Δ	7.50 ± 0.63 Δ
HR+D-NAME	11.57 ± 1.42	7.49 ± 0.37	10.78 ± 0.55
HR+SOD/CAT	10.73 ± 0.69	5.07 ± 0.28Δ	8.06 ± 0.95Δ

注：HO. 缺氧；HR. 缺氧再给氧
*. 与对照组比较，P<0.05；#. 与缺氧组比较，P <0.05；Δ. 与缺氧再给氧组比较，P <0.05

8.7.2　缺氧再给氧心肌细胞培养介质中脂质过氧化产生及 LDH 的释放

缺氧再给氧心肌细胞培养介质中产生的脂质过氧化和 LDH 如表 8-7 所示。可以看出，缺氧 24h 的培养心肌细胞上清中 NO_2^-/NO_3^-水平显著升高同时脂质过氧化和 LDH 水平轻度升高。缺氧 24h 再给氧 4h 后 NO_2^-/NO_3^-水平较单纯缺氧 24h 培养心肌细胞上清显著降低，而脂质过氧化和 LDH 水平显著升高。这些结果表明，缺氧促进心肌细胞 NO 自由基生成，再给氧造成“氧爆发”，引起脂质过氧化损伤并降低 NO 自由基水平。加入 NO 供体 SNP 到培养细胞上清中能显著升高 NO_2^-/NO_3^-和 LDH 水平；加入 NOS 酶抑制剂 L-NAME 和抗氧化酶 SOD/CAT 到培养细胞上清中分别显著降低 NO 和脂质过氧化水平，抑制 LDH 释放，而 D-NAME 对上述指标无影响，说明 NO 和氧自由基参与心肌细胞缺氧再给氧损伤过程。

8.7.3　缺氧再给氧心肌细胞 Bcl-2、p53 和 p21/waf1/cip1 蛋白表达

用多克隆抗体技术测定的缺氧再给氧心肌细胞 Bcl-2、p53 和 p21/waf1/cip1 蛋白表达如图 8-26~图 8-28 所示。由图可以看出，缺氧 24h Bcl-2、p53 和 p21/waf1/cip1 蛋白表达均增强，再给氧 4h 可使 Bcl-2 表达水平降低，而 p53 和 p21/waf1/cip1 表达水平继续增强。加入 SNP 能进一步下调 Bcl-2 表达水平和上调 p53 表达水平，但对 p21/waf1/cip1 表达水平无影响。加入 NOS 酶抑制剂 L-NAME 和抗氧化酶 SOD/CAT 能分别显著上调 Bcl-2 表达和下调 p53 和 p21/waf1/cip1 表达，D-NAME 对上述指标无影响。这些结果表明 Bcl-2、p53 和 p21/waf1/cip1 表达水平可能与细胞体系中的氧化和抗氧化状态有关，在细胞死亡过程中，NO 和超氧离子自由基参与下调 Bcl-2 和上调 p53 和 p21/waf1/cip1 表达水平。

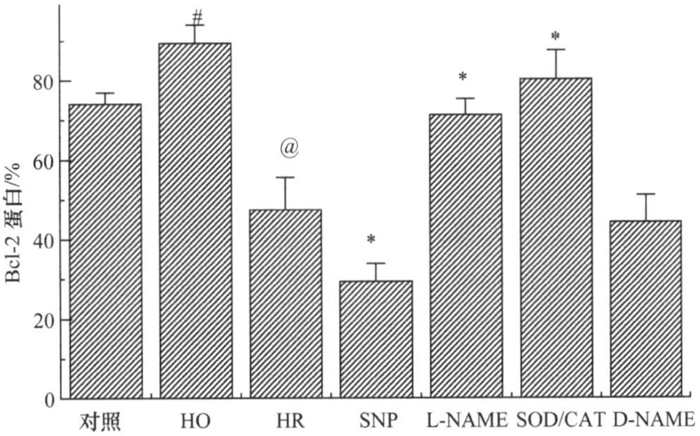

图 8-26　缺氧再给氧心肌细胞 Bcl-2 蛋白表达百分率

HO. 缺氧；HR. 缺氧再给氧；D-NAME. 缺氧再给氧加 D-NAME(100μmol/L)；L-NAME. 缺氧再给氧加 L-NAME(100μmol/L)；SNP. 缺氧再给氧加 SNP(5μmol/L)；SOD/CAT. 缺氧再给氧加 SOD/CAT(100U/ml)；#. 与对照组比较 $P<0.05$；@. 与缺氧组比较 $P<0.05$；*. 与缺氧再给氧组比较 $P<0.05$

8.7.4　缺氧再给氧引起心肌细胞 DNA 断裂

为了了解缺氧再给氧过程 NO 自由基与细胞凋亡的关系，用凝胶电泳研究 DNA 断裂。

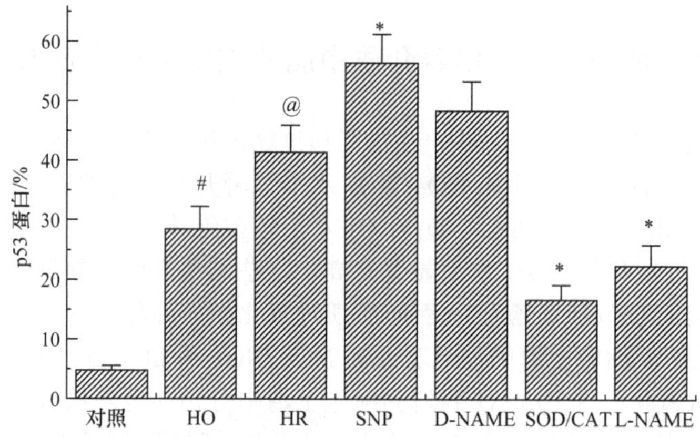

图 8-27　缺氧再给氧心肌细胞 p53 蛋白表达百分率

HO. 缺氧；HR. 缺氧再给氧；D-NAME. 缺氧再给氧加 D-NAME(100μmol/L)；L-NAME. 缺氧再给氧加 L-NAME(100μmol/L)；SNP. 缺氧再给氧加 SNP(5μmol/L)；SOD/CAT. 缺氧再给氧加 SOD/CAT(100U/ml)；#. 与对照组比较 $P<0.05$；@. 与缺氧组比较 $P<0.05$；*. 与缺氧再给氧组比较 $P<0.05$

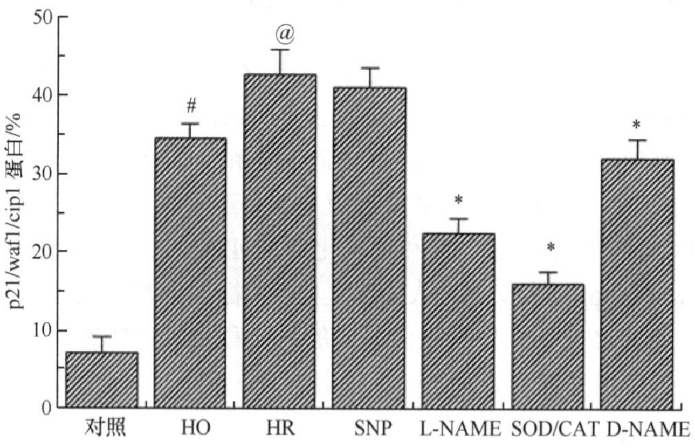

图 8-28　缺氧再给氧心肌细胞 p21/waf1/cip1 蛋白表达百分率

HO. 缺氧；HR. 缺氧再给氧；D-NAME. 缺氧再给氧加 D-NAME(100μmol/L)；L-NAME. 缺氧再给氧加 L-NAME(100μmol/L)；SNP. 缺氧再给氧加 SNP(5μmol/L)；SOD/CAT. 缺氧再给氧加 SOD/CAT(100U/ml)；#. 与对照组比较 $P<0.05$；@. 与缺氧组比较 $P<0.05$；*. 与缺氧再给氧组比较 $P<0.05$

图 8-29 是缺氧再给氧引起的 DNA 梯状断裂，单纯缺氧 24h 及缺氧 24h 再给氧 4h 电泳分析均可检测到培养的新生鼠心肌细胞 DNA 片段梯形带，加入 SNP 也可检测到 DNA 片段梯形带，加入一氧化氮合酶抑制剂 L-NAME 和抗氧化酶 SOD/CAT 则无 DNA 梯形电泳带出现，加入 L-NAME 抑制但加入 D-NAME 不能抑制缺氧再给氧引起的 DNA 断裂，说明内源产生的 NO 自由基调节缺氧再给氧引起的心肌细胞凋亡。加入 SOD/CAT 也能抑制 DNA 断裂，说明超氧阴离子自由基也是缺氧再给氧导致心肌细胞凋亡的重要调节因素。

8.7.5　缺氧再给氧引起的心肌细胞凋亡

用 ELISA 试剂盒方法定量测定 DNA 断裂，如图 8-30 所示。富集因子代表与组蛋白结合的 DNA 片段的富集和心肌细胞凋亡的程度。缺氧 24h 寡核苷酸小体和多核苷酸小体富集因子(EF)值增加，再给氧 4h 后，EF 值进一步增加，说明缺氧再给氧可诱导心肌细胞凋亡。

一氧化氮自由基供体 SNP 能显著增加寡核苷酸小体和多核苷酸小体 EF 值，NOS 抑制剂 L-NAME 和 SOD/CAT 均能显著抑制寡核苷酸小体和多核苷酸小体 EF 值，而 D-NAME 对 EF 值无影响，这表明外源 NO 自由基进一步加剧了缺氧再给氧引起的心肌细胞凋亡。

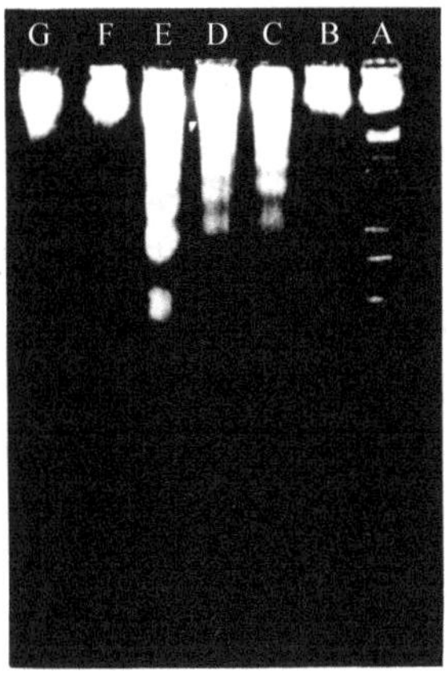

图 8-29　缺氧再给氧心肌细胞 DNA 琼脂糖电泳分析结果

A. λ DNA/*Eco*R Ⅰ + *Hin*dⅢ标记；B. 对照组；C. 缺氧组；D. 缺氧再给氧组；E. 缺氧再给氧加 SNP 组；F. 缺氧再给氧加 L-NAME 组；G. 缺氧再给氧加 SOD/CAT 组

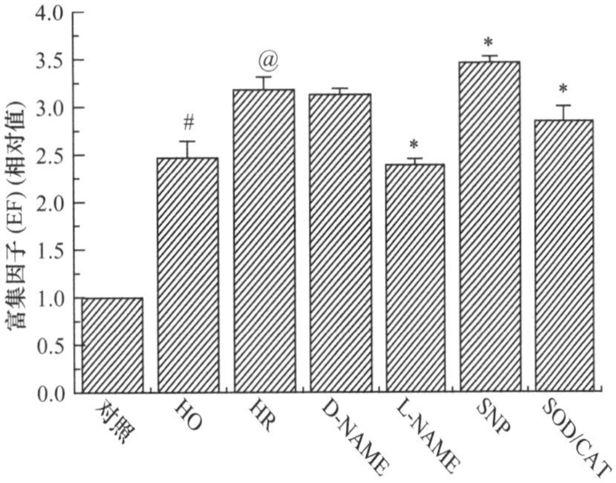

图 8-30　培养心肌细胞介质中单核苷酸和多核苷酸富集因子(EF)水平

HO. 缺氧；HR. 缺氧再给氧；D-NAME. 缺氧再给氧加 D-NAME (100μmol/L)；L-NAME. 缺氧再给氧加 L-NAME(100μmol/ L)；SNP. 缺氧再给氧加 SNP(5μmol/ L)；#. 与对照组比较 $P<0.05$；@. 与缺氧组比较 $P<0.05$；*. 与缺氧再给氧组比较 $P<0.05$

膜联蛋白(annexin V，AV)和碘化丙啶(propidium iodide，PI)双染色能够区分细胞凋亡和坏死。AV 和 PI 标记均阴性出现在第 3 象限中的细胞为正常活细胞，AV 标记阳性而 PI 标记阴性的细胞出现在第 4 象限中为凋亡细胞，AV 和 PI 标记均呈阳性的细胞出现在第 2 象限中为坏死细胞[43]。由此得到的各象限的细胞百分率结果如图 8-31 所示。可以看出缺氧 24h 凋亡细胞百分率增加，再给氧 4h 凋亡细胞百分率未见继续增加，但是

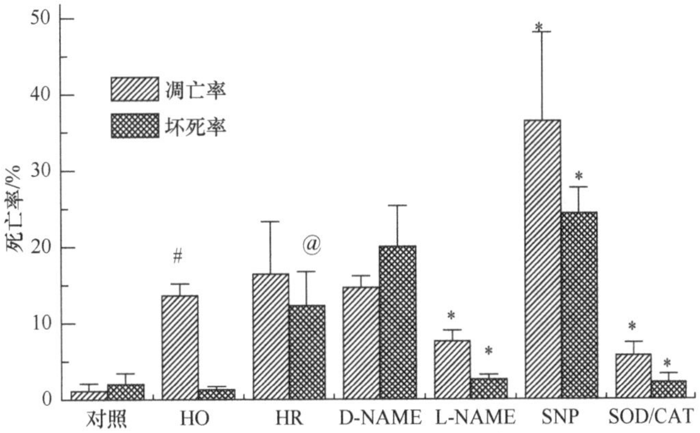

图 8-31　AV/PI 双标记流式细胞仪检测的凋亡和坏死细胞百分率

HO. 缺氧；HR. 缺氧再给氧；D-NAME. 缺氧再给氧加 D-NAME(100μmol/L)；L-NAME. 缺氧再给氧加 L-NAME(100μmol/L)；SNP. 缺氧再给氧加 SNP(5μmol/L)；SOD/CAT. 缺氧再给氧加 SOD/CAT(100U/ml)；#. 与对照组比较 $P<0.05$；@. 与缺氧组比较 $P<0.05$；*. 与缺氧再给氧组比较 $P<0.05$

坏死细胞百分率显著增加。NO 自由基供体 SNP 显著增加凋亡和坏死细胞百分率。NOS 抑制剂 L-NAME 和 SOD/CAT 均能显著抑制凋亡和坏死细胞百分率，说明 NO 自由基和超氧离子自由基参与缺氧再给氧所致细胞死亡过程。有趣的是，外加 SOD/CAT 能明显抑制缺氧再给氧引起的细胞凋亡和坏死，但对缺氧引起的细胞凋亡却没有明显保护作用，说明超氧阴离子主要参与缺氧再给氧引起的细胞凋亡和坏死，而没有参与缺氧导致的细胞凋亡。

通过以上讨论可以看出，缺氧引起心肌细胞凋亡是通过上调 iNOS、Bcl-2 和活化 p53 导致的，而再给氧引起细胞凋亡和死亡是通过 NO 自由基-过氧亚硝基下调 Bcl-2 和活化 p53 导致的。

研究证实细胞凋亡是由基因控制的，在缺血再灌注心肌损伤过程中 p53 表达增加而 Bcl-2 表达减少[44~48]。这里结果表明，iNOS 活化和 NO 自由基产生增加与 p53 活化蛋白表达增加及 Bcl-2 抑制蛋白表达减少紧密相连。p53 表达被 NO 自由基供体上调和被一氧化氮合酶抑制剂下调表明 NO-p53 可能是缺氧引起细胞凋亡的一条重要信号通路。在再给氧阶段，超氧阴离子自由基参与了诱导细胞凋亡过程，SOD/CAT 和 L-NAME 下调 p53 表达，表明超氧阴离子和一氧化氮自由基都参与了缺氧再给氧活化 p53 通路。

8.8　银杏黄酮和知母宁对一氧化氮自由基调节细胞凋亡的信号通路

本章前几节讨论表明，天然抗氧化剂银杏黄酮和知母宁对离体缺血再灌注心肌产生的氧自由基和 NO 自由基具有明显清除作用，对在体缺血再灌注心肌产生的氧自由基有明显清除作用，但对在体缺血再灌注心肌产生的 NO 自由基有明显的促进作用，对离体和在体缺血再灌注心肌损伤均具有明显保护作用。在此基础上本节讨论天然抗氧化剂银杏黄酮和知母宁对缺氧再给氧引起心肌细胞凋亡 NO 自由基通路的调节作用[49]。

8.8.1　银杏黄酮和知母宁对缺氧再给氧引起心肌细胞产生的一氧化氮自由基清除作用和细胞损伤的保护作用

在本章第 7 节建立的模型和得到的结果的基础上，首先讨论银杏黄酮和知母宁对缺氧再给氧引起心肌细胞产生的 NO 自由基的清除作用。然后讨论它们对细胞损伤产生的脂质过氧化产物和乳酸脱氢酶抑制的作用。表 8-8 的数据清楚地表明银杏黄酮和知母宁对缺氧再给氧引起心肌细胞产生的 NO 有明显清除作用，但剂量依赖性并不明显。而且银杏黄酮和知母宁对 NO 的清除效果也差不多。这一结果和离体缺血再灌注的结果很类似，但和在体缺血再灌注的结果明显不同。从表 8-8 的数据还可以看出，天然抗氧化剂银杏黄酮和知母宁能剂量依赖地抑制缺氧再给氧损伤心肌细胞膜脂质过氧化产物及心肌细胞损伤释放乳酸脱氢酶的抑制作用。

8.8.2　银杏黄酮和知母宁对缺氧再给氧引起心肌细胞凋亡的保护作用

利用双标记流式细胞仪和 ELISA 试剂盒测定的天然抗氧化剂银杏黄酮和知母宁对缺

表 8-8 银杏黄酮和知母宁对缺氧再给氧引起心肌细胞产生的一氧化氮自由基、脂质过氧化产物和 LDH 的抑制作用

组别	NO 自由基	TBARS	LDH
正常对照	2.47±0.09	4.10±0.21	2.60±0.31
缺氧心肌	14.28±0.78	5.33±0.44	7.82±0.47
缺血再给氧	12.32±0.27	7.41±0.42	12.77±0.56
缺氧再给氧+银杏黄酮			
1μg/ml	6.01±0.53	5.80±0.29	8.61±0.50
10μg/ml	4.16±0.21	5.44±0.26	6.57±0.53
100μg/ml	2.98±0.23	4.18±0.22	4.95±0.42
缺氧再给氧+知母宁			
1μg/ml	6.25±0.58	3.68±0.25	9.32±0.68
10μg/ml	4.26±0.36	4.71±0.21	7.30±0.17
100μg/ml	3.20±0.35	4.18±0.22	5.35±0.23

氧再给氧引起细胞坏死和细胞凋亡的结果来看，银杏黄酮和知母宁对缺氧再给氧引起心肌细胞凋亡和细胞坏死有明显抑制作用，而且是剂量依赖的。它们对细胞凋亡的抑制作用明显大于对细胞坏死的抑制作用。比较还发现，知母宁对细胞凋亡和坏死的保护作用大于银杏黄酮。这一结果与离体和在体心脏缺血再灌注结果是一致的。

8.8.3 银杏黄酮和知母宁对缺氧再给氧引起心肌 Bcl-2 和 p53 表达的调节作用

利用流式细胞仪测定的天然抗氧化剂银杏黄酮和知母宁对缺氧再给氧引起的心肌细胞 Bcl-2 和 p53 表达的调节作用如图 8-32 和图 8-33 所示。由图可以看出，银杏黄酮和知母宁不仅可以有效保护心肌缺氧再给氧对 Bcl-2 的抑制，还可以有效抑制缺氧及缺氧再给氧引起的 p53 表达的增加，而且可以剂量依赖地上调 Bcl-2 表达和下调 p53 表达。比较

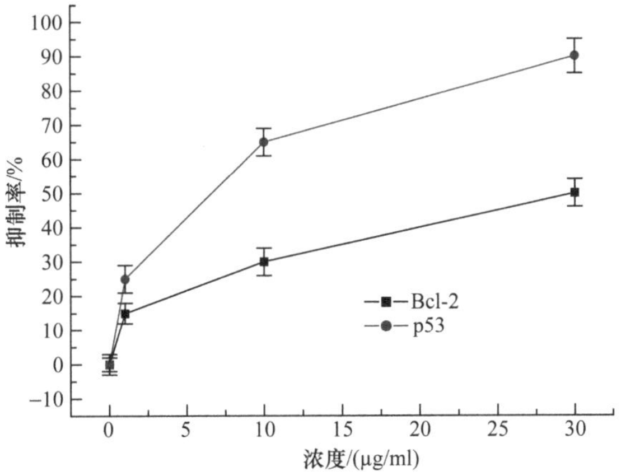

图 8-32 银杏黄酮对缺氧再给氧引起心肌 Bcl-2 和 p53 表达的调节作用

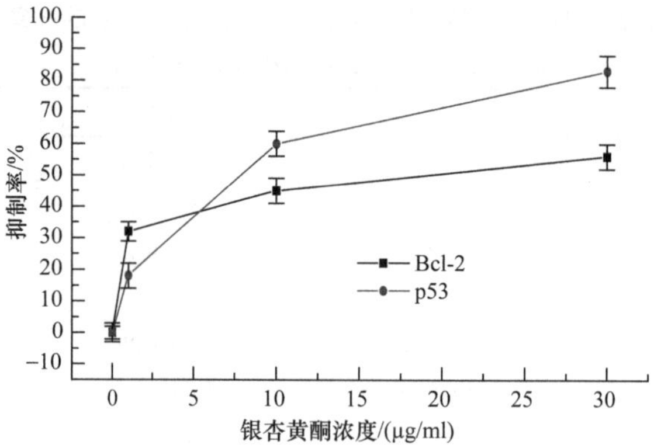

图 8-33　知母宁对缺氧再给氧引起心肌 Bcl-2 和 p53 表达的调节作用

还发现，天然抗氧化剂对 p53 表达水平的抑制作用大于对于对 Bcl-2 的抑制作用，知母宁的抑制作用大于银杏黄酮的抑制作用。这说明银杏黄酮和知母宁的抗缺氧再给氧所致心肌细胞凋亡的机制与 Bcl-2 和 p53 表达水平有关。

结果表明，天然抗氧化剂银杏黄酮和知母宁对细胞缺氧再给氧诱导心肌细胞产生的 NO 自由基的清除作用，以及对缺氧再给氧引起心肌细胞损伤的保护作用与对 Bcl-2 和 p53 表达的调节作用是相关联的。说明银杏黄酮和知母宁实现抗缺氧再给氧所致心肌细胞凋亡的机制是通过 NO 自由基、Bcl-2 和 p53 信号通路的。

根据以上讨论，可以清楚地看出，缺氧再给氧活化了 iNOS mRNA 表达，增加了 NO 自由基的产生，作为重要的信号分子调节了磷脂酰丝氨酸在细胞膜上外翻，活化了 p53 和抑制了 Bcl-2 及其表达，导致心肌细胞凋亡。天然抗氧化剂银杏黄酮和知母宁参与了清除和调节缺氧再给氧产生的 NO 自由基和活性氧自由基，抑制了 p53 和活化了 Bcl-2 及其表达，防护了缺氧再给氧引起的心肌损伤和细胞凋亡。以上结果可以用图 8-34 信号途径表示。

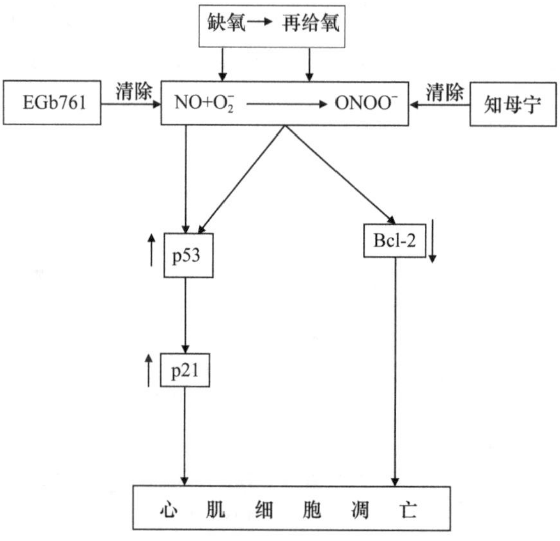

图 8-34　心肌缺氧再给氧导致细胞凋亡的一氧化氮自由基信号途径示意图

8.9 一氧化氮与缺氧诱导因子(HIF-1)

本章讨论的心脏病主要介绍的是心肌缺血再灌注引起的损伤，而缺血的实质是缺氧，缺氧会诱导产生和改变缺氧诱导因子 HIF-1，HIF-1 在心肌缺血再灌注损伤和保护机制方面发挥重要作用，所以本节介绍和讨论一下 NO 自由基与缺氧诱导因子 HIF-1 的一些研究进展。

8.9.1 缺氧诱导因子(HIF-1)

HIF-1 是广泛存在于哺乳动物及人体内的一种转录因子，在缺氧条件下参与机体对缺氧的调节反应，调控细胞氧平衡和诱导缺氧基因的表达。由氧调节亚单位 HIF-1α 和结构亚单位 HIF-1β 两个亚基以异二聚体形式组成，属于 BHLH-PAS(basic helix-loop-helix-Per/ARNT/AhR/Sim)转录因子家族成员[50]。在体内 HIF-1 的活性调节主要有 4 个方面：即 HIF-1 mRNA 水平的调节；HIF-1 蛋白水平的调节；HIF-1 二聚化和 DNA 结合活性的调节；HIF-1 转录活性的调节。铁离子螯合剂、钴、镍等金属及部分抗氧化剂均能使 HIF-1 表达增加，但低氧是最主要的生理性 HIF-1 表达调控因子。在正常氧浓度条件下，细胞内 HIF-1α 不稳定，半衰期不到 5min，很快通过氧依赖降解结构域介导的泛素蛋白酶体降解。而在低氧情况下，HIF-1α 稳定性增加，并转移到细胞核，与 HIF-1β 亚单位结合成二聚体 HIF-1，HIF-1 再与目的基因缺氧反应元件(HRE)结合从而激活转录过程。受 HIF-1α 调控的基因有 70 多种，被称为 HIF-1α 的靶基因，这些靶基因的启动子或增强子内含有一个或多个缺氧反应元件(hypoxia-responsive element，HRE)，其典型的核苷酸序列为 5′-TACGTG-3′，是 HIF-1 的 DNA 结合位点，活化的 HIF-1 与之结合，形成 HIF-1、p300/CBP 环腺苷酸反应元件结合蛋白(CREB)，以及其他转录因子的起始复合物，从而启动靶基因的转录[51]。HIF-1 诱导的蛋白质表达主要帮助细胞的代谢和生存需要，其表达蛋白的功能包括了细胞存活、适应、无氧代谢、免疫反应、细胞因子生成、血管新生及维持内环境稳态等各个方面。

8.9.2 一氧化氮调节低压缺氧诱导 HIF-1 和聚(ADP-核糖)聚合酶的应答

生理响应在低压缺氧的生化途径是复杂网络，活性氮在其中起着重要的作用。研究表明，在缺氧条件下，NO 自由基参与了缺氧诱导因子-1(HIF-1)和聚(ADP-核糖)聚合酶-1(PARP-1)之间的相互作用。在 31 000 英尺①高空模拟小鼠大脑皮质以暴露低氧 4h，研究比较 NO 产生抑制剂或 PARP 活性的影响，分析了 NO 和活性氧的产生、NOS 的表达、PARP-1 活性、HIF-1 表达和 HIF-1 转录活性，抑制 HIF 因子的蛋白质水平，作为细胞损伤的标记。研究结果表明，NO 水平的降低并没有影响活性氧的产生，内皮细胞一氧化氮合酶 eNOS 蛋白水平也没有改变，而神经型 nNOS 和诱导型一氧化氮合酶 iNOS 表达增加，抑制了 PARP 的活化，降低 HIF-1α 对缺氧的响应，通过减少抑制 HIF-1 表达实现了更高的长期 HIF-1 转录活性，最后减少了缺氧损伤。在 NOS 抑制小鼠观察到了 PARP

① 1 英尺=30.48cm

药理学抑制作用再次使一氧化氮合酶表达和 HIF-1 响应，表明 NO 自由基参与对缺氧的调控。总之，这些结果提供了有关在低压缺氧条件下控制 NO 产生有利保护缺氧损伤分子机制的新数据[52]。

8.9.3 一氧化氮和缺氧诱导内源性脯氨酰羟化酶 2 活化

低氧诱导因子 HIF-1 的丰度是通过脯氨酰羟化酶(PHD1-3)家族的一个亚基羟化调控的。这些 PHD 酶的活性是依赖 O_2 的，并且能够被转为 O_2 敏感的酶。研究在缺氧条件下或在 NO 存在下诱导细胞生长过程内源性 PHD 活性表明，在这种条件下的核提取物含有比相应胞质提取物高得多的 PHD 活性。PHD1-3 在细胞质和细胞核较为丰富，敲除同工酶实验表明，核内 PHD 仅为 PHD2 活性。最大 PHD2 活动是在 120μmol/L 和 210μmol/L O_2 之间，低于(100±53)μmol/L O_2，PHD2 活性明显降低，PHD2 降低到最大活性的 50% 时的 O_2 浓度在细胞质为(53±13)μmol/L，在核内为(54±10)μmol/L，这与大多数细胞内的生理氧浓度是一致的。这些数据表明，PHD2 是细胞核内缺氧诱导因子降解途径的一个决定性的氧敏感器[53]。

研究表明，缺氧和/或 NO 诱导的 PHD2 的蛋白表达水平依赖 HIF-1α。而由缺氧诱导的 PHD 可形成功能重要的负反馈回路，结果还表明，用 NO 孵育细胞明显增加 PHD 活性和影响细胞对 O_2 敏感性。虽然氧在正常细胞中的 PHD 活性很低，但缺氧或在 NO 的诱导下，增强 PHD2 表达。然而也许有另外的机制会影响 PHD 活性，一个可能是新合成的 PHD2 复合物在缺氧或 NO 处理时有不同的活性，如引起新的翻译后修饰。在这方面，值得注意的是，NO 自由基和随后的 HIF-1 积累可能引起 PHD 的瞬态抑制[54]。

发现 NO 自由基诱导 PHD2 产生与酶活性增加，现在认为，新产生的 PHD 参与到 NO 诱导的瞬态性质和缺氧条件下的负反馈回路。有趣的是，虽然缺氧或 NO 也诱导 PHD3，但利用 siRNA 特异敲除不同 PHD 显示，只有 PHD2 负责 U-2OS 细胞系总的 PHD 活性。这与 PHD3 未参与在缺氧和 NO 处理条件下 HIF-1 的负反馈调节是完全一致的。研究不同细胞系表明，不同 PHD 作用于不同 HIF，PHD2 作用于 HIF-1α，而 PHD3 作用于 HIF-2 而非 HIF-1α。在 U-2OS 细胞系表达只有非常低的 HIF-2 水平，而且几乎没有受到缺氧或 NO 自由基影响。这些数据显示，在缺氧或 NO 处理条件下，PHD2 是 HIF 羟化酶。不过，在缺氧条件下或 NO 处理后的细胞可能保留 PHD1 和 PHD3 有 HIF-羟化酶的活性[55]。

8.9.4 一氧化氮供体通过抑制天冬酰胺羟基化稳定 HIF-1

研究证实，NO 自由基供体(±)-S-亚硝基乙酰青霉胺(SNAP)能够稳定缺氧诱导因子-1α(HIF-1α)的中间体，导致 HIF-1 诱导靶基因，如血管内皮生长因子和碳酸酐酶 9 激活。HIF-1 的活化要求抑制两个系统不活化，一种是泛素化，这是由 HIF-1 的脯氨酸羟基化触发 E3 泛素连接酶蛋白的结合；另一种是 HIF-1 的天冬酰胺羟基化，降低 HIF-1 与其共激活因子腺苷反应元件结合蛋白/P300 的亲和力。通过测量相应的酶活性，如 HIF-1α 特异性脯氨酸羟化酶 2(PHD2)和 HIF-1α 特异性天冬酰胺羟化酶，并且设定抑制 HIF-1 因子，研究 NO 供体 SNAP 对 HIF-1 脯氨酸和天冬酰胺羟基化的影响，结果发现，SNAP 并不妨碍 PHD2 对 HIF-1 脯氨酸羟基化，相反，它阻断 E3 泛素连接酶蛋白和 HIF-1α 脯氨酸羟基化的相互作用，但仅当还原的 Fe^{2+}和维生素 C 存在时被限制。在这种情况下，SNAP 对缺乏半胱氨酸 520 残基的 HIF-1 没有作用，表明该残基介导 SNAP 抑制由 E3 泛素连接酶蛋白和 HIF-1 之间的相互作用，推测可能是 HIF-1 被 S-亚硝基化了。用丙氨酸替代 HIF-1 的半胱氨酸 800 不能扭转 SNAP 对天冬酰胺羟基化的抑制作用，这意味着是 FIH-1，而不是它的底物 HIF-1α 被 SNAP 抑制[56]。

参 考 文 献

[1] 赵保路，陈惟昌. NO 自由基的性质及其生理功能. 生物化学与生物物理进展，1993，20：409-411.

[2] Palmer RMJ，Moncad S. Nitric oxide release accounts for the biological activity of endothelium-derived relaxing factor. Nature，1987，327：524-526.

[3] Lepoivre M，Chenais B，Yapo A，et al. Alteration of ribonucleotide reductase activity of following induction of the nitrite pathway in adnocacima cells. J Biol Chem，1990，265：14 143-14 149.

[4] Kosaka H，Watanabe M，Yoshihara H，et al. Detection of nitric oxide production in lipopolysaccharide-treated rats by ESR using carbon monoxide hemoglobin. Biochem Biophys Res Commn，1992，184：1119-1124.

[5] Hille R，Olson JS，Palmer G. Sectral transitions of nitrosyl hemes during ligand binding to hemoglobin. J Biol Chem，1979，254：12 110-12 120.

[6] 赵保路，忻文娟，陈雨亭，等. 用自旋共振(ESR)研究肾缺血移植和缺血再灌过程产生的自由基. 生物物理学报，1994，10(1)：170-173.

[7] Reisberg P，Olson JS，Palmer G. Kinetic resolution of ligand binding to the a and b chains within human hemoglobin. J Biol Chem，1976，251：4379-4383.

[8] Westenberger U，Thanner S，Ruf HH，et al. Formation of free radicals and nitric oxide derivative of hemoglobin in rats during shock syndrome. Free Radi Res Commns，1990，11：167-178.

[9] Zhao BL，Shen JG，Li M，et al. Scavenging effect of chinonin on NO and oxygen free radicals and its protective effect on the myocardium from the injury of ischemia-reperfusion. Biochem Biophys Acta，1996，1315：131-137.

[10] 赵保路，忻文娟，杨卫东，等. 用电子自旋共振直接检测兔心肌缺血再灌注产生的活性氧自由基. 科学通报，1989，34：780.

[11] Henry Y，Lepoivre M，Drapier JC. et al. EPR characterization of molecular targets for NO in mammalian cells and organelles. FASEB J，1993，7：1124-1134.

[12] 赵保路，沈剑刚，侯京武，等. 用 ESR 研究心肌缺血再灌注组织和多形核白细胞产生的 NO 自由基. 波谱学杂志，1997，14：99-106.

[13] 赵保路. 生物体系的 NO 自由基及其检测. 自由基生命科学进展，1997，6：4-13.

[14] Zhao BL，Shen JG，Hou JW，et al. ESR studies of NO radicals generated from ischemia-reperfusion tissu and polymophonukocyte. *In*：Rudowicz CZ，Yu KN，Hiraoka H. Modern Applications of EPR/ESR from Biophysics to Materials Science. Hong Kong：Springer，1998：88-93.

[15] Masini E，Gambassi PA，Mannaioni PF，et al. The effects of nitric oxide generators on ischemia-reperfusion injury and histamine release in isolated guinea pig hearts. *In*：Moncada S，Marletta MA，Hibbs Jr. JB，et al. The Biology of Nitric Oxide. London and Chapel Hill：Portland Press，1992：237-249.

[16] Buckberg GD，Matheis G，Sherman MP，et al. Myocardial reoxygenation injury after ischemia is mediated by the L-arginine，nitric oxide pathway. *In*：Moncada S，Marletta MA，Hibbs Jr. JB，et al. The Biology of Nitric Oxide. London and Chapel Hill：Portland Press，1992：345-349.

[17] Omar BA，Jordan MC，Downey JM，et al. Protection afforded by superoxide dismutase is dose dependent in the *in situ* reperfused rabbit heart. Circulation，1989，80：291-294.

[18] 赵保路，沈剑刚，忻文娟. 心肌缺血再灌注损伤过程中 NO 和超氧阴离子自由基的协同作用. 中国科学，1996，26：331-338.

[19] Saran M，Michel C，Bors W. Reaction of NO with O_2^- implications for the action of endothelium-derived relaxing factor(EDRF). Free Rad ResCommun，1990，10：221-226.

[20] Koppenol WH，Moreno JJ，Pryor W. Peroxynitrite，a cloaked oxidation formed by nitric oxide and superoxide. Chem Res Toxcol，1992，5：834-842.

[21] Tosaki A，Engelman DT，Pali T，et al. *Ginkgo biloba* extract(EGb 761)improves postischemic function in isolated preconditioned working rat hearts. Cor Artery Dis，1994，5：443-450.

[22] 杨卫东，朱鸿良，赵保路，等. 电子自旋共振直接检测心肌再灌注产生的氧自由基和复方丹参对氧自由基的清除作用. 中华心血管杂志，1989，17：178-180.

[23] 赵保路，张春爱，忻文娟. 心肌缺血再灌注损伤和活性氧自由基. 生理科学，1989，9：193.

[24] Shen JG，Zhao BL，Li MF，et al. Inhibitory effects of *Ginkgo biloba* extract(EGB761)on oxygen free radicals，nitric oxide and myocardial injury in isolated ischemic-reperfusion hearts. *In*：Packer L，Traber MG，Xin W. Proceedings of the International Symposium on Natural Antioxidants Molecular Mechanisms and Health Effects. Champaign，Illinois：AOCS Press，1996：456-459.

[25] Maurelli PS，Culcasi DK. Cardioprotective and antioxdant effects of the terpenoid constituents of *Ginkgo biliba* extract(EGb 761). J Mol Cell Cardiol，1997，29：733-742.

[26] Kleijnen J. Knipschild *Ginkgo biloba*. Lancet，1992，340：1136-1139.

[27] Shen JG，Zhou DY. Efficiency of *Ginkgo biloba* extract(EGb 761)in antioxidant protection against myocardial ischemia-reperfusion injury. Biochem Mol Biol Internat，1995，35：125-134.

[28] Zhao BL，Shen JG，Li M，et al. Chinonin can scavenging No free radicals and protect the myocardium against ischemia-reperfusion injury. *In*：Packer L，Traber MG，Xin W. Proceedings of the International Symposium on Natural Antioxidants Molecular Mechanisms and Health Effects. Champaign，Illinois：AOCS Press，1996：234-239.

[29] 赵保路，沈剑刚，汤畅，等. DETC 铁络合物捕捉生物组织 NO 自由基的 ESR 波谱解析. 波谱学杂志，1988，15：307-311.

[30] Zhao BL，Wang JC，Hou JW，et al. Studies on nitric oxide free radicals generated from polymorphonuclear leukocytes(PMN)stimulated by phorbol myristate acetate(PMA). Cell Biol Intern，1996，20：(5)343-350.

[31] Li HT，Zhao BL，Xin WJ. Two peak kinetic curve of chemiluninescence in phorbol stimulated macrophage. Biochem Biophys Res Commn，1996，223：311-314.

[32] 赵保路，王建潮，侯京武，等. 多形核白细胞产生的 NO 和超氧阴离子自由基主要形成 $ONOO^-$. 中国科学，1996，26：406-413.

[33] 赵保路，李海涛，侯京武，等. 多形核白细胞产生 NO 和氧自由基的分子机理. 生物化学杂志，1998，14：328-333.

[34] Shen JG，Wang J，Zhao BL，et al. Effects of EGb-761 on nitric oxide，oxygen free radicals，myocardial damage and arrhythmias in ischemia-reperfusion injury *in vivo*. Biochim Biophys Acta，1406，1998：228-236.

[35] Shen JG，Li M，Xin WJ，et al. Effects of chinonin on nitric oxide free radical，myocardial damage and arrhythmia in ischemia-reperfusion injury *in vivo*. Appl Magn Reson，2000，19：9-19.

[36] Dimmeler S，Zeiher AM. Nitric oxide and apoptosis：another paradigm for the double-dged role of nitric oxide. Nitric Oxide，1997，1(4)：275-281.

[37] 卫涛涛，陈畅，赵保路，等. 一氧化氮损伤神经细胞线粒体并诱导细胞凋亡. 科学通报，1999，44：1867-1871.

[38] Wei TT，Chen C，Zhao BL，et al. The antioxidant EPC-K1 attenuates NO-induced mitochondrial dysfunction，lipid peroxidation and apoptosis in cerebellar granule cells. Toxicol，1999，134：117-126.

[39] 沈剑刚，丘幸生，姜泊，等. 一氧化氮和氧自由基诱导缺氧再给氧心肌细胞凋亡的 bcl-2 和 p53 信号通路研究. 中国科学，2002，32：436-446.

[40] 张德良，李美芬，赵保路. 乙酸乙酯抽提法在 ESR 检测一氧化氮自由基中的应用. 生物化学与生物物理进展，2001，28：94-98.

[41] Zhang DL，Niu ZY，Wan Q，et al. Stability and reaction of dithiocarbamate-ferrous-NO complex in PMA-stimulated peritoneal macrophages. Res Chem Interm，2003，29：201-212.

[42] Zhou GY，Zhao BL，Hou JW，et al. Detection of nitric oxide by spin trapping EPR spectroscopy and triacetylglycerol extraction. Biotech Tech，1999，13：507-511.

[43] Vermes I，Haanen C，Steffens-Nakken H，et al. A novel assay for apoptosis flow cytometric detection of phosphatidylserine expression on early apoptotic cells using fluorescein labelled annexin V. J Immunol Meth，1995，184：39-51.

[44] Steck K，McDonnell T，Sneige N，et al. Flow cytometric analysis of apoptosis and bcl-2 in primary breast carcinomas：clinical and biological implications. Cytometry，1996，24：116-122.

[45] Long X，Boluyt MO，Hipolito ML，et al. p53 and the hypoxia-induced apoptosis of cultured neonatal rat cardiac myocytes. Clin Invest，1997，99(11)：2635-2643.

[46] Melkova Z，Lee SB，Rodriguez D，et al. Bcl-2 prevents nitric oxide-mediated apoptosis and poly (ADP-ribose) polymerase cleavage. FEBS Lett，1997，403(3): 273-278.

[47] Krishenbaum LA，Moissac D. The bcl-2 gene product prevents programmed cell death of ventricular cardiac myocytes. Circulation，1997，96(5): 1580-1585.

[48] Marx J. New link found between p53 and DNA repair. Science，1994，266: 1321-1322.

[49] Shen JG，Guo XS，Jiang B，et al. Chinonin，a novel drug against cardiomyocyte apoptosis induced by hypoxia and reoxygenation. Biochim Biophyscs Acta，2000，1500: 217-226.

[50] Sharp FR，Bernaudin M. HIF1 and oxygen sensing in the brain. Nat Rev Neurosci，2004，5：437-448.

[51] Yang J，Zhang L，Erbel PJ，et al. Functions of the Per/ARNT/Sim domains of the hypoxia-inducible factor. J Biol Chem，2005，280：36 047-36 054.

[52] Martínez-Romero R，Cañuelo A，Siles E，et al. Nitric oxide modulates hypoxia-inducible factor-1 and poly-(ADP-ribose) polymerase-1 cross talk in response to hypobaric hypoxia. J Appl Physiol，2012，112：816-823.

[53] Berchner-Pfannschmidt U，Yamac H，Trinidad B，et al. Nitric oxide modulates oxygen sensing by hypoxia-inducible factor 1-dependent induction of prolyl hydroxylase 2. J Biol Chem，2007，282：1788-1796.

[54] Ginouves A，Ilc K，Macias N，et al. PHDs overactivation during chronic hypoxia “desensitizes” HIFalpha and protects cells from necrosis. Proc Natl Acad Sci USA，2008，105：4745-4750.

[55] Berchner-Pfannschmidt U，Tug S，Trinidad B，et al. Nuclear oxygen sensing：induction of endogenous prolyl-hydroxylase 2 activity by hypoxia and nitric oxide. J Biol Chem，2008，283：31 745-31 753.

[56] Park YK，Ahn DR，Oh M，et al. Nitric Oxide Donor，(±)-S-nitroso-N-acetylpenicillamine，stabilizes transactive hypoxia-inducible factor-1_by inhibiting von hippel-lindau recruitment and asparagine hydroxylation. Mol Pharmacol，2008，74：236-245.

9 一氧化氮自由基和神经退行性疾病

越来越多的研究表明，一氧化氮自由基不仅具有重要生物功能，而且具有生物毒性。很多神经退行性疾病都与 NO 有关，特别是阿尔茨海默病(Alzheimer's disease)和帕金森症(Parkinson's disease)在发病过程中都有 NO 的产生和参与。研究发现 NO 既可以保护神经细胞，防止细胞凋亡，也可以引起这些神经损伤。这些疾病过程都是通过细胞凋亡的途径，因此，本章将讨论 NO 诱导神经细胞凋亡的机制及 NO 与这几个神经退行性疾病的关系及抗氧化剂对它们预防和治疗的作用机制。

9.1 一氧化氮保护神经细胞

NO是一个重要的细胞通信信号，具有神经生理及神经保护作用，特别是对神经生存和分化发挥着重要作用。对各种损伤导致细胞死亡的危险因素，可以提供不同通路且对细胞有明显的保护作用。NO 可以通过调节神经前体细胞增殖和促进神经细胞分化保护神经细胞。在很多模型上的研究都清楚地证明了 NO 具有神经生理及神经保护作用。例如，被广泛研究的脊神经节神经元，发现在正常成年鼠脊神经节只有 5% nNOS 表达，而外围神经被损伤之后，其表达明显增加，在类似的胚胎条件下，几乎所有 nNOS 都表达了，供给缺乏营养因子(早期胚胎状况)的靶位置或受伤(神经损伤)组织，因此，营养因子(神经生长因子，NGF)一般是下调神经元 nNOS 表达的。在有抗-NGF 抗体存在时，可以增加下调的神经元[1]。这说明，能够保护被剥夺 NGF 损伤的神经元。服用 NOS 底物 L-精氨酸的患者，cGMP 可用来防止剥夺 NGF 和 NOS 抑制剂导致的细胞凋亡[2]。这也说明内源和 cGMP 作为调节的信号能够保护神经。动物实验也支持这一结论，利用药理学方法把动物保持在慢性抑制 nNOS 状况下，使得神经严重退变，在敲除 nNOS 小鼠身上也得到证实[3]。

大鼠胚胎运动神经产生 NOS 和 NO，只有 eNOS 是组织产生的。在有脑神经营养因子(brain-derived neurotrophic factor，BDNF)存在时，单独利用 NO 抑制剂 L-NAME 可以产生运动神经细胞凋亡，用 NO 供体 DETA 可以阻断 L-NAME 导致的凋亡。抑制 NOS 活性，能够导致大量分化的 PC12 细胞凋亡，NO 供体可以抑制细胞凋亡。这说明 eNOS 产生的是保护神经细胞存活的重要因素[4]。

营养因子剥夺运动神经能够诱导细胞凋亡和 nNOS 表达，L-NAME 能够抑制细胞凋亡，加入 L-精氨酸又可以引起细胞凋亡，说明 nNOS 产生的可以诱导营养因子剥夺的细胞凋亡。nNOS 还与谷氨酸受体(*N*-methyl-D-aspartate NMDA)导致的神经损伤密切相关，说明 nNOS 产生的对神经细胞有损伤作用[5]。

除了通过增加环化鸟嘌呤核苷单磷酸 cGMP(Cyclization of guanosine monophosphate)浓度活化可溶性鸟苷酸环化酶保护细胞外，作为抗氧化剂直接保护神经防止氧化应激损伤。研究表明，提高 cGMP 能够保护细胞防止 H_2O_2(20~100μmol/L)导致的神经细胞毒性。用供体 DETA(1~10μmol/L)可以抑制 H_2O_2 诱导的大鼠大脑皮层的神经细胞毒性。还发现，特异可溶性鸟苷酸环化酶抑制剂能够逆转 DETA 的保护作用。而依赖 cGMP 抑制剂的蛋白激酶也有这样的作用，说明保护作用的通路与 cGMP 提高激活这个激酶有关。同时发现，DETA(1~3mmol/L)能够提高皮层细胞 cGMP 浓度，cGMP 也能够抑制 H_2O_2(30~40mmol/L)导致的神经细胞毒性。这些结果说明，诱导增加 cGMP 防止了 H_2O_2(20~ 100mmol/L)导致的神经细胞死亡(图 9-1)[6]。

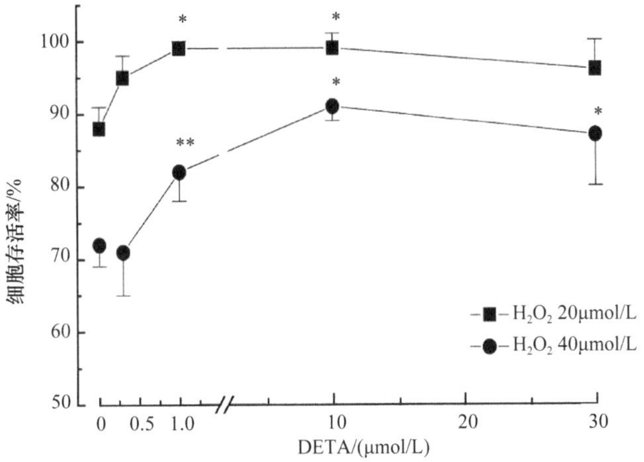

图 9-1 NO 供体保护神经细胞防止了 H_2O_2(20~100mmol/L)导致的神经细胞死亡

*. 与不加 H_2O_2 相比，$P<0.05$；**. 与不加 H_2O_2 相比，$P<0.01$

9.2 一氧化氮介导的神经毒性和细胞凋亡

NO 的生物效应具有两面性，除具有神经生理及神经保护作用外，当它在脑中以高浓度产生时，可以介导一系列神经病理过程，如神经退行性疾病、炎症及脑缺血-再灌注造成损伤。NO 的神经毒性作用可发生在多个水平，包括影响 NMDA(*N*-methyl-D- aspartate)受体活性，造成 DNA 及线粒体损伤，影响机体的氧化应激水平及调节信号通路。这些损伤通常不是孤立的，彼此之间常会发生重叠和交叉，尤其在信号转导及效应阶段。本节着重讨论氧化应激相关的 NO 介导神经毒性的机制。

9.2.1 一氧化氮、氧化应激与神经毒性

越来越多的证据表明氧化应激(oxidative stress)和硝化应激(nitrosative stress)参与了神经退行性疾病和衰老的病理机制(表 9-1)，以下将它们统称为氧化应激。

机体的有氧代谢持续产生活性氧，在正常状态下，体内的氧化剂和抗氧化剂处于一种稳态的平衡。细胞内活性氧的来源主要是线粒体呼吸链和黄嘌呤脱氢酶，少量来自花生四烯酸代谢及血红素黄素蛋白的氧化产生[7]。当活性氧的产生超过机体抗氧化防御能力时就导致氧化应激，细胞的氧化还原状态向氧化态转变，并导致生物大分子及细胞功

表 9-1　与 NO 有关的神经疾病

1. 肌萎缩性脊髓侧索硬化症(amyothrothenic lateral sclerosis)
2. 阿尔茨海默病(Alzheimer's disease)
3. 帕金森症(Parkinson's disease)
4. 多发性硬化(Mutiple sclerosis)
5. 道氏综合征(Down's syndrome)
6. 杭廷顿氏舞蹈病(Huntington's disease)
7. 线粒体脑病(mitochondrial encephalopaty)

能的损伤。细胞对于氧化应激的反应可以表现为耐受、修复损伤及抗氧化能力增强，或者是衰老、凋亡及坏死。细胞对氧化应激的敏感性差异是由氧化剂和抗氧化剂水平、化学反应性及机体的微环境共同决定的。氧化应激可以改变抗氧化酶的表达，增强一系列转录因子的表达及其与 DNA 结合的能力，包括 AP-1、fos、jun、myc、erg-1、MAPK 和 NFκB[8]。

1) 一氧化氮的主要反应形式

NO 可以与转运分子反应，并导致 NO 在中心神经系统(CNS)中的不同作用。NO 与超氧阴离子反应生成过氧亚硝基，这个反应的速度比 SOD 催化超氧阴离子产生过氧化氢快 3 倍。过氧亚硝基是强氧化剂，可以与蛋白质的巯基反应，或者硝基化芳香族氨基酸，影响它们在信号转导中的功能[9]。过氧亚硝基可以氧化脂类、蛋白质和 DNA。NO 还可与 Fe 配基反应，使 Fe^{3+}通过与 NO 结合而还原，产生的 Fe^{2+}，可进一步与细胞内的巯基反应，使其亚硝基化[10]。

2) 脑对氧化应激的敏感性

脑是机体中相对易于发生氧化损伤的组织，这一方面是由于脑的耗氧量高，易发生氧化，同时脑的特殊的解剖、生理及生化特性，使得它对氧化损伤的耐受较低。这主要是因为：①脑里有大量易氧化的物质，如多不饱和脂肪酸和儿茶酚氨；②抗氧化水平低，如谷胱甘肽、维生素 E、过氧化氢酶、SOD 的水平较低；③脑中通过特定的反应产生内源性的 ROS；④某些区域的铁含量高，如苍白球及黑质；⑤中枢神经系统的神经元不可再生，一旦损伤，将导致细胞凋亡或产生永久性的功能异常。

细胞中存在一个抗氧化体系。还原型谷胱苷肽(GSH)是脑中主要的非酶类抗氧化剂，在脑中具有广泛的生理作用[7]。GSH/GSSG 的比值是衡量细胞的氧化还原平衡的关键指标。GSH 除保护机体免受活性氧及活性氮损伤外，它还可以作为半胱氨酸的非毒性储存形式，降低脑中半胱氨酸/胱氨酸的比例，而半胱氨酸/胱氨酸比例的增加可能影响 NMDA 受体活性并导致细胞毒性。GSH 是一系列酶的辅因子，包括甲醛脱氢酶、乙二醛酶、前列腺素内氧化酶异构酶。

脑中 GSH 的平衡主要是由 GSH 组分的再循环来维持的，此外，GSH 可在脑中原位合成[11]。GSH 前体可通过血脑屏障，脑中有 GSH 及 GSH 还原酶，GSH 主要在星形胶质细胞中合成，再转运到神经元中。尽管神经元中含有 GSH 合成所需的酶，神经元中的 GSH 浓度比星形胶质细胞低。大量的研究表明，星形胶质细胞产生的 GSH 具有神经保护作用，GSH 库的损耗将显著影响呼吸链的活性及能阈并导致细胞凋亡。NO 可以与 GSH 反应生成 GSSG 导致 GSH 的耗竭，引发细胞信号途径发生氧化还原依赖性改变并调节胞内的关键酶，如呼吸链复合物活性[12,13]。

此外，GSH 系统各成分的含量在衰老过程中显著改变，在分离的大脑皮层突触体中，总 GSH、游离 GSH、GSH 还原指数(GSH/GSSG)分别降为 24%、40%、52%，而氧化型谷胱甘肽升高了 60%。此外，GSH 代谢相关酶类在衰老过程中也发生了变化[14]。这些结果表明，GSH 抗氧化体系能力的降低造成体内氧化状态的增加可能导致脑衰老变化及疾病。

3) 一氧化氮神经毒性与线粒体功能异常

线粒体功能异常可能是 NO 介导的神经毒性机制之一。线粒体是凋亡中的关键因素，在凋亡过程中线粒体通透性增加，通透性转移孔开放，导致许多凋亡因子的释放，如细胞色素 c、半胱氨酸蛋白酶 [15]。NO 的主要作用位点是线粒体呼吸链复合物Ⅳ。在分离的突触体中，NO 与氧竞争结合线粒体复合物Ⅳ，从而抑制氧耗[16]。NO 与复合物Ⅳ相互作用，转移一个电子到 Fe 细胞色素 a3，再与 $Cu^{2+}{}_B$ 中心反应，形成硝基化-血红素复合物[17]，从而导致复合物Ⅳ活性的可逆抑制。根据 Cleeter 的研究，除复合物Ⅳ活性的可逆抑制外，通过线粒体呼吸链产生的活性氧增多，导致过氧亚硝基产生，过氧亚硝基形成导致复合物Ⅳ的不可逆抑制，将造成神经毒性、能量衰竭、细胞死亡[18]。另外，过氧亚硝基可导致神经元、星形胶质细胞及脑中分离纯化的线粒体中复合物Ⅱ、复合Ⅲ的抑制。相反的，脑中的线粒体复合物Ⅰ对内源或外源的过氧亚硝基有抗性[19]，仅在 GSH 耗竭的情况下才对过氧亚硝基敏感[20]。

在脑中不同的细胞种类对 NO 的敏感性是不同的，造成差异的因素包括线粒体内膜脂类的组成及/或氧化/抗氧化平衡，特别是 MgSOD 及 GSH 水平。当用过氧亚硝基处理神经元时，细胞内的 GSH 水平剧烈下降，导致线粒体损伤和细胞死亡[21]；而在胶质细胞中则不同，在星形胶质细胞中线粒体的损伤和细胞死亡只在过氧亚硝基导致 GSH 耗竭后才发生[22]。

9.2.2 一氧化氮介导神经元凋亡的信号途径/分子机制

大量研究表明，过量的 NO 可以诱导神经元凋亡。神经元是怎样凋亡的？这是一个很难回答的问题，人们才刚刚开始对它的基本机制有所了解，对凋亡的确切机制，从细胞表面信号的检测到细胞核内发生的事件，并没有完全清楚。最早在线虫中发现的凋亡基因 *ced-3*、*ced-4*、*ced-9*，为人们在分子水平研究细胞凋亡的机制开辟了新的一页。随后发现脊椎动物神经细胞的凋亡需要半胱氨酸蛋白酶的参与，即 Caspase(这里 C 代表 cysteine protease，aspase 代表底物含有天冬氨酸 aspastic acid)。并确定它们是线虫 *C. elegans* 中凋亡基因 *ced-3* 产物的同源物。除 Caspase 外，又陆续发现许多蛋白质参与了凋亡的调控，其中最主要的是 Bcl-2 蛋白家族。MAPK 信号途径参与了氧化应激介导的 NO 神经毒性。此外，一系列调节因子，在凋亡的信号转导中起着重要作用，如调节蛋白凋亡活化蛋白酶因子 NFκB、c-Jun、p53 等。哺乳动物神经元的凋亡与其他细胞的凋亡机制基本相同，也受 Bcl-2 家族、Caspase 及以上调节因子的调控。图 9-2 表示的是神经元凋亡中主要的信号事件。

1) 有丝分裂活化蛋白激酶 MAPK 信号途径

有丝分裂活化蛋白激酶(mitogen-activated protein kinase，MAPK)是一类高度进化保守的酶，普遍存在于植物、酵母和真核生物中。氧化应激可以有效活化 MAPK，使它们的底物磷酸化并活化转录因子进而调节基因表达。哺乳动物中至少表达 3 类 MAPK：ERK1/2(extracellular signal-regulated kinase 1，2)、JNK1/2/3 和 p38 激酶。MAPK 的活化和失活都需要它的催化结构域中 Thr 和 Tyr 两个位点的双磷酸化，ERK、JNK 和 p38 的特异双磷酸化的基元。活化的 MAPK 具有调节细胞分化、增殖、存活和死亡的功能。通常认为 ERK 与细胞的存活有关，而 JNK/p38 与细胞的凋亡相关。这仅仅是一种过于简单化的功能表述，实际上 MAPK 的功能取决于细胞类型、细胞发育状态和刺激的类型及强度。

ERK 可通过 MSK 和 RSK 的活化抑制 Bad 的活性，促进 Bcl-2 的表达，从而达到促进细胞存活的功能。JNK 作用在胞质内的底物包括 Bcl-2 和 Bcl-X_L。JNK 可以使 Bcl-2 和 Bcl-X_L 磷酸化从而抑制它们的抗凋亡作用。JNK 作用在核内底物包括转录因子 c-Jun、AIF-1 和 ELK-1。在体内，JNK 是唯一可使 c-Jun 发生磷酸化的酶(JNK 信号通路见图 9-2)。此外，有实验表明，JNK 介导了细胞色素 c 从线粒体的释放[10]。

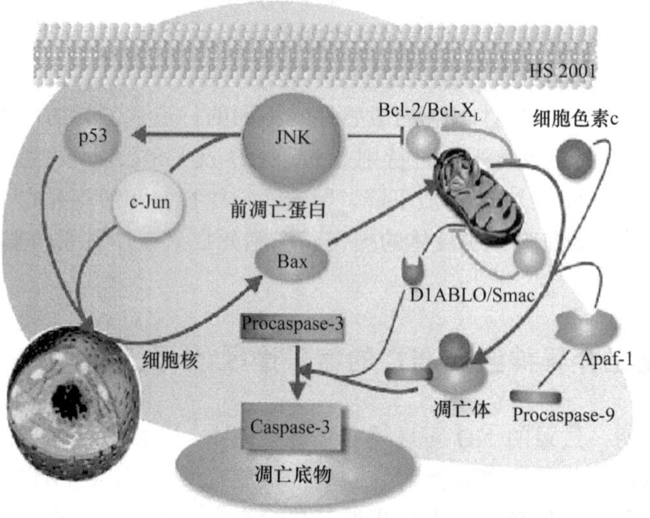

图 9-2　NO 在调控细胞死亡过程 JNK 的信号通路

活化的 JNK 可以磷酸化 p53，借助稳定和活化这一凋亡调节因子抑制抗凋亡蛋白 Bcl-2 和诱导促凋亡蛋白 Bax，活化的 JNK 还可以通过调节 c-Jun/AP-1 表达影响其他促凋亡分子的表达。活化的 JNK 调节与线粒体相连蛋白 Bcl-2 和 Bcl-X_L 的磷酸化改变它们的抗凋亡功能并导致细胞色素 c 或其他凋亡因子从线粒体释放。细胞色素 c 释放促进形成凋亡小体和 Caspase-3 的活化。

c-Jun 是活化蛋白(activator protein-1，AP-1)的组分。AP-1 通常与 c-Jun 以同源二聚

体或 c-Jun/Fos 异二聚体的形式存在。尽管 AP-1 的作用还没有确定，但在神经细胞凋亡中已经有证据表明 AP-1 被活化。在神经细胞凋亡中，转录因子 c-Jun、c-Fos 的表达增加[23]，c-Jun mRNA 水平增加[24]，c-Jun N 端活化区的磷酸化增加，表明 AP-1 参与细胞早期凋亡。*JNK-3* 基因缺失的小鼠对红藻氨酸诱导的凋亡有抗性，并且 c-Jun 和 AP-1 转录因子复合物的磷酸化水平降低，因此，c-Jun、c-Fos 蛋白的表达，它们的磷酸化及 AP-1 因子的形成似乎参与了神经元凋亡的信号转导过程。

2) p53 与 DNA 链断裂

p53 肿瘤抑制基因参与了神经元凋亡。大鼠原代培养的神经元和寡突胶质细胞中有 p53 蛋白表达[25]。体外实验发现在神经元成熟过程中，p53 在细胞内的定位发生改变，在成熟细胞中它在质膜上表达，而在分化的细胞中它在核里表达。很明显，在接收到适当的信号后，p53 转移至核中，调节细胞发生凋亡或者分化。当在培养的寡突胶质细胞中诱导凋亡时，观察到 p53 由质膜转移至核内，用编码 p53 C 端的重组反转录病毒转染细胞(可以抑制野生型 p53 的活性)对细胞凋亡有保护作用。利用重组腺病毒转染，使细胞过量表达野生型 p53，可以引起交感神经元和海马神经元凋亡[26]。DNA 损伤物质如放射性、鬼臼乙苷(etopside)、博来霉素(bleomycin)可以在野生型 p53 小鼠中引发凋亡，但在 p53 敲除($p53^{-}$)小鼠中不能，说明 p53 对于 DNA 损伤造成的凋亡是必需的。此外，p53 也是以下两个凋亡信号通路的基本组分：NGF/TrKA 存活途径和 $p75^{NTR}$ 凋亡信号途径。p53 在 JNK 下游和 Bax 上游发挥作用[27]。

3) NFκB

NFκB 是许多炎症基因及癌基因的激活因子，它的非活性形式由 3 个亚基组成，包括一个 50kDa 的亚基(p50)、一个 65kDa 的亚基及一个抑制亚基称为 IκB。NFκB 存在于胞质中，当结合的 IκB 解离下来后被活化，p50-p65 二聚体转移至核内，与 NFκB 反应基因的 5′端具有 5′-GGGPuNNPy-PyCC-3′序列的调控子相结合[28]。

促炎症细胞因子活化 IκB 激酶复合物，使 IκB 磷酸化，促进其与遍在蛋白结合，随后被降解。当 IκB 磷酸化后，自由的 NFκB 转移至核里，诱导靶基因表达，包括 iNOS、转谷氨酰酶、Bfl-1/A1、COX、细胞因子受体、细胞黏附因子。在通常情况下，NFκB 可被各种胞内信号活化，包括细胞因子、神经生长因子和神经递质。在啮齿类动物的脑卒中模型、红藻氨酸盐导致强直活化时及皮层外伤后 NFκB 水平增高。在阿尔茨海默病患者的脑中或以 Aβ诱导的细胞模型中，也观察到 NFκB 的活性增加，表明 NFκB 参与了神经退行性疾病的病理机制。有报道表明，NFκB 活性受活性氧的调节，ERK 和 JNK/SAPK 可通过使 IκB 磷酸化而活化 NFκB[29]。

4) Bcl-2 蛋白家族

Bcl-2 蛋白家族在细胞凋亡信号转导中起重要作用。这一基因家族包括促凋亡和抗凋亡蛋白，它们都含有一或多个 Bcl-2 同源结构域 [30]。不同的神经元类型及发育的不同时期，神经元可以通过表达不同的 Bcl-2 组分从而特异性地对其凋亡进行调控。Bcl-2 和 Bcl-X_L 是主要的抗凋亡组分，它们定位在线粒体外膜、内质网膜及核周膜上，是原癌基因 *bcl-2* 及 *bcl-x_L* 的产物，在原代培养的神经元及许多神经细胞株中可替代神经营养因子的作用。Bcl-2 在中枢神经系统的各个部分胚胎发育中普遍存在，但随年龄增长而减少；而在外周神经系统，交感神经节及感觉神经节的神经元及支持细胞中 Bcl-2 的表达水平终生不变。目前，在神经元中已经确定出两种 Bcl-2 的 mRNA，Bcl-2α和 Bcl-2β。这两种 mRNA 的水平在胚胎 15 天最高，为成年水平的 2~3 倍，表明 Bcl-2 在神经发生中起作用。与 Bcl-2 在成年 CNS 的表达减少不同，Bcl-X_L 和 Bcl-Xβ在胚胎及成年均有表达，将它们的 cDNA 显微注射到培养的交感神经元中可以防止营养缺乏所造成的凋亡，提示 Bcl-X 蛋白可能参与调节成年后中枢神经系统的神经元凋亡。然而，其功能不止于此。Bcl-X 缺乏的小鼠在胚胎 13 天由于大量的细胞凋亡而死亡[31]，表明 Bcl-X 的正常表达在发育中是必需的(图 9-3)。

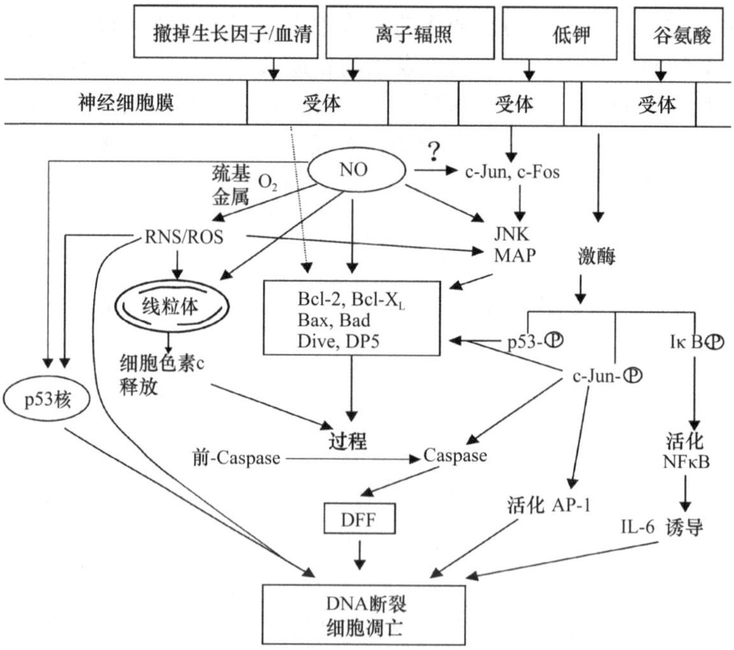

图 9-3　NO 在神经系统细胞凋亡通路中的作用

c-AMP. cyclic AMP；DFF. DNA 断裂因子；IL-2. 白介素-2

Bcl-2 可以抑制多种因素诱导的凋亡，包括血清或生长因子缺乏，葡萄糖缺乏，膜过氧化及自由基造成的损伤，表明 Bcl-2 在凋亡的中心环节起作用。Bcl-2 的功能涉及它的二聚体化，但是仍不清楚 Bcl-2 的抗凋亡作用是通过形成 Bcl-2-Bcl-2 同源二聚体还是 Bcl-2 与其他相关因子如 Bax、Bag-1、Bak、Bad 等形成异源二聚体来实现的。与 Bcl-2 相互作用的因子研究较多的是 Bax。在脑缺血中，在海马 CA1 区的神经元凋亡之前有 Bax 表达，但 Bcl-2 不表达。相反，在 CA3 区，Bcl-2 的表达增加，而 Bax 的水平不变。这一结果支持 Bax 可以独立的或者与其他 Bcl-2 家族蛋白形成异二聚体，从而引发细胞凋亡的观点[32]。非常有意思的是 *bcl-2* 仅能调节那些依赖于神经营养因子 NGF 家族的神经元的凋亡，而对倚赖 CNTF 的睫状神经元没有作用，表明神经元中至少存在两种对 *bcl-2* 敏感性不同的凋亡途径[33]。

5) Caspase 家族

Caspase 参与了细胞凋亡的效应阶段，以上所述的 NO 的神经毒性作用的各种途径最终集中在这一步。哺乳动物至少有 14 种 Caspase，神经元中可同时表达其中的几种。Caspase 在体内以无活性的前酶原形式存在，它们一般有 3 个结构域，包括一个前结构域、一个大亚基和一个小亚基，根据前结构域的功能序列可将 Caspase 分类。具有死亡效应子的 Caspase-8 和 Caspase-10，可以通过与具有死亡受体结构域的 CD95 和 TNF 相互作用而活化。具有 CARD(caspase-activating recruitment domain)结构域的包括 Caspase-1、Caspase-2、Caspase-4、Caspase-5、Caspase-9、Caspase-11、Caspase-12，它们可被细胞内的活化复合物，如 Cyt C/Apaf-1/Caspase-9 所活化，其中 Caspase-11 和 Caspase-12 仅在病理条件下活化；至于含有短的 pro-domain 的 Caspase，如 Caspase-3，可以被大部分 Caspase 途径活化。参与神经元凋亡的主要是 Caspase-3 和 Caspase-9[34]。现将 Caspase 在细胞凋亡中的作用总结如下(表 9-2)。

表 9-2　Caspase 敲除小鼠的神经表型[34]

Caspase	发育	神经凋亡表型
Caspase-1	正常	对缺血损伤有抵抗作用，能减少实验自免疫脑脊髓炎
Caspase-2	正常	海马神经对 A-β 毒性有抵抗作用
Caspase-3	出生前死亡(取决于基因背景)	在发育过程神经上皮细胞不凋亡
Caspase-9	胎中死亡(很少能存活)	在发育过程神经上皮细胞不凋亡
Caspase-11	正常	对缺血损伤有抵抗作用
Caspase-12	正常	皮层神经对 A-β 毒性有抵抗作用

6) 一氧化氮促凋亡信号通路

高浓度 NO 和过氧亚硝基可以诱导很多细胞凋亡，NO 诱导细胞凋亡与 cGMP 似乎关系不大，主要与细胞的氧化还原，细胞内过渡金属复合物和存活基因等因素有关，因此 NO 启动细胞凋亡的浓度对不同细胞是不一样的。NO 诱导细胞凋亡通路可由图 9-4 看出。

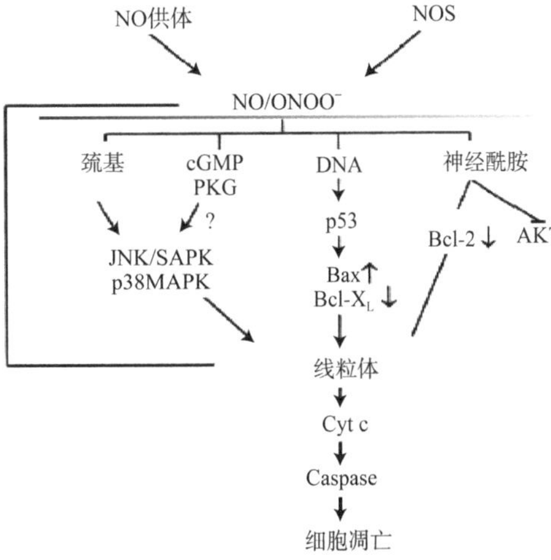

图 9-4　一氧化氮促凋亡信号通路
箭头指的并不意味是直接作用，(⊥)意思是指抑制作用；Cyt c. 细胞色素 c；NOS. 一氧化氮合酶；PKG. 蛋白质激酶 G

(1) 线粒体凋亡通路

NO 可以通过线粒体膜电位丧失直接诱导细胞色素 c 释放。细胞质中的细胞色素 c 活化依赖 Caspase 的凋亡信号通路，NO 结合到线粒体电子传递链细胞色素 c 氧化酶(复合物Ⅳ)上，在这种情况下，线粒体产生的超氧阴离子与 NO 反应生产过氧亚硝基，损伤线粒体功能和引起细胞色素 c 释放。过氧亚硝基可以诱导胸腺细胞、神经细胞和肿瘤细胞凋亡。但是在生理浓度下，过氧亚硝基只能诱导肿瘤细胞凋亡，却不能诱导正常内皮细胞和单核细胞凋亡，说明不正常细胞对过氧亚硝基诱导细胞凋亡比正常细胞更敏感。这也说明 NO 对细胞色素 c 释放是依赖细胞内氧化还原电势和靶分子如铁、谷胱苷肽和超氧阴离子的水平。

(2) 一氧化氮诱导 p53 表达活化 Caspase 信号通路

NO 和过氧亚硝基的细胞毒性是 DNA 损伤诱导 p53 积累的结果。NO 调节 p53 积累通过 p21 上调或通过增加 Bax/Bcl-X_L 比、细胞色素 c 释放和 Caspase 活化诱导细胞周期休止。p53 反义 RNA-表达的 RAW264.7 细胞对 NO 诱导细胞凋亡有明显抵抗作用。但是敲除 p53 细胞 U937 对 1mmol/L GSNO 也能产生凋亡，说明还有不依赖 p53 信号通路也可以操作 NO 调节的细胞凋亡机制(直接释放细胞色素 c 或 MAP 激酶通路)。

(3) 活化 JNK/SAPK 和 p38 激酶通路

NO 能活化与 NO 调节细胞凋亡有关的有丝分裂活化蛋白激酶(MAPK)的 c-JUN N 端激酶(JNK)/应激活化蛋白激酶(SAPK)。研究表明，NO 供体或 NOS 产生的 NO 诱导细胞凋亡伴随着 JNK/SAPK，p38MAPK 和 Caspase 的活化。通过 PKC 转染抑制 JNK/SAPK 和 p38MAPK 活化可以保护 NO 诱导的 RAW264.7 细胞凋亡，表明 JNK/SAPK 和 p38MAPK 是 NO 诱导细胞凋亡的重要通路。

(4) 一氧化氮调节的酰基鞘氨醇产生

NO 供体可以通过提高依赖镁的鞘髓磷脂酶(N-smase)活性和 Caspase-3 活性增加 HL-60 和肾小球细胞酰基鞘氨醇水平。酰基鞘氨醇的形成可以诱导几个凋亡通路，包括细胞色素 c 的释放、Caspase-9 和 Caspase-3 的活化、JUK/SAPK 激活、蛋白激酶 B/Akt 的抑制和 Bcl-2 表达的抑制。

9.2.3 一氧化氮作为抑制凋亡的调节剂

虽然 NO 对一些细胞能诱导凋亡，但对另外一些细胞却表现出抑制凋亡的性质。NO 保护由 TNFα、氧化应激和营养缺乏等引起的细胞凋亡。NO 调节的抗凋亡生化机制和信号通路包括如下几种。

1) 通过 NO/cGMP 通路抑制凋亡信号

在肝细胞，PC12 类神经细胞、胚胎运动神经细胞、B 淋巴细胞、嗜酸性粒细胞和胚泡细胞 NO/cGMP 通路可以预防凋亡。然而有些研究发现，通过抑制可溶性鸟苷酸环化酶和 cGMP 类似物 8-B-cGMP 不能保护细胞凋亡，说明 NO 的抗凋亡机制分为两类，一类依赖 cGMP，另一类不依赖 cGMP，这与细胞类型有关。在肝细胞 NO 抗凋亡作用与 cGMP 产生有关，抑制线粒体细胞色素 c 释放、酰基鞘氨醇产生和 Caspase 活化。另外，NO 和 cGMP 都能通过增加 Bcl-2 及活化 Akt/PKB 保护脾脏 B 淋巴细胞凋亡，这将诱导 Bad 和 Caspase 前体的磷酸化细胞保护基因的表达。

2) 通过 S-亚硝基化抑制 Caspase 活性

Caspases 是半胱氨酸蛋白酶的一个家族，由 14 个异构体组成，在凋亡信号通路中起着极其关键的作用。所有 Caspase 都在其酶催化位点有一个半胱氨酸，这个巯基极易被氧化还原修饰，在 NO 存在条件下可以被有效亚硝基化。7 个组装的成员可以被 NO 通过这个氧化还原修饰可逆抑制。用 NO 供体 SNAP 处理 Caspase-3 和 Caspase-8 硝基化的比例为 1∶1。通过 S-亚硝基化抑制 Caspase 蛋白水解活性及直接抑制 Caspase 活性，NO 抑制肝细胞和内皮细胞凋亡。与 NO^+ 相比，NO 在中性 pH 与巯基反应性不强，NO 失去一个电子就变成 NO^+。电子受体如分子氧、过渡金属铁和铜，它们在体内很容易同 NO 反应。NO 对 S-亚硝基化 Caspase 的反应能力取决这些分子的多少和其他含巯基靶分子如 GSH 和自由半胱氨酸的浓度。NO 与铁硫复合物、二硝基铁复合物就是通过形成 NO^+ 使 Caspase 硝基化的。在富含铁的肝细胞就能有效出现 Caspase 的 S-亚硝基化，但在贫铁的 MCF-7 细胞中就很少出现 Caspase 的 S-亚硝基化，除非外加铁。因此调节 NO 产生和细胞内铁水平是保护不希望凋亡或诱导肿瘤细胞凋亡的有效途径。

3) 通过一氧化氮调节抗凋亡有关基因表达

NO 能诱导几个细胞保护基因，如血红素氧合酶 HSP70 和 HSP32，保护由 TNFα和氧化应激导致的肝细胞凋亡。细胞因子也能通过 NO 产生诱导 HSP70 表达保护细胞凋亡。NO 还可以调节 Bcl-2 家族蛋白和 mRNA 水平，保护细胞凋亡。通过以上讨论，可以看出，NO 既可以诱导神经细胞凋亡，也可以抑制神经细胞凋亡，这就取决于 NO 产生的浓度、部位及在什么细胞和在什么环境。而且 NO 诱导或抑制细胞凋亡的途径和机制也完全不同，其是比较复杂的，需要根据具体情况进行深入研究。本章下面几节就根据作者实验室研究的具体实验进行讨论。

9.3 一氧化氮诱导的 SH-SY5Y 细胞凋亡及茶多酚的影响

氧化应激参与 NO 诱导的神经毒性及许多神经退行性疾病的病理过程。茶多酚通常被认为是一种抗氧化剂，它可以清除自由基，螯合金属离子。体外实验发现茶多酚能有效清除 NO 和过氧亚硝基，提示茶多酚可能具有保护 NO 诱导的神经毒性的能力。然而，作者实验室研究发现高浓度的茶多酚能显著增强硝普钠处理引起的神经毒性。作者研究了硝普钠对成神经细胞瘤 SH-SY5Y 细胞的神经毒性及茶多酚的作用。结果表明硝普钠以时间及浓度依赖的方式诱导神经细胞凋亡。SY5Y 细胞经 1.5mmol/L 的硝普钠处理 24h 后发生凋亡，主要表现为 DNA 链断裂、染色质凝缩、形成凋亡小体。单独的茶多酚处理对细胞活力没有显著性影响。以不同浓度的茶多酚预处理 1h，低浓度对硝普钠诱导的神经细胞凋亡没有显著影响，而高浓度茶多酚与硝普钠处理有协同损伤作用。进一步比较了茶多酚的 4 种主要单体(图 9-5)对硝普钠诱导的神经毒性的作用，结果表明儿茶素单体与硝普钠的协同毒性与单体的反应活性之间存在相关性。作者利用自旋捕捉技术研究了茶多酚及其单体与硝普钠之间的相互作用，发现它们可反应生成一种含氮的自由基加合物，且生成加合物的能力与其神经毒性相关，提示在 NO 存在的条件下，茶多酚可能具有促氧化作用，因此在应用茶多酚作为食品添加剂及保健品的时候，应充分考虑其在特定条件下的细胞毒性[35]。

在脑缺血损伤，神经退行性疾病及急、慢性炎症中，星形胶质细胞及小胶质细胞的诱导型 NOS 产生过量的 NO。此外，NO 可诱导原代培养神经细胞及神经细胞株凋亡。NO 诱导凋亡的机制是多因素的，其中氧化应激被认为是一种重要的途径[36]。它既可以作为诱导信号，同时又参与凋亡的信号转导途径。由于中枢神经系统的氧消耗量高，而谷胱苷肽的含量较低，对氧化应激尤其敏感。NO 细胞毒性的另一个介导机制是线粒体呼吸链的抑制。NO 可以抑制细胞色素氧化酶，电子传递链中的敏感酶，使得线粒体超氧自由基产生增加，加剧细胞的氧化应激状态及线粒体的损伤。电子传递链的损伤将导致膜电位的降低、ATP 的匮乏、PT 孔的开放，最终释放各种因子启动凋亡程序。细胞的氧化还原状态是调节凋亡通路的重要因素，其中谷胱苷肽起重要作用，可与 NO 及其代谢物反应，从而保护细胞免受 NO 造成损伤[12]。

目前的研究表明，MAPK 信号途径参与了氧化应激介导的 NO 神经毒性。一系列的调节因子，在氧化应激介导的凋亡信号转导中起着重要的作用，如 NFκB、c-Jun、p53 等。在 NO 造成的神经元凋亡中，p53 发生累积导致 DNA 断裂是 NO 细胞毒性的机制之一。NFκB 是许多炎症基因及癌基因的激活因子，可被各种胞内信号活化，包括细胞因子、神经生长因子和神经递质。在啮齿类动物的脑卒中模型中，红藻氨酸盐导致强直活化时及皮层外伤后 NFκB 水平增高。在阿尔茨海默病患者的脑中或以 Aβ-诱导的细胞模型中，也观察到 NFκB 的活性增加[37]，表明 NFκB 参与了神经退行性疾病的病理机制。有报道表明 NFκB 活性受氧化还原水平的调节，在生物体系中，NO 对于 NFκB 的活化或抑制具有高度的细胞及浓度依赖性。c-Jun 是活化蛋白-1(AP-1)的组分，在神经细胞凋亡中，c-Jun 的转录及表达增加，表明凋亡早期有 AP-1 的参与。不同浓度的 NO 及其相关化合物既可以增强 AP-1 的 DNA 结合能力及 c-Fos、c-Jun 的转录也可以抑制 AP-1 的 DNA 结合能力。此外，NO 诱导神经元的凋亡与其他细胞的凋亡机制基本相同，也受 Bcl-2 家族的调控。Bcl-2 蛋白家族也参与了细胞内凋亡的信号转导及氧化损伤/抗氧化保护[38]。Bcl-2 及其相关蛋白质可以调控细胞内活性氧及其中间物水平，是其抗凋亡可能机制之一。Bcl-2 过量表达具有抗氧化作用，可以通过提高胞内 SOD 活性及谷胱苷肽水平，减少过氧亚硝基生成及增加蛋白酶功能起作用。它还可以防止神经细胞凋亡，使神经系统过度营养化。另外，有报道称 NO 在自由基诱导凋亡过程中 Bcl-2 表达下调[39]。

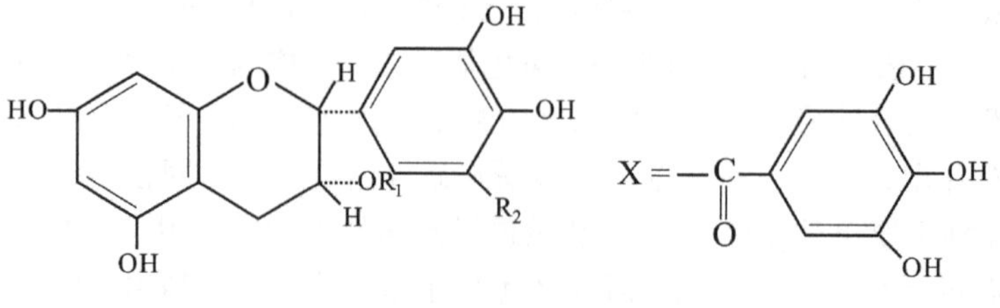

图 9-5　茶多酚的化学结构

(EC)：(-)-儿茶酚 R_1=H，R_2=H；(EGC)：(-)-没食子酸儿茶酚 R_1=H，R_2=OH；(ECG)：(-)-表儿茶素没食子酸酯 R_1=X，R_2=H；(EGCG)：(-)-没食子酸儿茶素表儿茶素没食子酸酯 R_1=X，R_2=OH

9.3.1　一氧化氮诱导细胞活力降低及茶多酚的影响

以不同浓度硝普钠(100μmol/L~5mmol/L)处理 SH-SY5Y 细胞，MTT 法测定细胞活力。硝普钠处理后导致细胞活力以浓度及时间依赖性的方式降低。1.5mmol/L 硝普钠处理 24h 后，细胞活力降为对照的 58.17%(图 9-6)。处理 12h，细胞活力有小的降低，到 36h，细胞活力降至对照的 46.00%(图 9-6A)。茶多酚预处理对于硝普钠导致的细胞活力下降的影响在较长处理时间时表现得更加明显。此结果表明 NO 可以诱导细胞活力降低，高浓度茶多酚对 SNP 引起细胞活力降低有明显协同增强作用。

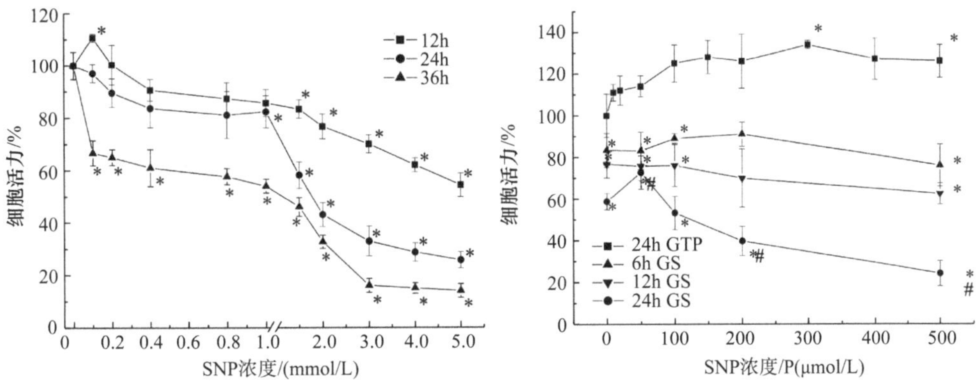

A　　　　　　　　　　B

图 9-6　NO 诱导神经细胞活性的降低及茶多酚的影响

A. 硝普钠可以浓度依赖地诱导细胞活性降低；B. 茶多酚单独培育对细胞活力没有影响，但与硝普钠共同培养明显减少细胞活力，特别是在高浓度时表现明显

进一步比较了茶多酚及其主要单体在此体系中的作用。通过 MTT 法进行细胞活力测定发现，茶多酚的两种主要成分 EGCG 和 EGC，分别大约占总多酚提取物的 58%和 12%，显著增强硝普钠的细胞毒性。另外一种主要成分 EC，所导致的协同损伤低于 EGCG 和 EGC。此外，很奇怪地发现 ECG 对于 NO 诱导细胞毒性具有浓度依赖性的保护作用。

9.3.2　一氧化氮诱导细胞核形态变化及茶多酚的影响

用 1.5mmol/L SNP 处理细胞 24h 之后，细胞核形态表现出明显凋亡变化，即核发生固缩或出现细胞碎片。这种核凋亡形态变化在用茶多酚预处理后并没有消失，在高浓度组，损伤加重、核肿胀，呈现凋亡晚期的形态特征。此结果表明 NO 可以诱导细胞凋亡，高浓度茶多酚对 SNP 引起细胞核凋亡的变化有明显协同增强作用。

9.3.3　一氧化氮诱导细胞核 DNA 断裂及茶多酚的影响

为了确定硝普钠及茶多酚所造成的细胞活力下降是由于凋亡还是坏死造成的，作者进一步对细胞 DNA 进行了分析。处理细胞提取 DNA 用作琼脂糖电泳检测其寡聚核小体断裂，在对照组没有观察到 DNA 断裂。1.5mmol/L SNP 处理后观察到典型的寡聚核小体片段，在DNA电泳图谱上表现为梯状条带，并可观察到硝普钠对细胞DNA断裂作用有浓度依赖效应。茶多酚预处理不能减轻细胞DNA损伤，在所用浓度均能观察到DNA梯状条带。此结果表明NO可以诱导细胞核DNA断裂，高浓度茶多酚对SNP引起细胞核断裂有明显协同增强作用。

9.3.4 一氧化氮诱导细胞凋亡及茶多酚的影响

为了进一步确定茶多酚与硝普钠协同损伤作用，细胞用PI标记用作流式细胞分析。未处理对照细胞仅有一个二倍体DNA峰，凋亡率为4.02%。硝普钠处理后出现明显DNA含量降低的凋亡细胞。茶多酚与硝普钠共同处理，细胞出现一个典型的亚二倍体峰，且茶多酚预处理具有浓度依赖效应。此结果表明NO可以诱导细胞凋亡，高浓度茶多酚对SNP引起细胞核凋亡的变化有明显协同增强作用。

9.3.5 茶多酚对一氧化氮诱导细胞线粒体膜电位变化的影响

利用流式细胞仪分析细胞内亲脂性阳离子荧光染料的含量变化来衡量线粒体膜电位变化。硝普钠处理24h，可以检测到具有较低荧光强度细胞，SH-SY5Y细胞用硝普钠处理后导致荧光强度降低表明线粒体膜电位的降低，茶多酚预处理导致线粒体膜电位进一步降低并具有浓度依赖性。此结果表明NO可以诱导细胞线粒体膜电位下降，高浓度茶多酚对SNP引起细胞线粒体膜电位降低有明显协同增强作用。

9.3.6 一氧化氮诱导细胞内活性氧的产生及茶多酚的影响

利用DCFH-DA荧光分析检测系统内的活性氧。1.5mmol/L硝普钠处理6h和12h后，诱导细胞内活性氧信号显著增加，而24h后活性氧水平剧烈降低，远低于对照水平。硝普钠及茶多酚共同处理6h后，活性氧水平比单硝普钠处理组继续升高，仅50mmol/L茶多酚组对于活性氧的产生有较小的抑制作用。结果表明，NO可以诱导并增加细胞产生的活性氧，高浓度茶多酚对SNP引起细胞活性氧产生增加有明显协同增强作用，还表明在茶多酚处理后，存在产生活性氧的其他途径。

9.3.7 一氧化氮诱导细胞内谷胱苷肽变化及茶多酚的影响

利用HPLC结合电化学检测技术检测了细胞内还原型及氧化型谷胱苷肽的含量，并进行了定量分析。还原型及氧化型谷胱苷肽的保留时间分别为4.28min和7.74min。处理12h后，还原型谷胱苷肽及GSH/GSSG水平均回复到较高水平，对于单独硝普钠处理组和低浓度茶多酚预处理组，GSH及GSH/GSSG水平升高到对照的1~2倍。高浓度茶多酚处理组仍低于对照水平。将处理时间延长至24h，GSH及GSH/GSSG水平再次下降。对于高浓度茶多酚处理组，GSH水平降至对照的10%以下，而细胞还原力(GSH/GSSG)降为对照的一半。此结果表明NO可以诱导细胞还原型谷胱甘肽下降，高浓度茶多酚对SNP引起细胞还原型谷胱甘肽下降有明显协同增强作用。

9.3.8　一氧化氮诱导 SH-SY5Y 细胞凋亡通路和茶多酚的影响

作者研究了 NO 诱导细胞凋亡通路，包括 p53 和 c-Jun 水平的变化、NFκB 表达变化、Bcl-2 和 Bax 水平变化及茶多酚的保护作用，以探讨其作用机制。检测细胞经硝普钠处理及茶多酚预处理后胞内的 p53 和 c-Jun 表达水平。硝普钠处理使 p53 和 c-Jun 的水平上调。不同浓度的茶多酚预处理，对硝普钠处理引起的 p53 和 c-Jun 表达的变化有不同的影响。低浓度茶多酚处理减轻了硝普钠造成上调，而高浓度茶多酚处理使 p53 和 c-Jun 水平进一步升高，具有浓度效应。

SNP 处理 12h 后，NFκB 表达上调，茶多酚预处理进一步上调 NFκB 的水平，并具有浓度依赖性。此结果表明 NO 可以诱导细胞内 NFκB 表达上调，高浓度茶多酚对 SNP 引起细胞内 NFκB 表达上调有明显协同增强作用。硝普钠处理 24h 后，胞内的 Bcl-2 蛋白水平下调，不同浓度茶多酚处理以浓度依赖方式进一步下调 Bcl-2 表达。但是，胞内 Bax 蛋白表达水平未见显著变化。此结果表明 NO 可以诱导细胞内 Bcl-2 蛋白水平下调，高浓度茶多酚对 SNP 引起细胞内 Bcl-2 蛋白水平下调有明显协同增强作用。

9.3.9　茶多酚及其单体与硝普钠反应产物

利用 ESR 方法检测了纯化学体系中茶多酚及其单体与硝普钠的可能反应。在所用检测条件下，单独茶多酚或硝普钠都未检测到明显的自由基信号，表明在生理 pH 范围，茶多酚自氧化产生醌类自由基的反应速度较慢。但当把茶多酚与硝普钠混合后，立即检测到一个含氮自由基信号。此信号为三条峰，g=2.035，与茶多酚自氧化产生的醌类自由基(g=2.005)明显不同[40]，表明茶多酚可能与硝普钠形成了具有自由基活性加合物。发现 EGC 与硝普钠反应后得到的产物自由基信号最强，表明 EGC 与硝普钠的反应比其他三种单体更活跃。发现 EGCG 与硝普钠反应得到的信号弱于 EGC，但明显高于 ECG 和 EC，当与硝普钠混合后，ECG 和 EC 仅产生小的自由基信号。结果表明儿茶素单体与硝普钠反应活性与 NO 协同产生的神经毒性成正比。

在各类中枢神经系统疾病中，过量的 NO 具有神经毒性并导致神经元死亡，氧化应激在 NO 诱导神经细胞凋亡中起着重要作用。有些研究报道抗氧化剂，如 EGb761，可以减轻 NO 诱导的神经毒性[41]。以往研究表明，线粒体损伤是 NO 诱导神经毒性的机制之一。在正常情况下，活性氧自由基主要由线粒体代谢产生并可为细胞的抗氧化体系中和[42]，其间平衡破坏导致神经元损伤。在神经生长因子(NGF)剥夺及 3-羟基犬尿氨酸(3-hydroxykynurenine)诱导神经元凋亡中检测到活性氧的累积。谷胱苷肽是细胞内主要非蛋白巯基，参与保护氧化损伤。胞内还原型谷胱苷肽浓度是决定细胞对 NO 及其衍生物毒性敏感性的重要因子。当还原型谷胱苷肽水平降为基本的 50%时，神经元营养剂量的 NO 可诱导神经细胞凋亡[42]。还有报道说 NO/$ONOO^-$损伤对细胞还原型谷胱苷肽代谢有明显耗竭作用，因此，在过量 NO 存在及线粒体损伤的条件下，脑中还原型谷胱苷肽损失对于细胞的氧化损伤是一个重要的因素。

Fall 和 Bennett 认为在整体细胞中，与测量线粒体膜电位相比，活性氧水平崩溃是线粒体 PT 孔开放的较好标志，因为单独电子传递链的抑制也能影响膜电位下降[43]。无论如何，活性氧的急剧增高，超过系统内源性巯基的缓冲能力，将导致谷胱苷肽水平下降及某些酶失活，如谷胱苷肽还原酶及锰 SOD[44]。这将导致高浓度茶多酚与硝普钠共处理 24h 后还原型谷胱苷肽耗尽及神经细胞大量凋亡。在作者的研究中，以 SNP 或 GTPs/SNP 处理细胞 12h，检测到 p53 的水平增加。NO 诱导 p53 积累的机制可能是由于 NO 作用于 p53-Mdm2 核-质转运体系而减少了 p53 向细胞核外的运输[45]。这个结果提示，茶多酚对于 c-Jun 表达的影响并不是通过与 c-Jun 的转录因子直接作用实现的，而是通过对细胞氧化状态的调节影响了与氧化应激相关的信号途径。

在实验中也比较了茶多酚 4 种主要成分对硝普钠诱导的神经毒性作用。与其他两个单体相比，在 B 环上具有邻三羟基的 EGCG 和 EGC 在 NO 存在条件下具有更强的神经毒性。这与先前关于具有邻三羟基黄酮类(ECG 和 EGCG)在 NO 存在下具有强的损伤作用相一致。亦有报道这一 B 环上的三羟基结构也决定儿茶素的活性[46]，因此，茶多酚的毒性作用似乎与其活性相关。

总的来说，以上结果表明，NO 可以诱导神经细胞凋亡，高浓度的茶多酚协同增强 NO 的神经毒性，氧化应激介导的信号机制参与了这一损伤作用。当作用时间较短时(12h)，低浓度的茶多酚改善了细胞的氧化还原状态，但是对于细胞活力，没有显著的改善。当作用时间延长时(24h)，可以检测到活性氧的产生增加，线粒体膜电位的降低及谷胱苷肽的减少。作者认为这些指标反映了细胞对于氧化损伤的敏感性而非细胞损伤的特征，当细胞继续暴露于这些因子之下将导致凋亡。因此在将茶多酚作为一种食品营养添加剂或治疗药物时要充分考虑它在特定条件下可能产生的毒性。

9.4 一氧化氮和阿尔茨海默病(AD)及尼古丁对 AD 的预防和治疗作用

最新人口普查表明，现在我国 60 岁以上的老年人有 1.3 亿，我国已经提前步入老龄化社会。到 2050 年将达到 4.39 亿，占总人口的 1/4。阿尔茨海默病和帕金森症的患病人数在 800 万以上，2010 年达到了 1500 万以上。人口老龄化和老年性疾病对社会、家庭和医学界造成了巨大的压力和负担。但是至今阿尔茨海默病的发病机制尚不清楚，也没有有效治疗药物。阿尔茨海默病患者脑内一般都出现神经纤维缠绕和老年斑[47]及淀粉样蛋白 A 沉淀[48]。研究阿尔茨海默病的发病机制和寻找有效方法治疗阿尔茨海默病引起了人们广泛关注，也是科研和医务工作者义不容辞的任务。有证据表明，氧化应激和 NO 与阿尔茨海默病发病过程有密切关系。作者研究了尼古丁对阿尔茨海默病的预防和治疗作用和对这一过程 NO 的调节作用。本节就这方面的研究加以讨论。

9.4.1 阿尔茨海默病增加内源 iNOS 表达和 NOS 活性

在阿尔茨海默病患者脑组织中有 3 种 NOS(eNOS、eNOS 和 iNOS)的不正常表达且 NO 产生增加。内皮细胞不仅是第一个被确认的控制血管舒张功能和血流的主要舒张因子，而且与脑血管功能和认知有密切联系。以前的研究表明，内皮细胞能够影响突出体塑性、线粒体生成和神经祖细胞功能，说明内皮细胞控制神经细胞功能的作用是复杂的，是连接神经血管和神经功能的关键分子[49]。这在发病机制中是否有重要意义，或仅仅是发病后引起的后果还不得而知。在转人 Aβ 前体蛋白 APP 基因小鼠、散发型阿尔茨海默病患者和电解大鼠脑层应激模型分析 eNOS 和 iNOS 表达，都发现星形细胞明显增加这两种 NOS 表达。在阿尔茨海默病患者和转基因小鼠 eNOS 表达星形细胞数多于 iNOS 表达星形细胞数。这些高表达的 eNOS 和 iNOS 的星形细胞在阿尔茨海默病患者及转基因小鼠总是直接与 Aβ 沉淀相连，且于大鼠脑皮层在应激位置附近发现。这些结果表明，在星形细胞的高表达 eNOS 和 iNOS 是与 APP 高表达或 Aβ 沉淀密切相关的，NOS 表达改变是阿尔茨海默病病理的一部分，可能是在 APP 病理之后而不是神经退行过程的早期[50]。

研究发现在阿尔茨海默病患者白细胞中 NOS 活性明显增加。内皮层的神经元在阿尔茨海默病退行性病变是很容易受伤害的。用免疫标记实验发现，在海马区和内皮层 nNOS 表达明显降低。另外还发现 nNOS 是与神经纤维缠绕和老年斑紧密相连的，这说明 nNOS 的表达神经元对神经退行性病变是很敏感的，也可能在阿尔茨海默病病理过程起着重要作用[51]。最近作者实验室利用转 Aβ 线虫和转 Aβ 人神经细胞 SH-SY5Y 作为 AD 模型研究发现，NOS 内源抑制剂不对称二甲基精氨酸（asymmetric dimethyl arginine，ADMA）在这两个模型体系中表达量明显增加，而且 ADMA 处理能够明显加剧 Aβ 诱导的线虫的瘫痪和增加及转 Aβ 基因人神经细胞的氧化应激水平，说明抑制一氧化氮产生可能与 AD 的病理有关[52]。

作者实验室研究了尼古丁对 Aβ 诱导海马细胞凋亡保护作用及在 APP 转基因小鼠中尼古丁通过 NO 对阿尔茨海默病的预防和治疗作用的分子机制[54]。

9.4.2 尼古丁对 Aβ 诱导海马细胞凋亡的保护作用

体外的细胞模型(原代海马神经元培养)可以帮助人们认识尼古丁对 Aβ 诱导海马细胞凋亡的机制。作者实验室研究了尼古丁对 Aβ 诱导海马细胞凋亡过程 ROS 和钙离子在细胞内的积累及 Caspase-3 活性的影响，并且和胆碱拮抗剂甲氨进行了比较，得到了一些有意义的结果[55]。

1) 尼古丁对 Aβ 诱导海马细胞活性的影响

用 MTT 方法测定发现，Aβ 片段 Aβ25-35 和全长 Aβ、Aβ1-40 都可以引起培养的原代海马细胞活力下降，而反向 Aβ、Aβ40-1 就不起作用。1~10μmol/L 尼古丁共同培养就可以保护细胞免受 Aβ 引起的细胞活力下降。

2) 尼古丁对 Aβ 诱导海马细胞凋亡的影响

测定 DNA 断裂发现，Aβ 片段 Aβ25-35 和全长 Aβ，Aβ1-40 都可以引起培养的原代海马细胞凋亡，而反向 Aβ，Aβ40-1 就不起作用。1~10μmol/L 尼古丁共同培养就可以保护细胞免受 Aβ 引起的细胞凋亡。

3) 尼古丁对 Aβ 诱导海马细胞 Caspase-3 活性上升的影响

用分子生物学方法测定发现，Aβ 片段 Aβ25-35 和全长 Aβ、Aβ1-40 都可以引起培养的原代海马细胞 Caspase-3 活性的上升，而反向 Aβ、Aβ40-1 就不起作用。1~10μmol/L 尼古丁共同培养就可以抑制 Aβ 引起的细胞 Caspase-3 活性的上升。

4) 尼古丁对 Aβ 诱导海马细胞活性氧自由基的影响

用荧光标记方法测定发现，Aβ 片段 Aβ25-35 和全长 Aβ、Aβ1-40 都可以引起培养的原代海马细胞活性氧自由基积累的上升，而反向 Aβ、Aβ40-1 就不起作用。1~10μmol/L 尼古丁共同培养就可以抑制 Aβ 引起的细胞活性氧自由基积累。

5) 尼古丁对 Aβ 诱导海马细胞钙离子的影响

用荧光标记方法测定发现，Aβ 片段 Aβ25-35 和全长 Aβ、Aβ1-40 都可以引起培养的原代海马细胞钙离子积累的上升，而反向 Aβ、Aβ40-1 就不起作用。1~10μmol/L 尼古丁共同培养就可以抑制 Aβ 引起的细胞钙离子积累。

6) 胆碱能抑制剂甲氨对尼古丁保护 Aβ 诱导海马细胞凋亡的影响

为了确定尼古丁对 Aβ 诱导海马细胞凋亡的保护作用是通过其抗氧化作用还是通过胆碱受体，研究了非选择性胆碱能抑制剂甲氨对尼古丁这一作用的影响。结果发现，甲氨可以有效地抑制尼古丁对 Aβ 诱导的 Caspase-3 活性上升和活性氧自由基的积累，这说明尼古丁的保护作用部分是通过其抗氧化作用，部分是通过胆碱受体起作用的。

9.4.3　尼古丁对转基因鼠脑内 Aβ 沉积的抑制作用

以上的细胞研究表明尼古丁的保护作用或许是部分通过尼古丁受体起作用的。为了深入理解这种作用的机制，作者实验室利用转基因的动物模型来模拟这种疾病，探索尼古丁究竟在体内以怎样的方式起作用[49,50]。APP^{V717I} 转基因小鼠(C57/BL)表达大量的 APP751，包含 London 突变(V717I 突变)。9 个月大的转基因小鼠用 2%蔗糖或尼古丁加 2%蔗糖处理(加入饮水中)5 个月。脑内 Aβ 沉积是 AD 的重要标志和特征，用尼古丁喂食阿尔茨海默病转基因鼠半年，尼古丁对转基因鼠脑内 Aβ 沉积有明显的抑制作用。

9.4.4　尼古丁对转基因鼠脑组织中一氧化氮产生和 NOS 活力的影响

利用 ESR 方法，研究了转基因鼠海马和皮层区的 NOS 的活力和产生的 NO，结果发现在尼古丁处理的转基因鼠组，海马和皮层区的 NOS 的活力显著下降，而且在这两个脑区，活性氧和 NO 的含量也有显著下降(图 9-7)。

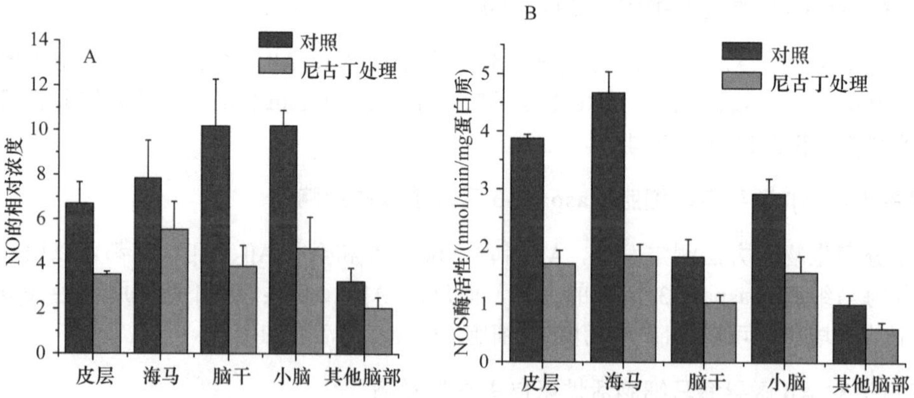

图 9-7　尼古丁对转基因鼠脑组织中(A)NO 产生和对(B)转基因鼠脑组织中 NOS 活力的影响

9.4.5　尼古丁对阿尔茨海默病防治作用的信号通路

作者实验室接着研究了尼古丁对阿尔茨海默病保护作用的信号通路，结果发现尼古丁可以明显减少鼠脑海马和皮层部位转录因子 ERK、c-myc、NFκB 的表达，这两种蛋白质在皮层区和海马区都被尼古丁明显下调，这表明，尼古丁至少在转录阶段影响了这两个亚单位的表达。为了进一步确定尼古丁对 NFκB 信号的作用，用 EMSA(electrophoretic mobility-shift assay)方法分析了海马和皮层区的细胞核提取物，发现 NFκB 结合到一个特定的 DNA 位点，而且这种结合明显被尼古丁所抑制。为了确定 MAPK 是否在上游调控 NFκB 通路，用 p38 MAPK 特异抑制剂 PD169316 和 ERK 活性抑制因子Ⅱ分别抑制两条 MAPK 通路，PD169316(10μmol/L)和 ERK 活性抑制因子Ⅱ(100μmol/L)可以有效抑制 SH-SY5Y 细胞(稳定转染 APPsw)的 p65 表达，而且尼古丁处理以后，p65 表达进一步下降，这和动物实验观察到的结果是一致的，尼古丁在这个系统中对 MAPK-NFκB 确实是下调的。这些数据表明，尼古丁是通过 MAPK 通路调节 NFκB 的。

同时发现尼古丁处理可以明显减少细胞循环相关蛋白 CyclinD1 和 CDK4。考虑到尼古丁可以在转录水平影响一些基因的表达，而且 c-myc 在诱导细胞凋亡和促进细胞周期的进展方面具有重要的作用，同时神经细胞凋亡和细胞周期的不正常表现同样出现在阿尔茨海默病病理中，所以研究了 c-myc 在转基因小鼠中的表达。而且用海马和皮层区的核提取物来分析了 c-myc 和 DNA 结合的能力，来反映 c-myc 的活力。尼古丁处理转基因动物后发现，无论是表达还是活力方面 c-myc 都明显下调，这些数据表明 c-myc 可能参与了阿尔茨海默病中尼古丁介导的神经保护通路的调节。

为了进一步了解 NFκB-MAPK 通路是否调节了 c-myc 的表达及活力，采用了 PD169316、ERK 活化抑制因子Ⅱ和 isohelenin(NFκB 通路的抑制剂)分别抑制这几条通路，PD169316、ERK 活性抑制因子Ⅱ和 isohelenin 明显下调 SH-SY5Y 细胞(稳定转染 APPsw)的表达，而且，尼古丁加入这个系统后，c-myc 表达明显进一步下降。这些结果进一步表明了尼古丁在转基因小鼠中对 c-myc 的下调作用。作者的数据表明了 NFκB-MAPK 通路确实参与了这一调节过程。而且发现尼古丁处理还可以减少细胞死亡底物多腺苷二磷酸核糖聚合酶[poly(ADP-ribose) polymerase](PARP)。这些信号蛋白的变化和脑中相应部位 NO 产生和 NOS 表达的变化及脑中 Aβ 斑沉积的减少是一致的。

长期尼古丁处理可以调控很多基因的转录，尼古丁是一种受体的激动剂，烟碱型乙酰胆碱受体(nAChRs)的激活或许参与了尼古丁的调控过程。nAChRs 在皮层和海马广泛分布，而且基底前脑的胆碱能神经元的退化也是阿尔茨海默病最早的病理学特征。编码 nAChRs 的 11 种亚单位(α2~α9)和(β2~β4)已经被克隆并定位。为了研究到底是哪种亚型参与了尼古丁的这种调控作用，作者首先用实时 PCR 检测了这些亚单位的表达情况。在尼古丁处理 5 个月的转基因鼠中，α7 亚基出现了一个大幅增长，相比较而言，其他亚单位并未出现明显的改变。这些数据表明，α7 亚基可能是尼古丁介导的神经保护作用的一个主要参与者。

根据以上研究和讨论，作者总结了尼古丁对阿尔茨海默病通过 NO 的防治作用的信号通路，如图 9-8 所示，淀粉样蛋白(Aβ)通过乙酰胆碱受体 α7 活化 NAPK(ERK 和 p53)

通路，导致炎症发生，上调 NFκB 和 NO 产生增加。通过调节 c-myc 通路诱导细胞凋亡(上调 Bax、Caspase-3 和下调 Bcl-2)及扰动细胞周期导致神经退行性改变和阿尔茨海默病的发生。尼古丁可以通过乙酰胆碱受体 α7 抑制 NAPK(ERK 和 p53)通路，抑制炎症发生，下调 NFκB 和抑制 NO 产生增加。通过调节 c-myc 通路抑制细胞凋亡(下调 Bax，Caspase-3 和上调 Bcl-2)及调节细胞周期抑制神经退行性改变和阿尔茨海默病的发生。当然，该实验还发现尼古丁除了通过以上信号途径外还可以直接与淀粉样蛋白(Aβ)相互作用，防止淀粉样蛋白(Aβ)凝聚，以及通过抗氧化通路防止神经退行性改变和阿尔茨海默病的发生。

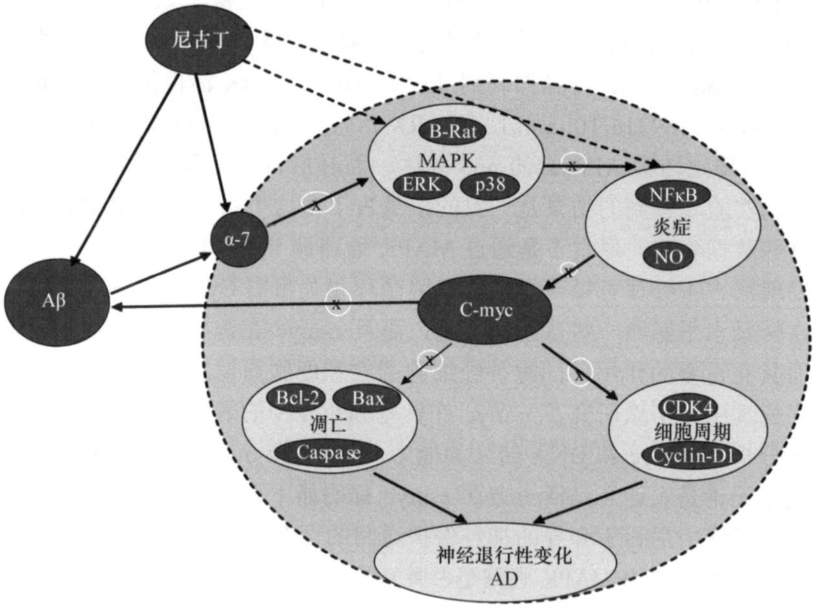

图 9-8　尼古丁通过 NO 对阿尔茨海默病预防和治疗作用的信号通路

9.5　一氧化氮与帕金森症

帕金森症(Parkinson's disease，PD)是老年人群中发病率很高的一种神经系统退行性疾病，是以震颤、肌肉僵直、活动困难和姿势反射丧失为特征的综合征，于 1871 年由英国医生帕金森报道而得名。原发性帕金森症始发于 50~60 岁，发病率和患病率随年龄的增长而逐渐增加。最新的一项流行病学调查表明：帕金森症在 55 岁以上的人群中的发病率为 1.4%，而在 75 岁以上的老人占 3.4%[56]。帕金森症的主要病理特征为选择性的黑质和纹状体多巴胺能神经元的减少、丧失和黑体-纹状体束的病理性改变，从而引起运动障碍。该病在临床上呈慢性进展性进程，逐渐致残，后期丧失活动能力，体质逐渐下降，生活不能自理，并可以导致心肺并发症而死亡。更为严重的是，至今尚无有效成熟的药物或方法能阻止和逆转帕金森症病情的发展。

备受瞩目的 2000 年诺贝尔生理学或医学奖授予了 3 位神经生理学家，以表彰他们在神经细胞信号转导机制上的开创性工作[57]。其中瑞典科学家 Arvid Carlsson 是因为发现多巴胺(dopamine，DA)而获此殊荣。多巴胺是脑中的一种神经递质，在人体内运动的控制方面起重要的作用。Carlsson 的研究使人们认识到帕金森症本质上是由于在脑内的特定部位缺少多巴胺这种神经递质而引起的。同时，Carlsson 发现帕金森症患者临床上的症状可以用左旋多巴(L-DOPA)得到补偿性的治疗。虽然左旋多巴对帕金森症的治疗是一个重大的突破，但是左旋多巴并不能从根本上延缓、阻止或根治本病，长期用药可以产生"长期左旋多巴综合征"，导致病程后期无药可治。近年来，关于帕金森症治疗的辅助用药的研究也有了长足的进步，特别是单氨氧化酶-B(MAO-B)的抑制剂司来吉兰(selegiline)被认为是非常有前途的药物，但是更为广泛和深入的研究仍然需要继续进行。

9.5.1 帕金森症发病的根本原因

近年来，随着研究的深入和新方法的不断应用，国际上在这方面的研究有了很大的进展。最新观点认为帕金森症是遗传易感性和环境因素共同作用的结果[58]，并且形成了较为集中的 3 个学说，其中氧化应激学说得到了最广泛的关注和认可。

1) 毒物学说

一种或多种神经毒素是帕金森症发病的诱因。环境毒物：20 世纪 80 年代一些吸毒者因为服用神经毒物 1-甲基-4 苯基-1,2,3,6 四氢吡啶(MPTP)而出现帕金森症样临床症状，并由此建立了帕金森症动物模型。MPTP 的活性代谢产物 MPP^+的作用机制包括两方面：即扰乱线粒体的功能和增加氧化应激。其他毒物包括金属铜、锌和铁及一氧化碳等内源性的毒物。例如，有证据表明，神经毒剂 6-羟基多巴(6-OHDA)在脑内存在并且能够诱导多巴胺神经元凋亡。

2) 兴奋性氨基酸毒和过度免疫机制学说

兴奋性神经毒作用可能与帕金森症的发病有关。兴奋性氨基酸，如谷氨酸和天冬氨酸，当释放过多或灭活机制受损将对神经细胞有毒性作用。*N*-甲基-D-天冬氨酸 NMDA (*N*-methyl-D-aspartate)受体介导的兴奋性神经毒作用与多巴胺神经元变性有关。在生理条件下，纹状体神经元的活动是由黑质 DA 能神经元的抑制和大脑皮质谷氨酸能神经元的兴奋相拮抗而完成的，由于帕金森症脑黑质纹状体 DA 能神经元的缺失，造成谷氨酸能神经元的兴奋性活动增强，会加重纹状体和黑质神经元的变性死亡。实验发现，病理条件下的神经胶质细胞可能通过免疫反应增强氧化应激而导致帕金森症的病理过程。过度激活的胶质细胞可以产生细胞因子、ROS 和 NO 等活性分子。这些活性分子在特定的病理条件下都可以诱导和加剧多巴胺神经元的损伤和降解。

3) 氧化应激学说

目前认为氧化应激过度是导致多巴胺神经元变性和残存神经元进一步损伤的重要原因。通过化学反应或酶反应，多巴胺代谢能产生活性氧自由基。多巴胺自氧化能导致醌类、半醌类及其他活性氧产生，最终形成神经褪黑激素(neuromelatonin)。更重要的是多巴胺在单胺氧化酶(MAO)的作用下形成过氧化氢和其降解产物 L-3,4-二羟苯丙氨酸(DOPAC)及高藜芦酸(HAV)。过量的过氧化氢在与过渡金属铁反应中生成反应活性更强的·OH，从而增加细胞的氧化应激，消耗抗氧化物质和破坏细胞的抗氧化防御系统。

氧化应激是指能导致化学或代谢来源的活性氧(ROS)和活性氮(RNS)及其代谢产物

产生的一种细胞内或细胞外的状态。一方面活性氧(如 $O_2·$ 和 H_2O_2)和 NO 作为细胞内的第二信使在细胞的信号调控方面发挥重要的作用；另一方面过度的氧化应激诱导在脑衰老和与衰老相关联的退行性神经系统疾病的发病过程中的作用也得到了确证[59]。脑组织的氧代谢率很高，金属离子如铁的含量也很高，同时抗氧化剂的保护机制又相对缺乏。这就导致脑组织的活性氧代谢相对容易失去平衡。而且大脑皮层神经元、小脑颗粒细胞和星形胶质细胞等多种细胞在病理条件下都可以产生过量的 NO，NO 与 $O_2·$反应可以生成反应活性更强的 $ONOO^-$及其代谢产物·OH，从而引发细胞内广泛的氧化损伤。许多环境因素和代谢毒素都可以诱导产生过量的 ROS 及 RNS，而引起不同程度的细胞毒性作用。过量的 ROS 及 RNS 不仅可以影响细胞膜的通透性，引起 Ca^{2+}内流和细胞第二信使含量的升高，进而激活多条氧化还原通路，而且可以直接通过与线粒体的相互反馈调节作用，启动细胞的凋亡通路。线粒体是 ROS 敏感的细胞器之一，过量的活性氧不仅影响线粒体能量工厂的正常功能，而且能反馈性增加 ROS 的产生，释放凋亡因子细胞色素 c，激活 Caspases 蛋白家族，最后导致细胞凋亡[60]。

9.5.2　抑制神经元一氧化氮合酶可以防止 MPTP 诱导的帕金森症

利用 MPTP 诱导小鼠帕金森症模型研究表明，nNOS 的选择性抑制剂，可以防止 MPTP 的神经毒性。用狒狒作模型也发现 nNOS 抑制剂可以减少 MPTP 处理动物脑黑质部多巴胺的损失和神经元的丢失。这些结果说明 NO 在 MPTP 神经毒性的作用及抑制 NOS 处理可能用于治疗帕金森症[61,62]。

9.5.3　天然抗氧化剂可以抑制 MPTP 诱导的帕金森症

现在已经在许多实验模型中发现抗氧化剂的神经保护作用。研究发现，天然抗氧化剂，如银杏提取物(EGb)对许多环境因素引起的氧化应激而介导的神经元凋亡[63~71]有保护作用。在细胞水平上，作者实验室应用 MTT、荧光显微镜、流式细胞仪分析和 DNA 电泳等技术方法研究了茶多酚及其单体化合物对 6-OHDA 诱导的 PC12 细胞凋亡的神经保护作用。通过对 6-OHDA 处理过的和茶多酚提前处理过的 PC12 细胞的形态，生理功能状态的变化研究，发现茶多酚和其主要成分 EGCG 和 ECG，在 100~200μmol/L 浓度时，表现出明确地保护氧化应激诱导的细胞凋亡作用。其他单体化合物没有表现这种保护作用[72,73]。

茶多酚可以穿透血脑屏障进入脑细胞，可以和肝、肺、肾、心脏有类似的浓度，茶多酚可以通过阻断核因子 IκB 抑制 iNOS 基因表达，因此，茶多酚可能通过抑制脑中 iNOS 基因表达防治帕金森症。另外，基因分析表明，EGCG 可以防止 6-OHDA 诱导的几个 mRNA，如 Bax、Bad 和 Mdm2 表达和减少 Bcl-2、Bcl-w 和 Bcl-X_L。这表明，EGCG 防止氧化应激诱导的细胞死亡包括刺激 PKC 和调节细胞存活/细胞周期基因[74]。下面讨论茶多酚在细胞和体内动物帕金森症模型体系中对帕金森症有预防和治疗作用的 ROS 和 NO 机制。

1) 茶多酚可以防止 MPTP 导致的多巴胺神经元丢失

用免疫组化法测定黑质酪氨酸羟化酶(TH)阳性神经元研究发现，MPTP 处理小鼠几乎将黑质致密部的多巴胺神经元全部摧毁，每天注射 20mg/kg MPTP 两次，连续 5 天可以引起大约 70%神经元损失。同时用茶多酚或 EGCG 处理(自由喝茶 6 天或喂食 25mg/kg 体重 EGCG)和对照一样没有受损失，而用茶多酚或 EGCG 预先处理再用 MPTP 处理可以明显减少 MPTP 导致的多巴胺神经元的损失(表 9-3)[77]。

表 9-3 茶多酚处理对 MPTP 处理小鼠脑黑质多巴胺神经元损失的保护作用

	–MPTP	+MPTP
水	56.1±4.1	17.1±2.3**
茶	53.3±3.9	44.5±4.2*#
EGCG	59.5±5.3	63.2±6.1#

*与–MPTP 相比，$P<0.05$，**与–MPTP 相比，$P<0.01$；#与+MPTP 相比，$P<0.01$

2) 茶多酚可以保持 MPTP 处理小鼠纹状体酪氨酸羟化酶(TH)活性

酪氨酸羟化酶(TH)是将酪氨酸代谢成 L-3,4-二羟苯丙氨酸(L-DOPA)和多巴胺的限速酶，因此 TH 的活性决定帕金森症的进展。在 MPTP 处理的小鼠脑纹状体的 TH 活性比对照降低 21%。用茶或者 EGCG 与 MPTP 同时处理小鼠，可以分别使 TH 活性恢复大约 73%和 67%。这说明茶和 EGCG 可以保持 MPTP 处理小鼠纹状体酪氨酸羟化酶(TH)的活性。

为了进一步研究EGCG对nNOS表达的影响，利用RT-PCR技术测定黑质中nNOS mRNA水平，结果发现，与正常比较，在第 1、2、4 和 7 天，水处理组黑质中 nNOS mRNA 水平明显增加，而 EGCG 组则明显降低，而且还发现在第 2、7 天比在第 1、4 天明显降低，说明 EGCG 处理 mRNA 水平有波动，nNOS 活性测定也得到了类似结果，因此可以说茶和 EGCG 处理可以明显降低黑质中 nNOS 的表达和活性。

3) 茶多酚可以防止 MPTP 诱导的多巴胺的丢失和代谢

多巴胺(DA)、L-3,4-二羟苯丙氨酸(DOPAC)和高藜芦酸(HVA)是从 TH 和其他下游酶催化酪氨酸反应产生的。 用 MPTP 处理小鼠使纹状体，DA、DOPA 和 HVA 分别减少到对照的 10%、19%和 16%。如果用 EGCG 与 MPTP 同时处理小鼠，可以使这些物质保持在对照的 51%~86%。这就足以维持正常的行为，因为只有 DA 降低到对照的 20%才会引起帕金森症，这一结果与茶和 EGCG 处理的 TH 的影响是一致的。

4) 茶多酚可以抑制 nNOS 表达

为了测定饮茶是否影响 NOS 蛋白表达，利用 WEST 印记法(Western blot)检测了黑质中 nNOS 和 iNOS 蛋白水平。结果发现，在黑质中几乎测不到 iNOS 蛋白表达，nNOS 表达远远大于 iNOS，而且用水和 MPTP 处理，nNOS 表达都大于不经任何处理组。这表明处理过程可能引起的应激导致 nNOS 和 NO 产生增加。饮茶和 EGCG 处理都引起黑质 nNOS 表达的减少。同样饮茶和 EGCG 与 MPTP 同时处理也可以引起 nNOS 表达的减少，因此饮茶和 EGCG 对帕金森症的预防效果可以用抑制黑质中 nNOS 表达来解释[71]。为此，作者利用 SY5Y 细胞研究了茶多酚抑制 6-OHDA 诱导细胞凋亡的分子机制。

9.6 6-OHDA 通过一氧化氮-过氧亚硝基通路诱导细胞凋亡及茶多酚的保护作用

作者实验室利用 SY5Y 细胞模型体系研究了 6-OHDA 诱导细胞凋亡通路及茶多酚的影响，发现茶多酚可以通过 NO-过氧亚硝基途径抑制细胞凋亡[68]。

9.6.1 6-OHDA 诱导细胞产生的 ROS 及茶多酚的清除作用

图 9-9 显示 6-OHDA 明显增加 SY5Y 细胞产生的 ROS，茶多酚可以剂量依赖地抑制 6-OHDA 诱导细胞内产生的 ROS。

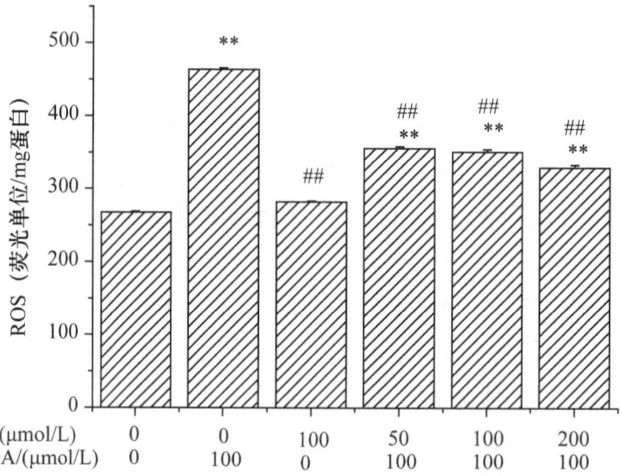

图 9-9 6-OHDA 诱导 SY5Y 细胞内 ROS 积累及茶多酚的保护作用(细胞暴露于 6-OHDA 24h)
** 与不用 6-OHDA 处理相比 $P<0.01$；## 与用 6-OHDA 处理相比 $P<0.01$

9.6.2 6-OHDA 诱导 SY5Y 细胞线粒体肿胀和细胞内钙离子增加及茶多酚的保护作用

6-OHDA 明显诱导 SY5Y 细胞线粒体膜电位下降和线粒体肿胀及细胞内钙离子增加，而茶多酚可以剂量依赖地抑制 6-OHDA 导致的线粒体膜电位下降和线粒体肿胀及细胞内钙离子的增加。

9.6.3 6-OHDA 诱导的 SY5Y 细胞内一氧化氮产生增加和 NOS 表达上调及茶多酚的保护作用

图 9-10 和图 9-11 显示，6-OHDA 可以明显增加 SY5Y 细胞内 NO 产生和神经型及诱

导型 NOS 表达上调，而茶多酚可以明显减少 6-OHDA 引起的 NO 产生的增加和这两种 NOS 表达的上调。

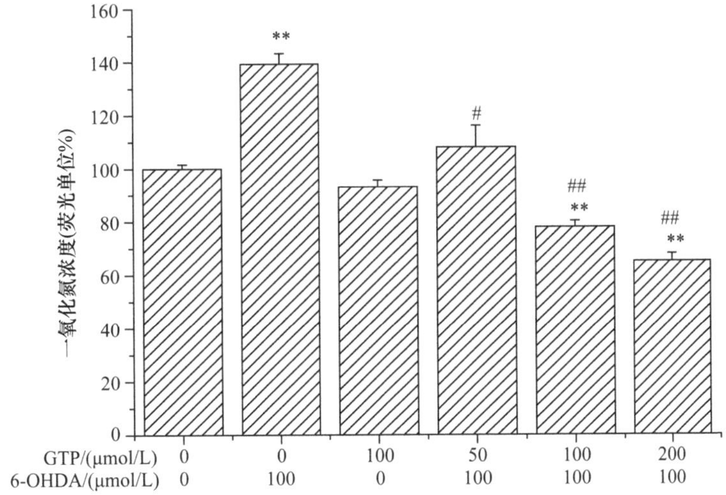

图 9-10 6-OHDA 诱导 SY5Y 细胞内 NO 的积累及茶多酚的保护作用(细胞暴露于 6-OHDA 24h)

** 与不用 6-OHDA 处理相比 $P<0.01$；# 与用 6-OHDA 处理相比 $P<0.05$；## 与用 6-OHDA 处理相比 $P<0.01$

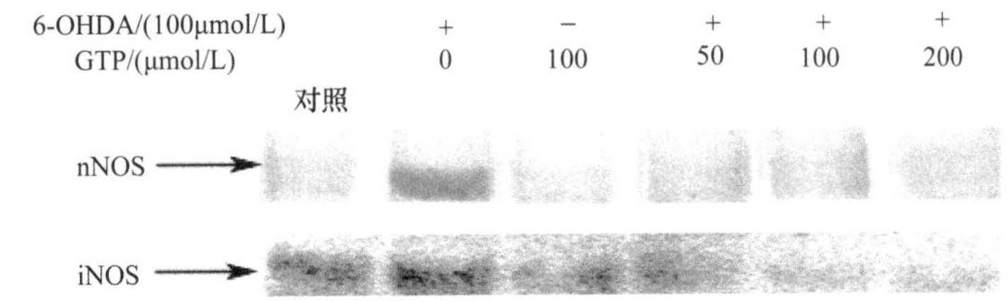

图 9-11 6-OHDA 诱导 SY5Y 细胞 nNOS 和 iNOS 改变及茶多酚的保护作用
(SY5Y 细胞暴露于 6-OHDA 24 h)

9.6.4 6-OHDA 自氧化和自氧化产生的 ROS 及茶多酚的抑制作用

图 9-12 表明茶多酚可以剂量依赖地抑制 6-OHDA 自氧化产生的 ROS。6-OHDA 自氧化产生的醌类自由基，而茶多酚可以剂量依赖地清除 6-OHDA 自氧化产生的醌类自由基。

9.6.5 6-OHDA 诱导细胞凋亡的一氧化氮-过氧亚硝基的可能通路及茶多酚的影响

图 9-13 总结了 6-OHDA 诱导细胞凋亡的 NO-过氧亚硝基的可能通路和茶多酚抑制这一通路的可能位点。由图可以看出，在 6-OHDA 诱导细胞凋亡的 NO-过氧亚硝基的可能通路中，首先是 6-OHDA 自氧化产生的 ROS，由此启动一系列信号通路，其中包括上调 MAPK/JNK 和 NFκB，下调 PKC 和 ERK1/2，进而导致细胞凋亡。产生 ROS 的另一个作用就是破坏线粒体膜电位，导致钙离子外流，启动 nNOS 表达增加。另外 NFκB 上

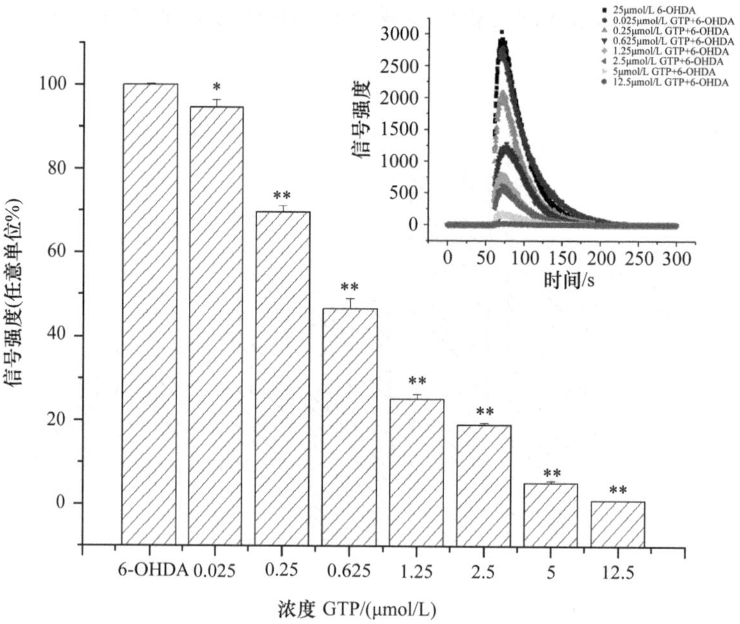

图 9-12　用化学发光测定的 6-OHDA 自氧化产生的 ROS 和茶多酚对 6-OHDA 自氧化的抑制作用

插入的图表明 6-OHDA 自氧化产生的 ROS 的化学发光强度和茶多酚对 6-OHDA 自氧化产生的 ROS 的化学发光的抑制作用

* 与用 6-OHDA 处理相比 $P<0.005$；** 与用 6-OHDA 处理相比 $P<0.01$

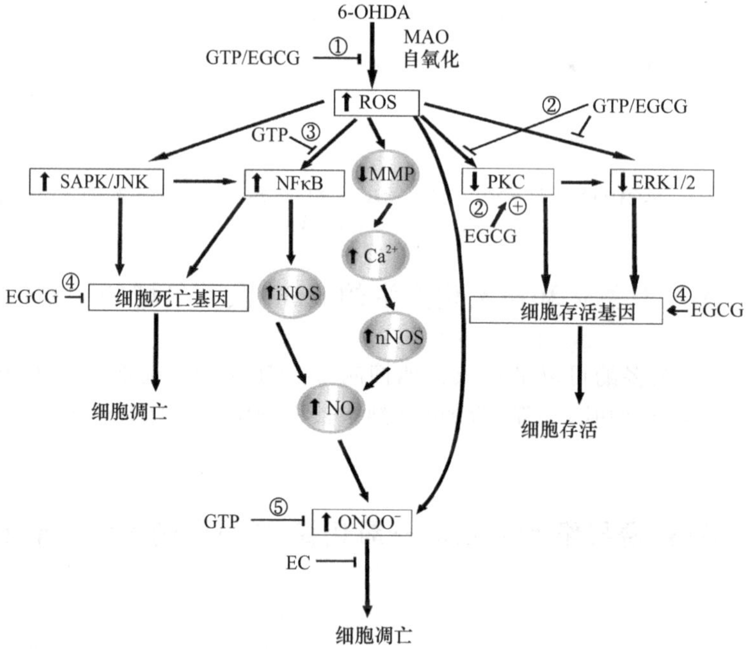

图 9-13　6-OHDA 诱导氧化应激 NO 产生细胞凋亡信号通路和茶多酚作用位点

①直接清除 6-OHDA 诱导产生的 ROS；②通过 PKC-ERK1/2 抑制 ROS，EGCG 还可以直接磷酸活化 PKC；③减少 NFκB 向核的转化和抑制 NFκB；④调节细胞死亡和细胞周期基因；⑤调节细胞内 NO 水平和抑制过氧亚硝基的产生

调也能诱导 iNOS 表达升高，这样就大大增加 NO 的产生。NO 和 ROS 迅速反应生成过氧亚硝基，导致一系列细胞成分损伤和细胞凋亡。茶多酚可以在多个位点阻止 ROS 和

NO 产生及抑制细胞凋亡。首先，它可以防止 6-OHDA 的自氧化和清除产生的 ROS，阻止由此引起的信号转导和诱导 NO 产生增加，防止过氧亚硝基引起的氧化损伤，从而保护和抑制了细胞凋亡。

从以上结果可以看出，6-OHDA 引起帕金森症是其代谢产生 NO 和超氧阴离子自由基结合生成过氧亚硝基损伤的结果，iNOS、nNOS 及 NO 在帕金森症的发病机制中都发挥着重要作用。还可以看出，饮茶和 EGCG 可以通过抑制 nNOS 明显抑制 6-OHDA 引起的帕金森症[70~74]。流行病学调查显示，饮茶可以预防帕金森症。日本和中国(14/100 000~44/100 000)的帕金森症发病率为西方国家(131/100 000~283/100 000)的 1/10 ~1/5。在亚洲，绿茶是人们喜欢的主要饮料，绿茶中 EGCG 含量很高，而西方主要喝红茶，其中的 EGCG 才是绿茶的 5%~8%。流行病学调查还显示，有规律地每天喝 1~2 杯绿茶是预防防帕金森症的重要因素，其中一个重要原因可能是绿茶中所含 EGCG 对 NOS 的抑制作用。

9.7 6-OHDA 通过一氧化氮-过氧亚硝基诱导大鼠帕金森症及茶多酚的保护作用

为了证实 NO 在茶多酚对帕金森症患者进行预防和治疗中的作用，在细胞研究的基础上，作者实验室又利用 6-OHDA 建立半脑帕金森症大鼠模型，探讨茶多酚对其的保护作用机制。结果发现，茶多酚可以浓度和时间依赖性减轻 6-OHDA 诱导产生的旋转行为，降低了中脑和纹状体中 ROS 和 NO 含量，提高了抗氧化水平，减少了脂质过氧化程度、硝酸盐/亚硝酸盐含量、蛋白质结合硝基酪氨酸浓度，同时还降低了 nNOS 和 iNOS 表达水平。TH 免疫染色和 TUNEL 染色表明，茶多酚预处理可增加黑质致密部存活神经元，减少凋亡细胞。本实验结果证明，口服茶多酚可以有效保护脑组织免于 6-OHDA 损伤引起的神经细胞死亡，其保护作用可能是通过 ROS 和 NO 的途径实现的[72]。在本节中，作者对这方面的结果进行详细讨论。

利用雌性 SD 大鼠，随机分为 4 组：6-OHDA 注射组(B 组)，无菌纯净水喂养 7 天后，实行 6-OHDA 注射手术；阴性对照组(A 组)，处理与 B 组相同，但是注射的是生理盐水；低剂量茶多酚处理组(C 组)，每天用 150mg/kg 体重茶多酚(用无菌纯净水配制)灌胃，其余处理与 B 组相同；高剂量茶多酚处理组(D 组)，每天用 450mg/kg 体重茶多酚灌胃，其余处理与 B 组相同。茶多酚处理组(C 和 D 组)均先用茶多酚处理 7 天，再进行 6-OHDA 注射手术。动物手术之后和处死之前，继续用相同的无菌纯净水或用无菌纯净水配制的抗氧化剂喂养。

动物固定在立体定位仪上(采用耳棒定位系统)，在头部划开一个 1~1.5cm 小口，钝性分离结缔组织，暴露颅骨，用牙科钻在右侧颅骨上钻一个孔，根据大鼠脑立体定位图谱，将微量注射器插入右侧前脑内侧束内，注射 6-OHDA 8μg，缝合伤口后抗感染治疗 3 天。

动物分为 A、B、C、D 四组，分别在手术后 1 周、2 周、3 周测其旋转行为来衡量手术情况。于不同的时间段(1 周、2 周和 3 周)，部分动物断头处死，脑组织解剖分离后匀浆，上清液用于脂质过氧化水平、抗氧化水平(对超氧阴离子自由基和羟基自由基的清除能力)、硝酸盐/亚硝酸盐浓度和 NO 与活性氧水平的检测。

为了评估帕金森症模型及检测抗氧化剂的神经保护作用，实验采用了阿朴吗啡诱导动物旋转的方法。手术后 1 周、2 周、3 周，所有的大鼠腹腔注射阿朴吗啡(0.25mg/kg 体重)诱发其旋转行为，3~5min 动物出现旋转，记录 30min 内的旋转圈数及方向，平均每分钟旋转 7 圈以上者为合格的帕金森症大鼠模型。典型的旋转行为是大鼠以毁损侧后肢为支点、首尾相连向毁损对侧旋转。

6-OHDA 注射后，大鼠的旋转行为随时间的增加而递增，到 3 周时达到稳定(图 9-14)，说明 6-OHDA 单侧注射前脑内侧束所导致的黑质致密部多巴胺能神经元的凋亡是时间依赖性的，此大鼠帕金森症模型是 6-OHDA 缓慢发生作用的结果。茶多酚预处理表明，茶多酚可以明显降低大鼠的旋转数，并且随时间延长其作用越发明显，提示茶多酚可以有效保护大鼠黑质致密部神经元。

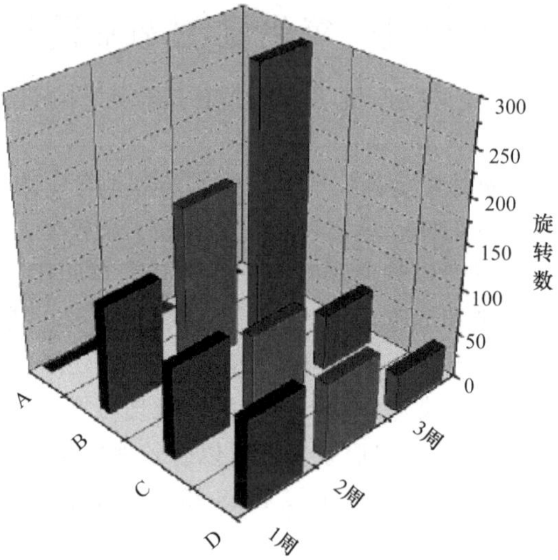

图 9-14　6-OHDA 注射后，大鼠的旋转行为随时间的增加而递增，到 3 周时达到稳定（彩图请扫书后二维码）

9.7.1　脑组织中活性氧和活性氮的产生

动物手术后，分别于 1 周、2 周、3 周时，测量了脑组织中产生的活性氧和 NO、脑匀浆的脂质过氧化水平、脑匀浆的抗氧化能力(或脑匀浆中的抗氧化剂水平)以评价 6-OHDA 所产生的活性氧及活性氮对脑组织的损伤效果。注射 6-OHDA 后，ESR 实验表明，与阴性对照组(图 9-15A)相比，6-OHDA 注射使得中脑和黑质部内的 ROS 和 NO 的含量都有所上升(图 9-15，图 9-16)，并且其量随时间没有太大的变化，可能是因为在手术初期，手术损伤加深了 6-OHDA 的毒害，而随着时间的延长，手术损伤部位愈合，而 6-OHDA 通过扩散加剧了对神经元的伤害。茶多酚预处理可以明显降低损伤侧的活性氧和 NO 的产生，甚至使对照侧明显低于阴性对照组的对照侧，并且有时间和剂量依赖效应。

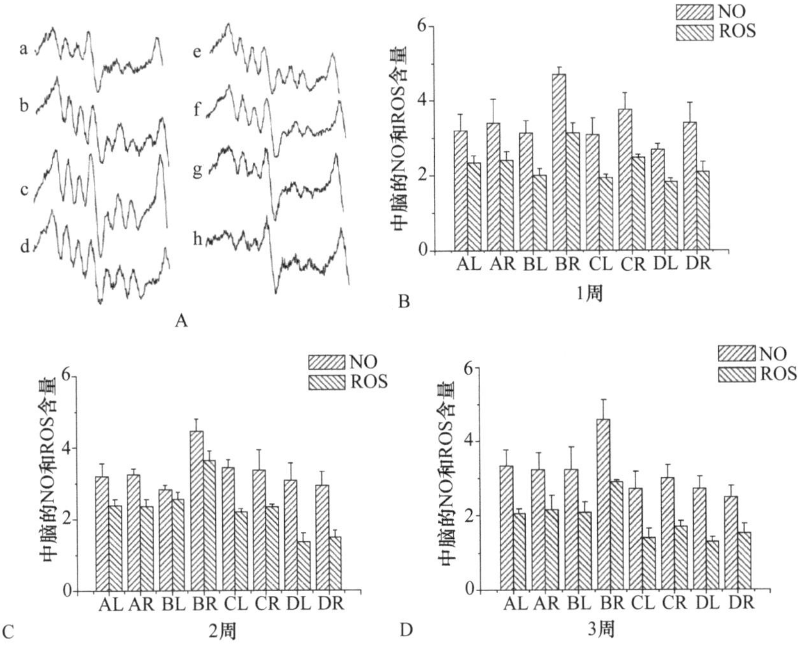

图 9-15 6-OHDA 注射后中脑组织中产生的 ROS 和 NO

A. 脑组织中产生的活性氧和 NO 的 ESR 波谱图；B、C、D. 分别于 1 周、2 周、3 周时，测量的脑组织中产生的活性氧和 NO 水平。横坐标中 A、B、C、D 代表组别，L、R 代表左脑和右脑，即 AL 代表 A 组左脑，AR 代表 A 组右脑，以此类推

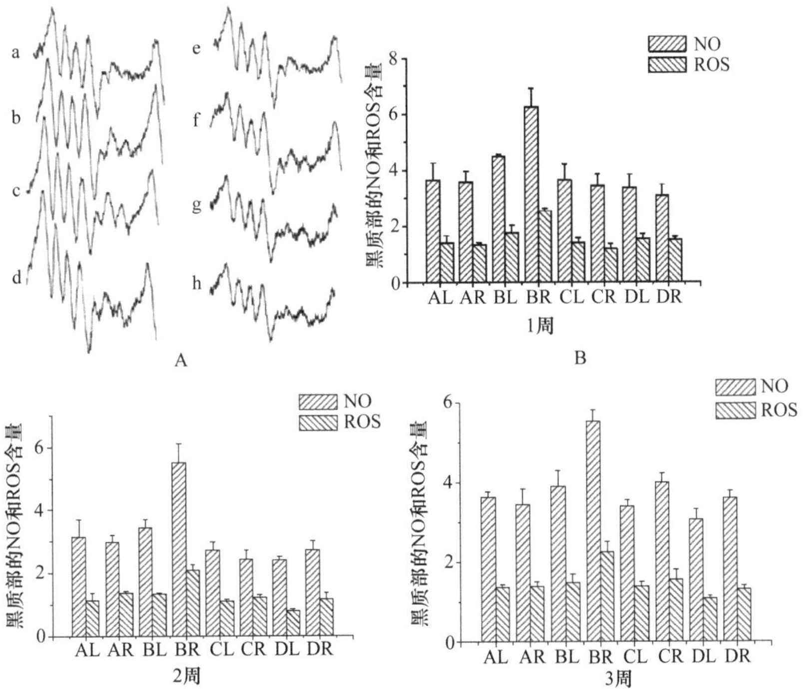

图 9-16 6-OHDA 注射后纹状体组织中产生的 ROS 和 NO

A. 黑质部组织中产生的活性氧和 NO 的 ESR 波谱图；B、C、D. 分别于 1 周、2 周、3 周时，测量活性氧和 NO 水平。横坐标中 A、B、C、D 代表组别，L、R 代表左脑和右脑，即 AL 代表 A 组左脑，AR 代表 A 组右脑，依此类推

6-OHDA 注射后脂质过氧化水平用脂质过氧化产物含量表示表明，6-OHDA 的损伤使得 TBARS 水平在第一周时均高于阴性对照组，并且在中脑和海马内随时间递增而上升。在中脑和纹状体内，茶多酚预处理都使 TBARS 水平有明显的降低，并且具有时间依赖效应。

为了更准确地评价茶多酚在 6-OHDA 诱导的半脑帕金森症大鼠模型中的保护效果，进一步检测了脑匀浆的抗氧化水平，测定了对超氧阴离子自由基和羟基自由基的清除效果。光照核黄素实验表明，6-OHDA 损伤侧中脑和纹状体内脑匀浆清除超氧阴离子自由基的能力比阴性对照组显著下降了 66%和 40%，并且有时间依赖效应。茶多酚预处理使得损伤侧中脑和纹状体内脑匀浆清除超氧阴离子自由基的能力显著升高，并且是时间和剂量依赖性的，对羟基自由基的清除能力与清除超氧阴离子能力类似。

9.7.2　脑组织中硝酸盐/亚硝酸盐的量

为了进一步确定 NO 在 6-OHDA 诱导大鼠帕金森症模型中 NO 及其代谢产物的作用，本工作用 Griess 法进一步检测了 NO 的终产物硝酸盐/亚硝酸盐的产量(图 9-17)。与阴性对照组相比，6-OHDA 注射侧中脑和纹状体内硝酸盐/亚硝酸盐显著升高，并且具有时间依赖性。茶多酚预处理剂量和时间依赖性降低了中脑和纹状体内脑匀浆的硝酸盐/亚硝酸盐水平，使得对照侧中脑和纹状体内硝酸盐/亚硝酸盐水平显著下降，并且具有剂量和时间效应。

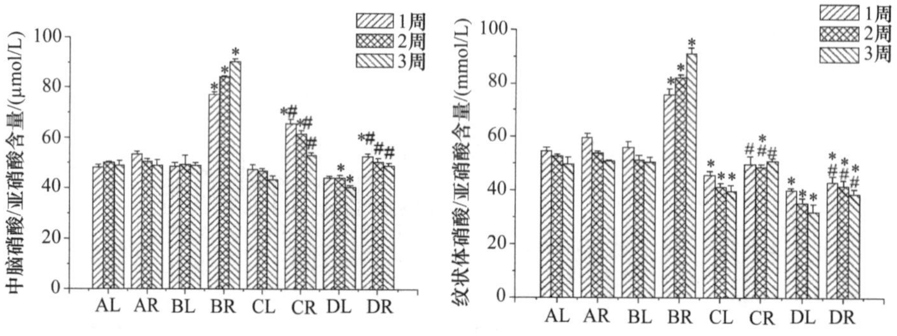

图 9-17　茶多酚预处理剂量和时间依赖性降低了中脑和纹状体内脑匀浆的硝酸盐/亚硝酸盐水平
横坐标中 A、B、C、D 代表组别，L、R 代表左脑和右脑，即 AL 代表 A 组左脑，AR 代表 A 组右脑，依此类推
* 与未处理组相比 $P<0.05$；# 与 6-OHDA 处理组相比 $P<0.05$

9.7.3　大鼠中脑和纹状体中 nNOS 和 iNOS 的蛋白质水平

6-OHDA 注射后，中脑和纹状体内的 nNOS 和 iNOS 的蛋白质水平如图 9-18 所示。6-OHDA 显著增加了中脑和纹状体内的 nNOS 和 iNOS 的蛋白质表达，并且是具有时间依赖效应的。茶多酚预处理可以显著降低中脑和纹状体内的 nNOS 和 iNOS 的蛋白质表达。iNOS 在阴性对照组也有表达，但表达量比较低，可能是由于手术和灌胃刺激导致的。

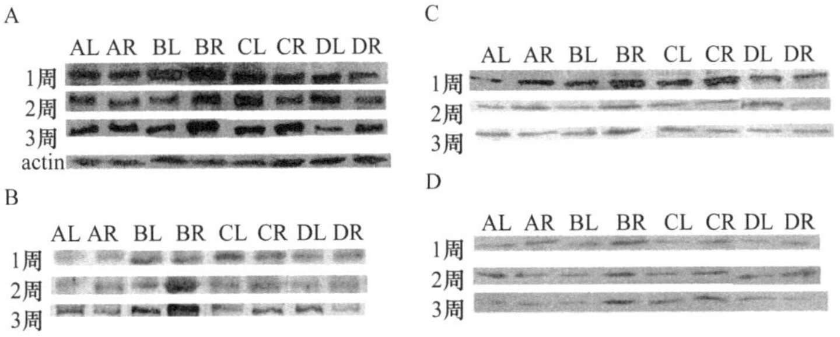

图 9-18　6-OHDA 显著增加了中脑(A, B)和纹状体(C, D)内的 nNOS(A, C)和 iNOS(B, D)的蛋白质表达

横坐标中 A、B、C、D 代表组别，L、R 代表左脑和右脑，即 AL 代表 A 组左脑，AR 代表 A 组右脑，以此类推；actin. 肌动蛋白

大鼠中脑和纹状体内蛋白质结合硝基酪氨酸含量与阴性对照相比，6-OHDA 可显著地升高中脑和纹状体内蛋白质结合硝基酪氨酸含量，中脑内有时间依赖效应(图 9-19)，可能是与中脑黑质致密部神经元的缺失有关。茶多酚可以剂量依赖性地降低蛋白质结合硝基酪氨酸含量。

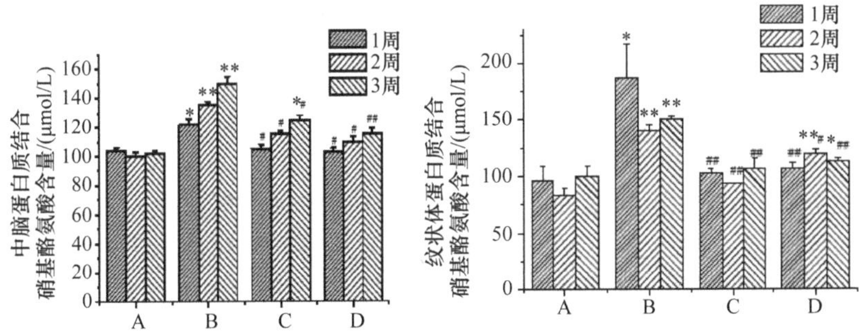

图 9-19　6-OHDA 显著升高中脑和纹状体内蛋白质结合硝基酪氨酸含量

横坐标中 A、B、C、D 代表组别，L、R 代表左脑和右脑，即 AL 代表 A 组左脑，AR 代表 A 组右脑，依此类推

* 与未处理组相比 $P<0.05$；** 与未处理组相比 $P<0.001$；# 与 6-OHDA 处理组相比 $P<0.05$；## 与 6-OHDA 处理组相比 $P<0.01$

9.7.4　酪氨酸羟化酶免疫活性的变化

用免疫组化的方法标记 TH 阳性神经元是观察中脑黑质多巴胺能神经元变化的有效手段。研究表明，在 6-OHDA 注射 3 周后，正常组的动物 TH 阳性神经元的数目比 6-OHDA 损伤侧的多，表明 6-OHDA 对中脑的多巴胺能神经元有显著的损伤作用。而低剂量和高剂量的茶多酚可以明显地保护多巴胺能神经元免受 6-OHDA 的毒害。

9.7.5　TUNEL 检测中脑黑质致密部神经元的凋亡

在细胞凋亡过程中，细胞内 DNA 内切酶被激活，降解基因组 DNA，断裂的 DNA 碎片可以被 TUNEL 实验特异性地检测，因此 TUNEL 可以特异性检测凋亡细胞。结果显示，阴性对照组黑质致密部神经元没有特异性染色，6-OHDA 注射后 3 周，几乎所有的脑黑质区神经元都被特异性地着色，显示 6-OHDA 经前脑内侧束扩散到 SNc 区，引起

SNc 区多巴胺能神经元的大量凋亡，同时，在 6-OHDA 诱导凋亡的神经元中，部分神经纤维显示 TUNEL 阳性，这种现象表明断裂的 DNA 碎片在神经元中由胞体向神经纤维末端运输，是一种凋亡神经元特有的现象，进一步说明 6-OHDA 注射后神经元 DNA 的断裂至少部分是由凋亡引起的[66]。茶多酚预处理剂量依赖性减少切片中凋亡神经元的数目。

大量的实验证明，6-OHDA 作为一种选择性的儿茶酚胺神经毒剂[75]，其特异性的神经毒性是由于儿茶酚胺能神经元细胞膜上存在 DA 特异性转运系统，并且主要有两种方式：形成活性氧自由基和抑制线粒体呼吸链复合物 Ⅰ 和复合物Ⅳ。6-OHDA 注射手术使中脑和纹状体内的 ROS 和 NO 显著增加，脂质过氧化水平显著升高，脑匀浆的抗氧化能力则显著降低，表明 6-OHDA 的损伤选择性地使黑质和纹状体内活性氧增加，氧化了细胞内的脂类成分，同时在拮抗 ROS 的同时，脑组织中的抗氧化剂含量降低[76-77]。用茶多酚预处理 1 周，然后再进行手术，在动物恢复过程中，继续服用茶多酚，剂量、时间依赖性降低了中脑和纹状体内活性氧和 NO 的产生，抑制了 TBARS 含量的升高，提高了脑组织的抗氧化能力。这是与茶多酚能够穿过血脑屏障，达到靶位点，调节细胞的氧化应激状态密切相关的。

NO 在细胞凋亡过程中起着重要的作用[78]，参与了帕金森症多巴胺能神经元的降解。Levites 等发现 6-OHDA 可诱导核转录因子 NFκB 的转运和结合，而 NFκB 可以启动 iNOS 表达，提高细胞内 NO 含量。作者实验室的研究人员用 ESR 自旋捕捉技术和 Griess 法研究了 6-OHDA 处理后 NO 和其终产物硝酸盐/亚硝酸盐的浓度，采用 Western blot 和竞争性 ELISA 研究了 NOS 的表达水平和蛋白质结合硝基酪氨酸含量。结果发现，6-OHDA 注射使 NO 和其终产物硝酸盐/亚硝酸盐的浓度均有所升高，nNOS 和 iNOS 的表达量上调，蛋白质结合硝基酪氨酸含量升高。NO 在体内有多种产生途径，其中 6-OHDA 诱导的 iNOS 活性升高，产生大量的 NO[79]；mtNOS 也可能在氧化应激下产生大量的 NO[80]。这些 NO 能够迅速与超氧阴离子反应，产生危害性更大的过氧亚硝基，过氧亚硝基会进一步分解产生羟基自由基，此二者是体内毒性最大的活性氧之一，能通过氧化或硝化蛋白质、脂类和 DNA 而与许多生物靶分子发生反应，从而破坏其功能[81]，可引起脂质过氧化，氧化蛋白质和非蛋白类巯基，引起芳香类物质的羟基化和硝基化，诱导 DNA 的损伤和激活 p38 MAPK 信号通路。

茶多酚作为一种天然抗氧化剂，具有多种生物功能，可以穿过血脑屏障进入脑组织内而发挥神经保护作用。目前脑内还未见相关的报道。茶多酚可以抑制 6-OHDA 的自氧化，清除其产生的活性氧，并且下调 6-OHDA 诱导的 nNOS 和 iNOS 的表达水平，降低 NO 和蛋白结合硝基酪氨酸含量，增加细胞的抗氧化能力，可能通过其在 MAPK、PKC 和 PI-3 kinase-Akt[83]信号通路中的作用而保护多巴胺能神经元免受 6-OHDA 的损伤，其具体机制还有待于深入研究。

以上结果表明，茶多酚能够减轻 6-OHDA 诱导的对黑质致密部多巴胺能神经元的损伤，这种作用可能是通过 ROS 相关途径实现的，进一步证实了作者在细胞体系中得出的结论。这些研究为茶多酚的神经保护理论提供了新的观点和思路。因此，可以说饮茶和食用 EGCG 可能是预防帕金森症的一个好的选择，特别是老年人。

9.8　一氧化氮在铁失衡诱导神经退行性疾病中的作用

铁失衡与阿尔茨海默病和帕金森症密切相关，在其发病机制中发挥重要作用。NO

在发病机制和神经保护中发挥重要作用。本节分别讨论 NO 在铁失衡诱导阿尔茨海默病和帕金森症机制中的作用，特别讨论铁过载和铁缺乏在阿尔茨海默病机制中的作用及线粒体铁蛋白在帕金森症和阿尔茨海默病中的作用，为了解铁失衡与阿尔茨海默病和帕金森症发病机制的关系提供一种新的治疗策略的参考。

9.8.1　铁失衡诱导神经退行性疾病中的作用

铁是一切生命体都不可缺少的必需元素，铁在人体内的平均含量为 2.5~3.5g，其中 70%存在于血红蛋白中。人体内的铁主要储存在肝脏、脾脏和骨髓中，它们是体内铁代谢的源泉。铁是人体中含量最丰富的过渡金属，最常见的是氧化态 Fe^{2+}和 Fe^{3+}，铁在体内的许多功能都是由 Fe^{2+}和 Fe^{3+}的相互转化来完成的。铁是哺乳动物细胞的必需元素，是血红素与某些辅酶的主要成分，参与诸如氧运输、电子传递、氧化还原反应、细胞分化和生长等重要的生命过程。铁是脑组织中含量最丰富的金属元素，参与脑内许多重要的生理生化过程，包括神经髓鞘的发生，DNA、RNA、蛋白质、髓磷脂及多巴胺等神经递质的合成。铁广泛存在于脑的各个部位，但分布不均匀，普遍认为基底神经节含铁丰富，其浓度几乎与肝脏中的铁浓度相等。全脑的含铁量大约是肝脏的 1/5，主要集中在脑的白质中。尽管铁在脑的正常生理功能中具有十分重要的意义，但脑铁过量将会破坏细胞功能，促使神经元死亡，导致多种中枢神经系统疾病，脑铁升高是某些神经退行性疾病中神经元死亡的起始原因之一。铁过载与阿尔茨海默病密切相关，在其发病机制中发挥重要作用[84]。

大量证据表明，过渡金属离子，特别是铁离子，作为生物分子氧化损伤的催化剂，是引起氧化应激的重要因素。铁离子除了参与体内 ROS 产生外，自身在氧化还原过程中所形成的与氧结合的复合物也能引起脂质过氧化、DNA 损伤、各种蛋白质和非蛋白质中巯基的氧化，并改变细胞内钙离子浓度。铁离子与其他过渡金属离子，如铜、铬、镉、铅、汞、镍和钒一样，可以引起神经、肝和肾的损伤[89]。

目前研究发现人脑内存在有生物磁铁矿，磁铁矿是一种铁氧复合物，是人体内铁的一种形式。AD 患者尸检脑组织中的磁颗粒含量明显高于对照组。电磁场暴露可以引起 AD，可能是 AD 发病的诱因之一[85]。

除了抗氧化剂 GSH 的减少和线粒体复合物Ⅰ功能缺失可以造成氧化应激以外，另外一个可以造成 PD 和氧化应激密切相关的成分就是铁。使用多种方法都检测到了 PD 患者脑中铁和抗氧化剂浓度的变化[86,87]。有趣的是使用铁蛋白(ferritin)的抗体研究显示，在神经细胞中 ferritin 没有增加，这就表明增加了的铁是非结合性的，具有潜在的活性。这种铁在黑质-纹状体多巴胺神经元中能够启动活性氧依赖的氧化应激[88]。

从病理机制上来看，铁在 PD 中的作用和氧化应激相关的一个重要证据就是它可以通过 Fenton 反应产生羟自由基。作为 LIP(labile iron pool)的细胞内的铁水平是受到严密调节的，LIP 可以提供适当的铁水平以维持机体重要的生化反应和限制游离铁生成活性氧的能力。机体内的铁蛋白是主要的铁储存蛋白，它可以保持铁在细胞内以无毒的形式存在。现在还不清楚的是 PD 患者中过多的铁是以游离的形式存在还是以和铁蛋白结合的形式存在。有研究证实，在 PD 患者脑中铁蛋白能高负载铁，这就意味着即使铁蛋白表达水平升高以抵消多余的铁的话，ferritin 也最终会被铁饱和。当用过氧化物或西阿尼醇(catechol)诱导铁从铁蛋白释放，LIP 水平将会上升，从而造成活性铁增加而产生 ROS。另外，铁促进了黑质神经细胞中多巴胺的自氧化水平，从而释放更多的过氧化氢。铁也可以催化额外的多巴胺转化为神经黑色素，这是一个可溶性的深褐色的色素，可以聚集在所有多巴胺能神经细胞中。总的说来，神经色素具有神经保护作用，在细胞中能够结合氧化还原反应中的活性离子，和三价铁离子有很高的亲和性。然而不幸的是，当结合过多的三价铁后神经色素就转变成了促氧化剂将三价铁还原为二价铁。由于二价铁和色素亲和力弱从而由神经色素中释放，神经细胞中 LIP 水平升高，增加了和过氧化氢反应的铁的含量。也有证据显示，由于 GSH 的缺失，铁从铁蛋白或色素中释放，改变了线粒体中钙的平衡，从而导致氧化应激[89]。

6-OHDA 为多巴胺的类似物，是一种通常用作制造 PD 动物或细胞模型的神经毒剂。研究发现，6-OHDA 可以促进 ferritin 中铁的释放，造成细胞中游离铁的增加，提高了氧化应激的水平。在 PD 患者中，其黑质神经元的特征是包含多巴胺、神经色素、高水平的铁和耗竭了的 GSH，可以看得出这是十分利于产生活性氧的环境。所以说 PD 发病过程中产生的氧化应激很可能就是过氧化氢和多巴胺结合、GSH 耗竭和铁从铁蛋白或色素中释放的结果，随后的 Fenton 反应导致了细胞死亡。这种推断从在 PD 发病过程中色素细胞首先死亡中可以得到证实。现在还不明了的是，铁聚集时究竟是色素细胞退变死亡的原因还是损失死亡的结果。向大鼠黑质内注射铁，可以选择性地造成多巴胺能神经元的损伤，并最终导致大鼠产生 PD 综合征的形态特征和生化特征。组织中铁过载产生氧化应激造成的生物化学变化和那些 PD 患者脑中黑质细胞中的生化变化十分相似[90]。

9.8.2 铁在脑神经细胞的储存和转运

铁代谢的紊乱可以发生在铁的摄取和释放、储存、细胞内代谢及调节等多个层次。细胞通过转铁蛋白(transferrin，Tf)循环来不断地获取铁。血浆中的转铁蛋白受体(transferrin receptor，TfR)是细胞从转铁蛋白中摄取铁过程中的重要蛋白质。脑主要通过 Tf-TfR 介导和非 Tf-TfR 介导的途径摄取铁，DMT1(divalent metal transporter 1)是二价金属离子转运蛋白，可转运 Fe^{2+}、Zn^{2+}、Mn^{2+}、Co^{2+}、Cd^{2+}、Cu^{2+}、Ni^{2+}和 Pb^{2+}等二价金属离子[91]。在非 Tf-TfR 依赖型的铁摄取中具有重要作用。TfR 广泛地分布在脑的各个区域，脑内铁和 TfR 的分布是不一致的，含 TfR 高的部位含铁量并不高，而含铁量高的部位 TfR 的含量却很低[5]。在 AD 患者的脑中，海马和视皮层内 TfR 的密度都显著下降。过表达 Aβ的 SH-SY5Y 细胞、APP/PS1 转基因鼠和 AD 患者脑中 DMT1 的表达都明显增加[92]。

当铁进入细胞后，其中有一部分不是马上被细胞利用，而是被储存在铁蛋白(ferritin)和 ferritin 类似的蛋白质中。机体在许多病理条件下可以导致铁游离释放增多，造成细胞死亡和组织损伤。铁蛋白常常被看作一种安全的铁储库，但在病理条件下，组织内生成大量超氧阴离子 $O_2^{-}\cdot$和 H_2O_2，$O_2^{-}\cdot$可作用于铁蛋白使铁被还原释放，H_2O_2 亦可作用于血红蛋白(Hb)，使其氧化降解，亦可导致铁的游离，游离铁通过 Fenton 反应生成羟基自由基，造成组织损伤。

铁调节蛋白(iron regulatory protein，IRP)能与特定的RNA上3′端或5′端的非翻译区存在的铁反应元件(iron responsive element，IRE)结合，从而控制铁蛋白和转铁蛋白受体的表达水平。IRP具有一个活跃的Fe-S中心，是细胞内铁水平分子感应器。当细胞内铁过多时，IRP与IRE的亲和力下降，TfR的mRNA不稳定，易遭受核酸酶的攻击而致TfR的表达下降，细胞摄铁的过程亦减少；而铁蛋白的mRNA因IRP与IRE结合力下降而使其翻译增加，铁蛋白表达增加，细胞内过多的铁被储存在铁蛋白里而封闭起来，细胞的铁稳态得以维持。相反，当细胞内铁耗竭时，执行相反的调控过程，使细胞摄铁增加而储铁减少，同样起到了维持细胞内铁稳态的作用。膜铁转运蛋白(ferroportin)，又称铁调节转运体(Fe-regulated transporter 1，IREG1)或金属转运蛋白(metal transport protein 1，MTP1)，是一种跨膜的将铁输出细胞的蛋白质。铜蓝蛋白(ceruloplasmin，CP)是人体重要的亚铁氧化酶。它的主要作用是催化二价铁成为三价铁，促进铁与转铁蛋白结合，CP对机体铁转运和铁平衡起着重要作用[93]。

9.8.3 铁过载与AD的关系

尽管铁在脑的正常生理功能中具有十分重要的意义，但脑铁过量将会破坏细胞功能促使神经元死亡，导致多种中枢神经系统疾病，铁过载与阿尔茨海默病密切相关，在其发病机制中发挥重要作用。大脑中的铜和铁的含量会随着年龄的增长而增加，它们会和Aβ反应产生活性氧，最终导致神经元的损伤，金属代谢的紊乱是衰老的一个不可避免的结果。由于脑组织的氧代谢率很高，金属离子和铁的含量也很高，同时抗氧化的保护机制又相对缺乏，极易导致脑组织的氧化损伤和抗氧化防御之间失去平衡，出现氧化应激，损伤神经细胞[94]。

作者在研究中发现稳定转染人APP突变基因*APPsw*的SH-SY5Y细胞模型中，过表达Aβ的APPsw细胞中铁含量显著高于对照细胞。细胞上的实验结果在线虫上得到了印证，表达人Aβ的线虫CL2006中，铁含量显著高于对照线虫N2。APPsw细胞中超氧阴离子自由基含量增加也使得细胞内的铁增多。由此推测，Aβ会导致铁蛋白中铁的转移，破坏胞内铁的平衡，升高活性氧水平，引起脂质过氧化反应[95~99]。

越来越多的证据表明NO和AD及其他神经退行性疾病有着密切的联系。作者用探针DAF-2DA测定了细胞在加铁(100μg/ml FAC，48h处理)或不加铁情况下NO的量。APPsw细胞内的显著高于对照细胞。加铁处理对于对照细胞的量没有影响，但显著增加了APPsw细胞内约25.9%的量[100]。

9.8.4 铁缺乏与AD的关系

从上面的讨论可以看出，金属离子过载引起其代谢失衡和AD中氧化应激损失密切相关。相反，金属离子缺乏也会引起其代谢失衡，是否与AD的发病机制相关，这方面的研究报道很少。铁和铜是人体必需微量元素，由于其独特的化学反应活性，在维持细胞和机体正常代谢过程中起着至关重要的作用，如氧气的输送、线粒体电子转移、神经递质、DNA合成、氮的固定、电子传递等都离不开金属离子，特别是一些抗氧化酶的活性中心就是金属离子。因此金属离子，特别是铁、铜的缺乏与 AD 的关系应当更加引起人们的注意和研究。

近年来的研究发现，AD 病理中的关键蛋白质 APP 在铁代谢中有重要作用。APP 蛋白是 Aβ的前体蛋白，在 Aβ的形成中起重要作用。在 AD 发病机制的研究中，大多是针对突变型的 APP 进行的，忽视了对野生型 APP 的研究。家族性 AD 患者的脑中 APP 水平上升，APP 过量表达导致早发型 AD。在转基因鼠中，过表达的 APP 导致突触传导障碍，海马区神经形成减少及学习和记忆能力下降。患者常在 30 岁以后出现阿尔茨海默病症状，中年以后大脑呈现淀粉斑，患 AD 的比率较高，唐氏患儿铁缺乏和贫血的风险与正常人群类似。APP 定位于线粒体，过表达 APP 会影响线粒体蛋白质运输通道的正常运行，导致线粒体功能紊乱。在 AD 发病过程中，有多种炎性因子参与病理过程，白细胞介素 21(IL21)可通过蛋白激酶 2C(iprotenkinase2C，PKC)途径促进 APP 的合成和分泌裂解，促进 Aβ的产生和沉积。β2 转化生长因子(TGF2β)是脑部对损伤及炎症反应的关键调节剂，可上调 APP 的表达。严重的脑外伤可致 APP 表达增加，脑外伤是 AD 的危险因素之一[101~103]。

在过表达野生型 APP 的细胞中，作者也发现氧化应激增强。细胞的铁含量下降，过氧化氢酶(catalase)活力下降，活性氧和钙离子浓度升高，线粒体膜电位下降。在细胞培养过程中，作者发现过表达 APP 的细胞长得很慢。用 ICP-OES 方法测定细胞里的金属元素含量，APP 细胞中铁元素含量显著低于对照细胞。APP 细胞中铁不足导致过氧化氢酶活力下降，清除羟基自由基能力减弱，细胞内总 ROS 水平升高，钙离子浓度增加，线粒体膜电位下降。铁是过氧化氢酶的辅基，过氧化氢酶催化过氧化氢生成水和氧[104]。

Duce 等发现，APP 有亚铁氧化酶活性，能将二价铁离子氧化成三价铁离子，具有输出细胞内铁的功能，并且 APP 和铁输出蛋白 Ferroportin 都位于细胞膜上，它们之间相互作用。在作者的实验中观察到，APP 细胞中过量的 APP 蛋白将铁输出细胞，使得细胞处于缺铁状态，50μg/ml FAC 处理细胞，对照细胞活力没有显著变化，却使 APP 细胞活力显著上升，加入少量的铁就提升了细胞活力。100μg/ml FAC 处理后，对照细胞活力显著下降，APP 细胞活力没有变化。APP 细胞加入 FAC 后，活性氧和钙离子浓度都显著下降[105, 106]。

一项研究表明，在没有患阿尔茨海默病的老年人中，过低的血红蛋白水平与高风险的 AD 和快速的认知下降有关联。调查结果表明，患 AD 的人群中，农村人口比例高于城市，女性高于男性。作者认为这与营养状况和贫血有关，在广大的农村贫困地区营养不良容易造成缺铁性贫血。女性在特定的生理时期，也容易出现贫血。作者推测铁缺乏和供血不足可能是 AD 病理的一个早期事件，与轻度认知障碍(MCI)有关[110]。

在建立的细胞模型中，APP 细胞和对照细胞分泌到培养基中的 Aβ含量没有显著性差异，但 APP 细胞却受到了明显的氧化损伤。AD 的神经血管假说是在 2005 年由 Zlokovic 首次提出，他认为神经血管功能的衰退使神经血管解偶联、血管退化、脑血流低等，最终影响血脑屏障功能，从而导致神经外环境失衡，神经血管功能对 AD 的严重程度起着重要作用。铁缺乏及由此导致的缺铁性贫血在老年人中很常见。AD 患者脑血液流量及耗氧量明显低于同龄正常人。阿尔茨海默病患者常伴有 CVD(血管性痴呆)，存在广泛的缺血性病变。在临床上，脑血管性痴呆与阿尔茨海默病在同一患者身上同时存在的情况十分常见。在人短暂又漫长的一生中，或许儿童期或青少年时期的贫血导致了阿尔茨海默病[105]。

与高浓度铜加速 Abeta 线虫的瘫痪相反，作者的研究发现低浓度的铜(10^4mol/L)却减少了 Abeta 线虫的瘫痪行为。这说明了铜的浓度高低影响了 Abeta 发挥毒性的程度。低浓度铜处理 Abeta 线虫后，还能够降低活性氧水平、改善瘫痪行为的基因主要是显著地高表达超氧化物歧化酶 sod-1、硫氧还蛋白还原酶 prdx-2 和氧化应激调控因子 skn-1；也说明 Abeta 线虫本身其实是缺少铜的，适当地补充铜可以改善 Abeta 线虫的瘫痪行为[106]。

9.8.5 线粒体铁蛋白

2001 年，Levi 等首次报道 *MtFt*(mitochondrial ferritin)是由一个无内含子的基因编码的新的基因，其成熟的表达产物定位在线粒体上，故命名为线粒体铁蛋白。不久它的同源蛋白在灵长类、大鼠和小鼠中相继被发现，植物线粒体的 ferritin 和果蝇也有人进行了报道。MtFt 首先表达出的是一个前体蛋白，然后在信号肽的引导下进入线粒体，进入线粒体后，在蛋白酶的作用下，切除前导序列，成为成熟的蛋白质。序列比对表明这个成熟的蛋白质在结构上和 ferritin 很相似。在功能上 MtFt 和 ferritin 的 H-亚基有相似的性质[107]。成熟的 MtFt 和 H-ferritin 一样完全重叠。晶体结构分析表明，它的结构和 H 亚基惊奇地相似。人的重组 MtFt 在体外可以和铁结合但是它的亚铁氧化酶活性较低[108]。

线粒体的功能要依赖含铁酶或含铁蛋白如血红素、铁硫簇等的正常表达，而这些蛋白质或酶的生物合成和铁的可获得性有着密切的关系，近些年的研究结果使人们对胞质中铁平衡的调节已经有了较为清晰的认识，但是线粒体的铁平衡是如何调节的，铁是通过哪种渠道出入线粒体等的问题还不清楚。MtFt 及其他与线粒体铁代谢相关蛋白的发现无疑为人们更深入地了解铁在亚细胞水平上的代谢调节途径，以及由于在这个水平上铁平衡的失控而带来的病理性疾病的预防和治疗具有重要作用[109]。

细胞质铁蛋白可以截获储存铁，因而可以保护细胞免受潜在的铁诱导的自由基损伤。最近的免疫组化研究结果表明，MtFt 可以特异地在脑的皮质和脊髓神经细胞内表达，而这些区域是耗氧较多、代谢活性较高的区域。Nie 等研究表明，过表达 MtFt 可以造成细胞内铁重新分布，导致细胞内铁缺乏，使得癌细胞对叔丁基过氧化氢造成的氧化损伤敏感性增加[110]。

9.8.6 过表达线粒体铁蛋白在 6-OHDA 诱导帕金森症模型中的保护作用机制

为了研究 MtFt 在 6-OHDA 诱导的 PD 细胞模型中的作用，作者在人的多巴胺能神经元 SH-SY5Y 中过表达鼠的 MtFt，建立了 MtFt-SY5Y 和 P10-3-SY5Y(空质粒对照)细胞系。实验中作者选择了 6-OHDA 诱导的 SH-SY5Y、MtFt-SY5Y 和 P10-3-SY5Y 细胞作为细胞模型，运用了 MTT、流式细胞术、荧光显微成像、细胞免疫荧光和蛋白质杂交等方法研究了氧化应激状态下 MtFt-SY5Y 细胞的凋亡特性及 NO 在其中的变化和作用[111]。

SH-SY5Y、P10-3-SY5Y 和 MtFt- SY5Y 细胞经 100μmol/L 的 6-OHDA 处理 24h 后，

用 DAF-2DA 荧光探针检测细胞内的 NO，如图 9-20 所示，SH-SY5Y 和 P10-3-SY5Y 细胞与对照组相比，细胞内的 NO 分别上升了将近 3 倍和 2.5 倍(P<0.01)，有趣的是 MtFt-SY5Y 细胞即使没有用 6-OHDA 处理，也显著上升，药物处理后，虽然也有所升高，但是，升高幅度明显变缓。利用 DCFH-DA 荧光探针分析检测细胞内的活性氧。与对照组相比，6-OHDA 处理使 SH-SY5Y 和 P10-3-SY5Y 细胞内活性氧显著增加，分别增加了约 90% (P<0.01)，而 MtFt-SY5Y 细胞与对照组相比仅增加了 30%左右，MtFt 的表达抑制了由 6-OHDA 诱导 ROS 的产生。

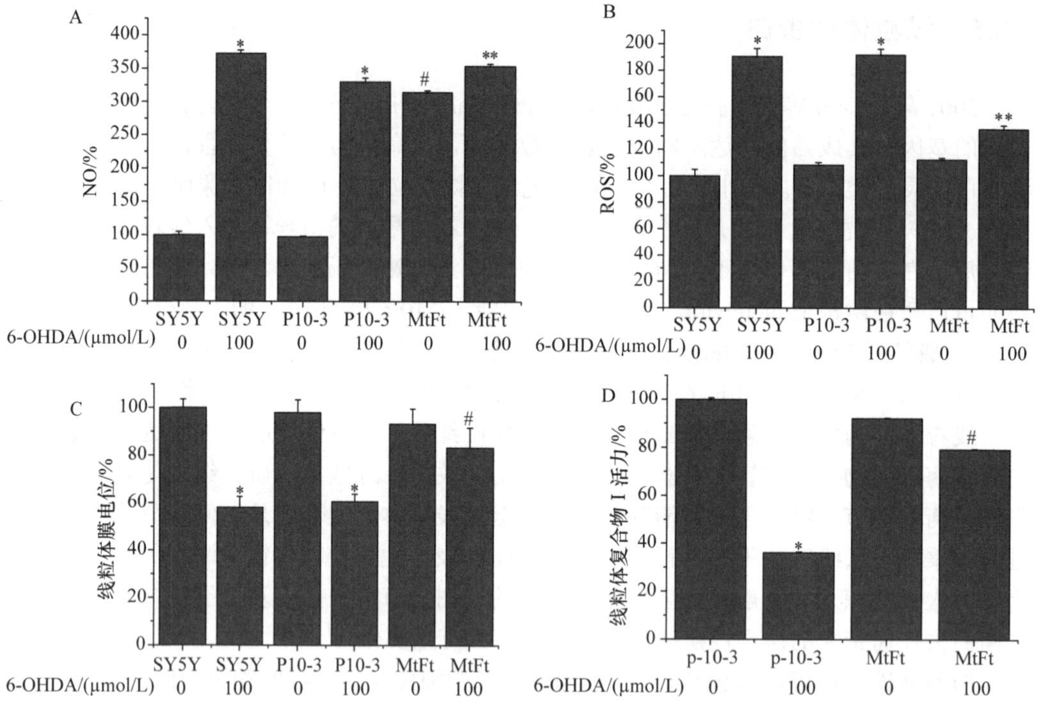

图 9-20　MtFt 过表达和 6-OHDA 处理对细胞产生 NO(A)、RODS(B)、线粒体膜电位(C)和线粒体复合物 I 活性(D)的影响

* 与未经 6-OHDA 处理对照细胞相比，P<0.05；** 与未经 6-OHDA 处理对照细胞相比，P<0.01；#与未转入 MtFt 细胞相比，P<0.05。结果表示为平均值±标准误

结果还发现，MtFt 表达上调除了造成细胞内 NO 浓度显著升高和抑制 6-OHDA 处理细胞内活性氧(ROS)升高外，还能够抑制 6-OHDA 处理造成细胞线粒体膜电位($\Delta\Psi_m$)的下降，线粒体复合物 I 的酶活力下降、细胞的生长变慢和细胞内钙离子内流。

应用蛋白质印记法作者检测了 MtFt 过表达和 6-OHDA 处理对 MtFt、Bcl-2、Bax、iNOS、TfR、细胞色素 c(cytochrome c)、铁蛋白(ferritin)和 NFκB 在细胞表达的影响。结果表明 6-OHDA 处理细胞对 MtFt、Bax、iNOS、TfR、铁蛋白(ferritin)和 NFκB 在细胞的表达明显增加，Bcl-2 显著减少，细胞色素 c 释放明显增加；而 MtFt 过表达则显著抑制 6-OHDA 处理细胞对 MtFt、Bax、iNOS、TfR、铁蛋白和 NFκB 在细胞表达的增加、Bcl-2 的减少及细胞色素 c 释放。

另外核染色技术和流式细胞分析技术都证明了 MtFt 的表达抑制了由 6-OHDA 引起

的细胞凋亡。SH-SY5Y 和 P10-3-SY5Y 细胞经 6-OHDA 处理后凋亡率分别为 70%和 67%左右，而 MtFt-SY5Y 的凋亡率仅为 10%左右，统计结果显示，其差异极其显著($P<0.01$)。

尽管 MtFt 上调了 iNOS 的表达，增加了细胞内 NO 的水平，但是由于 ROS 的产生减少，因此 ROS 和 NO 反应产生的过氧亚硝基也会减少，从而阻抑了由 6-OHDA 诱导的通过 ROS/NO 途径对细胞引起的凋亡信号通路，而起到对细胞的保护作用。还有一种解释就是在这里 NO 可能发挥了保护神经免受 6-OHDA 损伤的作用。

以上研究结果首次证明，MtFt 在保护神经细胞线粒体免受由 6-OHDA 诱导引起的氧化损伤中具有重要的保护作用。其机制可能是通过调节铁的代谢，抑制 Fenton 反应，从而减少活性氧和过氧亚硝基的生成，降低脂质过氧化水平，防止线粒体膜电位崩溃，保持细胞内钙离子平衡，阻止 LIP 的增加和细胞色素 c 的释放，抑制凋亡信号通路中促凋亡蛋白的表达，维持抗凋亡蛋白的表达等多途径而起到对细胞的保护作用。

为了进一步了解神经细胞铁稳态的破坏和氧化应激密切与帕金森症(PD)的发病机制的关系，作者又在敲除铁调节蛋白 2 基因(*Ireb2*)小鼠进行了测试，发现在不同脑区白质和细胞核中有铁累积，并且大脑的浦肯野细胞显示严重的神经变性。线粒体铁蛋白(MtFt)特异性地表达在高耗能的包括脑和脊髓的神经元细胞中。有趣的是，在大脑 MtFt 的表达减少，而不是在纹状体，与之匹配的是这些基因(*Ireb2*)敲除小鼠也出现了神经变性。

调节 MtFt 在神经细胞中的表达可以十分有效地防止 PD 的发生，显著地阻抑由神经毒素引起的神经细胞凋亡，起到神经保护的作用。这项研究证实了 MtFt 在防止 6-OHDA 诱导的帕金森症表型的神经元损伤通过维持铁稳态中起重要作用。这些研究结果对于人们深入了解 PD 的致病机制和今后的有效治疗都具有重要的意义。MtFt 属于内源性蛋白，它的表达不会对机体产生不良反应，因此深入了解并掌握 MtFt 的调控机制应当成为今后工作的重点，作者所做的 MtFt 表达的神经细胞调控工作对于 PD 的治疗和预防可能提供了一种新的有效策略。

9.8.7　过表达线粒体铁蛋白在 Aβ25-35 诱导 AD 模型中的保护作用机制

作者已发现线粒体铁蛋白(MtFt)在预防神经元损伤的 6 羟基多巴胺诱导的帕金森症通过维持线粒体铁代谢中起重要作用。铁调控中断在阿尔茨海默氏病(AD)的发病机制中也起着关键作用。为了探索 MtFt 潜在的神经保护作用，利用 Aβ 25-35 处理大鼠和细胞以建立 AD 模型。研究结果发现，MtFt 降低大鼠显著增强 Aβ 25-35 诱导的神经毒性，加剧了铁稳态的失调，增加了氧化应激和细胞凋亡。而当把 MtFt 事先过度表达在 SH-SY5Y 细胞再用 Aβ 25-35 处理时，得到了相反的结果。另外，发现 MtFt 能够抑制 Aβ 25-35-诱导 p38 促分裂原活化蛋白激酶和活化细胞外信号调节激酶(ERK)信号转导。这些研究结果首次证明了 MtFt 能够减弱 Aβ 25-35 引起的神经毒性，并且是通过 ER/p38 激酶信号减少氧化损伤。作者的研究结果表明，MtFt 预防 AD 对神经有一定的保护作用，这项研究可能提供了一种在神经元细胞表达调控 MtFt 用于预防和治疗 AD 的新策略[112]。

参 考 文 献

[1] Thippeswamy T, Jain RK, Mumtaz N, et al. Inhibition of neuronal nitric oxide synthase results in neurodegenerative changes in the axotomised dorsal root ganglion neurons: evidence for a neuroprotective role of nitric oxide *in vivo*. Neurosci Res, 2001, 40: 37-44.

[2] Thippeswamy T, Morris R. Evidence that nitric oxide-induced synthesis of cGMP occurs in a paracrine but t an autocrine fashion and that the site of its release can be regulated: studies in dorsal root ganglia *in vivo* and *in vitro*. Nitric Oxide, 2001, 5: 105-115.

[3] Contestabile A, Ciani E. Role of nitric oxide in the regulation of neuronalproliferation, survival and differentiation. Neurochemistry International, 2004, 45: 903-914.

[4] Ogura T, DeGeorge T, Tatemichi M, et al. Suppression of antimicrotubule agent-induced apoptosis by nitric oxide: possible mechanism of a new drug resistance. Jpn J Cancer Res, 1998, 89: 199-205.

[5] Estevez AG, Spear N, Manuel SM, et al. Nitric oxide and superoxide contribute to motor neuron apoptosis induced by trophic factor deprivation. J Neurosci, 1998, 18: 923-931.

[6] Fernández-Tome P, Lizasoain I, Leza JC, et al. Neuroprotective effects of DETA-ate, a nitric oxide dor, on hydrogen peroxide-induced neurotoxicity in cortical neurones. Neuropharmacology, 1999, 38: 1307-1315.

[7] Calabrese A, Bates TE, Stella AMG. Synthase and -dependant signal pathways in brain aging and neurodegerative disorders: the role of oxidant/antioxidant balance. Neurochem Res, 2000, 25: 1315-1341.

[8] Tong L, Toliver-Kinsky T, Taglilatela G, et al. Signal transduction in neuronal death. J Neurochem, 1998, 71: 447-459.

[9] Wiseman H, Halliwell B. Damage to DNA by re-active oxygen and nitrogen species: role in inflammatory disease and progression to cancer. Biochem J, 1996, 313: 17-29.

[10] Schroeter H, Boyd C, Spencer JPE, et al. MAPK signaling in the neurodegeneration: influences of flavoids and of nitric oxide. Neurobiol Aging, 2002, 23: 861-880.

[11] Dringen R. Metabolism and functions of glutathione in brain. Prog Neurobiol, 2000, 62: 649-671.

[12] Heales SJ, Davies SE, Bates TE, et al. Depletion of brain glutathione is accompanied by impaired mi-tochondrial function and decreased *N*-acetyl aspartate concen-tration. Neurochem Res, 1995, 20: 31-38.

[13] Nicoletti V, Caruso A, Tendi E, et al. Effect of nitric oxide synthase induc-tion the expression of mitochondrial respiratory chain subunits in mixed cortical and astroglial cell cultures. Biochimie, 1998, 80: 871-881.

[14] Favilli F, Iantomasi T, Marraccini P, et al. Relationship between age and GSH metabolism in synaptosomes of rat cerebral cortex. Neurobiol Aging, 1994, 15: 429-433.

[15] Sastry PS, Rao KS. Apoptosis and the nervous system. J Neurochem, 2000, 74: 1-20.

[16] Papa S, Scacco S, Schliebs M, et al. Mitochondrial diseases and aging. Mol Aspects Med, 1996, 17: 513-563.

[17] Cleeter MW, Cooper JM, Darley Usmar VM, et al. Reversible inhibition of cytochrome c oxidase, the terminal enzyme of the mitochondrial respiratory chain, by nitric oxide. Implications for neurodegenerative diseases. FEBS Lett, 1994, 345: 50-54.

[18] Bolanõs JP, Heales SJ, Land JM, et al. Effect of peroxynitrite on the mitochondrial respiratory chain: differential susceptibility of neurones and astrocytes in primary culture. J Neurochem, 1995, 64: 1965-1972.

[19] Bolanõs JP, Almeida A, Stewart V, et al. Nitric oxide-mediated mitochondrial damage in the brain: mechanisms and implications for neurodegenerative diseases. J Neurochem, 1997, 68: 2227-2240.

[20] Barker JE, Heales SJ, Cassidy A, et al. Depletion of brain glutathione results in a decrease of glutathione reductase activity, an enzyme susceptible to oxidative damage. Brain Res, 1996, 716: 118-122.

[21] Beal MF. Aging, energy, and oxidative stress in neu-rodegenerative diseases. Ann Neurol, 1995, 38: 357-366.

[22] Barker JE, Bolas JP, Land JM, et al. Glutathione protects astrocytes from per-oxynitrite-mediated mitochondrial damage: implications for neuronal/astrocytic trafficking and neurodegeneration. Dev Neurosci, 1996, 18: 391-396.

[23] Oo TF, Henchcliffe C, James D, et al. Expression of c-fos, c-jun, and c-jun *N*-terminal kinase(JNK)in a developmental model of induced apoptotic death in neurons of the substantia nigra. J Neurochem, 1999, 72: 557-564.

[24] Miller TM, Johnson E M Jr. Metabolic and genetic analyses of apoptosis in potassium/serum-deprived rat cerebellar granule cells. J Neurosci, 1996, 16: 7487-7495.

[25] Eizenberg O, Faber-Elman A, Gottlieb E, et al. p53 plays a regulatory role in differentiation and apoptosis of central nervous system-associated cells. Mol Cell Biol, 1996, 16: 5178-5185.

[26] Slack RS, Belliveau DJ, Rosenberg M, et al. Adevirus-mediated gene transfer of the tumor suppressor, p53, induces apoptosis in postmitotic neurons. J Cell Biol, 1996, 135: 1085-1096.

[27] Aloyz RS, Bamji SX, Pozniak CD, et al. p53 is essential for developmental neuron death as regulated by the TrkA and p75 neurotrophin receptors. J Cell Biol, 1998, 143: 1691-1703.

[28] Mattson M, Culmsee C, Yu ZF, et al. Roles of nuclear factor kB in neuronal survival and plasticity. Journal of Neurochemistry, 2000, 74: 443-456.

[29] Wang XT, Martindale JL, Liu YS, et al. The cellular response to oxidative stress: influences of mitogen-activated protein kinase signalling pathways on cell survival. Biochem J, 1998, 333: 291-300.

[30] Merry DP，Korsmeyer SJ. Bcl-2 gene family in the nervous system. Annu Rev Neurosci，1997，20：245-267.
[31] Motoyama N，Wang F，Roth KA，et al. Massive cell death of immature hematopoietic cells and neurons in Bcl-x-deficient mice. Science，1995，267：1506-1510.
[32] Chen J，Zhu RL，Nakayama M，et al. Expression of the apoptosis-effector gene，Bax，is up-regulated in vulnerable hippocampal CA1 neurons following global ischemia. J Neurochem，1996，67：64-71.
[33] Allsopp TE，Wyatt S，Patterson HF，et al. The proto-oncogene bcl-2 can selectively rescue neurotrophic factor-dependent neurons from apoptosis. Cell，1993，73：295-307.
[34] Yuan JY，Yankner BA. Apoptosis in the nervous system. Nature，2000，407：802-809.
[35] Yang G，Liao J，Kim K，et al. Inhibition of growth and induction of apoptosis in human cancer cell lines by tea polyphels. Carcigenesis，1998，19：611-616.
[36] Wei TT，Chen C，Hou JW，et al. Nitric oxide induces oxidative stress and apoptosis in neuronal cells. Biochim Biophys Acta，2000，1498：72-79.
[37] Yang R，Mu X，Hayes RL. Increased cortical nuclear factor-kB DNA binding activity after traumatic brain injury in rats. Neurosci Lett，1995，197：101-104.
[38] Hockenbery DM，Oltvai ZN，Yin XM，et al. Bcl-2 functions in an antioxidant pathway to prevent apoptosis. Cell，1993，75：241-251.
[39] Tamatani M，Ogawa S，Niitsu Y，et al. Involvement of Bcl-2 family and caspase-3-like protease in-mediated neuronal apoptosis. J Neurochem，1998，71：1588-1596.
[40] Guo Q，Zhao BL，Li MF，et al. Studies on protective mechanisms of four components of green tea polyphelss against lipid peroxidation in synaptosomes. Biochem Biophys Acta，1996，1304：210-222.
[41] Bastianetto S，Zheng WH，Quirion R. The *Ginkgo biloba* extract(Egb761)protects and rescue hippocampal cells against niric oxide-induce toxicity：involvement of its flavoid constituents and protein kinase C. J Neurochem，2000，74：2268-2277.
[42] Canals S，Casarejos MJ，de Bernardo S，et al. Glutathione depletion switches nitric oxide neurotrophic effects to cell death in midbrain cultures：implications for Parkinson's disease. J Neurochem，2001，79：1183-1195.
[43] Fall CP，Bennett JP Jr. Characterization and time course of MPP+-induced apoptosis in human neuroblastoma cells. J Neurosci Res，1999，55：620-628.
[44] MacMillan Crow LA，Thompson JA. Tyrosine modifications and inactivation of active site manganese superoxide dismutase mutant(Y34F)by peroxynitrite. Arch Biochem Biophys，1999，366：82-88.
[45] Brüne B，Schneiderhan N. Nitric oxide evoked p53-accumulation and apoptosis. Toxico Lett，2003，139：119-123.
[46] Guo Q，Zhao BL，Shen SR，et al. ESR study on the structure-antioxidant activity relationship of tea catechins and their epimers. Biochim Biophy Acta，1999，1427：13-23.
[47] Luith Hj，Holzer M，Gartner U，et al. Expression of endothelial and inducible S-isoforms is incrreased in AD in APP23 transgenic mice and after experimental brain lesion in rat. Brain Research，2001，913：57-67.
[48] Katusic ZS，Austin SA. Endothelial nitric oxide：protector of a healthymind. European Heart Journal，2014，35：888-894.
[49] Vickers JC，Disckson TC，Adlard PA，et al. The cause of neuronal degeneration in Alzheimer's disease. Prog Neurobiol，2000，60：139-165.
[50] Miranda S，Opazo C，Larrondo LF. The role of oxidative stress in the toxicity induced by amyloid β-peptide in Alzheimer's disease. Prog Neurobiol，2000，62：633-648.
[51] Thorms V，Hansen L，Masliah E. NS expressiong neurons in the entorhinal cortex and hippocampus are affected in patients with Alzhemer's disease. Exper Neurol，1998，150：14-20.
[52] Luo YF，Yue WH，Quan X，et al. Asymmetric dimethy larginine exacer bates Aβ-induced toxicity and oxidative stress in human cell and *Caenorhabditis elegans* models of Alzheimer's disease. FRBM，2015，79：117-126.
[53] Liu Q，Zhao BL. Nicotine attenuates β-amyloid peptide induced neurotoxicity，free radical and calcium accumulation in hippocampal neuronal cultures. Brit J Pharmocol，2004，141：746-754.
[54] Zhang J，Liu Q，Liu NQ，et al. Nicotine reduces β-amyloidosis by regulating metal homeostasis. FASEB J，2006，20：1212-1214.
[55] Liu Q，Zhang J，Zhu H，et al. Dissecting the signalling pathway of nicotine-mediated neuroprotection in a mouse Alzheimer disease model. FASEB J，2007，21：61-73.
[56] Jenner P，Olaw W. Understanding cell death in Parkinson's disease. Ann Neurol，1998，44：72-84.
[57] Zhang ZX，Roman GC. Worldwide occurrence of Parkinson's disease：an updated review. Neuroepidemiology ，1993，12：195-206;
[58] Mizuno Y. Mitochondrial dysfunction in Parkinson's disease. Ann Neurol，1998，44：S99-S109.
[59] Wei TT，Chen C，Zhao BL，et al. The antioxidant EPC-K1 attenuates -induced mitochondrial dysfunction，lipid peroxidation and apoptosis in cerebellar granule cells. Toxicol，1999，134：117-126.
[60] 卫涛涛，陈畅，黄勇进，等. EPC-K1 防止 ONOO-诱导小脑颗粒神经元凋亡. 生物化学与生物物理学报，1999，31：239-244.
[61] Schulz JB，Matthews RT，Muquit MM，et al. Inhibition of neuronal nitric oxide synthase by 7-nitroindazole protects against MPTP-induced neurotoxicity in mice. J Neuchem，2000，64：936-939.
[62] Hantrya P，Brouillet E，Ferrante R，et al. Inhibition of neuronal nitric oxide synthease prevents MPTP-induced Parkinsonism in baboons. Nat Med，1995，2：1017-1021.

[63] 卫涛涛，陈畅，赵保路，等. NO 损伤神经细胞线粒体并诱导细胞凋亡. 科学通报，1999，44：1867-1871.
[64] Nie GJ，Jin CF，Cao YL，et al. Distinct effects of tea catechins on，6-hydroxydopamine-induced apoptosis in PC12 cells. Arch Biochem Biophys，2002，397：84-90.
[65] Guo SH，Bezard E，Zhao BL. Protective effect of green tea polyphels on the SH-SY5Y cells against 6-OHDA induced apoptosis through ROS-pathway. Free Rad Biol Med，2005，39：682-695.
[66] Nie GJ，Cao YL，Zhao BL. Protective effects of green tea polyphels and their major component，(-)- epigallocatechin-3-gallate(EGCG)，on 6-hydroxyldopamine-induced apoptosis in PC12 cells. Redox Report，2002，7：170-177.
[67] Levites Y，Amit T，Youdim MB，et al. Involvement of protein kinase C activation and cell survival/cell cycle genes in green tea polyphel(-)-epigallocatechin-3-gallate neuroprotective action. J Biol Chem，2002，277(34)：30 574-30 580.
[68] Levites Y，Weinreb O，Maor G，et al. Green tea polyphel(-)-epigallocatechin-3-gallate prevents N-methyl- 4-phenyl-1, 2,3,6-tetrahydropyridine-induced dopaminergic neurodegeneration. J Neurochem，2002，78：1073-1082.
[69] Xie YX，Bezard E，Zhao BL. Unraveling the receptor-independent neuroprotective mechanism in mitochondria. J Biol Chem，2005，37：32 405-32 412.
[70] Zhao BL. Nitric oxide in neirodegenarative diseases. Front Biosci，2005，10：454-461.
[71] Zhao BL. Natural antioxidant for neurodegenerative diseases. Mol Neurobiol，2005，31：283-293.
[72] Guo SH，Bezard E，Zhao BL. Protective effects of green tea polyphels in the 6-OHDA rat model of Parkinson's disease through inhibition of ROS-pathway. Biological Psychiatry，2007，62(12)：1353-1362.
[73] Hara A，Niwa M，Iwai T，et al. Neuronal apoptosis studied by a sequential TUNEL technique：a method for tract-tracing. Brain Research Protocols，1999，4：140-146.
[74] Beal MF. Experimental models of Parkinson's diasese. Nat Rev Neurosci，2001，2：325-332.
[75] Ljungdahl A，Hökfelf T，Jonsson G，et al. Autoradiographic demonstration of uptake and accumulation of 3H-6-hydroxydopamine in adrenergic nerves. Experiential，1977，27：297-299.
[76] Chang JW，Wschtel SR，Young D，et al. Biochemical and anatomical characterization of forepaw adjusting steps in rat models of Parkinson's disease：studies on medial forebrain bundle and striatal lesions. Neuroscience，1999，88：617-628.
[77] Whishaw IQ，Dunnett SB. Dopamine depletion，stimulation of blockade in the rat disrupts spatial navigation and locomotion dependent upon beacon or distal cues. Behav Brain Res，1985，18：11-29.
[78] Levites Y，Youdim MB，Maor G，et al. Attenuation of 6-hydroxydopamine(6-OHDA)-induced nuclear factor-kappaB(NF-κB)activation and cell death by tea extracts in neuronal cultures. Biochem Pharmacol，2002，63：21-29.
[79] Ghafourifar P，Cadenas E. Mitochondrial nitric oxide synthase，TRENDS in pharmacological. Science，2005，26：190-195.
[80] Groves JT. Peroxynitrite：reactive，invasive and enigmatic. Curr Opin Chem Biol，1999，3：226-235.
[81] Radi R，Beckman JS，Bush KM，et al. Peroxynitrite-induced membrane lipid peroxidation：the cytotoxic potential of superoxide and nitric oxide. Arch Biochem Biophys，1991，288：481-489.
[82] Yen GC，Lai HH. Inhibitory effects of isoflavones on nitric oxide- or peroxynitrite-mediated DNA damage in RAW 264.7 cells and φX174 DNA. Food Chem Toxicol，2002，40：1433-1440.
[83] Tachibana H，Koga K，Fujimura Y，et al. A receptor for green tea polyphel EGCG. Nature Structural and Molecular Biology，2004，11：380-381.
[84] Mandel S，Amit T，Bar-Am O，et al. Iron dysregulation in Alzheimer's disease：multimodal brain permeable iron chelating drugs，possessing neuroprotective-neurorescue and amyloid precursor protein-processing regulatory activities as therapeutic agents. Prog Neurobiol，2007，82(6)：348-360.
[85] Li Y，Pan W，Song T. Magnetite mechanisms in Alzheimer's disease. Acta Biophysica Sinica，2011，27(2)：121-126.
[86] Qian ZM，Tang PL，Wang Q. Ion crosses the endosomal membrane by a carrier-mediated process. Prog Biophys Molec Biol，1997，67：1-15.
[87] Cheng Y，Zak O，Aisen P，et al. Structure of the human transferrin receptor-transferrin complex. Cell，2004，116：565-576.
[88] Sulzer D，Bogulavsky J，Larsen KE，et al. Neuromelanin biosynthesis is driven by excess cytosolic catecholamines t accumulated by synaptic vesicles. Proc Natl Acad Sci USA，2000，97(22)：11 869-11 874.
[89] Youdim MB，Ben-shachar D，Riederer P. Is Parkinson's disease a progressive siderosis of substantia nigra resulting in iron and melanin induced neurodegeneration? Acta Neurol Scand Suppl，1989，126：47-54.
[90] I Bann D，Porty ME，Olivi L，et al. Uptake of lead and iron by divalent metal transporter 1 in yeast and mammalian cells. Biochem Biophys Res Commun，2002，295(4)：978-984.
[91] Beard JL，Conr JR，Jones BC. Iron in the brain. Nutr Rev，1993，51：157-170.
[92] Cho HH，Cahill CM，Vanderburg CR，et al. Selective translational control of the Alzheimer amyloid precursor protein transcript by iron regulatory protein-1. J Biol Chem，2010，285：31 217-31 232.
[93] Barnham KJ，Masters CL，Bush Al. Neurodegenerative diseases and oxidative stress. Nat Rev Drug Discov，2004，3：205-214.
[94] 赵保路，万莉. 金属离子代谢平衡失调与 AD 早期发病机制. 生物化学与生物物理进展，2012，39：735-743.
[95] Zhao Y，Zhao BL. Natural antioxidants in prevention and management of Alzheimer's disease. Front Biosci，2012，15：454-461.

[96] 万莉，赵保路. 铁代谢紊乱与阿尔茨海默病. 生命科学，2012，(24)：803-808.
[97] Wu ZF，Zhang J，Zhao BL. Superoxide anion regulates the mitochondrial free Ca^{2+} through uncoupling proteins. Antioxid Redox Signal，2009，11：1805-1818.
[98] Wan L，Nie GJ，Zhang J，et al. β-amyloid peptide increases levels of iron content and oxidative stress in human cell and *C. elegans* models of Alzheimer's disease. Free Radical Biology and Medicine，2011，50：122-129.
[99] Naumann N，Alpar A，Ueberham U，et al. Transgenic expression of human wild-type amyloid precursor protein decreases neurogenesis in the adult hippocampus. Hippocampus，2010，20：971-979.
[100] Simon AM，Schiapparelli L，Salazar-Colocho P，et al. Overexpression of wild-type human APP in mice causes cognitive deficits and pathological features unrelated to abeta levels. Neurobiol Dis，2009，33：369-378.
[101] Dixon NE，Crissman BG，Smith PB，et al. Prevalence of iron deficiency in children with down syndrome. The Journal of Pediatrics，2010，157：967-971.
[102] Wan L，Nie G，Zhang J，et al. Overexpression of human wild-type amyloid-β protein precursor decreases the iron content and increases the oxidative stress of neuroblastoma SH-SY5Y cells. Journal of Alzheimer's Disease，2012，30：523-530.
[103] Tenenbaum A，Malkiel S，Wexler ID，et al. Anemia in children with down syndrome. International Journal of Pediatrics，2011. doi：10.1155/2011/813541.
[104] Duce JA，Tsatsanis A，Cater MA，et al. Iron-export ferroxidase activity of β-amyloid precursor protein is inhibited by zinc in Alzheimer's disease. Cell，2010，142：857-867.
[105] Rogers JT，Randall JD，Cahill CM，et al. An iron-responsive element type Ⅱ in the 5′-untranslated region of the Alzheimer's amyloid precursor protein transcript. J Biol Chem，2002，277：45 518-45 528.
[106] Luo Y，Zhang J，Liu N，et al. Copper ions influence the toxicity of beta-amyloid(1-42)in a concentration-dependent manner in a *Caerhabditis elegans* model of Alzheimer's disease. Sci China Life Sci，2011，54：527-534.
[107] Levi S，Corsi B，Bosisio M，et al. A human mitochondrial ferritin encoded by an intronless gene. J Biol Chem，2001，276(27)：24 437-24 440.
[108] Missirlis F，Holmberg S，Georgieva T，et al. Characterization of mitochondrial ferritin in *Drosophila*. Proc Natl Acad Sci USA，2006，103(15)：5893-5898.
[109] Corsi B，Cozzi A，Arosio P，et al. Human mitochondrial ferritin expressed in HeLa cells incorporates iron and affects cellular iron metabolism. J Biol Chem，2002，277(25)：22 430-22 437.
[110] Nie G，Sheftel AD，Kim SF，et al. Overexpression of mitochondrial ferritin causes cytosolic iron depletion and changes cellular iron homeostasis. Blood，2005，105(5)：2161-2167.
[111] Shi Z，Lu Z，Zhao Y，et al. Neuroprotective effects of aqueous extracts of *Uncaria tomentosa*：insights from 6-OHDA induced cell damage and transgenic *Caerhabditis elegans* model. Neurochem Int，2013，62(7)：940-947.
[112] Wang CY，Xie JW，Xu Y，et al. Trientine reduces BACE1 activity and mitigates amyloidosis via the AGE/RAGE/NF-κB pathway in a transgenic mouse model of Alzheimer's disease. Antioxidants & Redox Signaling，2013，19(17)：2024-2039.

10　一氧化氮自由基与脑卒中

脑卒中又称中风，其死亡率仅次于心脏病和癌症，列于死亡病因的第三位，同时脑卒中还是成年人最主要的致残性疾病[1]。最新的数据表明，大约 7 000 000 美国人遭受脑卒中，每年的费用达 40.9 亿美元。流行病学调查显示，中国脑卒中的发病率比美国等发达国家还高，每年新发脑卒中的患者是 200 多万人，高于世界的平均水平，并且近年来随着工业化和生活水平的提高还有上升的趋势。随着我国老龄化社会的到来，脑卒中将会给社会和家庭造成沉重的经济负担，使老年人生活质量明显下降。因此，研究脑卒中的发病机制、预防手段、治疗药物是我国所面临的重要课题。

10.1　一氧化氮自由基与脑卒中

脑卒中是由脑血液循环系统障碍引起的，又分为不同的种类，主要为：缺血性脑卒中(ischemic stroke)、颅内出血性脑卒中(intracerebral hemorrhage)和蛛膜出血性脑卒中(subarachnoid hemorrhage)等几种。脑卒中患者中 80%是缺血性脑卒中，是由于血管的阻塞所引起的。大脑是体内耗氧量最大的器官之一，数分钟的缺血就会对大脑造成不可逆的损伤，因此必须尽快恢复血液供应，但是当用溶栓药物打开阻塞恢复血液循环时，常常造成进一步的损伤，即缺血再灌注损伤(ischemia/reperfusion damage)。研究缺血再灌注损伤的机制和预防手段，对于有效治疗脑卒中，减轻家庭和社会压力有重要意义。脑卒中引起的脑血管性痴呆是仅次于阿尔茨海默病的第二大痴呆病因，它是成年人长期残疾的主要病因[1]。随着人口老龄化的到来，脑卒中引起的经济和社会负担不断的加重，使治疗和预防脑卒中成为新千年中面临的最重要的公共健康课题之一，因此，研究脑卒中的致病机制、治疗和预防途径，有重要的理论意义和社会价值。

在脑卒中过程中血管阻塞后，大脑得不到氧气和能量供应，在很短的时间内就会死亡。常规的治疗办法是利用溶栓药物打开血管，但是血管畅通后的缺血再灌注过程在临床上往往会引起更大的损伤。很多因素在缺血再灌注脑损伤过程中起作用，例如，谷氨酸的大量释放、钙离子超载、神经元去极化、能量缺乏等，其中一个重要的因素就是 ROS 的大量产生[2]。脑缺血再灌注过程中，有很多途径产生活性氧自由基，例如，线粒体的呼吸链，缺血再灌过程中激活的黄嘌呤/次黄嘌呤氧化酶，脂肪酸代谢等。由于脑组织高度的氧化磷酸化代谢率，高浓度的不饱和脂肪酸含量，相对低的抗氧化能力，神经元的低修复能力和低分裂能力，脑组织对于氧化损伤十分敏感。短时间内大量产生的活性氧会损伤细胞内的蛋白质、脂膜、DNA，抑制线粒体呼吸链，引起细胞能量供应障碍，影响正常的细胞信号通路和基因转录。在大脑血液循环系统中，ROS 的大量产生会损伤内皮细胞、血管平滑肌细胞，引起血小板凝集、血管渗透性改变，导致脑水肿。

转基因和基因敲除实验表明 ROS 在缺血再灌注脑损伤病程中起着作用[2]。因此，一些研究尝试给动物服用酶或非酶的抗氧化剂，研究抗氧化剂对脑缺血再灌注损伤的保护作用。最新研究数据表明，用 SOD 和过氧化物酶清除自由基，可以有效地减少脑缺血再灌注损伤。从植物中提取的天然抗氧化剂，银杏提取物 EGb761 和茶多酚，也证明对缺血再灌注脑损伤具有显著保护效果。抗氧化剂可以通过清除活性氧自由基保护海马 CA1 区神经元免受缺血再灌注损伤，暗示抗氧化剂可以通过脑血屏障到达脑组织起到保护作用。

研究表明，NO 在脑缺血再灌注损伤过程中起重要的作用。NO 能够和 O_2^-·自由基反应生成过氧亚硝基，一种强氧化剂，或是干扰正常离子代谢从而促进缺血再灌注时的氧化损伤。NO 可以直接或间接通过衍生物，抑制线粒体的电子传递链，引起细胞能量危机和 DNA 损伤，导致 DNA 合成障碍和细胞死亡。NO 能够增强缺血后兴奋性氨基酸——谷氨酸释放，促进缺血后脑损伤。NO 的作用就像一柄双刃剑，除了对细胞和机体的毒性作用外，部分证据显示 NO 同时具有保护作用。NO 是强血管扩张因子、血小板凝集和白细胞黏附的抑制剂，通过抑制白细胞和血小板对毛细血管阻塞，可以提高缺血再灌注后脑组织的血液供应，发挥保护作用。作者在本节以沙鼠为模型，重点讨论脑缺血再灌注后一氧化氮和氧自由基的产生和变化，探讨它们与脑组织损伤的关系及其作用机制。

10.1.1 一氧化氮自由基及一氧化氮合酶在脑卒中的变化

缺血再灌注过程中，NO 的产量及一氧化氮合酶的表达都受到缺血再灌注的影响而变化。在颈总动脉结扎后，NO 的浓度在开始的 20min 内随着时间的延长而升高到微摩尔水平，然后由于底物的缺乏，NO 的产量减少[3]。NO 的产生可以被谷氨酸受体的拮抗剂抑制，表明 NO 产生的增长可能是谷氨酸诱发的。在 NO 产生增加的同时，NOS 的活性和表达同时上调。用同位素 L-精氨酸—L-瓜氨酸转化法检测，NOS 的活性在缺血 10min 后增加，60min 后恢复到正常水平，同时 eNOS 的 mRNA 水平和缺血再灌注区域 nNOS 阳性神经元的数量也增加。24h 后，当缺血组织开始死亡后，NOS 阳性的神经元数量逐渐减少，同时 nNOS 的活性也逐渐下降。在缺血再灌注损伤的脑组织中 eNOS 的蛋白质表达和活性的变化与 nNOS 相似，在缺血再灌注后升高。

缺血再灌注诱导 iNOS 的 mRNA，蛋白质和酶活性在缺血损伤的脑组织中升高，但是与 nNOS 和 eNOS 的时序不同。iNOS 的 mRNA 在缺血再灌注后 6~12h 开始升高，在 16~48h 达到高峰，iNOS 的蛋白质在 48~72h 达到高峰。iNOS 的表达部位也随缺血再灌注的不同而不同，在永久性缺血损伤中，iNOS 的免疫活性主要表现在侵入缺血部位的中性粒细胞中，而在瞬时缺血损伤中，iNOS 的免疫活性主要表现在血管壁中。在全脑缺血再灌注损伤中，iNOS 的活性在星形细胞、胶质细胞中表达。缺血再灌注损伤中 iNOS 的转录和表达是由细胞因子，以及缺血部位的缺氧调控的。缺血再灌注脑损伤过程中，缺血损伤引起编码黏附因子和炎症因子的基因表达，如 TNF-α、IL-1β、IFN-γ 等，这些炎症因子能够诱导 iNOS 等炎症相关基因的表达[4]。

总之现有的证据证明缺血再灌注脑损伤后，NO 的产生得到了显著的加强，在缺血再灌注脑损伤的早期，NO 主要由 nNOS 和 eNOS 产生，而在缺血再灌注脑损伤的晚期，主要是由 iNOS 产生。

10.1.2　一氧化氮自由基在脑卒中的双重作用

NO 在缺血再灌注脑损伤中的作用一直是人们讨论的焦点问题之一。现有的证据证明，NO 在缺血再灌注过程中起着双重作用，一方面可以保护脑组织免受缺血再灌注的损伤；另一方面对缺血再灌注的脑组织有损伤作用，NO 起保护作用或是损伤作用依赖于 NO 产生的来源(由哪种酶产生)、NO 产生的时段(在缺血过程中产生还是再灌注后产生)和浓度。

1) 一氧化氮的保护作用

首先，NO 作为内皮细胞松弛因子，可以松弛血管，提高缺血部位的血液循环，使缺血部位的脑组织供血和供氧得到尽快的恢复[5]。其次，NO 还可以抑制血小板和免疫细胞在血管壁的黏附，抑制由于血小板引起的血管阻塞和免疫细胞侵入缺血脑组织，防止进一步造成损伤。再次，NO 可以通过抑制 NMDA 的激活而抑制钙离子的内流，抑制在缺血再灌注脑组织中谷氨酸引起的损伤[6]。最后，NO 可以清除活性氧自由基，从而部分减轻缺血再灌注引起的氧化损伤。

2) 一氧化氮的损伤作用

NO 可以通过多种机制在缺血再灌注的脑组织造成损伤。NO 能够与 O_2^-·自由基反应产生毒性更大的过氧亚硝基，同时可以通过干扰离子的正常代谢，加剧氧化损伤。在缺血时，由于没有足够的能量以维持离子梯度，引起钙等离子的内流，激活了一氧化氮合酶的活性。由于 NOS 的底物 L-精氨酸和氧气，以及辅助因子的缺乏，这时一氧化氮合酶就会在产生 NO 的同时产生 O_2^-·自由基，两者进一步产生过氧亚硝基，造成氧化损伤。NO 可以和线粒体呼吸链的复合物Ⅰ、复合物Ⅱ的铁硫中心结合，抑制复合物Ⅰ和复合物Ⅱ的活性，同时 NO 的产物过氧亚硝基可以直接抑制线粒体复合物Ⅰ、复合物Ⅱ、复合物Ⅲ的活性，使其失活，从而进一步恶化缺血再灌注损伤组织的能量供应。同时，NO 和其产物过氧亚硝基可以氧化损伤 DNA，抑制 DNA 的合成和修复损伤细胞，引起神经细胞的凋亡。NO 能够促进缺血再灌注后兴奋性氨基酸谷氨酸的释放，从而进一步损伤细胞。同时，NO 的氧化还原状态与它的作用密切相关，在培养的神经细胞中，NO 的一种还原形式，能够产生过氧亚硝基，因此具有毒性；而 NO^+对细胞有保护作用。关于 NO 在缺血再灌注损伤中的作用虽然有争议，但是得到公认的是，NO 的部分毒性来自于 O_2^-·与 NO 反应产生的过氧亚硝基和过氧亚硝酸。这些 NO 的衍生物可以引起脂质过氧化，氧化蛋白质和非蛋白类巯基，引起芳香类物质的羟基化和硝基化[7, 8]，对组织和细胞造成致命的损伤。

10.1.3　不同一氧化氮合酶产生的一氧化氮在脑卒中的作用

在研究 NO 机制的过程中，人们利用各种不同手段，如 NOS 的抑制剂及基因敲除或过量表达的动物研究 NO 的作用。早期用非特异性的 NOS 的抑制剂研究 NO 的作用(如 L-NA 和 L-NAME)，得出了相互矛盾的结果。部分实验中 NO 的抑制剂减轻了缺血再灌注脑损伤，部分结果中抑制剂进一步损伤了脑组织，部分实验中抑制剂没有效果。比较一致的结果是，大剂量的抑制剂能够加剧损伤脑组织，而低剂量多次给药，通常具有保护作用。这些结果可能反映了不同来源 NO 的不同功能，在高抑制剂用药剂量时，同时也抑制了扩张血管的 NO，恶化了缺血再灌注脑损伤。特异性的 NOS 的抑制剂证实了这种推测。7-硝基吲唑、S-甲基-异硫脲基-L-正吉氨酸等专一抑制 nNOS 的活性，对缺血再灌注脑损伤有保护作用。iNOS 的专一抑制剂——氨基胍，抑制了缺血再灌注后脑组织中 iNOS 的活性，同时减轻了缺血再灌注对脑组织的损伤[9, 10]。氨基胍在抑制 iNOS 活性的同时，不影响 nNOS 和 eNOS 的活性，对血压和血流量没有影响。上述结果表明，nNOS 和 iNOS 在缺血再灌注脑损伤的过程中对脑组织有损伤作用，而 eNOS 至少在缺血再灌注的早期对脑损伤有保护作用。

1) 不同一氧化氮合酶在缺血再灌注脑损伤中的作用

在大多数情况下，L-精氨酸通过各种形式的 NOS 酶转化为 NO，包括在 nNOS、iNOS 和 eNOS 中产生。在 eNOS 和 nNOS 中是钙依赖性的，通常产生的 NO 是纳摩尔水平的，而 iNOS 是钙非依赖性，产生的 NO 是微摩尔水平。iNOS 敲除的小鼠，在缺血再灌注脑损伤后，没有 iNOS 的表达，同时梗死面积小于正常小鼠，表明 iNOS 及 iNOS 产生的 NO 自由基对脑缺血再灌注损伤有毒害作用。由 eNOS 生成 NO 的生理浓度水平小于 10nmol/L，在调节神经元沟通，血管紧张度，突触传递，血小板聚集和炎症反应中是必需的。巨噬细胞和其他细胞类型活化从钙依赖性 nNOS 的活化和钙非依赖性的 iNOS 中产生高浓度的 NO，加剧缺血性脑卒中损伤[11]。

利用活体微透析监测稳定 NO 代谢物(硝酸盐和亚硝酸盐)研究表明，30min 再灌注之后，NO 瞬时升高 50%。在局部缺血的早期阶段，血供的瞬时减少导致 eNOS 活性增加，产生少量的 NO 和保护脑血管系统。同时，能量消耗诱导谷氨酸积累和触发钙离子通道的活化，导致通过刺激 nNOS 产生 NO。在灌注阶段，iNOS 的表达上调导致产生过量的 NO，iNOS 持续增加时间超过 7 天。从 iNOS 和 nNOS 产生的高浓度 NO 具有神经毒性。采用 EPR 自旋捕捉技术，表明在脑缺血再灌注损伤的大鼠模型 NO 产生具有双相特征。NO 生成的第一阶段是缺血后的 1h，第二阶段是在再灌注的 24~48h。NO 产生的第一相和第二相均与 nNOS 及 iNOS 增加有关[12]。

基因敲除动物提供了一种可以明确研究 NO 作用的方法。nNOS 基因敲除(gene knockout)小鼠的大脑血液循环系统和反应与正常的小鼠相同，但是颈总动脉结扎后，脑损伤的程度与正常的小鼠相比，梗死面积缩小了 40%。用基因敲除小鼠脑组织培养的细胞对于谷氨酸介导的兴奋性神经毒性和缺血缺氧引起的损伤有更大的耐受性。以上结果与 nNOS 专一性抑制剂得出的结果一致，证明了 nNOS 对缺血再灌注脑损伤有毒害作用。由于没有 eNOS 的专一性抑制剂，因此 eNOS 基因敲除的动物实验结果尤其重要，eNOS 敲除的动物缺血再灌注后，由于脑供血减少，脑梗死面积进一步加大，表明 eNOS 及产生的 NO 对于脑缺血再灌注损伤有保护作用。iNOS 敲除的小鼠，在缺血再灌注脑损伤后，没有 iNOS 的表达，同时梗死面积小于正常的小鼠，表明 iNOS 及 iNOS 产生的 NO 对脑缺血再灌注损伤有毒害作用[13]。

用 NO 的供体或通过提高 L-精氨酸的浓度得出的结果表明，在缺血后立即注射 NO 的前体 L-精氨酸或 NO 的供体，如硝普钠(nitroprusside)，可以减少脑缺血再灌注后梗死的面积。这种保护作用可能与 NO 浓度升高后，扩张血管，提高对缺血后阴影区的供血有关。在缺血 30min 后再注射 L-精氨酸没有改善效果，NO 供体在缺血再灌注后 2h 注射也没有保护作用[14]。因此，血液循环系统中 NO 的保护作用只在缺血再灌注脑损伤的早期有效，这可能是通过提高对缺血部位的血液供应产生的。

以上结果表明，NO 在缺血再灌注脑损伤中的作用依赖于缺血再灌注的不同阶段。用 L-精氨酸和 NO 的供体在脑缺血再灌的早期可以通过扩张血管，改善缺血区的供血，对脑组织有保护作用。同时，谷氨酸诱导的钙离子浓度升高，持续激活 nNOS，不断产生 NO，nNOS 产生的 NO 抑制缺血部位脑组织的能量代谢，损伤脑组织，进一步增大缺血区域的梗死面积。这时注射 nNOS 的特异性抑制剂对缺血再灌脑组织有保护作用。缺血再灌脑损伤 6h 后，iNOS 的 mRNA 转录水平升高，iNOS 的蛋白质水平增加，大量产生 NO 对于缺血再灌注脑组织有损伤作用，这时 iNOS 的抑制剂氨基胍保护脑组织，减轻缺血再灌注损伤。缺血再灌注早期来自于 eNOS 的 NO 通过增加血流量而起的保护作用大于 NO 的损伤作用，几个小时后 NO 增加血液供应的作用不再明显，NO 的作用主要为损伤作用。6h 后，iNOS 的转录和翻译都达到了相当的水平，其产生的 NO 造成了缺血再灌注脑组织的迟发性损伤。总之，NO 在缺血再灌注脑损伤中的保护或损伤作用依赖于缺血再灌注脑损伤的阶段和 NO 产生酶的途径。

2) mtNOS 在缺血再灌注中的作用

线粒体一氧化氮合酶(mtNOS)是最近才发现的一种 NOS，它存在于线粒体内膜上，是一种膜结合的 NOS。线粒体 NOS 存在于体内多种组织中，在脑组织中 mtNOS 有很高的活性，用同位素 L-精氨酸—L-瓜氨酸的底物转化法检测，脑组织中的线粒体 NOS 大约是肝脏中的几十倍[在脑中为每分钟(541±53)pmol/mg，在肝脏中为每分钟(17±13)pmol/mg]，提示 mtNOS 在脑组织中可能有重要的作用。mtNOS 的活性受到钙离子的调控，当线粒体内钙离子浓度升高时，mtNOS 的活性升高，产生的 NO 可以促进 Ca^{2+}转运出线粒体，因此对线粒体内钙离子的浓度有调控作用。这可能在缺血的情况下起作用，缺血再灌注线粒体内的钙离子升高时，钙离子激活 mtNOS 的活性，产生的 NO 促进钙离子的外排，保持线粒体内正常的钙离子浓度。mtNOS 产生的 NO 同时能够调控线粒体的 pH、线粒体膜电位，调节线粒体的呼吸链和能量产生[15]。同时，在纯化的线粒体中，mtNOS 产生的 NO 能够诱导线粒体细胞色素 c 的释放，触发细胞凋亡，而一氧化氮合酶抑制剂可以抑制细胞色素 c 的释放，同时 mtNOS 在 SH-SY5Y 细胞中可以与 Bcl-2 家族的蛋白质相互作用，如增加 Bax 的水平，暗示 mtNOS 可能在细胞的凋亡中起作用。对于 mtNOS 在缺血再灌注脑损伤中的作用机制，还不清楚，但是在缺氧的情况下，mtNOS 的活性升高了 1 倍，而蛋白质免疫印迹检测 mtNOS 的蛋白质浓度没有变化。mtNOS 活性升高可能是由于缺氧时，钙离子内流激活磷酸化酶，mtNOS 的活性位点磷酸化，提高了酶的活性。对于 mtNOS 在脑缺血再灌注损伤中的作用有待于进一步的研究。

3) 诱导型一氧化氮合酶(iNOS)的表达与缺血后迟发型脑损伤

缺血再灌注过程中大量产生的 ROS 和 RNS，氧化损伤缺血再灌注区域的细胞膜、蛋白质、DNA，引起缺血部位的炎症反应，TNF-α、IL-1 等的表达，黏附因子表达，中性粒细胞等免疫细胞与缺血部位的血管结合后，侵入损伤部位，引起缺血再灌注后的迟发型损伤(DND)。iNOS 在缺血再灌注后的 DND 过程中起着重要作用。在缺血再灌注损伤的脑组织中，iNOS mRNA 水平在脑缺血再灌注后，6h 左右开始逐渐升高，16h 左右达到高峰；免疫蛋白电泳检测，iNOS 在缺血再灌注后 12h 开始升高，在 24~48h 达到高峰，然后逐渐下降，缺血再灌注 7 天后消失。iNOS 是钙离子非依赖性一氧化氮合酶，产生 NO 的能力不受细胞内钙离子的调控，iNOS 催化 NO 产生的效率在每分钟 10^{-9}mol/mg 蛋白，比结构型一氧化氮合酶的活性每分钟 10^{-12}mol/mg 蛋白高大约 3 个数量级，iNOS 一旦产生就会持续大量产生 NO，抑制线粒体的呼吸链，对机体造成伤害。在缺血再灌注的脑组织中，再灌注早期功能逐渐恢复，但是在 24h 后，又产生迟发型损伤，迟发型损伤的进程与 iNOS 的转录和表达相关，iNOS 在缺血再灌注后的迟发型损伤中发挥重要的作用。用 iNOS 的抑制剂可以减轻缺血再灌注部位神经元的损伤，同时 iNOS 基因敲除的动物与正常动物相比，缺血再灌注后缺血部位的梗死部位面积明显减小，进一步证明了 iNOS 在脑缺血再灌注损伤中的作用。

iNOS 在转录和翻译水平的调控氧化损伤引起的炎症反应，可能是 iNOS 表达的原因[16]。炎症因子 TNF-α可以调控 iNOS 的转录和表达，用 TNF-α受体的抑制剂抑制 TNF-α的功能，使 iNOS 的 mRNA 和蛋白质水平下降，同时可以改善细胞的能量供应，减轻机体的损伤。NFκB 是一种核转录因子，正常的状况下与 IκB 结合，没有活性，在缺血再灌注脑损伤过程中，NFκB p65 的浓度升高，与 DNA 的结合能力上升。iNOS 的启动子有 NFκB 的调控部位，NFκB 浓度和活性的升高会促进 iNOS 的转录，使 iNOS 的 mRNA 和蛋白质水平升高，对机体造成损伤。抗氧化剂可以抑制 NFκB 的活性，降低 NFκB 对 iNOS 的转录，保护缺血再灌注脑组织免受缺血再灌注损伤。

10.2 在脑缺血再灌注损伤修复过程中 RNS 是血脑屏障(BBB)完整性的精确靶位置

RNS 包括 NO 和 $ONOO^-$在脑卒中损伤中起着重要的作用。脑卒中导致产生 NO 和 $ONOO^-$，引发无数的分子级联反应，并导致血脑屏障破坏，加剧脑损伤。目前可用于治疗大脑局部缺血并防止随后的脑损伤的策略很少。有证据表明，RNS 可能是脑缺血再灌注损伤的治疗靶点，控制 RNS 水平可能是防止脑卒中损伤的一个重要治疗策略。这一节将讨论关于脑卒中损伤的过程 RNS 对血脑屏障破坏作用及针对 NO 和 $ONOO^-$治疗脑卒中药物开发的潜力[17]。

10.2.1 $ONOO^-$ 在 BBB 完整性和脑缺血损伤修复中的作用

除了细胞死亡，血脑屏障的破坏是脑缺血再灌注损伤的另一个重要的病理过程。血脑屏障是由微血管内皮细胞、星形胶质细胞和细胞外基质组成。微血管内皮细胞层是血脑屏障的关键部分，这些蛋白质的胞质结构域通过辅助蛋白锚定到细胞骨架上。那些归类于紧密连接家族的基质金属蛋白酶(MMP)的激活是血脑屏障开放的关键途径之一[18]。在大脑中发现的主要形式中有 MMP-2、MMP-3、MMP-9。在脑缺血过程中发现，血脑屏障开放的第一阶段出现 MMP-2 的活性，第二阶段 MMP-9 的活性增强[19]。活化的基质金属蛋白酶可以水解血脑屏障的细胞外基质和蛋白质，并随后降低周围脑血管和神经元的胞外基质。缺氧介导的依赖 MMP-9 的基质和蛋白质重排并诱导水肿的形成，因此，抑制 MMP-9 可能是一个重要用于脑水肿的治疗策略。MMP-9 不仅可作为药物靶点，也可作为溶栓治疗监测脑损伤和预测出血性转化的生物标志物。缺血性脑卒中过程产生过量的 NO 导致血脑屏障破裂。eNOS 的过表达能够抑制 MMP-2 在血管内皮细胞的表达[20]。在 nNOS 的缺失小鼠和选择性 nNOS 的抑制剂处理小鼠中 MMP-9 活性减少。在大脑动脉闭塞动物模型非选择性 NOS 抑制剂 NG-硝基-L-精氨酸甲酯(L-NAME)能显著降低血脑屏障破坏和 MMP-9 的活性[21]。NO 在 MMP 活化作用和血脑屏障损伤与不同实验条件下不同 NOS 亚型产生 NO 的量有关。NO 介导的 MMP 活性和血脑屏障破坏机制目前仍然知之甚少。

缺血再灌注损伤，ROS 的积累可以破坏细胞信号转导，激活炎症因子，导致脂质过氧化和神经细胞死亡，并且破坏血脑屏障(BBB)。在脑缺血再灌注损伤过程中，NO 与 O_2^-·同时产生，迅速反应产生 $ONOO^-$，可以很容易地渗透脂质双层，从而导致膜脂过氧化，介导酪氨酸酶残基的硝基化，抑制酪氨酸磷酸化，进而影响细胞信号转导。$ONOO^-$还可以灭活乌头酸酶和 SOD 活性，引起 NO 介导的血脑屏障损伤，并触发细胞凋亡。因此，RNS 不仅是脑缺血再灌注损伤的重要因素，也可用于缺血性脑卒中治疗的重要药物靶标[22]。

在缺血性脑卒中增加 NO 的生成扮演两个角色：一个是细胞死亡，另一个是在血脑屏障的破坏。少量来自 eNOS 产生的 NO 发挥神经保护作用，iNOS 和 nNOS 产生的大量 NO 具有神经毒性。这已被遗传和药物方法证实。例如，eNOS 的基因敲除小鼠比野生型小鼠的脑缺血具有更大的梗死体积，表示从 eNOS 产生 NO 有神经保护作用。类似的结果从使用他汀类药物或皮质类固醇的研究发现，这些药物会增加 eNOS 活性，减轻脑卒中动物脑损伤，包括脑血流的升高，血栓减少，NMDA 受体激活的抑制，炎症和氧化状态的改善，血管舒张的增强[23]。无论是敲除小鼠 iNOS 的或 nNOS 基因，对暂时或永久脑缺血具有神经保护作用。同样，选择性的 NOS 抑制剂对缺血性脑卒中有预防效果。NO 为神经毒性的潜在机制，主要是通过与蛋白质的相互作用，从而导致蛋白质硝基化，$ONOO^-$是脑缺血再灌注损伤的重要机制[11]。

10.2.2　小窝蛋白调解活性氮影响 BBB 完整性和脑缺血损伤修复

最近的研究表明，小窝蛋白[caveolins，在质膜内陷的小窝，22kDa，50~100nm，其包括 3 个亚型，小窝蛋白-1(Cav-1)、小窝蛋白 2(Cav-2)和小窝蛋白 3(Cav-3)]在脑缺血再灌注损伤中 NO 介导的基质金属蛋白酶的活化和破坏血脑屏障发挥关键作用。Cav-1 可以抑制 NOS 表达和 NO 产生。为了阐明 NO 介导的 MMP 活性和血脑屏障破坏的潜在机制，Shen 实验室的研究人员最近使用大鼠和小鼠脑缺血模型进行了一系列实验来探讨 Cav-1、RNS 和 MMP 活性及对血脑屏障的破坏的关系。他们发现，缺血再灌注下调在分离海马和皮质微血管 Cav-1 的表达，与下调 Cav-1 与 MMP-2 和 MMP-9 的活性及增加血脑屏障通透性相关。用 L-NAME 治疗又提高了 Cav-1 表达，抑制基质金属蛋白酶活性，并减少血脑屏障通透性。Cav-1 缺陷小鼠比野生型小鼠脑缺血再灌注后显示高的 MMP 活性和血脑屏障的渗透性。用 L-NAME 治疗 Cav-1 缺陷小鼠，MMP 活性和血脑屏障通透性能被部分颠倒。因此，他们提出了一种脑缺血再灌注损伤血脑屏障破坏的新机制，在缺血性脑卒中，nNOS 和 iNOS 产生过量 NO 抑制 Cav-1 的表达，而下调的 Cav-1 又增加 NOS 活性和产生更多 NO[20]。这种正反馈循环可能在脑缺血再灌注损伤加大了 NO 对血脑屏障的损伤。此外，L-NAME 对 MMP 活性和血脑屏障通透性的抑制效果由 Cav-1 部分介导的。NO、基质金属蛋白酶和 Cav-1 的关系进一步研究工作，将有助于人们对血脑屏障破坏在脑缺血再灌注损伤机制的理解[24]。

除了在缺血再灌注脑 NO 产生，在神经元和血管内皮细胞中也产生大量 O_2^-·，因此，形成大量 $ONOO^-$。收集脑卒中患者 24h 和 48h 的血液样本，检测到了 $ONOO^-$。过氧亚硝基具有跨脂双层高穿透能力，比 O_2^-·快约 400 倍。作为一种重要的神经毒性因子，过氧亚硝酸基通过蛋白酪氨酸硝基化和膜脂过氧化，诱导线粒体功能障碍和 DNA 断裂发挥细胞毒性作用。在脑卒中动物模型和患者死亡尸体解剖中发现了积累的 3-硝基-酪氨酸。酪氨酸硝基化，改变蛋白质的结构和功能，导致酶活性抑制，细胞骨架破坏和信号转导功能障碍。综合研究表明，$ONOO^-$诱导的蛋白硝基化是细胞毒性的机制之一。脂质过氧化作用是 $ONOO^-$的细胞毒性基础的另一种机制，通过脂质过氧化，$ONOO^-$氧化低密度脂蛋白，促进动脉粥样硬化。$ONOO^-$也可以氧化髓磷脂，促进脑组织炎症。另外，$ONOO^-$也通过鸟嘌呤核苷酸的硝基化或由糖主链的氧化修饰诱导 DNA 单链断裂[25]。

除了具有神经毒性，$ONOO^-$也能加速血脑屏障破裂，通过介导的 MMP 的活化导致血脑屏障完整性的降解。$ONOO^-$通过硝化 4 个酪氨酸残基灭活 TIMP-4，随后激活血管内皮细胞 MMP-2，分解和重新排列紧密连接蛋白，导致血脑屏障的破坏。铁盐催化剂，如 FeTMPyP 和 FeTPPS 能够分解过量的 $ONOO^-$，是研究 $ONOO^-$的一个重要工具。铁盐催化剂可以还原 NO 和 O_2^-，使 $ONOO^-$异构化硝酸盐。FeTMPyP 不仅能保护在体外 BBB 的完整性，同时也防止 MMP 的活化和神经血管损伤。结合以上两者表明，$ONOO^-$负责神经毒性及脑缺血再灌注损伤的血脑屏障破坏[26]。

10.2.3 药物在保护 BBB 完整性和神经再生中的应用

NO 和 $ONOO^-$是 RNS 在脑缺血再灌注损伤过程中调解血脑屏障破坏和脑损伤的关键因素。通过复杂的细胞和生化机制，RNS 可介导 BBB 的退化和诱导物质从血管流入脑实质，导致血脑屏障开放和脑血管性水肿。RNS 可以是缺血性脑卒中治疗中潜在的药物靶点。由于 NO 在这个生物系统中的双重角色，针对 NO 作为药物发展战略治疗策略目标应该是通过增加 eNOS 产生的一氧化氮水平，降低来自 iNOS 和 nNOS 产生的 NO 水平，建立无细胞毒性 NO 均衡水平[27]。

1) 用于增加一氧化氮产生底物策略

基础水平 NO 具有生理功能，如血管舒张、神经元沟通和突触传递。NO 供体和 eNOS 底物可被应用于改善患者的急性缺血脑卒中。已经证明 NO 供体亚硝酸盐可以有效治疗短暂性脑缺血。在大鼠缺血脑卒中模型中，NO 前体 L-精氨酸能够增加血流量，降低梗死体积和增加神经功能恢复。有一篇系统的综述文章，汇总了 25 项研究，得出结论认为，

L-精氨酸能有效增加脑血流量，降低实验性脑卒中模型脑梗死体积。然而，发现 L-精氨酸只对 eNOS 缺陷小鼠有用，对野生型小鼠没有效果。此外，L-精氨酸处理可能会危害到患者，刺激 NOS 活性。更重要的是，一项临床试验发现，L-精氨酸对缺血性脑卒中患者未发现有益结果。一种解释是，L-精氨酸也可能增加了正常脑组织的血流量，从而相对减少了血液流向局部缺血脑组织。 L-精氨酸对缺血性脑卒中的潜在应用，还需进一步研究和临床试验验证[28, 29]。

2) 增加 eNOS 活性策略

他汀类药物可以通过 LDL-依赖性和非依赖性途径增加 eNOS 活性。在缺血性脑卒中动物模型中他汀类药物可以降低梗死体积和水肿。在 eNOS 敲除小鼠中他汀类药物的保护作用被完全阻断，表明他汀类药物的保护作用是依赖 eNOS 的。临床研究进一步支持了他汀类药物的神经保护作用，并且现在被推荐用于预防脑卒中。然而，最近的研究表明，他汀类药物治疗具有不良反应，使出血性脑卒中和感染的风险增加。因此，为了评估他汀类药物在缺血性脑卒中治疗中的应用，进一步研究和临床试验是必要的[30]。

3) nNOS 和 iNOS 的抑制剂

在小鼠脑缺血模型中，非选择性 NOS 抑制剂 L-NAME，可以减少梗死体积，防止血脑屏障破裂和改善神经功能。然而，L-NAME 也会抑制 eNOS 的活性，因此，需要使用指向 nNOS 和 iNOS 特异性 NOS 抑制剂。δ-(S-甲基异硫脲)- L-缬氨酸(L-MIN)是 nNOS 的特异性抑制剂，能减少大鼠脑卒中模型梗死体积。同样，其他 nNOS 抑制剂，如 7-硝基吲唑，也能减少大鼠短暂脑卒中模型梗死体积。除了 nNOS 抑制剂，选择性的 iNOS 抑制剂，如氨基胍，也可保护大脑缺血性损伤。氨基胍给药后 24h，可以减少梗死体积高达 30%[27]。图 10-1 为常用的几种一氧化氮合酶抑制剂的化学结构。

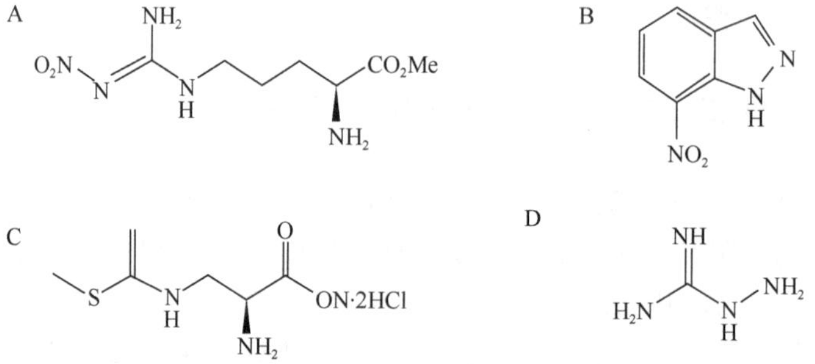

图 10-1 一氧化氮合酶抑制剂的化学结构
A. L-NAME；B. 7-硝基吲唑(7-nitroindazol)；C. L-MIN；D. 氨基胍(aminoguanidine)

总体而言，虽然 NOS 抑制剂对脑缺血再灌注损伤的动物模型有潜在治疗价值，但临床证据仍然缺乏。因此，要进行临床前试验及临床试验以评估 NOS 抑制剂对缺血性脑卒中治疗的安全性和有效性。

4) 与过氧亚硝基阴离子相关的药物研发

过氧亚硝基清除剂是一个用于药物开发治疗脑卒中很有吸引力的战略，因此，作者总结在这一领域的最新进展。

(1) 过氧亚硝基分解催化剂

由于过氧亚硝基是负责脑缺血再灌注神经毒性损伤的，清除或催化分解过氧化亚硝基可能是一个潜在的有价值的治疗策略。但是相比于 NO，以过氧亚硝基为靶向药物的研发慢得多，部分原因是由于直接检测过氧亚基技术受到局限。FeTMPyP 和 FeTPPS(图 10-2)是两个代表性的分解过氧化亚硝基催化剂，据报道，在缺血脑卒中 6h 后给药治疗可以部分通过降低过氧亚硝基减少梗死体积、脑水肿、神经功能障碍，以及蛋白质硝基化。在短暂脑缺血大鼠模型中，再灌注之前 30min，FeTMPyP 给药能通过抑制基质金属蛋白酶活性预防血脑屏障破坏[31]。

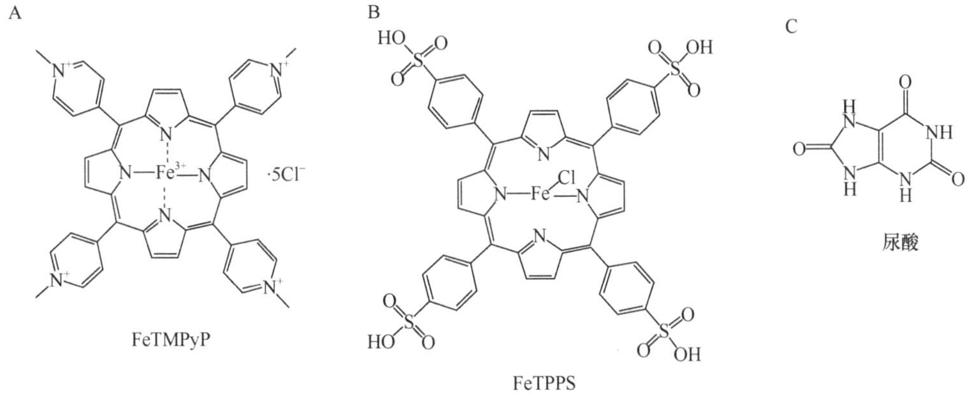

图 10-2　过氧亚硝基分解催化剂 FeTMPyP(A)和 FeTPPS(B)及尿酸化学结构(C)

(2) 尿酸

尿酸是一种内源性过氧亚硝酸盐清除剂。脑卒中患者血尿酸(SUA)水平显著下降。高血尿酸水平似乎与溶栓治疗效果有相关性。尿酸通过清除 $ONOO^-$，减轻线粒体损伤和脂质过氧化保护神经元。尿酸治疗(图 10-2C)减轻大鼠脑缺血模型的炎症反应和显著减少梗死体积，提高行为结果。尿酸不仅具有神经保护作用，还有重组组织纤溶酶原激活物的好处。尿酸与纤溶酶原激活物联合治疗比单独治疗具有更大的保护作用。重组组织纤溶酶原激活物治疗的Ⅱ期临床试验表明，该治疗是安全的，有利于尿酸水平的升高和减少脂质过氧化和 MMP-9 活性。尿酸与重组组织纤溶酶原激活物联合治疗急性缺血性脑卒中的Ⅱ期临床试验正在进行中[32~35]。

(3) 酚类化合物

黄酮类化合物，羟基和羟基苯甲酸是天然酚类化合物(图 10-3)，具有抗氧化和金属螯合性能。这些化合物能清除各种自由基，包括过氧亚硝基、过氧化物、过氧化氢和羟基自由基。这几种化合物能在体内缺血性脑卒中清除 $ONOO^-$，保护神经。例如，白藜芦醇(图 10-3B)在体外能直接清除 $ONOO^-$，降低氧化性损伤和抑制神经胶质激活保护神经元。姜黄素(图 10-3A)可降低 $ONOO^-$诱导的血脑屏障破裂和改善脑缺血再灌注损伤。绿茶中的儿茶素(图 10-3C)能减少 iNOS 表达和 $ONOO^-$水平，减轻缺血再灌注损伤，保护神经元。在大鼠脑缺血模型中，咖啡酸(图 10-3D)能直接与 ONOO⁻反应，保护缺血脑组织。不过，这些化合物发挥保护作用的整体机制有待进一步研究[36]。

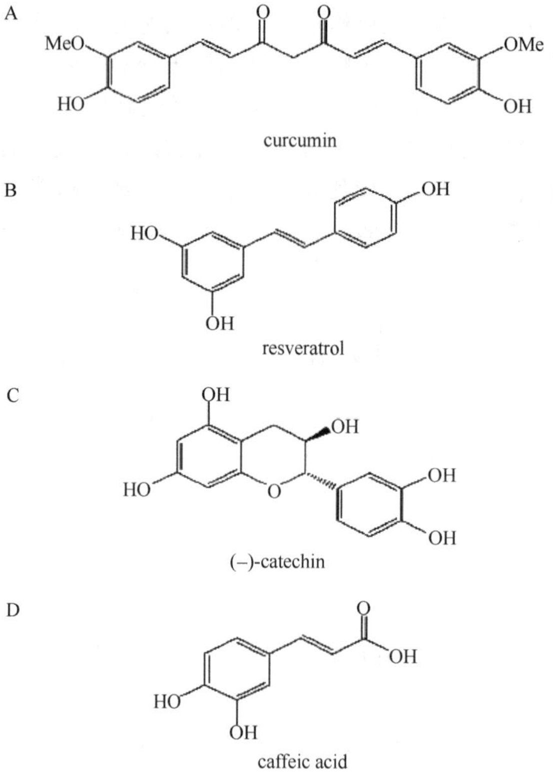

图 10-3　酚类过氧亚硝酸盐清除剂的化学结构

A. 姜黄素(curcumin)；B. 白藜芦醇(resveratrol)；C. 儿茶素(catechin)；D. 咖啡酸(caffeic acid)

(4) 非酚类化合物

许多非酚类的抗氧化剂化合物也具有强大的 ONOO⁻清除活性与神经保护作用，包括依布硒啉(图 10-4A)、依达拉奉(图 10-4B)、桦木酸(图 10-4C)和褪黑激素(图 10-4D)。依达拉奉在日本和中国已经被应用到治疗急性脑卒中多年，并已成为临床治疗中的有用神经保护剂之一。依达拉奉的潜在机制是与减少硝基酪氨酸在体内形成有关。然而，类似的酚类化合物，详细的反应机制仍然是未知的[37]。

无论在体内直接或间接的反应，所有上述化合物可以通过减少 ONOO⁻诱导的硝基酪氨酸的形成改善脑缺血再灌注损伤。因此，寻求分解 ONOO⁻试剂将有可能成为药物研发治疗缺血性脑卒中的重要策略。

迄今为止，几乎所有测试过的神经保护药物在临床试验中均告失败，重组组织纤溶酶原激活物是唯一获得 FDA 批准用于缺血性脑卒中的治疗药物。然而，3h 时间窗口大大限制了它的应用。大多数脑卒中患者无法快速就医，以获得在必要的 3h 窗口内进行治疗。超出此时间窗口，延迟溶栓治疗会诱发脑缺血再灌注损伤严重水肿或颅内出血。神经保护药物溶栓药物组合应用将是一种有效的方法，通过延长溶栓时间窗，从而降低再

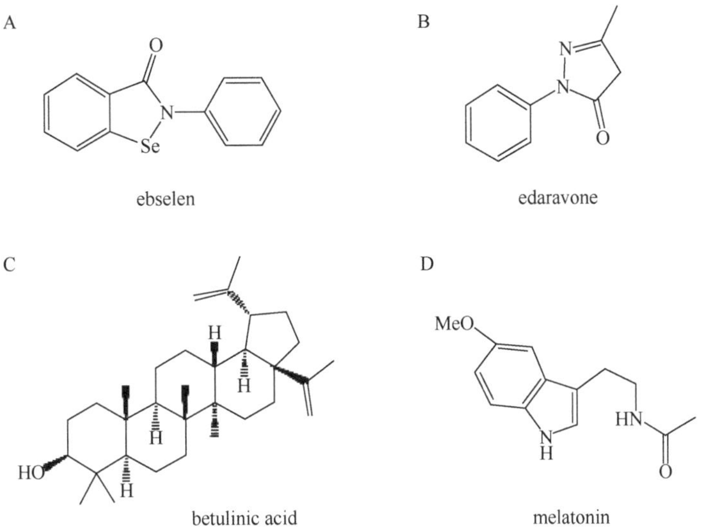

图 10-4　非酚类过氧亚硝酸盐清除剂的化学结构

A. 依布硒啉(ebselen)；B. 依达拉奉(edaravone)；C. 桦木酸(betulinic acid)；D. 褪黑激素(melatonin)

灌注损伤和增强神经功能的恢复，最大限度提高临床治疗结果。在血栓溶解，再灌注可能产生大量的 NO 和 $ONOO^-$，这是神经毒性和血脑屏障破裂非常重要的介质。因此，针对这些 RNS 的药物治疗能减少溶栓药物的不良反应。尽管一些候选药物已在临床试验中得到应用，但大多数仍处于初期试验阶段。如果 RNS 药物的详细机制在缺血性脑卒中得到深入研究和理解，将有可能开发出基于 RNS 候选的治疗缺血性脑卒中的有效药物。

10.3　一氧化氮自由基在沙鼠脑缺血再灌注损伤的调节作用机制及山楂黄酮的保护作用

在第 5 章，作者已经对山楂黄酮在沙鼠脑缺血再灌注损伤中对 NO 的保护作用进行过讨论，这里就作者实验室研究的山楂黄酮在沙鼠脑缺血再灌注损伤中对 NO 调节作用和对沙鼠脑缺血再灌注损伤的保护作用及其机制，作更详细的介绍和讨论。

10.3.1　动物的处理

沙鼠被随机分为 4 组：缺血再灌注组(ischemia/reperfusion group，IR)，自来水喂养 15 天后，实行缺血再灌注手术；阴性对照组(sham group)，处理与 IR 组相同但是不结扎颈总动脉；低剂量给药组，用含有 0.5mg/ml 山楂黄酮的自来水喂养，其余处理与 IR 组相同；高剂量给药组，用含有 2.5mg/ml 山楂黄酮的自来水喂养，其余处理与 IR 组相同。动物在手术之后处死前，继续用相应的自来水或自来水配制的抗氧化剂喂养。动物手术前 12h 禁食，但可以自由饮水，腹腔注射 1300mg/kg 体重氨基甲酸乙酯麻醉动物。仰位固定于手术台上，用手术刀在颈部划开一 1~1.5cm 小口，钝性分离肌肉，暴露与迷走神经伴行的颈总动脉，动脉夹闭塞双侧颈总动脉 5min，夹闭后或打开后检查血管，以保证血管闭塞或畅通，按实验安排进行。该操作可以可重复性造成沙鼠大脑海马 CA1 区大锥体神经元的死亡[38]。在手术过程中和手术后 5h 内，动物的体温用肛温计和红外灯控制于(37±0.5)℃。

缺血再灌注手术 1h 后，部分动物麻醉处死，脑组织分离后用冰浴的生理盐水冲洗，5 倍冰浴磷酸盐缓冲液(pH 7.4)匀浆，上清液用于 NO、脂质过氧化水平、抗氧化活性(对 $O_2^{-}\cdot$自由基和羟基自由基的清除能力)及硝酸盐/亚硝酸盐浓度的检测。

10.3.2　缺血再灌注脑组织中产生一氧化氮及山楂黄酮对一氧化氮的促进作用

由于 NO 在缺血再灌注脑损伤中的重要作用，用 ESR 自旋捕捉法检测了缺血再灌注过程中产生的 NO。与缺血再灌注过程中 ROS 升高相比，NO 的产量在缺血再灌组与阴性对照组相比降低了 19.17%(P>0.05)(图 10-5，表 10-1)，山楂黄酮预处理 15 天显著升高了缺血再灌注后脑中 NO 的产量，低剂量和高剂量组一氧化氮的产量与缺血再灌注组相比分别升高了大约 44.6%和 77.5%。NO 在这两组中的产量甚至高于阴性对照组中 NO 的产量。

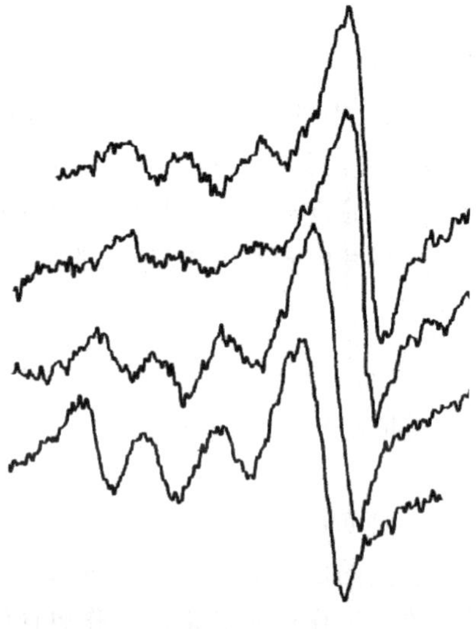

图 10-5　5min 缺血再灌注沙鼠脑匀浆产生 NO 的 ESR 波谱

A. 假手术组；B. 缺血再灌注组；C. 低剂量给药组；D. 高剂量给药组

表 10-1　15min 缺血再灌注沙鼠脑 CA1 区 NO、ROS、抗氧化剂和脂质过氧化水平

组别	ROS(a.u)	TBARSS(nmol/mg 组织蛋白)	$O_2^{-}\cdot$(a.u)	羟基自由基(a.u)	NO(a.u)	硝酸盐/亚硝酸盐/(μmol/L)	细胞存活率/(个细胞/mm)
假手术	12.2±1.5	0.78±0.1	10.4±1.1	18.5±2.7	19.3±2.2	20.3±1.3	270±30
IR	16.7±0.7^{+} ↑36.89%	1.36±0.1^{+} ↑74.04%	14.1±2.1^{+} ↑35.58%	24.0±5.0^{+} ↑29.73%	15.6±1.3^{+} ↓19.17%	45.1±4.9^{+} ↑122.21%	12±7^{+} 4.44%
低剂量	13.8±0.8^{+} ↓17.3%$^{\#}$	1.0±0.2^{*+} ↓24.2%$^{\#}$	11.1±1.8* ↓21.2%$^{\#}$	21.7±3.4^{+} ↓9.5%$^{\#}$	22.1±1.0^{+} ↑44.6%$^{\#}$	36.0±1.8^{*+} ↓20.1%$^{\#}$	129±64*$^{+}$ 47.78%
高剂量	11.5±0.9* ↓31.1%$^{\#}$	0.716±0.137* ↓47.3%$^{\#}$	7.5±2.1^{*+} ↓46.8%$^{\#}$	16.8±4.5* ↓30.0%$^{\#}$	27.7±6.7^{*+} ↑77.5%$^{\#}$	29.4±2.2^{*+} ↓34.6%$^{\#}$	254±35* 94.07%

* 对 IR，P<0.05；+对假手术组，P<0.05；#对假手术组，P<0.01。百分数是对假手术组

为了进一步确定 NO 在缺血再灌注脑损伤中的作用，本研究用 Griess 法进一步检测了 NO 的终产物硝酸盐/亚硝酸盐含量(图 10-6，表 10-1)。与阴性对照组相比，缺血再灌注组硝酸盐/亚硝酸盐水平升高了 122.21%($P<0.05$)，山楂黄酮预处理能剂量依赖性地降低硝酸盐/亚硝酸盐水平。低剂量组和高剂量组中硝酸盐/亚硝酸盐含量与缺血再灌注组相比分别降低了 20.1%和 34.6%，但仍然显著高于阴性对照组的含量。

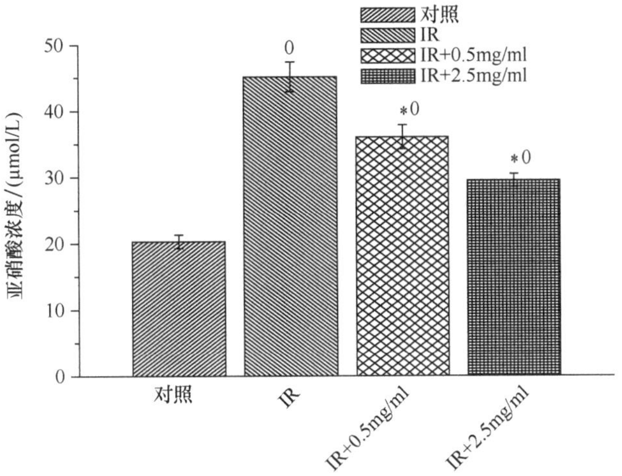

图 10-6 5min 缺血再灌注沙鼠脑匀浆产生的硝酸盐/亚硝酸盐

对照. 假手术组；IR. 缺血再灌注组；IR+. 低剂量(0.5mg/ml)给药组；IR+. 高剂量(2.5mg/ml)给药组；*. 对假手术组，$P<0.05$；0. 对 IR 组，$P<0.05$

10.3.3 缺血再灌注脑组织中产生活性氧自由基及山楂黄酮的清除作用

缺血再灌注后，分别测量了缺血再灌过程中产生的 ROS，脑匀浆的脂质过氧化水平，脑匀浆的抗氧化能力(或脑匀浆中的抗氧化剂水平)，以评价缺血再灌注手术中活性氧对脑组织的损伤效果。

缺血再灌注手术 1h 后，ESR 试验表明，与阴性对照组相比，缺血再灌注组中 PBN 捕捉的 ROS 升高了约 36.89%(图 10-7，表 10-1)。与缺血再灌注组相比，抗氧化剂山楂黄酮(CF)预处理 15 天，低剂量组和高剂量组中，ROS 分别显著降低了 17.3%和 31.1%。高剂量组中 ROS 的产量甚至低于阴性对照组，但是差异性不显著。

缺血再灌注后脂质过氧化水平用 TBARS 的含量表示。结果表明，缺血再灌注损伤使脑匀浆中的 TBARS 水平与阴性对照组相比升高了 74.04%，口服山楂黄酮 15 天，剂量依赖性降低了 TBARS 水平(图 10-8，表 10-1)。与单纯缺血再灌注组(IR)相比，在低剂量和高剂量处理组，TBARS 水平分别降低了 24.2%和 47.3%。

为了更准确地评价山楂黄酮对缺血再灌注脑损伤效果，进一步检测了缺血再灌手术 1h 后脑匀浆的抗氧化水平，测定了脑组织对 O_2^-·自由基和羟基自由基的清除效果。光照核黄素实验表明，缺血再灌注组脑匀浆清除 O_2^-·自由基的能力比阴性对照组显著下降了 35%(图 10-8，表 10-1)。山楂提取物处理 15 天，脑匀浆清除 O_2^-·的能力与单纯的缺血再灌注组相比低剂量和高剂量组分别显著性升高了 21.28%和 46.81%(表 10-1)。高剂量处理组清除 O_2^-·的能力甚至显著性大于阴性对照组。对羟基自由基的清除能力与清除 O_2^-·能力类似(图 10-8，表 10-1)，缺血再灌注组脑匀浆对羟基自由基的清除能力与阴性对照组相比降低了 29.73%(P<0.05)。与缺血再灌注组相比，用山楂黄酮预处理 15 天，缺血再灌注后脑匀浆的清除羟基的能力在低剂量组升高了 9.5%(P>0.5)，但无显著性差异。高剂量处理组清除羟基的能力显著性升高了 30.0%。

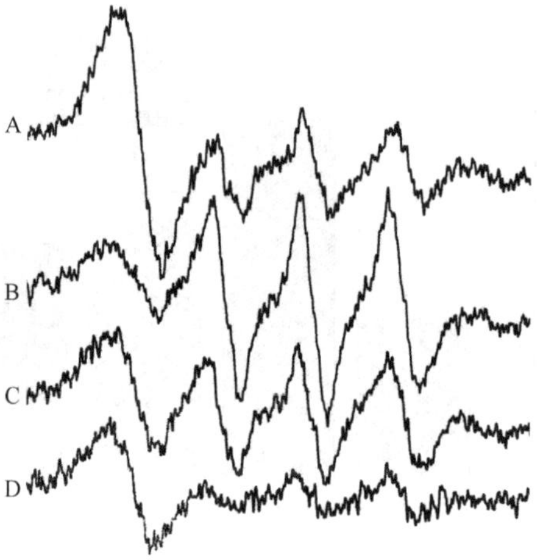

图 10-7　5min 缺血再灌注沙鼠脑匀浆产生活性氧自由基的 ESR 波谱
A. 假手术组；B. 缺血再灌注组；C. 低剂量给药组；D. 高剂量给药组

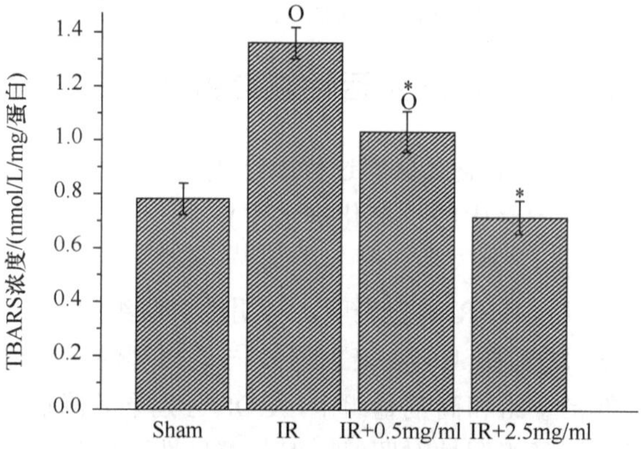

图 10-8　5min 缺血再灌注沙鼠脑匀浆产生的脂质过氧化 TBARS
Sham. 假手术组；IR. 缺血再灌注组；IR+. 低剂量(0.5mg/ml)给药组；IR+. 高剂量(2.5mg/ml)给药组；
*. 对假手术组 P<0.05；O. 对 IR 组 P<0.05

10.3.4　缺血再灌注对海马 CA1 区大锥体神经元的损伤及山楂黄酮的保护作用

脑中各部分对缺血再灌注损伤的敏感性不同，海马 CA1 区大锥体神经元(pyramidal neuron)对缺血尤其敏感，5min 缺血就可造成 CA1 区细胞的不可逆性损伤[39]。本研究中用尼氏染色方法检测了 CA1 区神经元的数量。图 10-9 为缺血再灌损伤 6 天后海马 CA1 区的冰冻切片图像。在缺血再灌注组，如图 10-9、表 10-1 所示，CA1 区神经元几乎全部消失了，活体神经元仅为(12±7)个细胞/mm，与之相比，阴性对照组 CA1 区活体细胞数为(270±30)个细胞/mm。与缺血再灌注组相比，山楂提取物预处理显著增加了 CA1 区成活神经元数量，在低剂量组和高剂量组 CA1 区神经元数量分别为(129±64)个细胞/mm 和(254±35)个细胞/mm(图 10-9，表 10-1)。在高剂量组和阴性对照组之间无显著性差异。

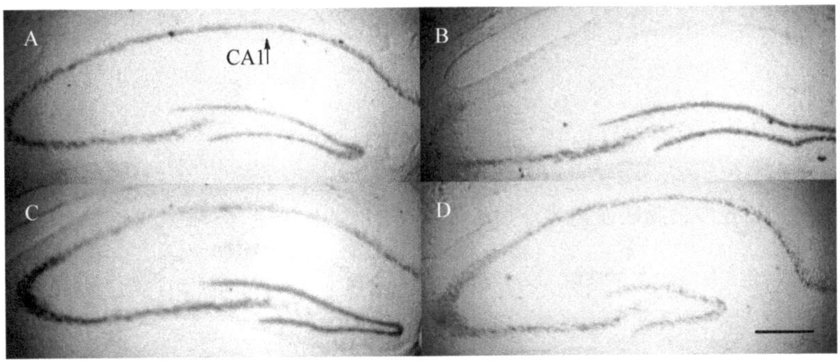

图 10-9　5min 沙鼠脑缺血再灌注后 6 天海马的 CA1 区锥体神经细胞的尼氏(Nissl)染色
(彩图请扫书后二维码)
A. 假手术组；B. 缺血再灌注组；C. 低剂量给药组；D. 高剂量给药组

10.3.5　缺血再灌注诱导末端脱氧转移酶-dUTP 断口标记法(TUNEL)检测海马 CA1 区神经元凋亡及山楂黄酮的保护作用

在细胞凋亡过程中，细胞内 DNA 内切酶会被激活，降解基因组 DNA，断裂的 DNA 碎片可以被 TUNEL 实验特异性地检测，因此 TUNEL 可以特异性检测凋亡细胞。尼氏染色实验后，相邻的切片，用于 TUNEL 实验，检测缺血再灌注后海马区大锥体神经元的凋亡。结果显示，阴性对照组海马区神经元没有特异性染色(图 10-10A)，缺血再灌注后，几乎所有 CA1 区细胞都被特异性着色，显示缺血再灌注引起 CA1 区大锥体神经元大量凋亡(图 10-10B)。在缺血再灌注损伤脑片中，与 CA1 区相比，CA2 区神经元部分凋亡，CA3 区凋亡神经元只有少部分凋亡，CA4 区和海马部位几乎没有细胞凋亡。同时，在缺血再灌注脑片 CA1 区神经元中，部分神经纤维显示 TUNEL 阳性，这种现象表明断裂 DNA 碎片在神经纤维中由胞体向末端运输，是一种凋亡神经元特有的现象，进一步提示缺血再灌注后神经元 DNA 的断裂至少部分是由凋亡引起的[40]。山楂黄酮预处理剂量依赖性减少了切片中凋亡神经元的数目，如图 10-10C、D 所示。

10.3.6　缺血再灌注引起的海马 CA1 区神经元损伤及山楂黄酮的保护作用

电子显微镜检测了缺血再灌注手术 3 天后，海马 CA1 区神经元的状态。阴性对照组海马 CA1 区神经元的细胞核如图 10-11A 所示，细胞核膜完整，DNA 均匀地分布于核中。与阴性对照组相比，多数缺血再灌注组海马 CA1 区神经元细胞核如图 10-11B 所示，表现出典型的凋亡细胞的特征，细胞核皱缩，DNA 凝聚在核膜附近。低剂量处理组 CA1 区细胞核部分表现出如图 10-11B 所示的凋亡细胞特征，部分细胞核如图 10-11C 所示，DNA 均匀地分布于细胞核内，细胞核膜基本完整但是与核膜相连的内质网膨胀。高剂量

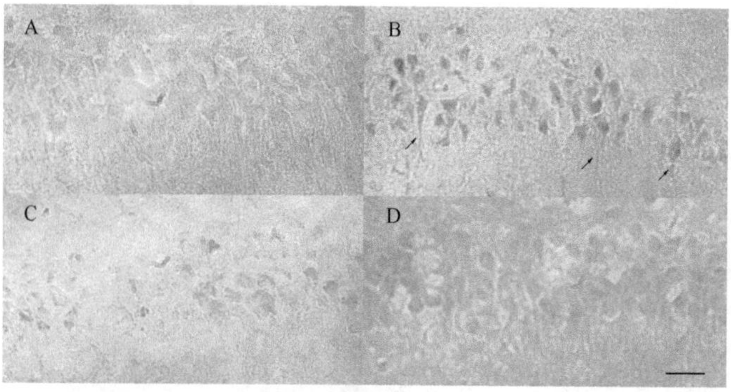

图 10-10　5min 沙鼠脑缺血再灌注后 6 天海马的 CA1 区锥体神经细胞的 TUNEL 染色
(彩图请扫书后二维码)
A. 假手术组；B. 缺血再灌注组；C. 低剂量给药组；D. 高剂量给药组；箭头所指为 DNA 断裂

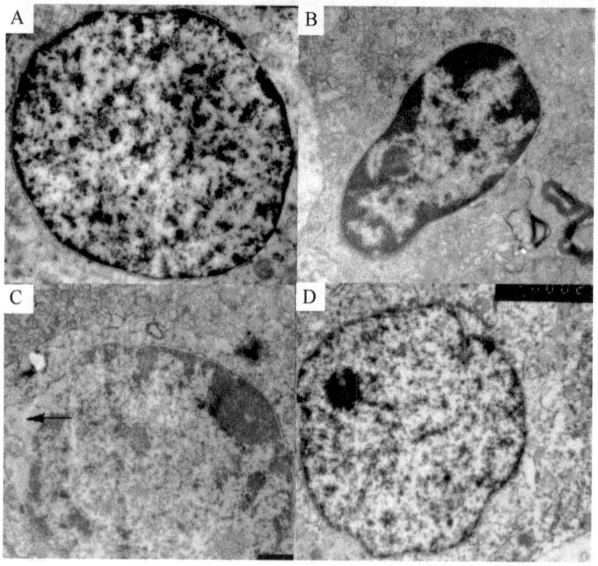

图 10-11　5min 沙鼠脑缺血再灌注后 6 天海马的 CA1 区锥体神经细胞的透射电子显微镜
A. 假手术组；B. 缺血再灌注组；C. 低剂量给药组；D. 高剂量给药组

处理组 CA1 区神经元大部分形态完好，DNA 均匀地分布于细胞核内，表现出正常细胞特征(图 10-11D)，极少数神经元表现出如图 10-11B 所示的凋亡细胞特征。电子显微镜结果进一步表明，山楂黄酮预处理可以保护海马 CA1 区神经元免受缺血再灌注损伤引起的神经元凋亡。

海马 CA1 区神经元对于缺血再灌注损伤十分敏感，用尼氏染色，TUNEL 标记，透射电子显微镜检测了山楂黄酮对缺血再灌注后 CA1 区神经元的保护作用。用山楂提取物预处理 15 天，与缺血再灌注组相比，山楂黄酮处理组海马 CA1 区存活神经元数量显著增加了 43.34%(低剂量组)和 89.63%(高剂量组)。TUNEL 实验证明，在山楂黄酮处理组，缺血再灌注引起的凋亡细胞数量剂量依赖性地减少，在高剂量山楂黄酮处理组海马 CA1 区几乎没有 TUNEL 特异性染色的凋亡细胞。透射电子显微镜实验检测证明缺血再灌注组 CA1 区神经元细胞核凝聚于核膜周围，表现出明显凋亡特征，而山楂黄酮处理组凋亡细胞明显减少。结果说明，缺血再灌注手术引起了海马 CA1 区大锥体细胞神经元的特异性损伤，凋亡细胞数量增加，成活细胞减少，而山楂黄酮对缺血再灌注损伤有明显的保护作用。

缺血再灌注手术使大脑产生的ROS显著增加，脂质过氧化水平显著升高，脑匀浆的抗氧化能力则显著性降低。表明缺血再灌注损伤使大脑活性氧增加，氧化了细胞内的脂类成分，在拮抗ROS的同时，脑组织中的抗氧化剂含量降低了，与文献报道一致[41]。用山楂黄酮处理15天剂量依赖性降低了ROS的产生，抑制了TBARS含量的升高，提高了脑组织的抗氧化能力。文献报道，山楂黄酮可以清除$O_2^-\cdot$、羟基等自由基，抑制脂质过氧化和低密度脂蛋白的氧化，提高体内的维生素E水平。本实验结果表明，山楂黄酮可以穿过血脑屏障，降低活性氧对脑组织的氧化损伤。对大脑氧化损伤的保护作用，可能是通过山楂黄酮直接对活性氧的清除作用产生的，也可能是通过提高维生素E等内源性的抗氧化剂产生的。

本研究用ESR自旋捕捉和Griess法研究了NO和其终产物硝酸盐/亚硝酸盐的浓度。有趣的是，结果表明，在缺血再灌脑损伤和山楂黄酮预处理后，NO和硝酸盐/亚硝酸盐浓度表现出不同的趋势。硝酸盐/亚硝酸盐的浓度缺血再灌注后升高，山楂黄酮处理后浓度依赖性降低；而NO浓度缺血再灌注后降低，而山楂黄酮处理后浓度依赖性升高。NO是一种小分子气体自由基，能够迅速地与$O_2^-\cdot$反应产生危害性更大的过氧亚硝基，过氧亚硝基会进一步分解产生羟基自由基，过氧亚硝基和羟基自由基是体内毒性最大的活性氧之一。同时，在缺血时，细胞中的L-精氨酸浓度成为NO合成的限速步骤，反应中的电子传递链解偶合，一氧化氮合酶就会在产生NO的同时产生$O_2^-\cdot$，NO自由基就和$O_2^-\cdot$迅速反应，加速过氧亚硝基的产生，引起细胞毒性。尽管NO在缺血再灌注损伤中的作用一直存在争议，然而得到公认的一点是，NO的部分毒性来自于$O_2^-\cdot$与NO反应产生的过氧亚硝基和过氧亚硝酸。这些NO的衍生物可以引起脂质过氧化，氧化蛋白质和非蛋白类巯基[42]，引起芳香类物质的羟基化和硝基化。NO和硝酸盐/亚硝酸盐的不同变化趋势，可能是由NO和$O_2^-\cdot$的相互作用，此消彼长产生的。由于活性氧在缺血再灌注手术后增加，大量产生的$O_2^-\cdot$自由基和NO反应，生成过氧亚硝基，最终生成硝酸盐/亚硝酸盐。因此，DETC亚铁离子络合物捕捉的NO降低了，而硝酸盐/亚硝酸盐的浓度升高了。山楂黄酮预处理降低了能够与NO反应的活性氧，从而使硝酸盐/亚硝酸盐的产生减少，而DETC亚铁离子络合物捕捉到的NO升高了。NO在循环系统中起着内皮细胞松弛因子(EDRF)的作用，山楂黄酮预处理后，升高的NO可能能够通过松弛血管、抑制血小板凝集、增加血液供应、减轻缺血再灌注损伤。以上结果表明，清除$O_2^-\cdot$自由基，抑制过氧亚硝基的产生，增加生物可利用NO，可能是山楂黄酮保护大脑免受缺血再灌注损伤的重要机制之一。Shutenko等也得到了类似实验结果[43]。他们发现，在缺血再灌注过程中，抗氧化剂槲皮素处理动物可以增加ESR检测到的NO，但是他们没有检测硝酸盐/亚硝酸盐的浓度变化。在一些文献中，硝酸盐/亚硝酸盐的浓度通常被解释为NO的产量。本实验的结果表明，活性氧、硝酸盐/亚硝酸盐和NO的浓度，应该在实验中综合考虑。

山楂黄酮可以增加心肌的血液供应，一直被用作治疗与心脏相关的疾病的药物。Chen等报道，山楂黄酮可以诱导肠系膜动脉内皮细胞依赖性的松弛，这种松弛可以被一氧化氮合酶的抑制剂N^G-硝基-L-精氨酸甲酯所抑制。以上结果提示，山楂黄酮对血管的松弛作用可能是通过对自由基的清除作用实现的，本实验中观察到通过清除缺血再灌注过程中产生的$O_2^-\cdot$，可以提高可利用的NO的浓度。Shutenko等报道，抗氧化剂预处理，脑中的谷胱苷肽浓度升高，谷胱苷肽可能代表了一种储存NO的途径[44]，NO与谷胱苷肽的结合可以使NO缓慢释放到细胞外环境中，限制了NO对细胞呼吸链的抑制，这也可能是山楂黄酮在缺血再灌注过程中对脑保护的作用机制之一。

有证据表明，山楂黄酮可以抑制血小板凝集、5-羟色胺释放，降低乳酸脱氢酶(LDH)水平，抑制炎症反应。除了通过活性氧和NO外，一种或多种上述机制可能在山楂黄酮对缺血脑损伤的保护过程中发挥作用。无论何种机制在缺血再灌注脑损伤中起作用，重要的是本结果显示，预先口服山楂提取物可以保护脑组织，减轻缺血再灌注的损害[45]。

方玲等采用免疫组织化学方法，用3型NOS多克隆抗体，检测鼠脑缺血再灌注中NOS的表达，结果发现，脑缺血2h，再灌注15min，在脑缺血边缘区的血管壁的神经细胞出现内皮型一氧化氮合酶eNOS表达上调；脑缺血2h，再灌注22h，在梗死区内，表达神经型一氧化氮合酶nNOS的神经元减少，并出现表达诱导型一氧化氮合酶iNOS的胶质细胞，同时在脑缺血边缘区的血管壁的神经细胞出现eNOS和iNOS表达上调。因此，他们得出结论：在短暂脑缺血再灌注早期，缺血区周围可能有eNOS的保护机制；亚急性期，eNOS的保护机制和iNOS的损伤机制并存；因此，在短暂脑缺血早期恢复灌注后，给予选择性iNOS抑制剂及促进eNOS活性，有可能减少迟发型神经损伤[46]。

参 考 文 献

[1] McCullough LD，Beauchamp NB，Wityk R. Recent advances in the diagnosis and treatment of stroke. Surv Ophthalml，2001，45(4)：317-330.

[2] Lust WD，Yasumoto Y，Wittingham TS，et al. Ischemic encephalopathy. *In*：McCandless DW. Cerebral Energy Metabolism and Metabolic Encephalopathy. New York：Plenum Press，1985：79-112.

[3] Weisbrot-Lefkowitz M，Reuhl K，Perry B，et al. Overexpression of human glutathione peroxidase protects transgenic mice against focal cerebral ischemia/reperfusion damage. Molecular Brain Research，1998，53(1-2)：333-338.

[4] Ho YS，Liou HB，Lin JK，et al. Lipid peroxidation and cell death mechanisms in pulmonary epithelial cells induced by peroxynitrite and nitric oxide. Arch Toxicol，2002，76(8)：484-493.

[5] Gursoy Ozdemir Y，Bolay H，Saribay O，et al. Role of endothelial nitric oxide generation and peroxynitrite formation in reperfusion injury after focal cerebral ischemia. Stroke，2000，31(8)：1974-1980.

[6] Tan S，Bose R，Derrick M. Hypoxia-ischemia in fetal rabbit brain increases reactive nitrogen species production：quantitative estimation of nitrotyrosine. Free Radical Biology & Medicine，2001，30(9)：1045-1051.

[7] Fagni L，Olivier M，Lafon-Cazal M，et al. Involvement of divalent ions in the nitric oxide-induced blockade of N-methyl-D-aspartate receptors in cerebellar granule cells. Mol Pharmacol，1995，47(6)：1239-1247.

[8] Beckman JS，Ischiropoulos H，Zhu L，et al. Kinetics of superoxide dismutase- and iron-catalyzed nitration of phenolics by peroxynitrite. Archives of Biochemistry and Biophysics，1992，298：438-445.

[9] Ramezanian MS，Padmaja S，Willem H，et al. The nitration and hydroxylation of aromatic compounds by peroxynitrous acid. Chem Res Toxicol，1996，9：232-240.

[10] Iadecola C，Zhang F，Xu X. Inhibition of inducible nitric oxide synthase ameliorates cerebral ischemic damage. Am J Physiol，1995，268(1 Pt 2)：R286-292.

[11] Shen J，Ma S，Chan P，et al. Nitric oxide down-regulates caveolin-1 expression in rat brains during focal cerebral ischemia and reperfusion injury. J Neurochem，2006，96：1078-1089.

[12] Rudic RD，Sessa WC. Nitric oxide in endothelial dysfunction and vascular remodeling：clinical correlates and experimental links. Am J Hum Genet，1999，64：673-677.

[13] Sugimoto K，Iadecola C. Effects of aminoguanidine on cerebral ischemia in mice：comparison between mice with and

without inducible nitric oxide synthase gene. Neuroscience Letters，2002，331：25-28.

[14] Tokuno S，Chen F，Pernow J，et al. Effects of spontaneous or induced brain ischemia on vessel reactivity：the role of inducible nitric oxide synthase. Life Sci，2002，71(6)：679-692.

[15] Dalkara T，Morikawa E，Panahian N，et al. Blood flow-dependent functional recovery in a rat model of focal cerebral ischemia. Am J Physiol，1994，267(2 Pt 2)：H678-683.

[16] Ghafourifar P，Richter C. Mitochondrial nitric oxide synthase regulates mitochondrial matrix pH. Biological Chemistry，1999，380(7-8)：1025-1028.

[17] Shen JG. Reactive nitrogen species dual roles for blood brain barrie(BBB)disruption and brain repairs in cerebral ischemia snd reperfusion injury. Acta Biophycica Sinica，2012，28：295-306.

[18] Yang Y，Estrada EY，Thompson JF，et al. Matrix metalloproteinase- mediated disruption of tight junction proteins incerebral vessels is reversed by synthetic matrix metalloproteinase inhibitor in focal ischemia in rat. J Cereb Blood Flow Metab，2007，27：697-709.

[19] Lee CZ，Xue Z，Zhu Y，et al. Matrix metalloproteinase-9 inhibition attenuates vascular endothelial growth factor-induced intracerebral hemorrhage. Stroke，2007，38：2563-2568.

[20] Ramos-Fernandez M，Bellolio MF，Stead LG. Matrix metalloproteinase-9 as a marker for acute ischemic stroke：a systematic review. J Stroke Cerebrovasc Dis，2011，20：47-54.

[21] Gu Y，Zheng G，Xu M，et al. Caveolin-1 regulates nitric oxide-mediated matrix metalloproteinases activity and bloodbrain barrier permeability in focal cerebral ischemia and reperfusion injury. J Neurochem，2012，120：147-156.

[22] Jian Liu K，Rosenberg GA. Matrix metalloproteinases and free radicals in cerebral ischemia. Free Radic Biol Med，2005，39：71-80.

[23] Parmentier S，Bohme GA，Lerouet D，et al. Selective inhibition of inducible nitric oxide synthase prevents ischaemic brain injury. Br J Pharmacol，1999，127：546-552.

[24] Chabrier PE，Auguet M，Spinnewyn B，et al. BN 80933，a dual inhibitor of neuronal nitric oxide synthase and lipid peroxidation：a promising neuroprotective strategy. Proc Natl Acad Sci USA，1999，96：10 824-10 829.

[25] Schopfer FJ，Baker PR，Freeman BA. NO-dependent protein nitration：a cell signaling event or an oxidative inflammatory response? Trends Biochem Sci，2003，28：646-654.

[26] Suofu Y，Clark J，Broderick J，et al. Peroxynitrite decomposition catalyst prevents matrix metalloproteinase activation and neurovascular injury after prolonged cerebral ischemia in rats. J Neurochem，2010，115：1266-1276.

[27] Chen XM，Chen HS，Xu MJ，et al. Targeting reactive nitrogen species：a promising therapeutic strategy for cerebral ischemia-reperfusion injury. Acta Pharmacologica Sinica，2013，34：67-77.

[28] Jung KH，Chu K，Ko SY，et al. Early intravenous infusion of sodium nitrite protects brain against *in vivo* ischemia-reperfusion injury. Stroke，2006，37：2744-2750.

[29] Willmot M，Gray L，Gibson C，et al. A systematic review of nitric oxide donors and L-arginine in experimental stroke，effects on infarct size and cerebral blood flow. Nitric Oxide，2005，12：141-149.

[30] Prinz V，Laufs U，Gertz K，et al. Intravenous rosuvastatin for acute stroke treatment. Stroke，2008，39：433-438.

[31] Becker K，Tanzi P，Kalil A，et al. Early statin use is associated with increased risk of infection after stroke. J Stroke Cerebrovasc Dis，2013，22(1)：66-71.

[32] Yang D，Wang HL，Sun ZN，et al. A highly selective fluorescent probe for the detection and imaging of peroxynitrite in living cells. J Am Chem Soc，2006，128：6004-6005.

[33] Yang D，Sun ZN，Peng T，et al. Synthetic fluorescent probes for imaging of peroxynitrite and hypochlorous acid in living cells. Methods Mol Biol，2010，591：93-103.

[34] Sun ZN，Wang HL，Liu FQ，et al. BODIPY-based fluorescent probe for peroxynitrite detection and imaging in living cells. Org Lett，2009，11：1887-1890.

[35] Peng T，Yang D. HKGreen-3：a rhodol-based fluorescent probe for peroxynitrite. Org Lett，2010，12：4932-4935.

[36] Zhou Y，Fang SH，Ye YL，et al. Caffeic acid ameliorates early and delayed brain injuries after focal cerebral ischemia in rats. Acta Pharmacol Sin，2006，27：1103-1110.

[37] Lu Q，Xia N，Xu H，et al. Betulinic acid protects against cerebral ischemia-reperfusion injury in mice by reducing oxidative and nitrosative stress. Nitric Oxide，2011，24：132-138.

[38] Okuma Y，Uehara T，Miyazaki H，et al. The involvement of cytokines，chemokines and inducible nitric oxide synthase(inos)induced by a transient ischemia in neuronal survival/death in rat brain. Nippon Yakurigaku Zasshi，1998，111(1)：37-44.

[39] Kirino T. Delayed neuronal death in the gerbil hippocampus following ischemia. Brain Research，1982，239：57-69.

[40] Hong JT，Ryu SR，Kim HJ，et al. Protective effect of green tea extract on ischemia/reperfusion-induced brain injury in mongolian gerbils. Brain Research，2001，888：11-18.

[41] Pryor WA，Jim X，Squadrito GL. One- and two-electron oxidations of methionine by peroxynitrite. Proc Natl Acad Sci USA，1994，91：11 173-11 177.

[42] Holubarsch CJF，Colucci WS，Meinertz T，et al. Survival and prognosis：investigation of crataegus extract ws 1442 in congestive heart failure(spice)-rationale，study design and study protocol. European Journal of Heart Failure，2000，2：431-437.

[43] Shutenko Z，Henry Y，Pinard E，et al. Influence of the antioxidant quercetin *in vivo* on the level of nitric oxide determined by electron paramagnetic resonance in rat brain during global ischemia and reperfusion. Biochemical Pharmacology，1999，57：199-208.

[44] Hogg N，Singh RJ，Kalyanaraman B. The role of gluthatione in the transport and catabolism of nitric oxide. FEBS Letters，1996，382：223-228.

[45] Zhang DL，Zhao BL. Oral administration of *Crataegus* extraction protects against ischemia/reperfusion brain damage in the Mongolian gerbils. J Neur Chem，2004，90：211-219.

[46] 方玲，王柠，吴志英，等. 一氧化氮合酶在脑缺血再灌注中的双重作用. 中国神经免疫学和神经病理学杂志，2004，11：29-31.

11 一氧化氮自由基与高血压

“高血压”[hypertension(HTN)、high blood pressure]或“动脉高血压”(arterial hypertension)，是一种动脉血压升高的慢性病症。目前，中国高血压患者已达 1.3 亿，使中国成为世界上高血压危害最严重的国家。而且患病例数正以每年 300 万以上的速度增加，并由此引发包括冠心病、肾衰竭及脑卒中等继发性病变。近 30 年来，生命科学和分子生物学研究取得了惊人发展，也使人们能更深入地了解心血管疾病的发生机制。然而遗憾的是，心血管疾病作为人类健康最大威胁的状况并没有得到实质性改变。美国得克萨斯大学分子医学研究所致力于医学研究，一直以 NO 自由基诺贝尔奖理论为基础，并在国际上率先提出了“构筑健康血管内环境，从源头控制心血管疾病”的防治战略。

探讨 NO 与高血压发生发展的关系，最显而易见的思路是探讨高血压患者存在内皮依赖性的血管舒张功能障碍，因为血管内皮合成或释放 NO 的减少始终被认为与高血压发病有着密切关系。本章将从构筑健康血管内环境的方向入手，由内皮-炎症-血管内环境-高血压发生的角度来探讨 NO 自由基生物学的关键作用，强调纠正血管内皮功能失调作为高血压治疗的新方向。

11.1 内 皮 细 胞

内皮细胞通过与血管壁和血管腔中细胞的多种和复杂相互作用维持血管稳态，不仅产生最重要的血管舒张的 NO，而且还有前列腺素、内皮细胞-衍生的超极化因子和血管收缩因子。内皮细胞产生的 NO 还参与内皮细胞的系统生理功能，如血压控制、白细胞迁徙和血液凝固。 同时，内皮细胞通过产生调节血小板活性、血液凝固过程和血纤维蛋白溶解体系控制血液流动和凝固。最后，内皮细胞还可以产生细胞因子和黏附分子，调节炎症和再生过程，包括白细胞运输。 因此内皮细胞能够随时调节血管的结构和生理机械性能并影响血管健康。

eNOS 是一个组成型表达和调节大部分内皮细胞功能的酶。主要表达在大动脉的内皮细胞内，在小动脉表达减少，在毛细管的内皮细胞就不表达。如图 11-1 所示，eNOS 在所有血液细胞也表达，包括红细胞、白细胞、血小板、循环再生细胞[1~3]和循环微颗粒[4]。因为在内皮合成的 NO 自由基与比较稳定的硝酸盐、亚硝酸亚及亚硝基化合物相比，本身是气体，半衰期很短，所以不仅能在血管壁的内皮细胞和其他细胞附近发挥作用，而且可以进入循环的 NO 池中。 这些化合物也能在心血管系统发挥类似 NO 的生物活性，包括调节血压[5~7]。

11.1.1 内皮细胞的生理功能

内皮细胞最广泛的生理功能是通过改变各种刺激调节身体的最佳血流和血压。这个

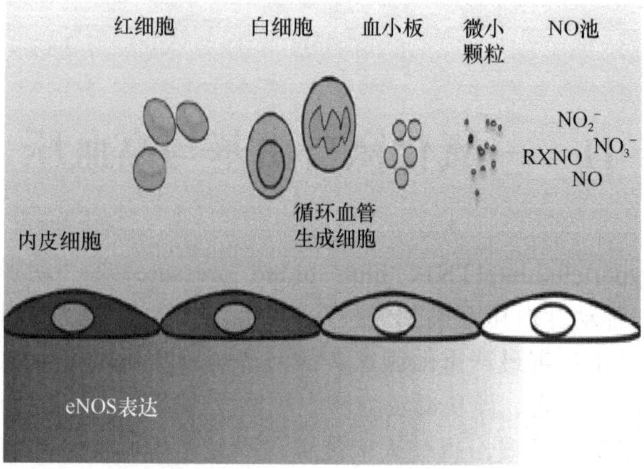

图 11-1 内皮细胞 eNOS 在血管和血液中的表达
eNOS 从血管内皮细胞到微血管逐渐减少，进一步在所有血液细胞和微颗粒中表达

过程包括复杂的细胞间受体的相互作用，合成和释放各种内皮衍生的松弛和收缩物质。内皮细胞最关键的是敏感感受血流的变化和立即通过产生血管作用物质(主要是 NO)[8, 9]，快速活化细胞外调节激酶[ERK1/2；p44/p42 促细胞分裂-活化蛋白(mitogen-activated protein，MAP)激酶]，通过局部黏附激酶的酪氨酸磷酸化进行持续的响应[10, 11]。所有这些信号都与重要的血管稳态相连接，如完整性、可渗透性、放大调节和系统结构，通过循环搏动施加机械力、血流压力、剪切力和伸展力。这些虽然难以区分，但可以解释不同的响应[12]。

由于下游阻力血管膨胀，急性增加支动脉血流，如腮动脉和股动脉在前臂或下肢活化充血，增加内皮细胞合成 NO。释放的 NO 导致光滑肌细胞松弛，减少支动脉血压降低。这个依赖支动脉生理血流的响应在运动时也可以看到。例如，骑自行车运动导致股动脉舒张与血流调节舒张有关[13]。增加剪切压力之后的机械传导信号的机制还不完全清楚，可能牵涉由于血流使内脏牵拉导致的内皮细胞的变形。这导致细胞黏附蛋白活化，并与血小板内皮细胞黏附分子[14]和细胞骨架蛋白有关[15]。进一步导致依赖 PI3 激酶的激酶 B(Akt)的磷酸化，再磷酸化 eNOS，使其更加活化产生更多 NO[16]。另外一个贡献的机制是 Ca^{2+} 流入和 Ca 调蛋白调节活化的 eNOS 。新合成的 NO 扩散到血流和血管壁，在血管壁结合到环化酶中心的铁原子，从活性位置置换组氨酸残基，增加 cGMP 的浓度，开启钙通道，钙的流入导致光滑肌细胞进一步松弛。到达血液的 NO 也可能转化成其他形式的具有生物活性的 NO，包括硝基化巯基或硝酸盐，进而可能调节在血管远侧 NO 的生物活性，甚至包括血流动力学体系和血压[6, 7]。长期暴露到剪切压力会通过转录因子和 mRNA 稳定性增加内皮细胞 eNOS 表达，eNOS 表达对血管构造和血流的需求是非常关键的[17]。eNOS 敲除小鼠表现出主动脉血流改变的病理特征[18]，不能阻断外颈动脉减少同侧颈动脉血流。在野生型小鼠导致同侧颈动脉缩小，而在 eNOS 敲除小鼠同侧颈动脉就没有因为减少的血流而缩小，并且表现出明显的内膜增生。

11.1.2 内皮细胞功能异常病理学与血管健康和疾病

心血管疾病危险因素的存在与遗传和环境因素都有关系，动脉内皮失去其对血管壁的正常调节功能，称为“内皮功能紊乱”[19](图 11-2)。粥样硬化的发展和临床诊断的症状包括稳定和不稳定的绞痛、急性心肌炎、间歇性跛行和脑卒中。这些症状与内皮控制血压、凝血和血管壁损伤直接相关。严重的内皮功能失调就会引起心血管疾病的发生[20, 21]。

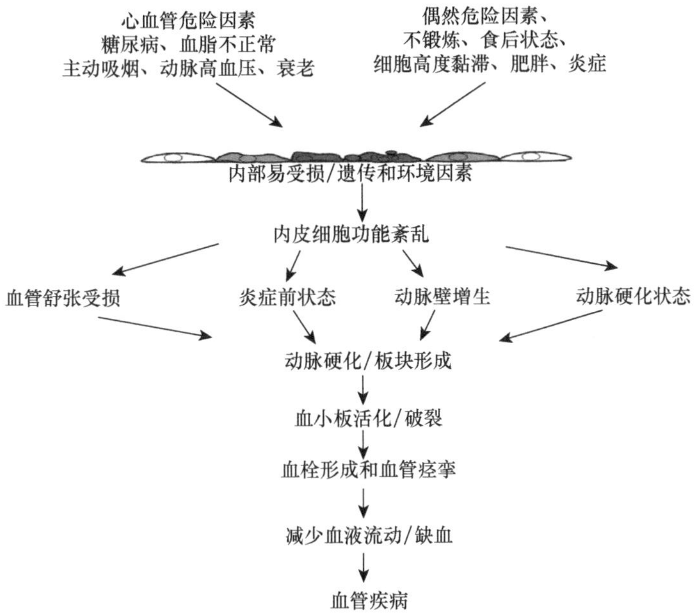

图 11-2 内皮细胞功能紊乱病理学

心血管疾病的危险因素导致慢性炎症过程，伴随着失去舒张因子和抗血栓因素及增加血管收缩因子和前血栓产物。多种危险因素，包括主动和被动吸烟[22]、衰老[23]、高胆固醇、高血压、高血脂和早期粥样硬化的家族史，都与减少或失去内皮细胞舒张有关[24]。最近发现，糖尿病、饮食状态、高半胱氨酸症、慢性系统感染也与内皮细胞紊乱有关[19]。大量研究表明，摄入富含水果和蔬菜的饮食、运动、戒烟、适当减轻体重或者利用血管紧张素转化酶抑制剂[25]可以减少心血管疾病的危险，还可以改善内皮细胞的功能。因此，内皮细胞被看作心血管健康的“晴雨表”，并且可以用于心血管疾病治疗和改善血管功能各种方法的靶器官[26]。

11.1.3 内皮细胞稳态的临床意义

内皮稳态的临床意义在于它可能是健康和疾病之间转换的关键生物开关(图 11-3)。对健康的理解也在变化之中，世界卫生组织(WHO)的经典定义不仅是没有疾病和虚弱为健康，而是要生理、心理和社会的全面健康。最近美国心脏学会引入一个心血管健康的概念[27]，按照这个定义，应当是没有临床诊断的心血管疾病，包括心血管疾病、脑血管或末梢动脉疾病和特殊测量到的最重要的 7 个心血管健康因素和行为问题：血压、胆固醇、吸烟、饮食习惯、体力活动、体重和血糖。这些因素是临床诊断心血管疾病发展的长期基础，可以促使引起高血脂和血栓。这些因素变化通常仅仅引起很小或者不影响生活质量的损伤和行动的改变。在大部分情况下，当一个有害事件如急性动脉症状或脑卒

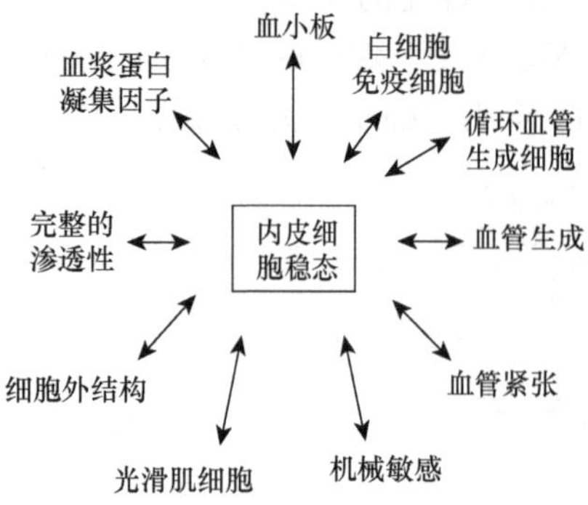

图 11-3　内皮细胞稳态功能

中出现时，心血管疾病在临床诊断时才变得明显起来。这之后，通常由心血管疾病引起的损伤和危险就快速发展起来，而且死亡率很高[28]。促使疾病进展的因素包括，斑块进一步发展、不稳定和破裂，即使维持不变也很危险。由于这些引起心血管疾病加速的因素非常类似，一些专业组织，如心脏环境学会，发布了预防指导，不再严格区分预防的先后[28]。医学治疗分先后的目标不仅是为了延长生命，更重要的是要延长健康的生命。总之，这些因素涵盖了主动和被动两方面的方法，血管内皮细胞对健康生命和一生都该是预防心血管疾病内皮功能的关键靶位置。

11.1.4　内皮细胞和循环再生细胞的再生能力

内皮细胞再生能力的关键是维持其功能。成功的内皮再生对预防粥样硬化损伤和血管再生非常重要[29, 30]。 血管再生细胞早期成为内皮微颗粒[31]，对内皮修复起关键作用，是维持内皮功能的关键因素[29]。2 个世纪之前，假定内皮修复机制主要是由成熟的内皮细胞的再生和迁移过程。然而，现在研究表明，骨髓细胞衍生的细胞，包括血管再生细胞，对内皮的再生和功能的维持发挥关键作用。内皮再生细胞有能力把缺血损伤和内皮损伤固定在一个位置，还会促进内皮的再生和内皮修复，而不需要分化成成熟的内皮细胞本身[32]。这些细胞通过产生因子，如内皮细胞生长因子和 NO 等，维持和修复内皮功能。存在心血管危险因素与内皮再生细胞数量和功能的减少及内皮功能紊乱有直接关系[23, 33, 34]。临床调查显示，心血管疾病患者，内皮再生细胞数量减少会增加心血管疾病的发病率[35]。现在内皮再生细胞和不同类型的循环祖细胞已经成功地用于治疗动物的心血管疾病[20, 36]及人的类似疾病[37]。预防干预治疗，如戒烟、运动训练和摄入黄酮和 NO 干预及他丁类降脂药物，都能够提高内皮修复机制，包括内皮再生细胞的流动[38~40]。尽管这些结果很有价值，但还需要进一步深入研究，以确定一个金标准去判定体内内皮再生细胞的质量和再生能力[41]。

对内皮再生细胞功能来说，一氧化氮合酶 eNOS 是类似内皮细胞和骨髓细胞迁移一样的一个重要分子[2, 37, 42]。内皮再生细胞的趋化需要 eNOS 的活化[37]，而且心血管疾病患者 eNOS 的表达和 NO 生物利用度的降低可能引起内皮再生细胞的紊乱和限制了其再生能力，进一步研究发现，eNOS 可能在这些细胞从骨髓释放过程中也发挥着关键作用[43]。因此，改善内皮功能或因子的治疗方法也可能影响内皮再生细胞的功能。

内皮稳态可以作为治疗心血管疾病的靶点。血管内皮细胞是一个处于对环境因素随时作出反应的动态状态。按照对暴露到心血管危险因素所造成损伤的响应，调节内皮细胞的功能，趋向炎症前症状、衰老和凋亡[32]。随着内皮功能的损失，内皮细胞的完整性可能被内皮细胞或那些释放进入并黏附其上的细胞干扰[44]，因此，内皮微颗粒可以被视为内皮完整性和凋亡内皮细胞活化的标志[45, 46]。为了维持内皮的完整性和功能性，内皮细胞通过增生、迁移和循环细胞的支持不断再生，例如，有人提出“血管竞争”的概念[47]，把再生对不再生的内皮细胞响应作为临床诊断内皮的症状，反映危险因素与内源修复能力之差的净结果(也就是内皮细胞数与循环再生颗粒之差)，把血管状态特征定义为每个个体的“血管竞争”。

下面举一些与内皮细胞相关的血管健康环境因素及预防的例子。

1) 吸烟

很早就知道，不仅吸烟者本身，而且暴露到二手烟的人都会加速心血管疾病的发展和增加死亡率[48]。吸烟和暴露到烟雾环境对依赖内皮细胞舒张的年轻成年人的健康的损伤与吸烟的多少有关[49, 50]。研究表明，吸烟的危害作用可以减少 eNOS 活性[51]，将不吸烟的健康成年人暴露到二手烟的环境中 30min，能够明显增加内皮微颗粒和减少调节血流的舒张力[15]，循环再生细胞和血浆血管内皮生长因子也急速增加 ，这可能是由于内源再生响应造成的。暴露到二手烟的环境 24h 以后，循环再生细胞的功能严重受损，在细胞中的趋向性完全消失。从没有暴露到二手烟的环境个体血浆分离的循环再生细胞与暴露到二手烟的环境个体循环再生细胞共培养，能够通过阻断内皮生长因子刺激产生 NO 明显减少其趋向性[51]。还发现，辐射损伤的吸烟者依赖局部内皮舒张恢复得很慢。主动吸烟者循环再生细胞的损伤在内膜高血脂比同龄不吸烟者大很多[52]。因此，吸烟不仅损伤血管内皮细胞，阻断 eNOS 活性，影响血管再生能力。

2) 健康饮食

人们常说的地中海饮食为健康饮食，其实就是因其富含黄酮类化合物，这种食物对心血管健康是有好处的。一项研究表明这种饮食可以改善内皮功能和免疫再建血管的完整性。一项随机、交叉饮食干预研究富含水果蔬菜的饮食(富含黄酮类化合物)表明，其可以改善缺血反应充血，减少了健康成年人循环内皮微颗粒和增加循环再生细胞水平[53]。

另一项利用可可黄酮对主动脉疾病干预 1 个月的研究也得到类似的结果，通过测量流动舒张压力发现，增加血浆 NO 浓度，降低血压，能够明显改善内皮功能[38]。这与循环再生细胞流动性和内皮微颗粒减少有关[54]，说明可可黄酮能够通过再确立内皮的稳态改善血管功能。

心血管风险和保护因素通过损伤效应和再生能力汇聚到血管内皮，eNOS 的表达和活性与这一过程紧密相连。 在健康和疾病状态，血管中内皮的症状根据情况随时随地地改变着。内皮稳态是保持血管功能完整和防止心血管疾病的一个非常关键的生物平衡。

综上所述可以看出，内皮细胞功能的干扰是导致粥样硬化发展的关键。内皮细胞一氧化氮合酶(eNOS)是维持内皮细胞稳态的细胞功能调节者。内皮细胞稳态包括对流入组织要求的急性响应和对损伤的更多持续响应，例如，内皮细胞再生和吸引循环再生细胞，都需要对内皮细胞损伤修复的支持。内皮细胞的平衡和完整性的损伤和修复可能通过循环内皮微颗粒和循环再生细胞反映出来。血管舒张是依赖 NO 的，而内皮微颗粒是预测内皮细胞损伤的标志，循环再生细胞是内皮细胞再生能力和表达 eNOS 功能的反映。这个标志可以作为临床判断 NO 作为中心信号分子内源修复损伤因素的净结果。内皮细胞的稳态可能是临床治疗心血管疾病和维护心血管健康的关键靶位置[55]。

11.2　一氧化氮自由基与内皮细胞松弛因子

自1998年诺贝尔生理学或医学奖被授予了从事NO自由基及其信息传递系统研究的穆拉德等3位美国科学家以来，NO自由基信息系统的基础研究已取得重大进展，对一氧化氮合酶的基因序列、分布、表达调控，一氧化氮合酶蛋白质结构和折叠，一氧化氮合酶辅助因子作用机制等方面的研究硕果累累。然而，将NO自由基的研究成果用来指导疾病预防和临床治疗的实践方面，尚有巨大的努力空间[56]。

NO自由基的作用可归纳为两大类：第一，正常浓度NO自由基的生理功能维系作用；第二，病理高浓度NO自由基的机体破坏作用。正确认识和把握这个看似矛盾，又相互紧密联系的两类作用机制，是将NO自由基的研究成果用来指导疾病预防和临床治疗的关键。

11.2.1　一氧化氮自由基生物学与血管扩张

血管内皮细胞在十几年前还被简单地认为只是一道血液与血管壁之间的屏障。但随着1998年诺贝尔生理学或医学奖的颁发，血管内皮细胞在维护血管自身内环境的重要作用越来越为人们所关注。内皮组织可以被认为是人体中最大的器官，其平展面积可达1000m^2。内皮组织又是一个具有自分泌、旁分泌和内分泌的功能组织，概括地说，内皮组织对维持血管中的四大平衡至关重要，即血管扩张物质和收缩物质的平衡；血凝物质和抗血凝物质的平衡；抗炎系统与促炎系统的平衡；过氧化状态与抗氧化的平衡。作者认为，内皮细胞正常功能调节及对其微环境的维持是通过NO自由基信息系统这一重要信号转导通路完成的，众多关键调控因子通过这一信号系统维持内皮系统的诸多平衡因素而发挥作用。“伟哥”的成功开发证明了正确调节好这个信息传递体系将会有明显的功能改善作用。特别值得一提的是用NO自由基直接吸入来治疗新生儿肺动脉高血压症，已经成功地挽救了无数的生命。与众多医学界理论体系相比，NO诺贝尔奖理论尚属年青。有远见地加强NO自由基临床应用的研究，将不失时机地把中国心血管疾病防治推上一个新的台阶。

11.2.2　健康血管内环境新概念

无论在发达国家，还是发展中国家，心血管疾病一直是人类第一杀手。2003年统计，全部死亡人口中，死于心血管疾病的占39.4%，也就是说每2.5个死亡人口中就有1个死于心血管疾病，仅心血管病死亡人口一项就高于死于糖尿病、肿瘤、慢性呼吸道疾病、事故、流感和肺炎患者的总和。由于人口基数大，医疗总体水平相对偏低，中国心血管疾病的现状不容乐观。目前，中国高血压患者已达1.3亿，使中国成为世界上高血压危害最严重的国家。而这个患病例数正以每年300万以上的速度增加，并由此引发包括冠心病、肾衰竭及脑卒中的心脑肾血管病变。近30年来，生命科学和医学研究取得了惊人发展，也使人们能更深入地了解心血管疾病的发生机制，然而遗憾的是，心血管疾病作为人类健康最大威胁的状况并没有得到实质性改变。作者相信，以 NO 诺贝尔奖理论为基础的“构筑健康血管内环境，从源头控制心血管疾病”的防治战略，不仅有坚实的理论基础，还将发挥不可估量的社会效应。

血管内环境的健康与否主要取决于血管内皮细胞的 NO 自由基合成能力是否健全。内皮细胞功能缺失初期表现主要是血管扩张障碍。血管内皮细胞长期功能不全将严重影响 NO 自由基生物可利用度，进而导致包括高血压、高胆固醇血症、动脉粥样硬化、冠心病、脑血管疾病、成人型糖尿病、血管病变、肾脏疾病和肾衰竭等疾病。最近，随着活性氧(reactive oxygen species，ROS)及活性氮(reactive nitrogen species，RNS)研究的深入，作者将内皮细胞功能紊乱与血管炎症性变化相联系，并以此解释心血管疾病的发病机制及探讨防治方法。

11.2.3 血管内皮功能与高血压

大量研究表明，血管内皮功能障碍与高血压关系密切。内皮功能障碍对高血压的影响包括：①由于 NO 自由基分泌减少，使功能性血管处于收缩状态，是高血压产生的主要病理基础。②NO 自由基分泌异常导致血管内环境破坏，促成高血压靶器官的损伤。③使 NO 自由基的抗血小板聚集、抗氧自由基损伤、抗血管平滑肌增生迁移、抗炎性细胞浸润等作用受到了削弱，为血管炎症反应提供基础。④血管炎症反应促使血管腔内血栓形成易于发生，血管动脉粥样硬化，并使血管的重构加快。⑤使高血压患者对扩血管药物的反应性降低，高血压患者心血管事件发生率明显增加。与正常人相比，高血压患者注射乙酰胆碱或缓激肽后血管扩张不明显，提示血管内皮在受到正性刺激后 NO 自由基分泌增加不明显。高血压患者在注射一氧化氮合酶抑制剂 L-NMMA 后血管内径变化不大，提示高血压患者在基础情况下 NO 自由基合成很少。高血压疾病患者血管内皮功能减退的机制可能与下列因素有关：①氧自由基产生增加，使 NO 自由基产生和生物利用率下降[57]。②ADMA(asymmetric dimethylarginine，一种内源性的 NO 自由基合酶竞争性抑制剂)生成增加，使 NO 自由基生成减少。最近研究表明，血浆 ADMA 浓度与高血压患者血压成正相关[58]。③血管收缩物质合成增加，如血浆肾素浓度较高。肾素-血管紧张肽系统(renin-angiotensin system，RAS)处于激活状态。ATⅡ(angiotensinⅡ)合成和分泌增加使 NO/ATⅡ比率降低，也使血管内皮功能减退。ATⅡ作用于 ATⅡ受体后还可直接使 NO 自由基受到破坏[59]。

11.3 一氧化氮自由基与血管扩张

11.3.1 一氧化氮自由基与高血压

NO 自由基减少与高血压的关系是一对互为因果的关系。NO 自由基的合成减少为高血压的病理形成和发展奠定了基础。在高血压病理状态下，由于血流切应力搏动过强刺激血管内皮细胞，造成其功能失调而进一步使血管舒张因子 NO 自由基的合成受损，收缩因子 ET-1 合成增加，这些功能改变引起内皮依赖性舒张反应减弱，血管痉挛性收缩，从而促成或加速高血压的发展。增加内皮舒张因子 NO 自由基的产生，不仅可以对收缩因子 ET-1 的生物效应形成多方面的抑制，也可以协助抗氧化损伤，都能有效地减轻高血压引起的血管变化。因此，纠正血管内皮细胞功能失调是研制抗高血压药物的一个重要思路。

环鸟苷酸(cGMP)是调节多种生理进程的一种关键的第二信使，细胞内 cGMP 的水平由产生 cGMP 的鸟苷酸环化酶的活性和降解 cGMP 的磷酸二酯酶的活性来共同维持。cGMP 可以调节众多的生理作用，其最早被认识的功能就是调节血管平滑肌的扩张。通过 NO 自由基对血管平滑肌内可溶性鸟苷酸环化酶的活化而导致细胞内钙离子浓度的降低，钙离子介导的磷酸化抑制，进而收缩器减敏，导致血管平滑肌舒张，血压降低。因此血管平滑肌中 cGMP 水平的调节是调控血压有效的方法，这也为抗高血压药物的筛选提供了一个重要思路[60]。

11.3.2　一氧化氮合成酶内源性抑制剂

正常生理条件下，血管系统中的 NO 自由基主要源于内皮型一氧化氮合酶(endothelial nitric oxide synthase，eNOS)，精氨酸(L-Arg)是人体的半必需氨基酸之一，也是 NO 自由基合成的底物。正常生理浓度 L-Arg 情况下，电子由 NADPH 转移到 FAD，生成 $FADH_2$，后者与 FMN 歧化反应，生成两个半醌型自由基(FADH/FMNH)，使电子转移到血红素铁后生成中间体对羟基 L-Arg，最终形成 NO 自由基和 L-瓜氨酸[61]。最近发现在病理条件下，身体内可以合成一种内源性一氧化氮合酶抑制剂，称为不对称二甲基精氨酸(asymmetric dimethylarginine，ADMA)。由于 ADMA 与精氨酸(L-Arg)的结构相似而对一氧化氮合酶形成竞争性拮抗。研究表明，血清 ADMA 在 3~15μmol/L 时即可抑制 NOS 的活性，使得血管内皮细胞产生的 NO 自由基明显减少，导致血管内皮功能损害。在一些常见心血管的病症如高血压、冠状动脉粥样硬化症、成人型糖尿病及肾衰竭等患者的血液中，ADMA 含量均有不同程度增加[62]，通过对 ADMA 与高血压关系的系统分析，可以进一步深化 NO 自由基与心血管疾病关系的基础研究。

11.3.3　内皮型一氧化氮合酶脱偶联

内皮依赖型血管舒张功能受损的代表性表现是 NO 自由基水平降低和氧化应激(oxidative stress)升高，而内皮型一氧化氮合酶脱偶联(eNOS uncoupling)的现象可以从根本上代表并解释上述病理变化。内皮型一氧化氮合酶脱偶联的主要概念是一氧化氮合酶不能正常合成 NO 自由基而转为产生超氧阴离子自由基，造成 NO 自由基生物利用度降低及氧化应激增加，导致或加重内皮功能损伤。根据目前的研究，引起内皮型一氧化氮合酶脱偶联的主要因素有：①一氧化氮合酶底物缺乏或生物利用度下降；②一氧化氮合酶的辅助调节因子(cofactors)不足或功能障碍；③内皮处于氧化应激状态。上海中医药大学穆拉德中药现代化研究中心的研究[63]认为，氧化应激状态是诸多病理因素的根源所在。例如，ADMA 形成主要来源于甲基化精氨酸，而氧化应激状态是导致蛋白甲基化的主要原因。氧化应激状态也可直接影响一氧化氮合酶的辅助调节因子 BH_4 合成(*de novo* synthesis)，其中合成 BH_4 的限速酶，Ⅰ型三磷酸鸟苷环化水解酶(GTP cyclohydrolase Ⅰ，GTPCH Ⅰ)可以因氧化而失活。eNOS 脱偶联所产生的超氧阴离子自由基能迅速与 NO 自由基结合而生成更强活性的过氧化亚硝基($ONOO^-$)，后者不仅能抑制合成 BH_4，并能迅速将已合成的 BH_4 氧化，生成 BH_2 乃至 BH，导致 BH_4 进一步减少，从而形成恶性循环。

11.4 一氧化氮自由基病理学：炎症和高血压

作为一个含氮自由基，NO 信息系统的生理作用提示了自由基在自分泌、旁分泌和内分泌中广泛存在。活性氮(RNS)与活性氧(ROS)一起构成了体内最大的氧化还原反应体系。由于 RNS 和 ROS 与诸多炎症反应的起始、发展和恶化密切有关，因此自然包括高血压疾病。

11.4.1 高血压是炎症性疾病

近年来，慢性炎症与原发性高血压的相互关系日益得到人们的重视。多项研究表明，原发性高血压的发生、发展过程中始终存在着血管壁的慢性炎症反应和血管内皮功能损伤这两个互动的病理现象。在一定程度上可以说原发性高血压是一种炎症性疾病[64]。近年来，上海中医药大学穆拉德中药现代化研究中心对自发性高血压大鼠(spontaneously hypertensive rat，SHR)的炎症发生状况进行了全身主要器官(肾、肝、心、脑等)多指标观察和较为系统的评价，以期加深人们对炎症在人类原发性高血压病理改变中的作用的认识，为从抑制炎症反应入手治疗高血压提供新的依据和思路[65]。

RT-PCR 实验结果显示与野生型 WKY 大鼠相比，SHR 鼠的肾、肝、心等多组织内 IL-1β、TNFα 水平明显增高，血管黏附分子 ICAM-1、VCAM-1、E-selectin 的表达也被显著诱导，提示在原发性高血压过程中各组织存在有明显的炎症反应。另外，各组织内酶的表达也发生了改变。HO-1 和 iNOS 表达被明显诱导而 eNOS 在各组织的水平也受到影响。其中 HO-1 可在炎症等多种情况下被诱导，且 HO-1 具有抗炎、调节血管紧张度和保护血管内皮等多种功能。因此以上各炎性介质基因表达的改变，提示了炎症反应的存在和机体代偿性、失代偿性的反应。

另外，与炎症调节有关的转录因子的表达进行观察发现，C/EBPδ(CCAAT/enhancer-binding protein δ)对炎症具有促进作用，可上调炎症因子 IL-1β、IL-6、TNF-α等的基因表达。在正常血管平滑肌细胞中，C/EBPδ几乎检测不到，而炎症刺激(如 IL-1β)可明显诱导 C/EBPδ 表达。研究表明，多种炎性因子和急性相蛋白(acute phase protein)基因启动子上的邻近部位同时存在 C/EBPδ 和 NFκB 的结合部位，可被 C/EBPδ和 NFκB 激活表达。C/EBPδ 可通过作用于这些炎性因子和急性相蛋白基因功能调节域上的 C/EBP 结合部位，上调它们的转录，如 IL-1β、IL-6、TNF-α、IL-8、IL-12、iNOS、髓过氧化物酶(myeloperoxidase)、G-CSF 和 COX-2 等。作者也观察到，与 WKY 鼠相比较，SHR 大鼠肝、大脑和小脑中的 C/EBPδ表达明显被诱导，与这些组织中 IL-1β、TNF-α 和 iNOS 等表达上调相一致；而 WKY 鼠和 SHR 鼠的心、肾均未检测到 C/EBPδ表达，可能与 C/EBPδ

本身在不同组织中的选择性表达有关。

过氧化物酶体增殖物激活受体(peroxisome proliferator-activated receptor，PPAR)是一类由配体激活的核转录因子。在人类，PPAR 有 3 种亚型，即 PPARα、PPARβ 和 PPARγ，其中 PPARα 和 PPARγ 具有重要的抗炎作用，能够抑制多种炎性因子如 ICAM-1、VCAM-1、E-selectin、CRP、iNOS 等的表达。另外，PPARγ 在血管平滑肌细胞和内皮细胞的表达及其与高血压的关系日益引起人们的关注。研究表明，PPARγ 通过增加血管内皮细胞 NO 自由基的释放、抑制动脉血管平滑肌细胞的增殖及迁移、降低阻力及血管张力等机制参与血压调节，可见 PPARγ 是一种高血压血管组织的保护因子。作者研究观察到，SHR 鼠肾、心、肝中的 PPARα 和 PPARγ 基因表达明显高于 WKY 鼠，提示 PPAR 可能与 HO-1 的变化一样，均为机体的保护性反应，同时也提示 SHR 大鼠多组织均存在明显的炎症反应。

炎症反应除诱导机体炎性因子表达外，还可引起氧化应激反应、活性氧(ROS)水平的增高。ROS(如 O_2^-、HO、H_2O_2等)的增加又可和 NO 自由基进一步反应，生成活性氮(RNS)，如 NO 自由基、$ONOO^-$ 等，降低 NO 自由基的生物利用度，损伤血管的舒张功能。ROS 还可通过激活转录因子 NFκB 等，引起炎性因子的进一步表达，造成恶性循环。作者的研究结果显示，与 WKY 大鼠相比，SHR 鼠肾、脑等组织内蛋白质羰基化水平明显增加，同时总抗氧化能力显著降低，表明高血压大鼠组织内存在明显的氧化应激状态。

11.4.2　酪氨酸硝基化与炎性反应

所有的 NOS 异构体都含有钙调蛋白调节点，钙调蛋白在电子从 FMN 转移到血红素铁的过程中起着重要的作用，并启动了催化机制。内皮细胞 NOS(eNOS)和神经细胞 NOS(nNOS)均属系统表达性的 NOS 亚型(cNOS)，只要细胞内 Ca^{2+}浓度升高即可激活 NOS 产生 NO 自由基。相比之下，iNOS 则有其独特性：①iNOS 的激活有赖于从头开始(*de novo*)，即从基因表达开始的酶蛋白的合成；②在内毒素和炎症细胞因子的刺激下，iNOS 很快表达并产生大量 NO 自由基(高于 cNOS 产生量的 1000 倍)；③iNOS 被证明广泛地分布于体内各种细胞中。iNOS 的表达及 NO 自由基的大量产生与炎症反应密切相关，因此，对 iNOS 的选择性抑制对炎症性疾病有巨大的潜在治疗价值[66, 67]。为什么要强调选择性抑制剂主要原因是与 iNOS 相比，上述 eNOS 和 nNOS 在正常状态下起着重要生理作用，非选择性抑制所有 NOS 将导致严重不良反应。

当 iNOS 因炎性细胞因子或其他感染刺激而表达时，致使形成大量 NO 自由基。高浓度 NO 自由基可以直接杀死入侵的病毒、细菌、真菌及某些寄生虫。另外，具有离子活性的 NO 经进一步化学反应后也可以导致身体内多种蛋白质的修饰和变质。高浓度 NO 对生命活动影响的代表性学说是酪氨酸硝基化(tyrosine nitration)[68~70] 。

蛋白质酪氨酸磷酸化作为重要的信息传递系统在各生理活动中发挥巨大作用，而蛋白质酪氨酸氮化则是蛋白合成后修饰的一种表现。当酪氨酸一旦被硝基化后其磷酸化过程将被阻断，随之阻断了因其磷酸化而产生的重要生理功能。因此酪氨酸硝基化问题引起了广泛的注意。此外，酪氨酸硝基化不仅可抑制功能性蛋白(如酶)的活性，也可以加速蛋白质的分解。在过去的几年中，近 300 篇学术论文报道了 60 余种以炎症为主的疾病或疾病动物模型中发现了硝基酪氨酸(nitrotyrosine)。进一步研究酪氨酸硝基化的形成机制，酪氨酸氮化对蛋白质代谢的影响及其对生理活动的影响，将对炎症性反应、自身免疫性疾病等具有预防或治疗的意义。

1) $ONOO^-$介导的酪氨酸硝基化

当过量产生的NO自由基与O_2^-超氧阴离子自由基(superoxide anion)反应时，生成具有极高活性的过氧亚硝基 $ONOO^-$(peroxynitrte anion)。$ONOO^-$介导的酪氨酸硝基化是近年来研究最为透彻的，也是最经典的酪氨酸硝基化形成机制。作为一个强氧化剂，$ONOO^-$一旦形成后能够修饰多种生物分子，其中包括酪氨酸、色氨酸、胱氨酸等诸多的氨基酸。多年来 $ONOO^-$一直被认为是生物体内导致酪氨酸硝基化的主要原因。其主要论据为$ONOO^-$在体内能够形成更具活性的、带有两个电子的过氧亚硝酸 ONOOH(peroxynitrous acid)。与仅带有一个电子的二氧化氮和硝酰氯(nitryl chloride)相比，ONOOH 更能够抵御生物体中广泛存在的抗氧化剂而发挥其氮化作用。

2) 过氧化物酶介导的酪氨酸硝基化

越来越多的研究资料显示，炎症组织内酪氨酸硝基化部位与炎性细胞浸润部位密切相关。许多基础研究已经证明，在H_2O_2和亚硝酸存在的情况下炎性细胞内的髓过氧化物酶(myeloperoxidase，MPO)及其他过氧化物酶能够将亚硝酸和酪氨酸分别氧化成二氧化氮自由基和酪氨酸自由基，进而形成酪氨酸硝基化。作者用肠道寄生虫(*Trichinella spiralis*)感染小鼠空肠后的炎症模型，系统地研究了过氧化物酶与酪氨酸硝基化的关系。当寄生虫感染时可以导致被感染肠段 MPO 浓度的急剧上升。与此对应，感染段肠壁蛋白被氮化的程度也加剧。作者使用了 iNOS 基因缺失小鼠做了同样实验。有趣的是，iNOS 基因缺失并没有影响酪氨酸硝基化的大量形成。换言之，即使没有高浓度 NO 自由基的存在，在过氧化物酶的作用下生物体内也能形成酪氨酸硝基化。因此，在炎症状态下如果有效地抑制过氧化物酶也能够起到防止蛋白质硝基化的作用。

3) 非酶性介导的酪氨酸硝基化

最近，作者在《美国科学院院报》(*PNAS*)[68]上阐述了第三条导致酪氨酸硝基化的途径，即血红素(heme)/铁(iron)非酶性介导的蛋白硝基化。实验结果显示，heme/H_2O_2/亚硝酸(nitrite)系统或 Fe/H_2O_2/nitrite 系统均可以引起血清蛋白的硝基化酪氨酸形成。不同的是，heme/H_2O_2/nitrite 系统的蛋白硝基化效力更高。经过分析作者认识到H_2O_2导致的蛋白氧化是整个反应的基础，而 nitrite 的存在对硝基化酪氨酸形成是必不可少的。作者的实验结果还指出，在这个第三途径导致的硝基化过程中，无论是 $ONOO^-$的形成还是·OH(Fenton 反应)及所谓化合物III(compound III)的参与均不重要。主要催化反应的活性物质是四价铁离子的形成。作者的研究还显示心肌、血管平滑肌等富含血红素的脏器和组织极易形成硝基化酪氨酸。其潜在的生理或病理意义还有待于进一步的认识。

我们认为，内皮功能障碍和氧化应激状态是存在于众多心血管疾病中的共同生理病理基础，针对内皮细胞和氧化应激的治疗策略有望从根本上纠正众多心血管疾病间的相互交叉影响，而基于内皮-炎症体系进行的药物筛选也有望为心血管药物筛选提供新的思路。

11.4.3　动脉粥样硬化是导致高血压的重要致病因素

血液循环中脂蛋白过多时，就会在动脉血管壁处堆积，滞留于血管内皮下间隙，发生脂质过氧化，形成氧化修饰的脂蛋白(OX-LDL)。它是一种致动脉粥样硬化性物质，可被巨噬细胞膜上的清道夫受体识别并被大量吞噬。吞噬了太多脂质的巨噬细胞就会坏死成为饱含脂质的泡沫细胞，并沉积在血管壁上，慢慢堆积、钙化，发展成硬化斑。最终，这些条斑可能阻塞血管，这样动脉血流受到限制，严重丧失了动脉血流稳态。血栓的炎症和加厚也增加了相关的损伤和堵塞[71, 72](图 11-4)。

氧化的低密度脂蛋白(OX-LDL)对内皮细胞是有毒性的，能够促进炎症细胞黏附到血管壁，增加局部产生 ROS，导致 NO 的“失活”，使 NO 的生物利用度降低甚至完全失去。OX-LDL 还能减少内皮细胞 eNOS 蛋白水平和减少 NO 产生，干扰依赖 eNOS 活性的信号转导和鸟苷酸环化酶活性[73, 74]，这就必然导致血压升高。产生冠状动脉粥样硬化的一个极为重要因素是自由基氧化引起高血脂中的低密度脂蛋白氧化。动脉注射乙酰胆碱能够使动脉粥样硬化血管产生收缩，而血管对硝化甘油舒张的响应还可以维持。动脉粥样硬化早期就会出现内皮细胞释放 NO 减少。造影显示，在高胆固醇家庭的儿童支动脉或股动脉流动调节舒张受损，高胆固醇早期患者在动脉粥样硬化之前乙酰胆碱调节的舒张就受损，甚至超声可以检测到血管内膜变厚。

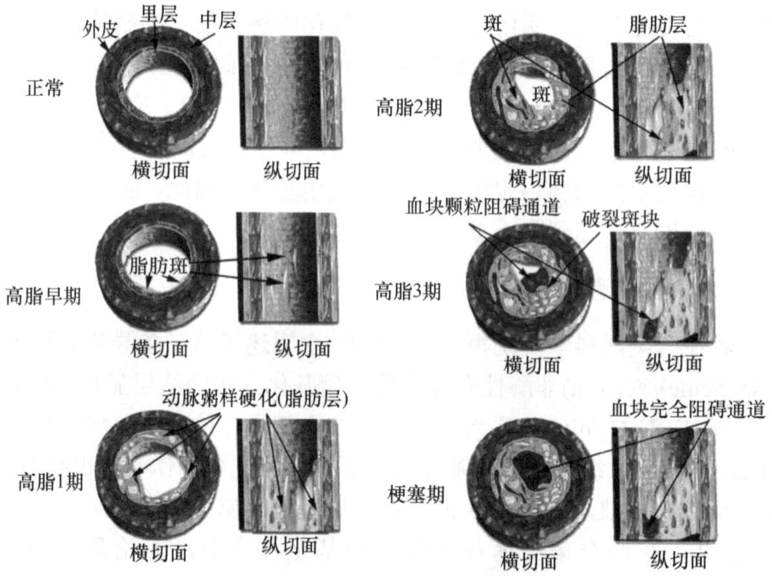

图 11-4　产生冠状动脉粥样硬化过程示意图

11.5　高血压的预防和治疗

对 NO 在高血压中作用机制的研究，不仅有助于人们对高血压病理基础进行深入了解，而且可以对高血压的预防和临床治疗进行指导。例如，目前已经发现了一些利用 NO

治疗高血压的临床技术，对高血压、肺动脉高压和新生儿持续肺动脉高压都发挥了重要作用。这些内容，将在第 13 章一氧化氮自由基临床应用进行详细讨论。

对高血压的治疗，医学上已经发展出一整套完善的治疗技术和方法，到医院找医生就诊就可以得到治疗，这里不作介绍。高血压的预防其实才是最重要的。从本章介绍的 NO 自由基与高血压的关系，也许可以得出启发，如何预防高血压的发生。血管内皮细胞产生 NO 自由基是内皮松弛因子，是维持稳态和血压正常的关键。因此维护好血管内皮细胞，使其能够正常产生血管所需的 NO 也就是最重要的了。

维护好血管内皮细胞最重要的有两点，第一是预防动脉粥样硬化。预防动脉粥样硬化最重要的是防止血脂过高。抗氧化剂对心脏病早期的动脉粥样硬化的效果就比较有效，一些造影结果就显示服用抗氧化剂维生素 C 和维生素 E 能够使一些动脉粥样硬化明显好转[75, 76]。因此，改变饮食及生活方式可以改善对血压的控制并减少相关的健康风险。第二个需要注意的是预防炎症。原发性高血压的发生、发展过程中始终存在着血管壁的慢性炎症反应和血管内皮功能损伤这两个互动的病理现象。在一定程度上可以说原发性高血压是一种炎症性疾病。这些内容，将在第 14 章一氧化氮自由基健康食品应用进行详细讨论。

本章部分内容来自上海中医药大学，上海高校一氧化氮及炎症医学 E-研究院 Murad 中药现代研究中心的卞卡教授，著者只对其进行了补充、编辑和修改。

(卞卡　上海高校一氧化氮与炎症医学 E-研究院，上海　201203；上海中医药大学穆拉德中药现代化研究中心，上海　201203；美国得克萨斯大学分子医学研究所，休斯敦 TX 77030；得克萨斯大学休斯敦医学院综合生物及药理学系，休斯敦　TX 77030)

参 考 文 献

[1] Cortese-Krott MM，Rodriguez-Mateos A，Sansone R，et al. Human red blood cells at work：identification and visualization of erythrocytic eNOS activity in health and disease. Blood，2012，120：4229-4237.

[2] Heiss C，Schanz A，Amabile N，et al. Nitric oxide synthase expression and functional response to nitric oxide are both important modulators of circulating angiogenic cell response to angiogenic stimuli. Arterioscler Thromb Vasc Biol，2010，30：2212-2218.

[3] Heiss C，Wong ML，Block VI，et al. Pleiotrophin induces nitric oxide dependent migration of endothelial progenitor cells. J Cell Physiol，2007，215：366-373.

[4] Horn P，Cortese-Krott MM，Amabile N，et al. Circulating microparticles carry a functional endothelial nitric oxide synthase that is decreased in patients with endothelial dysfunction. J Am Heart Assoc，2013，2：e003764.

[5] Rassaf T，Heiss C，Hendgen-Cotta U，et al. Plasma nitrite reserve and endothelial function in the human forearm circulation. Free Radic Biol Med，2006，41：295-301.

[6] Rassaf T，Kleinbongard P，Preik M，et al. Plasma nitrosothiols contribute to the systemic vasodilator effects of intravenously applied NO：experimental and clinical study on the fate of NO in human blood. Circ Res，2002，91：470-477.

[7] Rassaf T，Preik M，Kleinbongard P，et al. Evidence for *in vivo* transport of bioactive nitric oxide in human plasma. J Clin Invest，2002，109：1241-1248.

[8] Furchgott RF，Zawadzki JV. The obligatory role of endothelial cells in the relaxation of arterial smooth muscle by acetylcholine. Nature，1980，288：373-376.

[9] Palmer RM，Ferrige AG，Moncada S. Nitric oxide release accounts for the biological activity of endothelium-derived relaxing factor. Nature，1987，327：524-526.

[10] Ishida T，Takahashi M，Corson MA，et al. Fluid shear stress-mediated signal transduction：how do endothelial cells transduce mechanical force into biological responses? Ann N Y Acad Sci，1997，811：12-23，23-24.

[11] Takahashi M，Ishida T，Traub O，et al. Mechanotransduction in endothelial cells：temporal signaling events in response to shear stress. J Vasc Res，1997，34：212-219.

[12] Busse R，Fleming I. Pulsatile stretch and shear stress：physical stimuli determining the production of endothelium-derived relaxing factors. J Vasc Res，1998，35：73-84.

[13] Gaenzer H，Neumayr G，Marschang P，et al. Flow-mediated vasodilation of the femoral and brachial artery induced by exercise in healthy nonsmoking and smoking men. J Am Coll Cardiol，2001，38：1313-1319.

[14] Otte LA，Bell KS，Loufrani L，et al. Rapid changes in shear stress induce dissociation of a G alpha(q/11)-platelet endothelial cell adhesion molecule-1 complex. J Physiol，2009，587：2365-2373.

[15] Loufrani L，Henrion D. Role of the cytoskeleton in flow(shear stress)-induced dilation and remodeling in resistance arteries. Med Biol Eng Comput，2008，46：451-460.

[16] Dimmeler S，Fleming I，Fisslthaler B，et al. Activation of nitric oxide synthase in endothelial cells by Akt-dependent phosphorylation. Nature，1999，399：601-605.

[17] Balligand JL，Feron O，Dessy C. eNOS activation by physical forces：from short-term regulation of contraction to chronic remodeling of cardiovascular tissues. Physiol Rev，2009，89：481-534.

[18] Schuh A，Liehn EA，Sasse A，et al. Transplantation of endothelial progenitor cells improves neovascularization and left ventricular function after myocardial infarction in a rat model. Basic Res Cardiol，2008，103：69-77.

[19] Widlansky ME，Gokce N，Keaney JF Jr.，et al. The clinical implications of endothelial dysfunction. J Am Coll Cardiol，2003，42：1149-1160.

[20] Peters SA，den Ruijter HM，Bots ML. The incremental value of brachial flow-mediated dilation measurements in risk stratification for incident cardiovascular events：a systematic review. Ann Med，2012，44：305-312.

[21] Ras RT，Streppel MT，Draijer R，et al. Flowmediated dilation and cardiovascular risk prediction：a systematic review with meta-analysis. Int J Cardiol，2012，168：344-351.

[22] Heiss C，Amabile N，Lee AC，et al. Brief secondhand smoke exposure depresses endothelial progenitor cells activity and endothelial function：sustained vascular injury and blunted nitric oxide production. J Am Coll Cardiol，2008，51：1760-1771.

[23] Heiss C，Keymel S，Niesler U，et al. Impaired progenitor cell activity in age-related endothelial dysfunction. J Am Coll Cardiol，2005，45：1441-1448.

[24] Celermajer DS，Sorensen KE，Gooch VM，et al. Non-invasive detection of endothelial dysfunction in children and adults at risk of atherosclerosis. Lancet，1992，340：1111-1115.

[25] Anderson TJ，Elstein E，Haber H，et al. Comparative study of ACE-inhibition，angiotensin Ⅱ antagonism，and calcium channel blockade on flow-mediated vasodilation in patients with coronary disease(BANFF study). J Am Coll Cardiol，2000，35：60-66.

[26] Vita JA，Keaney JF Jr. Endothelial function：a barometer for cardiovascular risk? Circulation，2002，106：640-642.

[27] Yang Q，Cogswell ME，Flanders WD，et al. Trends in cardiovascular health metrics and associations with allcause and CVD mortality among US adults. JAMA，2012，307：1273-1283.

[28] Gulino-Debrac D. Mechanotransduction at the basis of endothelial barrier function. Tissue Barriers，2013，1：e24180.

[29] Dimmeler S，Zeiher AM. Vascular repair by circulating endothelial progenitor cells：the missing link in atherosclerosis? J Mol Med，2004，82：671-677.

[30] Ross R. The pathogenesis of atherosclerosis：a perspective for the 1990s. Nature，1993，362：801-809.

[31] Hirschi KK，Ingram DA，Yoder MC. Assessing identity，phenotype，and fate of endothelial progenitor cells. Arterioscler Thromb Vasc Biol，2008，28：1584-1595.

[32] Rehman J，Li J，Orschell CM，et al. Peripheral blood "endothelial progenitor cells" are derived from monocyte/macrophages and secrete angiogenic growth factors. Circulation，2003，107：1164-1169.

[33] Hill JM，Zalos G，Halcox JP，et al. Circulating endothelial progenitor cells，vascular function，and cardiovascular risk. N Engl J Med，2003，348：593-600.

[34] Vasa M，Fichtlscherer S，Aicher A，et al. Number and migratory activity of circulating endothelial progenitor cells inversely correlate with risk factors for coronary artery disease. Circ Res，2001，89：E1-E7.

[35] Werner N，Kosiol S，Schiegl T，et al. Circulating endothelial progenitor cells and cardiovascular outcomes. N Engl J Med，2005，353：999-1007.

[36] Lyngbaek S，Schneider M，Hansen JL，et al. Cardiac regeneration by resident stem and progenitor cells in the adult

heart. Basic Res Cardiol，2007，102：101-114.
[37] Britten MB，Abolmaali ND，Assmus B，et al. Infarct remodeling after intracoronary progenitor cell treatment in patients with acute myocardial infarction(TOPCARE-AMI)：mechanistic insights from serial contrast-enhanced magnetic resonance imaging. Circulation，2003，108：2212-2218.
[38] Heiss C，Jahn S，Taylor M，et al. Improvement of endothelial function with dietary flavanols is associated with mobilization of circulating angiogenic cells in patients with coronary artery disease. J Am Coll Cardiol，2010，56：218-224.
[39] Kondo T，Hayashi M，Takeshita K，et al. Smoking cessation rapidly increases circulating progenitor cells in peripheral blood in chronic smokers. Arterioscler Thromb Vasc Biol，2004，24：1442-1447.
[40] Laufs U，Werner N，Link A，et al. Physical training increases endothelial progenitor cells，inhibits neointima formation，and enhances angiogenesis. Circulation，2004，109：220-226.
[41] Yoder MC. Endothelial progenitor cell：a blood cell by many other names may serve similar functions. J Mol Med(Berl)2013，91：285-295.
[42] Aicher A，Zeiher AM，Dimmeler S. Mobilizing endothelial progenitor cells. Hypertension，2005，45：321-325.
[43] Aicher A，Heeschen C，Mildner-Rihm C，et al. Essential role of endothelial nitric oxide synthase for mobilization of stem and progenitor cells. Nat Med，2003，9：1370-1376.
[44] Woywodt A，Bahlmann FH，de Groot K，et al. Circulating endothelial cells：life，death，detachment and repair of the endothelial cell layer. Nephrol Dial Transplant，2002，17：1728-1730.
[45] Burnier L，Fontana P，Kwak BR，et al. Cell-derived microparticles in haemostasis and vascular medicine. Thromb Haemost，2009，101：439-451.
[46] Martinez MC，Tesse A，Zobairi F，et al. Shed membrane microparticles from circulating and vascular cells in regulating vascular function. Am J Physiol Heart Circ Physiol，2005，288：H1004-H1009.
[47] Sabatier F，Camoin-Jau L，Anfosso F，et al. Circulating endothelial cells，microparticles and progenitors：key players towards the definition of vascular competence. J Cell Mol Med，2009，13：454-471.
[48] Kannel WB，D'Agostino RB，Belanger AJ. Fibrinogen，cigarette smoking，and risk of cardiovascular disease：insights from the framingham study. Am Heart J，1987，113：1006-1010.
[49] Celermajer DS，Adams MR，Clarkson P，et al. Passive smoking and impaired endothelium-dependent arterial dilatation in healthy young adults. N Engl J Med，1996，334：150-154.
[50] Celermajer DS，Sorensen KE，Georgakopoulos D，et al. Cigarette smoking is associated with dose-related and potentially reversible impairment of endothelium-dependent dilation in healthy young adults. Circulation，1993，88：2149-2155.
[51] Heitzer T，Brockhoff C，Mayer B，et al. Tetrahydrobiopterin improves endothelium-dependent vasodilation in chronic smokers：evidence for a dysfunctional nitric oxide synthase. Circ Res，2000，86：E36-E41.
[52] Sansone R，Stegemann E，Ozaslan G，et al. Early and late response-to-injury in patients undergoing transradial coronary angiography：arterial remodeling in smokers. Am J Cardiovasc Dis，2014，4：47-57.
[53] Marin C，Ramirez R，Delgado-Lista J，et al. Mediterranean diet reduces endothelial damage and improves the regenerative capacity of endothelium. Am J Clin Nutr，2011，93：267-274.
[54] Horn P，Amabile N，Angeli FS，et al. Dietary flavanol intervention lowers the levels of endothelial microparticles in coronary artery disease patients. Br J Nutr，2014，117：1245-1252.
[55] Heiss C，Rodriguez-Mateos A，Kelm M. Central Role of eNOS in the Maintenance of Endothelial Homeostasis. Antioxidants & Redox Signaling，2015，22(14)：1230-1242.
[56] Bian K，Murad F. Nitric oxide(NO)—biogeneration，regulation，and relevance to human diseases. Front Biosci，2003，8：d264-278.
[57] Bian K，Murad F. Diversity of endotoxin-induced nitrotyrosine formation in macrophage-endothelium-rich organs. Free Radic Biol Med，2001，31：421-429.
[58] Siroka R，Cibulka R，Rajdl D，et al. Asymmetric dimethylarginine—a novel cardiovascular risk factor. Vnitr Lek，2006，52：249-255.
[59] Nakashima H，Suzuki H，Ohtsu H，et al. Angiotensin Ⅱ regulates vascular and endothelial dysfunction：recent topics of Angiotensin Ⅱ type-1 receptor signaling in the vasculature. Curr Vasc Pharmacol，2006，4：67-78.
[60] Martin E，Davis K，Bian K，et al. Cellular signaling with nitric oxide and cyclic guanosine monophosphate. Semin Perinatol，2000，24：2-6.
[61] Bian K，Ke Y，Kamisaki Y，et al. Proteomic modification by nitric oxide. J Pharmacol Sci，2006，101：271-279.

[62] Cooke J. ADMA：its role in vascular disease. Vasc Med，2005，10(Suppl. 1)：S11-17.

[63] 郑建普，孙莉，可燕，等. NADPH 氧化酶对自发性高血压大鼠体内氧化应激的影响. 中国药理学通报，2006，22：1079-1083.

[64] Boos CJ，Lip G Y. Is hypertension an inflammatory process? Curr Pharm Des，2006，12：1623-1635.

[65] Sun L，Gao YH，Tian DK，et al. Inflammation of different tissues in spontaneously hypertensive rats. Sheng Li Xue Bao，2006，58：318-323.

[66] Adewuya O，Irie Y，Bian K，et al. Mechanism of vasculitis and aneurysms in Kawasaki disease：role of nitric oxide. Nitric Oxide，2003，8：15-25.

[67] Bian K，Davis K，Kuret J，et al. Nitrotyrosine formation with endotoxin-induced kidney injury detected by immunohistochemistry. Am J Physiol，1999，277：F33-40.

[68] Bian K，Gao ZH，Weisbrodt N，et al. The nature of Hemin/iron-induced protein tyrosine nitration. Proc Nat Acad Sci USA，2003，100：5712-5717.

[69] Bian K，Zhong M，Harari Y，et al. Helminth regulation of host IL-4Ralpha/Stat6 signaling：mechanism underlying NOS-2 inhibition by *Trichinella spiralis*. Proc Natl Acad Sci USA, 2005，102(11)：3936-3941.

[70] Bian K，Harari Y，Lai M，et al. Specific down regulation of inducible nitric oxide synthase during parasite-induced gut inflammation，a path to identify a selective NOS-2 inhibitor. Molecular Pharmac，2001，59：939-947.

[71] Gordon JB，Ganz P，Nabel EG. Atherosclerosis influences the vasomotor response of epicardial coronary arteries to exercise. J Clin Invest，1989，83：1946-1952.

[72] Yeung AC，Vekshtein VI，Krantz DS. The effect of atherosclerosis on the vasomotor response of coronary arteries to mental stress. N Engl J Med，1991，325：1551-1556.

[73] Nègre-Salvayre A，Pieraggi MT，Mabile L，et al. Protective effect of 17-beta-estradiol against the cytotoxicity of minimally oxidized LDL to cultured bovine aortic endothelial cells. Atherosclerosis，1992，99：207-217.

[74] Keaney JF Jr.，Guo Y，Cunningham D，et al. Vascular incorporation of alpha-tocopherol prevents endothelial dysfunction due to oxidized LDL by inhibiting protein kinase C stimulation. J Clin Invest，1996，98：386-394.

[75] Hodis HN，Mack WJ，LaBree L. Serial coronary angiographic evidence that antioxidant vitamin intake reduces progression of coronary artery atherosclerosis. J Am Med Assoc，1995，273：1849-1854.

[76] Kritchevsky SB，Shimakawa T，Tell GS. Dietary antioxidants and carotid artery wall thickness：the ARIC study. Circulation，1995，92：2142-2150.

12　一氧化氮自由基与衰老

任何生物都有生有死，无一能逃脱这一自然规律。随着机体老化，死亡概率增加。任何物种都有一个特定的寿限，其中任何一个个体都极难超越这一寿限。但是，人类从来没有放弃对衰老的研究和试图突破这一寿限，人们试图通过各种方法延缓和对抗衰老，并进行了多种尝试和研究，提出了很多关于衰老的理论和假说。例如，衰老的基因程序理论、端粒和端粒酶的理论、自由基理论等[1~6]。作者在这里都不作详细介绍和讨论，主要讨论衰老的自由基理论，重点讨论 NO 与衰老及 NO 和天然抗氧化剂在延缓衰老研究的一些结果及其意义。

12.1　衰老的自由基理论

12.1.1　自由基衰老理论的提出

衰老的自由基理论是 Harman 博士于 1955 年在美国原子能委员会提出的[6~8]，题目是“衰老：根据自由基和放射化学提出的理论”。大致内容如下。

生长、衰退和老死现象一直是人们思考的一个重要问题。这一现象的普遍性说明引起这类反应对所有生物应当基本上是相同的。纵观这一过程，其实质是细胞的退化。以今日自由基和放射化学及辐射化学的观点来看，老化的一个可能因素是自由基(细胞正常代谢产生的)对细胞成分的有害攻击。衰老和与衰老相关联的退行性疾病基本上可以归因于自由基对细胞成分和连接组织的有害进攻。自由基大部分是通过细胞内氧化酶和连接组织中的微量金属离子如铁、钴、锰催化的与氧分子的反应产生的。

Harman 博士于 1955 年提出的衰老自由基理论的主要内容，可以简单归纳为以下几点：①衰老是由自由基对细胞成分的有害进攻造成的。②这里所说的自由基，主要就是氧自由基，即羟基和质子化的超氧阴离子自由基及高反应活性自由基。因此衰老的自由基理论，其实质就是衰老的高反应活性氧自由基理论。③维持体内适当水平的抗氧化剂和自由基清除剂水平可以延长寿命和推迟衰老。

60 年来，很多人对此进行了研究，提供了大量实验事实支持这一理论，但也有一些实验结果与之不符。天然抗氧化剂可以延缓寿命和活化有关长寿基因，更加证明衰老自由基理论的正确性，但抗氧化剂可以延缓寿命临床试验的失败和活性氧作为信号分子可能参与延缓衰老对这一理论提出了明确的挑战[9~11]。

12.1.2　衰老的自由基理论的验证

在 Harman 博士首次提出了“衰老自由基理论”近 60 年里，人们虽然不能完全理解，但有大量试验数据和发表的文章验证了其正确性。例如，抗氧化酶和抗氧化剂与物种的寿限有相关性，很多自由基清除剂对动物寿命有延缓作用和活化有关长寿基因，限食增加动物寿命的一些机制也与其相符等。

1) 超氧化物歧化酶 SOD 与物种的寿限[13, 14]

SOD 是体内防止氧自由基损伤的最重要的抗氧化酶，可以使 O_2^{-} 歧化生成过氧化氢和水。通过测量 12 种灵长类和两种啮齿类动物脑、肝脏和心脏组织中的 SOD 含量，除以基础代谢速率(SMR)，与寿限势(life span potential，LSP)有非常好的相关性，即寿命最长的人类具有最大的 SOD/SMR，而寿命较短的动物有较小的 SOD/SMR，寿命最短的啮齿类动物有最小的 SOD/SMR。因此可以推测，一个物种一生利用氧的总量可能和体内 SOD 的量成正比。而且，还发现在脑中 MnSOD/总 SOD 与 LSP 相关性很好，但在肝中相关性就差一些。

2) 抗氧化剂与物种的寿限[15]

尿酸是嘌呤代谢的副产品，最近研究发现其能防止细胞膜脂质过氧化，是一个重要的生物抗氧化剂，对物种寿限的长短起着重要作用。通过测量几种灵长类动物血浆中尿酸含量和物种的基础代谢率之比，发现其与寿限有很好的相关性[16]。

维生素 E 在细胞膜内可以防止脂质过氧化，但维生素 E 是否对人的长寿有益也有一些争论。测量若干动物和人血浆中维生素 E 和基础代谢率 SMR 之比与寿限势 LSP 有很好的相关性，即人血浆中有最高维生素 E 含量，短寿命物种血浆中维生素 E 与基础代谢率 SMR 之比也小。因此说明维生素 E 是决定物种寿限长短的重要物质[17]。

与以上几个抗氧化剂不同，维生素 C 与物种的寿限没有明显的相关性，但在大部分组织中，维生素 C 含量随人和动物的年龄增加而减少，这也许说明维生素 C 在老化过程中起作用，而不是对寿命长短起作用。谷胱甘肽被认为是最重要的组织抗氧化剂之一，然而组织中的谷胱甘肽水平与物种的寿限没有明显的相关性。

3) 自由基清除剂对动物寿命的影响

衰老的自由基理论提出了延长寿命的化学方法是增加细胞内还原剂的浓度，以此清除体内产生的有害氧自由基，保护细胞成分，减缓和推迟衰老过程。在这方面，Harman 等做了大量工作，取得了一些令人鼓舞的结果，但也遇到一些问题。实验采用 AKR 和 C3H 小鼠，这两种小鼠易自发感染淋巴白血病和乳腺癌，寿命比较短，容易看到实验结果。在食物中分别添加辐射防护药物半胱氨酸、二巯基乙胺和二氨基乙基硫醚。添加 1%半胱氨酸或二巯基乙胺或 0.5%二氨基乙基硫醚可以使这些小鼠的半存活期增加 20%左右，即对照小鼠的半存活期为 8 个月，在食物中添加辐射防护药物的小鼠的半存活期增加到 10 个月，二者有显著统计学差异($P<0.01$)，这一结果是很鼓舞人的。但在食物中添加 2%的抗坏血酸或二巯基乙醇对 AKR 和 C3H 小鼠的寿命却没有明显影响，这也许是所加剂量不合适，或者是动物体内这两种物质并不缺乏所致[18]。

Harman 提出用自由基反应抑制剂 2,6-2-特丁基羟基甲苯(BHT)和二巯基乙二胺(2-MEA)作为食物添加剂，用不易生癌的 LAF 小鼠作为实验模型，检验自由基清除剂对小鼠寿命的影响，发现 0.5%和 1%二巯基乙胺可以使 LAF 小鼠平均寿命分别延长 27.6% 和 31.6%，均有显著统计学差异(P<0.01)，但是，小鼠的最大寿限没有延长。在天然食物中添加 0.5% BHT 可以使 LAF 小鼠的平均寿命延长 45%，同样没有突破小鼠的最大寿限[19, 20]。

后来，很多人利用抗氧化剂实验研究生物寿命的延长作用和对老化的推迟作用，发现一定量的抗氧化剂对小鼠、大鼠、果蝇、线虫甚至链孢菌的寿限都有延长作用，不仅平均寿命有增加，而且最大寿限也有所突破[21~26]。

最近发现，几种天然小分子能够延长大肠杆菌寿命 70%左右，而且对人的细胞也有保护作用，这些分子还可以活化长寿基因 *sir2*。这些小分子的结构是多酚类物质，其中有些是葡萄汁、红葡萄酒、橄榄油和其他食物的重要成分。研究槲皮素(quercetin)(苹果和茶)和紫杉醇(piceataxel)及其他 15 个结构类似的小分子，发现其中最有效的是葡萄汁和红葡萄酒中的白藜芦醇(resveratrol)，可以增加 13 倍 SIRT1 活性[27, 28]。

麻省理工学院的 Guarante 实验室的研究人员也发现，活化单个基因 *sir2* 就可以延长大肠杆菌寿命，没有这一基因限食就不能延寿。研究表明，这些小分子可以活化这一基因和人细胞的类似基因 *sir1*，用线虫和果蝇实验也能活化 *sir*-类似基因。白藜芦醇等天然抗氧化剂可以延长酵母菌、线虫和果蝇的寿命而不需要限食，而且也不降低动物的生殖能力，并且在 *Nature* 和 *Science* 连续发表了一系列文章[29, 30]。

哺乳动物的 *sir*2 是 *sir*1 是一个控制对环境响应复杂网络体系的重要成分。增加其表达可以调节对氧化应激的防卫和存活。对损伤和应激，细胞就要修复和自我保护，如果不能成功，细胞就会凋亡。大量研究表明衰老与增加应激诱导细胞凋亡速率相关。发现限食动物中 *sir*1 表达升高，细胞对应激的耐受力增大，不容易凋亡[30, 31]。

总结起来可以看出，适当食用天然抗氧化剂和限食同样可以减少自由基反应损伤，增加大鼠、小鼠、果蝇、线虫和细菌的寿命，抑制一些癌的发生和发展，提高细胞和体液的免疫响应，减缓淀粉样变性的发展和自身免疫疾病，减少动脉粥样硬化和神经系统的老化。这些研究结果也是对自由基衰老理论的有力支持。

12.1.3 自由基衰老理论遇到的挑战

尽管大量研究表明，各种营养中自由基清除剂(抗氧化剂)在包括酵母、线虫、果蝇、小鼠和大鼠及猴子中显示出可延长寿命，但是在临床试验中则很难证明自由基清除剂(抗氧化剂)可以增加人类的寿命。而且最近连续发表的一些文章表明，几个促进长寿的干预可以通过线粒体氧消耗的活化，增加形成 ROS。这些作为信号分子的活性氧(ROS)施加对下游的影响，产生一种适应性反应的内源性防御机制，最终导致提高抗应激能力和长寿。甚至发现补充抗氧化剂抑制了这些活性氧信号，干扰了限制热量和体育锻炼促进健康和寿命延长的能力。这些结果就对 Harman 博士的自由基衰老理论提出质疑。2011 年《自由基生物学和医学》(*Free Radical Biology & Medicine*)杂志发表了一篇题为《增加氧化应激延长寿命》(*Extending Life Span By Increasing Oxidative Stress*)的综述文章，收集了大量实验结果，明确提出 ROS 作为重要的信号分子，能够促进新陈代谢并增加健康和长寿[32]，这就是对 Harman 博士的自由基衰老理论提出的最明确的挑战。

1) 线粒体活性增加有益延缓寿命也产生 ROS

线粒体是提供能源的细胞器，线粒体的氧化磷酸化生成 ATP 比葡萄糖的非氧化性代谢更有效。1mol 的葡萄糖分解只能产生 4mol ATP，而氧化代谢可产生 30mol ATP。但线粒体氧化磷酸化的副产品也产生 ROS。因此，作为细胞能量的主要生产者及潜在的有害活性氧的来源，线粒体同时发挥着生理和病理的核心作用。热量/葡萄糖限制(CR)导致营养提供能量的减少，短期能量逆差诱导线粒体活性增加抵消能量消耗。有些药物治疗和体育锻炼能够提高寿命，诱导了线粒体活性增加。参与线粒体代谢活化机制的一些关键细胞调节剂，包括沉默调节蛋白(SIR2)和 AMPK，这些蛋白质的活化能增加线粒体活性。研究这些线粒体活性与寿命延长表明，氧化代谢似乎更有益延缓衰老和预防衰老相关疾病的发生[33, 34]。

代谢率增高是延长寿命的主要决定因素，线粒体是细胞产生活性氧的主要来源，随代谢率增高也会增加活性氧形成，延伸到线粒体自由基理论，就与衰老的自由基理论出现了矛盾[35]。近年来许多研究结果表明，ROS 是促进新陈代谢的健康和长寿的细胞信号，作为必需的信号分子从线粒体到其他细胞器传送信息，响应于生理或病理生理改变[36]。此外，年龄增加氧化性损伤的增加，被认为是对老化的内源性 ROS 信号产生不足造成的结果。

2) 临床研究无法证明抗氧化剂对延缓衰老有益

如前面讨论，对能够清除自由基的抗氧化剂进行了广泛的研究，相当数量在各种生物研究结果表明，减少氧化应激与预期寿命[37~51]延长有关，因此，降低活性氧干预措施被广泛提出用于人类抗衰老的策略。与一些低等生物试验结果不同，一些临床干预研究无法证明抗氧化剂对健康有益，还有的报告甚至认为，抗氧化剂可以促进癌细胞的生长[52~57]。但仔细分析引用的文献就发现，大部分来自关于抗氧化剂对一些老年相关疾病的临床试验，所用的抗氧化剂只局限于维生素 C 和维生素 E 及胡萝卜素，并没有直接作关于抗氧化剂对衰老的延缓作用的研究，而只是研究关于抗氧化剂对一些慢性疾病的作用，而且，与形成这些疾病的漫长时间相比，临床试验的时间很短，难以得到可靠的结果。

3) 适当增加应激活性氧干预有益延缓寿命

线虫暴露于高压条件导致应激抵抗和预期寿命延长，而这种情况会增加线粒体活性氧的形成。最近还有低温能延长小鼠和线虫寿命也导致线粒体 ROS 产生增加。另外，限制热量(CR)诱导低水平的应激导致同样的自适应过程，如增加胁迫抗性延长寿命[58]。

这些发现暗示所谓的适应性反应过程可以解释为增加活性氧的形成有利健康和寿命的延长。如 CR 处理啮齿动物升高抗氧化防御能力，限制葡萄糖延长酵母寿命伴随着 ROS 的产生减少，而呼吸作用增强。另外，与这些数据冲突，也有人报道，在相同的模式生物上相同的介入增加了活性氧的产生和呼吸，抗氧化酶活性的提升增加呼吸和提高了活性氧的形成，并诱导长寿调节防御机制[59~62]。大量运用各种模式生物研究都无法找到证据支持降低活性氧有益于长寿，同时，也不是提高抗氧化能力就能延长寿命。此外，在神经保护研究领域中，类似的毒物兴奋结果与 CR 处理啮齿动物结果类似。线粒体重要的抗氧化防御 NADH 激酶的枯竭，能使寿命延长和 DNA 稳定。非常低的碳水化合物膳食受试者(即生酮饮食)能够改善活性氧的防御能力，证明是由于提高了氧化代谢[63~70]。

脱氧葡萄糖(2-deoxyglucose，DOG)是一种合成的葡萄糖类似物，能以竞争的方式抑制糖酵解，因为它转化成脱氧葡萄糖 6-磷酸后，将无法进一步代谢，可以模仿生酮饮食(非常低的碳水化合物饮食)及在啮齿动物中作为 CR 代谢标志物应用。因此，人们普遍认为 DOG 代表了一个模拟 CR 的化合物[71]。为了证明这一假设，用糖酵解抑制剂 DOG 处理线虫，导致葡萄糖降低和呼吸代偿性增加，以及耗氧量和活性氧形成的增加，随之诱导抗氧化酶活性增加，最终导致寿命延长。最重要的是，利用各种抗氧化剂同时处理可以彻底消除 DOG 延长寿命的效果，表明增加活性氧形成是 CR 处理促进线虫长寿所必需的[57]。

内源性产生的活性氧不仅引起 ROS 保护酶增加，还能增加超出活性氧损伤的二相保护酶活性增加。所有这些发现提供了这一假说的间接证据，即活性氧的产生和随后的诱导活性氧对长寿是至关重要的贡献者[57~60, 72~73]。葡萄糖限制导致伴随着产生温和的氧化应激(图 12-1)，增加呼吸引起活性氧形成和线粒体活性。ROS 信号诱导下游过程(激活特定氧化应激敏感的 MAP 激酶级联反应和氧化还原敏感性转录因子)，最终导致整体适应性反应，通过抗氧化能力最终改善寿命。用抗氧化剂同时处理能抑制活性氧信号转导和防止适应性反应，消除葡萄糖限制介导延寿效果。

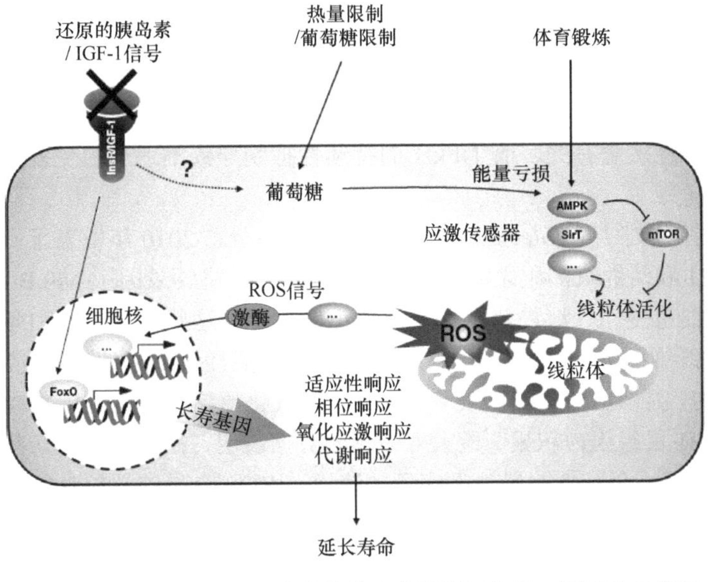

图 12-1 延长寿命的干预在线粒体产生活性氧信号，激活长寿基因

热量/葡萄糖限制和体育锻炼，这些干预措施能够在各种模式生物中延长寿命，但也增加了线粒体代谢和线粒体活化。这种激活促进形成线粒体活性氧信号，导致在细胞核中一种适应性反应(相位响应、氧化应激响应、代谢响应)，促进长寿。这可能与受损的还原胰岛素/ IGF-1 信号存在联系，但仍有待实验证明

因此，干预诱导线粒体功能有希望用到调节预期寿命上。适度的体力活动有益健康，被认为会导致感应线粒体代谢和活性氧的产生[74, 75]。此外，如果受试者同时接受物理锻炼和补充抗氧化剂[76, 77]，促进健康的效果就会减小。

综上所述，总结收集和讨论的数据支持 CR、葡萄糖限制、适度体力活动，在某种程度上可能影响衰老的过程，能够增强线粒体活性，并随后增加活性氧形成，最终导致一

种适应性反应(增加防御机制和改进的抗应激能力)，达到提高代谢、增进健康和延长寿命。

长期的生活经验和科学研究结果都显示，人们食用新鲜蔬菜和水果有益健康，这也支持衰老的自由基理论。近来，诺贝尔生物奖获得者，80多岁的美国遗传学家、分子生物学家詹姆斯·沃森(James Watson)2013年在《开放生物学》上发表的《氧化剂、抗氧化剂及肿瘤的不可治》声称，“蓝莓、花椰菜等都无法预防癌症，甚至会增加致癌风险，抗氧化剂不延寿反致癌”，引起人们广泛关注和报道。如果他的说法是对的话，这就完全颠覆了人们希望通过食用新鲜蔬菜和水果或者抗氧化剂达到防癌、预防疾病和延缓衰老的日常思维。当然也是对衰老自由基理论最直接的挑战[78]。紧接着2014年，这位诺贝尔奖获得者，又在 *The Lancet* 上发表的《2型糖尿病是一个氧化还原疾病》再次重申了以上观点。当然也是对衰老自由基理论更严重的挑战[79]。这里作者不对老先生的“极端观点”进行详细讨论和评论。但作者必须根据近年来科学实验的一些新发现，对“自由基衰老理论”进行认真的思考，有必要根据新的研究成果，加以修正和扩展。

12.1.4 慢性炎症产生 ROS 诱导衰老

慢性炎症与产生活性氧自由基和诱导肿瘤已经被很多实验证实[80~83]。慢性炎症与正常和病理性衰老是否有关，如果有关，那么慢性炎症产生的活性氧自由基是阻止还是促进衰老呢？近期有几篇这方面的报道，都明确得出结论，慢性炎症产生的活性氧自由基是促进衰老而不是阻止衰老。NFκB 是受多种细胞内和细胞外刺激的细胞因子，如氧化剂、自由基、紫外线照射、细菌性或病毒性产物活化的转录因子。NFκB 不适当的活化已经与许多炎症性疾病有关，而 NFκB 的持续性抑制导致不适当的免疫细胞发育或延迟细胞生长[84]。

《分子系统生物学》(*Molecular Systemic Biology*)杂志2010年发表了一篇题目为《细胞衰老需要p21和活性氧产生之间的反馈》的文章[85]。将转录因子 NFκB 的 NFκB1 亚基基因敲除引起细胞慢性、渐进低度炎症导致小鼠早衰。这些小鼠的肝和肠减少了再生。NFκB1 敲除成纤维细胞，因为通过 NFκB、COX-2 和活性氧增强的自分泌和旁分泌反馈，稳定 DNA 损伤，显示出增加细胞衰老。抗炎或抗氧化治疗能够阻断端粒功能失调性衰老在细胞和 NFκB1 鼠组织内积累。最大寿命预测数据表明，在不存在任何其他基因或环境因素干扰的情况下，全身性的慢性炎症可加速通过 ROS 介导的端粒功能紊乱和细胞衰老的老化作用。衰老细胞激活产生过量活性氧(ROS)和分泌生物活性物质，促炎性肽。

《自然通讯》(*Nature Communication*)杂志2014年又发表一篇题目为《慢性炎症诱导端粒功能失调和加速小鼠衰老》的文章[86]。文章研究了与衰老相关的 ROS 和 NFκB 驱动促炎性细胞因子，尤其是 IL-6 和 IL-8，促进稳定肿瘤基因-正反馈循环应激诱导的衰老。慢性低度炎症增加 ROS 介导的 DNA 损伤可能提高端粒功能障碍，从而加速衰老细胞的积累，导致“恶性循环”，细胞衰老又加重慢性炎症，限制组织再生和加速老化(图12-2)。抗炎或抗氧化处理，特异抑制环加氧酶 COX-2，挽救端粒功能紊乱、细胞衰老和组织再生的潜力。其结果表明慢性炎症至少部分地以细胞自主方式加速通过依赖 COX-2 产生过多 ROS 加速老化。有趣的是，仅诱导衰老(图12-3)之后，发现促炎症表型 NFκb1/细胞分泌细胞因子、COX-2 表达和产生活性氧。

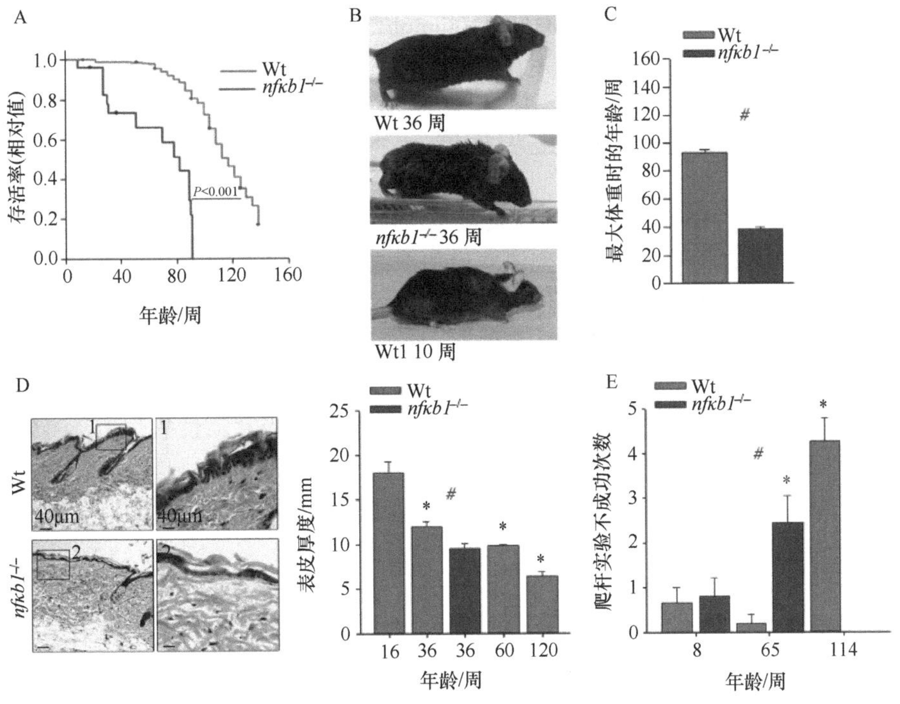

图 12-2 *nfκb1* 敲除加剧老鼠早衰

A. *nfκb1* 敲除(*nfκb1*$^{-/-}$)和野生型(Wt)鼠 Kaplan-Meier 生存曲线；B. *nfκb1* 敲除和野生型鼠在指定的年龄呈现的形态，*nfκb1* 敲除鼠表现出过早花白毛发和杂乱的皮毛；C. *nfκb1* 敲除和野生型鼠最大体重时年龄(野生型 *n*=56，*nfκb1* 敲除 *n*=8，#. 相对 Wt，*P*<0.05)；D. 36 周龄的动物皮肤切片，H&E 染色，平均表皮厚度在指定的年龄段是显示在右侧(#. 相对 Wt，*P*<0.05；*. 相对 16 周，*P*<0.05)；E. 在 60s 内爬杆实验不成功的次数(每组 6~10 只鼠)。存活率是指最大体重时的年龄(周)(#. 相对 Wt，*P*<0.05；*. 相对 8 周，*P*<0.05)

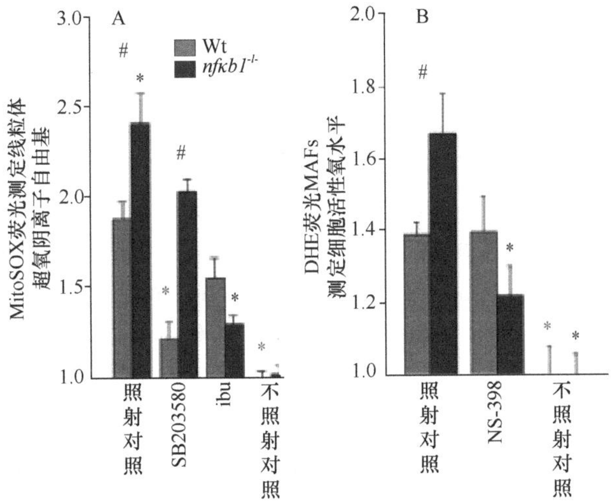

图 12-3 IR 照射 *nfκb1* 敲除加剧了成年鼠耳成纤维细胞(mouse adult ear fibroblast，MAF)衰老活性氧自由基产生

A. 10Gy IR 照射(或不照射)和 p38 抑制剂 SB203580(10mmol/L)或布洛芬(0.2mmol/L)处理或不处理 MAF 3 天后由 MitoSOX 荧光测定线粒体超氧阴离子自由基；B. 10Gy IR 照射(或不照射)和 COX-2 特异抑制剂 NS-398 处理或不处理 MAF 细胞活性氧水平(DHE 表示荧光强度)；#. 相对 wt，*P*<0.05；*. 相对对照 *P*<0.05

IR 照射明显增加 MAF 细胞产生的活性氧水平，COX-2 特异抑制剂 NS-398 处理明显抑制 MAF 细胞活性氧水平(图 12-3A)；IR 照射明显增加 MAF 细胞产生的线粒体超氧

阴离子自由基，p38 抑制剂 SB203580(10mmol/L)或布洛芬(0.2mmol/L)处理明显抑制 MAFs3 细胞线粒体超氧阴离子自由基(图 12-3B)。

12.1.5 自由基衰老理论的修正和扩展

在过去 60 年里，Harman 博士首次提出了“自由基衰老理论”受到相当重视和研究，但由于受当时知识的局限，不知道代谢率增加导致更多的活性氧形成的事实，对活性氧作为信号分子及其对衰老的影响的作用也不能理解。现在研究表明，衰老是一个复杂的多因素造成的结果，有不计其数通路的介入。研究活性氧自由基对脂质、蛋白质和 DNA 的氧化应激和老化过程作用的文章每年几乎以指数增加，现在对衰老的生命过程的机制的研究已经取得了长足的进步。总结以上氧自由基导致衰老和活性氧作为延寿信号两方面的研究结果，人们应当对氧自由基理论进行修正和扩展。

A. 氧自由基在衰老和抗衰老过程既有损伤作用，又具有信号功能，与其产生的条件、速度和浓度有关。

B. 以温和方式产生的低剂量的 ROS 作为信号分子，对健康和延寿发挥着有益的效果，而高速度产生的较高剂量的 ROS 无疑对健康和延寿是有害的，是引起衰老的一个重要因素。

C. 维持体内氧化/抗氧化的平衡可以延长寿命和推迟衰老。

12.2 一氧化氮合酶(NOS)在衰老中的作用

与氧自由基及 ROS 与衰老关系的研究相比，NO 及活性氮(RNS)在衰老中的研究晚了很多，最近，这方面的研究多了起来[87]。因为一氧化氮作为细胞信号转导、血管扩张和免疫应答等作用研究比较多，所以，活性氮在衰老中的作用从一开始就有延缓衰老和导致衰老两方面的研究和报道，下面就这两方面的研究和报道进行讨论。

NO 产生主要来自 3 种不同亚型合酶：nNOS 或 NOS-1，iNOS 或 NOS-2 和 eNOS 或 NOS-3。产生 NO 的量和速度及持续时间也各不相同，因而其对衰老的作用也是不同的。因为 NO 是中枢神经系统的重要神经递质，nNOS 也负责调节神经系统组织中神经元突触传递。老化过程在大脑的特征是 nNOS 活性降低损失了神经元，从而导致存储器和学习能力的降低。检查 2~24 月龄大鼠离体小脑 nNOS 变化，发现 6 月龄大鼠有增加 NOS 的活性，而 12 个月大鼠 nNOS 水平有所降低，24 个月进一步降低[88]，显示脑区 nNOS 表达和老化过程之间的相关性，这种活性降低也可以归因于脑组织中细胞数的减少。

诱导型一氧化氮合酶 iNOS 在炎症和退行型疾病过程表达和活性明显增加，以极高的速率产生高浓度 NO，并且常常伴随着活性氧的产生，已经明确证明其是导致衰老的因素[87]。

与神经型和诱导型一氧化氮合酶不同，在各种哺乳动物细胞中，eNOS 生成的 NO 增加线粒体生物发生和通过第二信使环磷酸鸟苷(cGMP)作用增强呼吸和 ATP 含量。CR 处理小鼠比随意饲喂小鼠 eNOS 表达较高，并伴随着较高浓度的 cGMP，在白色脂肪和其他几个组织中硝酸盐和亚硝酸盐及血浆 cGMP 也增高[89]。线粒体 mtNOS 诱导线粒体细胞色素 c 的释放和增强脂质过氧化(LPO)，反过来，可能介导 Ca^{2+}诱导细胞凋亡，与诱导衰老关系也比较密切。

12.3 一氧化氮通过活性氮(RNS)硝基化蛋白质诱导衰老

NO 本身不能使蛋白质硝基化，然而能够形成对蛋白功能和对整个机体功能产生损伤的其他活性中间体活性氮(RNS)，例如，与 O_2^-·反应产生一个非常活泼的氧化剂，过氧化亚硝基($ONOO^-$)可以使蛋白质硝基化。活性氮可以触发硝基化反应损伤生物分子，导致蛋白质结构改变，抑制酶活性，甚至调节和干扰整个机体的功能，导致衰老和与年龄有关的疾病。这里主要讨论在衰老中起着重要作用的蛋白质硝基化及其机制。$ONOO^-$与含酪氨酸的蛋白质反应，形成 3-硝基-酪氨酸(图 12-4)。除了 $ONOO^-$，其他化学反应可以产生特定的活性氮，也能生成 3-硝基-酪氨酸，例如，由次氯酸($HClO_2$)和亚硝酸盐(NO_2^-)反应所形成气体二氧化氮自由基(NO_2·)。这些非常活泼的氧化剂能够氧化酪氨酸。此外，NO_2^-在生理或病理水平是过氧化物酶和乳过氧化物酶的底物，通过过氧化物酶催化氧化形成 NO_2·，提供了额外增加 NO 产生相关细胞毒性形成 3-硝基-酪氨酸的一个替代途径。

受体分子酪氨酸残基修饰将削弱其信号通路，例如，一个特定酪氨酸残基的硝基化修饰，会损害磷酸化调节机制，因为磷酸化和去磷酸化之间的循环形成酪氨酸，硝基化的酪氨酸残基防止这些残基被蛋白酪氨酸激酶磷酸化，酪氨酸残基硝基化是一个不可逆过程，这样就把酶锁定在一个相对无活性形式。硝基化对神经传导、血管扩张和免疫学效果影响很大，可能引起 NO 介导的血管内皮舒张不足，对血压和性功能有直接影响。

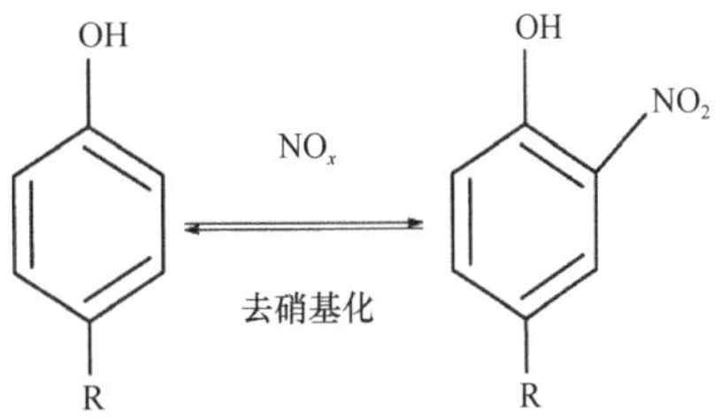

图 12-4 RNS 与含酪氨酸残基蛋白质反应形成 3-硝基-酪氨酸

活性氮在生物衰老中的作用是非常重要的，并且需要很多的研究，才能更好地理解活性氮随着年龄增加发挥什么作用和采用什么措施可以抑制或逆转老化过程。在一项从 29 个 16~92 岁受试者分离的骨骼肌线粒体研究中发现，状态 3(激活)线粒体呼吸速率和年龄之间是负相关的，检测肌肉匀浆呼吸酶活性也有所下降。老化肌肉线粒体氧化能力大幅下降，可能是老年人运动能力降低所致。然而，没有 ATP 生成减少的直接证据，NO 自由基的作用也没有测试[82]。其他研究发现老龄动物骨骼肌和肝脏有非常类似的功能下降，NO 自由基和一些中间体和/或副产物可促进细胞凋亡[90]。

如前面提到的，人们对老化过程氧化损伤细胞机制还知之甚少。在生物分子氧化损伤导致蛋白质结构改变，抑制酶活性，干扰调节功能，与年龄相关的疾病有直接关系。细胞内蛋白质硝基化在信号转导和细胞毒性及防御机制是老化中的直接机制之一。在各种疾病状态，如心血管疾病及神经退行性疾病都检测到了 3-硝基-酪氨酸。

一般情况下，在组织中氧化或硝基化蛋白反映蛋白质氧化和清除的相对速度之间的平衡。例如，胶原蛋白周转得非常慢，因此积累较多氧化和硝基化损伤产物。肌肉蛋白质周转和修复也相对缓慢，氧化和硝基化蛋白质可能积聚在肌肉组织中。相比年轻机体，活性氧和活性氮对老年机体的损伤可能具有更关键的作用，因为它可能增加蛋白质破坏的速率。蛋白水解负责降解氧化蛋白，有效去除氧化蛋白质的几种蛋白水解酶随年龄而下降，导致蛋白质羰基化的积累。在体内胰凝乳蛋白酶负责降解酪氨酸羟化酶硝基化的蛋白质，研究发现蛋白质硝基化增强蛋白质被蛋白酶降解的敏感性，实验中使用 $ONOO^-$ 硝基化蛋白质，4h 后，蛋白质显著减少约 50%[91]。

热量限制能阻止衰老过程，一个假设的机制是，活性氧的减少可减弱蛋白质氧化，DNA 损伤和脂质过氧化。在老化过程，蛋白质氧化在多种人类和动物组织是增加的。测定幼年、青年和老年大(小)鼠(图 12-5)的肝匀浆发现，3-硝基-酪氨酸水平随着年龄增长在老年小鼠和大鼠的肝脏是增加的。另外，限制热量小鼠降低了 3-硝基-酪氨酸水平。用同位素-气相色谱-质谱测定表明，活性氮氧化蛋白增加了老年大鼠肝脏中硝基-酪氨酸，这表明生物衰老过程中活性氮对蛋白质的破坏[92]。另一项研究表明，限制热量能降低老龄灵长类动物骨骼肌氧化性损伤，而且硝基化损伤产生的 3-硝基-酪氨酸随年龄依赖性地积聚减少[93]。

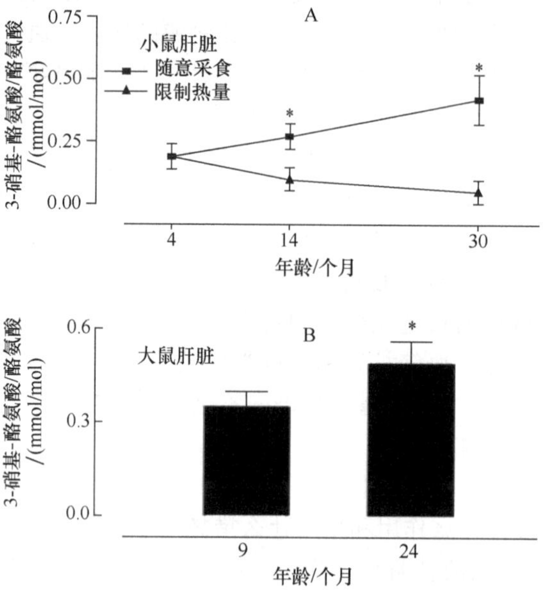

图 12-5　热量限制(CR)饮食对幼年、中年和老年鼠肝脏中 3-硝基-酪氨酸的含量的影响

A. 小鼠自由和热量限制采食，分别于 4 个月、14 个月和 30 个月处死测量肝脏中 3-硝基-酪氨酸的含量，*与随意采食年龄相比，$P<0.001$；B. 大鼠自由和热量限制采食，分别于 9 个月和 24 个月处死测定测量肝脏中 3-硝基-酪氨酸的含量，*与 9 月龄相比，$P<0.001$

研究还发现，RNS 在老化骨骼肌中也对亚细胞修饰，从大鼠骨骼肌分离肌质网囊泡钙-ATP 酶的一个同工酶随年龄增长而增加了硝基化水平，幼年和老年鼠钙-ATP 酶分别含 1 个和 4 个硝基酪氨酸残基[94]。这表明，某些钙-ATP 酶是被活性氮选择性地修饰了。随年龄增加 NO 和/或超氧化物的产生，可能成为损伤线粒体呼吸酶和细胞的重要因素。

12.4　一氧化氮抗衰老

NO 抗衰老的研究有整体动物和人群试验，也有模式动物和分子水平的，这些研究结果明确表明，NO 在抗衰老过程发挥着重要作用。

12.4.1 一氧化氮通过缓解应激压力抗衰老

一项测试 500 个年龄在 17~21 岁的医学院学生在休息和考试前的应激反应能力、生理年龄、血压、代谢产生分泌到肺泡中的 NO，连续测量 10 年(1995~2004 年)，结果发现，在增加应激反应或者考试应激时，人体产生的 NO 明显减少，男青年中生理年龄与分泌的 NO 显著负相关[95]。根据应激衰老理论，测试结果表明，NO 是一个抗衰老分子。

12.4.2 一氧化氮在限食延缓寿命中的作用

热量限制能够延长生物的寿命已经得到证实。一个热量限制试验结果表明，热量限制 3 个月或 12 个月诱导雄性小鼠多种组织血管内 eNOS 的表达升高和 3′,5′-环磷酸鸟苷的形成增加，伴随着线粒体生物合成、耗氧量和三磷酸腺苷生成增加，sirtuin 1 表达增强，而 eNOS 突变小鼠就看不到这些结果。这说明，NO 在热量限制诱导哺乳动物延长寿命过程中发挥着重要作用[96]。另外还发现，8 周龄的雄性小鼠采用 CR 饮食(提供隔日食品)3 个月或 12 个月，与随意饲喂动物相比，CR 小鼠消耗 30%~40%热量，体重较轻，寿命延长。3 个月 CR 小鼠与随意饲喂相比，脑、心脏、肝脏和白色脂肪组织中线粒体 mtDNA 的过氧化物酶，细胞色素 c 氧化酶(COX-Ⅳ)和细胞色素 c(参与细胞呼吸)表达都较高。为了确认 CR 增加线粒体功能，分离白色脂肪组织，与随意饲喂相比，CR 耗氧量及线粒体融合过程代谢参数升高，增加了三磷酸腺苷(ATP)的合成。CR 处理小鼠 3 个月，在白色脂肪组织 ATP 浓度为(0.025±0.001)nmol/mg，随意饲喂小鼠为(0.018±0.002)nmol/L/mg 组织($P<0.001$)，在 CR 处理 12 个月的小鼠获得类似的结果。这说明，CR 处理不仅在早期对寿命有延长起作用，而且有持续性效果。

12.4.3 一氧化氮对抗氧化应激和热应激引起的线虫寿命缩短

线虫作为研究衰老的模型，具有得天独厚的优势，一是寿命短，大约为 20 天，不需要很长时间，可以节约大量研究费用和时间；二是基因组清楚，容易做突变和敲除等分子操作，得到各种需要的模型研究，如热敏感型的，升高温度，其寿命就会进一步缩短；三是与衰老相关基因和信号通路都得到了比较系统的研究，很容易说明机制(图 12-6)。因此，目前线虫作为衰老的研究模型被世界各国不同实验室广泛使用着。

Gusarov 等于 2013 年在《细胞》(*Cell*)杂志发表一篇文章，他们研究发现 NO 能对抗氧化应激和热应激引起的线虫寿命缩短[97]。在实验室，线虫一般是以大肠杆菌作为食物喂养的。线虫和大肠杆菌都缺乏 NOS，因此不能利用 L-精氨酸产生 NO。在自然界，线虫以杂菌作为食物，在这些杂菌中不乏含有 NOS 的，如枯草杆菌含有 NOS，在天然环境下线虫以枯草杆菌为食物，能利用 L-精氨酸产生的 NO，为线虫提供发挥生物功能的 NO。

他们在实验室利用 NO 供体可以使缺乏 NOS 大肠杆菌喂食的线虫寿命延长。将 NOS 的基因转入缺乏 NOS 的大肠杆菌喂食线虫，其体内产生的 NO 增加了近 10 倍，也可以使缺乏 NOS 的大肠杆菌喂食的线虫寿命大约延长 14.74%(图 12-7A)。相反，如果以葡

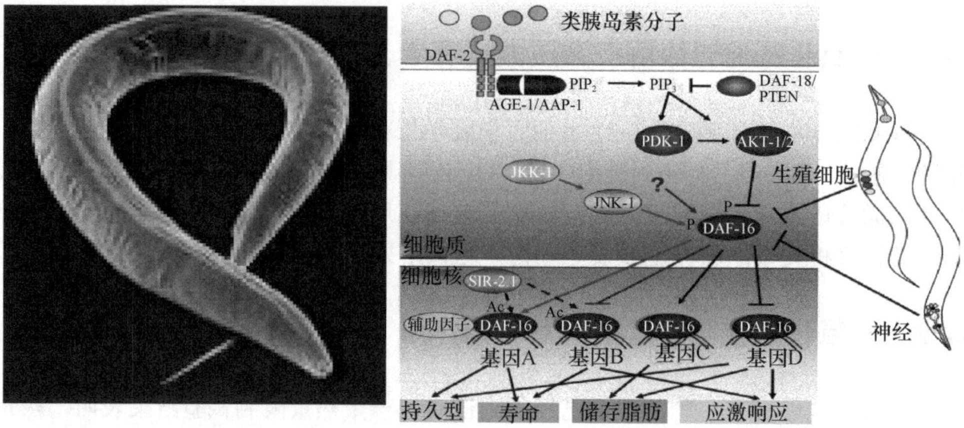

图 12-6　线虫作为衰老的研究模型和相关基因示意图

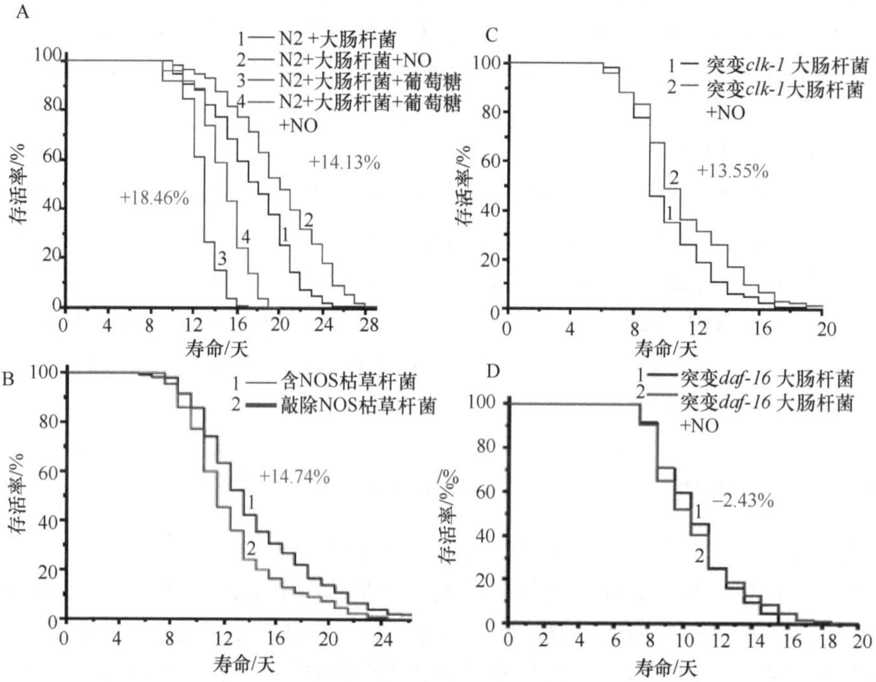

图 12-7　NO 延长线虫寿命及对相关基因的依赖关系

A. NO 供体可以使缺乏 NOS 的大肠杆菌喂食的线虫寿命延长；B. 以含有 NOS 枯草杆菌(含 0.5mmol/L 精氨酸)为食物可以使缺乏 NOS 的大肠杆菌喂食的线虫寿命延长；C. NO 供体仍然可以使喂食大肠杆菌的突变了 *clk-1* 线虫的寿命延长；D. NO 供体不能使喂食大肠杆菌的突变了 *daf-16* 线虫的寿命延长

萄糖喂食线虫可以使缺乏 NOS 的大肠杆菌喂食的线虫寿命大约减少 18.46%，若给葡萄糖喂食的线虫补充 NO 供体，则可以使缩短了寿命的线虫的寿命有所回升(14.13%)(图 12-7A)。以含有 NOS 的枯草杆菌为食物也可以使缺乏 NOS 的线虫寿命大约延长 14.74%(图 12-7B)。他们证明线虫体内产生的 NO 还活化了鸟苷酸环化酶，也说明含有 NOS 的枯草杆菌为食物可以使缺乏 NOS 的线虫寿命延长是由于体内产生的 NO 自由基发挥了作用。

为了研究这一过程是否还依赖其他基因，他们把线虫的 *daf-16* 基因敲除，用 NO 供体或者含有 NOS 枯草杆菌为食物喂养这种突变了 *daf-16* 基因的线虫，结果发现都不能使其寿命延长(图 12-7D)。这说明，NO 使线虫寿命的延长是依赖 *daf-16* 基因的。延长线虫寿命除了对 *daf-16* 依赖外，为了研究是否还依赖其他基因，他们把线虫的热休克蛋白基因(*hsf-1)*敲除，用供体或者含有 NOS 枯草杆菌为食物喂养这种突变了 *hsf-1* 基因线虫，结果发现也都不能使其寿命延长。这说明，使线虫寿命的延长也是依赖 *hsf-1* 基因的。延长线虫寿命除了对 *hsf-1* 和 *daf-16* 基因依赖外，为了研究是否还依赖其他基因，他们把线虫的 *clk-1* 基因敲除，用供体或者含有 NOS 枯草杆菌为食物喂养这种突变了 *clk-1* 基因线虫，结果发现仍然能使其寿命延长。这说明，使线虫寿命的延长是不依赖 *clk-1* 基因的(图 12-7C)。

另外他们使用能够表达 SOD 的线虫 CF1553(sod-3::GFP)发现，*sod-3* 参与调节 *daf-16* 基因和线虫的寿命。

为了研究在热应激条件下对线虫寿命的影响，把培养温度分别提高到 32℃和 34℃，结果发现，在 32℃热应激条件下培养 3 天，喂食敲除 *NOS* 基因枯草杆菌线虫比喂食含 *NOS* 基因对枯草杆菌线虫寿命显著缩短(图 12-8A)。在 34℃热应激条件下培养 3 天，喂食敲除 *NOS* 基因枯草杆菌线虫比喂食含 *NOS* 基因对枯草杆菌线虫寿命更加显著缩短，培养 4 天比培养 3 天进一步显著缩短(图 12-8B)，这说明对线虫寿命的延长是受热应激影响的。

他们将 *NOS* 基因转入缺乏 *NOS* 的大肠杆菌，提高温度，不仅可以使线虫对热的耐受性有明显提高，而且可以使大肠杆菌体内热休克蛋白 HSF-1 显著升高(图 12-8C)。以含有 NOS 枯草杆菌作为食物喂食线虫，也可以使线虫体内热休克蛋白 HSF-1 升高，把

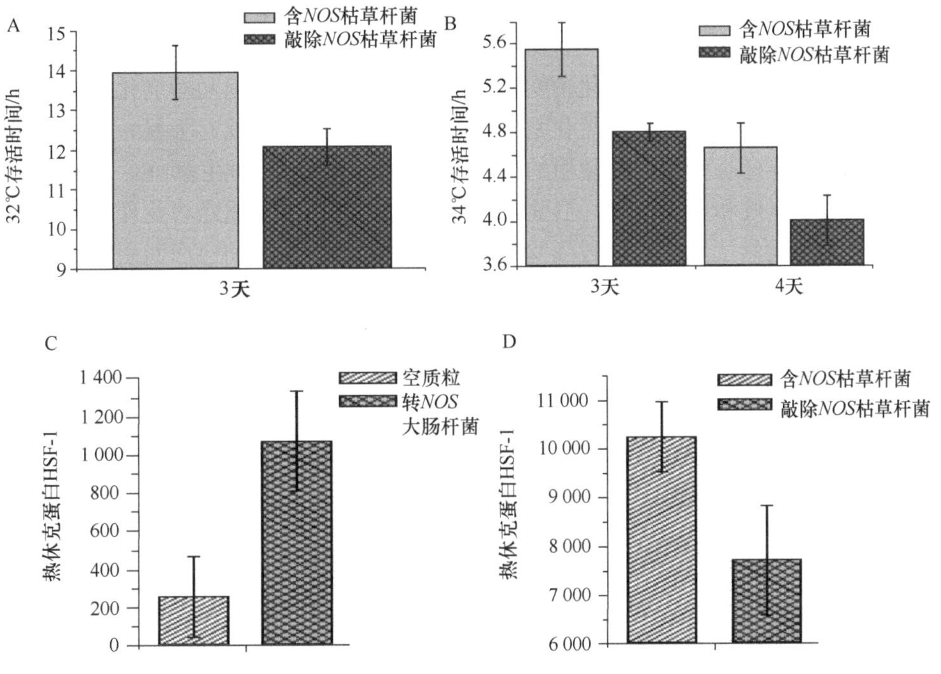

图 12-8　NO 在热应激条件下对线虫寿命和热休克蛋白 HSF-1 的影响

A. NO 对 32℃热应激条件下线虫寿命的影响；B. NO 对 34℃热应激条件下线虫寿命的影响；C. 喂食含 *NOS* 基因大肠杆菌对线虫体内热休克蛋白 HSF-1 的影响；D. 喂食含 *NOS* 基因枯草杆菌线虫和敲除 *NOS* 基因枯草杆菌对线虫体内热休克蛋白 HSF-1 的影响

NOS 敲除的枯草杆菌作为食物喂食线虫，就不能使线虫体内热休克蛋白 HSF-1 升高(图 12-8D)，这说明 NO 对线虫寿命的延长是受抗氧化酶影响的。

以上结果表明，NO 使线虫寿命的延长和提高热应激抵抗能力是通过提高热休克蛋白 HSF-1 和转录因子 *hsf-1* 和 *daf-16* 及 *SOD* 基因作用的结果，是通过调节内源抗氧化网络及衰老相关基因的表达来发挥抗衰老作用的。

12.5 天然抗氧化剂与一氧化氮协同作用对延缓衰老的意义和应用前景

NO 和天然抗氧化剂可以保护心脑血管健康，减少心脑血管疾病发生的危险，这本身就可以延缓衰老，因为心脑血管疾病对健康的危害极大，是导致死亡的重要原因。那么 NO 和天然抗氧化剂有没有可能协调延缓衰老呢？这是一个非常值得关注和研究的问题。利用线虫作为模型，作者研究了几种天然抗氧化剂，发现它们可以清除氧自由基，对抗氧化应激和热应激引起的线虫寿命缩短[98~100]，这与 Gusarov 等 2013 年在《细胞》(*Cell*)杂志发表的那篇文献(NO 也能对抗氧化应激和热应激引起的线虫寿命缩短)[90]有吻合之处。有意思的是，这两种研究在同一种模型上，分别使用 NO 和天然抗氧化剂得到了非常类似的结论，说明 NO 和天然抗氧化剂有可能在延缓衰老方面协同起来，为人类健康和抗衰老作出贡献。本节就 NO 和天然抗氧化剂对衰老影响的研究结果及其意义和应用前景进行讨论。

12.5.1 天然抗氧化剂对抗氧化应激和热应激引起线虫寿命的缩短

如前所述，很多人利用抗氧化剂实验对生物寿命的延长作用和对老化的推迟作用进行了研究，发现一定量的某些抗氧化剂对不同模型动物，如小鼠、大鼠、果蝇、线虫甚至链孢菌的寿命有延长作用，所使用的抗氧化剂有很多种，如维生素 E、山道奎、愈创木酸、二氮二环辛烷和胡萝卜素、白藜芦醇等[45~51]。在这一节重点讨论作者以线虫为模型，发现的几种天然抗氧化剂通过清除自由基，对抗氧化应激和热应激引起线虫寿命缩短的研究结果及其机制，与 NO 对抗氧化应激和热应激引起线虫寿命缩短的研究结果及其机制做一个对照，以找出二者协同延缓衰老的可能性。

作者以线虫为模型，先后研究了猫爪水提物及其成分之一奎尼酸、茶多酚和玉米多肽对线虫寿命的延长作用。实验结果表明这几种天然抗氧化剂可以通过清除自由基，对抗氧化应激和热应激引起的线虫寿命缩短，保持体内氧化和抗氧化平衡，提高线虫抵抗环境应激能力并延长其寿命，是具有巨大潜力的天然抗衰老成分[98~100]。

1) 猫爪水提物及其成分之一奎尼酸(QA)对线虫的抗衰老作用

猫爪(cat’s claw，*Una de Gato* 或者 *Uncaria tomentosa*)，是生长于南美热带雨林的一种药用植物，在传统医药中经常用于慢性炎症、胃肠疾病及癌症等的治疗。一般认为猫爪的有效成分是其次级代谢产物，如羟吲哚生物碱、奎诺酸苷、奎尼酸及原花青素。为了探索猫爪提取物延缓衰老的作用，作者以一种猫爪水提物(CC)及其成分之一奎尼酸(QA)为材料对其抗衰老效应做了较全面的研究。研究发现，CC 和 QA 在线虫中表现出多种抗衰老效应。在正常的培养条件下，CC 和 QA 分别可以延长野生秀丽线虫的寿命达 11.7% 和 14.7%左右。同时，CC 和 QA 还可以提高野生秀丽隐杆线虫在热应激及氧化应激条件下的抗性，寿命延长作用优于白藜芦醇。作者进而采用多种手段包括 RT-PCR 及检测绿色荧光蛋白的表达进一步研究了 CC 和 QA 延长寿命的机制。结果发现 CC 和 QA 可以直接清除活性氧、提高 GSH/GSSG 的比例，还可以上调 *sod-3*、*skn-1*、*hsp-16.2*、*daf-18*、*daf-16* 及 *sir-2.1* 等衰老相关基因的表达。作者的研究还发现，*daf-16* 在 CC 和 QA 的抗衰老效应中起着必不可少的作用[98]。

(1) 猫爪水提物 CC 及其成分之一奎尼酸(QA)在正常条件下对线虫的抗衰老作用

使用线虫作为模式动物进行抗衰老研究，寿命实验是最基本的也是最重要的。作者重复了 4 次实验，判断 CC 和 QA 是否具有延长线虫在正常生长条件下寿命的作用，每次实验都取得了类似的结果。结果显示，QA 以浓度依赖的方式延长线虫寿命(图 12-9)，在浓度 0.1mg/ml，QA 具有最佳的延长寿命的效果，可以延长野生型线虫的平均寿命达 14.7%(P<0.001)。CC 在各浓度也表现出浓度依赖性的作用方式，在浓度 0.01mg/ml，CC 具有最佳的延长寿命的效果，可以延长野生型秀丽隐杆线虫的平均寿命达 11.7%(P<0.001)。在各自的最佳浓度，CC 和 QA 分别能延长线虫的中位值寿命达 10%和 27.8%。同时用白藜芦醇在寿命实验中作为阳性对照，在相同的实验条件下，利用白藜芦醇处理线虫，结果发现可以延长野生型线虫的寿命达 12.1%，中位值寿命延长 15%(图 12-9)，和文献报道的数据 14%接近。根据作者研究的结果，QA 似乎比白藜芦醇具有更好的延长寿命的效果，因为两者在相同的实验条件下分别能够延长线虫的寿命达 14.7%和 12.1%，这是一个令人振奋的结果。

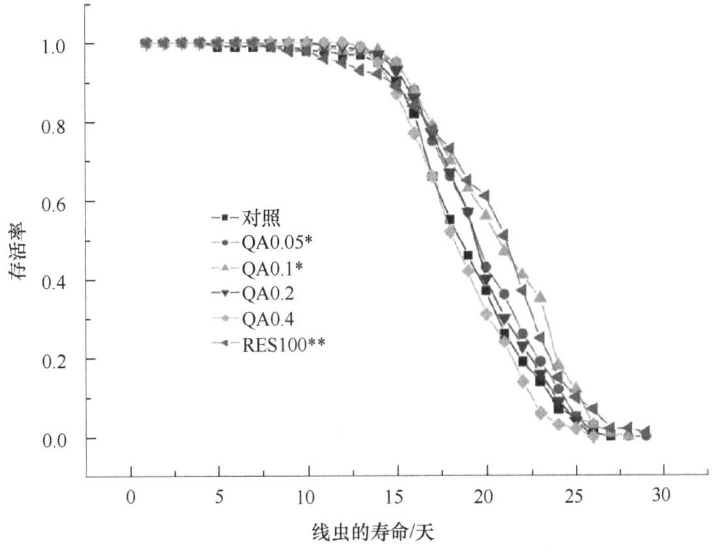

图 12-9　不同浓度奎尼酸(QA)和白藜芦醇(RES)在正常生长条件下对线虫寿命的延长作用

QA 0.05(0.05mg/ml)，QA 0.1(0.1mg/ml)，QA 0.2(0.2mg/ml)，QA 0.4(0.4mg/ml)，RES100(100mg/ml)处理线虫。与对照相比，*P<0.01，**P<0.001

(2) 猫爪水提物 CC 和奎尼酸(QA)在热应激条件下对线虫的抗衰老作用

在热应激实验中，用 35℃对线虫造成热应激，热应激前，加药处理组用 CC(0.01mg/ml)

或 QA(0.1mg/ml)预处理成虫后的线虫 48h，对照组不用药物处理。CC 和 QA 都可以显著提高线虫抵抗热应激能力。在 CC 处理组，线虫的平均存活时间和中位值存活时间分别被延长了 34.6% 和 33.3%(P=1.53×10^{-23})。而在 QA 处理组，秀丽隐杆线虫的平均存活时间和中位值存活时间分别被延长了 67.6% 和 66.7%(P=1.65×10^{-32})(图 12-10)。

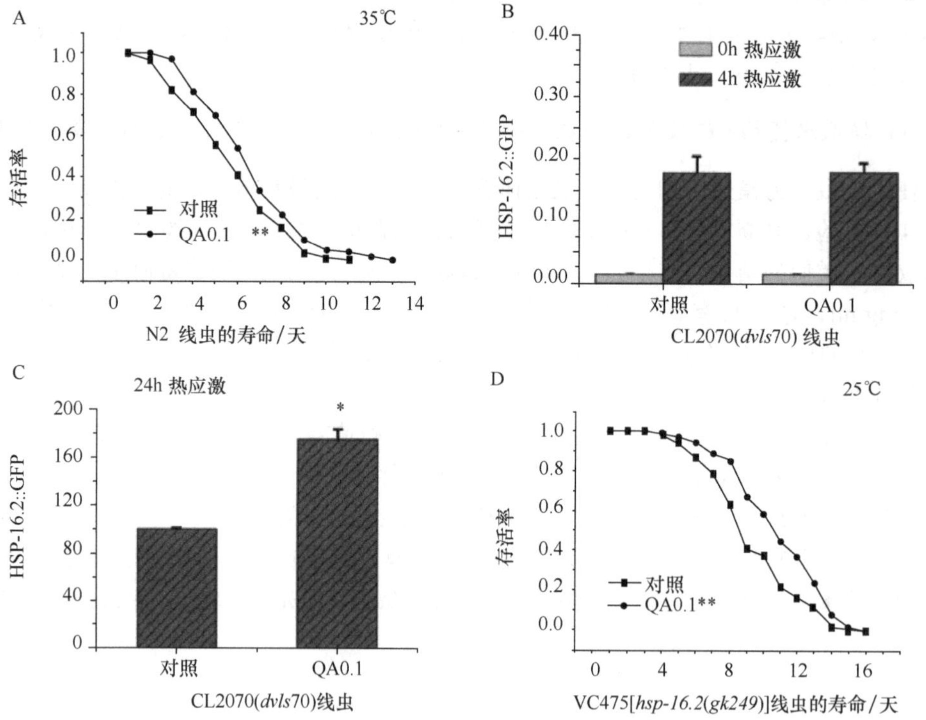

图 12-10　奎尼酸(QA)在热应激条件下对秀丽隐杆线虫存活时间和热休克蛋白 HSP-16 的影响

A. 在 35℃热应激条件下，与对照相比，QA(0.1mg/mL)能提高线虫的存活时间 17.8%；B. 在 35℃热应激 4h，用 QA(0.1mg/mL)处理组与对照组的 HSP-16 表达无差异；C. 热应激 24h，用 QA(0.1mg/mL)处理组与对照组的 HSP-16 表达有显著差异；D. QA 处理能够明显延长 VC475[*hsp-16.2*(*gk249*)] 线虫寿命大约 15.7%。与对照相比，* P <0.01

为了研究 CC 和 QA 对秀丽隐杆线虫延长热应激造成寿命缩短防护作用机制，采用标有绿荧光蛋白 HSP-16.2::GFP 的转基因线虫 CL2070(*dvls70*)检测热应激蛋白 HSP-16.2 的表达。在 35℃热应激条件下，与对照相比，QA(0.1mg/mL)能提高线虫的存活时间 17.8%(图 12-10A)；在 35℃热应激 4h，用 QA(0.1mg/mL)处理组与对照组的 HSP-16 蛋白表达无差异(图 12-8B)；热应激 24h，用 QA(0.1mg/mL)处理组与对照组的 HSP-16 表达有显著差异(图 12-10C)；QA 处理能够明显延长标有 *hsp-16.2* 突变线虫 VC475 [*hsp-16.2*(*gk249*)]寿命大约 15.7%(图 12-10D)。

(3) 猫爪水提物 CC 和奎尼酸(QA)在氧化应激条件下对线虫的抗衰老作用

在氧化应激实验中，我们用 500μmol/L 胡桃醌(juglone)对线虫造成氧化损伤。加药处理组用不同浓度 CC 和 QA 预处理成虫后的线虫 48h，对照组不用 CC 和 QA 处理。氧化应激实验结果显示，CC 和 QA 都可以显著提高线虫抵抗氧化应激能力。在 CC 处理组，线虫的平均存活时间和中位值存活时间分别被延长了 34.8%和 50%(P<0.001)。而在 QA

处理组，线虫的平均存活时间和中位值存活时间分别被延长了 45.1%和 100%(P<0.001)。这表明在氧化应激条件下，CC 和 QA 对线虫起到保护作用，延长了因为氧化应激造成缩短的寿命(图 12-11)。

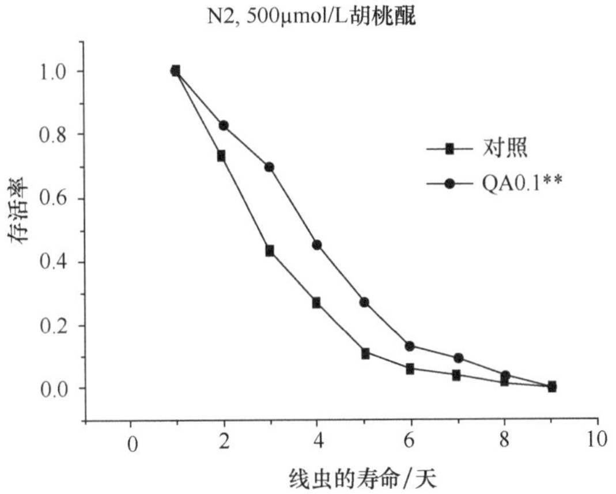

图 12-11　QA 在氧化应激情况下对 N2 线虫寿命的影响
QA 0.1(0.1mg/mL)，与对照相比，**P<0.001

(4) 猫爪水提物 CC 和奎尼酸(QA)在热应激及氧化应激条件对线虫的抗衰老作用机制

SOD-3 是重要的抗氧化酶，同时也是某些和衰老相关基因如 *daf-16* 的下游效应因子，所以 SOD-3 是调节线虫抗性和寿命的重要因子。为了探索 CC 和 QA 延长秀丽隐杆线虫寿命的机制，作者在蛋白质和 mRNA 水平分别检测了 CC 和 QA 处理对 *sod-3* 表达的影响。在蛋白质水平，使用转基因的突变株线虫 CF1588 和 CF1553。在 CF1588 中，*daf-2* 和 *daf-16* 被敲除，同时含有 SOD-3::GFP 绿色荧光蛋白标记。而在 CF1553 中，只含有 SOD-3::GFP 绿色荧光蛋白标记。在 CF1588 中，用 CC 或 QA 处理的实验组与对照组相比，SOD-3::GFP 只有微弱上调，但没有统计差异(图 12-12A)。而在 CF1553 中，CC 和 QA 分别能使 SOD-3::GFP 的表达上调 93.3%(和对照组相比，P<0.01)和 68.2%(和对照组相比，P<0.05)(图 12-12B)。所以，在 *daf-2* 和 *daf-16* 被敲除的情况下，CC 和 QA 不能显著上调 SOD-3::GFP 的表达，而在两者功能正常的线虫中，CC 和 QA 能显著上调 SOD-3::GFP 的表达。而 *daf-16* 是 *daf-2* 的下游靶基因，所以，可以认为 CC 和 QA 需要 *daf-16* 的存在来上调 SOD-3::GFP 的表达。结果发现，CC 和 QA 可以显著提高 *sod-3* 和 *daf-16* 的 mRNA 的水平(图 12-12C)。另外，CC 和 QA 对突变了 *daf-16* 的转基因线虫 CF1038 在 25℃的存活率没有影响(图 12-12D)。这些结果表明，CC 和 QA 以依赖于 *daf-16* 的方式上调 *sod-3* 基因的表达。

为了进一步探索 CC 和 QA 延长秀丽隐杆线虫寿命的机制，作者检测了它们对自由基的清除作用，结果发现它们能够直接清除黄嘌呤/黄嘌呤氧化酶产生的超氧自由基(图 12-13A)。CC 和 QA 能够增加线虫体内的抗氧化性，即 GSH/GSSG 比例，与对照组相比，QA(0.1mg/mL)处理能够增加线虫体内 GSH/GSSG 比例，达 34.9%(图 12-13B)。CC 和 QA 能够直接和间接清除氧自由基，QA(0.1mg/mL)能够明显抑制正常条件下线虫体内活性氧 ROS 达 35.7%(图 12-13C)，在氧化应激情况下(500μmol/L 胡桃醌)能够时间依赖地显著抑制线虫体内 ROS 水平(图 12-13D)。

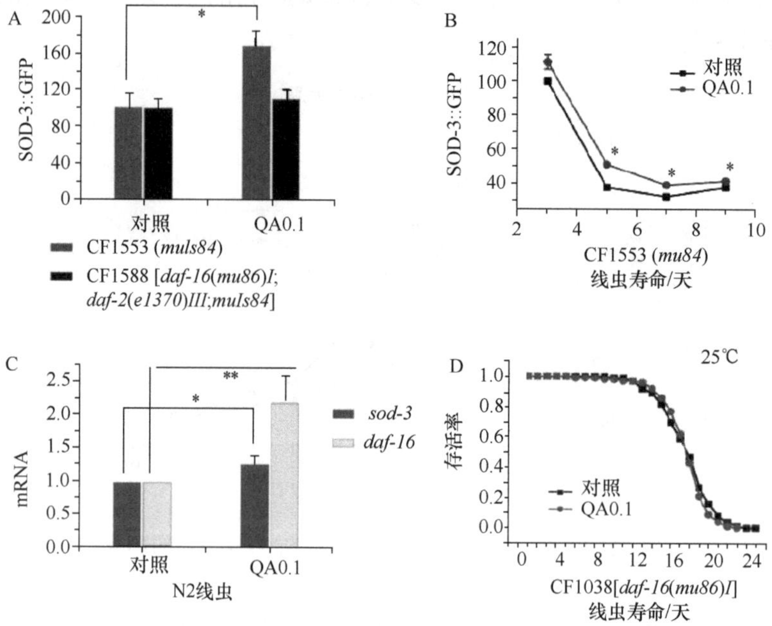

图 12-12　QA 对线虫 SOD-3 相关基因表达的影响

A. SOD-3::GFP 在转基因线虫 CF1588 和 CF1553 中的表达，QA(0.1mg/ml)；B. SOD-3::GFP 在转基因线虫 CF1553 的表达，QA(0.1mg/ml)；C. 在 N2 线虫 *sod-3* mRNA 水平；D. 转基因线虫 CF1038 在 25℃的存活率。与对照相比，$^{*}P<0.01$，$^{**}P<0.001$

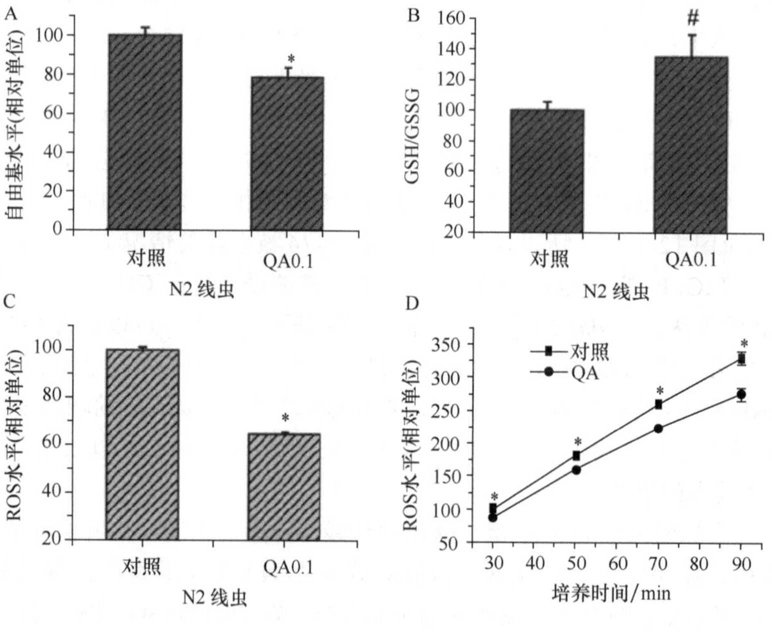

图 12-13　QA 能够直接和间接清除自由基

A. QA(0.1mg/mL)清除黄嘌呤/黄嘌呤氧化酶产生的超氧自由基；B. QA(0.1mg/mL)增加 N2 线虫体内(GSH/GSSG)水平；C. QA(0.1mg/mL)抑制正常条件下线虫体内活性氧 ROS；D. QA(0.1mg/mL)在氧化应激情况下(500μmol/L 胡桃醌)抑制线虫体内 ROS。与对照相比，$^{*}P<0.01$

以上结果表明天然抗氧化剂 CC 和 QA 对秀丽隐杆线虫表现出多种抗衰老效应，这种抗衰老效应是由于 CC 和 QA 可以直接清除活性氧自由基、提高 GSH/GSSG 的比例，还可以上调 *sod-3*、*hsp-16.2* 等衰老相关基因的表达，它们是通过调节内源抗氧化网络及衰老相关基因表达发挥作用的。

2) 茶多酚 EGCG 在环境应激条件下对秀丽隐杆线虫寿命的延长作用

茶多酚是茶叶中主要的天然抗氧化剂，是有益健康的主要物质。为了探索茶多酚延缓衰老的作用，作者以其中一种成分 EGCG 为材料对其在热应激及氧化应激条件下抗衰老效应做了深入研究。研究发现，EGCG 可以提高野生线虫在热应激及氧化应激条件下的抗性。EGCG 可以直接清除活性氧，还可以上调 *sod-3*、*skn-1*、*hsp-16.2*、*daf-18*、*daf-16* 及 *sir-2.1* 等衰老相关基因的表达[99]。

在氧化应激实验中，使用 500μmol/L 胡桃醌(juglone)对线虫造成氧化损伤。加药处理组用不同浓度的 EGCG 预处理成虫后的线虫 48h，对照组不用 EGCG 处理。如图 12-14A 所示，EGCG 预处理的各实验组的线虫存活时间都得到了延长，对照组、10μg/ml EGCG 组的平均存活时间分别为 3.2h 和 7h。而当该两组的所有线虫死亡时，0.1μg/ml EGCG、1.0μg/ml EGCG 两组的线虫仍有近半数存活。

采用 SOD-3::GFP 在转基因线虫 CF1553 中的表达，发现茶多酚 EGCG 在热应激条件下对 N2 线虫体内 SOD-3::GFP 绿荧光蛋白显著提高，在浓度为 0.1μg/ml 时，EGCG 可以显著提高线虫体内绿荧光蛋白达 49.0%，而且随着时间延长，虽然线虫体内绿荧光蛋白豆有所下降，但 EGCG 可以使线虫体内绿荧光蛋白表达一直高于对照组(图 12-14B~D)。

检测发现，茶多酚 EGCG 能够直接和间接清除自由基和提高抗氧化能力。发现 EGCG 有很强的抗氧化能力和清除黄嘌呤/黄嘌呤氧化酶产生的超氧自由基能力；线虫体内实验

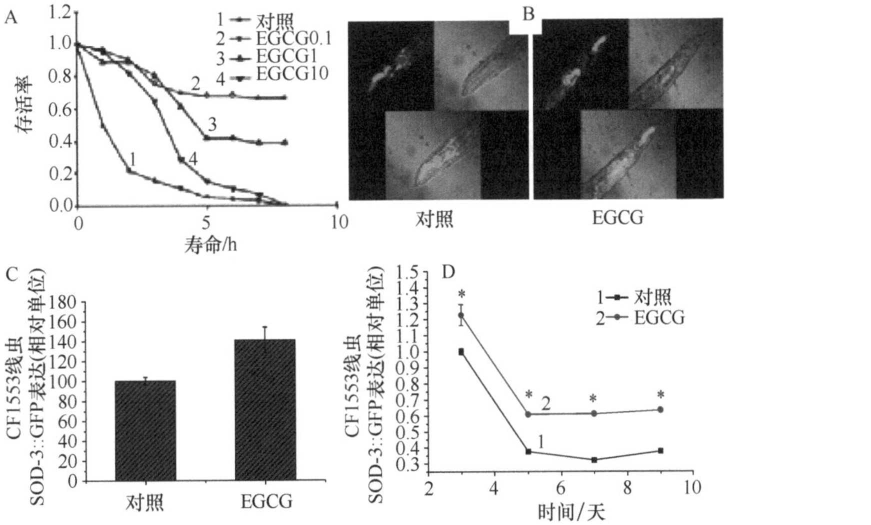

图 12-14 茶多酚 EGCG 在氧化激和热应激条件下延长秀丽隐杆线虫的寿命和提高 SOD 蛋白表达

A. 茶多酚 EGCG 在氧化激条件下对 N2 线虫在 25℃的存活率的影响；B. 茶多酚 EGCG 在热应激条件下对 N2 线虫体内 SOD-3::GFP 绿荧光蛋白的影响电镜结果；C. 统计结果；D. 随时间变化。与对照相比，*P<0.01

表明，EGCG(0.1μg/mL)可以在正常情况非常显著清除线虫体内 ROS 及在氧化应激情况下(500μmol/L 胡桃醌)清除线虫体内 ROS(图 12-15)。

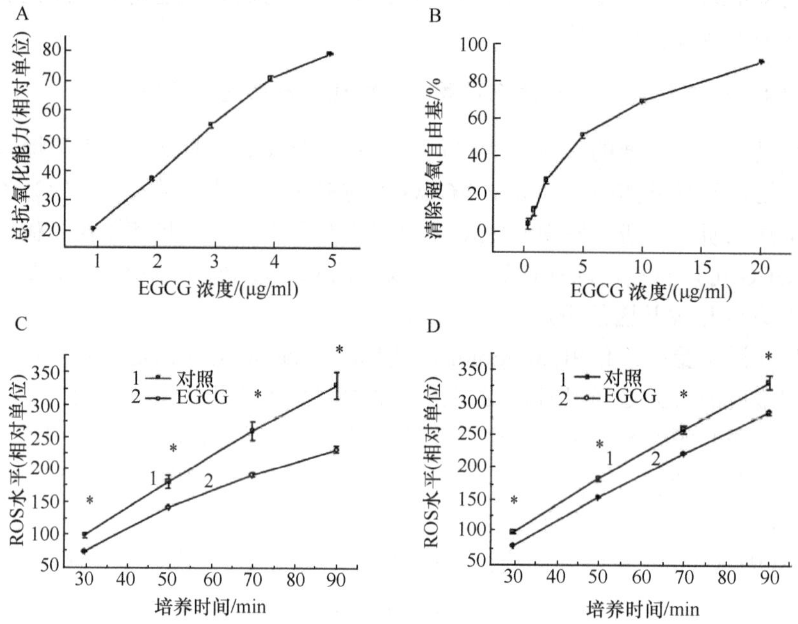

图 12-15 茶多酚 EGCG 能够直接和间接清除自由基

A. 总抗氧化能力(清除 $ABTS^+$)；B. EGCG(0.1μg/mL)清除黄嘌呤/黄嘌呤氧化酶产生的超氧自由基；C. EGCG(0.1μg/mL)在正常情况下抑制线虫体内 ROS；D. EGCG(0.1μg/mL)在氧化应激情况下(500μmol/L 胡桃醌)抑制线虫体内 ROS。与对照相比，* $P<0.01$

在热应激实验中，我们用 35℃对线虫造成热应激，在热应激前，加药处理组用各浓度的 EGCG 预处理成虫后的线虫 48h，对照组不用 EGCG 处理。EGCG 预处理的各实验组的线虫存活时间都得到了延长，对照组、0.1μg/ml EGCG、1.0μg/ml EGCG、10μg/ml EGCG 组的平均存活时间分别为 13h、14.5h、14h、14.5h，中位值寿命分别为 14h、15h、14h、15h。与对照组比较，各 EGCG 处理组的 *P* 值均小于 0.001(图 12-16A)。在 35℃热应激 4h，用 EGCG 处理组与对照组在 CL2070 线虫中的热休克蛋白 HSP-16.2::GFP 结果显示，用 EGCG 处理组与对照组的 HSP-16.2 表达显著升高(图 12-16B、C)。

各实验组的 RT-PCR 实验使用野生型秀丽隐杆线虫 N2，对照组不用药物处理，药物处理组用 EGCG 处理。发现 EGCG 可以上调 *daf-2*、*daf-16*、*sod-3* 和 *skn-1* 基因水平，但不上调 *daf-2*(图 12-17)。上调 *sod-3* 基因水平与图 12-14 上调 SOD-3::GFP 蛋白表达是一致的。

以上结果表明，天然抗氧化剂茶多酚 EGCG 对热应激和氧化应激条件下线虫表现出多种抗衰老效应。这种抗衰老效应是由于 EGCG 可以直接或者间接清除活性氧，还可以上调 *sod-3*、*hsp-16.2*、*skn-1* 等衰老相关基因的表达，维持氧化和抗氧化平衡，通过调节内源抗氧化网络及衰老相关基因的表达来发挥抗衰老作用的。

3) 玉米多肽在环境应激条件下对秀丽隐杆线虫寿命的延长作用

玉米具有丰富的营养价值和广泛用途，是世界上重要的农作物之一。玉米肽是从天

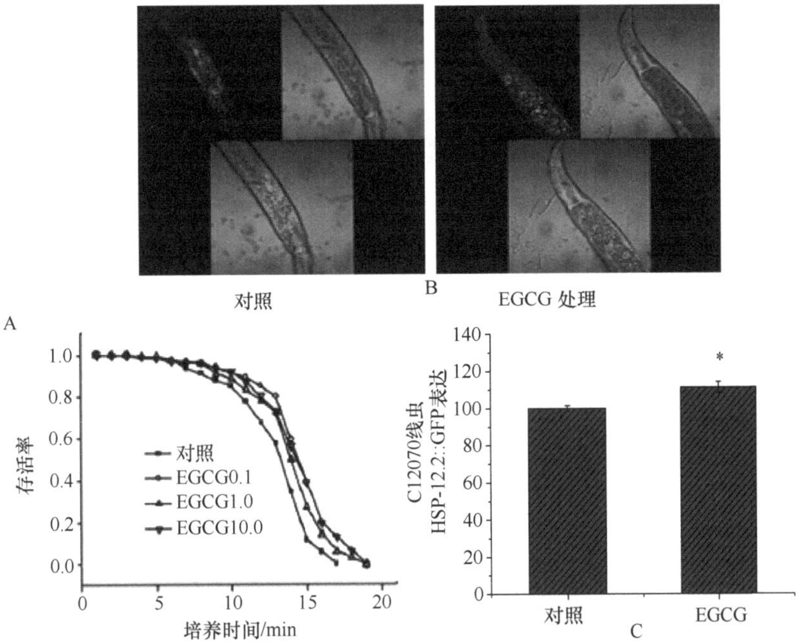

图 12-16 茶多酚 EGCG 在有环境应激的条件下对秀丽隐杆线虫的存活时间和热休克蛋白 HSP-16.2 的影响
A. 在 35℃热应激条件下，与对照相比，EGCG(0.1μg/mL)能提高线虫的存活时间 17.8%；B. 在 35℃热应激 4h，用 EGCG(0.1μg/mL)处理组与对照组在 CL2070 线虫中的热休克蛋白 HSP-16.2::GFP 电镜结果；C. 统计处理结果。与对照相比，*$P<0.01$

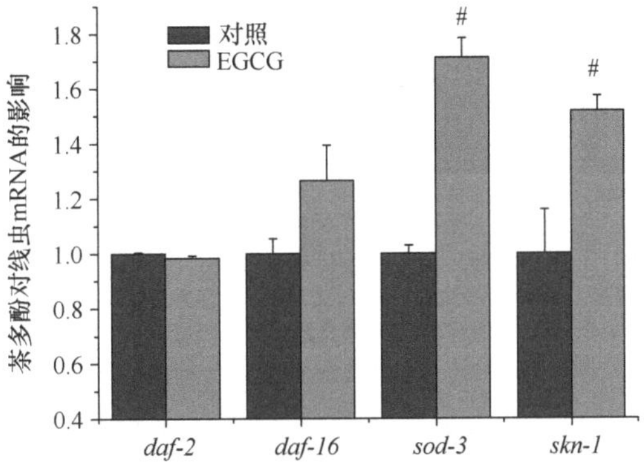

图 12-17 RT-PCR 检测 EGCG 处理对线虫 N2 的 mRNA 水平的影响
发现 EGCG 可以上调 *daf-16*、*sod-3* 和 *skn-1* 基因水平，但不上调 *daf-2*。与对照相比，# $P<0.01$

然食品玉米中提取的蛋白质，再经过定向酶切及特定小肽分离技术获得的小分子多肽物质。玉米肽是近年来研究者非常关注的天然活性成分。TPM 是玉米蛋白经蛋白酶水解获得的一种小肽物质，其结构是 Leu-Asp-Tyr-Glu。作者研究发现，TPM 可以在氧化应激和热应激条件下显著地延长秀丽隐杆线虫的寿命。在氧化应激条件下，TPM 可以延长秀丽隐杆线虫的寿命大约 36.9%；在热应激条件下，TPM 可以延长秀丽隐杆线虫的寿命大约 27.6%(图 12-18)。进一步的研究证明，TPM 在环境应激下之所以可以显著地的延长秀丽隐杆线虫寿命的原因在于，其具有较强的清除自由基的能力(图 12-19)，以及 TPM 可以上调超氧化物歧化酶 SOD-3 和热休克蛋白 HSP-16.2 等，能够抵抗应激相关蛋白的表达和降低线虫体内的脂肪积累等途径来实现。荧光定量 PCR 的结果显示 TPM 还可以调节一些与抗衰老相关基因的表达如 *daf-2*、*daf-16*、*sod-3*、*hsp-16.2*、*skn-1*、*ctl-1*、*ctl- 2* 等(图 12-20)。实验结果表明玉米肽 TPM 可以通过多种途径来提高线虫抵抗环境应激的能力并延长其寿命，是具有巨大潜力的天然抗衰老成分[93]。

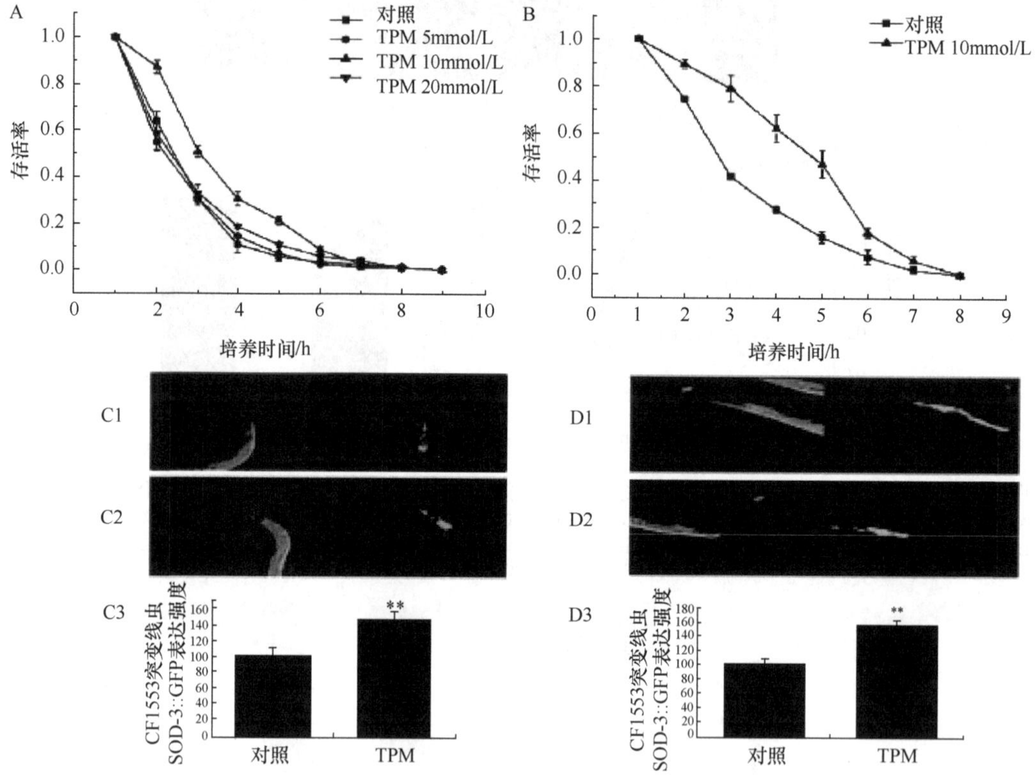

图 12-18　TPM 对秀丽隐杆线虫寿命及 SOD 和 HSP 表达的影响

在氧化应激和热应激条件下 TPM 延长秀丽隐杆线虫的寿命(A、B)；对 CF1553 突变线虫中 SOD-3::GFP 表达强度(C1：对照荧光，C2：氧化应激荧光，C3：统计结果)和 CL2070 突变线虫 HSP-162::GFP 表达的影响(D1：对照荧光，D2：氧化应激荧光，D3：统计结果)。与对照相比，$^{**}P<0.001$

以上 3 个实验结果表明，天然抗氧化剂在线虫中表现出对抗热应激和氧化应激多种抗衰老效应。这种抗衰老效应是由于天然抗氧化剂可以直接或者间接清除活性氧，还可以上调 *sod-3*、*hsp-16.2*、*skn-1* 等衰老相关基因的表达，维持氧化和抗氧化平衡，通过调节内源抗氧化网络及衰老相关基因的表达来发挥抗衰老的作用。对比一氧化氮自由基在线虫中表现出多种抗衰老效应可以看出，二者非常类似。

12.5.2　一氧化氮和天然抗氧化剂对衰老影响及其意义和应用前景

NO 和天然抗氧化剂延长线虫寿命可能的通路如图 12-21 所示。由图可以看出，NO 和天然抗氧化剂延长线虫寿命可能通过非常类似的通路，即都能通过提高热休克蛋白 HSF-1 和抗氧化酶 SOD 及转录因子 *hsf-1* 和 *daf-16* 两种基因的双重作用延长线虫寿命，维持氧化和抗氧化平衡，通过调节内源抗氧化网络及衰老相关基因的表达来发挥抗衰老的作用。这就为延缓衰老提供了一个新思路。NO 和天然抗氧化剂都具有多种生物功能，可以在调节人体健康和延缓衰老方面发挥多种作用，但也各有不足之处。例如，NO 在浓度过高或者氧自由基存在时，就可能对细胞和机体造成损伤，而天然抗氧化剂可以清除氧自由基，保护和促进 NO 产生，使其安全地发挥作用。但是，不同的天然抗

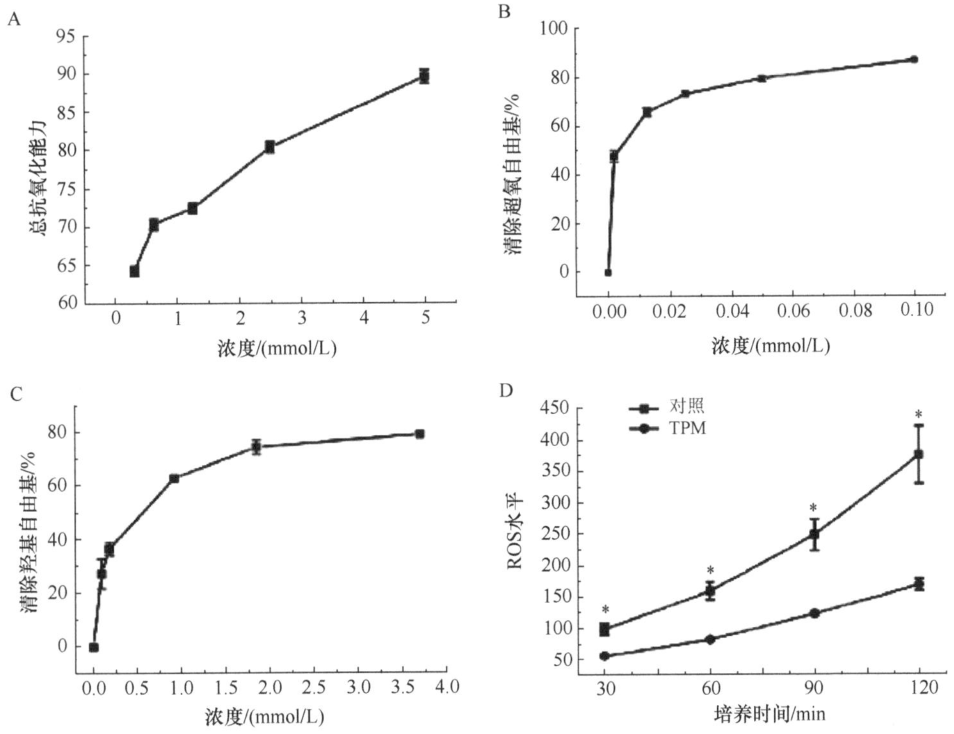

图 12-19　TPM 清除自由基的能力和抗氧化活性(*P<0.01)

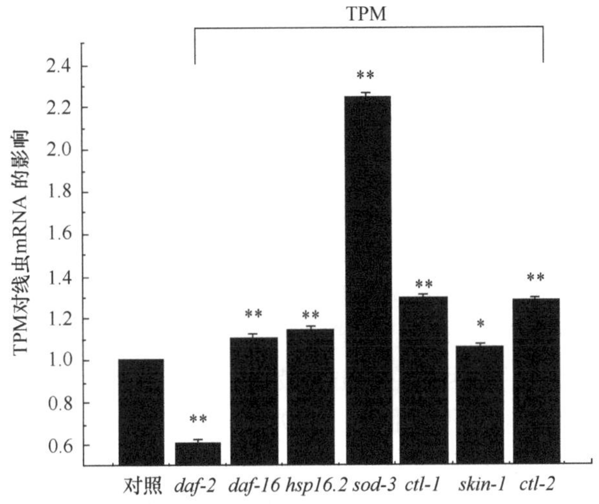

图 12-20　TPM 调节一些与抗衰老相关基因
(*daf-2*、*daf-16*、*sod-3*、*hsp-16.2*、*skn-1*、*ctl-1*、*ctl-2*)的表达
*P<0.01，**P<0.001

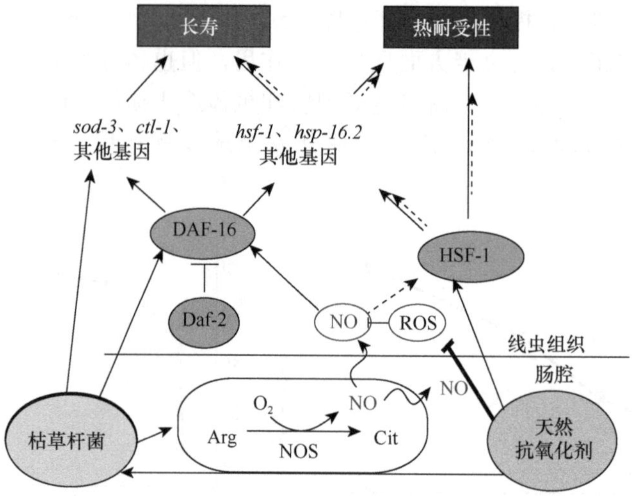

图 12-21　一氧化氮和天然抗氧化剂通过类似的通路延长线虫寿命示意图

氧化剂与 NO 的相互作用在不同细胞体系和组织中的作用又是不同的，需要深入细致的研究，找出合适的搭配关系和搭配浓度及比例，以发挥它们的最佳作用。相信在这方面的研究可以和它们在心脑血管方面的作用一样结出丰硕的成果，为人类健康和延缓衰老作出重大贡献。

12.6　从整体观念看待健康和长寿

影响衰老的因素是立体的和多层次的，从横向看，衰老因素很多，从纵向看，衰老因素又是分层次的。任何一种理论都很难把衰老全部概括和把机制解释清楚，只有从整体观念才能概括健康和衰老的机制，才能够找到维护健康和延缓衰老的有效方法。中国传统养生是中国独特文化的产物，与西方的保健运动学有极大差别，与印度的养生学也有明显不同。最主要的特征是整体观起源于阴阳学说，实践于经络理论和中药方剂。因此，很难用一种理论完全概括健康、衰老和长寿。作者只是从 NO 的角度讨论了衰老和延缓衰老的一些研究结果，这只是影响衰老和延缓衰老的众多因素之一。衰老过程使压力反射灵敏性降低[101~104]，NO 合成减少[105~107]，交感神经活性增加及迷走神经活性降低，因此，健康和长寿与多种因素有关，同样要延缓衰老也必须从整体观念和多种因素考虑。世界卫生组织曾经发表了一个关于人寿命的报告，提出影响健康和衰老是多因素的，其中个人生活习惯大约占 60%，遗传因素大约占 15%，社会经济大约占 10%，医疗服务大约占 8%，气候因素大约占 7%等。

在这方面，中国古老的中医理论给出了最好的解释。《黄帝内经·素问》中说“上古之人，其知道者，法於阴阳，和於术数，食饮有节，起居有常，不妄作劳，故能形与神俱，而尽终其天年，度百岁乃去”。

《黄帝内经·素问》中还说“古圣人之教下也，皆谓之虚邪贼风，避之有时，恬淡虚无，真气从之，精神内守，病安从来。是以志闲而少欲，心安而不惧，形劳而不倦，气从以顺，各从其欲，皆得所愿。故美其食，任其服，乐其俗，高下不相慕，其民故曰朴。

是以嗜欲不能劳其目，淫邪不能惑其心，愚智贤不肖不惧於物，故合於道。所以能年皆度百岁，而动作不衰者，以其德全不危也”。

另外，我国的一幅长寿图也非常形象地从整体观念说明了健康和长寿与多种因素有关。图 12-22 中的长寿星长着一个大脑袋、须着长长的胡子、长长眉毛，这显然与遗传基因有关；他面带微笑，说明他心情开朗，保持了乐观主义的态度；旁边是他可爱的小孙子，说明他有一个幸福的家庭；小孙子手中捧着一个大寿桃，说明他很注意饮食天然健康的食品；天上飞着蝙蝠，身边还有仙鹤和梅花鹿，说明他在适当运动并且与大自然和谐相处。希望我们每个人在研究健康和长寿分子机制的同时，不要忘记健康和长寿与多种因素有关。

图 12-22　中国年画“长寿图”

参考文献

[1] Brown WT. Genetic of human aging. *In*：Rothstein M. Revew of Biological Research in Aging. Vol. 2. New York：AR Less Inc.，1985：105.

[2] Laughrea M. On the error theories of aging. A revew of the experimental data. Exp Gerontol，1982，17：305-312.

[3] Zs-Nagy I. The theroretical background and cellular autoregulation of biological waste product formation. Arch Geron Geriatr，1986，5：131-146.

[4] Zs-Nagy I. The role of oxygen free radicals in cellular aging：a review. *In*：Matkovics B，Boda D，Kalasz H. Oxygen Free Radicals and the Tissue Injury. Budapest：Akademiai Kiado，1988：247-267.

[5] Harman D. Free radical theory of aging：an update：increasing the functional life span. Ann N Y Acad Sci，2006，1067：10-21.

[6] Harman D. The aging process. Proc Natl Acad Sci USA，1981，78：7124-7130.

[7] Harman D. Aging：a theory based on free radical and radiation chemistry. Unclassified Health and Biology，The US Atomic Energy Commission，UCRL. 1955：p3078.

[8] Harman D. Aging：a theory based on free radical and radiation chemistrey. J Geron，1956，11：298-300.
[9] Harman D，Eddy DE，Noffsinger J. Free radical theory of aging：inhibition of amyloidosis in mice by antioxidants，possible mechanism. J Am Geriat Soc，1976，24：203-213.
[10] Harman D. Free radical theory of aging：origin of life，evolution and aging. Age，1980，3：100.
[11] Wilson MA，Shukitt-Hale B，Kalt W，et al. Blueberry polyphenols increase lifespan and thermotolerance in *Caenorhabditis elegans*. Aging Cell，2006，5(1)：59-68.
[12] Kellogg EW，Fridovich I. Superoxide dismutase in the rat and mouse as a function of age and longevity. J Gerontol，1976，31：405-454.
[13] Reiss U，Gershon D. Rat-liver superoxide dismutase. Purification and age-related modiffications. Eur J Biochem，1976，63：617-624.
[14] Ames BN. Uric acid provides an antioxidant defense in humans against oxidant- and radical-caused ageing and cancer：a hypothesis. Proc Natl Acad Sci USA，1981，78：6858-6863.
[15] Burton GW，Ingold KU. Beta-carotene：an unusual type of lipid antioxidant. Science，1984，224：569-573.
[16] Blackett AD，Hall DA. The action of vitamine E on the ageing of connective tissue in the mouse. Mech Age，1980，14：305-314.
[17] Russell P，Garland D，Zigler JS Jr. Russell Aging effects of vitamine C on a human lens protein produced *in vitro*. FASEB J，1987，1：32-40.
[18] Richie JP Jr.，Mills BJ，Lang CA. Correlation of a glutathione deficiency in the aging mosquito increases its longevity. Proc Soc Exp Biol Med，1987，184：113-122.
[19] Hazelton GA，Lang CA. Glutathion peroxidas and reductase activities in the aging mouse. Mech Age Dev，1985，29：71-79.
[20] Schlote W，Boellard JW. Role of lipopigment during aging of nerve and glial cells in the human central nervous. *In*：Cervos-NavarroJ，Sarkander HI. Brain Ageing：Neuropathology and Neuropharmalogy. New York：Reven Press，1983：27.
[21] Cutler RG. Peroxide-producing potential of tissue：inverse correlation with longevity of mammalian species. Proc Natl Acad Sci USA，1985，82：4798-4804.
[22] Marklund S. Copper-and zinc-containing superoxide dismutase，manganese-containing superoxide dismutase，catalase，and glutathione peroxidase in normal and neoplastic human cell lines and normal human tssue. Cancer Res，1982，42：1955-1963.
[23] Harman D. Prolongation of the normal life span by radiation protection chemicals. J Geron，1957，12：257-264.
[24] Harman D，Eddy DE. Free radical theory of aging：beneficial effect of adding antioxidant to the maternal mouse diet on life span of offspring：possible explanation of the sex difference in longevity. Age，1979，2：109-112.
[25] Harman D. Free radical theory of aging：effect of free radical reaction inhibitors on the mortality rate of male LAF mice. J Gero，1968，23：476-484.
[26] Sagai M，Ichinose T. Age-related changes in lipid peroxidation as measured by ethane，ethylene，butane and pentane in respired gases of rats. Life Sci，1980，27：731-740.
[27] Finkel T. A toast to long life. Nature，2003，425：132.
[28] Hall SS. *In vino* vitalis? Compounds activate life-extending genes. Science，1165，301：2003.
[29] Weindruch R. Dietary restriction and aging process. *In*：Armstrong D. Free Radicals in Biology Aging and Medicine. Aging，1983，27：181-190.
[30] Baur JA，Pearson KJ，Price NL，et al. Resveratrol improves health and survival of mice on a high-calorie diet. Nature，2006，444(7117)：337-342.
[31] Wood JG，Rogina B，Lavu S，et al. Sirtuin activators mimic caloric restriction and delay ageing in metazoans. Nature，2004，430：686-689.
[32] Ristow M，Schmeisser S. Extending life span by increasing oxidative stress. Free Radical Biology & Medicine，2011，51：327-336.
[33] Zarse K，Bossecker A，Muller-Kuhrt L，et al. The phytochemical glaucarubinone promotes mitochondrial metabolism，reduces body fat，and extends lifespan of *Caenorhabditis elegans*. Horm Metab Res，2011，43：241-243.
[34] Zarse K，Schulz TJ，Birringer M，et al. Impaired respiration is positively correlated with decreased life span in *Caenorhabditis elegans* models of friedreich ataxia. FASEB J，2007，21：1271-1275.
[35] Lapointe J，Hekimi S. When a theory of aging ages badly. Cell Mol Life Sci，2010，67：1-8.
[36] Schulz TJ，Zarse K，Voigt A，et al. Glucose restriction extends *Caenorhabditis elegans* life span by inducing mitochondrial respiration and increasing oxidative stress. Cell Metab，2007，6：280-293.
[37] Greenberg ER，Baron JA，Tosteson TD，et al. A clinical trial of antioxidant vitamins to prevent colorectal adenoma. Polyp

Prevention Study Group N Engl J Med，1994，331：141-147.
[38] Liu S，Ajani U，Chae C，et al. Long-term beta-carotene supplementation and risk of type 2 diabetes mellitus：arandomized controlled trial. JAMA，1999，282：1073-1075.
[39] Rautalahti MT，Virtamo JR，Taylor PR，et al. The effects of supplementation with alpha-tocopherol and beta-carotene on the incidence and mortality of carcinoma of the pancreas in a randomized，controlled trial. Cancer，1999，86：37-42.
[40] Virtamo J，Edwards BK，Virtanen M，et al. Effects of supplemental alpha-tocopherol and beta-carotene on urinary tract cancer：incidence and mortality in a controlled trial(Finland). Cancer Causes Control，2000，11：933-939.
[41] Heart Protection Study Collaborative Group. MRC/BHF heart protection study of antioxidant vitamin supplementation in 20 536 high-risk individuals：a randomised placebo-controlled trial. Lancet，2002，360：23-33.
[42] Sacco M，Pellegrini F，Roncaglioni MC，et al. Primary prevention of cardiovascular events with low-dose aspirin and vitamin E in type 2 diabetic patients：results of the Primary Prevention Project(PPP)trial. Diabetes Care，2003，26：3264-3272.
[43] Zureik M，Galan P，Bertrais S，et al. Effects of long-term daily low-dose supplementation with antioxidant vitamins and minerals on structure and function of large arteries. Arterioscler Thromb Vasc Biol，2004，24：1485-1491.
[44] Czernichow S，Bertrais S，Blacher J，et al. Effect of supplementation with antioxidants upon long-term risk of hypertension in the SU. VI. MAX study：association with plasma antioxidant levels. J Hypertens，2005，23：2013-2018.
[45] Czernichow S，Couthouis A，Bertrais S，et al. Antioxidant supplementation does not affect fasting plasma glucose in the supplementation with antioxidant vitamins and minerals(SU. VI. MAX)study in France：association with dietary intake and plasma concentrations. Am J Clin Nutr，2006，84：395-399.
[46] Cook NR，Albert CM，Gaziano JM，et al. A randomized factorial trial of vitamins C and E and beta carotene in the secondary prevention of cardiovascular events in women：results from the Women's Antioxidant Cardiovascular Study. Arch Intern Med，2007，167：1610-1618.
[47] Kataja-Tuomola M，Sundell JR，Mannisto S，et al. Effect of alpha-tocopherol and beta-carotene supplementation on the incidence of type 2 diabetes. Diabetologia，2008，51：47-53.
[48] Sesso HD，Buring JE，Christen WG，et al. Vitamins E and C in the prevention of cardiovascular disease in men：the Physicians' Health Study Ⅱ randomized controlled trial. JAMA，2008，300：2123-2133.
[49] Katsiki N，Manes C. Is there a role for supplemented antioxidants in the prevention of atherosclerosis? Clin Nutr，2009，28：3-9.
[50] Lin J，Cook NR，Albert C，et al. Vitamins C and E and beta-carotene supplementation and cancer risk：a randomized controlled trial. J Natl Cancer Inst，2009，101：14-23.
[51] Song Y，Cook NR，Albert CM，et al. Effects of vitamins C and E and beta-carotene on the risk of type 2 diabetes in women at high risk of cardiovascular disease：a randomized controlled trial. Am J Clin Nutr，2009，90：429-437.
[52] Bjelakovic G，Nikolova D，Simonetti RG，et al. Antioxidant supplements for prevention of gastrointestinal cancers：a systematic review and metaanalysis. Lancet，2004，364：1219-1228.
[53] Bairati I，Meyer F，Gelinas M，et al. A randomized trial of antioxidant vitamins to prevent second primary cancers in head and neck cancer patients. J Natl Cancer Inst，2005，97：481-488.
[54] Hercberg S，Ezzedine K，Guinot C，et al. Antioxidant supplementation increases the risk of skin cancers in women but not in men. J Nutr，，2007 137：2098-2105.
[55] Bardia A，Tleyjeh IM，Cerhan JR，et al. Efficacy of antioxidant supplementation in reducing primary cancer incidence and mortality：systematic review and meta-analysis. Mayo Clin Proc，2008，83：23-34.
[56] Lawenda BD，Kelly KM，Ladas EJ，et al. Should supplemental antioxidant administration be avoided during chemotherapy and radiation therapy? J Natl Cancer Inst，2008，100：773-783.
[57] Myung SK，Kim Y，Ju W，et al. Effects of antioxidant supplements on cancer prevention：meta-analysis of randomized controlledtrials. Ann Oncol，2010，21：166-179.
[58] Zuin A，Carmona M，Morales-Ivorra I，et al. Lifespan extension by calorie restriction relies on the Sty1 MAP kinase stress pathway. EMBO J，2010，29：981-991.
[59] Sharma PK，Agrawal V，Roy N. Mitochondria-mediated hormetic response in life span extension of calorie-restricted *Saccharomyces cerevisiae*. Age，2010，33：143-154.
[60] Agarwal S，Sharma S，Agrawal V，et al. Caloric restriction augments ROS defense in *S. cerevisiae* by a Sir2p independent mechanism. Free Radic Res，2005，39：55-62.
[61] Kharade SV，Mittal N，Das SP，et al. Mrg19 depletion increases *S. cerevisiae* lifespan by augmenting ROS defence. FEBS Lett，2005，579：6809-6813.
[62] Piper PW，Harris NL，MacLean M. Preadaptation to efficient respiratory maintenance is essential both for maximal longevity

and the retention of replicative potential in chronologically ageing yeast. Mech Ageing Dev，2006，127：733-740.

[63] Huang TT，Carlson EJ，Gillespie AM，et al. Ubiquitous overexpression of CuZn superoxide dismutase does not extend life span in mice. J Gerontol A Biol Sci Med Sci，2000，55：B5-B9.

[64] Bayne AC，SohaR S. Effects of superoxide dismutase/catalase mimetics on life span and oxidative stress resistance in the housefly，*Musca domestica*. Free Radic Biol Med，2002，32：1229-1234.

[65] Keaney M，Gems D. No increase in lifespan in *Caenorhabditis elegans* upon treatment with the superoxide dismutase mimetic EUK-8. Free Radic Biol Med，2003，34：277-282.

[66] Andziak B，O'Connor TP，Qi W，et al. High oxidative damage levels in the longestliving rodent，the naked mole-rat. Aging Cell，2006，5：463-471.

[67] Selman C，McLaren JS，Meyer C，et al. Life-long vitamin C supplementation in combination with cold exposure does not affect oxidative damage or lifespan in mice，but decreases expression of antioxidant protection genes. Mech Ageing Dev，2006，127：897-904.

[68] Ran Q，Liang H，Ikeno Y，et al. Reduction in glutathione peroxidase 4 increases life span through increased sensitivity to apoptosis. J Gerontol A Biol Sci Med Sci，2007，62：932-942.

[69] Doonan R，McElwee JJ，Matthijssens F，et al. Against the oxidative damage theory of aging：superoxide dismutases protect against oxidative stress but have little or no effect on life span in *Caenorhabditis elegans*. Genes Dev，2008，22：3236-3241.

[70] Heidler T，Hartwig K，Daniel H，et al. *Caenorhabditis elegans* lifespan extension caused by treatment with an orally active ROS-generator is dependent on DAF-16 and SIR-2. 1. Biogerontology，2010，11：183-195.

[71] Zhu Z，Jiang W，McGinley JN，et al. 2-Deoxyglucose as an energy restriction mimetic agent：effects on mammary carcinogenesis and on mammary tumor cell growth *in vitro*. Cancer Res，2005，65：7023-7030.

[72] Rattan SI，Demirovic D. Hormesis as a mechanism for the anti-aging effects of calorie restriction. *In*：Everitt AV，Rattan SIS，Couteur DG，et al. Calorie Restriction，Aging and Longevity. Dordrecht：Springer Netherlands，2010：233-245.

[73] Mesquita A，Weinberger M，Silva A，et al. Caloric restriction or catalase inactivation extends yeast chronological lifespan by inducing H_2O_2 and superoxide dismutase activity. Proc Natl Acad Sci USA，2010，107：15 123-15 128.

[74] Davies KJ，Quintanilha AT，Brooks GA，et al. Free radicals and tissue damage produced by exercise. Biochem Biophys Res Commun，1982，107：1198-1205.

[75] Chevion S，Moran DS，Heled Y，et al. Plasma antioxidant status and cell injury after severe physical exercise. Proc Natl Acad Sci USA，2003，100：5119-5123.

[76] Powers SK，Jackson MJ. Exercise-induced oxidative stress：cellular mechanisms and impact on muscle force production. Physiol Rev，2008，88：1243-1276.

[77] Ristow M，Zarse K，Oberbach A，et al. Antioxidants prevent health-promoting effects of physical exercise in humans. Proc Natl Acad Sci USA，2009，106：8665-8670.

[78] Watson J. Oxidants，antioxidants and the current incurability of metastatic cancers. rsob. royalsocietypublishing. Open Biology，2013，3(1)：120144.

[79] Watson J D. Type 2 diabetes as a redox disease. The Lancet，2014，383：755-844.

[80] Bartoil GM，Galeotti T，Azzi A. Production of superoxide anions and hydrogen peroxide in Ehrlich ascites tumor cell nuclear. Biochem Biophys Acta，1977，497：622-632.

[81] Marnertt LJ. Peroxyl free radicals：potential mediators of tumor initiation and promotion. Carcinogenesis，1987，8：1365-3172.

[82] Zhao BL，Li XJ，Xin WJ. ESR study on active oxygen radicals produced in the respiratory burst of human polymophonuclear leukocytes. Cell Biol Intern Report，1989，13：529-534.

[83] Li XJ，Zhao BL，Hou JW，et al. Active oxygen radicals produced by leukocytes of malignant lymphoma. Chinese Medical J，1990，103：899-905.

[84] Meyer R，Hatada EN，Hohmann HP，et al. "Cloning of the DNA-binding subunit of human nuclear factor kappa B：the level of its mRNA is strongly regulated by phorbol ester or tumor necrosis factor alpha". Proc Natl Acad Sci USA，1991，88(3)：966-970.

[85] Passos J F，et al. Feedback between p21 and reactive oxygen production is necessary for cell senescence. Mol Syst Biol，2010，6：347.

[86] Jurk D，Wilson C，Passos1 JF，et al. Chronic inflammation induces telomere dysfunction and accelerates ageing in mice. Nat Commun，2014，2：4172，

[87] Drew B，Leeuwenburgh C. Aging and the role of reactive nitrogen species. Ann N Y Acad Sci，2002，959：66-81.

[88] Yu W，Juang S，Lee J，et al. Decrease of neuronal nitric oxide synthase in the cerebellum of aged rats. Neurosci Lett，2000，

291：37-40.

[89] Trounce I，Byrne E，Marzuki S. Decline in skeletal muscle mitochondrial respiratory chain function：possible factor in ageing. Lancet，1989，1：637-639.

[90] Cardellach F，Galofer J，Cusso R，et al. Decline in skeletal muscle mitochondrial respiration chain function with ageing. Lancet，1989，2：44-45.

[91] Souza JM，Choi I，Chen Q. Proteolytic degradation of tyrosine nitrated proteins. Arch Biochem Biophys，2000，380：360-366.

[92] Kamisaki Y，Wanda K，Bian K. An activity in rat tissues that modifies nitrotyrosine-containing proteins. Proc Natl Acad Sci USA，1998，95：11 584-11 589.

[93] Zainal TA，Oberley TD，Allison DB. Caloric restriction of rhesus monkeys lowers oxidative damage in skeletal muscle. FASEB J，2000，14：1825-1826.

[94] Viner RI，Ferrington DA，Huhmerh AF. Accumulation of nitrotyrosine on the SERCA2a isoform of SR Ca-ATPase of rat skeletal muscle during aging：a peroxynitrite-mediated process? FEBS Lett，1996，379：286-290.

[95] Barbarash NA，Kuvshinov DY，Chichlenko MV，et al. Nitric oxide and humen aging. Advances in Gerontology，2012，2：256-239.

[96] Nisoli E，Tonello C，Cardile A，et al. Calorie restriction promotes mitochondrial biogenesis by inducing the expression of eNOS. Science，2005，310：314-317.

[97] Gusarov I，Gautier L，Smolentseva O，et al. Bacterial nitric oxide extendsthe lifespan of *C. elegans*. Cell，2013，152：818-830.

[98] Zhang L，Zhang J，Zhao B，et al. Quinic acid could be a potential rejuvenating natural compound by improving survival of *Caenorhabditis elegans* under deleterious conditions. Rejuvention Res，2012，15(6)：573-583.

[99] Zhang L，Jie G，Zhang J，et al. Significant longevity-extending effects of EGCG on *C. elegans* under stresses. Free Rad Biol Med，2009，46：414-421.

[100] Wu H，Zhao Y，Guo Y，et al. Significant longevity-extending effects of a tetrapeptide from maize on *C. elegans* under stress. Food Chemistry，2012，130：254-260.

[101] Ebert TJ，Morgan BJ，Barney JA，et al. Effects of aging on baroreflex regulation of sympathetic activity in humans. Am J Physiol，1992，263(3 Pt 2)：H798-H803.

[102] Gribbin B，Pickering TG，Sleight P，et al. Effect of age and high blood pressure on baroreflex sensitivity in man. Circ Res，1971，29(4)：424-431.

[103] Matsukawa T，Sugiyama Y，Mano T. Age-related changes in baroreflex control of heart rate and sympathetic nerve activity in healthy humans. J Auton Nerv Syst，1996，60(3)：209-212.

[104] Parati G，Frattola A，di Rienzo M，et al. Effects of aging on 24-h dynamic baroreceptor control of heart rate in ambulant subjects. Am J Physiol，1995，268(4 Pt 2)：H1606-H1612.

[105] Al-Shaer MH，Choueiri NE，Correia ML，et al. Effects of aging and atherosclerosis on endothelial and vascular smooth muscle function in humans. Int J Cardiol，2006，109(2)：201-206.

[106] Singh N，Prasad S，Singer DR，et al. Ageing is associated with impairment of nitric oxide and prostanoid dilator pathways in the human forearm. Clin Sci(Lond)，2002，102(5)：595-600.

[107] Mingorance C，Herrera MD，Alvarez De Sotomayor M. Mechanism involved in aged-related endothelial dysfunction. Med Clin(Barc)，2009，132(2)：62-69.

13　一氧化氮自由基在临床应用中的进展

一氧化氮作为内皮细胞舒张因子可以松弛血管平滑肌，因此，凡是与血管舒缩有关的疾病及其治疗的临床应用都可能与 NO 自由基有关，涉及方面很广。既有目前临床应用最广泛、最有效的抗心绞痛药物硝酸甘油，也有目前多种临床试验的吸入 NO 气体。其主要可用于防治动脉粥样硬化、高血压、脑卒中、肺呼吸道疾病、血管疾病和阳萎等。但因为 NO 是一把“双刃剑”，既可能在生理条件下对机体具有保护作用和对疾病有治疗作用，也可能在病理条件下造成损伤作用。目前，有些在临床使用 NO 相关产品作为治疗的技术很成熟，又有很多不太成熟，还在继续做临床试验。本章就 NO 自由基在临床应用的一些概况进行介绍和讨论，一部分内容选自一些临床应用，一部分来自杂志发表的临床试验报告。

13.1　一氧化氮自由基在病理条件下的双重作用

NO 自由基的性质决定了其在病理条件下具有保护和损伤的双重作用。NO 是细胞松弛因子，因此，在维持血管平衡畅通及血压的平稳运行方面，NO 发挥着重要作用。如果机体缺乏 NO，血管就不能平衡畅通，血压就不能平稳运行，就会出现与缺血和高血压相关的一系列疾病。这时补充适量的 NO 就可以对机体发挥保护作用，对疾病起到预防和治疗作用。NO 自由基是神经发育和脑图形成的重要的信号分子，如果机体缺乏 NO，人们的学习和记忆就会衰退，神经发育就会出现问题，这时补充适量的 NO 就可以对机体发挥保护作用和促进神经发育，对神经退行性疾病起到预防和治疗作用，并且可能延缓衰老。NO 自由基在免疫反应中发挥着重要作用，如果机体缺乏 NO，人们的免疫功能就会出现对入侵微生物杀伤能力降低的问题，这时补充适量的 NO 就可以对机体发挥保护作用和提高人们的免疫功能。NO 自由基可以舒张血管，如果机体缺乏 NO，就有可能出现阳萎，造成夫妻性生活不和谐，甚至影响家庭幸福，这时补充适量的 NO 就可以提高性功能，改善和提高夫妻的幸福生活。NO 还有许多其他作用和功能，如果机体缺乏 NO，人们的机体就会出现与 NO 这些功能相关的其他问题，这时补充适量的 NO 就可以对机体发挥保护作用和提高人们的这些功能，预防和治疗与此相关的其他疾病。在本书的有关章节已经对其中有些内容做了详细的介绍。本章主要列举一些与临床应用有关的内容。

NO 是一柄“双刃剑”，即如果 NO 产生过多、产生速度过快，或者有氧自由基存在时，与 NO 反应生成过氧亚硝基，就会表现出对细胞和机体的损伤作用。这些多余的 NO 自由基或者过氧亚硝基出现在哪里，就会对哪里的细胞和组织造成损伤，导致相关疾病的发生。例如，本书有关章节介绍的高血压、心脏病、脑卒中、神经退行性疾病如阿尔茨海默病和帕金森症及衰老等，都与过量的 NO 损伤有关。

NO在体内是由3种NOS酶产生的，不同NOS产生的NO具有不同作用，组成型eNOS产生的NO一般量比较小而且恒定，是根据需要产生的，是细胞的信号和功能所需要的，对机体都发挥保护作用；诱导型iNOS产生的NO一般量比较大而且速度快，除了在巨噬细胞产生具有免疫功能外，一般对机体都具有损伤作用；神经型nNOS在神经细胞产生，视其产生量和速度，可能对机体具有保护用，也可能对机体具有损伤作用。

根据以上讨论可以看出，NO在体内的作用是比较复杂的，既与产生NO的不同酶有关，又与产生的浓度、速度和周围的环境有关。临床上要利用NO作为预防和治疗疾病一定要考虑这些因素，避免或抑制其不利因素，增加和发挥其有利因素。例如，可以适当激活eNOS和抑制iNOS，可以在适当增加NO产生的同时，适量加入一些抗氧化剂，清除可能与之反应产生过氧亚硝基的氧自由基等。

13.2　硝酸甘油治疗高血压、心绞痛

高血压是一种动脉血压升高的慢性病症。血压的升高使心脏推动血液在血管内循环时的负担增大。血压有两种，收缩压和舒张压，分别为心脏跳动时肌肉收缩或舒张时的测量值。正常静息血压范围为收缩压100~140mmHg和舒张压60~90mmHg。血压持续等于或高于140/90mmHg时则为高血压。高血压分为原发性高血压或继发性高血压。90%~95%的病例为“原发性高血压”，即没有明显病因的高血压。其余5%~10%的病例由影响肾脏、血管、心脏或内分泌系统的其他病症引发[1]。

高血压是脑卒中、心肌梗死、心衰、动脉瘤及外周动脉疾病的一个主要危险因素，也是慢性肾病的起因之一。即使轻度的动脉血压升高也可能缩短期望寿命。改变饮食及生活方式可以改善对血压的控制并减少相关的健康风险。但如果生活方式改变没有起效或效用不佳，这些患者常需要使用药物治疗。

心绞痛是心肌缺血引起的胸痛，一般是由冠状动脉阻塞或痉挛所导致。冠状动脉疾病是心绞痛的主要原因。心肌缺乏血液供应时，患者会感到胸前有压迫感。一般人常用疼痛评估心绞痛的严重度，然而疼痛和心肌缺氧的程度并没有直接相关。也就是说，严重的疼痛不一定是心脏病突发；而心脏病突发可能也不会有胸痛的现象。不稳定心绞痛和急性冠状动脉症候群相关，症状是疼痛加剧、休息时突然产生的疼痛，以及疼痛持续超过15min。这些可能是心肌梗死突发的前兆，需要作为心肌梗死马上进行急救[2]。

硝酸甘油是一种爆炸能力极强的炸药(图13-1)。1847年由都灵大学的化学家索布雷洛发明。常有人误解硝酸甘油是瑞典化学家阿尔弗雷德·诺贝尔发明的，事实上诺贝尔发明的是在1866年利用硝酸甘油发展高稳定性、防误爆的矽藻土炸药。硝酸甘油进入体内就可以转化生成NO，起到舒张血管作用，这是硝酸甘油降低血压和缓解心绞痛的机制。

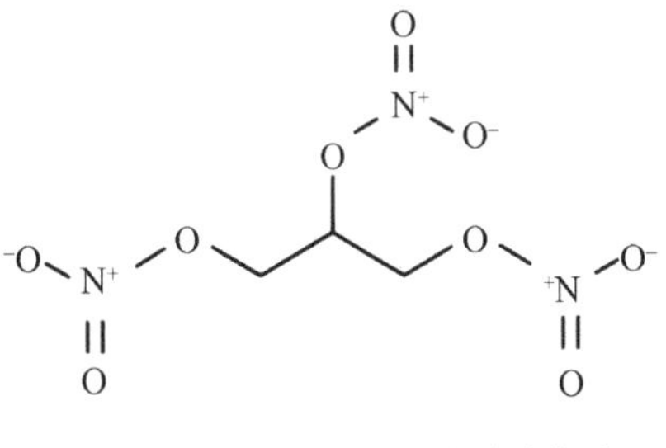

图13-1　硝酸甘油片的化学结构式

硝酸甘油在医药上用作血管扩张剂，其作用机制为扩张小动脉和小静脉，但扩张小静脉的作用超过小动脉。舌下给药，作用迅速而短暂，效果极强，但吞服无效。舌下服用硝化甘油用于预防或治疗急

性胸痛，用于治疗冠状动脉狭窄引起的急性心绞痛，有减轻膀胱收缩功能障碍的作用。此外，可用于充血性心力衰竭及手术期间控制性低血压。对急性心肌梗死的治疗也有一定作用。硝酸甘油是目前临床应用最广泛、最有效的短效抗心绞痛药物，适用于急性发作的患者。它可缓解各类心绞痛，如劳累诱发的典型心绞痛、冠状动脉痉挛引起的变异型心绞痛及不稳定型心绞痛等。硝酸盐可能通过降低前、后负荷和通过一些直接的冠状血管舒张，降低心肌耗氧量，有利于治疗心绞痛。硝酸甘油与巯基(-SH)反应，产生 NO，从而简化了通过使血管舒张的疼痛。NO 舒张血管不减少心脏泵出血液的体积，而是减小了泵出相同体积的血液心脏肌肉必须施加的力[3]。

硝酸甘油一般制成片剂和药丸，包括稳定型、变异型及不稳定型，如制剂片剂、缓释硝酸甘油片、硝酸甘油喷雾剂、注射液和硝酸甘油膜。硝酸甘油具有作用迅速、性能稳定的特点。发作时舌下含服，每日不超过 2mg。2~5min 即发挥作用，作用大约维持 30min。

一般说来，硝酸甘油没有严重的不良反应，虽有时可出现头痛，但多次使用后即不再出现。硝酸甘油具有降压作用，因此少数人用药后可出现眩晕、摇晃等低血压症状，这并非中毒，只要平卧数分钟即可恢复正常。治疗剂量可能引起面部潮红、眩晕、心动过速和跳动性头痛。大剂量引起呕吐、烦躁不安、视力减弱、低血压、昏厥，偶尔出现发绀及高铁血红蛋白血症；随之损害呼吸及出现心动过缓。皮肤用药可能出现接触性皮炎。舌下或口颊片通常引起局部烧灼感。长期应用可产生耐受性。长期接触突然停药可出现停药症状。初次用药可减半，以避免和减轻不良反应。

使用硝酸甘油时应注意以下几点：①硝酸甘油片不能吞服，而要放在舌下含服。这是因为吞服的硝酸甘油在吸收过程必须通过肝脏，在肝脏中绝大部分的硝酸甘油被灭活，而使药效大大降低。舌下有许多血管，在医学上称舌下静脉丛，硝酸甘油极容易溶化，当把它含在舌下时，溶化了的药物能直接入血，因此不但起效快，而且药效不会降低。硝酸甘油味稍甜，合格的硝酸甘油不但应溶化得快，而且含在舌下要有烧灼感，这也是药物有效的标志之一。②硝酸甘油是一种有机亚硝酸盐化合物，过热见光都极易分解失效。故应放玻璃瓶内，旋紧盖密闭保存。硝酸甘油可放在 15~30℃的室温下，也可以保存在冰箱中，高温影响和降低药效。硝酸甘油的有效期一般为 1 年，药物受温度、湿度和光线的影响，其有效期只有 3~6 个月。硝酸甘油是应急抢救药物，每次更换药物都应确定其有效性。③含硝酸甘油时，宜取坐位，或靠墙下蹲位。这是因为硝酸甘油能使全身静脉扩张，静脉容量增加，患者直立时，由于重力的原因大量的血液积存在下肢，造成相对的血容量不足，使血压下降，出现头晕，甚至昏倒。平卧位含药虽不会发生体位性低血压，但因回心血量增加，加重心脏负荷，也会使药效减弱[4]。

13.3　一氧化氮对患肺动脉高压患者的治疗作用

肺动脉高压是一种极严重的疾病，症状包括：呼吸短促、易于疲劳、晕厥、胸痛及腿部和踝部水肿。如果不及时治疗，患者的肺动脉高压会逐步加重，甚至使寿命缩短。多数肺动脉高压相关的症状源自右心衰竭。在 20 世纪 90 年代以前，医学界对这种疾病确实缺少治疗手段。但此后一些新的药物陆续被研发出来，患者 5 年或 10 年平均生存率可提高数倍。除了药物治疗之外，近几年基因治疗、活体肺移植、房间隔造瘘等新疗法也不断出现，现已有多种治疗手段。有很多原因可以导致肺动脉高压，如左心疾病、先天性心脏病、缺氧性病变、肺血栓栓塞症等，而这些明确原因导致的肺动脉高压，占据了这些人群的主体，甚至包括了99%以上的肺动脉高压。

利用NO治疗肺动脉高压通常是吸入NO气体进行，也可以通过服用西地那非治疗。5型磷酸二酯酶(PDE5)是西地那非作用靶点，是NO-cGMP通路的负调节因子，它通过催化cGMP的分解而降低NO的作用，NO是一个调节血管平滑肌扩张的因子，而磷酸二酯酶作用的结果是促进血管平滑肌的收缩，因此口服西地那非可能是一种安全有效的替代吸入NO方法。

为了判断利用吸入NO进行和口服西地那非对肺动脉高压的治疗效果和预后及指导治疗，《循环》(*Circulation*)杂志2002年报道了一组临床试验[5]，比较了吸入NO和口服西地那非对重度肺动脉高压(PHT)患者的治疗作用。搜集了13例患者(平均44岁±2岁，9名女性)。其中一个是功能Ⅲ~Ⅳ级，有原发性苯妥英钠患者(n=9)，肺动脉高压(n=2)，继发PHT(n=2)。测量血流动力学和血清环鸟苷一磷酸水平(cGMP)和吸入NO(为80ppm)，服用西地那非(75mg)，以及它们组合的峰值效应。结果发现，与吸入NO(–19%±5%)和服用西地那非(–27%±3%)肺血管阻力减少相近，而服用西地那非+吸入NO比单一治疗更有效(–32%±5%，P<0.003)。服用西地那非和西地那非加吸入NO治疗都能增加心指数(分别为17%±5%和17%±4%)，而单独吸入NO没有效果(–0.2%±2.0%，P<0.003)。但吸入NO能够增加肺毛细血管楔压，而西地那非呈下降趋势(+15%±6%与–9%±7%，P<0.0007)，二者对全身动脉压作用相似。吸入NO和服用西地那非及二者组合协同都能使cGMP升高(P<0.0001)。

因此得出结论，口服单剂量西地那非与选择性吸入NO对肺血管扩张剂一样有效。在增加心输出量方面西地那非可能优于吸入NO，但并没有增加肺毛细血管楔压。未来应研究西地那非是否能在一个较长的时间仍然有效。

2012年《循环心衰》(*Circ Heart Fail*)杂志又报道了一组临床试验，比较了吸入NO和口服西地那非对心脏手术肺动脉高压(PHT)患者的治疗作用。研究的目的是探讨联合使用西地那非和吸入NO对接受心脏瓣膜置换手术患者肺动脉高压的效果[6]。将20个心脏手术后出现肺动脉高压患者随机分为两组：A组接受10ppm的NO吸入30min后口服西地那非(100mg)，B组开始口服西地那非(100mg)60min后，接受10ppm吸入NO。测量血流动力学和气体交换的数据，或者单独吸入NO或口服西地那非90min的血压。结果表明，在A组，吸入NO导致显著降低平均肺动脉压(MPAP)、肺血管阻力指数(PVRI)(分别为9.6%和20.8%)。在B组，西地那非也导致平均降低动脉压、MPAP、肺动脉闭塞压、PVRI和全身血管阻力指数，而且PaO_2/氧分压比例显著下降(分别为18.7%、22.0%、15.7%、31.6%、21.3%、14%)。在这两组中，两种药物合用导致了进一步显著降低平均动脉压、MPAP、肺动脉闭塞压、全身血管阻力指数和PVRI，而心脏指数和混合静脉血氧饱和度维持不变。在B组的低氧血症合用西地那非和NO吸入后好转，动脉血氧分压/氧气比例回复到接近基线。在这项研究中，心脏手术后肺动脉高压患者吸入NO和口服西地那非合用是安全的，能够导致对肺动脉高压和肺血管阻力有利效果，没有出现全身性低血压和通风/灌注不匹配的问题。

《心血管药理学治疗》(*Cardiovasc Pharmacol Ther*)杂志发表了一篇文章，把西地那非换成5型磷酸二酯酶抑制剂他达拉非(tadalafil)对肺动脉高压(PAH)的治疗研究了评估，发现他达拉非比西地那非更安全和效果更满意[7]。

13.4　一氧化氮治疗新生婴儿原初肺动脉高血压

新生儿持续肺动脉高压是指出生后肺血管阻力持续性增高，肺动脉压超过体循环动脉压，使由胎儿型循环过渡至正常“成人”型循环发生障碍，而引起的心房及动脉导管水平血液的左向右分流，临床上出现严重低氧血症等症状。

NO/氧气混合用于重症护理新生儿出生缺陷原发性和胎粪吸入造成的肺动脉高压患者，以促进毛细血管和肺扩张治疗。NO 治疗肺血管疾病能够显著提高婴儿生活质量，并且在一些情况下，可以挽救婴儿生命危险[8, 9]。

除了出生一个月内的婴儿，现在美国没有批准任何人直接使用 NO 气体作为治疗药物。吸入 NO 可以改善低氧血症急性肺损伤、急性呼吸窘迫综合征、重度肺动脉高压，虽然效果是短期的，但并没有研究表明能够改善临床结果。NO 是用在加护病房的个性化治疗，作为其他权威疗法的辅助手段，用于低氧性呼吸窘迫[10]。

目前，在美国，NO 使用剂量只有在 100~800ppm 的浓度作为可用的气体。过量吸入 NO 会引起高铁血红蛋白升高，并导致二氧化氮肺部毒性反应，可能导致肺损伤。中国医学会儿科学分会和中华儿科学编委会关于新生儿持续肺动脉高压诊疗常规(草案)也明确把吸入 NO 作为治疗该病的方法之一[11]。吸入剂量开始用浓度 20×10^{-6}，可在 4h 后降为(5×10^{-6})维持。一般持续 24h，也可以用数天或更长时间。应持续检测吸入 NO 和 NO_2 的浓度，间歇测定血液高铁血红蛋白的浓度(可 12h 测定一次)，使其水平不超过早产儿 7%，应用后应密切观察，注意出血倾向[12, 13]。

除了治疗新生儿血液从右至左分流的患者外，NO 也可以用于抢救治疗继发于肺栓塞的急性右心衰竭患者[14]。NO 被认为是一种抗心绞痛药：它通过减小心脏的工作量，引起血管舒张，帮助心绞痛患者缓解缺血性疼痛。通过扩张(扩大)静脉，NO 能够降低血压和左室充盈压[15]。

吸入 NO 能够扩张肺血管使肺脏更好通气，增加动脉血氧分压(氧分压)使之达到正常或更好的比率。吸入 NO 能被系统吸收，大部分穿过肺毛细血管，在那里与达到 60%~100% 氧饱和度的血红蛋白结合[16]。NO 代谢物在尿中排泄的主要是硝酸盐，占吸入 NO 剂量的 70%以上。血浆中的硝酸盐由肾脏以接近肾小球过滤速率被清除。

吸入 NO 也有禁忌，在新生儿患者利用 NO 还有一些相关的投诉，其中一些包括与交付系统相关的剂量错误，有关于环境暴露引起医院工作人员低血压的头痛，以及撤掉一氧化氮不用时引起急性高血压、低血氧和肺水肿等。

13.5　一氧化氮对缺血性脑卒中的治疗

脑卒中又称中风，是指由于脑部供血受阻而迅速发展成的脑功能损伤。脑卒中分为两种类型：一种是由血栓或栓塞所造成的缺血(缺乏血液供应)，称为缺血性脑卒中；一种是由出血所造成的，称为出血性脑卒中。

世界卫生组织在 20 世纪 70 年代给出的脑卒中的传统定义是“24h 以上脑神经功能缺损，或在 24h 内死亡”。这个 24h 的定义是用来区别短暂性脑缺血(可在 24h 内完全康复)的，因为脑卒中如果在早期便得到治疗，可以减少脑卒中的后遗症。现在为了反映出脑卒中需迅速采取行动的急迫性，人们更多地以其他名称代替，如急性缺血性脑综合征(模仿心脏病发作和急性冠脉综合征)。

由于脑卒中根据状况可分为出血性脑卒中和缺血性脑卒中，又依脑部发生位置不同各有不同的治疗方式(如脑干卒中)，因此通常会以断层扫描等医疗诊察了解患者发病原因是属于出血性还是缺血性，发生部位又为何处，再依各病症施行治疗。缺血性脑卒中偶尔用溶栓治疗，但通常需要辅助治疗(理疗及职能治疗)和二级预防及抗血小板药物(阿司匹林)、血压控制、他汀类药物和某些特定患者用的抗凝治疗。

《休克》(*Shock*)杂志 2008 年发表了一篇关于利用降胆固醇药上调 eNOS 治疗缺血性脑卒中的临床报告[17]。缺血性脑卒中的治疗是有限的，还是以预防剂阻断凝血为主。这篇文章研究表明，降胆固醇药，3-羟基-3-甲基戊二(HMG)-CoA 还原酶抑制剂，能够通过包括选择性上调内皮 eNOS 与 HMG-CoA 还原酶抑制剂的预防性治疗增强脑血流量，降低脑血管梗死面积，并可以提高在胆固醇水平正常小鼠的神经功能，防止脑损伤。以前不知道其机制，现在发现上调 eNOS 的 HMG-CoA 还原酶抑制剂不与变化的血清胆固醇水平相关联，也不是由法呢基焦磷酸逆转，而是与 L-甲羟戊酸和下游异戊二烯及香叶基香叶基焦磷酸相关联。试验发现血流量和 HMG-CoA 还原酶抑制剂的神经保护作用在 eNOS 缺陷小鼠完全不存在，这表明提高的 eNOS 由 HMG-CoA 还原酶抑制剂的活性是主要的，但这也不是由这些药剂防治脑损伤的唯一机制。他们的研究结果表明，HMG-CoA 还原酶抑制剂为预防性的治疗策略，可用于增加血流量和脑缺血期间减轻脑损伤。

《中华神经科杂志》1999 年发表一篇文章，目的是研究急性缺血性脑卒中患者血浆氧化低密度脂蛋白与 NO 的关系及它们在缺血性脑卒中发病机制中的作用。方法：测定 45 名健康体检者、20 例动脉硬化患者和 75 例急性缺血性脑卒中患者的血浆低密度脂蛋白 LDL 及体外氧化获得的氧化的低密度脂蛋 OX-LDL 对血小板聚集功能和 NO 水平的影响。结果发现，动脉硬化和脑卒中患者血浆 OX-LDL 值明显升高，提示血浆 LDL 及 OX-LDL 对血小板聚集有明显的促进作用，同时降低了 NO 水平，血小板的聚集增加了 OX-LDL[18]。

13.6 吸入一氧化氮对患急性呼吸窘迫综合征的二期临床试验

急性呼吸窘迫综合征，又称为呼吸窘迫综合征、成人呼吸窘迫综合征，是一种急性呼吸衰竭综合征，以顽固性缺氧、严重呼吸困难、肺部弹性减低、双侧肺水肿，以及密实肺部浸润为特征，带有严重血氧不足的重度呼吸窘迫。急性呼吸窘迫综合征具有多种病因动态性肺水肿和低氧血症的过程，有很高的发病率和死亡率，每年都要花费巨大的医疗费用。欧美 ARDS 共识委员会决定要集中研究和了解其病理生理过程和机制。为了解决急性呼吸窘迫综合征的预防和治疗，北美和欧洲之间的国际协调变得越来越重要。

急性呼吸窘迫综合征其以肺毛细血管弥漫性损伤、通透性增强为基础，以肺水肿、透明膜形成和肺不张为主要病理变化，以进行性呼吸窘迫和难治性低氧血症为临床特征的急性呼吸衰竭综合征。该病起病急骤，发展迅猛，预后极差。其临床特征为呼吸频速和窘迫、进行性低氧血症。X 射线呈现弥漫性肺泡浸润，与婴儿呼吸窘迫综合征颇为相似，但其病因和发病机制不尽相同。成人呼吸窘迫综合征的特点是肺动脉高压和静脉血从右至左分流。

ARDS 治疗的关键在于原发病及其病因，如处理好创伤，尽早找到感染灶，针对病菌应用敏感的抗生素，制止炎症反应进一步对肺的损伤。更紧迫的是要及时纠正患者严重缺氧，赢得治疗基础疾病的宝贵时间。在呼吸支持治疗中，要防止拟压伤、呼吸道继发感染和氧中毒等并发症的发生[19]。

1993 年《新英格兰医学杂志》(*New England J Med*)报告一期关于吸入 NO 气体治疗成人呼吸窘迫综合征的临床试验[20]。为了研究吸入 NO 气体是否能够使通气肺部分血管扩张、降低肺动脉高血压和改善气体交换，设计让 9 个重症成人呼吸窘迫综合征患者吸入 2 个不同浓度的 NO 气体 40min。在吸入 NO 气体时，采用多重插入气消法测量血流动力学变化、气体交换和气流扩散分布，并且与静脉注射前列环素的结果进行比较。7 个患者连续吸入用 5~20ppm 一氧化氮气体 3~53 天。

吸入 18ppmNO 的患者的平均肺动脉压从(37±3)mmHg 减少到(30±2)mmHg(P=0.008)，静脉血分流从(36±5)%减少到(31±5)%(P=0.028)。在吸入 NO 期间，心输出量虽然没有变化，动脉氧合有效指标，氧分压从(152±15)mmHg 增加到(199±23)mmHg(P=0.008)。注射前列环素降低了动脉压，但增加了静脉血分流和减少了氧分压及系统动脉压。在吸入 NO 气体 3~53 天里，连续降低动脉压和增加氧分压。因此，7 个吸入 NO 气体患者通过改善通风的机械性都降低了动脉压和增加了氧分压，而且没有引起系统血管扩张。因此得出结论：吸入 NO 气体对重症成人呼吸窘迫综合征患者能够降低呼吸动脉压和增加动脉氧分压且不引起系统血管扩张。当然，还需要做更多随机双盲的临床试验以确定是否能够改善最终结果。

为了评价吸入 NO 对急性呼吸窘迫综合征(ARDS)的生理反应的安全性，《美国呼吸与危重监护杂志》(*American Journal of Respiratory and Critical Care Medicine*)1994 年发表了一篇对吸入各种剂量NO的临床结果参数和效果进行了评估临床试验报告。设计了多中心、随机、双盲、安慰剂对照研究。在美国 30 个学术教学社区医院重症监护病房进行[21]。

根据美国欧洲共识会议的定义，ARDS 搜集在 72h 随机发作的急性呼吸窘迫综合征患者纳入该研究。 患者被随机分配接受安慰剂(氮气)或吸入 1.25ppm、5ppm、20ppm、40ppm 或 80ppm 的浓度的 NO。 测量动脉血氧分压急性增加，平均肺动脉压下降，机械通气力度，检查氧合指数。临床检查吸入 NO 对死亡率的剂量效应、存活数量和天数，关闭机械通气的天数和达到充氧标准拔管后存活数量。

总共有 177 名患者参加了 14 个月时间的治疗。测量对气体治疗的急性反应(定义为动脉血氧分压增加>20%或=20%)在接受吸入 NO 的 60%的患者与剂量组间无显著差异。接受安慰剂治疗的患者 24% 在头 4h 对处理气体也有一种急性反应。吸入 NO 组和安慰剂组之间的平均死亡率、存活天数和关闭机械通风的天数及拔管后存活的天数没有差异。然而，接受 5ppm 的 NO 吸入患者表现出这些参数提高，在 28 天关闭机械通气患者存活的比例明显高于安慰剂组(62%对比 44%)。其中吸入 NO 和对照组患者报告不良事件的数量或类型没有显著的差别。

因此得出结论：从这个对照研究中，吸入 NO 似乎对急性呼吸窘迫综合征患者有一些好处。吸入 NO 与安慰剂相比，在 4h 的治疗氧合指数有显著改善。为了确定这些急性生理改善是否可能导致临床疗效改变，还需要更大型的三期研究。

13.7 吸入一氧化氮对患急性肺损伤二期临床试验

急性肺损伤(acute lung injury，ALI)是各种直接和间接致伤因素导致的肺泡上皮细胞及毛细血管内皮细胞损伤，造成弥漫性肺间质及肺泡水肿，导致的急性低氧性呼吸功能不全。以肺容积减少、肺顺应性降低、通气/血流比例失调为病理生理特征，临床上表现为进行性低氧血症和呼吸窘迫，肺部影像学上表现为非均一性的渗出性病变，其发展至严重阶段被称为急性呼吸窘迫综合征(ARDS)。

临床多种疾病均可引起 ALI，从原发于肺的肺内因素(直接损伤)到肺外因素(间接损伤)。根据 1994 年欧美联席会议提出的 ALI/ARDS 诊断标准，2005 年美国 ALI、ARDS 发病率分别为每年 79/10 万和 59/10 万。病因不同，发病率也不同。严重感染时 ALI/ARDS 发病率可高达 25%~50%，大量输血可达 40%，多发性创伤达到 11%~25%。同时存在 2 个或 3 个危险因素时，ALI/ARDS 发病率进一步升高。另外，危险因素持续作用时间越长，ALI/ARDS 的发病率越高，危险因素持续 24h、48h 及 72h 时，ARDS 患病率分别为 76%、85%和 93%。

《美国医学会杂志》(*JAMA*)2004 年发表一篇关于测定把低剂量吸入 NO 患者急性肺损伤的随机对照试验的临床报告[22]。为了探讨 NO 吸入低剂量(5ppm)对急性肺损伤的临床疗效，设计了多中心、随机、对照临床试验，在美国 46 家医院的重症监护病房进行，患者、护理人员、数据采集器、成果评估，以及数据分析(互盲)。从 1996 年 3 月到 1999 年 9 月搜集到 385 例中等重度急性肺损伤患者，排除显著肺器官系统功能障碍和不是肺损伤引起的败血症，根据欧美共识会议定义的急性呼吸窘迫综合征(ARDS)，使用动脉血氧分压的比为≤250 氧浓度。将患者随机分配接受安慰剂(氮气)或吸入一氧化氮(5ppm)，持续 28 天。主要观察存活时间，次要的包括死亡。治疗分析显示，吸入 5ppm NO 没有增加患者存活天数和关闭辅助呼吸机时间(平均[SD]，吸入 NO 组为 10.7[9.8]天，而安慰剂组为 10.6[9.7]天，P=0.97；无显著差异)。死亡率(20%)与安慰剂组相似(23%)(P=0.54)。无辅助通气患者存活 2h，安慰剂组为 11.9(9.9)，NO 为组 11.4(9.8)(P=0.54)。拔管也相似，安慰剂 17.0，NO 为 16.7(P=0.89)。 因此得出结论：吸入 5ppm NO，对不是因败血症的急性肺损伤患者呼吸支持或死亡期间没有实质性的影响。

《英国医学杂志》(*BMJ*)2007 年发表一篇综述文章[23]，NO 对急性肺损伤患者氧合度及死亡率的系统回顾和综合分析。目的是为了通过对使用吸入性 NO 治疗急性肺损伤/急性呼吸窘迫综合征(ALI / ARDS)的文献研究，总结对比 NO 与安慰剂或无 NO 的常规治疗对成人和儿童急性肺损伤或急性呼吸窘迫综合征的作用。主要观察指标是死亡率、通风时间、充氧、肺动脉压、不良事件。

一共 12 个临床试验随机分配 1237 例患者，总体方法学质量是好的。采用了随机效应模型，结果发现 NO 对住院死亡率(风险比 1.10，95%可信区间 0.94~1.30)、通气时间或不通气时间无显著效果。吸入 NO 比吸入氧气增加了氧分压，降低了氧指数。有些证据表明，持续 4 天改善了氧合度，但对平均肺动脉压没有影响。接受 NO 治疗的患者发展肾功能不全的风险增加(1.50，1.11~2.02)。最后得出结论：NO 有限地改善了急性肺损伤或急性呼吸窘迫综合征患者的有关氧合度，但对死亡率没有影响，还可能造成危害，因此这些重症患者，作者不建议常规使用 NO。

13.8　利用一氧化氮诊断哮喘病

哮喘是一种常见的气道的慢性炎症性疾病，主要特征是多变和复发的症状、可逆性气流阻塞和支气管痉挛。常见症状表现为喘息、咳嗽、胸腔紧迫胸闷和气短。普遍认为哮喘是由基因和环境因素共同导致的。对哮喘的诊断通常基于症状的类型、随时间推移对治疗的反应，以及呼吸量测定法。医学上对哮喘的分类依据是发病频率、1s 内用力呼吸量和呼气流量峰值。哮喘也可以被分为特应性(外来的)或非特应性(固有的)，特应性指的是向超敏性反应发展的倾向[24]。急性症状的治疗通常是通过β-2 激动剂(如沙丁胺醇)和口服皮质类固醇。只有在极其严重的病例中，才可能需要静脉注射糖皮质激素、硫酸镁和住院治疗。症状可以通过避免触发物来阻止，如过敏源和刺激物，吸入皮质激素的使用，以及引用吸入皮质激素。在哮喘症状得不到控制的情况下，也可以使用长效 beta 激动剂或白三烯拮抗药作为对吸入皮质激素的补充[25]。自 20 世纪 70 年代以后，哮喘病已经广泛的流行。到 2011 年，全球有 2.35 亿~3 亿人受到影响，大约 25 万人因此失去生命[26]。

对哮喘最有效的治疗是找到引发哮喘的原因，如花粉、吸烟、宠物或阿司匹林等药物，并减少对这些因素的接触。如果避免接触这些引起哮喘的措施不充分，则需使用药物治疗。对药物制剂的选择是基于病情的严重性及症状发生的频率。对哮喘特定的药物在广义上被划分为快速作用及长期作用的类别。推荐使用支气管扩张药短期的缓解症状。在偶发哮喘的情况下，不需要其他的药物。如果出现轻度持续性疾病显现出来，推荐使用低剂量吸入皮质激素或者口服白三烯拮抗药或肥大细胞稳定剂。对于每天都发病的人来说，应该使用高剂量的吸入皮质激素。在中度或严重恶化的情况下，口服糖皮质激素可以加入治疗中。

借助测试呼出的 NO 浓度变化，可以辅助诊断和指导哮喘的治疗。使用一种机器进行收集和测量呼出气体样品中 NO 的水平。哮喘的诊断通常需要结合病史、体检和一些具体实验室检查，以了解肺脏的功能及工作情况，如峰值流量测量和肺活量等。有时可能需要作激发实验测试，这样可能会引发轻度哮喘症状。若通过这些实验，还难以明确诊断哮喘病，这将对治疗产生不利影响。这时测试呼出气 NO 可能会有所帮助。因为 NO 产生于全身各组织细胞，包括在肺中，以对抗炎症和放松收缩肌肉。呼出高水平 NO 意味着你的呼吸道有炎症，这是哮喘的一个标志。

NO 的检测可以帮助预测类固醇药物(其减少炎症)是否有助于治疗哮喘。如果已经被诊断患有哮喘和使用类固醇的药物治疗，医生可能会建议检测呼出气 NO 浓度，以帮助确定哮喘是否得到控制。为了确保测试结果准确，至少 2h 测试前需要避免以下几点：使用哮喘吸入器、饮食、运动、使用烟草、牙膏或漱口水。

做这种测试，需要坐稳。医生把口腔和附管连至致电子测量设备。接下来，要求呼吸两三秒钟，直到肺充满空气。然后医生会让患者以稳定的速度呼出肺部气流。医生可能要求患者注意呼吸的多少，这样可以保持一个稳定的呼气。需要重复测试几次，以确认测试结果。整个测试通常 5min 之内即可完成。

高于正常水平呼出 NO 一般意味着呼吸道发炎-哮喘的迹象。儿童在 20/10 亿以下、成年人在 25/10 亿以下被认为是正常的。儿童在 35/10 亿以上和成年人在 50/10 亿以上可能预示有哮喘气道炎症。NO 的测试结果在人与人之间可以有很大不同。解释实验结果时，医生应考虑一些其他因素，包括：哮喘症状和体征、其他的测试结果，如峰值流量测试或测试肺功能检查、过去 NO 的测试结果、是否服用药物、是否有感冒或流感、是否有花粉症或其他过敏、是否吸烟等。

《过敏性哮喘进展》(*Allergy Asthma Proc*)杂志 2011 年发表一篇利用 NO 用于过敏(变态反应)哮喘的诊断工具的临床报告[27]。一些研究已经表明，气道炎症增加呼出的 NO(FeNO 水平)，因此，测量 FeNO 水平对哮喘患者是有用的。哮喘患者增加 FeNO 水平，表明哮喘可以用 FeNO 水平确定。该研究的目的是确定用于治疗哮喘和其他特异性状况 FeNO 水平，在一般的过敏诊所的判别值。门诊对确定为过敏患者进行筛选。使用标准化的问卷调查，并采取特异性状态评估：皮肤点刺实验或特异性 IgE 抗体血浆，测定 FeNO 水平和肺量。如果患者有哮喘病史，组胺浓度导致在 1s 内呼气量减少 20%，应该给患者类固醇激素治疗。

42 个被诊断为哮喘患者，72 例诊断为无哮喘患者，包括过敏性鼻炎患者(32 例)，非过敏性鼻炎(n=11)，荨麻疹(n=11)，湿疹(n=7)和其他组(n=11)。哮喘患者比非哮喘患者有较高的 FeNO 水平(44ppb①对 17ppb，P<0.001)。分析显示区分非哮喘与哮喘最佳 FeNO 水平在 27ppb，有 78%的敏感性，92%的特异性，阳性预测值为 86%，阴性预测值 87%。FeNO 水平的增加与呼吸道症状有显著差异(P<0.01)，可逆性气流(P<0.001)和总 IgE(P<0.001)正相关，而与 PC(20)组胺(P=0.019)呈负相关。多因素分析发现，FeNO 水平不是过敏性疾病哮喘患者显著预测方法。因此得出结论：测量 FeNO 水平是一个简单而有用的测试用来区分新的哮喘患者与其他过敏性条件一般变态反应疾病的有效方法。

《过敏、哮喘和免疫学年报》(*Annals of Allergy，Asthma & Immunology*)2014 年发表一篇关于测定呼出气 NO 对治疗哮喘决策影响的临床报告[28]。哮喘在门诊最好的诊断方法是在临床检查肺功能和评估症状，但这些评估并不能提供有关气道炎症的信息。测量呼出气 NO 是衡量 T 辅助 2 型细胞介导的气道炎症和哮喘的一个有用的辅助手段。为了确定使用 FeNO 水平是否更有效和符合成本效益决策治疗哮喘的专业方法，50 个 7~60 岁确定的哮喘患者参加了本次观测研究。使用哮喘控制测试症状评估，受试者通过临床检查，肺功能测定和临床医师估计气道炎症进行评估，并根据这些评估作出处理决定。然后，测定 FeNO 水平，并根据治疗中记录的 FeNO 水平的变化，计算假定在患者的管理中 FeNO 的使用水平。

如果不测定 FeNO 水平，气道炎症的临床医生的评估错误分类大约占 50%。使用 FeNO 水平改变治疗决策的超过了 1/3，特别是增强药物治疗效果占 20%，药物费用降低

① 1ppb=1×10^{-9}

占 16%。使用 FeNO 水平后，估计每年每个患者可节省 629 美元。因此得出结论：测量 FeNO 水平增强了通过测量气道炎症哮喘的常规临床评估。FeNO 水平影响药物治疗的决定，对哮喘管理具有重要的长期的影响，最显著的是降低哮喘发作的发病率和治疗成本。

因此，测定 FeNO 水平加强了传统临床评估气道炎症和影响了临床实践药物处理的决定，从而提高了治疗效果和降低治疗成本。

《过敏与临床免疫学》(*J Allergy Clin Immunol*)2012 年发表一篇关于测定把呼出气 NO 升高作为未来不受控制的哮喘患者吸入糖皮质激素的临床指标的临床报告[29]。结果发现，呼出气 NO 水平>300%，都与吸入糖皮质激素改善哮喘有很大关联。最高和最低呼出气 NO 水平的哮喘患者在吸入糖皮质激素，都与过量短效β2 受体激动剂使用有关。这些患者在一年前就需要口服糖皮质激素，与哮喘控制工具和肺活量无关。现在测试呼出气 NO 水平>300%的预测的患者，未来的不可控性哮喘患者与控制工具和肺活量无关。

这些研究扩展了哮喘患者呼出气体 NO 水平与临床护理的关系，可以用于临床护理。具体来说，患者对吸入糖皮质激素 ICS 的持续性哮喘，FeNO 水平>300%相比<300%的预测与后续年度的症状有显著相关性，而与哮喘控制方法和肺活量无关。

13.9　吸入一氧化氮对支气管扩张的治疗作用

支气管扩张是由于支气管及其周围肺组织慢性化脓性炎症和纤维化，使支气管壁的肌肉和弹性组织破坏，导致支气管变形及持久扩张。典型的症状有慢性咳嗽、咳大量脓痰和反复咯血。主要致病因素为支气管感染、阻塞和牵拉，部分有先天遗传因素。患者多有麻疹、百日咳或支气管肺炎等病史。依病变区域不同进行体位引流，并配合雾化吸入进行治疗。有条件的医院可通过纤维支气管镜进行局部灌洗。支气管扩张患者感染的病原菌多为革兰阴性杆菌，常见流感嗜血杆菌、肺炎克雷伯氏杆菌、铜绿假单胞菌等，可针对这些病原菌选用抗生素，应尽量做痰液细菌培养和药敏实验，以指导治疗。伴有基础疾病(如纤毛不动症)者，可根据病情，长期使用抗生素治疗。病变部位肺不张长期不愈；病变部位不超过一叶或一侧者；反复感染药物治疗不易控制者可考虑手术治疗。

《美国呼吸系统疾病述评》(*American Review of Respiratory Disease*)研究了在吸入气体中加入 80ppm NO 是否可发挥在治疗人的支气管扩张效果[30]。研究分 4 组：①健康成人志愿者(n=6)，②成人患有气道高反应性(n=6)并吸入乙酰甲胆碱(MCH)，③支气管哮喘患者(n=13)，④慢性阻塞性肺疾病(COPD)(n=6)。所有受试者测量体积校正气道传导率。患者或志愿者吸入 NO 过程中与支气管收缩没有反应。NO 并不影响健康志愿者或慢性阻塞性肺病患者气道传导率。吸入 NO 使支气管哮喘患者气道传导率从(0.4±0.1)/kPa·S 增加至(0.6±0.2)/kPa·S(P<0.05)。在随后测试的 NO 吸入后立即吸入 β2 受体激动剂，气道传导率显著上升至(1.2±0.3)/kPa·S(P<0.001)。因此得出结论：吸入 80ppm 的 NO 对健康志愿者的气道张力没有影响，对支气管哮喘患者有支气管扩张作用，但对慢性阻塞性肺病患者不明显。吸入乙酰甲胆碱(MCH)也能够增加支气管扩张。

13.10 一氧化氮对败血症的治疗作用

败血症是一种血液中毒的病症。患者多是免疫系统比较差的人，主因是身体某些部位的细菌扩散至血液，并在血液中大量繁殖和产生毒素，令人体器官功能受损，甚至会在病发时衰竭。但是，有一部分的败血症患者仍然找不到原发病灶。随致病菌的种类、数量、毒力及患者年龄和抵抗力的强弱不同而异。轻者仅有一般感染症状，重者可发生感染性休克和多器官功能衰竭等。NO 对微血管平衡是至关重要的，但它对败血症微血管的作用仍存在争议。

《休克》(*Shock*)杂志 2011 年报道了脓毒症患者的临床试验[31]，研究了 NOS 内源抑制剂非对称二甲基精氨酸(ADMA)对皮肤微循环依赖 NO 血管舒张功能的影响及血药浓度。在设计的单盲、随机、交叉研究中，利用激光多普勒成像，ADMA 血浆水平和 L-精氨酸评估了微血管依赖 NO 的(局部热充血)和与 NO 无关的血管舒张(后闭塞性反应性充血)的影响。对 7 名健康肥胖志愿者大剂量静脉注射大肠杆菌内毒素(LPS)(2ng/kg)或生理盐水(安慰剂)之后 4h 进行测定。内毒素引起了全身性预期的影响，包括增加心脏速率(+43%，$P<0.001$)，心输出量(16%，$P<0.01$)，直肠温度(增加 1.4℃，$P<0.001$)，但动脉血压无变化。LPS 既不影响皮肤血流量，也不影响后闭塞性反应性充血，但降低了依赖 NO 的局部热充血反应，L-精氨酸及 ADMA 血浆水平。依赖 NO 血管舒张的变化与 ADMA 血浆含量，L-精氨酸或 L-精氨酸/ADMA 比值变化没有相关性。这些结果表明：内毒素血症使患者引起内皮微循环依赖 NO 血管舒张的特定减小，而且不能用 ADMA 水平的变化进行说明。微血管 NO 缺陷可能是负责观察到的脓毒症组织灌注的异质性，这也可能是一个治疗靶点。

13.11 一氧化氮对患慢性伸肌无力症双盲临床试验

重症肌无力是一种主要累及神经肌肉接头突触后膜上乙酰胆碱受体的自身免疫性疾病。临床主要表现为部分或全身骨骼肌无力和易疲劳。活动后症状加重，经休息和胆碱酯酶抑制剂治疗后症状减轻。发病率为 8/10 万~20/10 万，患病率为 5/10 万，女性患病率大于男性，约 3∶2，各年龄段均有发病，儿童 1~5 岁居多。我国南方发病率较高。重症肌无力患者常合并甲状腺功能亢进、甲状腺炎、系统性红斑狼疮、类风湿性关节炎和天疱疮等其他自身免疫性疾病。通常以晨起时减轻，重复活动后症状加重，休息后又有程度不等的缓解，因此“晨轻暮重”的趋势为本病主要的临床特征[32]。

附着于外侧肱骨外上髁的伸肌肌腱(“网球肘”)是由于过度使用腕伸肌引起肌腱退化性改变。目前没有有效治疗方法。在动物模型上，局部应用 NO 已经被有效地用于治疗骨折和皮肤创伤，据推测是由于刺激成纤维细胞的胶原合成。《美国运动医学杂志》(*Am J Sports Med*)2003 年发表一篇关于应用硝酸甘油治疗伸肌肌腱疼痛的临床报道[33]。为了确定局部一氧化氮能否改善患者的伸肌肌腱的结果，设计了随机、双盲临床试验。将 86 例患者伸肌肌腱炎患者随机分为两组，每组都执行标准肌腱修复方案，其中一组接受活性硝酸甘油贴剂，另一组接受安慰剂贴剂。 结果表明，硝酸甘油组患者经 2 周治疗能显著减少肘关节疼痛，在6~12周能降低髁压痛，24周增加了腕伸肌平均峰值力和总功。经过6个月，治疗组有81%的人在日常活动中基本无症状了，对照组肌腱康复患者则为60%。因此可以得出结论：外用NO能够改善早期疼痛与活动及预后功能，最终可以作为患者伸肌肌腱治疗的应用。

《柳叶刀》(*The Lancet*)杂志1989年报道了利用内皮型NOS的特异性抑制剂甲基-L-精氨酸(L-NMMA)注入健康志愿者的肱动脉，测试NO对前臂血流量的控制作用的研究[34]。结果发现，L-NMMA引起基础血流量下降50%和减小了乙酰胆碱扩张器响应，但不影响硝酸甘油的作用。这些结果表明，内皮型NOS产生NO的扩张有助于控制基础和刺激局部的血流。NO产生减少可能会与各种血管反应性的异常疾病状态有关。

虽然骨关节炎治疗的范围最近有所增加，但骨关节炎仍然是一个经常出现的疾病，但缺乏有效的治疗方法。骨性关节炎，预计到2020年将成为导致残疾的第4个原因，在老年人中更为常见。为了更好地理解骨关节炎的进展，有必要知道在骨关节炎发病之前、发病过程和如何预防骨关节发病的自由基作用的知识。NO是一种双原子自由基通过一氧化氮合酶产生的，具有调节血管舒缩，控制炎症等功效，因此研究各种炎症组织NO合成和调节作用，将为骨关节炎的防治提供新的线索与技术手段。

13.12 一氧化氮对动脉粥样硬化的治疗作用

动脉粥样硬化是一个慢性疾病，开始于脂肪条斑的出现，由此发展到粥样硬化可能需要几十年时间。最终，这些条斑可能大到足够阻塞血管，这样动脉血流受到限制，导致心肌等组织细胞缺血、缺氧，产生心绞痛等疾病。当中等条斑破裂或损坏，暴露到亚-内皮就产生阻塞或接近阻塞血栓时，甚至出现急性症状，如心肌梗死或不稳定的心绞痛。这清楚地反映机体严重丧失了动脉血流稳态。血栓的炎症和血管壁的加厚也增加了相关的损伤和堵塞[35, 36]。

动脉粥样硬化与内源NO生物利用度降低相关，血管造影显示，动脉注射乙酰胆碱能够使动脉粥样硬化血管产生收缩，而血管对硝化甘油舒张的响应还可以维持。这与失去内皮细胞释放NO和乙酰胆碱对血管光滑机的直接收缩效应是一致的，用从患冠状动脉疾病患者分离的冠状动脉组织也得到证实。动脉粥样硬化对NO释放的其他刺激如血清素产生的舒张也受到了损伤[37, 38]。

动脉粥样硬化早期就会出现内皮细胞释放NO减少。造影显示，在高胆固醇家庭的儿童支动脉或股动脉流动调节舒张受损，高胆固醇早期患者在动脉粥样硬化之前乙酰胆碱调节的舒张就受损，甚至超声可以检测到血管内膜变厚。依赖内皮细胞舒张损伤的其他危险因素还包括高血压、糖尿病、吸烟、高半胱氨酸症和冠状动脉疾病家族史。这些发现与实验证据一致表明，NO丢失是动脉粥样硬化病理的作用因素[39~43]。

NO对维护动脉血流稳态是至关重要的，因此有大量关于动脉粥样硬化疾病状态对NO生物利用度影响的研究报道。动脉粥样硬化的很多危险因素都是增加氧化应激对血管的损伤，氧化修饰低密度脂蛋白是动脉粥样硬化的一个关键步骤，形成泡沫细胞和启动慢性炎症，最后产生动脉粥样硬化斑。这个过程的中心是改变了内皮细胞的性质，使得NO生物利用度丢失、增加黏附细胞及趋化血管收缩前凝血和生长促进因素的表达。

至于 NO 丢失和氧化应激，主要是由增加产生的 ROS 和积累脂质过氧化导致的。而脂质过氧化主要是产生的超氧阴离子与 NO 反应产生的过氧亚硝基引起的[44, 45]。

氧化的低密度脂蛋白(OX-LDL)对内皮细胞是有毒性的，能够促进炎症细胞黏附到血管壁，增加局部产生 ROS，导致 NO 的“失活”，使 NO 的生物利用度降低甚至完全失去。OX-LDL 还能减少内皮细胞 eNOS 蛋白水平和减少 NO 产生，干扰依赖 eNOS 活性的信号转导和鸟苷酸环化酶活性[46, 47]。在人体也发现了 OX-LDL 对内皮细胞是有毒性的一些证据。例如，在前臂阻力血管和血浆中 NO 活性与 OX-LDL 抗体成反比关系[48]。抗氧化剂对心脏病早期的动脉粥样硬化的效果就比较有效，一些造影结果就显示服用抗氧化剂维生素 C 和维生素 E 能够使一些动脉粥样硬化明显好转[49, 50]。

临床试验发现，饮用紫葡萄汁 14 天可以明显改善臂动脉舒张，防止 LDL 氧化，增加 SOD，过氧化氢酶和谷胱甘肽过氧化酶活性，提高 NO 生物利用度[51]。饮用白葡萄汁就没有这样的效果。

13.13 西地那非治疗阳萎

“阳萎”现在更准确地称勃起功能障碍，为男性性功能障碍的一种，是性交时阴茎不能勃起或维持勃起以满足性生活，病程 3 个月以上者。据报道，中国 52%的 40~70 岁男性存在不同程度的勃起功能障碍。中医古籍称阳萎或阴萎，日语亦称阴萎、不举者、性无能，都是医患双方不愿意接受的贬义词；勃起功能障碍更精确且中立地定义了这种性功能障碍。

国际阳萎学会的定义是：性交时阴茎不能有效而充分地勃起而致性交不满意。阳萎是指阴茎不能勃起进行性交，或虽能勃起但勃起不坚，不能维持和完成正常的性交，是临床中最常见的性功能障碍疾病之一。当怀疑自己患了阳萎时，一定要到正规医院进行诊断和治疗，切不可自行判断及擅自用药，以免延误病情或错过最佳的治疗时间。从发育开始后就发生阳萎者称原发性阳萎。引起阳萎的原因很多，除少数生殖系统的器质性病变引起外，大多数是心理性和体质性的，50 岁以上男子出现阳萎，多数是生理性的退行性变化[52]。

西地那非，又称昔多芬，是一种研发治疗心血管疾病药物时意外发现的治疗男性勃起功能障碍药物，一般以其商业用名 Viagra 广为人知，但在中国大陆其中文俗名“伟哥”又更广为人知。由于辉瑞公司对西地那非享有专利权，因此该公司以西地那非的枸橼酸盐(柠檬酸盐)所制造的万艾可，是目前市面上唯一合法以西地那非作为主要成分的药物。

西地那非是 5 型磷酸二酯酶抑制药而进入临床研究的，研究者希望西地那非能够通过释放生物活性物质 NO 舒张心血管平滑肌，达到扩张血管缓解心血管疾病的目的。但是临床研究显示，西地那非对心血管的作用并不能达到研究人员的预期，作为一个心血管药物，西地那非的表现是令人失望的，无法成长成为一个成功的治疗药物。1991 年 4 月，西地那非的临床研究正式宣告失败，但受试者报告的一项不良反应引起了研究人员的注意。研究员发现，治疗者在领过试药之后都不愿意交出余下的药物。追查之下，发现这一种药对病者的性生活有改善。研究人员就西地那非对阴茎海绵体平滑肌的作用展开了研究，并于 1998 年 3 月 27 日获得美国食品和药品监督管理局的上市许可。

NO作为内皮细胞松弛因子，为了证实NO可以引起阴茎海绵体松弛，进而引起阴茎勃起，因为这个平滑肌的松弛是对非肾上腺素和非胆碱能神经元刺激反应的。搜集了21个因为阳萎做了阴茎插入患者的阴茎海绵体条，并且用胍乙啶、阿托品处理和苯肾上腺素预处理部分收缩，然后测定阴茎海绵体条对电和NO刺激的松弛响应。

结果发现，在NOS抑制剂存在的情况下阴茎海绵体条对电刺激作出明显、瞬时而且依赖频率的松弛响应，加入L-精氨酸可以解除NOS抑制剂的作用。NO供体(S-nitroso-*N*-acetylpenicilamine)可以引起阴茎海绵体条快速、完全和依赖浓度的松弛响应。电刺激和NO刺激的松弛响应可以被环化鸟苷酸(CGM)的磷酸二酯酶抑制剂加强。这个松弛响应还可以被环化鸟苷酸的抑制剂亚甲基蓝抑制。因此可以说，NO作为非肾上腺素和非胆碱能的阴茎海绵体松弛的神经传递介质参与阴茎勃起，而缺乏NO就可能导致某种形式的阳萎[52]。

经研究西地那非的作用机制发现，5型磷酸二酯酶(PDE5)是西地那非的作用靶点，磷酸二酯酶是NO-cGMP通路的负调节因子，它通过催化cGMP的分解而降低NO的作用，一般认为体内的NO是一个调节血管平滑肌扩张的因子，因而磷酸二酯酶作用的结果是促进血管平滑肌的收缩。西地那非可以高选择性地抑制人体内PDE5活性，PDE5在阴茎海绵体内表达水平极高，而在人体其他组织和器官中则表达较低。服用西地那非后，阴茎海绵体血管平滑肌在药物的作用下舒张，血液流量增加，海绵体充血，阴茎勃起，从而产生对阴茎勃起功能障碍的治疗作用。临床试验显示，在欧美人中，约有78%的受试者服用西地那非后有明显作用，其作用程度随药物在血液中浓度的升高而提升。其作用时间持续约4h。西地那非吸收迅速，口服后血药浓度迅速达到峰值，经肝脏代谢，肾脏功能轻度和中度不全者，对西地那非的使用效果没有显著影响，重度肾功能不全服用西地那非后其血浆清除率会降低。

“伟哥”经过全球2000万人以上的使用，证实了其长期稳定的安全性，25~60min的起效作用时间正好配合前戏所需时间，将同房时间调整在最高药物浓度时间内进行，帮助夫妻双方都获得满意的性生活。“伟哥”2000年7月批准在中国上市。

枸橼酸西地那非的化学名为1-[4-乙氧基-3-(6,7-二氢-1-甲基-7-氧代-3-丙基-1-氢-吡唑并[4,3d]嘧啶-5-基)苯磺酰]-4-甲基哌嗪枸橼酸盐。化学结构如图13-2所示。

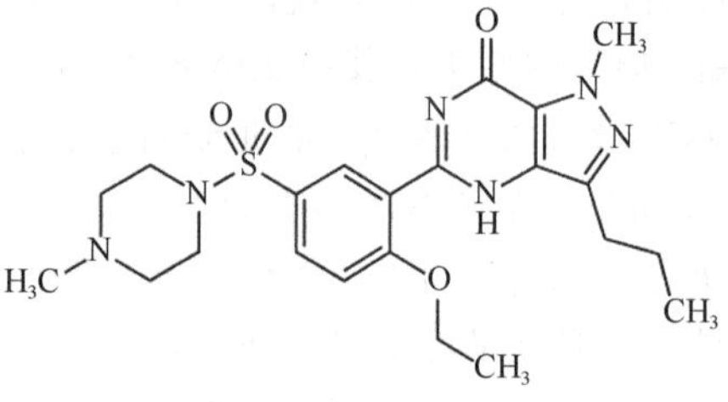

图13-2　西地那非的化学结构

目前市场上还有其他药物与西地那非共用，对西地那非会产生相互作用。健康志愿者同时服用西地那非50mg和西咪替丁800mg，导致血浆内西地那非浓度增高56%。单剂抗酸药(氢氧化铝/氢氧化镁)对西地那非生物利用度没有影响；CYP450 2C9抑制剂(如甲苯磺丁脲、华法令)、CYP450 2D6抑制剂(如选择性5-羟色胺再摄取抑制剂、>三环抗抑郁药)、噻嗪类药物及噻嗪类利尿剂、血管紧张素转换酶抑制剂、钙通道阻滞剂等，对西地那非的药代动力学没有影响。

西地那非也有不良反应，主要表现为：①体内试验表明，高血压患者同时服用西地那非(100mg)和氨氯地平5mg或10mg，仰卧位收缩压平均进一步降低8mmHg，舒张压平均进一步降低7mmHg。②头痛。临床试验中发现，约有1%的人服药后出现头痛，且服用剂量越大越严重。③眼花。约有0.3%的服药者可发生短暂的视力模糊，有的还会出现看见蓝光的幻觉。④昏晕。可能造成血压骤降，如同时服用硝酸甘油等药物，常会立即头昏甚至晕倒。⑤掩盖心血管疾病。阳萎可能是心脏疾病、糖尿病或癌症的先兆，服用该药可能掩盖真正的病情。⑥血压降低。“伟哥”可引起血压降低，而含三硝酸甘油或硝酸盐等心脏病药物也会降低血压，故“伟哥”与这些药混用时血压会大大降低，有时可能危及生命。⑦青光眼。眼科专家警告，服用“伟哥”可导致血压下降，但青光眼患者眼压较高，有3%~5%的人可能出现急性青光眼，可使人一夜失明，即使治好也不能恢复原来视力。⑧暂时性耳聋。FDA报道，“伟哥”可致耳聋，约1/3为暂时性耳聋。⑨加重睡眠呼吸暂停。梗阻性睡眠呼吸暂停是由于在睡眠中喉部软组织塌陷，阻塞气道导致短时间的呼吸停止而产生的常见病症。

“伟哥”给千万阳萎患者带来了福音，但美国食品和药品监督管理局提出警告，请医生开具“伟哥”给某些男士时务必谨慎。

13.14 一氧化氮自由基在临床运用的问题和前景

通过以上讨论可以看出，NO作为内皮细胞因子可以松弛血管，凡是与松弛血管有关的疾病及其治疗的临床应用都可能与NO有关，涉及方面很广。既有目前临床应用最广泛、最有效的抗心绞痛药物硝酸甘油，也有目前正在临床试验的吸入NO气体。主要治疗的是动脉粥样硬化、高血压、脑卒中、肺呼吸道疾病、血管疾病和阳萎等症状。有些临床应用已经很成熟。但还有很多是处于初步试验或者临床试验阶段，其中一些可能发展为今后的临床治疗药物和方法，为人类解除病痛作出巨大贡献，另外一些可能因为种种原因被淘汰。另外人们始终要记住，NO是一柄“双刃剑”，既可能在病理条件下对机体具有保护作用和对疾病有治疗作用，也可能在病理条件下造成损伤作用。因此一定要经过严格的临床试验，证明在某个使用浓度可以有效治疗某种疾病而又没有不良反应或者不良反应很小，才可以进入临床。临床使用也要在医生的严格控制下进行治疗。作者相信，NO这个小小的双原子自由基，作为一种新的方法，将在治疗人类疾病和保护人类健康方面发挥重要作用。

参 考 文 献

[1] Kapoor A，Goel PK，Gupta S. Slow coronary flow—a cause for angina with ST segment elevation and normal coronary arteries. A case report. Intern J Cardiol，1998，(3)：257-261.

[2] Przybojewski JZ，Bocker PH. Angina pectoris and acute myocardial infarction due to “slow-flow phenomenon” in nonatherosclerotic coronary arteries：a case report. Angiol，1986，751-761.

[3] 张清友，杜军保，李万镇. 舌下含化硝酸甘油直立倾斜试验对儿童不明原因晕厥的诊断研究. 中华儿科杂志，2004，42(5)：371.

[4] 常书福，马剑英，钱菊英，等. 冠状动脉内应用硝酸甘油和维拉帕米治疗冠状动脉血流缓慢现象的效果. 中华心血管病杂志，2010，38(1)：27-30.

[5] Michelakis E，Tymchak W，Lien D，et al. Is an effective and specific pulmonary vasodilator in patients with pulmonary arterial hypertension. Comparison With Inhaled Nitric Oxide. Circulation. 2002，105：2398-2403.

[6] Matamis D，Pampori S，Papathanasiou A，et al. Inhaled NO and sildenafil combination in cardiac surgery patients with out-of-proportion pulmonary hypertension：acute effects on postoperative gas exchange and hemodynamics. Circ Heart Fail，

2012，5：47-53.

[7] Frantz RP，Durst L，Burger CD，et al. Conversion from sildenafil to tadalafil: results from the sildenafil to tadalafil in pulmonary arterial hypertension (SITAR) study. Journal of Cardiovascular Pharmacology and Therapeutics，2014，19(6)：550-557.

[8] Chotigeat U，Khorana M，Kanjanapattanakul W. Inhaled nitric oxide in newborns with severe hypoxic respiratory failure. J Med Assoc Thai，2007，90(2)：266-271.

[9] Hayward CS，Kelly RP，MacDonald PS. Inhaled nitric oxide in cardiology practice. Cardiovascular Research，1999，43(3)：628-638.

[10] Mark JD，Griffiths MRCP，Timothy W，et al. Inhaled nitric oxide therapy in adults. N Engl J Med，2005，353(25)：2683-2695.

[11] 中国医学会儿科学分会新生儿学组和中华儿科学编委会新生儿学组. 新生儿持续肺动脉高压诊疗常规(草案). 中华儿科杂志，2002，40(7)：438-439.

[12] 张永红，李明霞. 一氧化氮与新生儿缺氧性肺动脉高压的关系. 中外医疗，2008，(33)：144-145.

[13] 曾建军，陈冬梅，王瑞泉，等. 吸入一氧化氮与高频振荡通气治疗新生儿呼吸衰竭合并肺动脉高压的疗效观察. 中国小儿急救医学，2010，(6)：14-17.

[14] Summerfield DT，Desai H，Levitov A，et al. Inhaled nitric oxide as salvage therapy in massive pulmonaryembolism：a case series. Respir Care，2011，57(3)：444-448.

[15] Abrams J. Beneficial actions of nitrates in cardiovascular disease. The American Journal of Cardiology，1996，77(13)：31C-37C.

[16] Ballard RA，Truog WE，Cnaan A，et al. Inhaled nitric oxide in preterm infants undergoing mechanical ventilation. N Engl J Med，2006，355(4)：343-353.

[17] Lamontagne F，Meade M，Ondiveeran HK，et al. Nitric oxide donors in sepsis：a systematic review of clinical and *in vivo* preclinical data. Shock，2008，30：653-659.

[18] 许贻白，王贤军. 氧化低密度脂蛋白和一氧化氮的相互作用及其在缺血性及脑卒中的作用. 中华神经科杂志，1999，(1)：40-42.

[19] Whitelet S M，Bodenham A. Churchill's Pocketbook of Intensive Care. New York：Churchill Livgstone，1999：131-133.

[20] Rossanit R，Falke KJ，Lopete F，et al. Inhaled nitric oxide for the adult respiratory distress syndrom. New England J Med，1993，328：399-405.

[21] Bernard GR，Artigas A，Brigham KL，et al. The American-European Consensus Conference on ARDS. Definitions，mechanisms，relevant outcomes，and clinical trial coordination. American Journal of Respiratory and Critical Care Medicine，1994，149：818-824.

[22] Taylor RW，Zimmerman JL，Dellinger RP，et al. Low-dose inhaled nitric oxide in patients with acute lung injury a randomized controlled trial. JAMA. 2004，291(13)：1603-1609.

[23] Adhikari NKJ, Burns KEA, Friedrich JO, et al. Effect of nitric oxide on oxygenation and mortality in acute lung injury：systematic review and meta-analysis. BMJ, 2007, 334: 779.

[24] Harver A，Kotses H. Asthma，Health and Society a Public Health Perspective. New York：Springer，2010：315.

[25] Hargreave FE，Parameswaran K. Asthma，COPD and bronchitis are just components of airway disease. European Respiratory Journal，2006，28(2)：264-267.

[26] Murk W，Risnes KR，Bracken MB. Prenatal or early-life exposure to antibiotics and risk of childhood asthma：a systematic review. Pediatrics，2011，127(6)：1125-1138.

[27] Cordeiro D，Rudolphus A，Snoey E，et al. Utility of nitric oxide for the diagnosis of asthma in an allergy clinic population. Allergy Asthma Proc，2011，32(2)：119-126.

[28] LaForce C，Brooks E，Herje N，et al. Impact of exhaled nitric oxide measurements on treatment decisions in an asthma specialty clinic. Annals of Allergy，Asthma & Immunology，2014，113(6)：619-623.

[29] Zeiger RS，Schatz M，Zhang F，et al. . Elevated exhaled nitric oxide is a clinical indicator of future uncontrolled asthma in asthmatic patients on inhaled corticosteroids. J Allergy Clin Immunol，2011，128：412-414.

[30] Högman M，Frostell CG，Hedenström H，et al. Inhalation of nitric oxide modulates adult human bronchial tone. American Review of Respiratory Disease，1993，148：1474-1478.

[31] Engelberger RP，Pittet YK，Henry H，et al. Acute endotoxemia inhibits microvascular nitric oxide-dependent vasodilation in humans. Shock，2011，35：28-34.

[32] Kalpakcioglu B，Senel K. Nitric oxide production in association with osteoarthritis. The Pain Clinic，2007，19：53-57.

[33] Paoloni JA，Appleyard RC，Nelson JU，et al. Topical nitric oxide application in the treatment of chronic extensor tendinosis

at the elbow a randomized，double-blinded，placebo-controlled clinical trial. Am J Sports Med，2003，31(6)：915-920.

[34] Vallance P，Collier J，Moncada S. Effects of endothelium-derived nitric oxide on peripheral arteriolar tone in man. The Lancet，1989，2(8670)：997-1000.

[35] Gordon JB，Ganz P，Nabel EG. Atherosclerosis influences the vasomotor response of epicardial coronary arteries to exercise. J Clin Invest，1989，83：1946-1952.

[36] Yeung AC，Vekshtein VI，Krantz DS. The effect of atherosclerosis on the vasomotor response of coronary arteries to mental stress. N Engl J Med，1991，325：1551-1556.

[37] Ludmer PL，Selwyn AP，Shook TL. Paradoxical vasoconstriction induced by acetylcholine in atherosclerotic coronary arteries. N Engl J Med，1986，315：1046-1051.

[38] Bossaller C，Habib GB，Yamamoto H，et al. Impaired muscarinic endothelium-dependent relaxation and cyclic guanosine 5′-monophosphate formation in atherosclerotic human coronary artery and rabbit aorta. J Clin Invest，1987，79：170-174.

[39] Treasure CB，Klein JL，Vita JA. Hypertension and left ventricular hypertrophy are associated with impaired endothelium-mediated relaxation in human coronary resistance vessels. Circulation，1993，87：86-93.

[40] Nitenberg A，Valersi P，Sachs R，et al. Impairment of coronary vascular reserve in and ACH-induced coronary vasodilation in diabetic patients with angiographically normal coronary arteries and normal left ventricular systolic function. Diabetes，1993，42：1017-1025.

[41] Nitenberg A，Antony I，Foult JM. Acetylcholine-induced coronary vasoconstriction in young，heavy smokers with normal coronary arteriographic findings. Am J Med，1993，95：71-77.

[42] Celermajer DS，Sorensen K，Ryalls M. Impaired endothelial function occurs in the systemic arteries of children with homozygous homocystinuria but not in their heterozygous parents. J Am Coll Cardiol，1993，22：854-858.

[43] Clarkson P，Celermajer DS，Powe AJ，et al. Endothelium-dependent dilatation is impaired in young healthy subjects with a family history of premature coronary disease. Circulation，1997，96：3378-3383.

[44] Levine GN，Keaney JF Jr.，Vita JA. Cholesterol reduction in cardiovascular disease：clinical benefits and possible mechanisms. N Engl J Med，1995，332：512-521.

[45] Ross R. Atherosclerosis — an inflammatory disease. N Engl J Med，1999，340：115-126.

[46] Nègre-Salvayre A，Pieraggi MT，Mabile L，et al. Protective effect of 17-beta-estradiol against the cytotoxicity of minimally oxidized LDL to cultured bovine aortic endothelial cells. Atherosclerosis，1992，99：207-217.

[47] Keaney JF Jr.，Guo Y，Cunningham D，et al. Vascular incorporation of alpha-tocopherol prevents endothelial dysfunction due to oxidized LDL by inhibiting protein kinase C stimulation. J Clin Invest，1996，98：386-394.

[48] Heitzer T，Yla-Herttuala S，Luoma J. Cigarette smoking potentiates endothelial dysfunction of forearm resistance vessels in patients with hypercholesterolemia. Role of Oxidized LDL. Circulation，1996，93：1346-1353.

[49] Hodis HN，Mack WJ，LaBree L. Serial coronary angiographic evidence that antioxidant vitamin intake reduces progression of coronary artery atherosclerosis. J Am Med Assoc，1995，273：1849-1854.

[50] Kritchevsky SB，Shimakawa T，Tell GS. Dietary antioxidants and carotid artery wall thickness：the ARIC study. Circulation，1995，92：2142-2150.

[51] Flesch M，Schwarz A，Bohm M. Effects of red and white wine on endothelium-dependent vasorelaxation of rat aorta and human coronary arteries. Am J Physiol，1998，275：H1183-H1190.

[52] Rajfer J，Aronson WJ，Bush PA，et al. Nitric oxide as mediator of relaxation of the corpus cavernosum in response to nonadrenergic，noncholinergic neurotransmission. New England Journal Medicine，1992，362：90-94.

14　一氧化氮自由基在健康产品应用概括

随着社会进步和经济发展，人类对自身的健康日益关注，特别是中老年人群，对自身的健康尤为关注。人们不再满足生病之后到医院找医生看病，而是注重提前调理自己的身体和预防疾病的发生，使自己保持健康的身体状况，提高自己的生活质量。对长寿也有了新的看法，以前人们一味追求长寿，在获得长寿的同时，生活质量没有得到相应提高，甚至出现过去一些皇帝为了求得长生不老而服用“仙丹”中毒死亡，现在人们更需要实际意义上的长寿而不是一味延长寿命。人们都知道，心血管和骨质疏松等慢性疾病是许多老年人的常见病，通常依赖于药物治疗，但药物治疗只起到修复或缓解的作用，却不能根治。基于上述情况，越来越多的人开始摆脱药物控制，注重饮食与健康的关系，更注重健康食品。除了注意日常保证合理的营养饮食和锻炼身体外，就是补充一些具有一定功能的健康食品，以满足自己身体的特殊需要。因此，20 世纪 90 年代以来，全球居民的健康保健消费逐年攀升，对营养保健品的需求十分旺盛，但同时也出现了一系列问题。本章就健康产品应用概括，特别是 NO 在健康产品的应用概括作一介绍、对 NO 在健康产品的成分进行分析、对 NO 在健康产品的功能进行探讨、对 NO 健康产品存在的问题和风险进行一些讨论，以利读者在使用这些产品时参考，并对 NO 在健康产品的前景作一些展望，以推动 NO 健康产品更加健康地发展。

14.1　健康产品的应用概括

本节就健康产品的概念、各国对健康产品的一些规则和健康产品应用概括作一介绍。健康产品大体可以分为保健食品、保健药品、保健化妆品、保健用品等，作者重点讨论健康食品，主要是保健食品。

14.1.1　健康食品的概念

不同国家对健康食品的概念有共性，也有些不同的理解。在中国称“保健食品”或“功能食品”，通俗说法为保健品。《保健(功能)食品通用标准》(GB 16740—1997)第 3.1 条将保健食品定义为：“保健(功能)食品是食品的一个种类，具有一般食品的共性，能调节人体的机能，适用于特定人群食用，但不以治疗疾病为目的”[1]。

在美国称膳食补充剂(dietary supplement)，其定义由 1994 年美国国会通过的《膳食补充剂健康教育法》(*Dietary Supplement Health and Education Act of 1994*)给出：膳食补充剂，又称营养补充剂、营养补充品、营养剂、饮食补充剂等，是作为饮食的辅助手段，用来补充人体所需的氨基酸、微量元素、维生素、矿物质、药草或其他植物制剂(不包括烟草)、浓缩素、代谢物、组成物或提取物等[2]。

欧盟称食品补充剂(food supplement)，是指具有营养或生理作用的浓缩营养物来源或其他物质，其目的是补充正常饮食。销售的食品补充剂以“剂量”的形式，如丸剂、片剂、胶囊或液体配定剂量等。补充剂可用于纠正营养不足或维持摄入足够的某些营养素。然而，在某些情况下，过量摄取的维生素和矿物质可能有害或引起不希望的不良反应，因此，确保其食品增补剂的最高安全使用水平是必要的[3]。

在日本关于健康食品没有医学上和法律上的定义，与普通食品到底有何不同也没人说得清。因此，有学者建议，不要笼统地称“健康食品”，没有得到严格认定的只能称为“健康志向食品”。

其他国家对健康产品的定义虽然有些不同，但大体都与以上定义有类似之处。

14.1.2 健康食品的一些法规

对健康产品，世界各国都非常重视，通过了不少法规。不同国家有不同的法规，但有一点是共同的，那就是确保健康食品的安全性。

中国的《保健(功能)食品通用标准》(GB 16740—1997)第 3.1 条将保健食品定义为：“保健(功能)食品是食品的一个种类，具有一般食品的共性，能调节人体的机能，适用于特定人群食用，但不以治疗疾病为目的”。所以在产品的宣传上，也不能出现治疗、预防、有效率、成功率等相关的词语。保健食品标志的颜色为天蓝色图案，图标下半部分有保健食品字样[1]。

中国对保健食品的功能规定有 27 种，包括：免疫调节、调节血脂、调节血糖、抗氧化、延缓衰老、改善记忆、改善视力、促进排铅、清咽利喉、调节血压、改善睡眠、促进泌乳、抗突变、抗疲劳、耐缺氧、抗辐射、减肥、促进生长发育、改善骨质疏松、改善营养性贫血、对化学性肝损伤有辅助保护作用、祛痤疮、祛黄褐斑、改善皮质油分、改善肠道菌群、促进消化、通便和保护胃黏膜功能。凡是超过上述 27 种保健功能范围的宣传都是违法的。

国家还对 27 种保健食品的功能明确规定了每种功能的实验详细要求，要求做哪些实验，达到什么结果才可以通过。而且在全国确定了一些权威实验室，对申报的每个保健品必须在国家规定的权威实验室进行验证，验证通过后，再提交给一个专家委员会进行讨论论证，只有通过专家委员会进行讨论论证的项目才能报卫生部审批。审批通过才能下发保健品批号，成为国家承认的保健品。领取了这个保健品批号后，生产厂家才可以生产和在市场销售的产品上印上特有的蓝色标志和批号。对生产保健品的工厂，国家也明确规定需要在具有 GMP 车间的工厂生产。生产公司必须向地方质量检验局提供生产的质量标准、生产厂房的卫生证明和申请生产许可证。只有这一切手续齐全之后才能生产，成为销售商正式销售的保健品[4]。

美国食品和药品监督管理局(FDA)根据膳食补充剂 1994 年的健康与教育法(DSHEA)，对成品膳食补充剂产品及饲料原料，规定了一套不同于那些“传统”食品和药品的膳食补充剂的规则：禁止制造商和分销商制造和行销掺假或贴假标签的膳食补充剂和膳食成分产品。这意味着，这些公司负责销售确保符合 DSHEA 和 FDA 规定的所有要求评估安全性和标签的产品。FDA 负责对任何到达市场的掺假或贴假标签的膳食补充剂产品采取行动。

美国食品和药品监督管理局规定膳食补充剂是一种食品，而不是一种药品。美国食品和药物管理局并不保证膳食补充剂的安全性和有效性，只能在某种膳食补充剂出现问题后才去调查生产商。虽然膳食补充剂生产企业必须在FDA登记他们的设备，在销售膳食补充剂之前，他们并不需要得到FDA批准生产。但制造商和分销商必须确保在产品标签和其他标签上的所有索赔和信息是真实的，而不是误导。

根据FDA法规，所有在美国的国内外制造、包装、标签或保存膳食补充剂的公司，包括那些参与测试、质量控制，以及分布在美国的膳食补充剂的行销商，必须遵守目前膳食补充剂良好生产质量管理规范(cGMP)进行质量控制。此外，出现在美国市场上销售的每种膳食补充剂的标签上的制造商、包装商或分销商必须向FDA提交在美国膳食补充剂相关的所有严重不良事件的报告。

由FDA规定膳食补充剂标签和其他标签，如产品说明书和相应的文献，由美国联邦贸易委员会(FTC)规定膳食补充剂的广告。所有在美国生产、加工、包装或保存人或动物消费的膳食补充剂的国内外公司需要在FDA注册。

欧盟的《食品补充律令》(*Food Supplements Directive*)要求膳食补充剂必须保证品质和数量的安全可靠。有些维生素在小剂量时对人体是有益的，但是过多的剂量是有害的。有些药草和某些药品同时摄入会产生毒性作用。只有那些经证实没有危险的膳食补充剂才可以不需要处方就在市场上销售。

欧盟委员会建立了统一的规则，即“欧盟监管框架”，以确保食品补充剂是安全且标签是适当的。在欧盟食品添加剂管理和立法的重点是作为食品补充剂成分的维生素和矿物质[5]。

该指令规定要求在标签上，在欧盟范围内销售的食品补充剂的每个维生素和矿物质要设置最大和最小摄入量。过量摄取的维生素和矿物质可能有害或引起不良反应，该指令规定了设置加入食品添加剂的维生素和矿物质的最大数量。

2001年，由食品科学委员会规定了要求提供关于申请一种新物质必须提供的数据信息。2009年，由欧盟委员会要求欧洲食品安全局评估除了附件二的列表中允许在食品增补剂的物质外，对新提出的食品增补剂的安全性和生物利用度进行评估。根据欧洲食品安全局的工作，欧洲委员会审查了可用于食品添加剂被允许添加维生素或矿物质物质清单。此外，2009年其附件二规定了对特定营养用途食品添加剂被允许添加维生素或矿物质。其中有欧洲食品安全局对这些物质的安全性和生物利用度的科学评价。在2005~2009年欧洲食品安全局共审查了533项，其中186在评估过程中被撤回，其中科学证据不足的有一半左右，39项是因为安全问题。

日本是迄今为止最早一个政府认可健康功能性食品的国家，该国厚生劳动省在1984年就设立了日本健康食品与营养食品协会(Japan Health Food and Nutrition Food Association，JH-FNFA)，用以辅导逐渐成长的保健食品工业，目前该协会已经认证了45项天然的功能性食品配料，可以用在特定的产品上。1991年，厚生劳动省通过《营养改善法》，一部分的健康食品是得到政府认定的，受到日本健康食品协会认可的，严格按照厚生劳动省的标准生产的，可称为“保健功能食品”，其中又包括营养功能食品和特定保健用食品。营养功能食品含有维生素、矿物质等，特定保健食品指的是对一类群体和某种疾病适用的保健品，如适用于孕妇、高龄者等，得到认定的保健品在外包装上印上专门的标志，种类现已经达到 500 种以上[6]。

日本有专门的健康食品管理士，这些健康食品管理士是由协会认定的民间资格。他们往往出身基础医学、食品学、食品卫生学、药理学、临床检查等专业，不是一般人士所能够胜任的。现在日本约有 5000 名健康食品管理士，他们负责鉴定健康食品的成分和效用。

14.1.3 保健食品与一般食品和药品的区别

保健食品含有一定量的功效成分，能调节人体的机能，具有特定的功效，适用于特定人群。一般食品不具备特定功能，无特定的人群食用范围。人体需要的营养素有很多，如水、蛋白质、脂肪、碳水化合物、维生素、矿物质、膳食纤维等，营养品一般都富含这些营养素，人人都适宜。例如，牛奶富含蛋白质、脂肪和钙等物质，它的营养价值很高，大部分人都适宜喝。食品只要符合卫生标准，都可以上市销售。而保健食品是具有特定保健功能、只适宜特定人群的食品，它的营养价值并不一定很高。所以，人体需要的各种营养素还是要从一日三餐中获得。保健品在固定的保健功能方面可以比营养品获得的更多，人身体的矿物质并不平衡，所以在某些方面保健品占较大的优势。保健食品不仅要符合卫生标准，还需要做毒理和功能实验，经国家特定机构验证、论证和审批，在 GMP 车间生产，才可以上市销售。

药品的生产能力和技术条件，都要经过国家有关部门严格审查，并通过药理、病理、病毒方面的严格检查及多年的临床观察，经有关部门鉴定批准后，方可投入市场。而保健品一般不需经过医院临床实验，可直接投入市场。因此，药品必然具有确切的疗效和适应证，也可能有不良反应和甚至有明确的不良反应，是药三分毒；保健食品则不然，既不能说有确切的疗效和适应证，也不允许有不良反应，必须无毒和无不良反应。保健食品是指表明具有特定保健功能的食品，即适宜于特定人群食用，具有调节机体功能，是不以治疗疾病为目的一类特殊食品。例如，作为药品维生素类产品(药字号)，必须在制药厂生产，生产过程中的质量控制要求很高，如空气清洁度、无菌标准、原料质量等，要求所有的制药都要达到 GMP 标准(药品生产质量规范)；而对保健食品也要求在 GMP 车间生产，但没有药品生产那样严格。

作为药品，为了达到治疗疾病的目的，一定要明确治疗的疾病，患这种病的患者才可以服用，而且必须严格地服用剂量和服用次数；保健食品虽然规定特定人群食用，并说明具有调节机体什么功能，但不以治疗疾病为目，因此，只要患者感觉自己某种功能需要调节，或者根据体检发现某个功能需要调节，就可以食用某种符合这一功能的保健食品，而且服用的剂量也没有严格要求，只要不超过最大毒性剂量即可。

同一类保健食品，对不同人可能效果差别很大，即使同一种保健食品，对不同人的效果差别也可能很大。这是由于大部分保健食品的设计是依据养生思想，科学组方配伍而成的，虽然申报的可能是 27 项功能中的同一个功能，但由于组方不同、原理不同、配伍剂量不同、原料来源不同、工艺剂型不同，均可能对人体的健康产生不同的影响和作用，而且在不同人群(年龄、性别、职业、身体状况、生活区域、生活环境、生活方式)当中也会有不同的体现。对这种同一保健功能人体作用效果有不同的事实，消费者没有必要大惊小怪，客观就是如此。这真实地反映出不同产品同一保健功能对不同人效果不同的使用价值，广大消费者除了了解产品功能信息外，更重要的是根据自身情况正确体会适合自己产品的适用性，购买和使用，千万不要根据一些广告商宣称，不顾自己的身体情况就购买和使用，这样不仅达不到调节自己机体的功能，反而可能对自己的身体造成伤害。

14.1.4　健康食品的应用概况

日本从 1980 年起就以每年 50 亿日元的速度增长，1989 年已有 6500 亿日元的市场规模。早在 1988 年，美国的保健食品已达 2000 种之多，销售金额在 72 亿美元以上。德国的保健食品也非常畅销，据该国《商报》报道，特定食品及改良食品的销售额达到 51.5 亿马克。

国外保健食品的发展非常迅速，随着大制造商的加入，保健食品将更加迅速地发展。如果达到食品销售额的 5%，欧洲每年市场零售额将达 300 亿美元，美国将达 200 亿美元，全球将达 1000 亿美元。不仅如此，这几年保健食品还具有全球化趋势。现在保健食品席卷全球，并最终实现全球社会化和全球的贸易化。目前低脂肪、低胆固醇、低热量的保健食品主导市场。维生素、矿物质类保健食品所占比例很大，而且很稳定。小麦胚油、深海鱼油、卵磷脂、鲨鱼软骨、鱼鲨烯等软胶囊制剂类新产品销量在逐渐增加，并有扩大市场之势。由于动物疾病，如疯牛病、禽流感等的暴发，植物性保健食品所占比例逐渐增大，如保健茶、中草药保健食品继续风行市场，深受广大消费者欢迎。

澳大利亚四面环海，不仅海洋资源丰富，而且陆地资源也比世界其他地方更为奇特和珍贵。在海洋生物保健品中，产自澳大利亚的深海鱼油、鲨鱼骨粉、角鲨烯、海狗油、牡蛎提取物等畅销世界；而来自澳大利亚陆地的袋鼠精、蜂王浆、蜂胶、蜂蜜等也同样为世人惊叹。自 20 世纪以来，澳大利亚就将功能性保健品作为其支柱产业之一。加之天然、无污染的原料生长环境和澳大利亚政府制定的一系列严格的药品食品生产标准、法规完善，因此，澳大利亚的功能性保健品深受国际欢迎。

中国保健食品行业兴起于 20 世纪 80 年代，发展至今，经历了几次大起大落。按国际标准划分的 15 类国际化产业中，医药保健是增长最快的五个行业之一，保健食品的销售额每年以 10%以上的速度增长。80 年代末期到 1995 年年初，是保健食品行业的第一个高速发展时期。在这一阶段，由于保健食品的高额利润和相对较低的政策壁垒和技术壁垒，涌现出了 3000 多家保健食品生产企业。

1995~1998 年保健食品行业经历了一个低谷期，企业数量和销售额大面积萎缩。1996 年以后国家相继出台了一系列有关保健食品行业的制度规定，行业逐步规范和新一轮保健食品消费热潮的兴起，1998 年以后，保健食品行业进入了一个前所未有的高速发展时期。

2000 年，中国开始取消保健药品整顿保健食品行业，2001 年和 2002 年保健食品行业又开始大幅下滑。随着中国整体经济形势的好转，适应新的健康观念的新型保健食品不断涌现，市场整顿促使消费者购买信心的增强，使行业重新展现生机。至 2004 年，中国保健食品的产值达到近 500 亿元。在此期间，外国保健食品开始登陆中国市场并迅速占领相当大一部分市场。从 2005 年开始，中国保健食品行业进入新的成长期，企业促销及消费者的消费行为趋于理智，消费者选择产品更注重质量、品牌、实际功效等。一些历史悠久的传统的保健食品开始获得更高的市场份额。

2006年，中国医药保健品进出口额突破300亿美元大关，达到306.7亿美元，同比增加20.4%。其中，出口额为196.1亿美元，同比增加26.3%；进口额为110.6亿美元，同比增长11.2%。2007年，中国医药保健品对外贸易再创历史新高，达到385.9亿美元，同比增加25.6%，其中，出口245.9亿美元，同比增加25.1%，与全国整体出口增速相当；进口140亿美元，同比增长26.6%。全年医药对外贸易顺差达105.9亿美元，但进口增幅高于出口增幅1.5个百分点。

2008年，中国保健品进出口额1.45亿美元，同比上升29.28%，其中出口额6267万美元，同比增长21.32%；进口额8231万美元，同比增长36.08%。2009年，我国保健品累计进出口额达2亿美元，同比上升3.1%。其中，出口额达8910万美元，同比增长2.2%；进口额达1.1亿美元，同比增长了3.9%。2010年，中国保健食品的产值超过近1000亿元，中国保健食品行业开始进入繁荣发展的成长时期。但从整个保健食品产业的生命周期来看，中国的保健食品行业竞争格局比较混乱，行业的集中度不高，管理及自律的状况都处于初级阶段。

健康产品销售市场比较混乱，有传销、直销、网络销售、搞营销活动等。1998年以后，非法传销的滥用导致了骚乱，中国政府颁布禁令，禁止所有直销公司的活动。谈判之后，中国在2005年12月推出了新的直销法，并于2006年12月安利(是最早的公司之一)获得许可证恢复直接销售。但是，法律禁止在职教师、医生、公务员为公司直销代理，销售人员都不允许从他们招募经销商收取好处费。

安利(中国)是直销的典型代表，安利的一个重要公司就是销售健康食品的纽崔莱。据报道，2002年，安利纽崔莱就有30亿的销售额位，2003年，销售额同比增幅30%左右。2006年，安利在中国有18万销售代表，140家商店和20亿美元的年销售额。2008年，中国是安利最大的市场，据报告有28%的增长，销售了170亿元。据商业周刊2010年4月报道，安利在中国有237家零售商店，16万直接销售代理商，获得30亿美元的收入。安利在中国每年举办大型以奖励为目的地不同旅游作为其最高成就的奖励，获奖者数以千计。邀请“名人”担任品牌代言人的形象广告，举办大型全民健身活动也是经常进行的销售方式[7]。

目前其他大部分保健品公司都采用搞营销活动，请一些医学和生物学专家进行健康方面的科普讲座，进行健康方面的培训和娱乐活动，吸引消费者参与，在现场展销各种保健品。

14.2 一氧化氮健康产品应用概括

1998年以前，市场上几乎没有NO健康产品。NO健康产品兴起于1998年3个美国科学家因为研究NO而获得诺贝尔生理学或医学奖之后。而目前市场上NO健康产品又几乎都是根据诺贝尔生理学或医学奖关于NO作用机制而设计的。

14.2.1 一氧化氮健康食品美国市场的应用概况

美国市场上NO健康产品有数十种之多，打开网页，输入“nitric oxide-Supplements”，就会出现一系列 NO 健康产品公司的广告。

一个编辑分析了超过 25 个最流行的 NO 补充剂产品，列举了 10 个 NO 补充剂，大部分是对运动员准备的。下面给出前 5 名(为了不涉及具体产品，用 XXX、YYY、ZZZ、RRR、TTT 表示)的内容。

#1：XXX 是一个强大的 NO 混合饮料，它含诱导 AKG 的精氨酸、精氨酸乙酯、谷氨酰胺、瓜氨酸和苹果酸 9.95g。但它不仅仅是 NO 补充剂，XXX 还含有 7g 肌酸组合物，3.2g 能量融合剂和 1.1g 保湿电解质。

#2：YYY 就把您的训练提高到一个新的水平。在您的眼前准备好大量的 NO，看您的训练转变！您服用 YYY，将有更多的精力，更大的耐力，有更大的泵动力和更好的结果。

#3：ZZZ 为您提供最佳的 NO 补充剂！您将能够根据需要加速产生 NO，为您身体提供更多的肌肉质量和提高功能所需的成分！您简直都不会相信它的结果，如果您得到 ZZZ！

#4：RRR 至尊是目前市场上的顶级健身补品之一，为今天的优秀运动员继续提供最大的成功和利益。采用专利技术的 4 至尊为您的锻炼产生大量 NO，您可以获取巨大的泵动力和坚硬的肌肉！使您扶摇直上。别再在健身房里浪费时间，那里只能拿到平平成绩。

#5：TTT 是一种有效的 NO 的补充。TTT 采用优质原料，被称为市场上最有效的 NO 粉剂，为您提供一个锻炼不曾经历过的事情！TTT 会提高您的能量！

美国市场和网络购买的 NO 胶囊(nitric oxide supplement)价格在 40.00~100 美元。

14.2.2 一氧化氮健康食品中国市场的应用概况

目前中国市场上对人体有保健作用的 NO 健康产品有数十种之多，年销售额超过 10 亿元。以 XX 销售的 NO 产品为例，2013 年，年销量 65 万瓶，总销售额达 3 亿 2 千多万。但是在如此多的基于 NO 功能的保健品中，几乎所有 NO 健康产品都是美国进口，并且标注或者是由伊格纳罗博士(Ignarro)发明的或者是穆拉德(Murad)教授发明授权的。产品技术为国外掌握，商品价格过高，与我国巨大的市场需求和群众的经济承受能力严重脱节，不能满足我国的保健品市场的需求。

例如，打开阿里巴巴网站，就可以发现诸多的 NO 健康产品：什么“美国至尊 NO 胶囊”、“NO 合成酶软胶囊”、“普力诺 NO 片”、“安美奇 NO 胶囊”、“奥乐滋复合氨基酸胶囊”、“美国薯蓣 NO 胶囊”、“美国 FDA 福迪安 NO 片”、“美国新动力 NO 胶囊”、“美国源动力 NO 胶囊”“康尼可”等。几乎都声称是美国原装进口。

市面上的 NO 胶囊，价格便宜的，在几十到 100 多元钱，有的声称品质好，效果显著的 NO 胶囊则要贵些，价格在 300 元左右，例如，某公司生产的 NO(精氨酸瓜氨酸复合营养胶囊)市场价为 256 元，还有一款来自美国的 NO 产品市场价更高为 398 元。

网页上对 NO 健康产品负面评价也随处可见，例如，有一则消息称：“XXXNO 就是国内生产的，什么美国 NO，现在所有的 NO 都说自己是美国的，这能信吗？XXXNO 是威海 XX 生物科技(XXX)经销的，什么总部北京，其实就在威海高区，北京一个人都没有，照片的办公楼那是上属公司的北京办事处，有没有用是不是真的先不说，他们所谓的蓝帽，其实也不是他们自己的，他们是贴牌的，是深圳一家公司的生产的，先说价格，盒子上写的大概是698，XXX的进货价是50元左右，他们卖给经销商的75~110元，大家觉得生产多少钱，你花几百买几十的东西 你觉得是真的吗？”

目前，中国有多个销售NO健康产品的公司，作者于2012年一次在上海老年协会受邀与诺贝尔生理学或医学奖获得者 Murad 教授在同一个会议上作一个健康科普报告。Murad教授介绍了他发明的一个NO健康产品，并且转让给XX公司。于是作者与他一道去参加了这个公司的一个营销会议。那次会议有近万人参加，给我留下了深刻的印象。作者对这个公司进行了跟踪调查了解。

XX公司在董事长的带领下，以1998年诺贝尔生理学或医学奖得主Murad博士亲自研发授权的NO产品为主，2009年成立XX公司。这是一家专业从事健康产业，向人们传播科学的健康知识及安全的健康产品，以经销商合作的方式在全国各地进行产品销售，目前其推广范围已经覆盖全国几乎所有的省、市、自治区，在全国100多座城市中均有销售。

该公司还与多家科研机构展开科研合作，与中国科学院下属单位联合成立了生物技术研究院，积极进行NO在养生保健中的实际功效探索，充分发挥NO的养生保健作用；与中国科学院生物物理研究所展开合作，双方共同启动了“NO与心脑血管疾病和健康研发计划”，该研发计划现已取得一些研究成果，申报了国家发明专利。在此基础上双方又与保健协会联合举办了“NO与心脑血管疾病和健康”研讨会，多位来自全国进行NO研究的专家学者在会议上报告和交流了NO与心脑血管疾病及健康最新研究进展，探讨了如何研发NO与心脑血管疾病和健康的健康产品，对在我国的推广与传播NO与心脑血管疾病和健康起到了一定的作用。

该公司与国家体育总局体育科学研究所合作在20名优秀青少年乒乓球运动员中间开展了科研活动，主要通过观察血液某些生化指标的变化，探讨该公司生产的NO产品对提高优秀青少年运动员机体的免疫水平，辅助促进运动员身体恢复和伤病康复的作用，寻找理想的辅助促进运动员机体恢复和伤病恢复的方法，以良好的身体机能状态参加正常训练和比赛，并取得优异成绩。

20名优秀青少年乒乓球运动员自愿参加本试验，因中途有个别运动员到外地参加比赛或上学，最终试验对象为18名运动员(其中一级运动员5名，二级运动员10名)。受试者平均年龄为(15.67±1.61)岁，平均身高为(172.8±7.8)cm，平均体重为(61.97±17.5)kg，平均训练年限为(7.42±1.86)年，专业训练年限为(3.88 ±1.62)年 。

试验前先让运动员认真填写一般情况和国际通用的睡眠情况调查量表，并抽取清晨空腹肘静脉血检测红细胞(RBC)、白细胞(WBC)、红细胞压积(Hct)、血小板(PLT)、白细胞分类等血常规指标，同时检测血清钙离子(Ca^{2+})、钾离子(K^+)、钠离子(Na^+)、氯离子(Cl^-)、乳酸脱氢酶(LDH)、肌酸激酶(CK)、碱性磷酸酶活性、尿素氮(BUN)、尿酸(UA)和血脂六项等生化指标，然后让运动员服用NO产品，分别于早、晚饭后半小时各服用3粒，每天2次，连续服用三周后，再以相同的试验条件重复测试上述各项指标。

(1) 服用一氧化氮产品对机体血细胞系指标的影响

运动员服用NO产品3周后，对机体血细胞系指标的影响，见表14-1。

表 14-1　NO 产品对血细胞系各指标的影响(n=18)

检测指标	服用前	服用后	显著性 t 检验
RBC/(×10^{12}/L)	4.77±0.38	4.83±0.43	$P>0.05$
Hct/%	42.44±3.82	42.97±3.90	$P>0.05$
PLT/(×10^{9}/L)	215.56±41.82	222.2±44.8	$P>0.05$
WBC/(×10^{9}/L)	5.47±1.05	5.23±0.97	$P<0.05$
LYM/%	39.45±10.02	41.93±12.37	$P>0.05$
ESO/%	2.08±1.99	2.52±2.14	$P>0.05$
BASO/%	0.33±0.3	0.40±0.44	$P>0.05$
MONO/(10^{9}/L)	0.39±0.17	0.28±0.14	$P<0.05$

注：RBC. 红细胞；WBC. 白细胞；Hct. 红细胞压积；PLT. 血小板；LYM. 淋巴细胞；ESO. 嗜酸性粒细胞；BASO. 嗜碱性粒细胞；MONO. 单核细胞

从表 14-1 可见，与服用前比较，服用 NO 产品 3 周后，运动员的红细胞(RBC)、红细胞压积(Hct)、血小板(PLT)、淋巴细胞(LYM)、嗜酸性粒细胞(ESO)和嗜碱性粒细胞(BASO)均有增加的趋势，有利于运动机体内有氧代谢和抗病能力的发挥，对代谢物质的迅速排除，对辅助促进机体恢复有积极意义。服用后白细胞和单核细胞计数均有显著性减少($P<0.05$)，可能与几名运动员服用前机体患有感冒且有炎症反应，系机体对炎症反应的自身免疫保护反应，所以当时的白细胞水平在正常范围内明显偏高；而服用 NO 产品后，感冒明显好转，炎症反应消失，白细胞很快恢复正常，由此也可以说明，NO 产品对提高机体免疫力，辅助促进机体炎症的消除具有积极作用。

(2) 服用一氧化氮产品对运动员血清离子系列部分指标的影响

测试了服用 NO 产品对运动员血清离子系列部分指标的影响，见表 14-2。

表 14-2　NO 产品对 K^+、Na^+、Cl^-、Ca^{2+}离子浓度的影响(n=18)

检测指标	服用前	服用后	显著性 t 检验
K^+/(mmol/L)	4.67±0.31	4.50±0.23	$P<0.05$
Na^+/(mmol/L)	143.7±1.79	144±1.44	$P>0.05$
Cl^-/(mmol/L)	101.9±1.49	100.85±23.82	$P<0.05$
Ca^{2+}/(mmol/L)	1.26±0.03	1.25±0.02	$P>0.05$

表 14-2 可见，服用 NO 产品 3 周后，运动员的钾离子(K^+)、氯离子(Cl^-)和钙离子(Ca^{2+})浓度均低于服用前，且 K^+和 Cl^-的变化有统计学意义($P<0.05$)；钠离子(Na^+)浓度较服用前有升高的趋势($P>0.05$)，对调节细胞内、外液的渗透压和运动员体内的酸碱平衡、维持神经肌肉细胞的兴奋性和对机体内的氧运输等都具有重要意义。

(3) 服用一氧化氮产品对运动机体内物质代谢相关酶的影响

表 14-3 结果说明运动员服用 NO 产品 3 周后，运动机体对训练负荷比较适应，对辅助促进运动机体的恢复和肌肉损伤的康复有明显的积极作用。测试服用 NO 产品对运动机体内物质代谢的几种酶的影响，见表 14-3。

表 14-3　NO 产品对血清酶活性的影响(n=18)

检测指标	服用前	服用后	显著性 t 检验
ALP/(U/L)	156.72±83.72	149.3±85.19	$P<0.01$
CK/(U/L)	206.4±80.97	157.07±71.53	$P<0.01$
LDH/(U/L)	163.28±23.81	158.67±28.73	$P>0.05$

注：ALP. 碱性磷酸酶；CK. 肌酸激酶；LDH. 乳酸脱氢酶

从表 14-3 可见，服用 NO 产品 3 周后，运动员的碱性磷酸酶(ALP)和肌酸激酶(CK)活性比服用前均有显著性降低($P<0.01$)，乳酸脱氢酶(LDH)活性比服用前有降低的趋势($P>0.05$)。

(4) 服用一氧化氮产品对运动员体内尿素蛋白质和尿素代谢的影响

测试服用 NO 产品 3 周后运动员体内尿素蛋白质和尿素代谢影响结果，见表 14-4。

表 14-4　NO 产品对血清尿素氮和尿酸的影响(n=18)

检测指标	服用前	服用后	显著性 t 检验
BUN/(mmol/L)	5.61±1.74	5.44±1.27	$P>0.05$
UA/(μmol/L)	428.2±106.1	383.1±78	$P<0.05$

注：BUN. 尿素氮；UA. 尿酸

从表 14-4 可见，服用 NO 产品 3 周后，优秀运动员体内的蛋白质代谢产物——尿素氮和尿酸浓度均低于服用前，尿酸的降低具有统计学意义($P<0.05$)。提示 NO 产品具有辅助促进运动员机体恢复的作用，有利于运动能力的发挥。

(5) 服用一氧化氮产品对运动员血脂代谢的影响

测试服用 NO 产品 3 周后运动员血脂六项指标的影响结果，见表 14-5。

表 14-5　NO 产品对运动员血脂六项指标的影响(n=18)

检测指标	服用前	服用后	显著性 t 检验
CHO/(mmol/L)	3.86±0.7	3.67±0.61	$P<0.05$
TG/(mmol/L)	0.99±0.8	0.65±0.21	$P<0.05$
LDL/(mmol/L)	2.16±0.65	1.88±0.58	$P<0.001$
HDL/(mmol/L)	1.39±0.46	1.28±0.29	$P>0.05$
APOA1/(g/L)	1.5±0.31	1.53±0.22	$P>0.05$
APOB/(g/L)	0.69±0.26	0.65±0.16	$P>0.05$

注：CHO. 总胆固醇；TG. 三酰甘油；LDL. 低密度脂蛋白；HDL. 密度脂蛋白；APOA. 载脂蛋白 A；APOB. 载脂蛋白 B

从表 14-5 可见，服用 NO 产品 3 周后，运动员的总胆固醇、三酰甘油和低密度脂蛋白胆固醇都有显著性减少，显著性水平分别为 $P<0.05$、$P<0.05$ 和 $P<0.001$，有利于清除黏附在运动机体血管内壁的代谢垃圾，对改善运动员体内的血液运氧能力和辅助提高运动能力都具有积极的促进作用。

(6) 服用一氧化氮产品对睡眠质量也有改善作用

为了了解优秀运动员服用 NO 产品对睡眠质量是否有改善作用和对促进运动机体精神和体能有没有恢复作用，把 NO 产品提供给国家体育总局体育科学研究所，在 20 名优秀青少年乒乓球运动员志愿者进行了 3 周的食用试验。对运动员的伤病情况和身体自我感觉等情况进行问卷调查，之后由一位研究员对运动员服用前、后的睡眠及伤病调查情况进行对比分析，以便为优秀运动员寻求一种比较理想的促进运动机体精神和体能恢复措施，辅助促进运动员的机体恢复和伤病康复，使运动员在承受阶段性大负荷、高强度训练应激的机体迅速得以恢复，保持正常训练，并为比赛取得优异成绩提供帮助。

18 名优秀青少年乒乓球运动员自愿参加本试验，其中一级运动员 5 名，二级运动员 10 名。受试者平均年龄为(15.67±1.61)岁，平均身高为(172.8±7.8)cm，平均体重为(61.97±17.5)kg，平均训练年限为(7.42±1.86)年，专业训练年限为(3.88 ±1.62)年 。

采用国际通用的睡眠情况调查量表，对运动员的身体、睡眠、伤病、身体自我感觉及使用药物帮助睡眠等数十项指标进行问卷调查，然后让运动员以每天 2 次，每次于早、晚餐后半小时服用 NO 产品 3 粒，连续服用 3 周后，再次对运动员的伤病、睡眠及身体自我感觉等情况进行问卷调查。

调查表明，服用后运动员上床熄灯后 15min 内入睡人数由原来的 7 人增加到 11 人，1~2h 才能入睡者也得到了明显改善。服用后夜间睡眠中间无觉醒人数由原来的 9 例增加到了 14 例，服用前睡眠中间觉醒 3~4 次的 1 人服用后消失了，说明服用 NO 产品后运动员睡眠中间觉醒次数明显减少。运动员整夜觉醒时间在 10min 内的人数由服用前的 11 例增加到了 14 例，服用前整夜觉醒时间在 31~60min 的 4 人和在 1~2h 的 1 人都缩短到了 30min 以内，整夜觉醒时间明显缩短，提示运动员的睡眠情况得到了明显改善。

运动员服用 NO 产品 3 周后，早上醒来距起床的时间在 10min 之内的人数由原来的 12 名增加到了 15 名，说明服用后，运动员早上醒来后距起床的时间在 10min 内的人数增加，提示睡眠质量比服用前有所提高。与服用前比较，服用 NO 产品 3 周后，不做梦人数由无增加到 2 人，做梦中度和做梦很多的人数都有不同程度的减少。说明运动员的做梦情况得到了明显改善。

调查还表明，服用 NO 产品后，运动员睡眠较深或深睡的人数明显增多，而原来睡眠中度或较浅的人数明显减少或消失，由此可见，服用 NO 产品后，睡眠深度比服用前明显加深，提示运动员的睡眠质量得到了明显改善。服用 NO 产品 3 周后，与服用前比较，运动员的头脑较清醒人数明显增加、睡醒后的精神状态和身体机能状态较好的人数分别由原来的 6 人和 8 人增加到了 9 人和 12 人，身体机能和精神状态较差及很差的人数明显减少或消失，说明运动员的身体机能和精神状态得到了明显改善，提示 NO 产品对运动员的身体恢复和睡眠质量的改善和提高都有积极的帮助的作用。

服用 NO 产品后，运动员的睡眠受作息时间不规律、环境因素(噪声、光、冷、热)、改换铺位、兴奋性饮料、情绪激动、夜间去厕所、呼吸不畅和腿部不适(爬虫感等)等因素影响的情况明显减少，说明运动员服用 NO 产品后，抵抗影响夜间睡眠因素的能力得到了明显改善。服用 NO 产品 3 周后，运动员的白天困倦程度除乘车时的偶尔困倦人数与服用前比较有所变化外，其他因素对困倦的影响变化不明显。

与服用前比较，服用 NO 产品 3 周后，运动员自我感觉偶尔疲劳感人数由 10 人增加到 12 人，没有疲劳感人数由 0 增加到 2 人，说明 NO 产品对改善睡眠质量，辅助消除运动员机体疲劳，促进运动机体的恢复具有重要作用。与服用前比较，服用 NO 产品后，起床后没有头痛感的人数由原来的 8 例增加到 13 例，偶有头痛感人数明显减少。服用 NO 产品后，起床后没有头晕感的人数比服用前增加。运动员服用 NO 产品后，有烦躁感人数比服用前减少，没有烦躁感人数明显增加。运动员服用 NO 产品后，没有腰酸背痛感人数有所增加，提示 NO 产品对缓解腰酸背痛情况有积极意义。

综合以上问卷调查结果可见，服用 NO 产品对改善睡眠质量，辅助消除运动员机体疲劳、促进运动员身体机能恢复、缓解腰酸背痛、头痛头晕和烦躁不安等方面都具有重要的作用。

面对如此多的 NO 健康产品，人们不禁要问：为什么一些人需要补充 NO？如何补充 NO？NO 健康产品含什么成分？有哪些功能？食用这些 NO 健康产品有没有不良反应和风险？如果有，该如何避免呢？下面就这些问题进行讨论。

14.3 体内一氧化氮产生与年龄的关系

NO 在体内由 NOS 酶催化精氨酸产生，其主要功能是细胞之间传递消息，是控制血液循环、调节大脑、肺、肝、肾、胃等器官的活动的一个关键角色，还会影响激素和肾上腺素的释放。NO 可以增加血流量，从而提供更多的营养物质，促进肌肉成长。因此，体内不能缺少 NO，如果缺少，就会带来一系列问题，如本书前面几章所介绍过的各种心血管疾病和衰老。

既然 NO 在体内由 NOS 酶催化精氨酸产生，那么人体会不会随着年龄增加体内产生的 NO 减少呢？对此有些研究表明确实是这样的。《高血压》(*Hypertension*)杂志 2001 年发表一篇关于体内 NO 产生随年龄变化的文章。提出正常血压和高血压患者引起的与年龄相关的内皮功能障碍可能是由于精氨酸-NO 系统的改变和氧化应激引起的。征集了 47 例正常健康志愿者和 49 例原发性高血压患者，分别评估补充不依赖内皮血管舒张剂的硝普钠(每分钟 1μg/100ml、2μg/100ml 和 4μg/100ml)和血管内皮依赖性的血管扩张剂乙酰胆碱(每分钟 0.15μg/100ml、0.45μg/100ml、1.5μg/100ml、4.5μg/100ml 和 15μg/100ml)诱导的前臂血流量 FBF(通过应变仪体积描记法)的改变。在 NO 合酶抑制剂(L-NMMA，每分钟 100μg/100ml)，抗氧化剂维生素 C(每分钟 8mg/100ml)分别存在或两者都存在情况下，重复服用乙酰胆碱，高血压患者与对照组相比，舒张压明显降低($P<0.01$)。此外，在这两组中，内皮依赖性血管舒张功能随年龄下降。在血压正常的受试者中，乙酰胆碱对 NO 合酶抑制剂(L-NMMA)的反应随年龄增长平行下降。只有维生素 C 在年老组(年龄> 60 岁)对乙酰胆碱的血管舒张是增加的。在年轻的高血压患者(年龄<30 岁)中，乙酰胆碱引起血管舒张对 L-NMMA 是敏感的，而在年龄>30 岁高血压患者中，维生素 C 增强乙酰胆碱内皮依赖性血管舒张和恢复对 L-NMMA 抑制效果的响应。在血压正常的个体中，NO 系统的早期功能不全和稍后产生的氧化应激导致内皮依赖性血管舒张随年龄相应减少(图 14-1，图 14-2)[8]。

《高血压》(*Hypertension*)杂志 2014 年又有一篇报道关于体内 NO 对股动脉剪切率、

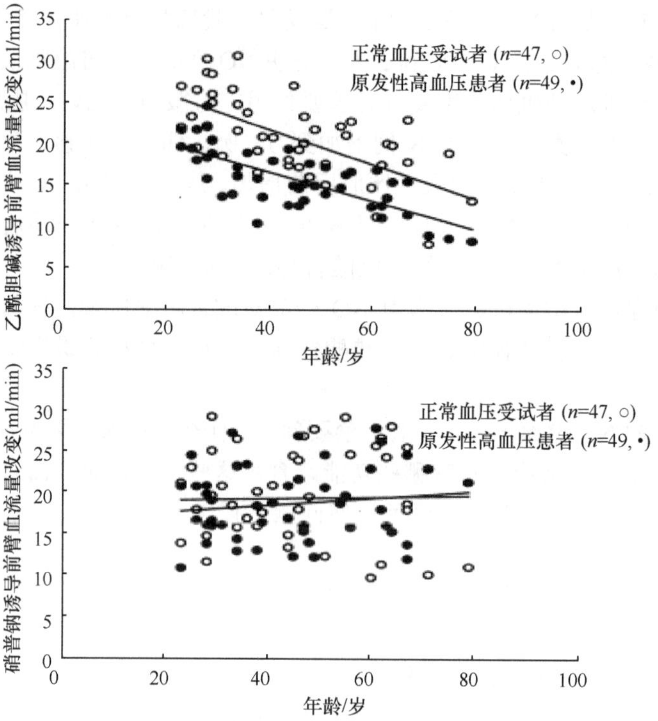

图 14-1　乙酰胆碱和硝普钠对受试者血压和前臂血流量的影响

乙酰胆碱(ACh，顶部)和硝普钠(SNP，底部)对血压正常的受试者(n= 47，○)和原发性高血压患者(n=49，•)最大前臂血流量FBF(forearm blood flow)(y 轴)的响应与年龄(x 轴)之间的关系

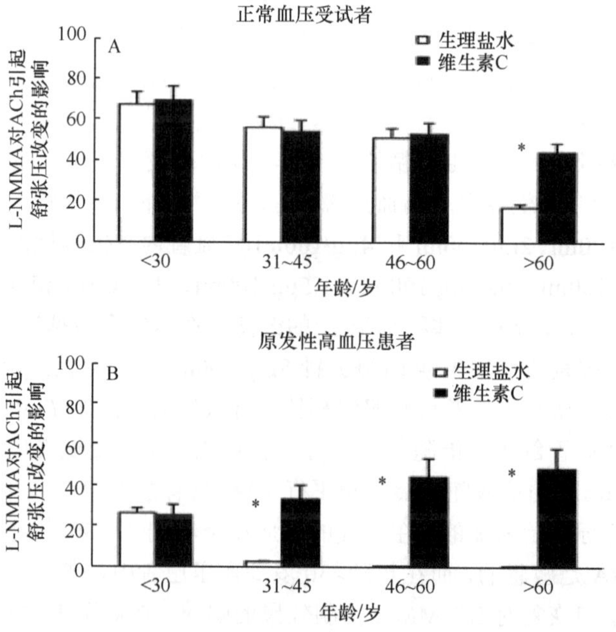

图 14-2　L-NMMA 抑制乙酰胆碱影响受试者对血压的影响年龄的变化

不同年龄的血压正常受试者(A)和原发性高血压患者(B)动脉内维生素 C(8mg/100mL 前臂每分钟组织)或者盐水(对照组)，L-NMMA(100mg/100mL 每分钟前臂组织)对乙酰胆碱(15μg/100mL 每分钟前臂组织)引起最大的 FBF 的抑制响应。数据显示为平均值±标准差。维生素 C 组与无维生素 C 盐水组相比，*$P \leqslant 0.05$

动脉粥样硬化和高血压影响随年龄变化的文章。采用多普勒超声测定健康青年组(n=8，24 岁±1 岁)和老年组(n=8，75 岁±3 岁)男子股总动脉内径血流速度，其中得出的一个结论也是老年人 NO 生物利用度降低了(图 14-3)[9]。

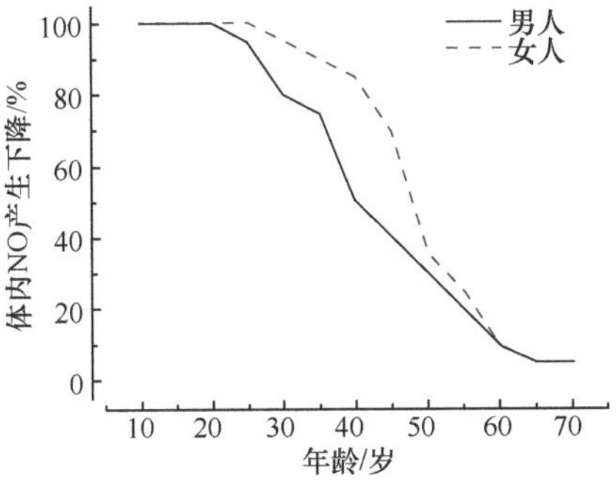

图 14-3　体内可以产生 NO，但是 40 岁以后，体内 NO 产生随年龄下降

14.4　一氧化氮健康产品的成分分析

尽管目前市场上 NO 健康产品种类繁多，与其他保健品不同，但其含成分却很类似，有的以 L-精氨酸为主，有的以 L-瓜氨酸为主，有的既含有 L-精氨酸也含有 L-瓜氨酸。这是因为 NO 健康产品都是基于获得诺贝尔生理学或医学奖而研发的。简单地服用足够的 L-精氨酸和 L-瓜氨酸，就可以扭转体内 NO 产生的不足。还有的以这两种为主又增加了一些抗氧化剂或者维生素类的产品，本节就这些成分进行分析和讨论。

14.4.1　L-精氨酸产品

几乎所有 NO 健康产品都含有 L-精氨酸，这是因为 L-精氨酸是体内合成 NO 合酶 NOS 的底物。L-精氨酸首次是于 1886 年从羽扇豆(羽扇豆属)苗提取物中分离出来的。羽扇豆是豆科植物(豆科)家族的一属。L-精氨酸是一种 α 氨基酸，亦是 20 种普遍的自然氨基酸之一。在哺乳动物生活中，L-精氨酸被分类为半必要或条件性必要的氨基酸，这视生物的发育阶段及健康状况而定。

L-精氨酸可以算为一种双性氨基酸，这是因与其主链最接近的旁链部分较长，是有机和疏水的，而另一端的旁链则是一个胍基。这个胍基的酸度系数(pKa 值)为 12.48，在中性、酸性或碱性的环境下都是带正电的。因为在其双键及氮孤立电子对之间的共轭体系，使得其正电极离开原位，这个胍基能形成多重氢键。在体内它是鸟氨酸循环的中间代谢产物，可促使尿素的生成和排泄，纠正氨中毒，能解除肝性脑病。精氨酸也是精子蛋白的主要成分，有促进精子生成，提高精子运动能量的作用。

L-精氨酸在以下各种生命过程中，都发挥着重要的角色：L-精氨酸有助于治疗与血管扩张有关的疾病，包括：胸部疼痛、动脉粥样硬化(动脉阻塞)、心脏疾病、心脏衰竭、勃起功能障碍、外周血管疾病和血管性头痛。L-精氨酸也触发体内蛋白质合成，用于治愈伤口、健美、增强精子的产生，L-精氨酸也是精子蛋白的主要成分，有促进精子的质量，提高精子运动能量的作用，具有极其重要的生理功能。然而，一些有心脏病的人死亡与使用精氨酸有关，使用L-精氨酸治疗先兆子痫(妊娠高血压)也是需要注意的。

L-精氨酸可有效提高免疫力，促进免疫系统分泌自然杀手细胞、吞噬细胞、白细胞，有利于对抗癌细胞及预防病毒感染。另外，精氨酸是鸟氨酸及脯氨酸的前趋物，脯氨酸是构成胶原蛋白的重要元素，补充L-精氨酸对于严重外伤、烧伤等需要大量组织修护的康护具有明显的帮助，同时具有降低感染及抑制发炎的效果。

L-精氨酸对于部分因为肾压过高而产生的肾病变及部分排尿困难的现象，皆具有改善作用，不过由于精氨酸是氨基酸，也可能对肾衰竭患者造成负担，因此对于严重肾机能低下患者在使用前，最好先与主治医师商量。

肝脏或肾脏有疾病的患者使用L-精氨酸可能出现的不良反应更严重。应该在医生监督下谨慎使用这类产品。存在糖尿病或血糖问题的患者同样容易在服用精氨酸后出现不良反应，因为这种营养品会导致一些人的血糖水平提高。如果正在服用控制血糖药物，会带来危险。

成年健康人可以合成足够基础生化功能需要的精氨酸，食用的各种浓度的精氨酸可能具有不同结果。但是，在应激的情况下，如怀孕、快速生长、受伤和心情不舒畅时，为了维持足够的循环和细胞对精氨酸的特殊功能需求，需要从食物中补充精氨酸。对于儿童，为了正常生长，精氨酸是食物中必需的。

L-精氨酸可以从任何含有蛋白质的食物中摄取，精氨酸在动物和植物食物中是丰富的，如肉类、家禽、海产品、鱼类、谷类、坚果、种子、大豆、乳酪产品等，含有大量精氨酸的食物还有巧克力、花生 、核桃及芝麻。根据第三届联合国健康和营养检查了解，一个成年美国人每天平均摄入精氨酸为(4.40 ± 0.05)g/天，虽然很多人每天平均摄入精氨酸仅为2.6g/天，是需要量的约25%，这是不足的水平，当然也有超量的，如有的人每天平均摄入是7.5g/天。摄入精氨酸不足与炎症和心血管疾病相关[10, 11]。

10%~12%新生儿摄入精氨酸不足，如果不及时加以补充，就会抑制正常生长和发育。有报道发现，早生儿和出生质量轻的婴儿及内脏易感染炎症和小肠结肠炎的个体血浆中的精氨酸都不足[12]。对照研究表明，给这些婴儿补充精氨酸是有作用的。给一部分健康人群和营养不良的患者补充精氨酸，摄入的标准是 12~18g/天[13]。有几个因素对婴儿和成年人食用精氨酸生物利用度有影响，这些因素包括，在饮食中的精氨酸、赖氨酸、锰和 n-3 脂肪酸水平，在循环中的荷尔蒙包括皮质激素、生长激素、细胞激酶、内毒素及其他生物分子，如肌酸、乳酸盐、鸟尿酸和甲基精氨酸，都会对精氨酸吸收有影响。瓜氨酸是非常重要的，因为在体内能够转化为精氨酸[14]。

一般情况下，在正常人血清中精氨酸的浓度大约为 100μmol/L，细胞外液和细胞内精氨酸的浓度对 NOS 酶活是饱和的，精氨酸被主动转入细胞，因此，细胞内精氨酸的浓度可能还要高。这个浓度远远超过了提纯 eNOS 和 nNOS 的 Kms(1~2μmol/L)[15]。那么摄入不同浓度精氨酸能否影响NOS的活性和NO产生呢？对一个精氨酸吸收和代谢遗传异常的个体研究发现，与对照相比，其血浆和血清 NO_x 浓度水平减少 79%左右，支动脉舒张响应也降低 70%左右。更有意义的是，给该患者静脉注射补充精氨酸，血清 NO_x 水平得以恢复，舒张响应也恢复到正常了，说明血清高浓度小分子精氨酸能够调节 NOS 活性。因为体内有一个复杂的生理体系，例如，在循环中有不同浓度的 eNOS 天然抑制剂甲基精氨酸，这就使得确定血清中精氨酸浓度对 NO 产生水平的影响很难确定。另外研究提纯 NOS 表明，催化机制也是复杂的，不仅依赖通过 FAD 和 FMN 电子转移，还依赖作为电子供体的 NADPH，使得精氨酸浓度对 NO 产生水平的影响的精确机制就更难确定。尽管体系不同，这说明食用精氨酸及血清中精氨酸能够调节 NO 水平[16, 17]。

NO 可以通过精氨酸经 NOS 酶催化产生，也可以不通过 NOS 酶催化，而通过亚硝酸盐还原产生。亚硝酸盐通过含硝酸盐食物得到，进入血流和积累在主要脏器如心脏、肾脏和脑组织中。亚硝酸盐是静脉和组织储存 NO 的主要形式。口服消化亚硝酸盐是体内提高 NO 剂量的重要来源。饮用水中亚硝酸盐(美国和欧洲规定不超过 44mg/ L 和 50mg/ L)及蔬菜中的亚硝酸盐在体内都能转化成 NO 和其他形式的硝基化合物[18]。

食物中的多酚类物质可以加速亚硝酸盐还原成 NO，在缺氧情况下，亚硝酸盐在体内通过 NOS 依赖和非依赖两种方式还原成 NO，包括与细胞色素 P450、碳酸脱氢酶、黄嘌呤氧化酶、血红蛋白、肌红蛋白和神经球蛋白反应[19]。另外，在细胞内直接产生的 NO 和瓜氨酸(图 14-4)，然后再循环回到精氨酸，使得产生更多的 NO。NOS 酶催化精氨酸转化为瓜氨酸，瓜氨酸和精氨酸可以高效产生 NO。

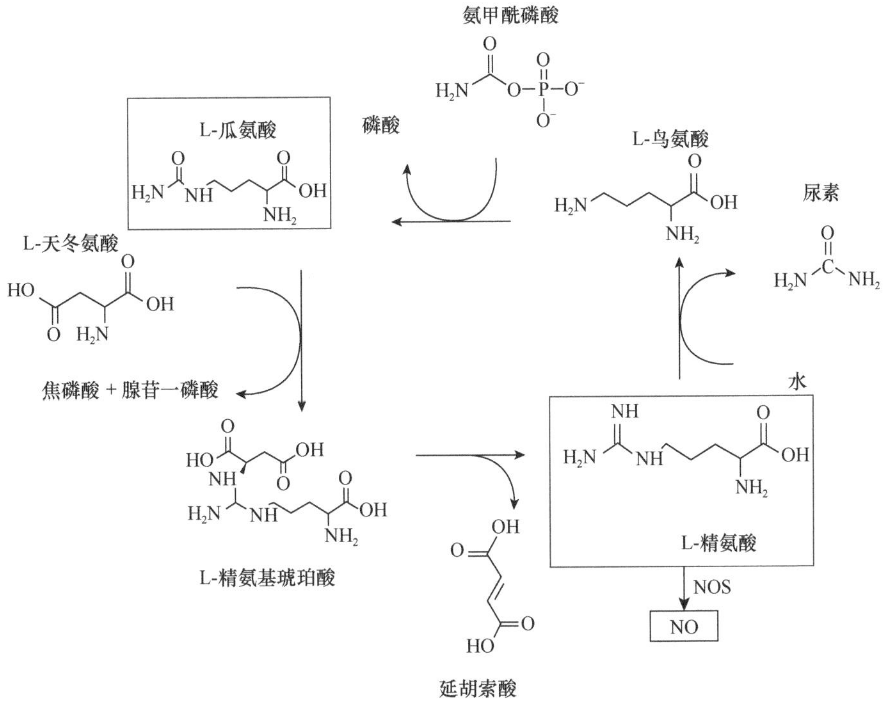

图 14-4 NO/精氨酸/瓜氨酸的反应过程

14.4.2 L-瓜氨酸产品

作为 NO 一个前体，L-精氨酸是补充 NO 的一种选择，另一种选择是 L-瓜氨酸(citrulline)，在体内可以转化成 L-精氨酸，然后生成 NO(图 14-4)。L-瓜氨酸能够提高免疫系统功能、维护关节运动、平衡正常血糖水平。瓜氨酸含丰富的抗氧化基团，能吸收有害的自由基、帮助保持胆固醇的正常水平。瓜氨酸可以增加 NO 的产生和支持血流，延缓疲劳和支持肌肉的能量。药理学研究表明，口服 5~10g 瓜氨酸能够很好地被吸收，甚至比精氨酸生物利用度还好。增加食用瓜氨酸能够明显增加血浆瓜氨酸、精氨酸和 NO 水平。食用富含瓜氨酸食物，如西瓜一样可以达到这一效果，富含瓜氨酸食物包括肉、鱼、蛋、牛奶和豆科植物[12, 13, 20, 21]。

L-瓜氨酸是从鸟氨酸及胺基甲酰磷酸盐在尿素循环中生成，或是透过 NO 合酶(NOS)催化生成 L-精氨酸的副产物(图 14-4)。这个过程可以在多种细胞内进行。L-瓜氨酸会在某种程度上取代 L-精氨酸协助 NO 产生。但是，过程很难被量化，原因是 L-瓜氨酸会与较稳定的 NO 化合物(硝酸盐及亚硝酸盐)积聚起来。临床试验表明，每次服 1000mg 的 L-瓜氨酸才是有效量。因为 L-精氨酸催化产生对身体起关键作用的 L-瓜氨酸和 NO 需要 20h。

14.4.3　L-精氨酸、L-瓜氨酸、抗氧化剂和维生素混合物产品

目前市场上单纯 L-精氨酸或 L-瓜氨酸的产品较少，多数是 L-精氨酸或者 L-瓜氨酸与抗氧化剂和维生素混合物产品。下面是几个公司在产品上标明的成分。

A. L-精氨酸、天然维生素、原青花素、维生素 C。

B. L-精氨酸、L-瓜氨酸、维生素 C、维生素 E、叶酸、α 硫辛酸。

C. L-精氨酸、L-瓜氨酸、原花青素、硫胺素、小麦胚芽粉、维生素 C、维生素 E、玉米淀粉。

D. 5.2g L-精氨酸和 L-瓜氨酸、300mg 的 L-牛磺酸、500mg 的维生素 C、400 国际单位的维生素 E、400mg 的叶酸、10mg 的 α 硫辛酸和 50mg 的柠檬香膏提取物。

有的产品还含有一些中草药，例如，某个公司的产品中加入了三七和黄芪。有的产品为了促进氨基酸的吸收，在产品中加入一些促进氨基酸吸收的物质。

为什么要在这些产品中加入抗氧化剂和维生素呢？本书的第五章专门讨论了这个问题。根据作者的研究发现[21~24]，虽然 NO 自由基是内皮细胞松弛因子，对血压的调节和心脑血管健康发挥着重要作用。NO 自由基还是重要的信号分子，在学习记忆、细胞发育和免疫等方面也发挥着重要作用。但是，如果 NO 自由基产生过多，或者有氧自由基存在时，NO 自由基就会与之反应生成过氧亚硝基，导致细胞损伤和心脑血管等一系列疾病的发生，因此，NO 是一柄"双刃剑"。天然抗氧化剂能够清除氧自由基，保护 NO，甚至促进 NO 产生，调节体内 NO 自由基水平，与 NO 共同保护和促进心身体健康乃至延缓衰老。

《心血管研究》(*Cardiovasc Res*)杂志 2000 年发表一篇文章，提出可以通过食用健康食品和抗氧化剂，如水果、大蒜、大豆、维生素 C 和 E、辅酶 Q10 和硫辛酸，保护产生的 NO 和产生更多 NO。NO 在身体内只持续几秒钟，所以提供更多的抗氧化保护，使产生的 NO 更稳定和持续时间更长。医生利用科学的涂布支架提供保护产生 NO 的药物[25]。

14.5　一氧化氮健康产品的功能

NO 健康产品的功能都与 NO 的功能相关，因此，凡是目前研究发现的 NO 的功能，都可能成为 NO 健康产品宣传的功能，诸如预防和治疗动脉硬化、高血脂、高血压、冠

心病、细胞分裂、伤口复原、排出氨、改善免疫功能、增加分泌激素、提高性生活功能、治疗性功能障碍、延缓衰老、改善记忆力、缓解易疲劳、有利于促进肌肉的输送养分、增加血流量、降低压力和克服沮丧情绪等，应有尽有。本书在不同章节对 NO 的相关功能都有详细描述，这里引用近期发表的一些文献例子，只简单作一些概括介绍。

14.5.1 一氧化氮自由基降血脂

高血脂是诱发动脉粥样硬化和心脑血管疾病的重要因素，严重影响人类的健康水平。《动物学》(*Animal*)杂志 2013 年发表了一篇关于补充 L-精氨酸降低肉鸡脂肪的报告。实验研究了不同浓度 L-精氨酸对鸡上腹部脂肪垫、循环脂质、肝脏脂肪酸合成酶(FAS)的基因表达及脂肪酸 β-氧化作用的影响。测试膳食 L-精氨酸是否减少体内脂肪沉积相关的脂质代谢基因表达。共有 192 只 21 天大小、平均体重(920±15)g 的肉鸡，随机分为 4 组(每组 6 只肉鸡和每组重复处理 8 次)。对照组饲喂基础饲料，而治疗组分别在饲喂基础饲料中添加 0.25%、0.50%或 1.00% L-精氨酸，连续 3 周。检测平均每日饲料摄取量、日增重。结果发现增重比没有受到 L-精氨酸水平的影响，而补充 L-精氨酸的鸡有较低的腹部脂肪含量、血浆三酰甘油(TG)、总胆固醇(TC)的浓度、肝 FAS 基因的表达和心脏增加肉毒碱棕榈酰转移酶 1(CPT1)及 3-羟基酰基辅酶 A 脱氢酶(3HADH)mRNA 的表达。结果还发现，添加 0.25% L-精氨酸可以通过降低肝 3-羟基-3-甲基辅酶 A 还原酶 mRNA 的表达降低血浆 TC 浓度，通过抑制肝脏 FAS mRNA 的表达并增强 CPT1 和 3HADH(与脂肪酸的 β-氧化基因)在心脏的表达，降低血浆三酰甘油和腹部脂肪含量[26]。

14.5.2 一氧化氮自由基降血压

NO 分泌减少，使功能心血管处于收缩状态，是高血压产生的主要病理基础。NO 分泌减少，使高血压患者对扩张血管药物的反应性降低，高血压患者心血管事件发生率明显增加。《心脏病学杂志》(*J Cardiol*)发表了一篇文章发现，与正常人相比，高血压患者注射乙酰胆碱或缓激肽后血管扩张不明显，提示血管内皮在受到正性刺激后 NO 分泌增加不明显。高血压患者在注射 NO 合酶抑制剂 L-NMMA 后血管内径变化不大，提示高血压患者在基础情况下 NO 合成很少。在高血压病理状态下，由于血流切应力搏动过强刺激血管内皮细胞，造成其功能失调而进一步使血管舒张因子 NO 的合成受损，收缩因子合成增加，这些功能改变引起内皮依赖性舒张反应减弱，血管痉挛性收缩，从而促成或加速高血压的发展。补充内皮舒张因子 NO，不仅可以对收缩因子生物效应形成多方面的抑制，也可以协助抗氧化损伤，能有效地减轻高血压引起的血管变化。因此，适当补充内皮舒张因子 NO 是预防抗高血压的一个重要方法[27]。

《循环》(*Circulation*)杂志发表了一篇文章发现，补充内皮舒张因子 NO 对肺动脉高压效果尤其显著。对新生儿持续肺动脉高压补充 NO 已经是一个有效的治疗方法[28, 29]。

14.5.3 一氧化氮自由基降血糖

《营养生物化学杂志》(*J Nutr Biochem*)和《美国生理和内分泌代谢杂志》(*Am J Physiol*

Endocrinol Metab)发表一系列研究发现，NO 生物可利用度减少可以导致成人 2 型糖尿病。健康人群每天补充精氨酸(9g/天)一周，血清中精氨酸平均从 101μmol/L 增加到 169μmol/L，尿中硝酸和亚硝酸盐及 cGMP 也分别平均增加 34%和 30%。给非糖尿病患者每天补充精氨酸 6.4g，6 个月，血清 NO 水平增加，精氨酸/甲基精氨酸随胰岛素敏感改善及炎症减少。在 2 型糖尿病患者也得到类似结果。动物研究表明，给喂食胆固醇的兔子提供 2.25%精氨酸饮用水 12 周，血浆精氨酸平均从 89μmol/L 增加到 205μmol/L，尿中硝酸盐和 NO 增加 43%[30~32]。

14.5.4 一氧化氮自由基提高免疫功能

NO 在免疫中发挥着重要作用，作为武器可以杀伤外来微生物，诱导或抑制细胞凋亡，或者是免疫调节剂。机体因为免疫体系被感染而活化，任何与 NO 相应的响应都将平行发展。NO 要作为有效毒性试剂或免疫调节剂，它必须在一段时间内保持在一定高的浓度。因此 NO 产生的降低必然会引起免疫功能的下降[32]。NO 是 NK(natural killer)细胞杀伤靶细胞的调节剂，可以调节 NK 细胞的功能，提高或抑制肥大细胞和中性粒细胞的活化，这些都取决于产生的 NO 的浓度[32]。因此，对免疫功能低下的人群适当补充 NO 能够提高免疫力。

在炎症中产生 NO 说明 NO 有应用的潜力。动物实验表明，免疫反应 24h，nNOS 和 eNOS 出现峰值。iNOS 的峰值晚一些，可能引起后期损伤。另外的研究表明，在发炎条件下，iNOS 和感染增加，抗炎药可以减少 iNOS。NOS 抑制剂能够减少感染面积。亚损伤可以防止大损伤，这种现象称为预处理(preconditioning)。研究发现，用 NOS 抑制剂处理引起的一些现象，可以用 NO 供体诱导，说明 NOS 对预处理有好处。这个应当在各种利用 NO 预防疾病情况下进一步研究[34, 35]。

14.5.5 一氧化氮自由基减少心脏病风险

NO 内皮细胞松弛因子，能抑制血小板凝聚，对心血管有保护作用。利用大鼠心脏在体缺血再灌注模型，作者研究发现，补充低浓度 L-精氨酸，可以提高心肌产生 NO，减少心肌损伤释放的肌酸激酶、心肌细胞脂质过氧化和防止心律失常，保护心脏，免受心肌缺血再灌注损伤。而且作者还发现，天然抗氧化剂银杏黄酮和知母宁有对缺血再灌注心脏产生的 NO 的调节作用和对心脏的保护作用[36]。

14.5.6 一氧化氮自由基减少脑卒中危险

在脑卒中过程中血管阻塞后，大脑得不到氧气和能量供应，在很短的时间内就会死亡。常规的治疗办法是利用溶栓药物打开血管。首先，NO 是强血管扩张因子，血小板凝集和白细胞黏附的抑制剂，通过抑制白细胞和血小板对毛细血管阻塞，可以松弛血管，提高缺血部位的血液循环，可以提高缺血再灌注后脑组织的血液供应，发挥保护作用使缺血部位的脑组织供血和供氧得到尽快的恢复[37]。其次，NO 还可以抑制血小板和免疫细胞在血管壁的黏附，抑制由于血小板引起的血管阻塞和免疫细胞侵入缺血脑组织，防止进一步造成损伤。再次，NO 可以通过抑制 NMDA 的激活而抑制钙离子的内流，抑制在缺血再灌脑组织中谷氨酸引起的损伤[38]。最后，NO 可以清除活性氧自由基，从而部分减轻缺血再灌注引起的氧化损伤。而且作者发现天然抗氧化剂山楂提取物预处理可以增加缺血再灌脑组织产生的 NO，保护脑组织免受缺血再灌注损伤[39]。

14.5.7 一氧化氮自由基推迟阿尔茨海默病

NO 是中枢神经生理过程的重要调节因素，能够促进最佳大脑血流，巩固加强记忆过程，促进长程电位，维持睡眠-清醒周期。大脑血流是调节脑功能的重要因素，NO 对毛细血管及血流的调节是由肾上腺素和内皮细胞产生的。NOS 抑制剂，NO 清除剂和 sGC 抑制剂能够减少大脑血流和促进血管收缩。在高氧、缺氧、高碳酸血和吸入二氧化碳情况下，NO 影响大脑血流。在各种动物实验中，NO 增加大脑血流并受 eNOS 调节。最近用 NOS 抑制剂研究测量血浆不对称二甲基精氨酸(ADMA)进一步证实了 NO 的这一作用[40]。在中等认知损伤和早期 AD 患者中发现，抗氧化剂水平降低，NOS 酶，特别是 nNOS 表达反常，免疫组织化学分析表明，硝基-酪氨酸与 nNOS 在皮层锥体细胞及 eNOS 和 iNOS 在星形细胞共存。这表明，在这种情况下酶的不平衡增加了 AD 患者血液和脑积液中氧化和硝基化产物[41]。

AD 患者尸检发现，血脑屏障有特异形态学变化，沿着皮层、亚皮层和血管有淀粉样蛋白沉淀，淀粉样蛋白在脑血管被膜介质的沉淀和外膜胶原蛋白沉淀引起血管狭窄。这减少了脑灌注导致线粒体功能失调、增加 ROS 产生。氧化应激和过氧亚硝基进一步损伤血脑屏障。食用精氨酸对 AD 疾病的直接作用报道虽然有限，但饮食习惯，食入富含精氨酸的家禽、鱼、坚果及黑色和绿色带叶的蔬菜可以明显降低 AD 的发病率。家禽和鱼瘦肉及蛋，特别是核桃和其他坚果都含有很高的精氨酸。然而，过量的精氨酸在中枢神经并不都是好的，一个研究发现，AD 患者脑脊髓液中精氨酸明显升高和出现认知功能损伤。说明精氨酸代谢通路的异常与 AD 的发病和进展有密切关系[42~48]。

14.5.8 一氧化氮自由基延缓衰老

因为 NO 作为细胞信号转导、血管扩张和免疫应答等作用，所以，活性氮在衰老中的作用有延缓衰老和导致衰老两方面的研究和报道。NO 抗衰老的研究有整体动物和人群实验，也有模式动物和分子水平的，这些研究结果明确表明，NO 在抗衰老过程发挥着重要作用[49]。

一项测试 500 个年龄在 17~21 岁的医学院学生在休息和考试前的应激反应能力、生理年龄、血压、代谢产生分泌到肺泡中的 NO，连续测量 10 年(1995~2004 年)，结果发现，在增加应激反应或者考试应激时，产生的 NO 明显减少，男青年中生理年龄与分泌的 NO 显著负相关[50]。根据应激衰老理论，这个测试的结果表明，NO 是一个抗衰老分子。

热量限制能够延长生物的寿命已经得到证实。一个热量限制实验结果表明，热量限制 3 个月或 12 个月诱导雄性小鼠多种组织血管内皮型 NO 合酶(eNOS)的表达升高和 3′,5′-

环磷酸鸟苷的形成增加，伴随着线粒体生物合成、耗氧量和三磷酸腺苷生成增加，sirtuin 1 表达增强，而 eNOS 突变小鼠就看不到这个结果。这说明，NO 在热量限制诱导哺乳动物延长寿命过程发挥着重要作用[51]。

Gusarov 等 2013 年在《细胞》(*Cell*)杂志发表一篇文章，他们研究发现 NO 能对抗氧化应激和热应激引起的线虫寿命缩短[52]。他们在实验室利用 NO 供体可以使缺乏 NOS 大肠杆菌喂食的线虫寿命延长。将 *NOS* 基因转入缺乏 *NOS* 的大肠杆菌喂食线虫，其体内产生的 NO 增加了近 10 倍，也可以使缺乏 *NOS* 的大肠杆菌喂食的线虫寿命大约延长 14.74%。相反，如果以葡萄糖喂食线虫可以使缺乏 *NOS* 的大肠杆菌喂食的线虫寿命大约减少 18.46%，若给葡萄糖喂食的线虫补充 NO 供体，则可以使缩短了寿命的线虫的寿命有所回升。以含有 *NOS* 枯草杆菌为食物也可以使缺乏 *NOS* 的线虫寿命大约延长 14.74%。他们证明线虫体内产生的 NO 活化了鸟苷酸环化酶，也说明含有 *NOS* 枯草杆菌为食物可以使缺乏 *NOS* 的线虫寿命延长是由于体内产生的 NO 自由基发挥了作用。

14.5.9　一氧化氮自由基改善性功能

“伟哥”是由美国辉瑞研制开发的一种口服治疗勃起功能障碍及早泄的药物，对于勃起功能减退与早泄有非常显著的改善。“伟哥”经过全球 2000 万人以上的使用，证实了其长期稳定的安全性，25~60min 的起效作用时间正好配合前戏所需时间，将同房时间调整在最高药物浓度时间内进行，帮助夫妻双方都获得满意的性生活。研究表明，服用“伟哥”后，阴茎海绵体血管平滑肌在药物产生 NO 的作用下舒张，血液流量增加，海绵体充血，阴茎勃起，从而产生对阴茎勃起功能障碍的治疗作用。临床试验显示，在欧美人中，约有 78%的受试者服用西地那非后有明显作用，其作用程度随药物在血液中浓度的升高而提升[53]。

14.5.10　一氧化氮自由基健康产品的其他功能

随着 NO 研究的深入，所涉及的功能越来越多，NO 健康产品的功能也就随之增加。例如，改善记忆、改善睡眠及对嗅觉的影响、提高运动员耐力等都有报道。

1) 一氧化氮自由基改善记忆

一系列研究表明，NO 能够增加、巩固和加强记忆过程。实验发现 NO 影响的行为包括推迟老年猴子的回忆和蜜蜂特异长程记忆的形成。虽然这些行为最初是通过 NO 活化可溶性鸟氨酸环环酶(sGC)实现的。进一步研究发现，加入新的 NO，特别是那些活性氮有助于改善记忆。NO/GC 通路通过连接 cGMP 增加或减少加强记忆，在长程电位记忆过程发挥着重要作用。这意味着各种与记忆有关的行为如学习和回避的形成、瞬时记忆的保留、区别味道即嗅觉和空间工作记忆等都与 NO/GC 通路有关[50, 54~57]。

另外还发现，NO 与超氧阴离子反应生成过氧亚硝基， 超氧阴离子的产生干扰空间记忆过程，说明过氧亚硝基在记忆过程的作用。NO 活化的离子通道出现在胱氨酸残基的 S-硝基化和通过活化 GC，因此增加了钾活化通道、循环核苷酸门通道、NMDA 受体和 p21 RAS，同时抑制了 Caspases 的作用和甘油醛-3-磷酸脱氢酶。这些作用可能就是 NO 作为信号在记忆过程发挥作用的机制[58]。

2) 一氧化氮自由基改善睡眠

大量研究包括多种波谱记录、电压检测、药理学和动物实验表明，NO 对睡眠发挥重要作用。脑内注射精氨酸能够改变大鼠睡眠-清醒模式[59]。腹膜内注射 nNOS 抑制剂 7-硝基吲唑使快速眼运动和睡眠—清醒—睡眠间隔缩短，这支持 NO 是促进睡眠的一个重要因素[60]。转基因小鼠实验表明，nNOS 敲除小鼠快速眼运动睡眠缩短，而 iNOS 敲除小鼠快速眼运动睡眠延长，说明 nNOS 和 iNOS 在快速眼运动睡眠起着相反的作用。还发现 NO 通过乙酰胆碱、γ 氨基丁酸和腺嘌呤核苷释放调节快速眼运动睡眠[61]。

老年动物睡眠周期的改变是受 NO 调节的，尽管证据有限。退行性疾病，如帕金森症、阿尔茨海默病等睡眠都不好。还有其他证据也表明睡眠与 NO 产生有密切关系[62~63]。还有研究发现，前脑基部胆碱能神经大脑皮层脑电节律的改变表明 NO 可能在睡眠中的作用[64]。

3) 一氧化氮自由基对嗅觉的影响

在人类和其他动物呼出的气体中有 NO，最近发现在在嗅球产生更多 NO。嗅觉系统产生 NO 可能有 3 个功能：保护、黏液清除和空气传播通信。鼻道 NO 已经被用于诊断和治疗各种呼吸道疾病，需要进一步研究和确定鼻道气体中 NO 的浓度与嗅觉的关系[65]。

4) 一氧化氮自由基提高运动员耐力

增加 NO 已成为运动员和健美运动员新的秘密武器，很多健美运动员和其他运动员都服用 NO 补充剂，这样，可以增加他们的血流量，从而提高氧气和营养输送到他们的肌肉，进而将导致肌肉生长和更好的耐力。运动员服用 L-精氨酸和 L-瓜氨酸补充剂，支持骨骼肌的血液流动和氧气，除去运动诱发乳酸积聚从而减少疲劳和降低恢复时间。因为精氨酸在运动期间耗尽时，整个精氨酸-NO-瓜氨酸循环效率降低，导致 NO 水平低于理想水平和更高的乳酸水平。NO 补充剂可以帮助恢复这个循环，达到更好的锻炼效果，且训练后恢复得更快。

2010 年报道了一项研究食入精氨酸和抗氧化剂对老年男性自行车运动员的影响。在加利福尼亚大学洛杉矶分校研究 16 个骑自行车的男人(年龄在 50~73 岁)，补充精氨酸和抗氧化剂，3 周后，他们的无氧阈值点提高了 16.7%。给予安慰剂的人并没有看到他们无氧阈值的增加[66]。

14.6 饮食和运动与一氧化氮

NO 健康产品的核心成分是 L-精氨酸和 L-瓜氨酸，它们都是氨基酸。所有蛋白质都含有氨基酸，人们通过摄入蛋白质，在体内消化后就产生 L-精氨酸和 L-瓜氨酸。另外，研究表明，运动也可以增加体内 NO 产生。因此，要补充 NO，除了服用 NO 健康产品外，通过饮食和运动也是一个重要的方法和途经。

14.6.1 通过饮食获得一氧化氮

研究表明，多种饮食方式可以增加体内 NO 产生。例如，摄入富含精氨酸和瓜氨酸食物、富含硝酸盐和亚硝酸盐食物、富含 n-3 脂肪酸的鱼类等。

1) 饮食富含精氨酸和瓜氨酸食物增加一氧化氮产生

增加体内产生 NO 的一种方式是通过饮食，最值得注意的是通过消化蛋白质得到的氨基酸 L-精氨酸和 L-瓜氨酸。研究发现西瓜中的物质能放松血管，有人说吃“三个西瓜等于一粒伟哥”。西瓜皮含有大量瓜氨酸。西瓜皮不仅富有营养，还有一定药用价值，但大多数情况下被当作垃圾丢弃了。蛋白质含量高的食物通常都包含大量精氨酸和瓜氨酸，它们包括肉类、鱼、牛奶、豆类、甜菜根、山楂等。含精氨酸的食物还有菠菜和带叶蔬菜、芝麻、螃蟹、虾、火鸡、家禽、种子、谷类和海鲜等[21]。

2) 饮食硝酸盐和亚硝酸盐食物增加一氧化氮产生

增加 NO 不仅可以从食入富含蛋白质的食物获得，最近的研究表明，蔬菜可能是最好的选择。植物性食物中，尤其是甜菜和绿叶蔬菜如羽衣甘蓝、瑞士甜菜、芝麻菜、菠菜，都含有丰富的膳食硝酸盐和亚硝酸盐化合物，在体内可以刺激产生 NO。再加上其含有丰富的钾等元素，因此，以植物为基础的饮食可以降低血压、糖尿，减少脑卒中和心脏发作，以及各种其他的健康问题的风险。

甜菜汁有硝酸盐，研究表明，每日摄入约 1400mg，可以降低血压，提高运动耐力，而且，在老年人中，能够刺激血液流向脑部的额叶。另外，茶、可可、洋葱、葡萄，含有黄酮类化合物，有助于清除有害氧自由基，可以保护 NO。反之，高脂肪、高碳水化合物饮食可能增加非对称二甲基精氨酸的血药浓度(ADMA)，抑制剂 NO 产生。

3) *n*-3 脂肪酸和一氧化氮代谢物在人类尿中排泄

n-3 又称ω-3。富含 *n*-3 脂肪酸的鱼油显示可增加人体末梢和冠状动脉依赖内皮性血管舒张。这说明 *n*-3 脂肪酸可以提高动脉的 NO 产生。为了探讨这一假设，Harris 等研究了在添加浓缩鱼油(FOC，n=15)或纯化的二十碳五烯酸(EPA，n=14)及安慰剂(对照组，n=15)对健康志愿者尿总硝酸盐的影响。浓缩鱼油含有 41%的 EPA 和 23%的二十二碳六烯酸(DHA)乙酯，而 EPA 为 91%纯的；安慰剂含有橄榄油乙酯。剂量分别为 5g 安慰剂，5g FOC 和 3g EPA 以保持在后两组总的脂肪酸含量等于 *n*-3 组。安慰剂期为 2 周，之后是 3 周的 *n*-3 脂肪酸的阶段。在每个周期结束时，收集 24h 尿样和禁食血液样。采用双盲法测定血清和尿中的硝酸盐浓度。结果发现，只有食用 FOC 组平均每天增加了 43%肌酐和硝酸盐排泄率(P<0.029)，血清硝酸盐浓度差异不显著。这一研究结果表明，补充 FOC 可刺激全身 NO 的合成。EPA 的补充没有作用，同时表明 EPA 不是 FOC 活性成分。这可能是食用 *n*-3 脂肪酸预防和治疗动脉粥样硬化的另一个机制[67]。

14.6.2 通过运动增强体内一氧化氮

通过运动是增加体内 NO 的一种方式。当运动或举重时，肌肉需要血液供应更多的氧气，心脏会有更大的压力，以供应肌肉的血液，在动脉内膜释放 NO 进入血液，从而扩大血管壁，使更多的血液通过。随着年龄的增长，人们的血管和 NO 系统由于自由基的破坏，缺乏运动和不良饮食习惯使得产生 NO 不那么有效率，导致人们的静脉和动脉恶化。

血管内皮功能对于维持血管壁的状况，如血管阻力和血管舒缩控制是必不可少的。这些功能是由于产生了众多自体有效物质，特别是 NO 才可以实现的。《生理学杂志》(*J Physiology*)2004 年发表的一篇文章表明，对动物和人类进行运动训练，可以改善和增强依赖 NO 的内皮细胞血管舒张功能。改善的程度取决于进行训练肌肉的质量。前臂的运动主要改善前臂血管，而下半身训练可以诱导全身好处。运动训练增加 NO 的生物活性可以改善心血管功能，减少心血管疾病及其危险因素。运动可以增加氧自由基产生，影响 NO 合成酶的活性和 NO 反应。反复锻炼和剪切应力刺激 NO 生物活性与这种应激的不平衡，从而导致对自体有效物质的生物利用度更大的提高。对人类运动训练研究还表明，运动训练通过上调 eNOS 蛋白表达和磷酸化可改善内皮功能。健康人改善血管舒张功能需要一定水平的锻炼才能得到改善。至于时间过程，研究表明，短期锻炼增加 NO 的生物活性，其作用是稳定的调节运动相关应激。而在停止锻炼数周内增加的 NO 生物活性就会消散。研究还表明，如果维持运动训练，短期锻炼得到的依赖 NO 的结构性改变的功能适应就会成功导致动脉重塑和剪切的结构正常化。由于血管结构，功能和心血管事件之间的紧密联系，因此这些发现是很有意义的，但还有许多需要研究的问题，例如，这不仅关系到负责 NO 生物活性的机制，自体有效物质等对细胞性质的影响和相关性，还有一些关于运动训练的实际问题，如不同人群需要锻炼的最佳强度和方式等[67]。

《生理学杂志》2005 年发表了一篇关于自行车运动对体内 NO 影响的文章。对自行车运动中 NO 对前臂血流反应，增加握力和功率的贡献进行了比较。尽管对内皮源性 NO 在运动充血中的作用仍存在争议，以前得到的不同结果可能在某种程度上通过不同剪切应力刺激解释为不同类型运动的结果。他们采用了一种新的软件系统，该系统通过同步自动检测自行车运动反应中边缘把手增量和功率，连续计算整个心动周期中动脉血流。跟踪了 14 例自行车运动反应中高分辨率 B 型动脉超声图像和多普勒波形包络分析，直接比较了前臂血流(FBF)，评估了 NO 对运动充血反应的贡献。结果发现，平均 FBF 随输出功(负载)明显增加($P<0.01$)，而 FBF 在低负载周期减少($P<0.05$)。这可能反映了在振荡顺行/逆行流上的剪切应力介导血管内皮细胞释放 NO 增加了。而且发现，不同类型的运动呈现不同刺激内皮细胞血流动力学，这可能导致在剪切应力作用对动脉血管不同影响[68~69]。

14.7 一氧化氮自由基健康产品存在的风险和问题

虽然 NO 健康产品具有很多功能，对缺乏 NO 的人群补充适量的 NO 是非常必要的。但摄入不当或者过量都有可能带来一定不良反应甚至风险，而且目前 NO 健康产品市场也还存在这样和那样的问题。这些都是每个消费者必须注意的，以防止错误购买和食用对身体造成不必要的伤害和财产损失。

14.7.1 一氧化氮自由基健康产品的风险

在 NO 相关产品的使用过程中，如果用量不加以控制会产生不良反应甚至风险。因为 NO 能够和超氧阴离子反应，生成过氧亚硝基，导致蛋白质分子氧化，脂质过氧化和 DNA 损伤，最终导致细胞受损。在实际应用中出现的效果不佳和产生与期望值相反的现象就说明了 NO 产品食用不当或者过量应用所导致的危害。

食用任何含 L-精氨酸和瓜氨酸的保健食品都有可能过量，太多的精氨酸和瓜氨酸可能导致腹泻、乏力和恶心。过量有可能带来一系列不良反应，如导致呼吸急促、瘙痒、湿疹、恶心和胃痛、腹部痉挛和大便增加、血液化学品改变等过敏反应等。此外，存在肝脏和肾脏疾病的患者也容易出现不良反应。但大多数人对精氨酸保健品反映良好，只有少数人在持续使用几个月后会出现明显不良反应。过敏反应是最常见的 L-精氨酸不良反应。L-精氨酸作为一种常见的氨基酸保健品形式还可能引起其他一些不良反应，如有些人甚至还会痛风发作。一些人可能在注射 L-精氨酸时会出现面部潮红、头痛和腰痛等严重症状。有些人还会出现静脉刺激，甚至造成注射点周围组织死亡。

肝脏或肾脏有疾病的患者使用含 L-精氨酸健康产品可能出现的不良反应更严重。因此，应该在医生监督下谨慎使用这类产品。存在糖尿病或血糖问题的患者同样容易在服用精氨酸后出现不良反应，因为这种营养品会导致一些人的血糖水平提高。如果正在服用控制血糖药物，就会带来危险。由于精氨酸和瓜氨酸是氨基酸，过量食用也可能对肾衰竭患者造成负担，因此对于严重肾机能低下者使用前，最好先与主治医师商量。

14.7.2 一氧化氮自由基健康产品的存在问题

在中国市场上出现如此多的基于 NO 功能的产品中，几乎都出自国外品牌，产品技术为国外掌握，商品价格过高，与我国巨大的市场需求和群众的经济承受能力严重脱节，不能满足我国的保健品市场的需求。另外，还普遍存在以下问题。

第一，产品定位不清。目前 NO 健康产品市场，几乎千篇一律，没有差异化诉求。需要对消费者进行独特的利益承诺，很多保健品身份不明，功能不明，保健疗效范围太宽，概念模糊，没有明确的市场定位和特定的消费群体。

第二，产品概念混杂。目前市场的 NO 功能的产品中，多数不是国家卫生部批准的保健品，而是普通食品。但消费者往往以为是保健品在购买，商家也都模棱两可地将其作为保健品在出售。

第三，“概念炒作”。几乎所有 NO 产品都打着美国科学家获得诺贝尔生理学或医学奖进行广告宣传，标注或者是由伊格纳罗(Ignarro)博士发明的或者是穆拉德(Murad)教授发明授权的，实际到底真正出自谁手还很难说。

第四，迷信美国。例如，打开阿里巴巴，就可以发现诸多的 NO 健康产品，几乎都声称是美国原装进口。这一方面说明缺乏自信心，迷信美国，另一方面也说明国内缺乏自己的产品。

第五，价格过高。市面上的 NO 胶囊，价格便宜的，在几十到 100 多元钱，而声称品质好、效果显著的 NO 胶囊则要贵些，价格在 300 元左右，例如，某公司生产的精氨酸瓜氨酸复合营养胶囊市场价为 256 元，还有一款来自美国的 NO 产品市场价更高，为 398 元。

14.7.3 如何避免一氧化氮健康产品的风险和存在问题

NO 健康产品出现以上风险和问题，究其原因，主要是目前没有可靠的技术标准，对于 NO 的产品在个性化使用过程中缺乏研究，缺乏各种质量控制的相关数据。因此，当务之急是如何开发出具有我国独立知识产权、成本低、可工业化生产的基于 NO 功能的、安全可靠和高效的保健品，满足我国人民群众的巨大需求，在技术上突破消除 NO 危害，提高 NO 效用的新产品，建立相关的技术标准，使之使用可控、安全、有效。

消费者在食用 NO 健康产品时，要记住这既不是药品，也不是食品，一定要根据自己的身体情况和实际需要。如果真的有病，就应当到医院就诊。如果感觉自己在某个方面出现一些问题，要仔细对照 NO 的功能和对身体的影响，确实认为缺乏 NO，或者根据检查知道需要 NO，食用时也要根据产品说明试用。试用时，要从最小剂量开始，边食用，边体会是否有改善患者的不良反应。如果没有不良反应，效果也不明显，可以根据身体情况逐步增加用量，再体会。千万不要一开始就过量食用，否则可能会引起不良反应甚至发生不必要的风险。只有这样，才能避免过量食入导致的风险。

除了严格要求 NO 健康产品生产保证质量的产品外，消费者在选购的时候，需仔细阅读说明书，要认准外包装上的保健食品标志，正规保健食品都有对应的批准文号。人们对购买的保健食品，可记下保健食品批准文号，在国家食品和药品监督管理局网站的数据库中查询。防止上当受骗。

购买 NO 和其他保健品时一样，首先要认准标记，保健食品外包装上应有“蓝帽子”标记。同时应标有相关批准文号。国产保健食品应有卫生部的“卫食健字”和国家食品和药品监督管理局的“国食健字”，进口保健食品要有“卫进食健字”标志。

保健食品包装标志必须注明以下项目：①保健食品名称；②净含量及固形物含量；③配料；④功效成分；⑤保健作用或保健功能；⑥适宜人群、不适宜人群；⑦食用方法；⑧日期标示(生产日期及保质期)；⑨储藏方法；⑩执行标准；⑪保健食品生产企业名称及地址；⑫卫生许可证号。

14.8 一氧化氮自由基健康产品应用前景和展望

全世界每年死于心脑血管疾病的人数高达 1500 万人，居各种死因首位。心脑血管疾病已成为人类死亡病因的头号杀手。目前全国患有心脏病、帕金森症、阿尔茨海默病、脑卒中，加上高血脂、高血糖和高血压的有 3 亿多。心脑血管疾病(心脏病加神经疾病)的发病率和死亡率都还在继续增加。心脑血管疾病严重影响着我国人民的健康水平，特别是中老年人群的健康，是目前一个重大社会医疗和健康问题，社会关注的焦点。

预防是降低心脑血管等慢性疾病风险的关键。古代中医就提出“上医治未病”。心脑血管等慢性疾病一旦到病的阶段，就几乎难以治疗。预防是降低心脑血管等慢性疾病风险的关键。除了一个好的生活习惯，平衡的心态，善于利用食品调节健康状态，适当运动，保护心脑血管和预防心脑血管疾病的发生外，大量研究证明，NO 在心脑血管等慢性疾病和健康中发挥着重要作用，NO 和天然抗氧化剂可以预防和降低心脑血管等慢性疾病发生的风险。

从 20 世纪 80 年代起步的中国保健品行业，在短短 20 多年时间里，已经迅速发展成为一个独特的产业。保健品产业之所以蓬勃发展，主要原因是人民生活水平明显提高；其次，人民生活方式的改变，是保健品产业发展的重要契机；多层次的社会生活需要，为保健品产业的发展提供了广阔空间。随着整个中国保健品行业的发展，也必然为 NO 健康产品的发展带来巨大的机遇。

从事 NO 健康产品销售企业、生产厂家应当积极与科研机构展开科研合作，进行 NO 健康产品在养生保健中的实际功效探索、新产品研发、申报自己的发明专利，生产出具有自己知识产权的 NO 健康产品，满足我国保健品市场的需求。同时应当开展 NO 与心脑血管疾病和健康的机理研究，探讨如何更好把 NO 健康产品应用于心脑血管疾病的预防和保护心脑血管健康，推广和传播 NO 与心脑血管疾病和健康的知识。可喜的是，目前国内已经有一些销售企业、生产厂家已经与科研机构展开了合作，进行了 NO 健康产品在养生保健中的实际功效探索和新产品的研发。这必将对在我国推广与传播 NO 与心脑血管疾病和健康起到积极作用，也将为我国预防心脑血管疾病及其他与 NO 有关的疾病和促进心脑血管及其他与 NO 有关的健康发挥重要的作用。

随着社会的发展和进步，人们对健康重要性认识的提高，人们对健康产品的需求将越来越强烈。随着城市中产阶级规模的扩大，保健食品的消费文化已经形成并逐渐呈现多样化的趋势，保健食品企业开始走产品、品牌差异化的战略，更加注重产品的功效和消费者的需求。中国保健品产业经过多年快速发展，已经逐渐壮大。国家关于健康食品的政策和法规不断完善，健康产品的生产和销售企业在克服诸多问题和不足之后，将更加正规，人们对健康产品的信心也将进一步建立。人们有理由相信，中国保健食品产业的发展前景是光明的。在市场需求、技术进步和管理更新的推动下，中国保健品产业发展空间巨大。NO 健康产品和其他健康产品将一道为人类的健康、长寿作出更大的贡献。

参考文献

[1] 中国卫生部．《保健(功能)食品通用标准》(GB 16740—1997).
[2] 美国国会通过的《膳食补充剂健康教育法》(Dietary Supplement Health and Education Act of 1994).
[3] 欧盟的《食品补充律令》(Food Supplements Directive)中国有《保健(功能)食品通用标准》(GB 16740—1997).
[4] 陈仁惇．保健食品．北京：中国轻工业出版社，2006：4.
[5] 欧盟食品添加剂管理和立法(2002/46 / EC).
[6] 日本厚生劳动．《营养改善法》. 1991.
[7] 周雯. 关于安利纽崔莱与三株集团在战略运用上的比较分析. 新财经(理论版)(New Finance Economics)，2011，(4)：183.
[8] Taddei S，Virdis A，Ghiadoni L，et al. Age-related reduction of NO availability and oxidative stress in humans. Hypertension，2001，38(2)：274-279.
[9] Trinity，JD，Groot HJ，Layec G，et al. Impact of age and body position on the contribution of nitric oxide to femoral artery shear rate：implications for atherosclerosis. Hypertension，2014，63：1019-1025.
[10] King DE，Mainous AG，Geesey ME. Variation in L-arginine intake follow demographics and lifestyle factors that may impact cardiovascular disease risk. Nutr Res，2008，28(1)：21-24.

[11] Wells BJ，Mainous AG，Everett CJ. Association between dietary arginine and C-reactive protein. Nutrition，2005，21(2)：125-130.

[12] Shah P，Shah V. Arginine supplementation for prevention of necrotizing enterocolitis in preterm infants. Cochrane Data Base Syst Rev，2007，(3)：1-20.

[13] Cynober L. Pharmacokinetics of arginine and related amino acids. J Nutr，2007，137(Suppl. 2)：1646S-1649S.

[14] Wu G，Collins JK，Perkins-Veazie P，et al. Arginine metabolism and nutrition in growth，health and disease. Amino Acids，2009，37(1)：153-168.

[15] Hong SK，Maltz BE，Coburn LA，et al. Increased serum levels of L-arginine in ulcerative colitis and correlation with disease severity. Inflamm Bowel Dis，2010，16(1)：105-111.

[16] Loscalzo J. An experiment of nature：genetic L-arginine deficiency and NO insufficiency. J Clin Invest，2001，108(5)：663-664.

[17] Daff S. NO synthase：structures and mechanisms. Nitric Oxide，2010，23(1)：1-11.

[18] Gilchrist M，Winyard P G，Benjamin N. Dietary nitrate—goodor bad? Nitric Oxide，2010，22(2)：104-109.

[19] Lundberg JO，Weitzberg E. The biological role of nitrate and nitrite：the times they are a-changin. Nitric Oxide，2010，22(2)：61-63.

[20] Figueroa A，Trivino JA，Sanchez-Gonzalez MA，et al. Oral L-citrulline supplementation attenuates blood pressure response to cold pressortest in young men. Am J Hypertens，2010，23(1)：12-16.

[21] Wu G，Bazer FW，Davis TA，et al. Dietary supplementation with watermelon pomace juice enhances arginine availability and ameliorates the metabolic syndrome in Zucker diabetic fatty rats. J Nutr，2007，137(12)：2680-2685.

[22] Zhao BL，Shen JG，Li M，et al. Scavenging effect of chinonin on NO and oxygen free radicals and its protective effect on the myocardium from the injury of ischemia-reperfusion. Biochem Biophys Acta，1996，1315：131-137.

[23] Shen JG，Wang J，Zhao BL，et al. Effects of EGb-761 on nitric oxide，oxygen free radicals，myocardial damage and arrhythmias in ischemia-reperfusion injury *in vivo*. Biochim Biophys Acta，1998，1406：228-236.

[24] Shen JG，Li M，Xin WJ，et al. Effects of chinonin on nitric oxide free radical，myocardial damage and arrhythmia in ischemia-reperfusion injury *in vivo*. Appl Magn Reson，2000，19：9-19.

[25] Tomasian D，Keaney JF，Vita JA. Antioxidants and the bioactivity of endothelium-derived nitric oxide. Cardiovasc Res，2000，47(3)：426-435.

[26] Fouad AM，El-Senousey HK，Yang XJ，et al. Dietary L-arginine supplementation reduces abdominal fat content by modulating lipid metabolism in broiler chickens. Animal，2013，7(8)：1239-1245.

[27] Kapoor A，Goel PK，Gupta S. Slow coronary flow-a cause for angina with ST segment elevation and normal coronary arteries. A case report. Intern J Cardiol，1998，(3)：257-261.

[28] Michelakis E，Tymchak W，Lien D，et al. Is an effective and specific pulmonary vasodilator in patients with pulmonary arterial hypertension. Comparison with inhaled nitric oxide. Circulation，2002，105：2398-2403.

[29] Chotigeat U，Khorana M，Kanjanapattanakul W. Inhaled nitric oxide in newborns with severe hypoxic respiratory failure. J Med Assoc Thai，2007，90(2)：266-271.

[30] Evans RW，Fernstrom JD，Thompson J，et al. Biochemical responses of healthy subjects during dietary supplementation with L-arginine. J Nutr Biochem，2004，15(9)：534-539.

[31] Lucotti P，Setola E，Monti LD，et al. Beneficial effects of a long-term oral L-arginine treatment added to a hypocaloric diet and exercise training program in obese，insulin-resistant type 2 diabetic patients. Am J Physiol Endocrinol Metab，2006，291(5)：E906-E912.

[32] Lucotti P，Monti L，Setola E，et al. Oral L-arginine supplementation improves endothelial function and ameliorates insulin sensitivity and inflammation in cardiopathic nondiabetic patients after an aortocoronary by pass. Metabolism，2009，58(9)：1270-1276.

[33] van der Veen RC. Nitric oxide and T helper cell immunity. Intern Immunopharm，2001，1：1491-1500.

[34] Bidri M，Feger F，Varadaradjalou S，et al. Mast cells as a source and target for nitric oxide. Int Immunopharmacol，2001，1：1543-1558.

[35] Holtz ML，Craddock S D，Pettigrew L C. Rapid expression of neuronal and inducible nitric oxide synthases during post-ischemic reperfusion in rat brain. Brain Res，2001，898(1)：49-60.

[36] Shen JG，Guo XS，Jiang B，et al. Chinonin，a novel drug against cardiomyocyte apoptosis induced by hypoxia and reoxygenation. Biochim Biophyscs Acta，2000，1500：217-226.

[37] Gursoy Ozdemir Y，Bolay H，Saribay O，et al. Role of endothelial nitric oxide generation and peroxynitrite formation in reperfusion injury after focal cerebral ischemia. Stroke，2000，31(8)：1974-1980.

[38] Tan S，Bose R，Derrick M. Hypoxia-ischemia in fetal rabbit brain increases reactive nitrogen species production：quantitative estimation of nitrotyrosine. Free Radical Biology & Medicine，2001，30(9)：1045-1051.

[39] Zhang DL，Zhao BL. Oral administration of *Crataegus* extraction protects against ischemia/reperfusion brain damage in gerbils. J Neur Chem，2004，90：211-219.

[40] Murphy S. Production of nitric oxide by glial cells：regulation and potential roles in the CNS. GLIA，2000，29(1)：1-13.

[41] Willmot M，Gray L，Gibson C，et al. A systematic review of nitric oxide donors and L-arginine in experimental stroke，effects on infarct size and cerebral blood flow. Nitric Oxide，2005，12(3)：141-149.

[42] Nandagopal K，Dawson TM，Dawson VL. Critical role for nitric oxide signaling in cardiac and neuronal ischemic preconditioning and tolerance. J Pharmacol Exp Ther，2001，297(2)：474-478.

[43] Iwanishi K，Watabe H，Hayashi T，et al. Influence of residual oxygen-15-labeled carbon monoxide radioactivity on cerebral blood flow and oxygen extraction fraction in a dual-tracer autoradiographic method. Ann Nucl Med，2009，23(4)：363-371.

[44] Luth HJ，Munch G，Arendt T. Aberrant expression of NOS isoforms in Alzheimer's disease is structurally related to nitrotyrosine formation. Brain Res，2002，953(1-2)：135-143.

[45] Suo Z，Su G，Placzek A，et al. A beta vasoactivity *in vivo*. Ann N Y Acad Sci，2000，903：156-163.

[46] de la Torre JC. Critically attained threshold of cerebral hypoperfusion：the CATCH hypothesis of Alzheimer's pathogenesis. Neurobiol Aging，2000，21(2)：331-342.

[47] Kaiser E，Schoenknecht P，Kassner S，et al. Cerebrospinal fluid concentrations of functionally important amino acids and metabolic compounds in patients with mild cognitive impairment and Alzheimer's disease. Neurodegener Dis，2010，7(4)：251-259.

[48] Gu Y，Nieves JW，Stern Y，et al. Food combination and Alzheimer disease risk：a protective diet. Arch. Neurol，2010，67(6)：699-706.

[49] Virarkar M，Alappat L，Bradford PG，et al. L-arginine and nitric oxide in CNS function and neurodegenerative diseases. Food Science and Nutrition，2011，53(11)：1157-1167.

[50] Barbarash NA，Kuvshinov DY，Chichlenko MV，et al. Nitric oxide and humen aging. Advances in Gerontology，2012，2：256-239.

[51] Nisoli E，Tonello C，Cardile A，et al. Calorie restriction promotes mitochondrial biogenesis by inducing the expression of eNOS. Science，2005，310：314-317.

[52] Gusarov I，Gautier L，Smolentseva O，et al. Bacterial nitric oxide extends the lifespan of *C. elegans*. Cell，2013，152：818-830.

[53] Rajfer J，Aronson WJ，Bush PA，et al. Nitric oxide as mediator of relaxation of the corpus cavernosum in response to nonadrenergic，noncholinergic neurotransmission. New England Journal Medicine，1992，362：90-94.

[54] Monfort P，Munoz MD，Kosenko E，et al. Long-term potentiation in hippocampus involves sequential activation of soluble guanylate cyclase，cGMP-dependent protein kinase，and cGMP-degrading phosphodiesterase. J Neurosci，2002，22(23)：10116-10122.

[55] Izquierdo LA，Vianna M，Barros DM，et al. Short- and long-term memory are differentially affected by metabolic inhibitors given into hippocampus and entorhinal cortex. Neurobiol Learn Mem，2000，73(2)：141-149.

[56] Edwards T M，Rickard N S. Inhibition of monoADP-ribosylation prevents long-term memory consolidation of a single-trial passive avoidance task in the day-old chick. Neurobiol Learn Mem，2002，78(1)：192-198.

[57] Zhang Y，Li N，Yang Z. Perinatal food restriction impaired spatial learning and memory behavior and decreased the density of nitric oxide synthase neurons in the hippocampus of adult male rat offspring. Toxicol Lett，2010，193(2)：167-172.

[58] Rickard NS，Ng KT，Gibbs ME. Further support for nitric oxide-dependent memory processing in the day-old chick. Neurobiol Learn Mem，1998，69(1)：79-86.

[59] Monti J M，Jantos H. Microinjection of the nitric oxide synthase inhibitor L-NAME into the lateral basal forebrain alters the sleep/wake cycle of the rat. Prog Neuro-Psychopharmacol Biol Psychiatry，2004，28(2)：239-247.

[60] Burlet S，Leger L，Cespuglio R. Nitric oxide and sleep in the rat：a puzzling relationshi. Neuroscience，1999，92(2)：627-639.

[61] Chen L，Majde JA，Krueger JM，et al. Spontaneous sleep in mice with targeted disruptions of neuronal or inducible nitric oxide synthase genes. Brain Res，2003，973(2)：214-222.

[62] Garcia-Borreguero D，Larrosa O，Bravo M. Parkinson's disease and sleep. Sleep Med Rev，2003，7(2)：115-129.

[63] Gautier-Sauvigne S，Colas D，Parmantier P，et al. Nitric oxide and sleep. Sleep Med Rev，2005，9(2)：101-113.

[64] Marino J，Cudeiro J，Marino J，et al. Nitric oxide-mediated cortical activation：adiffusewake-up system. J Neurosci，2003，23(10)：4299-4307.

[65] McQuade LE，Ma J，Lowe G，et al. Visualization of nitric oxide production in the mouse main olfactory bulb by a cell-trappable copper(II)fluorescent probe. Proc Natl Acad Sci USA，2010，107(19)：8525-8530.

[66] Presley TD，Morgan AR，Bechtold E，et al. Acute effect of a high nitrate diet on brain perfusion in older adults. Nitric Oxide，2011，24(1)：34-42.

[67] Harris WS ，Rambjør GS，Windsor SL，et al. Diederich. n-3 fatty acids and urinary excretion of nitric oxide metabolites in humans. Am J Clin Nutr，1997，65(2)：459-464.

[68] Green DJ，Maiorana A，O'Driscoll G，et al. Effect of exercise training on endothelium-derived nitric oxide function in humans. J Physiology，2004，561：1-25.

[69] Green DJ，Bilsborough W，Naylor LH，et al. Comparison of forearm blood flow responses to incremental handgrip and cycle ergometer exercise：relative contribution of nitric oxide. The Journal of Physiology，2005，562：617-628.

[70] Gielen S，Sandri M，Erbs S，Adams V. Exercise-induced modulation of endothelial nitric oxide production. Curr Pharm Biotechnol，2011，12(9)：1375-1384.

附 录 一

刘耕陶院士为《一氧化氮自由基》写的序言

一氧化氮自由基为一种小分子气体，以往对其生物学功能认识不清。自从发现能舒张血管的一种内皮细胞因子(EDRF)的化学本质即是一氧化氮自由基以来，一氧化氮自由基的研究进入了一个新时期。目前发现一氧化氮自由基涉及生命活动的许许多多方面，可谓“分子小，神通大”。1992 年 *Science* 杂志评选一氧化氮自由基为该年度“明星”分子。1998 年对研究一氧化氮自由基作出杰出贡献的三位美国科学家 R. Furchgott、L. Ignarro 和 F. Marad 获得诺贝尔生理学或医学奖。

近几十年来，一氧化氮自由基的研究进展影响着许多对生命活动本质的认识，涉及包括医学和药学等诸多方面，从基础理论到应用研究已成为庞大的学科，通过调控一氧化氮自由基而研究开发成功的药物亦已面世，如 Viagra。当前一氧化氮自由基的研究仍是方兴未艾，国外每年发表学术论文数以千计，并出版多部专著。

我国对一氧化氮自由基的研究起步较晚，但有一定深度。中国科学院生物物理研究所赵保路教授是我国带头研究一氧化氮自由基生物学的学者。如今他结合自己的研究及国外研究进展，撰写《一氧化氮自由基》*专著，全书共分 8 章，相当系统地阐述了一氧化氮自由基的基本理论和概念，以及一些与重大疾病的关系，如心血管系统和神经退行性疾病，乃至在植物抗应激反应中的作用机制。内容丰富、翔实、新颖，对医学、药学及生命科学领域有关方面的工作者是一本很好的参考书。

除祝贺本书的出版外，特此作序。

刘耕陶

2007 年 3 月

---

*《一氧化氮自由基》一书出版于 2008 年

附 录 二

Preface – *NO Free Radicals* (book to be published in 2008)

The multiauthored book edited by professor Baolu Zhao describes various aspects of nitric oxide chemistry and biology. Professor Zhao has worked in the field of nitric oxide research for about seventeen years with applications to assay methods, its role in reperfusion injury, its complex role in inflammation and neuroscience. His interests in the interrelationships of antioxidants and other free radicals with nitric oxide are also presented as well as its role in plant biology and disease.

This book in Mandarin is a timely summary for the Asian scientists interested in nitric oxide chemistry and biology. The field of nitric oxide research has grown to more than 80,000 publications during thc past thirty years. The field has expanded into many areas and directions most probably because it is such a simple molecule and messenger with an ever growing list of biological applications, many of which could have important therapeutic applications.

The book should prove to be an important summary of the nitric oxide field for students and young scientists entering this complex but fascinating area of biochemistry and biology.

Dr. Ferid Murad

April，2007

Ferid Murad 博士为《一氧化氮自由基》写的序言（译文）

赵保路教授编著的这本书从多方面描述了一氧化氮自由基化学和生物学。赵保路教授在一氧化氮自由基的检测方法、一氧化氮自由基在再灌注损伤中的规律、一氧化氮自由基在炎症和神经科学的复杂机理等方面工作了大约 17 年。他还对抗氧化剂和其他自由基与一氧化氮自由基的相互作用，以及植物生物学和疾病感兴趣并进行了研究。

这本中文书是对一氧化氮自由基化学和生物学研究的一个及时总结，亚洲的科学家将会非常感兴趣。在过去的 30 年里，全世界发表了 80000 多篇关于一氧化氮自由基的文章。一氧化氮自由基研究已经扩展到很多领域和方向，这可能是由于这个简单的分子和信号具有不断增长的生物学应用，而且很多具有重要的治疗价值。

这本书将被证明是对一氧化氮自由基领域的一个重要总结，对进入这个复杂而又迷人的生物化学和生物学领域的学生与年轻科学家将是非常有意义的。

Ferid Murad 博士
诺贝尔生理学或医学奖获得者
美国科学院院士
2007 年 4 月